零点
起飞

零点起飞学

Creo 2.0 辅助设计

◎ 李德溥 刘国华 卜迟武 编著

清华大学出版社
北京

内 容 简 介

本书以 Creo Parametric 2.0 为基础编写而成。全书共分 12 章，包括 Creo Parametric2.0 的环境与基本操作、草图绘制与编辑、基础特征创建、基准特征、工程特征与构造特征、特征编辑、柔性建模、渲染操作、装配体设计、工程图设计和典型机械零件设计案例等内容。

本书适合 Creo Parametric 的初、中级用户使用，也可以作为高等院校相关专业及培训班教材。

本书封面贴有清华大学出版社防伪标签，无标签者不得销售。
版权所有，侵权必究。侵权举报电话：010-62782989　13701121933

图书在版编目（CIP）数据

零点起飞学 Creo 2.0 辅助设计 / 李德溥，刘国华，卜迟武编著. —北京：清华大学出版社，2014
（零点起飞）
ISBN 978-7-302-34552-7

Ⅰ. ①零…　Ⅱ. ①李…　②刘…　③卜…　Ⅲ. ①计算机辅助设计 – 应用软件　Ⅳ. ①TP391.72

中国版本图书馆 CIP 数据核字（2013）第 282576 号

责任编辑：袁金敏
封面设计：张　洁
责任校对：胡伟民
责任印制：李红英

出版发行：清华大学出版社
　　网　　址：http://www.tup.com.cn，http://www.wqbook.com
　　地　　址：北京清华大学学研大厦 A 座　　**邮　　编**：100084
　　社 总 机：010-62770175　　**邮　　购**：010-62786544
　　投稿与读者服务：010-62776969，c-service@tup.tsinghua.edu.cn
　　质 量 反 馈：010-62772015，zhiliang@tup.tsinghua.edu.cn
印 刷 者：北京富博印刷有限公司
装 订 者：北京市密云县京文制本装订厂
经　　销：全国新华书店
开　　本：185mm×260mm　　**印　　张**：21　　**字　　数**：530 千字
（附光盘 1 张）
版　　次：2014 年 6 月第 1 版　　**印　　次**：2014 年 6 月第 1 次印刷
印　　数：1～3500
定　　价：55.00 元

产品编号：052847-01

前　　言

Creo Parametric 是 PTC 公司开发的 CAD/CAE/CAM 软件，广泛应用于航空、航天、模具、汽车等行业，具有开放、易操作等特点。

本书按照产品设计的一般过程安排各章节，首先介绍了产品零件设计的相关知识，如草图设计、特征创建、特征编辑和柔性建模等内容，其次介绍了模型渲染，再次介绍装配体创建与结构运动仿真，最后介绍了常用机械零件的设计过程。通过这样的内容安排，使读者逐步掌握使用 Creo Parametric 进行产品设计的相关知识，从而形成产品设计能力。

全书共分 12 章，各章主要内容如下：

- 第 1 章主要介绍 Creo Parametic 的特点、主要操作和入门实例。
- 第 2 章介绍草图绘图命令、尺寸标注与添加约束的方法及草图的编辑方法，通过实例对草图绘制与编辑进行讲解。
- 第 3 章介绍拉伸特征、旋转特征、扫描特征、混合特征、扫描混合特征等的创建方法，通过实例对这些特征的创建过程进行讲解。
- 第 4 章介绍基准平面、基准轴、基准曲线、基准点和基准坐标系的作用和创建方法，通过实例说明这些基准特征的应用。
- 第 5 章介绍工程特征、构造特征、修饰特征和复杂工程特征的创建方法与应用。
- 第 6 章介绍复制、粘贴、镜像和阵列等特征编辑功能的使用方法和作用。
- 第 7 章介绍产品柔性建模的意义与各种柔性建模方法。
- 第 8 章介绍基本曲面、造型曲面的创建和编辑方法，并对其中的重要操作通过实例进行讲解和说明。
- 第 9 章介绍了场景、模型外观等产品渲染操作的相关内容，并通过实例说明对产品进行渲染的操作方法与过程。
- 第 10 章介绍产品装配与机构运动仿真相关内容，其中重点介绍装配约束与连接约束、装配环境下另加操作、装配体的创建过程、机构运动仿真的过程与相关设置等。
- 第 11 章介绍产品工程图的生成方法，包括视图的创建、尺寸标注、添加注释等内容。
- 第 12 章介绍齿轮、拨叉、轴承端盖等常用机械零件的创建方法与过程，目的在于帮助读者提高综合设计能力，以及学习更多的操作技巧。

主要特点

本书作者都是长期使用 ProE、Creo 进行教学、科研和实际生产工作的教师和工程师，有着丰富的教学和编著经验。在内容编排上，按照读者学习的一般规律，结合大量实例讲解操作步骤，能够使读者快速、真正地掌握 Creo 软件的使用。

具体地讲，本书具有以下鲜明的特点。

- 从零开始，轻松入门；
- 图解案例，清晰直观；
- 图文并茂，操作简单；
- 实例引导，专业经典；
- 学以致用，注重实践。

读者对象

- 学习 Creo 设计的初级读者。
- 具有一定 ProE 基础知识、希望进一步深入掌握 Creo 设计的中级读者。
- 大、中专院校机械相关专业的学生。
- 从事产品设计、三维建模及机械加工的工程技术人员。

本书可以作为院校机械专业的教材和读者自学教程，同时也适合作为专业人员的参考手册。

配套光盘简介

为了方便读者学习，本书配套提供了多媒体教学光盘，包含各章综合实例与练习题的讲解视频文件，以及实例的源文件与结果文件，相信会为读者的学习带来便利。

本书第 1 章、第 2 章、第 4 章、第 5 章、第 6 章、第 10 章、第 12 章由李德溥编写，第 3 章由田野编写，第 7 章、第 8 章由卜迟武编写，第 9 章由刘国华编写，第 11 章由董文丽编写。参加本书编著工作的还有管殿柱、宋一兵、付本国、赵秋玲、赵景伟、赵景波、张洪信、王献红、张忠林、王臣业、谈世哲等。

感谢您选择了本书，希望我们的努力对您的工作和学习有所帮助，也希望您把对本书的意见和建议告诉我们。

零点工作室网站地址：www.zerobook.net

零点工作室联系信箱：gdz_zero@126.com

目 录

第 1 章 Creo Parametric 2.0 设计基础

Creo Parametric 是应用非常广泛的 CAD/CAM 软件，它能够快速完成产品零件设计、装配设计、模具设计、钣金件设计等设计任务，能够完成机构运动仿真、有限元分析等工程分析工作，并且能够高质量地完成 NC 编程工作。本章主要介绍 Creo Parametric 2.0 的特点、界面组成、功能区及菜单命令、系统设置及基本操作等内容。

1.1 Creo Parametric 2.0 概述

Creo Parametric 2.0 采用参数化建模方法，可以帮助用户快速建立高质量和精确的数字化模型，利用数字化模型的全相关性，用户对模型在任何地方所做的变更都会体现在最终的产品模型上。另外，Creo Parametric 2.0 提供了非常友好的界面，操作十分方便。

1.1.1 Creo Parametric 2.0 特点

Creo Parametric 是功能非常强大的 CAD/CAM 软件，具有如下几个特点。

1．特征建模

Creo Parametric 采用特征建模方式进行模型的创建，将构成零件的孔、倒角及圆角等各种要素都视为特征，创建模型的过程就是创建一系列特征的过程，所创建的特征叠加在一起构成模型。

2．参数化设计

Creo Parametric 中将尺寸作为变量处理，只要修改变量值，就会改变实体模型的尺寸和形状。设计者可以用表达式建立这些参数之间的关系式，使参数之间相互关联，便于尺寸之间相关联模型的创建与编辑。

3．单一数据库

Creo Parametric 各功能模块具有单一的数据库，模型在任一模块中所作改变，其结果都会体现在其他模块中。如对产品三维模型进行修改，则模型的工程图自动更新。

4．3-D实体模型

Creo Parametric 创建的 3D 零件均为实体模型，因此，能够进行零件数控加工程序的编写、有限元分析和干涉检查等操作。另外，还可以对零件的表面积、体积、质量和转动惯量等物性进行计算。

5. 系列化

Creo Parametric 能够依据创建的原始模型，通过族表改变模型组成对象的数量或尺寸参数，建立系列化模型。

1.1.2 Creo Parametric 2.0 界面

在 Windows 环境下主要有两种方法进入 Creo Parametric 2.0 的开始界面，如图 1-1 所示：

- ❑ 选择【开始】/【所有程序】/【PTC Creo】/【Creo Parametric 2.0】命令进入 Creo Parametric 2.0 开始界面。
- ❑ 双击桌面上的 Creo Parametric 2.0 图标进入 Creo Parametric 2.0 开始界面。

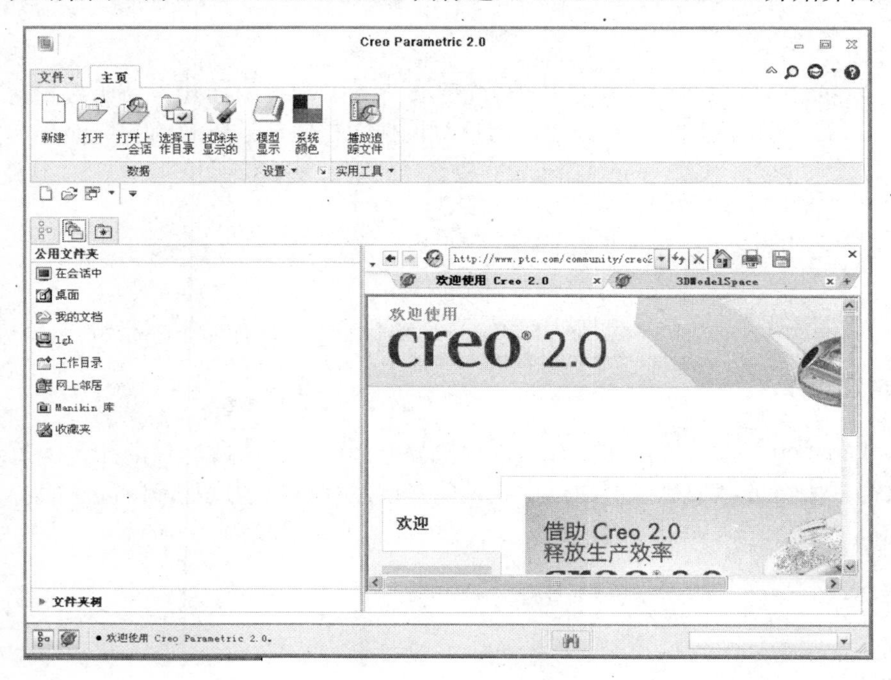

图 1-1　开始界面

在 Creo Parametric 2.0 开始界面中，主要包括【文件】和【主页】菜单，并集成了一个浏览器，可以直接登录 Internet 相关网页。在开始窗口中，可以新建模型文件，也可以打开以前存在的文件。可以在此做一些建模前的准备工作，比如，可以设定工作目录等。

📖 提醒：进入 Creo 工作窗口后，可以通过系统设置确定在打开软件时是否显示浏览器窗口。

进入初始界面后，单击工具栏中的【新建】按钮，在弹出对话框中选取所要进入的模块，打开该模块的工作窗口，对于不同的模块其界面有所不同。如图 1-2 所示为选择【零件】模块，显示的【零件】工作界面，工作窗口中主要包含标题栏、菜单栏和工具栏，此外，还包含导航区、浏览器、图形区、工具箱和状态栏等。

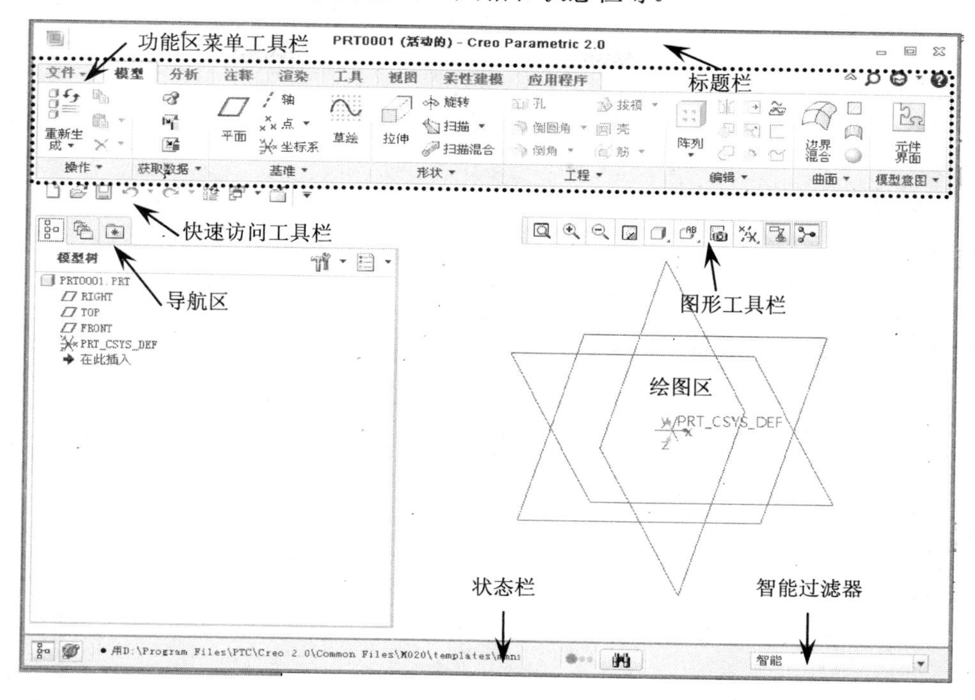

图 1-2　【零件】工作界面

1.1.3　功能区与菜单

Creo Parametric 2.0 采用了功能区菜单与工具栏复合显示的模式，即当主菜单显示不同内容时，不但可以在下拉菜单中选择相关操作命令，而且菜单下面的工具栏直接显示相应内容，这种安排方便了用户的操作过程。下面对主要分区、菜单、工具条等作简要介绍。

1．标题栏

标题栏位于窗口的最上方，用于显示模型文件名称、文件类型和文件的激活状态，如果同时打开了多个文件，只能有一个文件处于激活状态。

2．功能区菜单工具栏

功能区菜单工具栏是横跨整个界面顶部的相关菜单项，其中包含系统中使用的大多数命令。功能区通过选项卡与组将命令安排成相关逻辑任务，将菜单与工具栏有机结合起来，大大方便了用户的操作。

（1）【文件】菜单。

【文件】菜单用于对 Creo Parametric 的文件进行操作与管理，通过该菜单可以进行文件的创建、打开、设置、保存、重命名、删除、关闭等基本操作，并能显示最近使用的文件，便于直接访问。可以进入【帮助】子菜单，熟悉软件提供的各种功能及实现过程。【文件】菜单内容如图 1-3 所示。

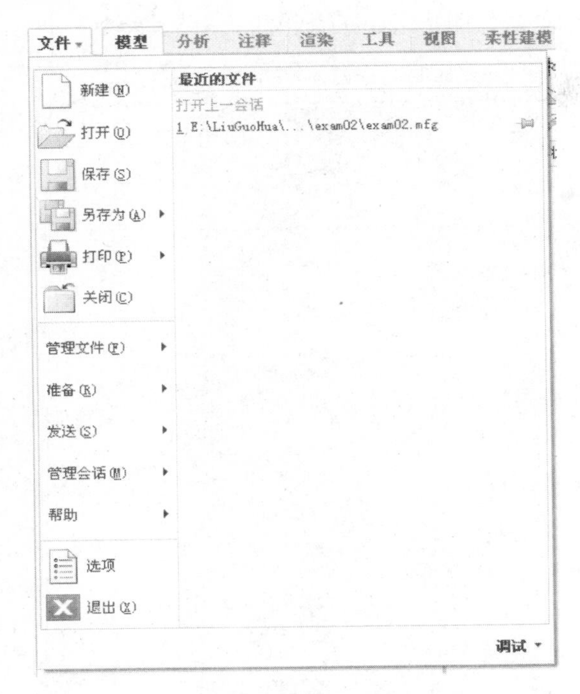

图 1-3 【文件】菜单

（2）【模型】功能菜单。

【模型】功能菜单如图 1-4 所示。提供了创建各种特征的命令，其中包括基本形状特征（拉伸、旋转、扫描和混合等）、工程特征（孔、壳、筋、拔模、倒圆角及倒角）；基准特征（点、轴、平面等）、高级特征（管道、环形折弯等）、修饰和扭曲特征等。另外，还包括将数据从外部文件添加到当前模型的命令、处理共享数据和高级混合等命令。

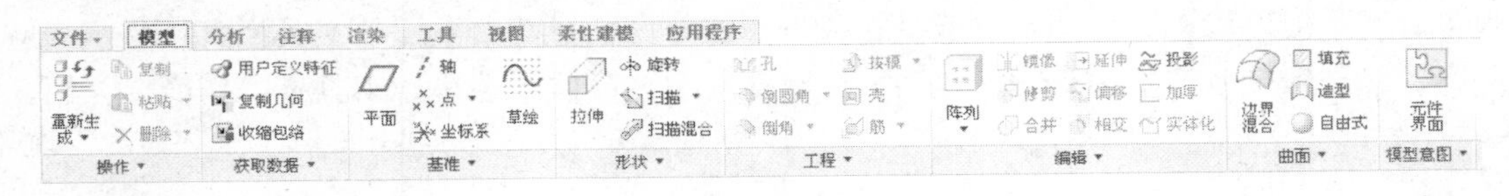

图 1-4 【模型】功能菜单

（3）【分析】功能菜单。

【分析】功能菜单如图 1-5 所示，主要包括用于模型检测、曲线曲面分析的命令。使用这些命令可以比较零件特征或几何差异，以及执行模型、曲线、曲面或用户定义的分析，执行多目标设计研究等。

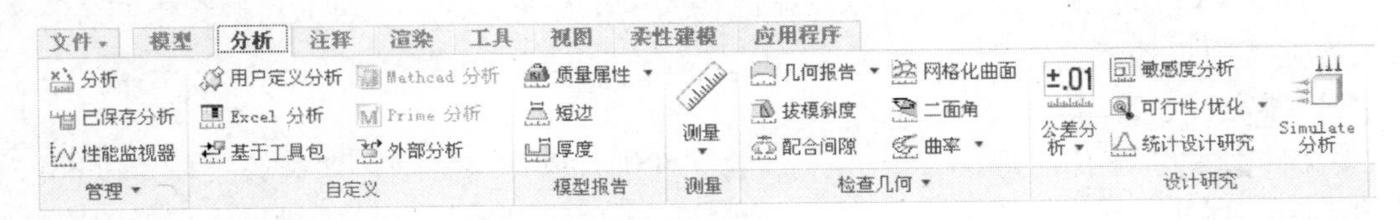

图 1-5 【分析】功能菜单

（4）【注释】功能菜单。

【注释】功能菜单如图 1-6 所示，其中提供了对参照进行注释的功能，可用于管理模型注释并将模型信息传播到其他模型中。

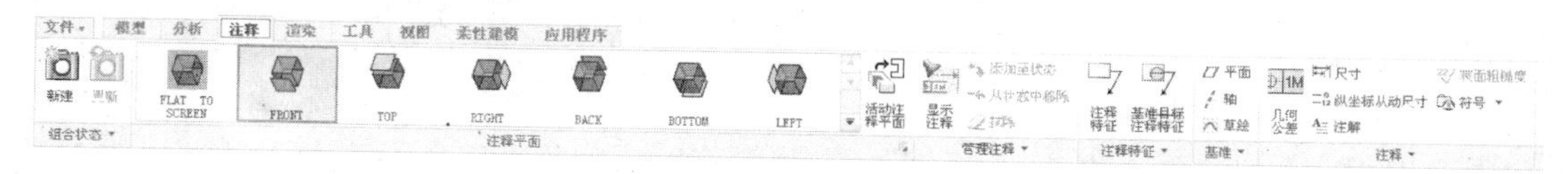

图 1-6　【注释】功能菜单

（5）【渲染】功能菜单。

【渲染】功能菜单如图 1-7 所示。利用渲染功能可以模拟经典手绘和 2D 计算机图像生成的技术，完成插图中的描绘轮廓、着色和阴影样式。可以对模型应用外观、创建渲染房间和定义光照，从而得到较为真实的产品及场景效果。

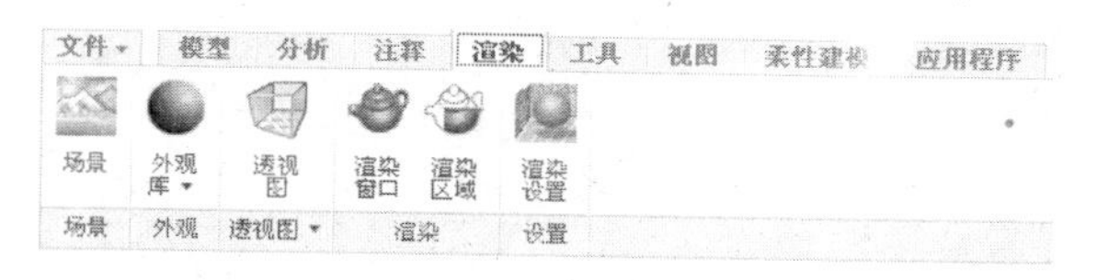

图 1-7　【渲染】功能菜单

（6）【工具】功能菜单。

【工具】功能菜单如图 1-8 所示，主要包括查看特征和模型信息、定义组表、定义参数和表达式发布几何等功能。

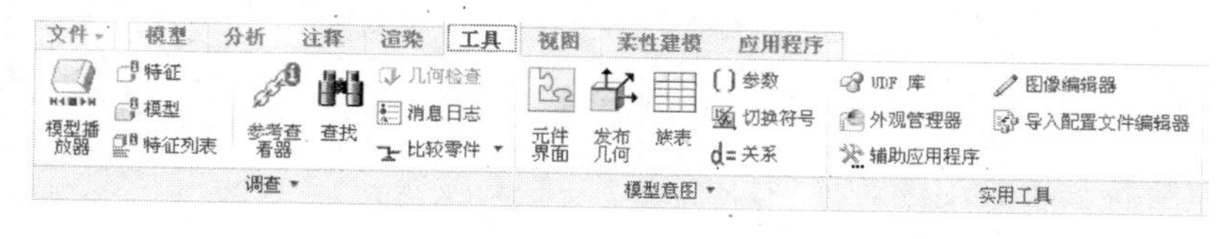

图 1-8　【工具】功能菜单

（7）【视图】功能菜单。

【视图】功能菜单如图 1-9 所示，提供了控制模型和性能显示的命令，包括设置模型方向、管理视图、可见性等命令，用于处理模型显示的状态，或者控制模型限制的大小和方位，可以为模型设置颜色外观和光照效果。

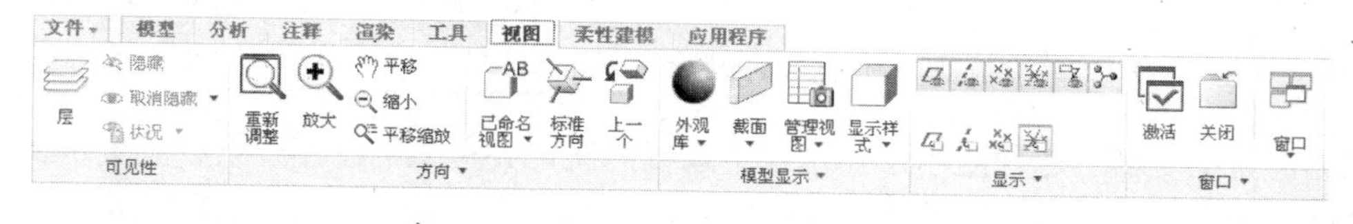

图 1-9　【视图】功能菜单

（8）【柔性建模】功能菜单。

【柔性建模】功能菜单如图 1-10 所示。利用菜单中的相关功能可以完成几何对象的选择，并对其进行移动、移除、附着、阵列、对称和倒圆角等操作，或调整这些几何元素的尺寸和位置，实现利用已有对象直接创建几何模型的目的。

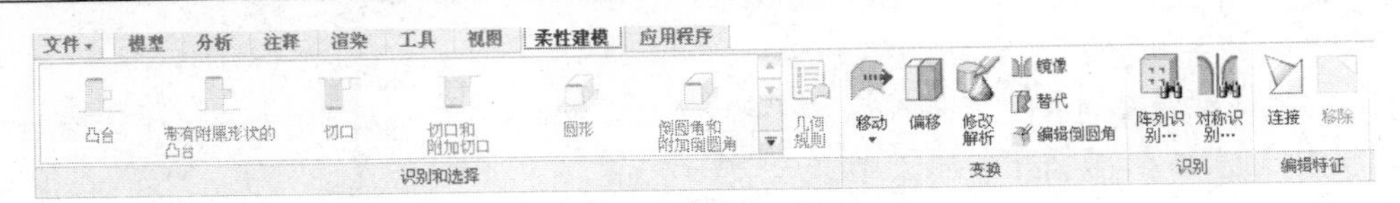

图 1-10 【柔性建模】功能菜单

（9）【应用程序】功能菜单。

【应用程序】功能菜单如图 1-11 所示。利用菜单的功能，可以在当前设计环境中方便地切换到其他工作环境，如制造环境、有限元仿真环境、机构运动仿真环境等。这种功能集成布置方式，方便了设计与其他环境的连接、转换过程。

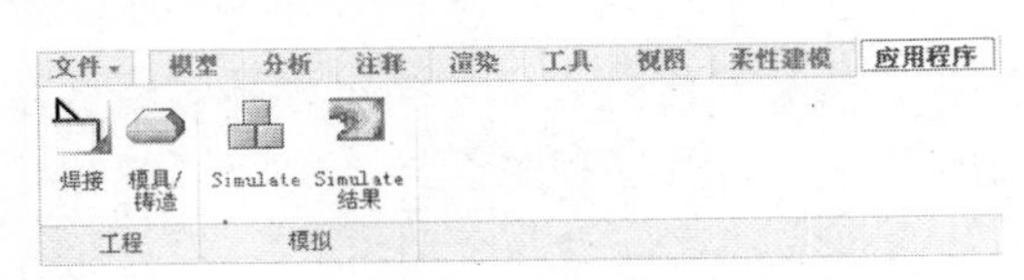

图 1-11 【应用程序】功能菜单

3. 绘图区

绘图区是 Creo Parametric 的工作区域，是整个操作界面的主要区域，用户主要在该区域完成模型创建与修改等工作。

4. 快速访问工具栏

快速访问工具栏提供了常用的命令按钮，如打开和保存文件、撤销、重做、重新生成、关闭窗口、切换窗口等按钮。此外，可以自定义快速访问工具栏来包含其他常用按钮。

5. 图形工具栏

图形工具栏提供了常用的对模型显示进行控制的按钮。

6. 导航区

导航栏通常位于窗口左侧，主要包括“模型树”、“层树”、“文件夹浏览器”和“收藏夹”。

“模型树”选项组用于显示当前窗口模型的特征组织结构，在此可查看每个特征的名称、状态等信息，也可以选取模型特征对其进行设计变更操作。

> 📖 模型树中的特征按照创建的先后顺序进行显示。

“文件夹浏览器”选项组用于显示整个系统的文件夹树结构，便于查找和定位文件。

“收藏夹”选项组显示了用户设置的收藏文件夹，用于保存已经创建的模型文件。“连结”选项组中列出了浏览器、用户组等网络链接的快捷方式，可以为协同设计、网络设计和资源共享提供极大便利。

7. 状态栏

状态栏位于操作界面的底部，主要用来显示系统的操作进程，记录文件的操作信息；

同时为用户提示操作信息，提供操作向导，帮助用户完整各种命令操作。

📖 初学者要注意状态栏中的提示信息，这样可以帮用户快速掌握命令的使用。

8. 智能过滤器

智能过滤器位于窗口的右下角，在下拉列表框中将选择对象分为“智能”、“特征”、“基准”、“几何”、“面组”、“注释”等多种类型。用户可以根据要选择对象的类别在智能过滤器中选择相应的选项，这样在选择时只能选中此类对象。

📖 通过智能过滤器可以按类别选取对象，便于快速准确地选取对象。

1.2 系 统 设 置

Creo Parametric 在操作界面上增加了许多常用的快捷命令按钮，使软件的操作界面更加人性化。用户可以根据个人的需要设置一个符合自己使用习惯的工作界面，以提高工作效率。另外，也可以对系统的单位、模型显示、配置文件等进行设置，以满足设计要求。

1.2.1 设置系统颜色

为了对不同对象进行区分，可以对不同对象的显示颜色进行设置。在系统功能菜单区域，单击鼠标右键，系统弹出快捷菜单，如图 1-12 所示。

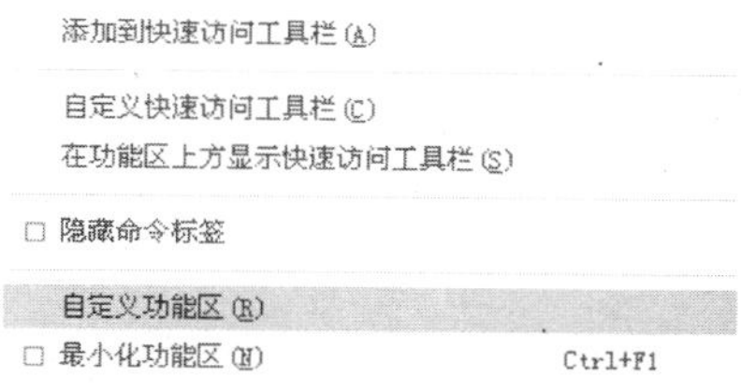

在其中选择【自定义功能区】选项，在打开的【Creo Parametric】选项对话框中选择【系统颜色】选项，则对话框右侧区域显示颜色设置的相关选项，如图 1-13 所示。在对话框共有“基准”、“几何”、“草绘器”、“图形”和“用户界面”等选项卡，用以详细设置各模型元素的系统颜色。根据需要将颜色修改完毕后，可以将方案导出并保存为文件，下次启动时可以直接通过选择相关文件打开，就可以调用已经设置的颜色方案。

添加到快速访问工具栏(A)
自定义快速访问工具栏(C)
在功能区上方显示快速访问工具栏(S)
□ 隐藏命令标签
自定义功能区(R)
□ 最小化功能区(N)　Ctrl+F1

图 1-12 【功能区】定制快捷菜单

另外，用户可以在【颜色配置】下拉列表框中选择相应选项，设置模型与绘图区颜色，如白底黑色等。

1.2.2 定制屏幕

Creo Parametric 提供了窗口设置功能，用户可以设置窗口中的显示内容。在功能菜单区域，单击鼠标右键，弹出【功能区】定制快捷菜单，在其中选择【自定义功能区】选项，打开【Creo Parametric 选项】对话框，在其中选择【窗口设置】选项，则在对话框中显示进行窗口设置的各选项，如图 1-14 所示。在该对话框中，可以对导航栏、模型树、浏览器、辅助窗口及图形工具栏进行设置。既可以设定其在窗口中的显示位置，也可以设定其显示大小，如可以控制浏览器窗口在启动软件时的显示方式。可以通过导出功能将设置方案保存至配置文件，在后续使用过程中直接加载相关方案即可。

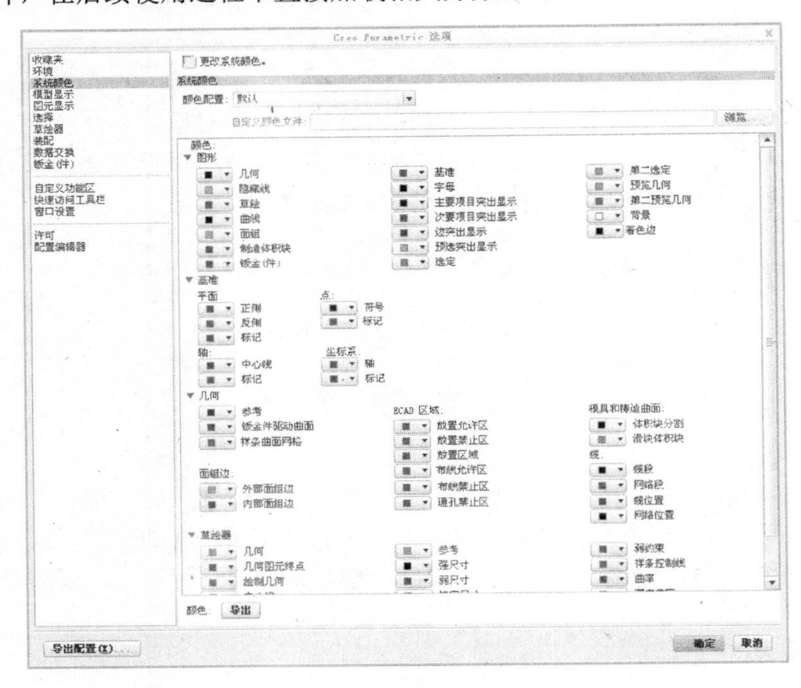

图 1-13 【Creo Parametric 选项】对话框

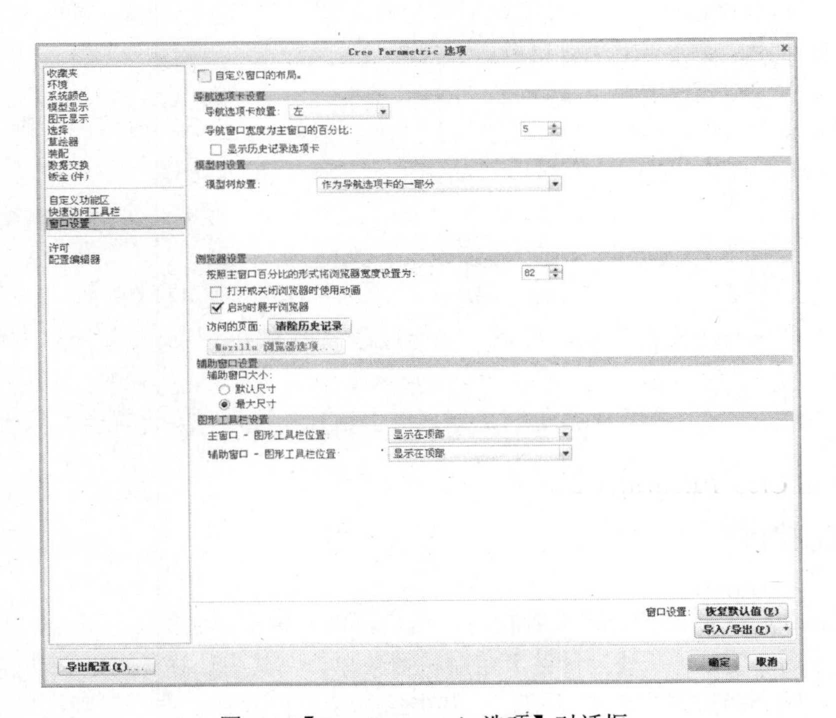

图 1-14【Creo Parametric 选项】对话框

1.2.3　系统环境配置

Creo Parametric 中的所有设置都是通过配置文件来完成的，将所有的设置方案保存在文件中，当下次系统启动时自动调用相关配置文件，从而保证之前所作各种配置生效。

在系统功能菜单区域，点击鼠标右键，弹出【功能区】定制快捷菜单，在其中选择【自定义功能区】选项，打开【Creo Parametric 选项】对话框，在其中选择【配置编辑器】选项，则在对话框中显示进行系统配置的各选项，如图 1-15 所示。

图 1-15　【Creo Parametric 选项】对话框

1.3　Creo Parametric 2.0 基本操作

本节介绍 Creo Parametric 2.0 常用的基本操作，其中包括文件操作、模型显示控制、模型树操作等内容。

1.3.1　文件操作

Creo Parametric 的文件操作命令集中在【文件】菜单下，包括【新建】、【打开】、【保存】、【保存副本】和【备份】等命令。

1. 打开文件

单击【文件】菜单，在【文件】菜单底部列出的文件中选取一个文件，就可以打开这个文件。如果文件未在【文件】菜单底部列出，可以选择【文件】/【打开】命令，使用【打开】对话框选择文件并打开。

2. 保存文件

Creo Parametric 可以使用【文件】/【保存】命令，或者使用【保存】工具按钮将文件保存在指定工作目录下。

📖 设置工作目录后，系统默认保存和打开文件的位置就是工作目录。

3. 保存副本

保存副本操作用于在同一目录以不同文件名保存文件。选择【文件】/【另存为】/【保存副本】命令，打开【保存副本】对话框，在【新建名称】文本框中输入文件名并在【类型】下拉列表框中选择文件类型后保存文件。

4. 备份文件

备份文件操作用于将文件在不同的目录下保存。选择【文件】/【另存为】/【保存备份】命令，显示【备份】对话框。在【模型名称】文本框中显示了要备份的文件名，选择文件要备份到的目录（文件夹），则文件夹名称显示在【备份到】文本框中，然后单击对话框中的【确定】按钮完成文件的备份。

5. 拭除

选择【文件】/【管理会话】/【拭除当前的】命令，可以将当前工作窗口中显示的模型文件从内存中删除，但并不删除硬盘中的原文件。选择【文件】/【管理会话】/【拭除不显示的】命令，将没有显示在工作窗口中但存在于内存中的所有模型文件从内存中删除。

6. 设置工作目录

工作目录指定 Creo Parametric 文件的打开和保存文件的位置，缺省的文件保存目录是 Creo Parametric 的启动目录。设置工作目录，可使用下列方法之一。

- ❑ 单击【文件夹浏览器】按钮，出现【公用文件夹】对话框，选择其中的【工作目录】选项，在【文件夹内容】窗口中浏览并选取要设置为工作目录的文件夹，单击鼠标右键，在出现的快捷菜单中选择【设置工作目录】即可。
- ❑ 选择【文件】/【管理会话】/【设置工作目录】选项，打开【选择工作目录】对话框。在【文件夹内容】窗口中浏览至要设置为新工作目录的目录，单击【确定】按钮将其设置为当前的工作目录。

📖 使用【文件夹内容】对话框中的【工具】菜单下的【向上一级】命令，进入到上一级文件夹，可以借助这个功能浏览到所需要的文件夹。

7．删除文件

Creo Parametric 每保存一次文件都会创建该文件的最新版本，而之前的旧版本仍然保存，这样在进行删除操作时就有两种不同的操作。

选择【文件】/【管理文件】命令，其中有【删除旧版本】和【删除所有版本】两个选项。【删除所有版本】用于删除当前模型的所有版本文件，【删除旧版本】用于删除当前模型的所有旧版本，只保留最新版本。

1.3.2　模型显示操作

Creo Parametric 提供了多种命令实现模型的显示控制，可以在设计模型过程中方便地从不同角度、以不同比例观察模型。可以单独使用鼠标、鼠标与键盘配合、【视图】功能菜单选项及【图形】工具条几种方式进行模型的显示控制。

1．【视图】功能菜单

【视图】功能菜单中提供了多个与模型显示控制有关的工具按钮，其中常用的命令及其功能如下：

（1）放大与缩小。

这两个按钮可实现模型的放大或缩小操作，每按一次按钮，模型都以一定比例放大或缩小。

（2）重新调整。

使用该按钮可以将整个模型在图形窗口中显示出来，以便能够查看整个模型。

（3）平移缩放。

选择该按钮后会打开【方向】对话框，如图 1-16 所示。利用这个对话框可以实现模型在绘图区的平移和旋转操作。

（4）平移。

单击该按钮后，在图形区内按住鼠标左键移动鼠标可以在窗口中移动模型。

（5）上一个。

单击该按钮可以恢复先前显示的视图。

（6）标准方向。

单击该按钮可以将模型恢复系统预定义的视图显示状态，可以使用快捷键 Ctrl+D 实现此功能。

（7）重定向视图。

单击【已命名视图】按钮下方的向下箭头▾，在弹出菜单中选择【重定向】选项，弹出【方向】对话框，如图 1-17 所示。在【类型】下拉列表框中选中【动态定向】选项，在此对话框中可以通过使用移动滑块和输入值方式改变模型大小和方向，确定好视角后，在【已保存的视图】下的名称文本框中输入该视角名称，单击【保存的视图】按钮，在使用过程中可应用该视角。

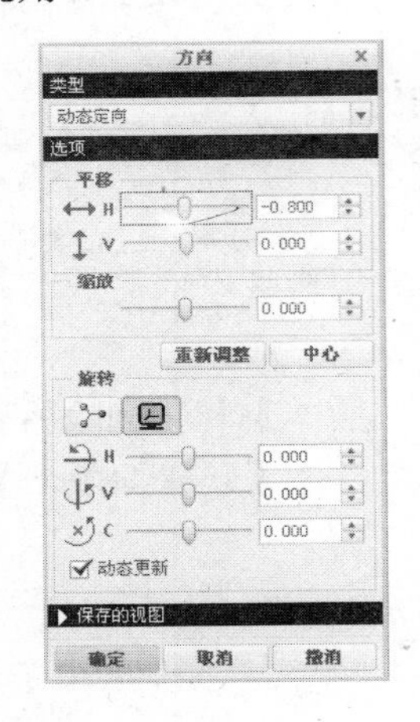

图 1-16 【方向】对话框

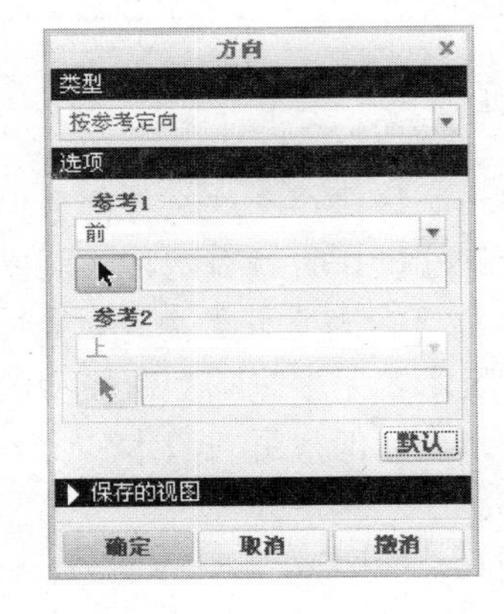

图 1-17 【方向】对话框

在【类型】下拉列表框中选中【按参考定向】选项。设置【参考 1】的参照方向，单击鼠标左键，在绘图区选取已有的基准平面作为方向定向参考，使用同样的方法设置【参考 2】即可，在名称文本框中输入该视角名称，单击【保存的视图】按钮，保存该设置。

在【类型】下拉列表框中选中【首选项】选项。【首选项】主要用来设置模型的【旋转中心】和【缺省方向】，【优先选项】的各项设置如表 1-1 所示。

表 1-1 【首选项】的各项设置说明

旋转中心	说　明	缺省方式	说　明
模型中心	以模型中心为中心旋转	等轴测	以等角视图模式作为默认的显示方式
屏幕中心	以屏幕为中心旋转	斜轴测	以不等角视图模式作为默认的显示方式
点或顶点	在绘图区选取相应点为旋转中心	用户定义	用户自定义旋转角度，输入 X 和 Y 轴旋转角度即可
边或轴	在绘图区选取相应边或轴为旋转中心		
坐标系	在绘图区选取相应坐标系为旋转中心		

（8）按确定方向显示模型。

单击【已命名视图】按钮下方的向下箭头▾，在弹出菜单中列出了一系列预定义的显示视角，如图 1-18 所示。可以根据需要选择不同的方向，以便从不同角度方向观察模型。

（9）基准特征与模型旋转中心显示与隐藏。

在【视图】菜单中有实现基准轴、基准平面等基准特征与模型旋转中心显示与隐藏操作的一组按钮，如图 1-19 所示，使用这些按钮可以实现上述对象的显示与隐藏状态的切换。当按下相应的按钮时可以显示该类对象，反之隐藏该类对象。

2. 鼠标与键盘的使用

使用鼠标或鼠标与键盘相配合，可以实现模型的缩放、平移及旋转操作。

（1）模型的缩放操作。

上下滚动鼠标中键实现模型的放大或缩小显示。

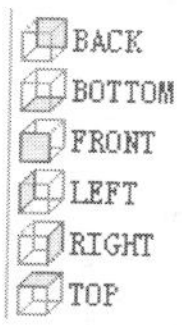

BACK
BOTTOM
FRONT
LEFT
RIGHT
TOP

图 1-18　预定义视角

图 1-19　基准特征、旋转中心显示/隐藏按钮

（2）模型的平移操作。

在建模环境中，按下 Shift+鼠标中键并移动光标，可将模型按鼠标移动的方向平移，屏幕上出现红色轨迹线，显示视图移动方向。在工程图和草绘模式下，按下中键并移动光标即可实现视图的平移。

（3）模型的旋转操作。

按下 Ctrl+鼠标中键并左右移动光标，可以旋转模型或直接按住鼠标中键并移动光标，也可旋转模型。

3. 【图形】工具条

在【图形】工具条中包含了常用的模型显示控制按钮，可以方便地实现图形的缩放、定向视图等操作。【图形】工具条如图 1-20 所示。

图 1-20　【图形】工具条

1.3.3　模型树操作

在零件模块中模型树是零件所有特征的列表，其中特征按照创建顺序排列，模型树显示零件文件名称并在名称下显示零件中的每个特征。在组件文件中，模型树显示组件文件名称并在名称下显示所包括的零件名称。在零件工作模式下在模型树中选择特征，然后单击鼠标右键，在弹出的快捷菜单中可以选择操作命令，如删除、排序、隐藏、恢复等。

1. 模型树中特征的排序

特征在模型树中根据创建的先后顺序排列，在模型树中拖动特征可以将其与父项或其他相关特征放在一起，但不能将子特征排在父特征的前面，没有父子关系的特征可以改变在模型树中的先后顺序。当对特征进行阵列、镜像操作时，阵列、镜像生成的特征自动归为一组。

特征的父子关系指的是特征之间的一种依存关系，子特征在父特征的基础上创建。当父特征删除时，子特征也被删除。

2. 在模型树中选取对象

可以在模型树中对特征或零件进行选择操作。当选定的特征或零件在绘图区中不可见或不方便选择时，此方法尤其有效。即使在绘图区窗口中禁止选取对象时，也可执行此操作。

3．显示或隐藏模型树中的项目

创建组件模型或者创建零件过程中经常需要对某些零件或特征进行隐藏和显示操作。隐藏对象操作在视觉上移除对象，并不从模型中删除。选取模型树中的一个或多个对象，然后单击鼠标右键，在弹出的快捷菜单中选择【隐藏】命令，可在选择已经隐藏的对象之后单击鼠标右键，在弹出的快捷菜单中选择【显示】命令，将隐藏的对象重新显示。

📖 显示和隐藏是互逆操作，当选择的对象处于显示状态时，在弹出的快捷菜单中会出现【隐藏】选项，反之出现【显示】选项。

4．隐含和恢复特征

隐含特征会将特征从模型上临时移除，但可通过恢复特征命令将其重新加入模型。在模型树中右键单击特征，在弹出的快捷菜单中选择【隐含】或【恢复】命令，即可将所选特征进行隐含与恢复操作。

📖 显示和隐藏是互逆操作，当选择的对象处于显示状态时，在弹出的快捷菜单中会出现【隐含】选项，反之出现【恢复】选项。

1.3.4 模型显示方式

模型的显示有六种模式，分别是带边着色、带反射着色、线框、隐藏线、消隐和着色。在【图形】工具栏中单击按钮下方的箭头，打开模型显示控制的各选项，如图 1-21 所示。

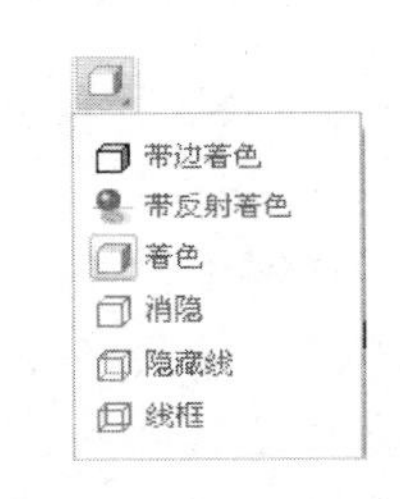

图 1-21　显示控制方式

几种显示方式的效果如图 1-22 所示。

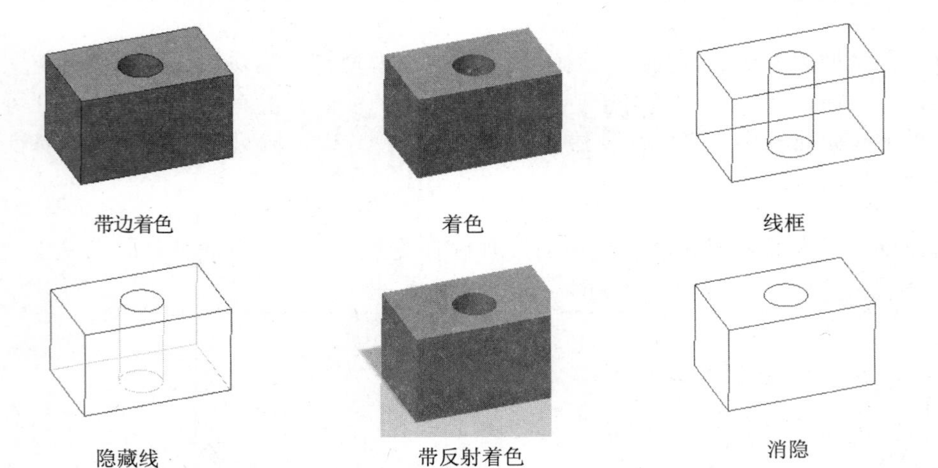

图 1-22　模型显示方式

1.4　Creo Parametric 产品设计主要内容

产品的设计是一个复杂的过程，一般要经过设计、分析和生成工程图等多个环节。在 Creo Parametric 环境下，完成产品的设计一般需要经过草图绘制、创建模型、完成装配体设计、工程分析等过程。

1. 草图绘制

实体建模一般从绘制二维截面轮廓开始。草图设计的基本过程：首先草绘二维几何图形，然后进行尺寸标注和添加约束，完成精确的二维截面图形绘制，以此为基础完成三维零件的设计。在 Creo 中绘制的草图如图 1-23 所示。

2. 造型设计

造型设计就是创建产品的三维模型，在 Creo Parametric 中提供了多种造型方法，可以应用拉伸、旋转等功能结构较简单的模型，也可以应用曲面设计功能设计外形复杂的模型。在 Creo 中创建的模型如图 1-24 所示。

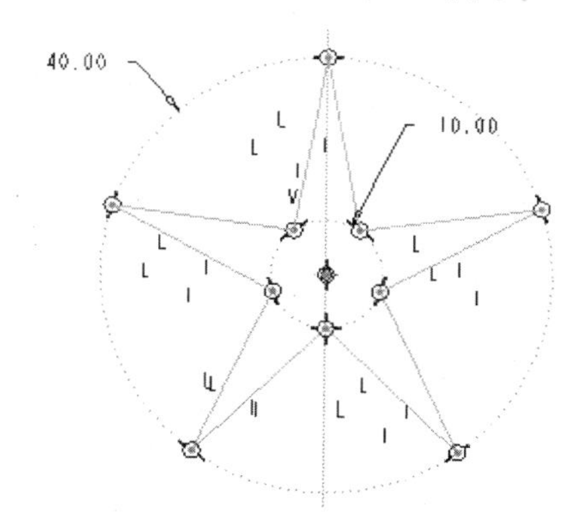

图 1-23　草图设计

图 1-24　造型设计

3. 装配体设计

在 Creo Parametric 中可以在组件模块中将零件、组件装配在一起，完成装配体的创建。在 Creo Parametric 中创建的装配体模型如图 1-25 所示。

图 1-25　装配设计

4．工程图设计

在 Creo Parametric 的工程图模块中可以很方便地创建实体模型的工程图，并添加标注和修改尺寸。当对三维模型进行编辑修改时，工程图会自动更新，以反映模型的变化。在 Creo Parametric 中创建的工程图如图 1-26 所示。

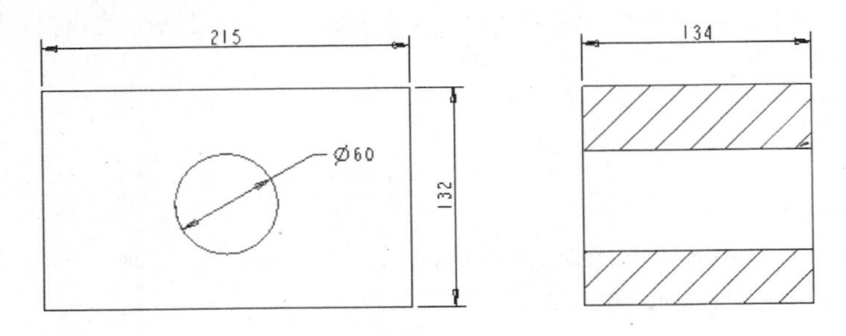

图 1-26　工程图设计

5．运动仿真

在产品开发中经常需要进行运动学仿真，以便进行方案修改和方案确定。Creo Parametric 提供了强大的机构运动仿真功能，将组成机构的元件按照需要的连接方式进行约束后，对机构进行运动学和动力学仿真，通过仿真可以直观地得到元件位置、速度和加速度等相对于时间的变化曲线，为机构及其元件的设计提供依据。

6．有限元分析

Creo Parametric 具有有限元分析功能，可以在零件造型完成后对其进行划分网格、添加约束和指定材料等操作，并对其进行结构、热和结构—热耦合有限元分析，得到应力分布、应变分布等分析结果。在 Creo Parametric 中有限元仿真的例子如图 1-27 所示。

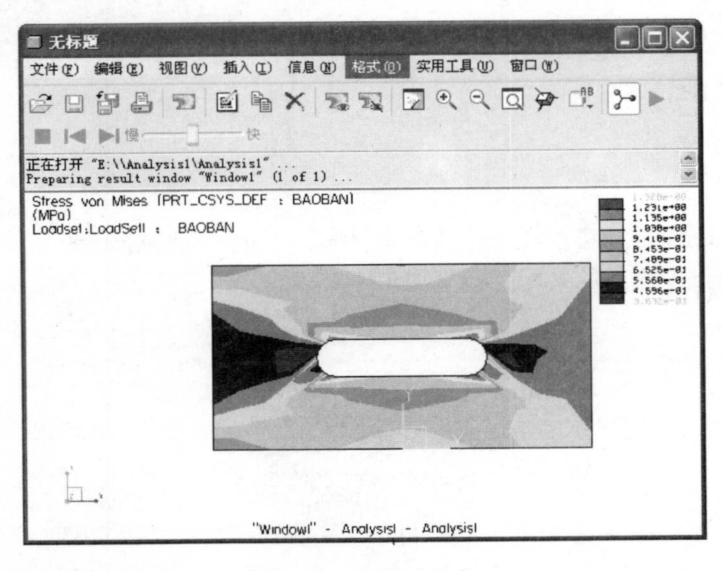

图 1-27　有限元仿真

1.5　综合实例——轴的设计

本节以图 1-28 所示轴的设计过程为例，介绍在 Creo Parametric 中建模的主要过程。通过本例的学习，读者能理解特征建模的特点及模型创建的基本过程。

设计分析

- 建模过程中涉及了草图绘制及旋转特征、倒角特征和拉伸特征的创建。
- 在轴的建模中，首先通过旋转特征操作创建轴的基体部分，然后创建倒角特征，最后通过拉伸切除材料创建键槽，创建的轴模型如图 1-28 所示。

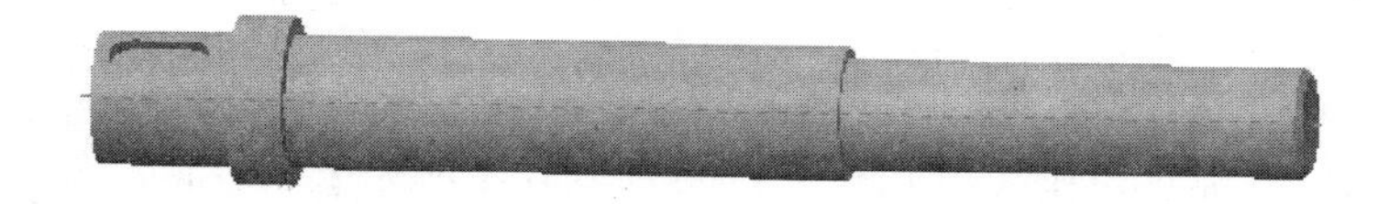

图 1-28　轴模型

设计过程

（1）新建零件文件。单击工具栏中的【新建】按钮 ，在打开的【新建】对话框的【类型】分组框中选择【零件】选项，在【子类型】分组框中默认选中【实体】选项，在【名称】文本框中输入文件名“zhou”，并去掉【使用缺省模板】前的【√】。

（2）单击【确定】按钮，在弹出的【新文件选项】对话框中选取模板为【mmns_part_solid】，其各项操作如图 1-29、图 1-30 所示，单击【确定】按钮后，进入零件模块。

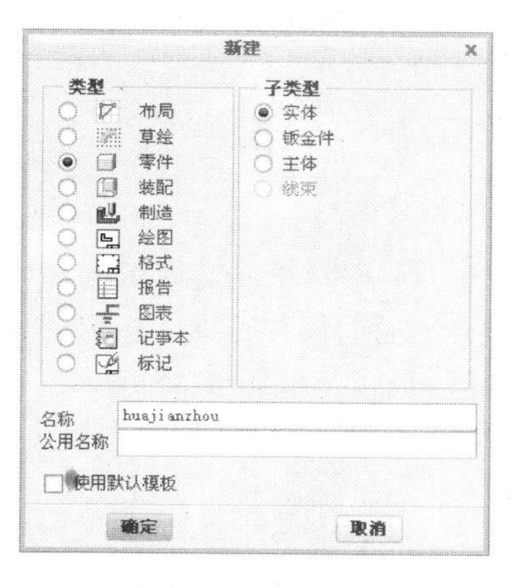

图 1-29　新建文件

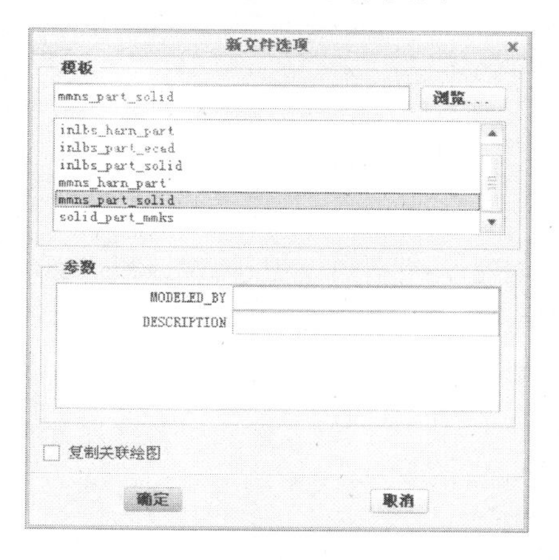

图 1-30　新建文件选项

（3）创建旋转特征。单击【模型】功能菜单中的【旋转】按钮，打开【旋转特征】操控板，单击其中的【放置】菜单，打开【草绘】对话框，选择基准平面 RIGHT 作为草绘平面，其他设置接受系统默认参数，最后单击【草绘】按钮进入草绘模式。绘制如图 1-31

所示的旋转剖面图，完成后单击✓按钮退出草绘模式。生成如图 1-32 所示旋转特征。

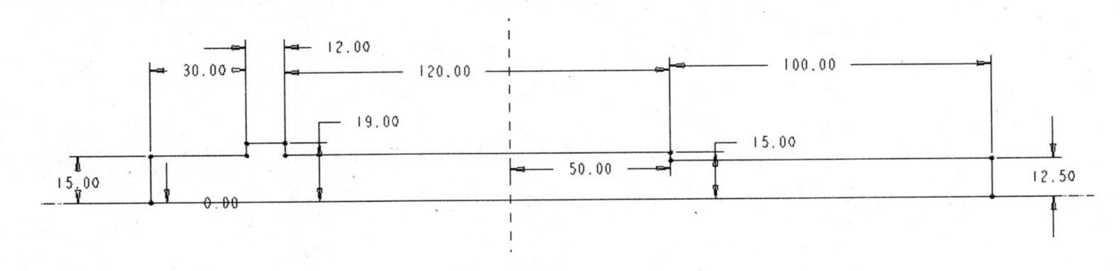

图 1-31　旋转剖面图

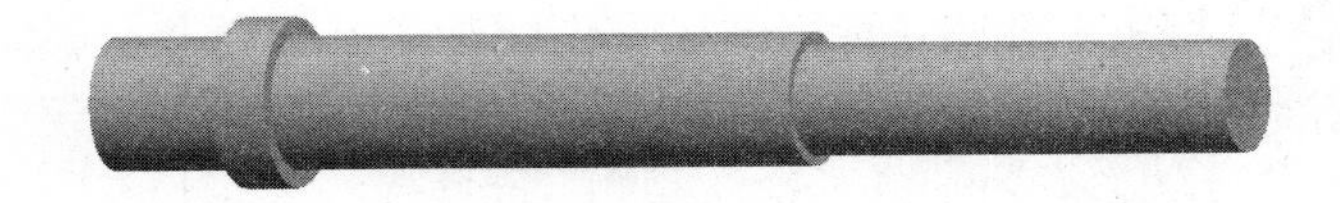

图 1-32　创建旋转实体特征

（4）创建倒角特征。单击【倒圆角】按钮，打开【倒角】特征操控板，操作过程如图 1-33 所示。在操控板文本框中输入倒角类型及参数，然后选择要倒角的棱边，最后选择操控板上的按钮✓，完成倒角创建。

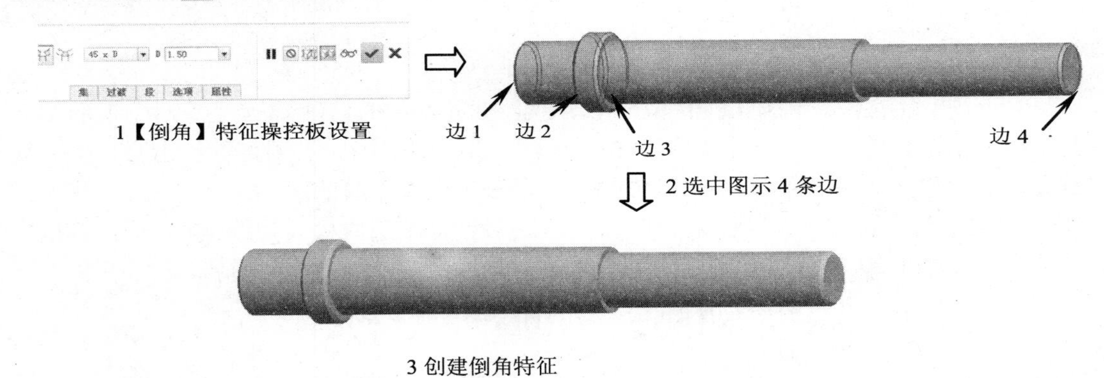

图 1-33　倒角特征

（5）创建基准平面。单击▱按钮，打开【基准平面】对话框。选取 RIGHT 平面作为作为参照，采用平面偏移的方式，偏距为 11，并调整平面的偏移方向，按照图 1-34 所示设置【基准平面】对话框。完成后单击【确定】按钮，最后生成图 1-35 所示的 DTM1 基准平面。

图 1-34　基准平面对话框

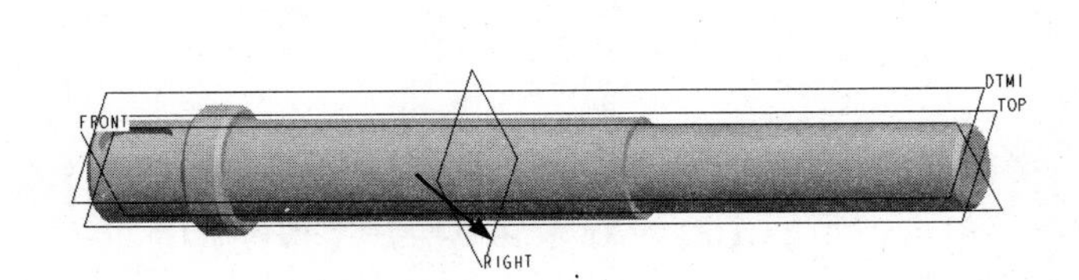

图 1-35　新建基准平面 DTM1

（6）创建键槽。运用拉伸命令的去除材料功能，创建键槽。选取上一步所建立的基准面 DTM1 作为草绘平面，主要操作过程如图 1-36 所示。

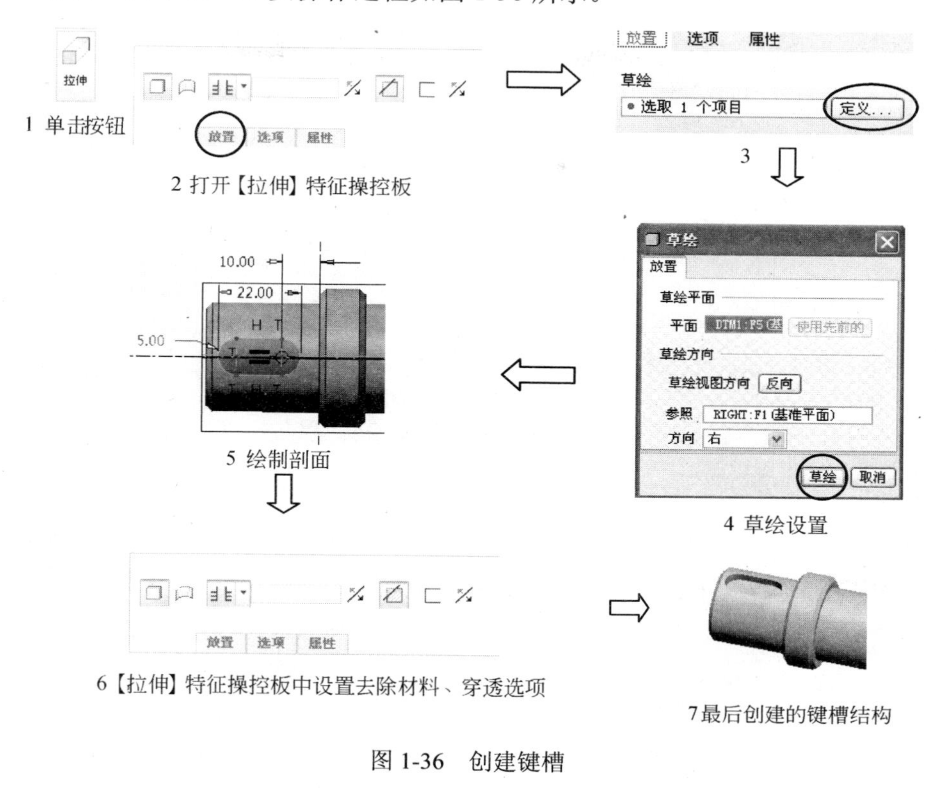

图 1-36　创建键槽

1.6　小　　结

本章主要介绍了 Creo Parametric 2.0 软件的基础知识，主要包括软件的界面组成，功能区及菜单命令、基本操作等内容，最后以一个较为简单的例子介绍了创建建模的基本过程。通过本章的学习，读者主要应该理解 Creo Parametric 的特点，掌握基本的文件操作、视图显示操作、系统环境设置等内容，为后续的进一步学习打下基础。

1.7　思考与练习

思考题

（1）Creo Parametric 2.0 系统设置主要包括哪些方面内容，如何进行设置？

（2）创建工作目录有何意义，如何创建工作目录？

（3）如何使用鼠标和键盘完成模型的显示控制？

（4）Creo Parametric 有哪些，如何理解？

（5）文件操作主要包含哪些内容，如何实现？

第 2 章　草图创建与编辑

草图是创建产品三维模型的基础，在 Creo Parametric 2.0 中草图的创建与编辑在草绘模块下进行。在草图绘制环境中可以完成草图的绘制、尺寸和约束的创建、图形的编辑。本章将介绍进入草图绘制环境的方法、草图绘制、尺寸标注与添加约束、草图绘制实例等内容。

2.1　草图绘制环境

草图模块下中可以绘制创建拉伸、旋转等特征所需的二维截面图形，为扫描、扫描混合等特征的创建绘制轨迹线等。本节介绍进入草图绘制环境的方法、草图绘制环境界面及工具栏等内容。

2.1.1　进入草图绘制环境

在 Creo Parametric 中，可以通过三种方法进入草图绘制环境：第一是创建新的草绘文件；第二是从零件环境中进入草图绘制环境；第三是在创建实体特征的过程中，通过绘制截面进入草图绘制环境。

1．通过创建草绘文件进入草图绘制环境

通过新建一个草绘文件，直接进入草图绘制环境。操作步骤如下。

（1）选择菜单栏中的【文件】/【新建】命令，或者单击【文件】工具栏中的【新建】按钮，弹出【新建】对话框。

（2）单击【新建】对话框中【类型】选项组中的【草绘】单选按钮。

（3）单击【新建】对话框中【确定】按钮，进入草图绘制环境。

2．在零件环境中进入草图绘制环境

在零件设计环境中，单击工具栏中的【草绘】按钮，系统弹出【草绘】对话框。在绘图区或模型树中，单击选取一个平面作为草绘平面，选取其他参照为草绘方向，单击【草绘】对话框中的【草绘】按钮，也可进入草图绘制环境。

3．通过创建某个特征进入草图绘制环境

在零件设计环境中，插入某个特征，如拉伸特征，系统打开【草绘】对话框。在系统提示下选择草绘平面及参考平面后，单击【草绘】对话框中【草绘】按钮，同样可以进入

草图绘制环境。

📖 前两种方式建立的草绘截面可以保存为文件，在创建特征时可以重复使用。

2.1.2　草图绘制环境界面介绍

单击【新建】按钮，在打开的【新建】对话框中选择【草绘】类型，单击【确定】按钮进入草绘环境，打开如图 2-1 所示的界面。

草图绘制环境界面主要由菜单栏、工具栏、绘图区、导航区、消息区、过滤器等几部分组成。

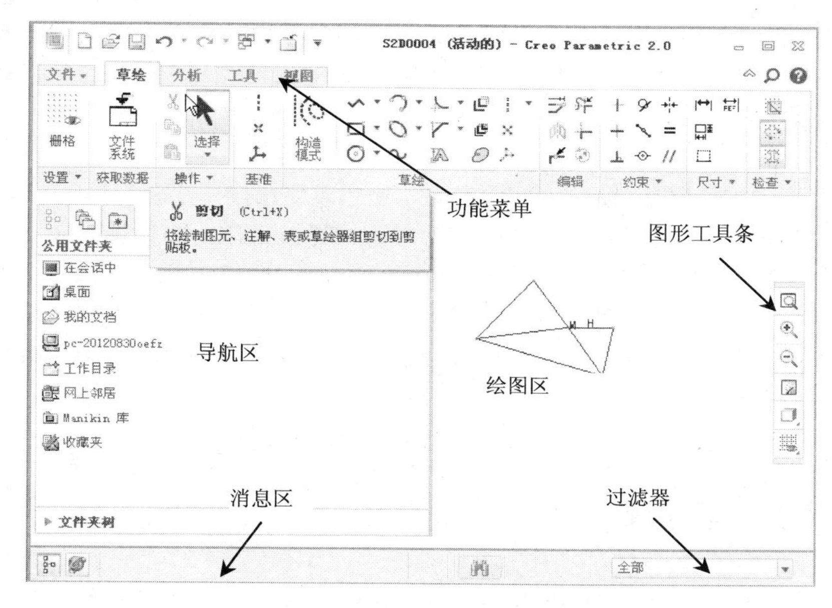

图 2-1　草绘界面

1．功能菜单

草图环境下有文件、分析、草绘、工具、视图五个功能菜单。

- 【文件】功能菜单。在【文件】功能菜单中包括文件的打开、保存、管理文件、管理会话等选项，这些选项的功能在第一章中已经进行了介绍，这里不再赘述。
- 【草绘】功能菜单。【草绘】功能菜单如图 2-2 所示，菜单中提供了图形的绘制命令按钮、标注尺寸按钮、添加约束按钮、图形检测按钮等内容，绘制草图时主要使用该菜单中的相关功能。

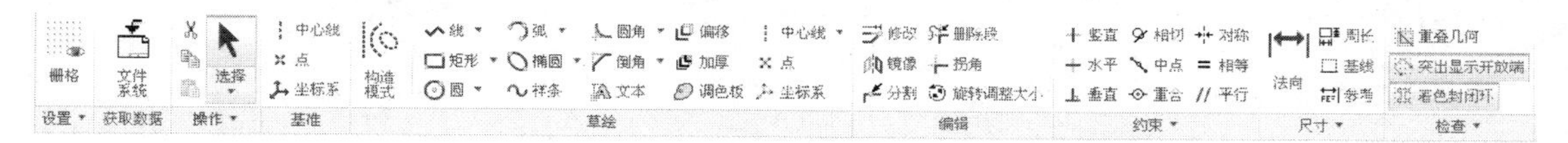

图 2-2　【草绘】菜单

- 【分析】功能菜单。【分析】功能菜单如图 2-3 所示，该工具栏包括测量和检测两个子模块，用于对所绘制的草图要素进行测量和相关要素特征的检查。
- 【工具】功能菜单。【工具】功能菜单如图 2-4 所示，该工具栏提供了关系、调查和实用工具三个子模块，用于定义关系式等操作。

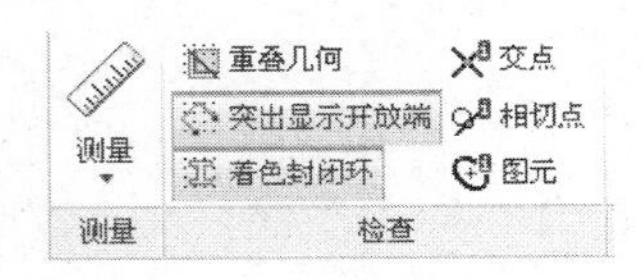

图 2-3 【分析】菜单

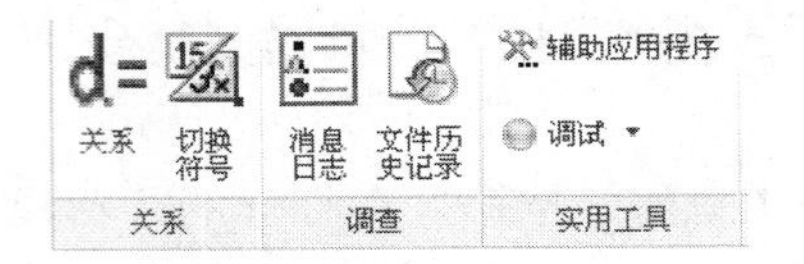

图 2-4 【工具】菜单

- 【视图】功能菜单。【视图】功能菜单中提供了若干图形显示控制的按钮，其中各项功能已经在第一章中进行了详细介绍，这里不再赘述。另外，其中的某些功能可以使用草图环境下的【图形】工具条（如图 2-1 所示）中相应按钮完成。

2. 界面其他组成部分

- 绘图区：绘图区位于窗口中部的右侧，是生成和操作草绘图形的区域。
- 导航区：为便于对设计工程或数据管理进行导航、访问和处理而设置的。其中的各项内容第一章中已经进行了详细介绍。
- 过滤器：用于过滤选择对象。过滤器在可用时，消息区会显示如下信息：在当前模型中选取的项目数；可用的选取过滤器；模型再生状态，指示必须再生当前模型，指示当前过程已暂停。
- 消息区：显示当前操作的状态及命令提示等内容。

2.1.3 草绘器环境设置

草绘环境的设置是进行草图绘制前的准备工作，是对绘制草图的操作界面及草绘过程中所显示的内容、颜色、线型和网格等的设置。

1. 环境设置

环境设置的过程及设置内容如下：

选取【文件】/【选项】命令，系统弹出【Creo Parametric 选项】对话框，选择【草绘器】项，如图 2-5 所示，在该对话框中可以进行对象显示、草绘器约束假设、尺寸和求解器精度、拖动截面时的尺寸行为、草绘器栅格、草绘器启动、图元线型和颜色、草绘器参考、草绘器诊断等的设置。

在【Creo Parametric 选项】的对话框上选择【系统颜色】/【草绘器】项，弹出如图 2-6 所示的对话框，用户可根据自己的习惯和喜好设置草图要素的显示颜色。

2. 设置线造型

选择菜单栏中的【草绘】/【设置】/【设置线造型】命令，系统弹出如图 2-7 所示的【线造型】对话框。

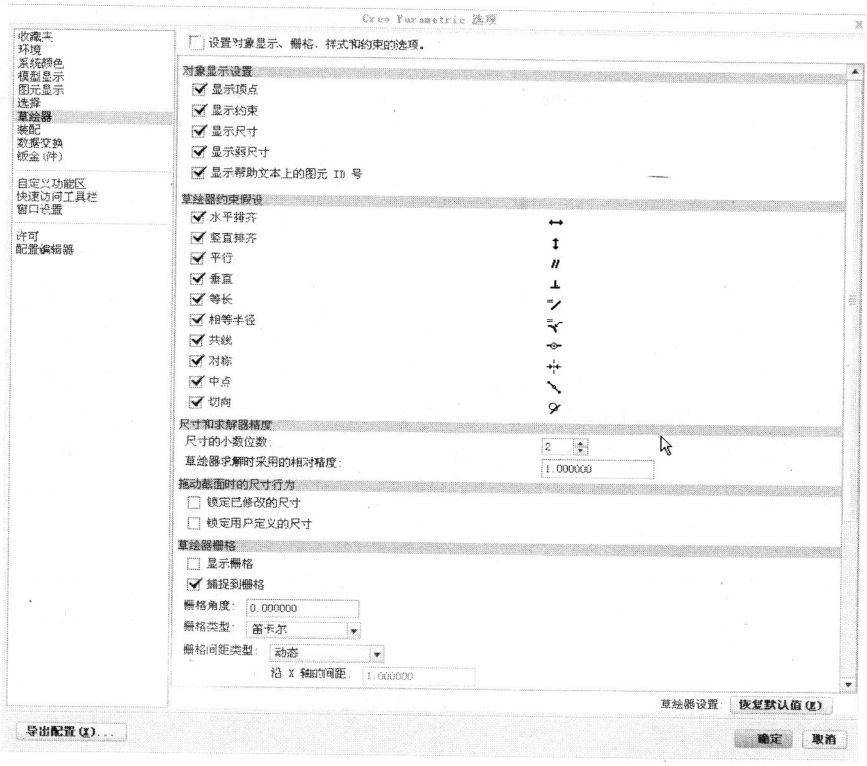

图 2-5 【草绘器】

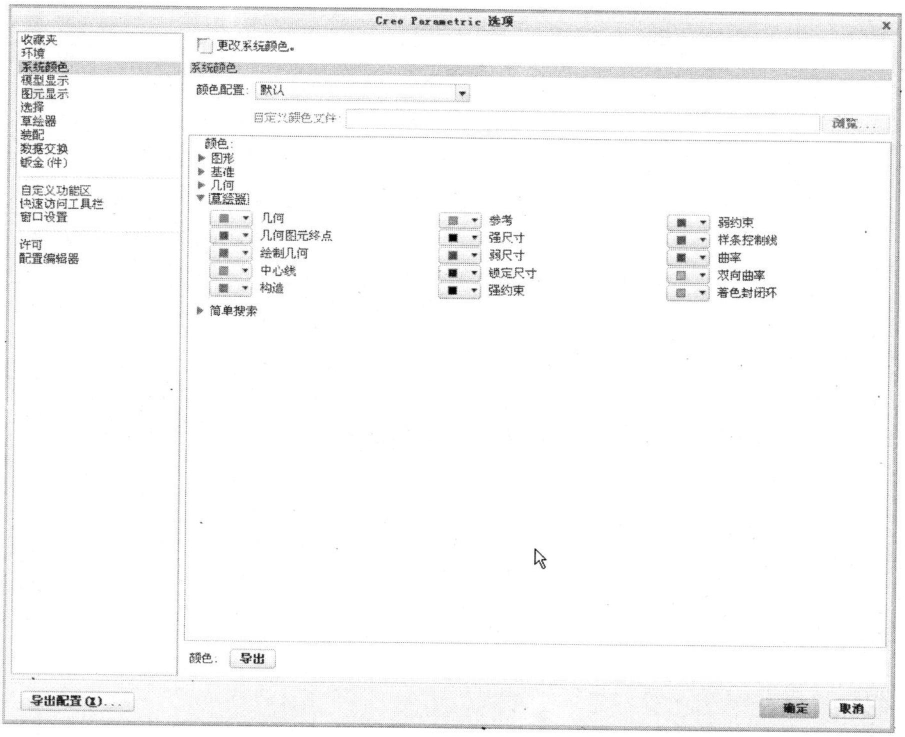

图 2-6 【系统颜色】/【草绘器】

图 2-7 【线造型】对话框

在【线造型】对话框中可用系统默认线型、现有线型、自定义三种方式设置线型。

- ❑ 系统默认线型：在【样式】下拉列表框中选择系统默认的线样式，分别是隐藏、几何、引线、切削平面、虚线和中心线。
- ❑ 现有线型：单击【现有线】选项组中【选取线】按钮，从绘制图中选择现有的线型为当前线样式。
- ❑ 自定义：在【属性】选项组中【线型】下拉列表框中选择线型，分别是实线、点虚线、控制线和双点划线等，单击【颜色】按钮，在系统弹出的如图 2-8 所示的【颜色】对话框中定义线型颜色。

单击【线造型】对话框中的【应用】按钮，设置的线造型就应用到当前的绘图环境中。单击【线造型】对话框中的【重置】按钮，清除当前的设置，重新设置线造型。单击【线造型】对话框中的【关闭】按钮，关闭【线造型】对话框。

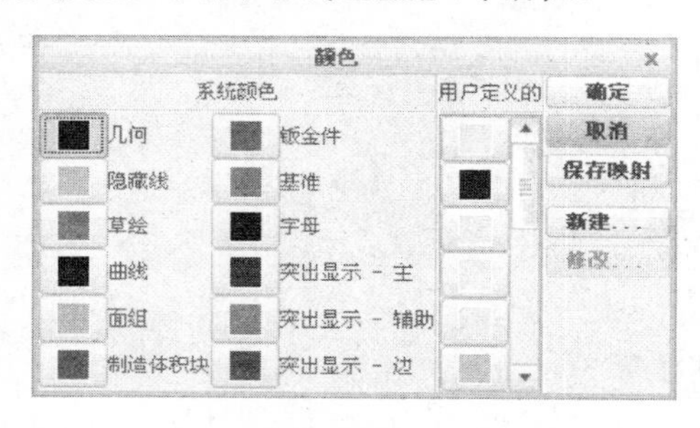

图 2-8 【颜色】对话框

2.2 绘制几何图形

草绘模式中可以直接绘制点、线、矩形、圆/圆弧、椭圆、样条曲线、圆角曲线、倒角曲线、文本、坐标系等图形元素，还可以使用偏移、加厚和调色板功能绘制图形。下面对这些草图元素的绘制方法详细介绍。

2.2.1 绘制直线

1. 绘制两点直线

绘制两点直线的操作步骤如下：

（1）单击 线 按钮。

（2）在绘图区单击选取直线的起始点位置。

（3）在绘图区单击选取第一条直线的终止点位置，在两点间绘制一条直线。

（4）重复步骤[1]，绘制其他直线。

（5）单击鼠标中键，结束直线绘制，结果如图 2-9 所示。

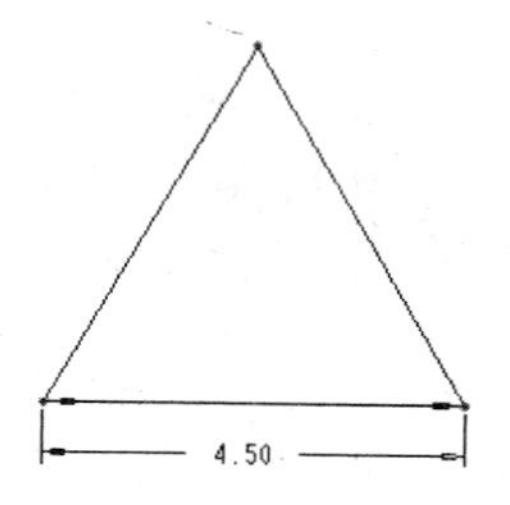

图 2-9　绘制直线

2．绘制相切直线

“直线相切”工具，是根据两条曲线绘制与其相切直线段的工具。绘制相切直线的操作步骤如下：

（1）选中菜单中 线 的下拉选项 直线相切。

（2）在绘图区的某个曲线图元上单击选取相切直线的起始点位置。

（3）在绘图区的另一个曲线图元上单击选取第一条相切直线的终止点位置。

（4）重复步骤（3），绘制其他相切直线。

（5）单击鼠标中键，结束相切直线绘制，完成后的结果如图 2-10 所示。

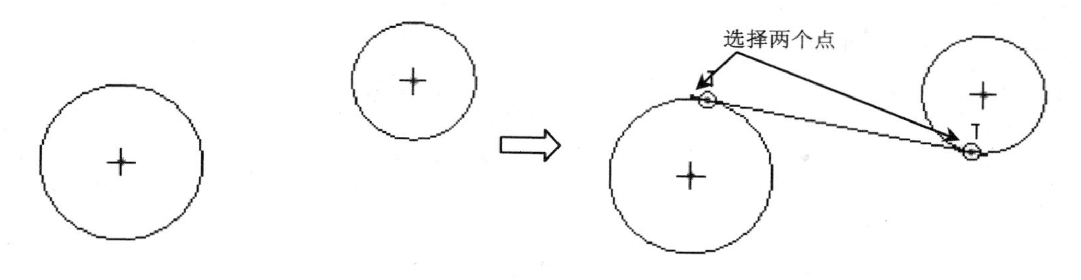

图 2-10　绘制相切直线

3．绘制中心线

“中心线”工具，是通过两点或两条曲线绘制中心线的工具。绘制中心线有两种方法：两点中心线和相切中心线。

绘制两点中心线的操作步骤如下。

（1）单击 中心线 按钮。

（2）在绘图区单击选取中心线通过的点，则出现一条穿过该点的中心线，且可以随着光标的移动而旋转。

（3）在绘图区单击选取中心线通过的另一点，绘制第一条中心线。

（4）重复步骤（2）~（3），绘制其他中心线。

（5）单击鼠标中键，结束中心线的绘制，结果如图 2-11 所示。

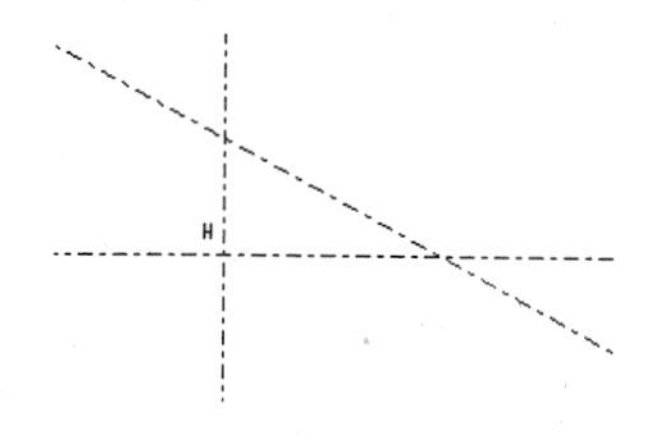

图 2-11　绘制中心线

绘制相切中心线的操作步骤如下：

（1）选中菜单中【中心线】按钮的下拉选项 中心线相切。

（2）在绘图区单击中心线通过的第一点。

（3）在绘图区单击选取中心线通过的第二点，绘制一条中心线。

（4）重复步骤（2）~（3），绘制其他相切中心线。

（5）单击鼠标中键，结束相切中心线绘制，结果如图 2-12 所示。

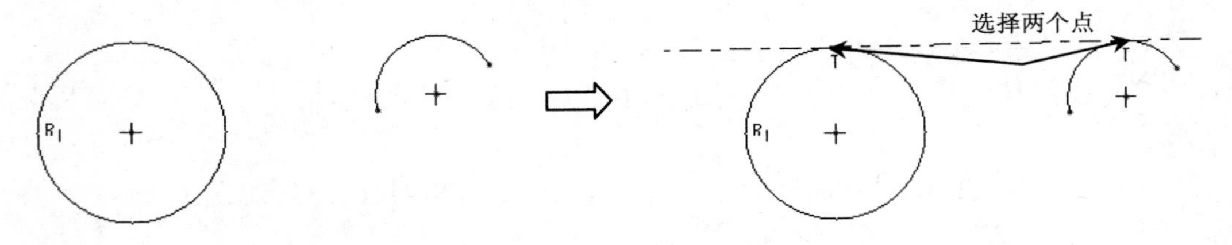

图 2-12　绘制相切中心线

4．绘制几何中心线

“几何中心线”工具，是通过两点或两条曲线绘制中心线的工具。

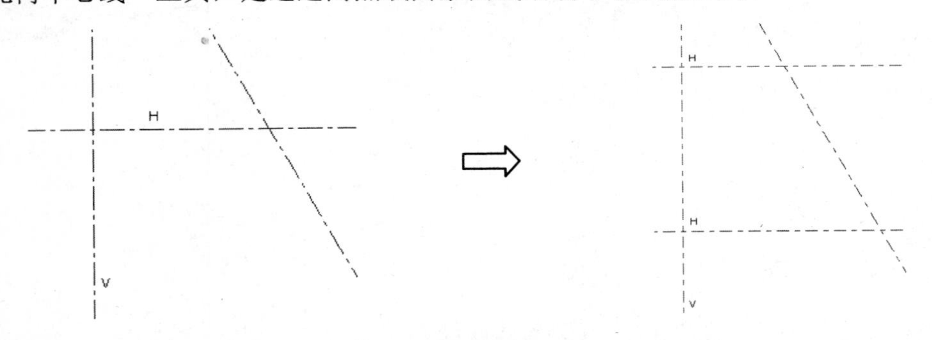

图 2-13　绘制中心线

绘制几何中心线的操作方法如下：

（1）选中菜单中【中心线】按钮。

（2）在绘图区单击中心线通过的第一点。

（3）在绘图区单击选取中心线通过的第二点，绘制一条中心线。

（4）重复步骤（2）~（3），绘制其他相切中心线。

（5）单击鼠标中键，结束中心线的绘制，结果如图 2-13 所示。

📖 几何中心线可以作为旋转中心及对称中心使用，在模型中以轴线形式显示。中心线作为对称中心或辅助线使用。

2.2.2　绘制矩形

【矩形】下拉列表，如图 2-14 所示，用于绘制拐角矩形、斜矩形、中心矩形和平行四边形。

1．绘制矩形

使用“矩形”工具可以通过确定矩形的两个对角点绘制矩形。

绘制矩形的操作步骤如下：

（1）单击菜单中的【矩形】下拉按钮 矩形 ▾。

图 2-14 【矩形】工具

（2）在绘图区单击选取矩形的一个顶点位置，拖动鼠标在绘图区动态出现一个矩形。

（3）在绘图区单击选取矩形的另一顶点位置，在两个顶点间绘制一个矩形。

（4）重复步骤（2）~（3），绘制其他矩形。

（5）单击鼠标中键，结束矩形绘制，结果如图 2-15 所示。

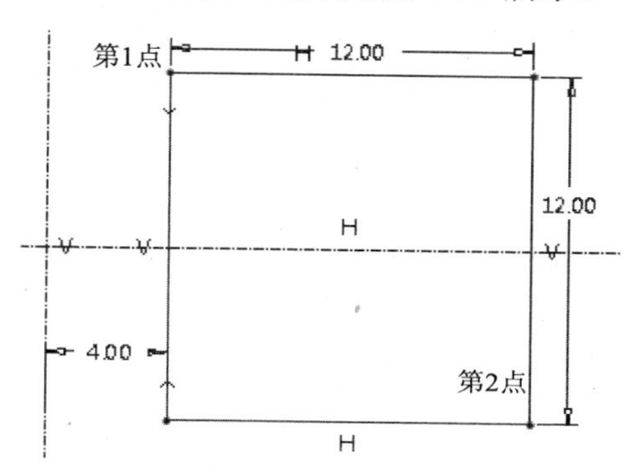

图 2-15　绘制矩形

2．斜矩形与平行四边形绘制

斜矩形与平行四边形的绘制过程类似。在菜单中选择斜矩形或平行四边形命令后，根据系统提示确定 3 个点即可绘制图形，如图 2-16、图 2-17 所示。

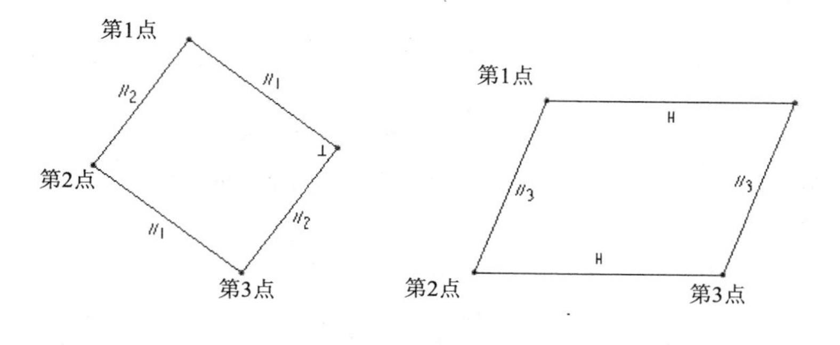

图 2-16　斜矩形　　图 2-17　平行四边形

3．中心矩形

中心矩形的绘制只需选择矩形的对称中心及一个角点即可，绘制的中心矩形如图 2-18 所示。

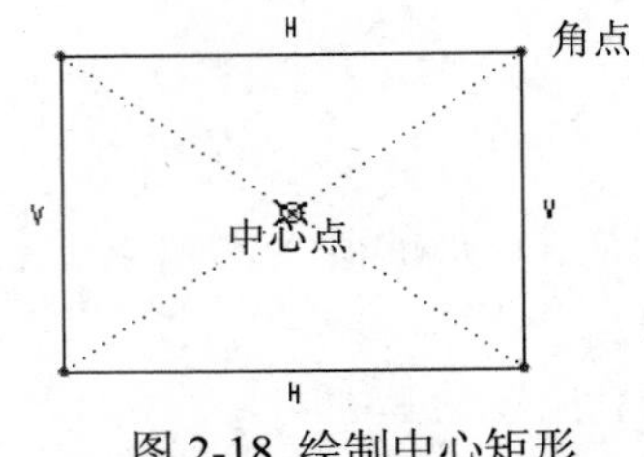

图 2-18 绘制中心矩形

2.2.3 绘制圆

绘制圆的工具如图 2-19 所示，有圆心和原点、同心、3 点、3 相切四种类型。

1. 通过圆心和点绘制圆

选择圆心及圆上一点绘制圆的操作步骤如下：

（1）单击菜单中的按钮 圆，并选择下拉列表中的 圆心和点。

（2）在绘图区单击选取圆心位置，拖动鼠标在绘图区出现一个动态圆形。

（3）在绘图区中某个位置单击确定圆的大小，完成圆的绘制，结果如图 2-20 所示。

图 2-19 【圆】工具

图 2-20 绘制圆形

2. 绘制同心圆

绘制已有圆的同心圆，操作步骤如下：

（1）单击菜单中的按钮 圆，并选择下拉中的 同心。

（2）在绘图区单击已存在圆，拖动鼠标在绘图区出现动态的同心圆。

（3）在绘图区中某个位置单击，确定圆的大小。

（4）单击鼠标中键，结束同心圆的绘制，结果如图 2-21 所示。

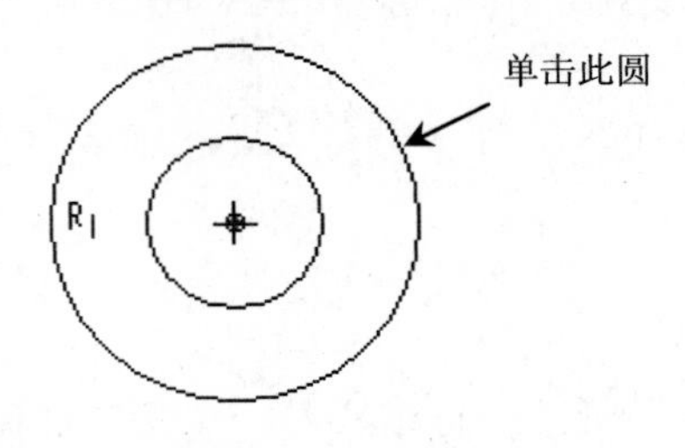

图 2-21 绘制的同心圆

3．绘制3点圆

选择圆上的 3 个点创建圆，操作步骤如下：

（1）单击菜单中的按钮 圆 ，并选择下拉列表中的 3点 。

（2）在绘图区拾取不共线的 3 个点即可绘制一个圆。

4．绘制3相切圆

选择与圆相切的三个图形元素创建圆，操作步骤如下：

（1）先在绘图区中绘制 3 个图元。

（2）单击菜单中的【圆】按钮 圆 ，并选择下拉列表中的 3 相切 。

（3）分别用鼠标左键单击 3 个图元，系统将自动绘制出与 3 个图元均相切的圆，结果如图 2-22 所示。

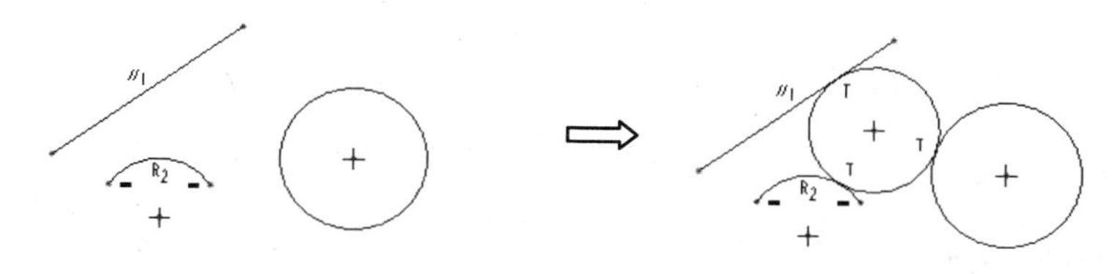

图 2-22　绘制“3 相切”圆

2.2.4　绘制圆弧

绘制圆弧的工具如图 2-23 所示，方法包括根据 3 点/相切端弧、圆心和端点弧、3 相切弧、同心弧、圆锥弧。

3点/相切端
圆心和端点
3 相切
同心
圆锥

图 2-23　【圆弧】工具

1．绘制3点/相切端圆弧

该绘制方法可以绘制两种圆弧，即 3 点和相切端。

（1）3 点弧绘制方法如下。

1）单击菜单中的按钮 弧 ，并选择下拉列表中的 3点/相切端 。

2）在绘图区中任意拾取 3 个点即可获得一段圆弧，其中第 1 和第 2 点分别为圆弧的起点和终点，第 3 点可确定圆弧的大小。

（2）相切端圆弧绘制方法如下。

1）先在绘图区绘制两条直线。

2）单击菜单中的按钮 弧 ，并选择下拉列表中的 3点/相切端 。

3）选中一条直线的一个端点，再选中另一条直线的同侧端点，即可生成一条与两条直线端点都相切的圆弧，结果如图 2-24 所示。

2．通过圆心和端点绘制弧

该方法通过指定圆心、起点和终点绘制圆弧，过程如下：

（1）单击菜单中的按钮 弧 ，并选择下拉列表中的 圆心和端点 。

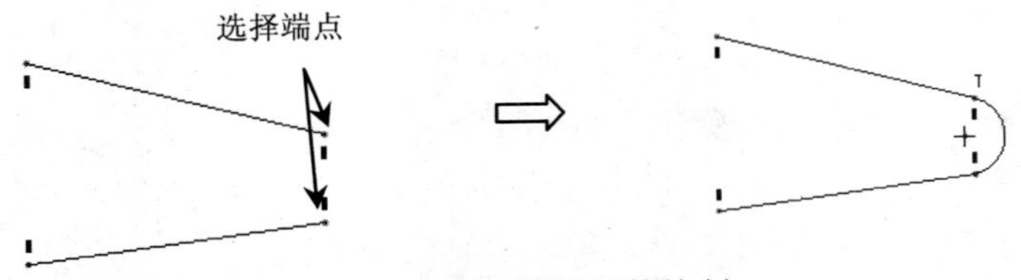

图 2-24　相切端圆弧的绘制

（2）在绘图区中单击选取一点作为圆心。

（3）移动鼠标，单击一点即为圆弧的起点。

（4）单击另一点即为圆弧的终点，完成圆弧绘制，结果如图 2-25 所示。

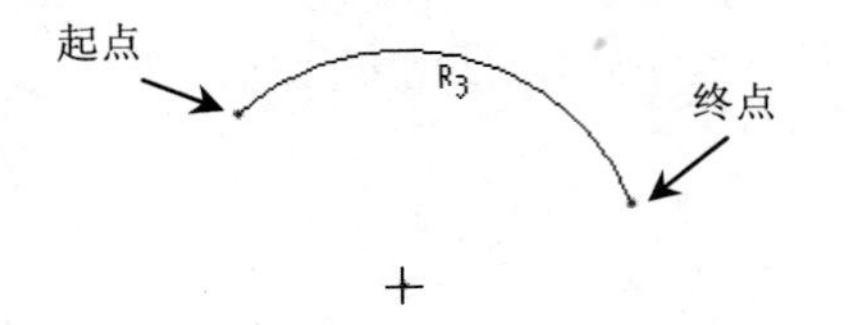

图 2-25　通过圆心和端点绘制圆弧

3. 绘制3相切圆弧

选择与圆弧相切的三个图形元素创建圆，操作步骤如下：

（1）在绘图区中绘制 3 个图元。

（2）单击菜单中的按钮 弧，并选择下拉列表中的 3 相切。

（3）分别用鼠标单击 3 个图元，系统将自动绘制出与 3 个图元均相切的圆弧，结果如图 2-26 所示。

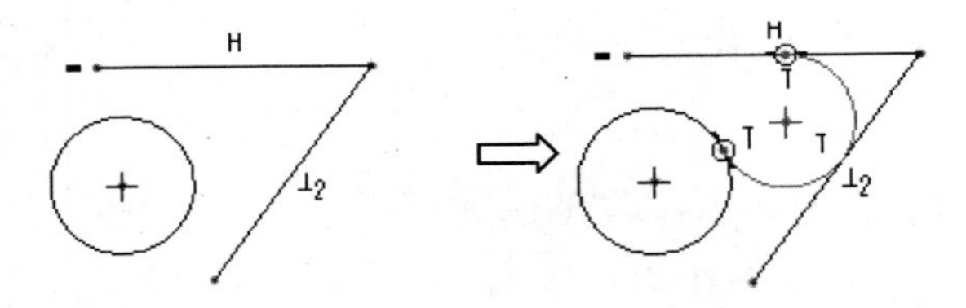

图 2-26　绘制 3 相切圆弧

4. 绘制同心圆弧

与同心圆的绘制方法类似，操作步骤如下：

（1）单击菜单中的按钮 弧，并选择下拉列表中的 同心。

（2）在绘图区单击已存在圆弧，拖动鼠标在绘图区动态出现一个圆形。

（3）在绘图区中某个位置单击，即为圆弧的起点，再移动鼠标并单击，即为圆弧的终点，结果如图 2-27 所示。

5. 绘制锥形弧

锥形弧需通过 3 个点来确定，前两个点确定圆锥的两个端点，第三个点用来调整曲线的曲率。锥形弧的绘制步骤如下：

（1）单击菜单中的按钮 弧，并选择下拉列表中的 圆锥。

（2）在绘图区中任意位置单击，在另一处单击确定第二点，此时出现一条通过两点的中心线和一条随鼠标指针动态移动的圆锥曲线，在第三处单击即可确定锥形弧的形状，结果如图 2-28 所示。

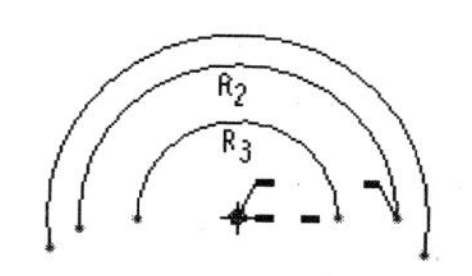

图 2-27 绘制同心圆弧

图 2-28 绘制锥形弧

2.2.5 绘制椭圆

绘制椭圆的工具如图 2-29 所示，分为轴端点椭圆、中心和轴椭圆两种类型。

1．通过轴端点创建椭圆

轴端点椭圆是通过指定椭圆轴线的两端点和椭圆上一点绘制椭圆的工具。创建轴端点椭圆的操作步骤如下：

（1）单击菜单中按钮 椭圆，并选择下拉列表中的 轴端点椭圆。

（2）在绘图区单击选取一点作为轴线的一个端点，拖动鼠标在绘图区动态出现一条中心线。

（3）在绘图区单击选取一点作为轴线的另一个端点，拖动鼠标在绘图区动态出现一个椭圆。

（4）在绘图区单击选取一点作为椭圆上的一点，创建一个椭圆。

（5）重复步骤（2）~（4），创建其他椭圆。

（6）单击鼠标中键，结束椭圆的创建，结果如图 2-30 所示。

图 2-29 【椭圆】工具

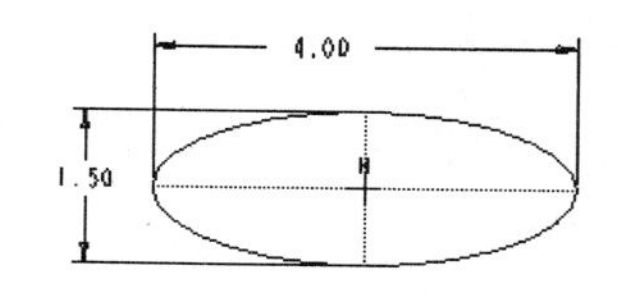

图 2-30 椭圆绘制结果

2．通过中心和轴创建椭圆

创建中心和轴椭圆的操作步骤如下：

（1）单击菜单中【椭圆】下拉按钮 椭圆，并选择下拉菜单中的 中心和轴椭圆。

（2）在绘图区单击选取一点作为椭圆中心，拖动鼠标在绘图区动态出现一条中心线。

（3）在绘图区单击选取一点作为轴线的一端点，拖动鼠标在绘图区动态出现一个椭圆。

（4）在绘图区单击选取一点作为椭圆上的一点，在椭圆中心、轴端点和椭圆上一点间创建了一个椭圆。

（5）重复步骤（2）～（4），创建其他椭圆。

（6）单击鼠标中键，结束椭圆的创建，结果如图 2-31 所示。

2.2.6 绘制样条曲线

样条曲线为通过一系列点的光滑曲线，创建样条曲线的操作步骤如下：

（1）单击菜单中【样条】按钮 样条。

（2）在绘图区依次选择一系列点。

（3）单击鼠标中键，结束样条曲线的创建，结果如图 2-32 所示。

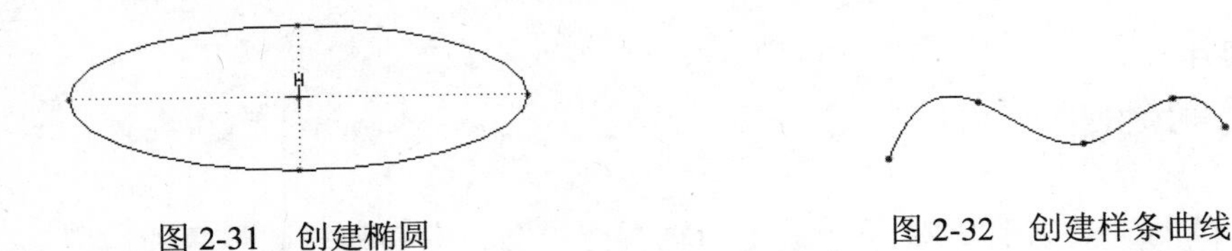

图 2-31 创建椭圆　　图 2-32 创建样条曲线

2.2.7 倒圆角

在 Creo 草绘器中有两种倒圆角：一种是倒圆角，另一种是椭圆角。

1. 创建倒圆角

（1）单击菜单的【圆角】按钮 圆角，并选择下拉列表中的 圆形。

（2）使用鼠标左键拾取第一个要相切的图元。

（3）使用鼠标左键拾取第二个要相切的图元，通过所选取的二图元距离交点最近的点创建一个圆角，该圆角与两图元相切。

（4）单击鼠标中键，完成倒圆角的创建，结果如图 2-33 所示。

> 📖 当在两个非直线图元之间插入一个圆角时，系统自动在圆角相切点处分割这两个图元。如果在两条非平行线之间添加圆角，则这两条直线被自动修剪出圆角。

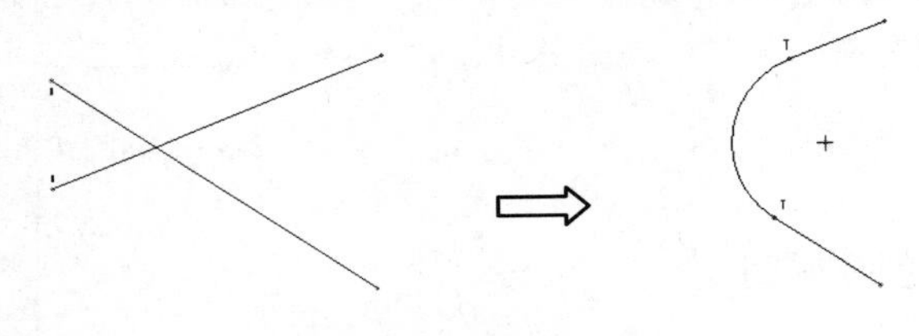

图 2-33 创建圆角

2. 创建椭圆角

（1）单击菜单中的【圆角】按钮 圆角，并选择下拉列表中的 椭圆形。

（2）使用鼠标左键拾取第一个要相切的图元。

（3）使用鼠标左键拾取第二个要相切的图元，通过所选取的二图元距离交点最近的点创建一个椭圆角，该椭圆角与两图元相切。

（4）单击中键，完成椭圆角的创建，结果如图 2-34 所示。

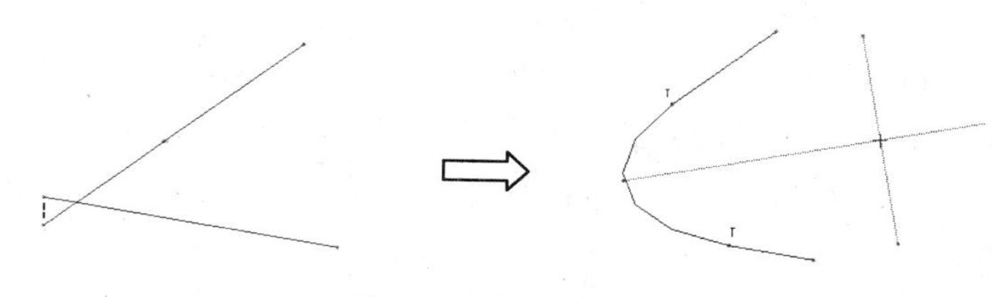

图 2-34　创建椭圆角

2.2.8　倒角

在 Creo 草绘器中提供两种倒方式：一种是倒角，另一种是倒角修剪。

1．创建倒角

“倒角”工具用于在两图元之间创建直线连接，并将两图元以构造线方式进行延长相交。

创建倒角的操作步骤如下：

（1）单击菜单中的【倒角】按钮。

（2）使用鼠标左键拾取第一个图元上的倒角位置点。

（3）使用鼠标左键拾取第二个图元上的倒角位置点，在所选取的两图元最近的点创建一条连接直线段。

（4）单击鼠标中键，完成倒角的创建，结果如图 2-35 所示。

2．创建倒角修剪

“倒角修剪”工具用于在两图元之间创建直线连接，并将两图元以倒角相交点打断，去除两图元相交部分或者延长相交部分。

创建修剪倒角的操作步骤如下：

（1）选择菜单中的【草绘】/【倒角】/【倒角修剪】命令，或者单击【草绘器】工具栏中的【倒角修剪】按钮。

（2）使用鼠标左键拾取第一个图元上的倒角位置点。

（3）使用鼠标左键拾取第二个图元上的倒角位置点，在所选取的两图元最近的点创建一条连接直线段。

（4）单击鼠标中键，完成倒角修剪的创建，结果如图 2-36 所示。

图 2-35　绘制倒角　　图 2-36　绘制的倒角修剪

2.2.9 创建文本

在草绘器中可以创建文本作为草绘截面的一部分，操作步骤如下：

（1）选择【文本】按钮，根据系统提示在草绘平面上选取两点来设置文本高度和放置方位，同时打开【文本】对话框，如图 2-37 所示。在【文本行】中输入文本，并设置字体、位置及比例等参数。

（2）单击【确定】按钮完成文本创建，如图 2-38 所示。

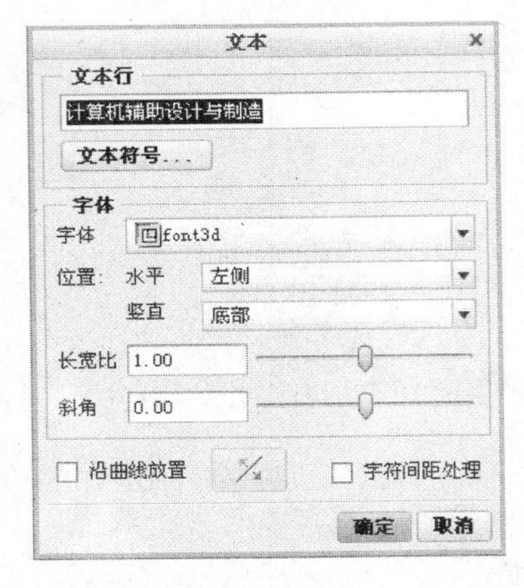

图 2-37 【文本】对话框

计算机辅助设计与制造

图 2-38 创建文本

📖 单击【文本符号】按钮，可以在打开的对话框中选择符号插入文本。另外，输入文字后，勾选【沿曲线放置】，然后选择曲线，可以创建沿着曲线分布的文本。

2.2.10 导入图库图形

使用【调色板】工具按钮，可以从图库中选择图形添加到草图中，操作步骤如下：

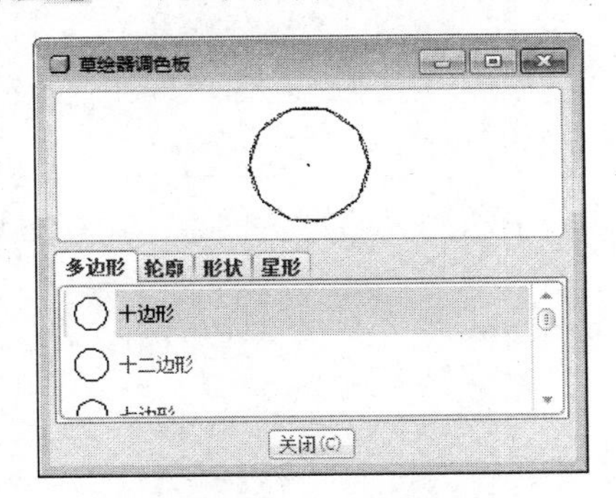

图 2-39 【草绘器调色板】对话框

（1）单击菜单中的【调色板】按钮，系统弹出如图 2-39 所示的【草绘器调色板】对话框。

（2）双击对话框中的某一图标，移动鼠标至绘图区，鼠标指针变为 形状。

（3）在绘图区任意位置单击一点确定放置位置，系统弹出如图 2-40 所示的【移动和调整大小】对话框。

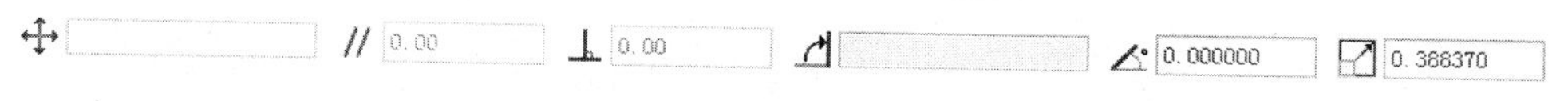

图 2-40　【移动和调整大小】对话框

（4）修改【移动和调整大小】对话框中的旋转角度 90.000000 和缩放因子 0.500000 的参数，单击 ✔ 按钮，完成参数设置。

（5）单击【草绘器调色板】对话框中的【关闭】按钮，完成图形的调入，结果如图 2-41 所示。

2.2.11　导入外部图形

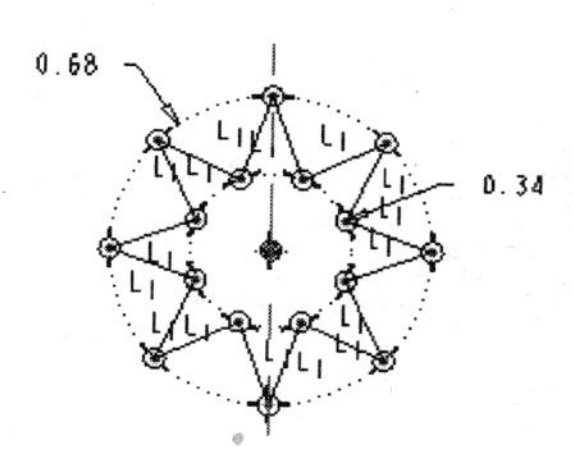

图 2-41　调入的图形

用户可以从外部环境导入图形到当前工作区域中，导入外部图形的操作步骤如下：

（1）选择菜单中【文件系统】命令，系统弹出如图 2-42 所示的【打开】对话框。

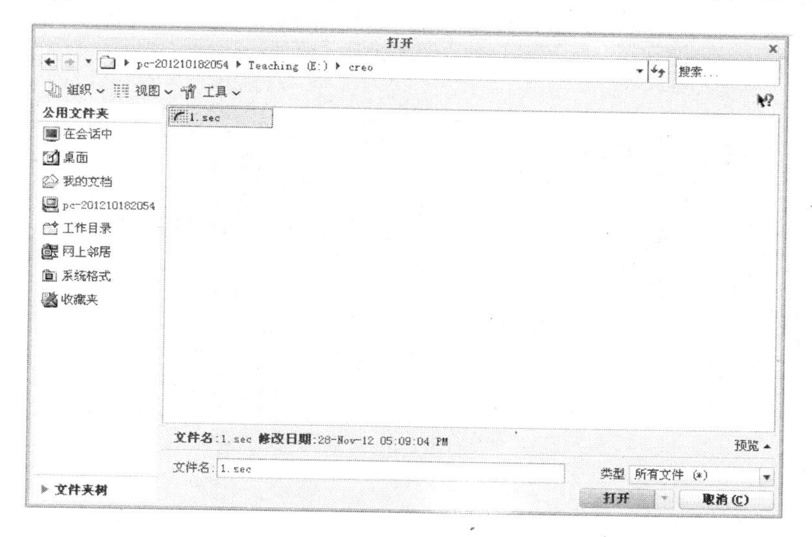

图 2-42　【打开】对话框

（2）在【类型】列表框中选择导入图形的类型，有 drw、sec、igs、dxf、dwg 等几种文件格式。

（3）在列表框中选择文件，单击【打开】按钮。

（4）在绘图区中单击选取放置位置，系统弹出如图 2-40 所示的【移动和调整大小】对话框，设置相应参数后完成操作。

📖 在【零件】模式下，常用此功能导入已经绘制完成的草图作为完成特征创建所需的截面。

2.3 草 图 标 注

草图绘制后需要标注尺寸以确定几何图元的位置和尺寸。在绘制草图过程中系统会自动添加尺寸，这种尺寸称为弱尺寸，弱尺寸不能准确定义几何元素的位置和大小，所以需要专门的尺寸标注操作。草图标注可以通过将弱尺寸变为强尺寸或使用标注尺寸命令来完成。

2.3.1 标注法向尺寸

选择【法向】工具按钮，可以标注距离、角度、半径和直径等尺寸。下面介绍使用该工具进行各种尺寸标注的方法和步骤。

1. 标注线性尺寸

（1）选择菜单中的【法向】命令。

（2）单击线段，或者单击线段的两个端点。

（3）移动鼠标在适当位置按下鼠标中键，完成尺寸标注，结果如图 2-43 所示。

2. 标注平行线距离尺寸

（1）选择菜单中的【法向】命令。

（2）单击第 1 条线段，再单击第 2 条线段。

（3）移动鼠标在适当位置按下鼠标中键，完成尺寸标注，结果如图 2-44 所示。

图 2-43　线性尺寸　　　　图 2-44　平行线距离尺寸

3. 标注点到线距离尺寸

（1）选择“法向”命令。

（2）单击点，再单击直线。

（3）移动鼠标在适当位置按下鼠标中键，完成尺寸标注，结果如图 2-45 所示。

4. 标注点到点距离尺寸

（1）选择“法向”命令。

（2）单击第 1 个点，再单击第 2 点。

（3）移动鼠标在适当位置按下鼠标中键，完成尺寸标注，如图 2-46 所示。

📖 标注点到点距离尺寸时将鼠标在不同位置点击，可以标注平行、竖直及水平尺寸。

5．标注角度尺寸

（1）选择“法向”命令。
（2）单击第 1 条线段，再单击第 2 条线段。
（3）移动鼠标在适当位置按下鼠标中键，完成尺寸标注，如图 2-47 所示。

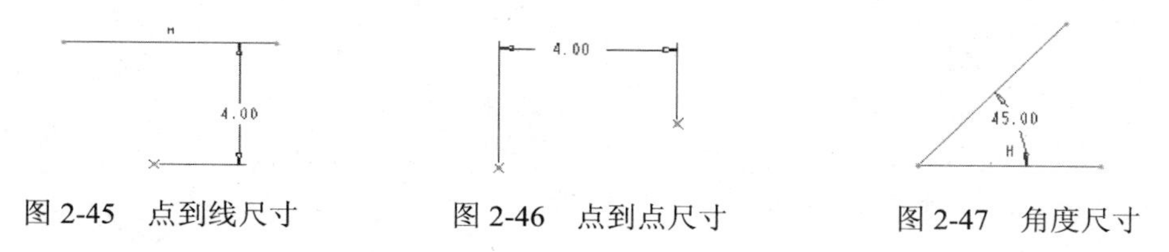

图 2-45　点到线尺寸　　图 2-46　点到点尺寸　　图 2-47　角度尺寸

6．标注直径尺寸

（1）选择“法向”命令。
（2）双击圆。
（3）移动鼠标在适当位置按下鼠标中键，完成尺寸标注，如图 2-48 所示。

7．标注半径尺寸

（1）选择“法向”命令。
（2）单击圆弧。
（3）移动鼠标在适当位置按下鼠标中键，完成尺寸标注，结果如图 2-49 所示。

图 2-48　直径尺寸　　图 2-49　半径尺寸

8．标注圆或圆弧距离尺寸

如果选择圆或圆弧时点选的位置是圆或圆弧的圆心，则生成的尺寸表示圆心之间的距离；如选择圆或圆弧的曲线，则生成的尺寸表示圆或圆弧切线之间距离，如图 2-50 所示。

图 2-50　标注圆或圆弧距离尺寸

9．标注圆弧长度

点选圆弧两端点，再选取圆弧上任意一点，然后移动鼠标中键指定尺寸位置，即可标出圆弧长度，如图 2-51 所示。

10. 标注样条曲线切线角

（1）选择参照中心线（中心线）。
（2）单击样条线通过点。
（3）单击样条线。
（4）移动鼠标，按中键放置尺寸，结果如图 2-52 所示。

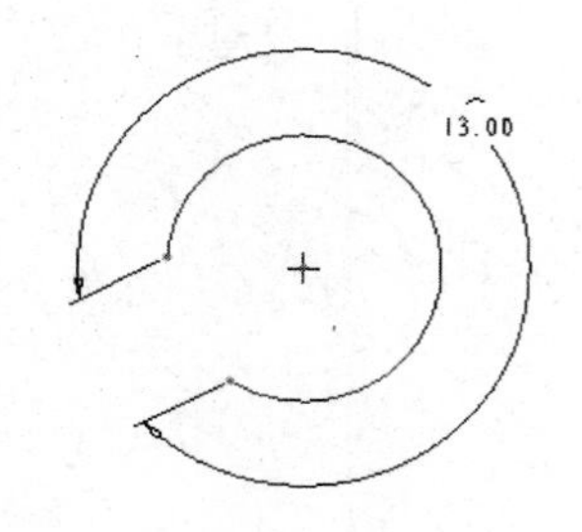

图 2-51 标注圆弧长度

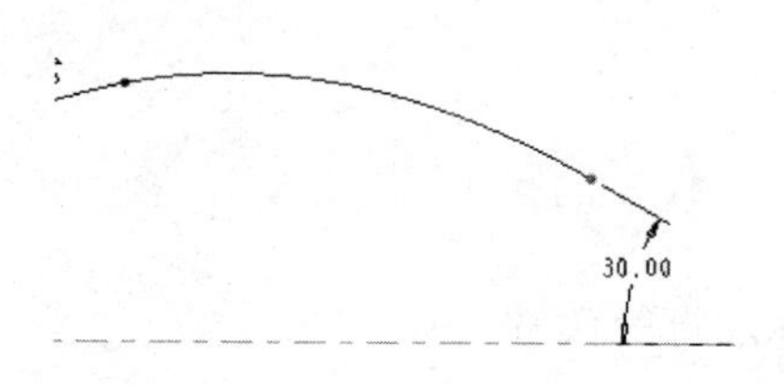

图 2-52 标注样条线切线角

2.3.2 标注周长尺寸

使用【周长】按钮可以对草绘选中图元的周长进行标注，标注周长尺寸的操作步骤如下：

（1）单击菜单中的【周长】按钮，系统弹出【选取】对话框。

（2）用鼠标左键选取标注周长尺寸的图元，按住 Ctrl 键不放可以多选，单击鼠标中键结束图元选取，系统弹出【选取】对话框。

（3）用鼠标左键选取由周长尺寸驱动的尺寸。

（4）在需要放置尺寸的位置单击鼠标中键，同时驱动尺寸后添加【变量】文字。

（5）更改周长尺寸为所要数值，按下 Enter 键，完成周长尺寸的标注，结果如图 2-53 所示。

一个草绘中只能标注一次周长尺寸，周长驱动的尺寸不能直接更改。

2.3.3 标注参考尺寸

使用【参照】按钮可以对草绘中的图元进行参考尺寸标注，参考尺寸不能修改，并且尺寸上带有参考字样。标注参照尺寸的操作步骤如下：

（1）单击菜单中的【参照】按钮。

（2）用鼠标左键选取标注参考尺寸的图元。

（3）在需要放置尺寸的位置单击鼠标中键，完成参考尺寸的标注，结果如图 2-54 所示。

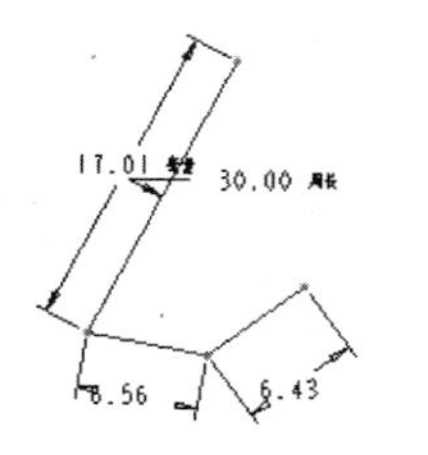

图 2-53　标注周长尺寸

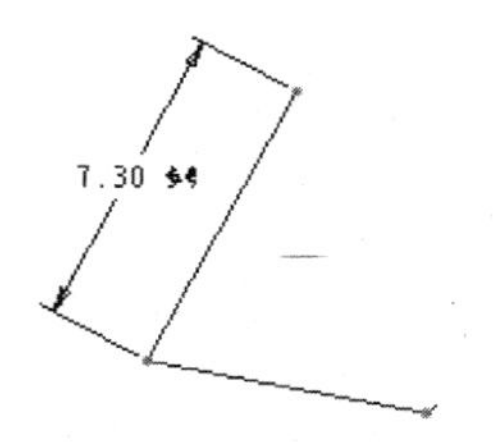

图 2-54　标注参考尺寸

2.3.4　标注基准尺寸

使用【基线】按钮可以在草绘中创建坐标尺寸基准，标注基准尺寸的操作步骤如下：

（1）选择菜单中的【草绘】/【尺寸】/【基线】命令。

（2）用鼠标左键选取标注参照尺寸的图元，单击中键，完成基线的标注，结果如图 2-55 所示。

> 如果标注的图元是点，系统弹出如图 2-56 所示的【尺寸定向】对话框，进行方向的选择。

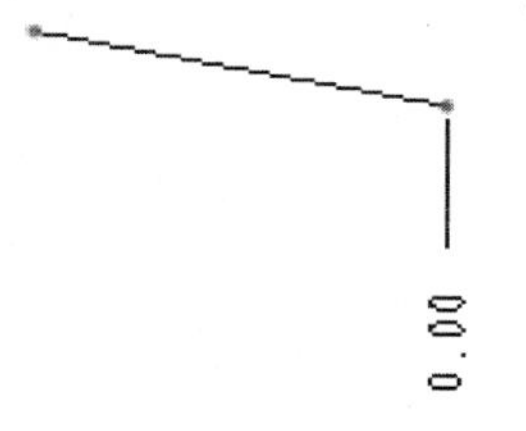

图 2-55　标注的参照

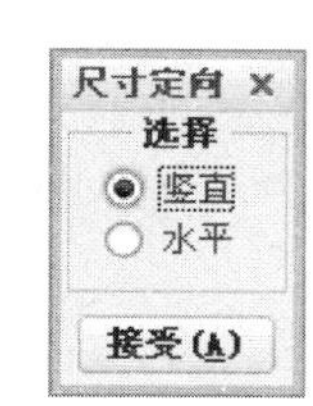

图 2-56 【尺寸定向】对话框

2.4　几何图元的约束

约束是指对几何图元及几何图元之间的位置关系、尺寸关系进行限制的条件，如限制几何图元的水平或竖直、限制几何图元在尺寸上相等、限制几何图元相切、共线及共点关系等。添加约束和标注尺寸是快速、精确绘制草图的两个主要手段。本节主要介绍约束类型、添加约束、删除约束及过度约束解决等内容。

2.4.1　约束类型

在 Creo Parametric 中可以添加的约束类型如表 2-1 所示，这些约束的添加方法及使用场合将在本章的后续内容中进行详细讲解。

表 2-1　约束的类型说明

约束名称	图标	标记	说　明
竖直		V	使直线竖直或使两点位于同一条竖直线上
水平		H	使直线水平或使两点位于同一条水平线上
平行		//	使两直线平行
垂直		⊥	使两直线垂直
等长		L 或 R	使两直线、两边线等长或使两圆弧等半径
共线			使两点重合或使点位于线上
对称			使两点相对于中心对称
中点		M	使点位于线的中点
相切		T	使直线、圆弧或样条线两两相切

2.4.2　创建自动约束

选择【文件】/【选项】命令，打开【Creo Parametric】对话框，在其中选择【草绘器】选项，在【草绘器假设】区域选择可以自动添加的约束类型，如图 2-57 所示。各种约束的说明如表 2-1 所示。被勾选的选项，在绘制草图时会被自动添加。

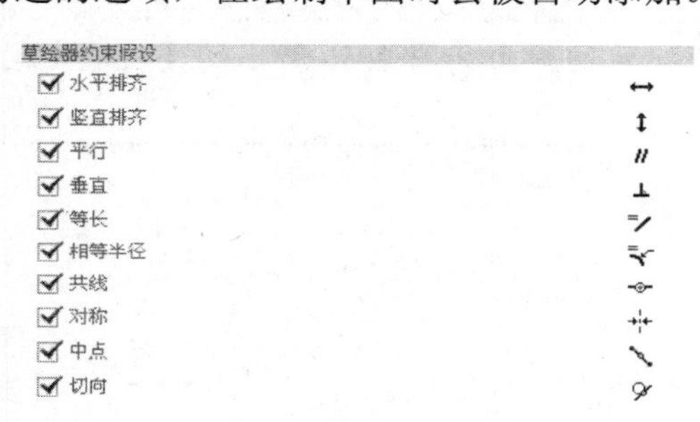

图 2-57　自动约束类型

2.4.3　手动创建约束

除了可以自动添加约束外，还可以使用菜单中的按钮手动添加约束。下面详细介绍各种约束的手动添加方法。

1. 创建竖直约束

可以选择一条直线或两个点作为参照，则直线或两个点处于竖直方位。

（1）选择菜单中的【垂直】按钮。

（2）在工作区选取斜直线段，完成直线段的竖直约束。

（3）选择圆弧的上端点和圆心，完成圆弧点的竖直约束。

（4）单击鼠标中键完成竖直约束的创建，结果如图 2-58 所示。

2. 创建水平约束

可以选择一条直线或两个点作为参照，则直线或两个点处于水平方位。

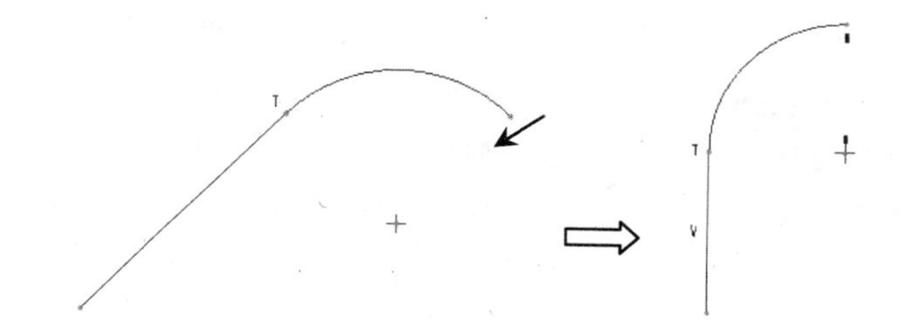

图 2-58　竖直约束

（1）选择工具栏中的【水平】按钮。
（2）在工作区选取斜直线段，完成直线段的水平约束。
（3）选择圆弧的上端点和圆心，完成圆弧点的水平约束。
（4）单击鼠标中键完成水平约束的创建，结果如图 2-59 所示。

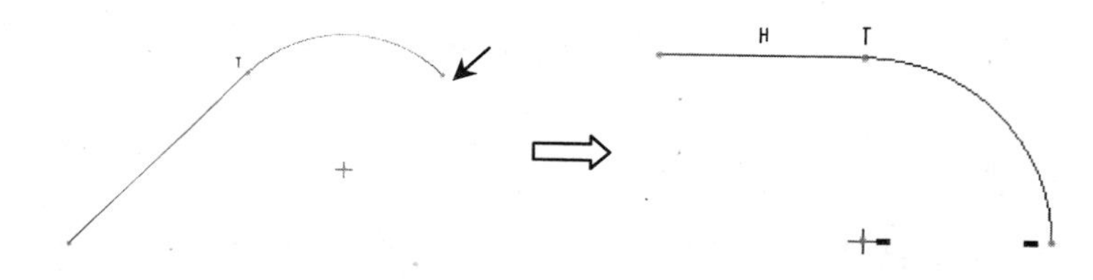

图 2-59　水平约束

3．创建垂直约束

选择 2 条直线、圆为参照，使之相互垂直。
（1）选择【垂直】命令。
（2）在工作区依次选取两条斜直线段，完成直线段的垂直约束。
（3）依次选择圆和一条直线段，完成圆与直线段的垂直约束。
（4）单击鼠标中键，完成垂直约束的创建，结果如图 2-60 所示。

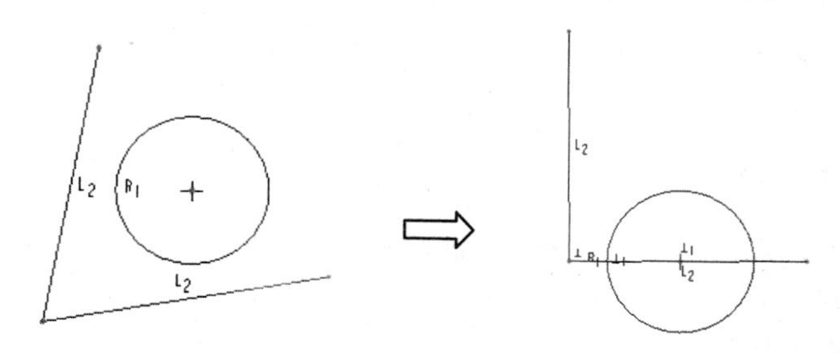

图 2-60　垂直约束

📖 圆与直线段的垂直约束，是指使圆心位于线段上。

4．创建相切约束

选择直线与曲线或者选择两条曲线作为参考，使之相切。

（1）选择【相切】命令。
（2）在工作区依次选取圆和斜直线段，完成直线段与圆的相切约束。
（3）依次选取圆和另一条直线段，完成圆与直线段的相切约束。
（4）单击鼠标中键，完成相切约束的创建，结果如图 2-61 所示。

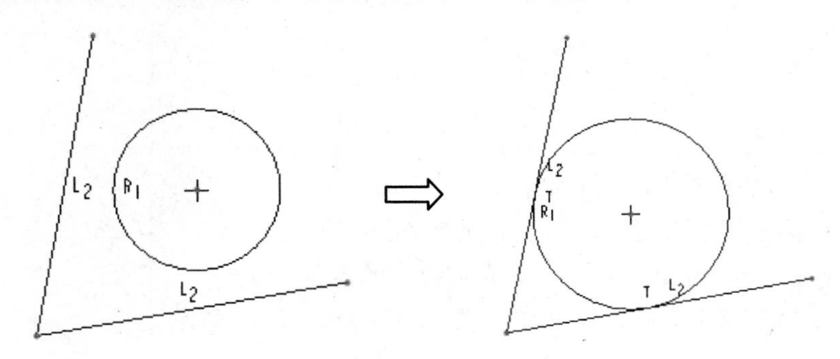

图 2-61　相切约束

5. 创建中点约束

将点或端点放置于直线或曲线的中点上。
（1）选择【中点】命令。
（2）在工作区依次选取直线段的端点和另一条直线段，完成点与直线段的中点约束。
（3）单击鼠标中键，完成中点约束的创建，结果如图 2-62 所示。

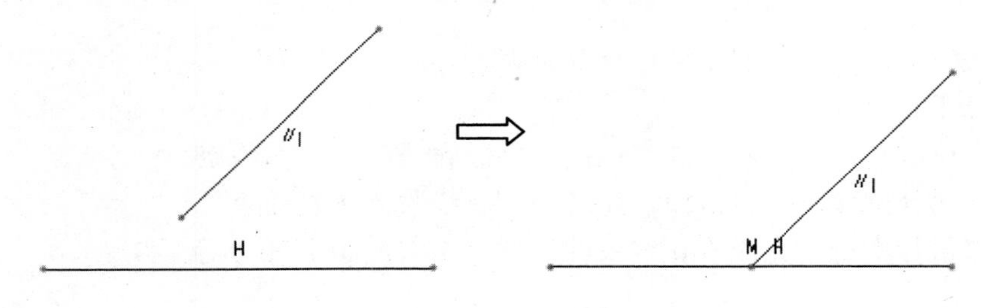

图 2-62　中点约束

6. 创建重合约束

重合约束的对象为点与点、点与线、直线与直线，可以将点约束到线上，或者将两条直线约束到重合位置。
（1）单击【重合】按钮。
（2）在工作区依次选取圆心和直线段，完成点与直线段的重合约束。
（3）单击鼠标中键，完成重合约束的创建，结果如图 2-63 所示。

7. 创建对称约束

对称约束可以约束两点关于一条中心线对称。
（1）单击【对称】按钮。
（2）在工作区依次选取中心线和欲对称的两点，完成两点的对称约束。

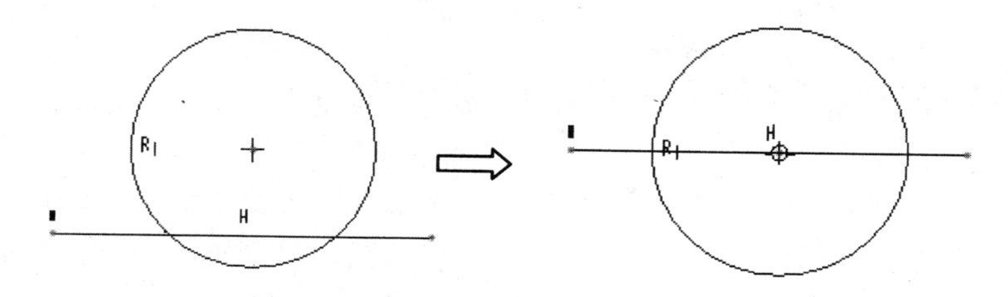

图 2-63　重合约束

（3）单击鼠标中键，完成对称约束的创建，结果如图 2-64 所示。

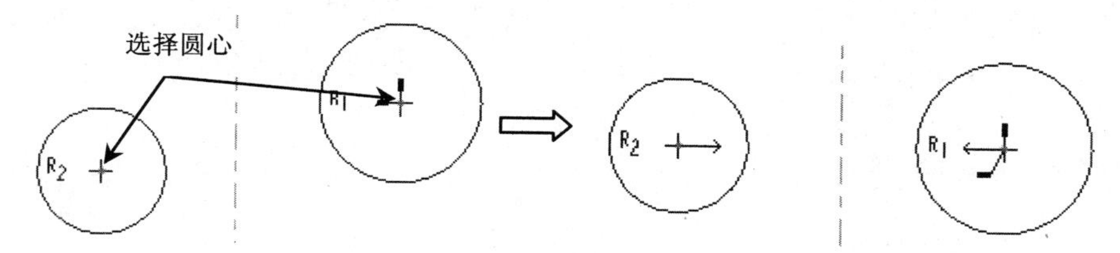

图 2-64　对称约束

8．创建相等约束

相等约束可以使直线长度相等或者圆（圆弧）的半径相等，操作步骤如下：

（1）单击【相等】按钮。

（2）在工作区依次选取欲相等的两圆，完成两圆的相等约束。

（3）单击鼠标中键，完成相等约束的创建，结果如图 2-65 所示。

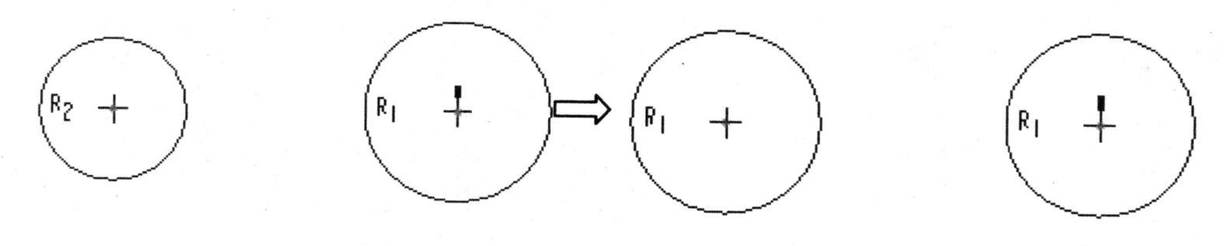

图 2-65　相等约束

9．创建平行约束

平行约束可以使两条直线平行，操作步骤如下：

（1）选择【平行】命令。

（2）在工作区依次选取欲相等的两直线段，完成两直线段的平行约束。

（3）单击鼠标中键，完成平行约束的创建，结果如图 2-66 所示。

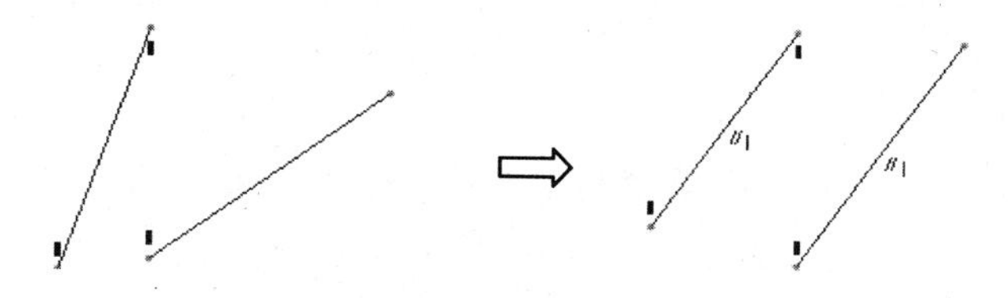

图 2-66　平行约束

2.4.4　取消约束、禁用约束和锁定约束

在绘图过程中，常常会出现多重约束的情况，这时就需要取消重复的约束。单击选取要删除的约束，然后按 Delete 键即可。另外，可以选取约束并单击右键，然后选择快捷菜单中的【删除】选项。取消约束除了可以删除某些约束外，还可以在建立草图时通过禁用约束来减少约束条件。在绘制图元的过程中，当出现自动设定的几何约束时，右击该约束可禁用，按 Shift 键同时右击可锁定约束。

如果要恢复被禁用的约束，只要再次单击右键，这时应当注意当前的约束是否呈红色显示，如果禁用和恢复的不是当前约束，可以通过按 Tab 键进行切换。

2.4.5　解决约束冲突

当新增加的尺寸和约束与现有强尺寸或强约束相互冲突或多余时，系统就会加亮显示冲突尺寸或约束，同时弹出如图 2-67 所示的【解决草绘】对话框。

在【解决草绘】对话框中，系统列出了当前存在冲突的约束和尺寸。选中其中列出的一个项目后，系统会在二维图形中使用黑色方框指示与之对应的尺寸标注或约束。可以根据需要选择不同的处理方法。

- 【撤销】按钮：表示撤销刚刚导致冲突的尺寸或约束。
- 【删除】按钮：通过删除选定的尺寸或约束，解决冲突。
- 【尺寸>参照】按钮：将选定的尺寸转化为参照尺寸。参照尺寸不会用来再生模型，仅供设计参考时使用。但是该选项对于约束冲突不可用。
- 【解释】按钮：提供对选定尺寸或约束的含义的简短解释。

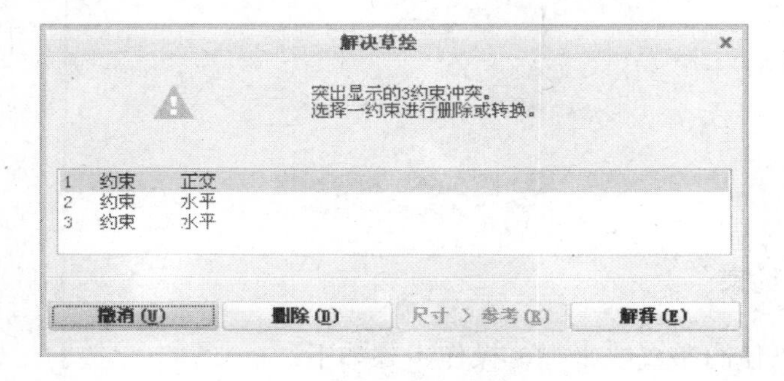

图 2-67　【解决草绘】对话框

2.5　编 辑 图 形

编辑图形是草图绘制过程中很重要的步骤，可实现与尺寸标注和几何约束相配合达到精确绘制草图的目的。系统提供多个进行草图编辑的工具，借助于这些编辑工具可以实现分割、删除、镜像等草图编辑工作。

2.5.1 镜像

镜像操作是以中心线为对称轴线，将选择的图元复制到对称轴线的另一侧的工具。创建镜像特征的操作步骤如下：

（1）选择需要镜像的一个或者多个图元，选择多个图元时要按住 Ctrl 键。被选中的图元会以红色加亮显示。

（2）单击菜单中的【镜像】按钮。

（3）选择一条中心线作为镜像轴线即可完成镜像操作，结果如图 2-68 所示。

📖 镜像操作之前要保证中心线已绘制完成。

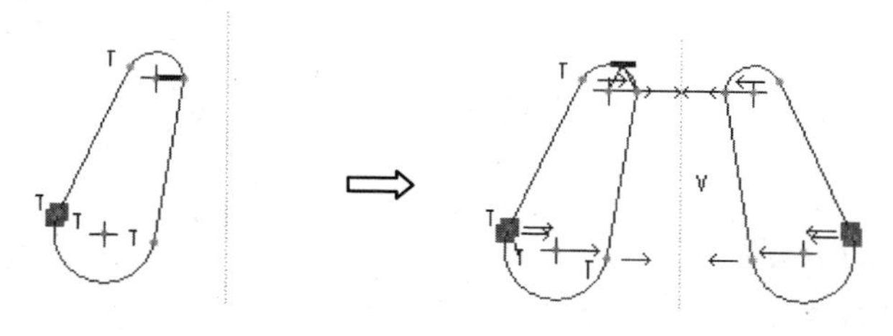

图 2-68　镜像对象

2.5.2 旋转调整大小

旋转调整大小是对图元进行移动、旋转、缩放操作的工具。

移动和调整大小的操作步骤如下：

（1）绘制如图 2-69 所示矩形，选择菜单中按钮，系统弹出如图 2-70 所示的【旋转调整大小】操控板。

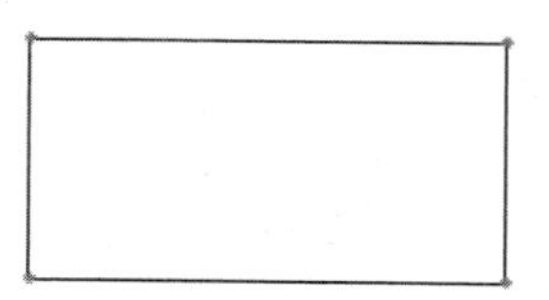

图 2-69　绘制矩形

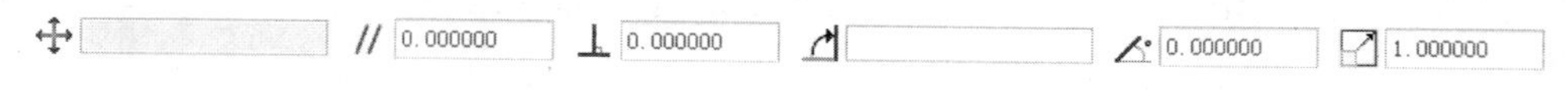

图 2-70 【旋转调整大小】操控板

（2）在图元上显示出控制旋转中心位置句柄、缩放句柄和旋转句柄，在操控板中设置的参数，如图 2-71 所示。

图 2-71　设置参数

（3）单击【旋转调整大小】对话框中的【接受更改并关闭对话框】按钮✔，完成图元调整操作，结果如图 2-72 所示。

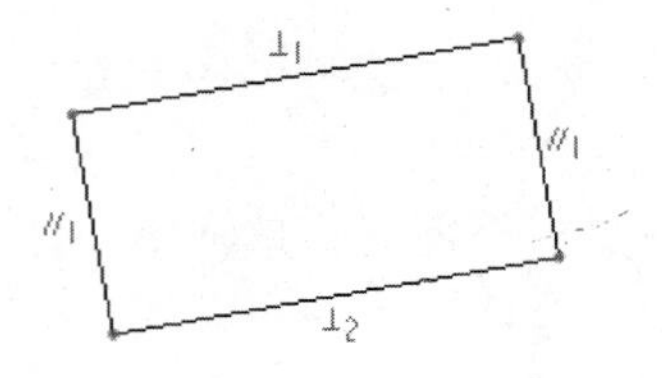

图 2-72　缩放旋转草图

📖 单击图元后，在图元上会出现几个句柄，拖动图形句柄可以进行粗略缩放和旋转操作。

2.5.3　分割

分割工具以选取的点分割图元。

（1）单击菜单中的【分割】按钮。

（2）在工作区将鼠标移动到要分割的图元上，此时一个动态的分割点红色加亮显示，单击鼠标选取一个分割点位置。

（3）重复步骤（2），继续分割图元。

（4）单击鼠标中键，结束图元的分割操作，结果如图 2-73 所示。

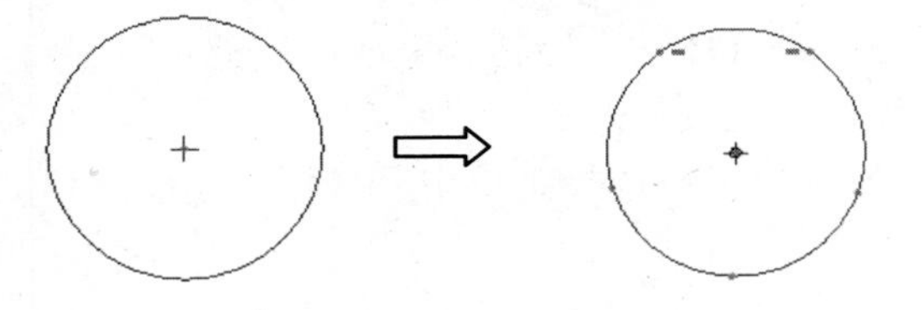

图 2-73　分割图元

2.5.4　删除段

删除段功能以草图中的图元为边界，将选中的线条部分删除掉，对于独立图元可以直接删除。

（1）单击菜单中的【删除段】按钮。

（2）在工作区将鼠标移动到要删除的图元上，单击鼠标，被单击的图元段被删除。

（3）重复步骤（2），删除其他图元段。

（4）单击鼠标中键，结束图元的删除操作，结果如图 2-74 所示。

📖 选择删除段命令后，按住鼠标左键，并在工作区移动鼠标，则鼠标所经过路线上的图元均被删除。

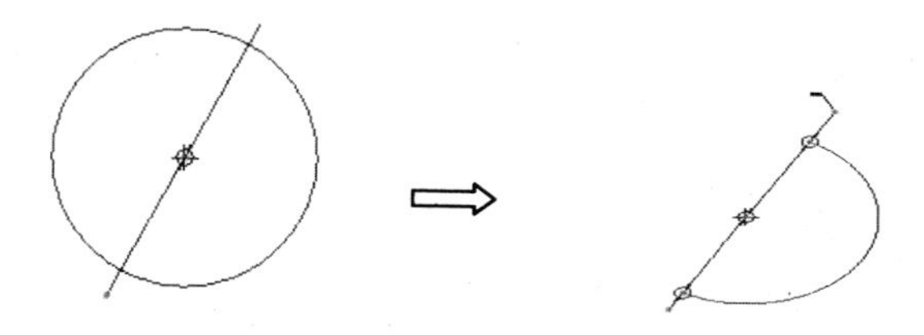

图 2-74　删除图元段

2.5.5　拐角

拐角功能用于对不平行的两条相交线段进行修剪，两条线段互为边界进行修剪，还可以将两条不相交线段延伸相交。

创建拐角的操作步骤如下：

（1）单击菜单中的【拐角】按钮。

（2）在工作窗口中单击选取两个图元，完成修剪操作。保留的部分为鼠标单击的部分。

（3）单击鼠标中键，结束图元的相互修剪操作，结果如图 2-75 所示。

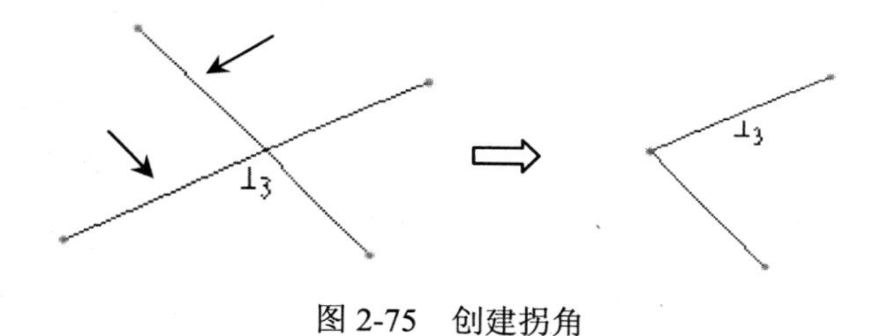

图 2-75　创建拐角

2.6　修 改 尺 寸

绘制草图时标注的尺寸往往杂乱无章，并且尺寸值也可能进行修改。利用修改尺寸功能可以移动尺寸文本的位置，并可以修改尺寸值。

2.6.1　移动尺寸线

可以移动尺寸线和尺寸文本的位置，使之排布更合理、清晰。

移动尺寸文本的操作步骤如下：

（1）单击【选择】按钮，并选择要移动的尺寸文本。

（2）按住鼠标左键，将尺寸文本拖至所需位置并放开鼠标，则尺寸文本就被拖到新位置，如图 2-76 所示。

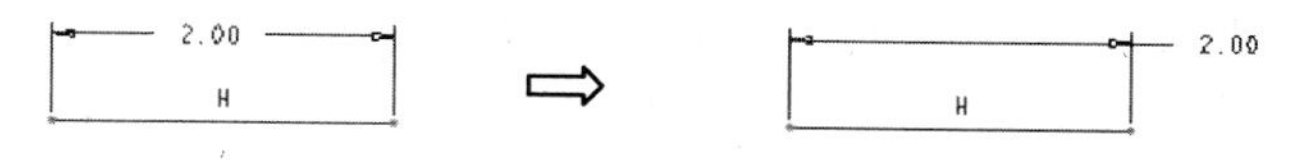

图 2-76　移动尺寸线

移动尺寸线的操作与此类似，选择尺寸后，按住鼠标左键移动尺寸线，到合适位置后单击即可。

2.6.2 修改尺寸值

双击需要修改的尺寸值，在尺寸文本框中输入新值。但是双击修改尺寸值只能修改单个尺寸。

（1）用鼠标左键双击要修改的尺寸文本，则会出现一个文本修正框。

（2）在该文本框中输入新的尺寸值并按 Enter 键，即完成尺寸值的修改，如图 2-77 所示。

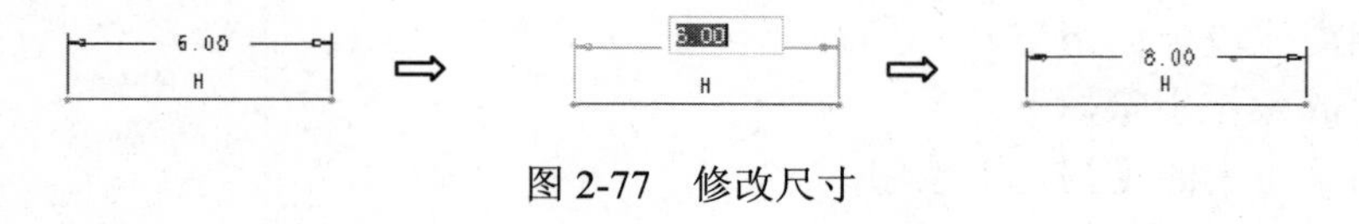

图 2-77 修改尺寸

2.7 分 析 草 图

在 CreoParametric 中用户可以通过系统提供的草图分析工具进行距离、角度、交点、相切、着色封闭环等的分析，以分析草图存在的问题并进行修改。

2.7.1 距离分析

距离分析的功能是对草图中的两点、两条平行线、点到直线之间距离进行测量。

距离分析的操作步骤如下：

（1）选择菜单栏中的【分析】/【测量】/【距离】命令，系统弹出【选取】对话框。

（2）按住 Ctrl 键在绘图区中选择两个测量元素，在消息区显示测量结果，如图 2-78 所示。

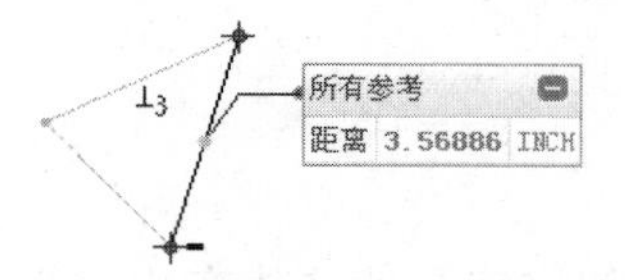

图 2-78 距离分析结果

2.7.2 角度分析

角度分析是对草图中的两条直线的夹角进行测量的命令。

执行角度分析的操作步骤如下：

（1）选择菜单栏中的【分析】/【测量】/【角度】命令，系统弹出【选取】对话框。

（2）按住 Ctrl 键在绘图区中选择两条直线，在消息区显示测量结果，如图 2-79 所示。

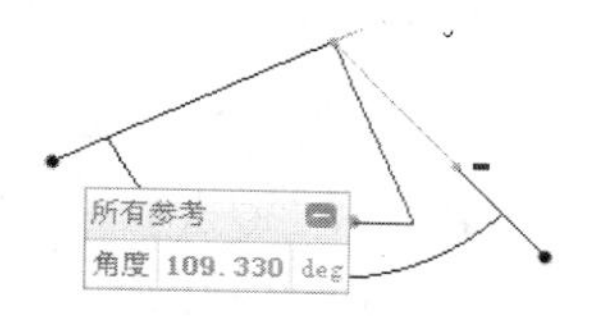

图 2-79　角度分析结果

2.7.3　图元信息分析

图元信息分析是查看草图中的图元信息，包括标识、类型、各种参数。

图元信息分析的操作步骤如下：

（1）选择【分析】/【图元】命令，系统弹出【选取】对话框。

（2）在绘图区中选择图元，系统弹出如图 2-80 所示的【信息窗口】对话框，显示图元的各种信息。

（3）单击【信息窗口】对话框中的【关闭】按钮，选择其他图元进行分析。

（4）单击鼠标中键，结束图元信息分析。

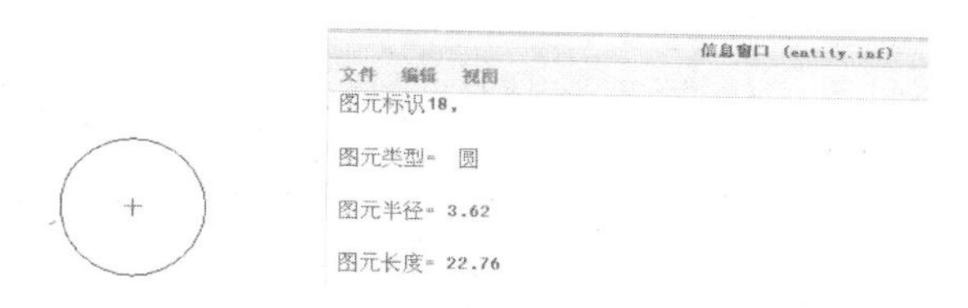

图 2-80　【信息窗口】对话框

2.7.4　交点分析

交点分析是对选取的两个图元确定其交点。如果所选的图元实际不相交，则“草绘器”用外推法找到图元交点。如果外推图元不相交（例如，平行线），则显示一条消息。两个图元在交点处的倾斜角度显示在消息窗口中。

交点分析的操作步骤如下：

（1）选择【分析】/【交点】命令，系统弹出【选取】对话框。

（2）按住 Ctrl 键在绘图区中选择两图元，图中显示交点并弹出【信息窗口】对话框，显示图元的倾斜角和曲率信息，结果如图 2-81 所示。

（3）单击【信息窗口】对话框中的【关闭】按钮，选择其他图元进行分析。

（4）单击鼠标中键，结束草图交点分析。

2.7.5　相切分析

相切分析是对选取的两个图元以确定它们的斜率在何处相等。CreoParametric 将显示相切点处的倾斜角度及两个切点之间的距离。选取的图元不必互相接触。

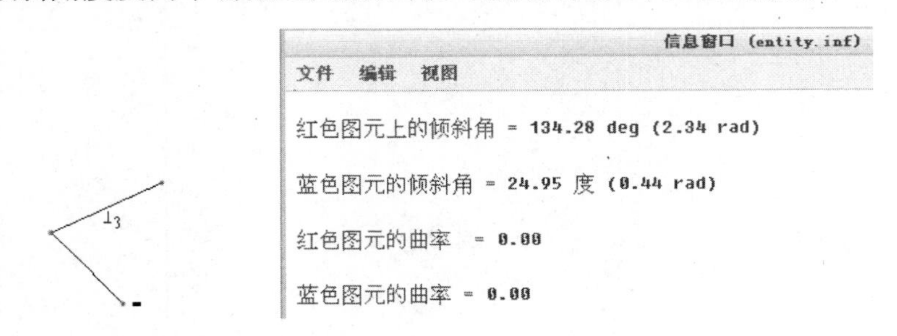

图 2-81　交点分析

相切分析的操作步骤如下：

（1）选择【分析】/【相切点】命令，系统弹出【选取】对话框。

（2）在绘图区中选择两图元，图中显示相切点并弹出【信息窗口】对话框，显示图元的相切点距离、相切角度、曲率等，结果如图 2-82 所示。

（3）单击【信息窗口】对话框中的【关闭】按钮，选择其他图元进行分析。

（4）单击鼠标中键，结束草图交点分析。

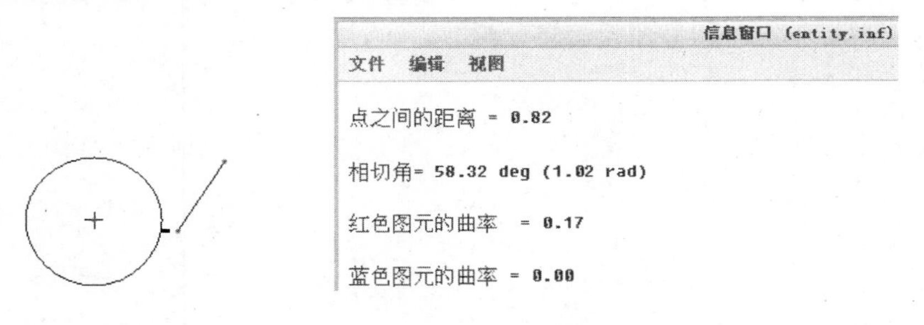

图 2-82　相切分析结果

2.7.6　曲率分析

用户在绘制样条曲线或创建曲面时，经常使用“曲率”工具来分析曲率，使其更加光顺。执行曲率分析的操作步骤如下：

（1）选择【分析】/【测量】/【曲率】命令，系统弹出如图 2-83 所示的【曲率】对话框。

（2）模型中显示的曲率如果不理想，可以对曲率的质量和比例进行调整，通过对质量和比例两项调整后，单击按钮 ✓，完成曲率的修改，结果如图 2-84 所示。

2.7.7　着色封闭环

着色封闭环是检测图元是否封闭的工具，封闭环以缺省颜色着色。选择工具条上按钮，即可进行草图三维封闭环检查，如图 2-85 所示。

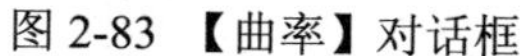
图 2-83 【曲率】对话框

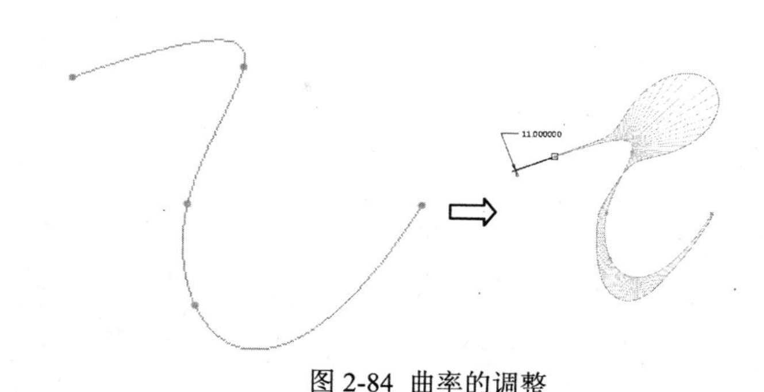

图 2-84 曲率的调整

2.7.8 突出显示开放端

突出显示开放端点是检测并加亮任何与其他图元不共点的端点。在“突出显示开放端”诊断模式中，所有现有的开放端均加亮显示，如果用开放端创建新图元，则开放端自动着色显示。选择工具条上按钮，即可进行草图的突出显示开放端检查，如图 2-86 所示。

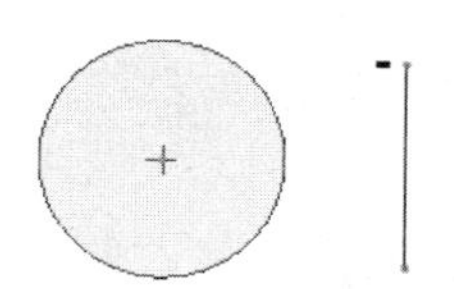
图 2-85　着色封闭环

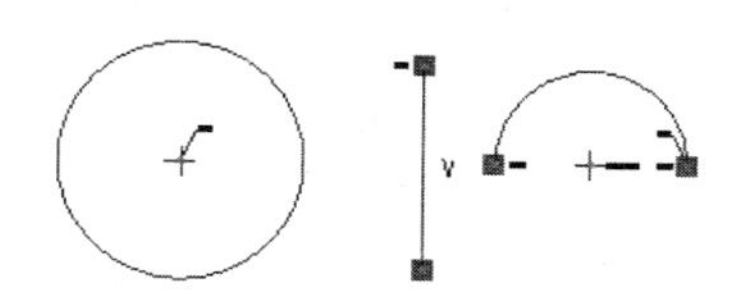
图 2-86　突出显示开放端检查

2.7.9 重叠几何

重叠几何分析是检测并加亮任何与其他几何重叠的几何。重叠的几何以“加亮边”设置的颜色进行显示。选择工具条上按钮，即可进行草图的重叠几何检查，如图 2-87 所示。

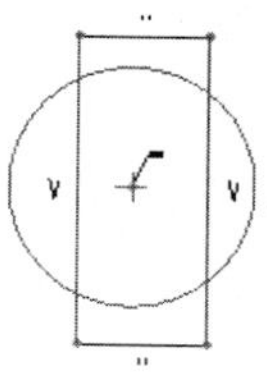

图 2-87　重叠几何检查

2.7.10 特征要求分析

当在建模环境中完成截面草图的绘制，并需要生成 3D 模型时，使用“特征要求分析”功能可以分析当前截面是否满足所要创建三维模型特征的要求。

单击【检查】工具栏中的【特征要求】按钮，系统弹出如图 2-88 所示的【特征要求】对话框。

如果截面不满足要求，则显示如 2-88 所示的右图，需要对截面进行修改，再次执行特征要求分析。

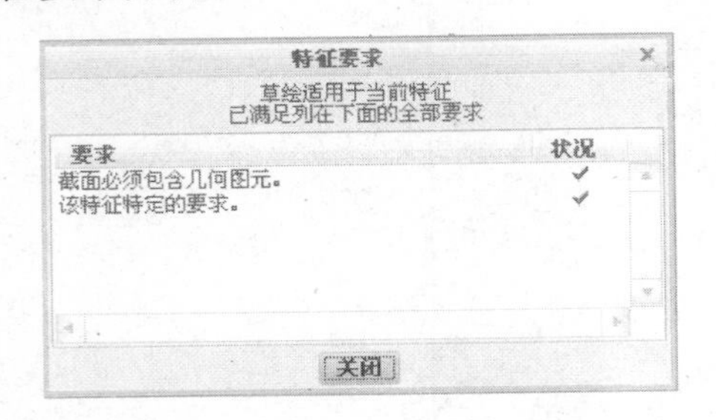

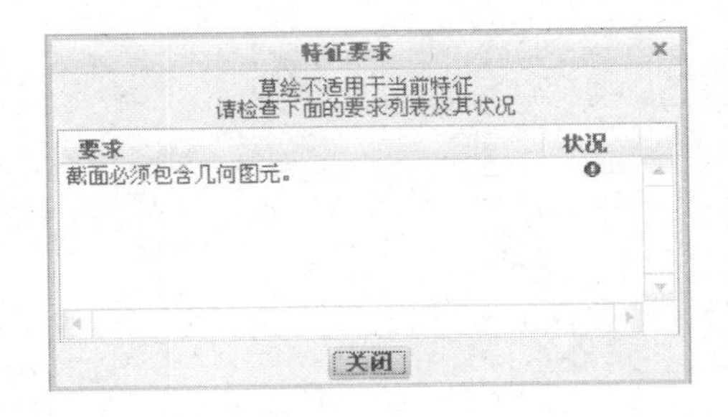

图 2-88 【特征要求】对话框

【特征要求】对话框中的状态符号的含义如下。

- ✓：满足要求。
- △：满足要求，但不稳定。表示对草绘的简单更改可能无法满足要求。
- ●：不满足要求。

> 在零件模块下进行特征的创建过程中只有进入到草绘模块时，才会出现【特征要求】按钮。直接进入草绘模块绘制草图时菜单中没有【特征要求】按钮。

2.8 综合实例

本节通过挡板草图及法兰盘草图绘制过程说明草图绘制的一般过程、绘图命令的使用、草图的编辑与修改等内容。读者通过这两个实例的学习能够熟练掌握草图的绘制与编辑方法。

2.8.1 综合实例——挡板草图绘制

	结果文件：光盘/example/finish/Ch02/2_1_1.prt
	视频文件：光盘/视频/Ch02/2_1.avi

下面通过挡板草图绘制实例说明草图创建过程，通过实例练习能够进一步深入理解和掌握草图绘制与编辑功能，以及添加尺寸和约束的方法。创建的草图如图 2-89 所示。

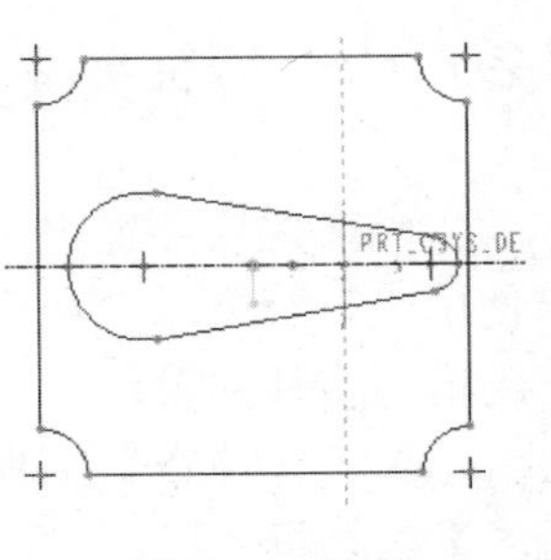

图 2-89 模型

设计分析

- 图形由直线、圆弧等图元组成。
- 在绘图过程中需要使用直线、中心线和圆的绘制功能；镜像、删除段等编辑功能；添加约束条件功能。

设计过程

（1）进入零件设计环境。

（2）单击工具栏中的【草绘】按钮，系统弹出【草绘】对话框。选择 TOP 面作为草绘平面。FRONT 面作为参考，进入草绘环境。

（3）绘制两个圆弧及一条中心线（水平位置），如图 2-90 所示。

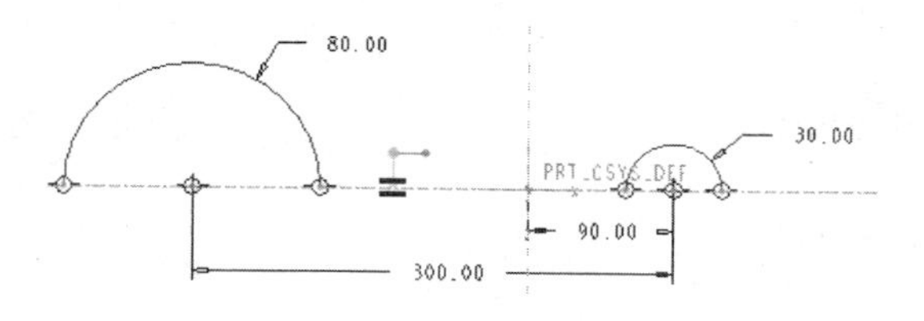

图 2-90　绘制草图

（4）镜像草图。选择两个圆弧，然后单击按钮，再选择中心线，完成镜像操作，如图 2-91 所示。

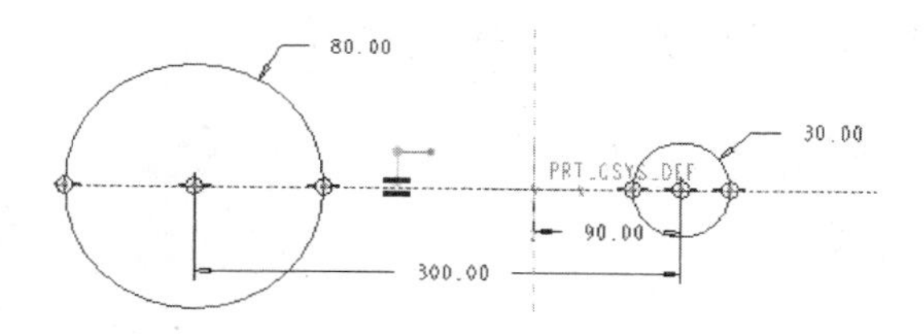

图 2-91　镜像草图

（5）绘制一条直线，如图 2-92 所示。

（6）单击按钮。选择直线和圆弧，在直线和两个圆弧之间添加相切约束，如图 2-93 所示。

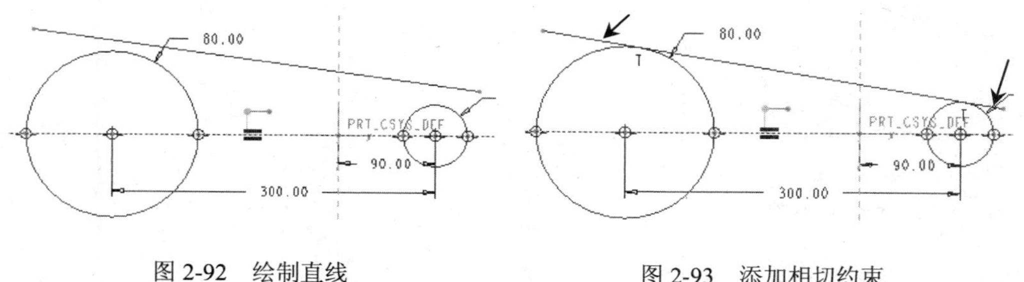

图 2-92　绘制直线　　　　图 2-93　添加相切约束

（7）删除段操作。单击按钮，按照图 2-93 所示选择线段删除部分，结果如图 2-94 所示。

（8）镜像直线。选择直线，然后单击按钮，再选择步骤（3）绘制的中心线，完成镜像操作，如图 2-95 所示。

（9）进行删除段操作。单击按钮，按照图 2-95 所示选择线段删除部分。结果如图 2-96 所示。

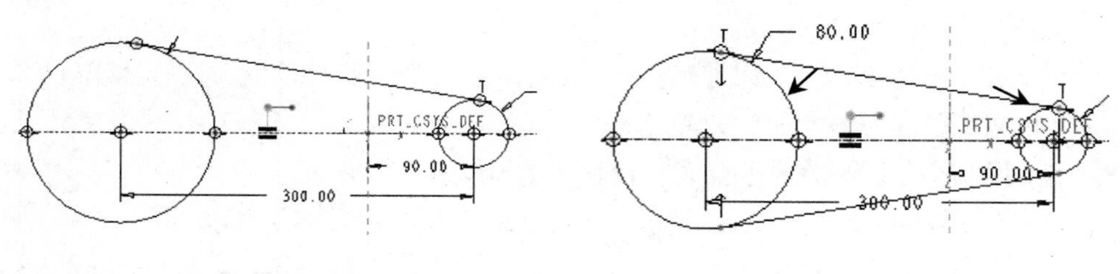

图 2-94　删除段操作结果

图 2-95　镜像操作

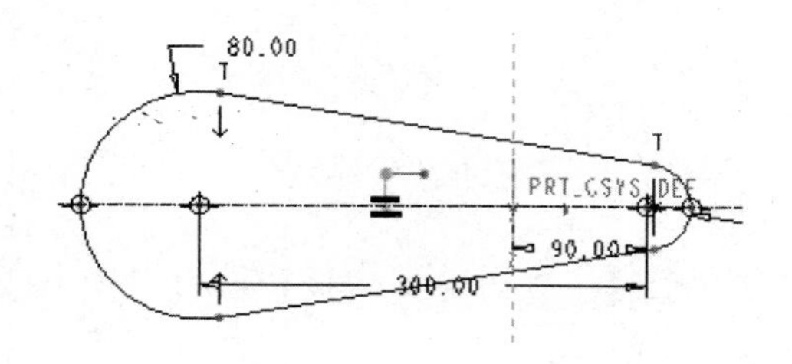

图 2-96　删除段操作结果

（10）绘制正方形。绘制过程如图 2-97 所示。

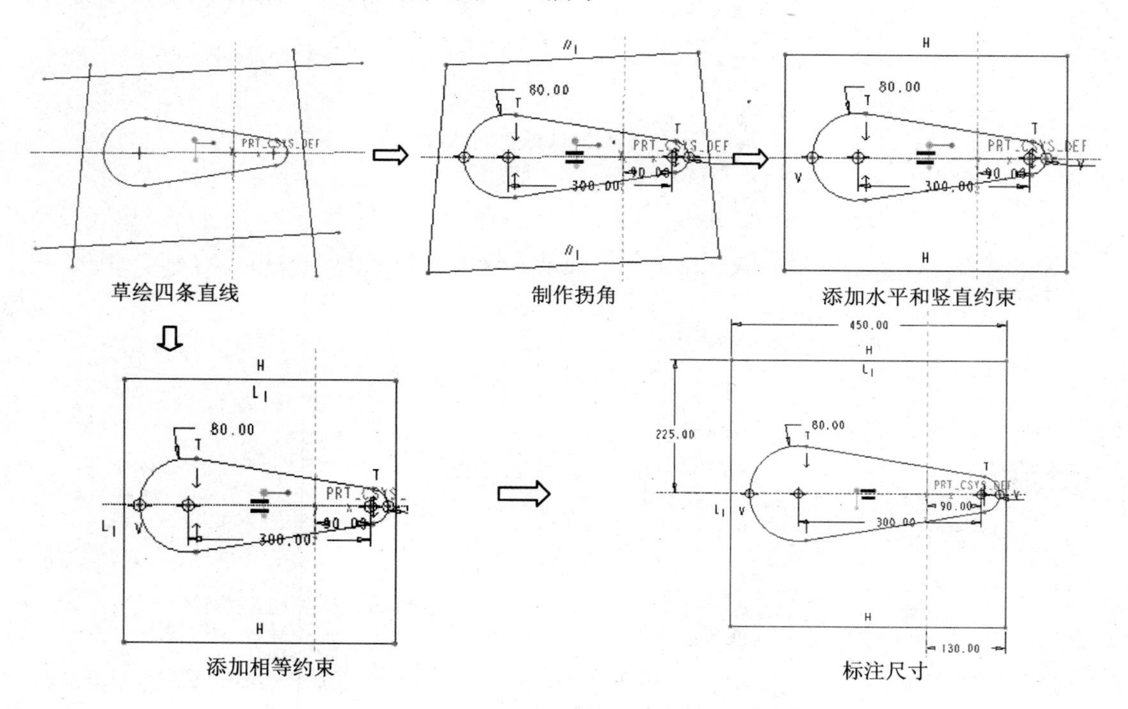

图 2-97　绘制正方形

（11）绘制圆。以正方形的 4 个顶点为圆心，绘制直径为 100 的 4 个圆，如图 2-98 所示。

（12）单击按钮，进行删除段操作，结果如图 2-99 所示。

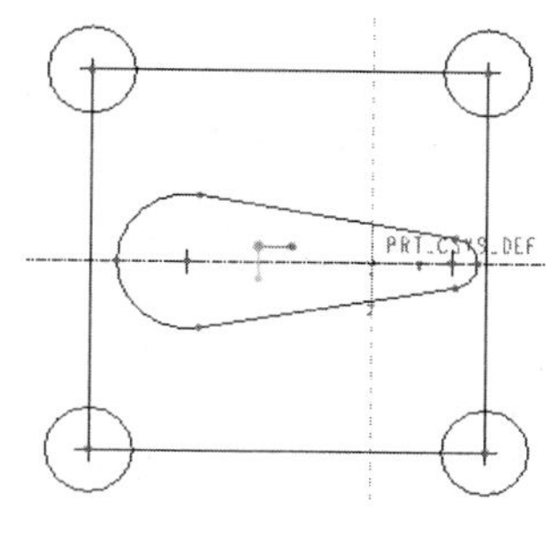

图 2-98　绘制圆曲线

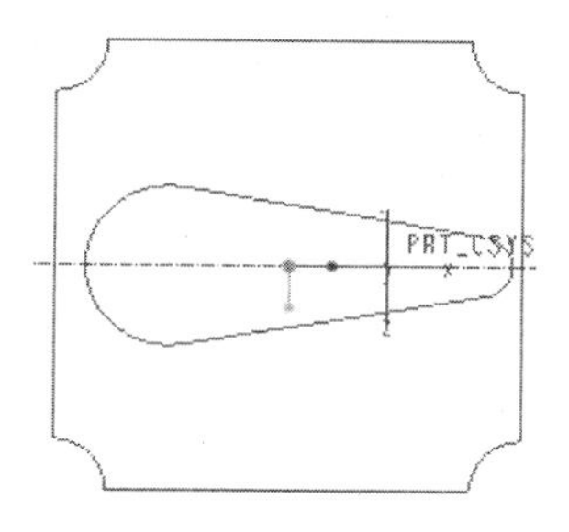

图 2-99　删除段操作结果

2.8.2　综合实例——法兰盘草图绘制

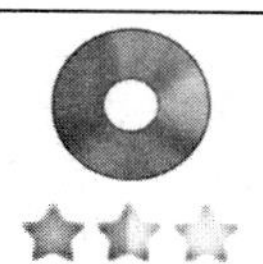	结果文件：光盘/example/finish/Ch02/2_2_1.prt
	视频文件：光盘/视频/Ch02/2_2.avi

下面介绍法兰盘草图绘制过程，其中应用了多种几何图元的创建方法，尺寸标注与约束功能，通过实例练习能够进一步掌握本章介绍的草图绘制的功能。创建的草图如图 2-100 所示。

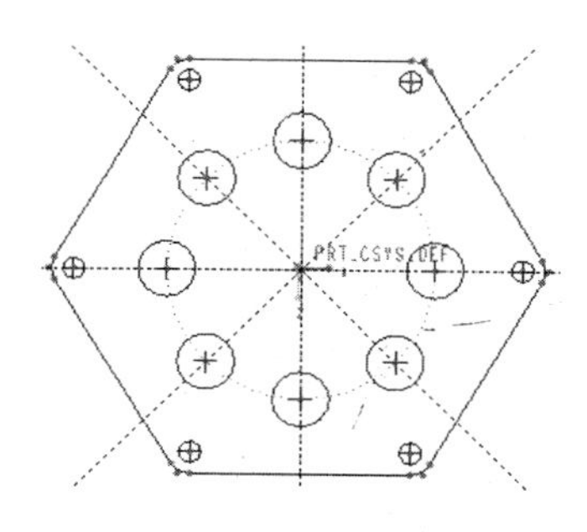

图 2-100　草图

设计分析

- 图形由构造线、正六边形、圆等图元组成。
- 在绘图过程中需要使用直线、中心线和圆的绘制功能；圆角、删除段等编辑功能；添加约束条件功能。

设计过程

（1）进入零件设计环境。

（2）单击工具栏中的【草绘】按钮，系统弹出【草绘】对话框。选择 TOP 面作为草绘平面。FRONT 面作为参考，单击【草绘】对话框中的【草绘】按钮，也可进入草图绘制环境。

（3）绘制如图 2-101 所示 4 条中心线。标注尺寸，在两条倾斜中心线之间垂直约束。

📖 绘制具有对称特征的草图时尽量关于系统提供的坐标原点、基准平面对称，便于后续绘图。以偏移坐标系方式创建基准点就是在选定的坐标系中输入坐标值创建基准点。

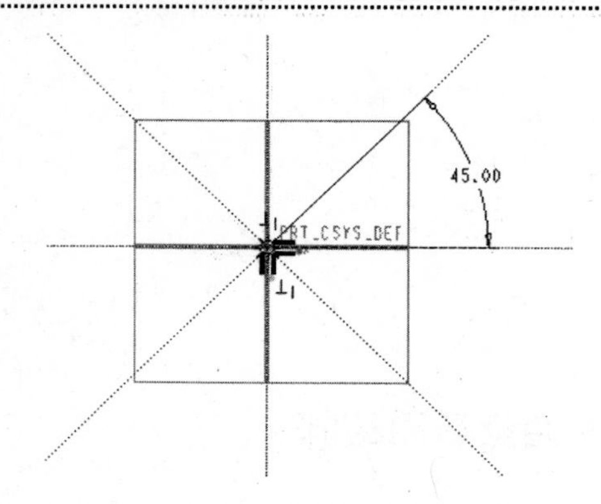

图 2-101　绘制中心线

（4）绘制正六边形。绘制过程如图 2-102 所示，保留系统添加的同心和水平约束。

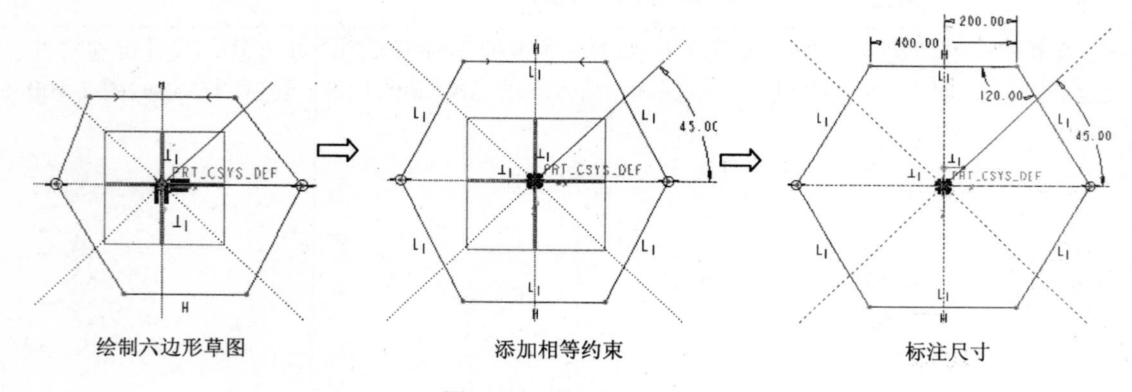

图 2-102　绘制正六边形

（5）倒圆角。先创建 6 个倒圆角，然后约束其相等，最后标注其中一个圆角的半径尺寸即可。草绘的圆角如图 2-103 所示。

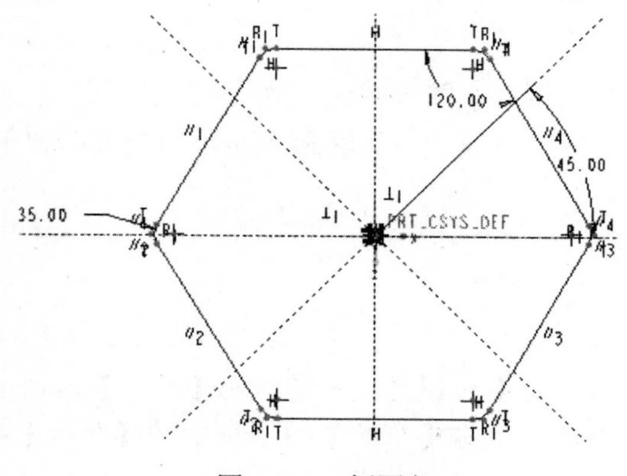

图 2-103　倒圆角

（6）绘制同心圆。单击◎圆按钮。依次选择圆角的弧线为参照，绘制同心圆，然后约束其相等，最后标注其中一个圆的直径尺寸即可。草绘的圆角如图 2-104 所示。

（7）用构造线绘制圆曲线。单击|◎按钮，再选择圆曲线按钮，绘制如图 2-105 所示的圆曲线。

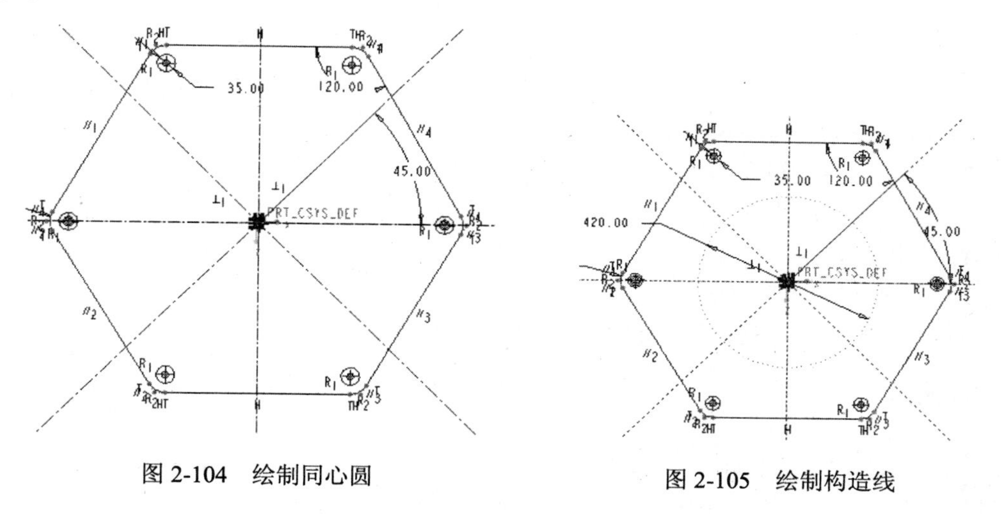

图 2-104　绘制同心圆　　　　图 2-105　绘制构造线

（8）以构造线与中心线交点为圆心绘制圆曲线。圆的直径为 90，如图 2-106 所示。

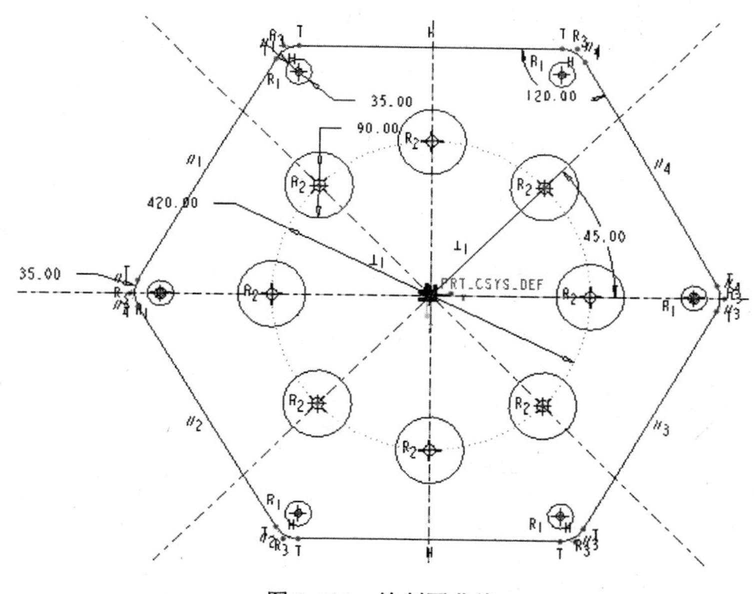

图 2-106　绘制圆曲线

2.9　小　　结

草图绘制在产品设计中占有重要地位，绘制草图主要是为了完成实体模型的创建而建立二维截面图形。本章系统介绍了草图的绘制功能、尺寸的标注及几何约束的添加、草图的编辑及草图分析等内容。掌握本章的内容可以为精确绘制草图及创建三维模型打下基础。

2.10 思考与练习

1. 思考题

（1）约束的作用与添加方法。
（2）尺寸标注与约束的关系。
（3）绘制草图的步骤。
（4）草图的作用。
（5）草图分析功能有哪些，如何应用?
（6）删除段操作与拐角操作有什么区别，各自应用于什么场合？

2. 操作题

（1）绘制如图 2-107 所示的草图。

	结果文件：光盘/example/finish/Ch02/2_3_1.prt
	视频文件：光盘/视频/Ch02/2_3.avi

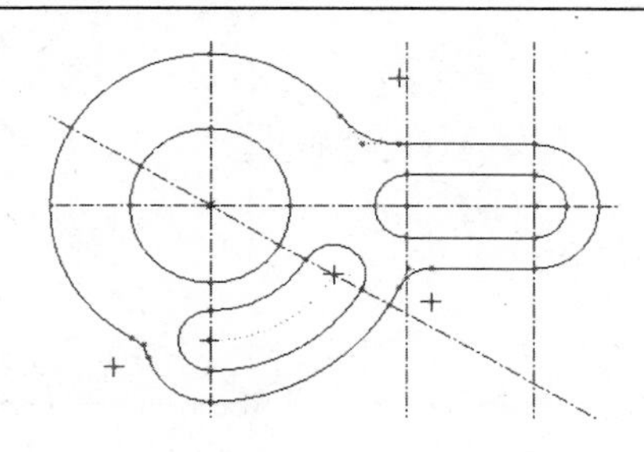

图 2-107　草绘图形

（2）绘制如图 2-108 所示的草图。

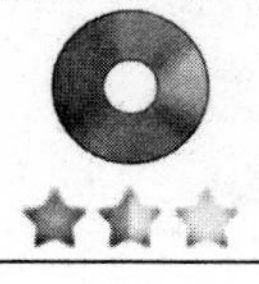	结果文件：光盘/example/finish/Ch02/2_4_1.prt
	视频文件：光盘/视频/Ch02/2_4.avi

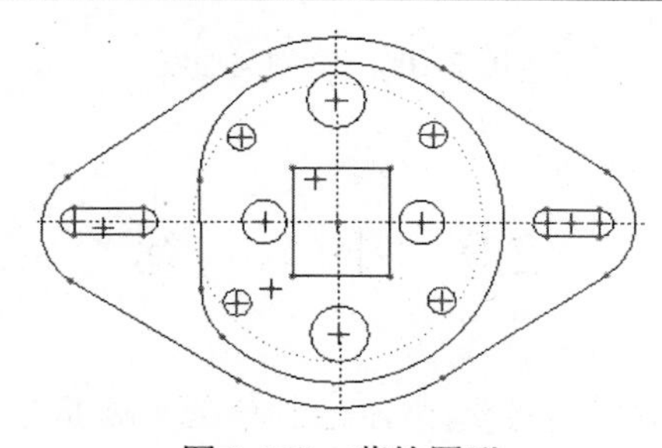

图 2-108　草绘图形

第 3 章　基础特征创建

基础特征在 Creo Parametric 建模中占有重要地位，是创建实体特征的基础，也是零件设计中使用频率最高的特征。系统提供了拉伸、旋转、扫描、扫描混合及可变截面扫描等多个基础特征创建工具。通过本章的学习读者能够掌握各种基础特征的创建方法，以及零件建模的基本过程。

3.1　特征设计概述

Creo Parametric 提供了多种创建特征的方法，理解特征的含义、分类，并且掌握特征创建方法及模型的创建思路是顺利创建模型的关键。

特征概念

特征是组成实体模型的基本单元，如圆角、孔、公差等。每一个零件都是以特征为基础建立的，零件的设计就是特征的累加过程。如图 3-1 所示的零件由“拉伸、孔、倒圆角、倒角”几个特征组成。

Creo Parametric 中的特征包括多种类型，如拉伸、旋转等基础特征，孔、壳、拔模等工程特征，以及作为辅助几何元素的基准特征和具有扭曲、折弯等功能的高级造型特征。在 Creo Parametric 中通常将特征分为三大基本类型，即实体特征、曲面特征和基准特征。

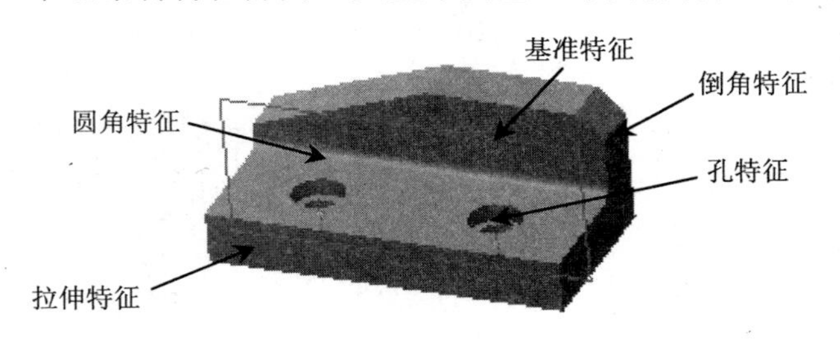

图 3-1　零件特征组成

1．实体特征

实体特征是生活中最常见的一类特征，这类特征具有质量、体积等实体属性，并具有确定的形状、大小及厚度，实体的造型是 Creo Parametric 中最主要的工作和操作对象。由于实体特征的类型很多，特点也不同，因此，还可以分成基础实体特征和附加实体特征。

基础实体特征是实体造型的基础，主要完成一些规则形状和不规则形状实体的创建，其他特征可以在基础实体特征的基础上添加，这类特征有拉伸、旋转、扫描、混合等。附加实体特征是指必须在已有基础实体特征的基础上才能生成，只能附加在其他特征之上，这类特征有孔、倒圆角、倒角、 壳、筋、管道等，这类特征通常也被称为工程特征。

2. 曲面特征

与实体特征相比，曲面特征是一类相对抽象的特征，曲面特征没有质量、体积和厚度等属性。由于曲面特征的操作比较灵活，可以用作生成实体特征、也可以对实体特征进行分割等。曲面特征是创建具有复杂形状零件的基础，如鼠标外壳等。

3. 基准特征

基准特征是基准点、基准线、基准轴、基准面和坐标系的统称，这类特征虽然没有质量、体积等属性，但在造型过程中起的作用相当关键，主要用来定义"放置参照、尺寸参照、设计参照、绘图平面"等。

3.2 基 础 特 征

基础特征在 Creo Parametric 建模中占有重要地位，是创建实体特征的基础，也是零件设计中使用频率最高的特征。以下主要讲述拉伸、旋转、扫描和混合 4 种基础特征的创建方法。

3.2.1 拉伸特征

将截面沿着指定方向移动一定距离，形成的实体或曲面即为拉伸特征。在工程实践中，多数零件、工业产品的模型都是多个拉伸特征相互叠加和切除的结果。在 Creo Parametric 中，基础特征可以是曲面、实心实体和薄壁实体 3 种类型，而对于任何一种拉伸类型，都可以构成模型实体的重要组成部分。

拉伸操作可以沿着指定方向（默认与截面所在平面垂直）单向或双向拉伸特征，既可以向模型中添加材料，也可以从模型中切除材料。添加或切除材料后的每一部分特征都是独立的个体，可以单独进行编辑或修改。

单击【拉伸】按钮，打开拉伸特征操控板，如图 3-2 所示。

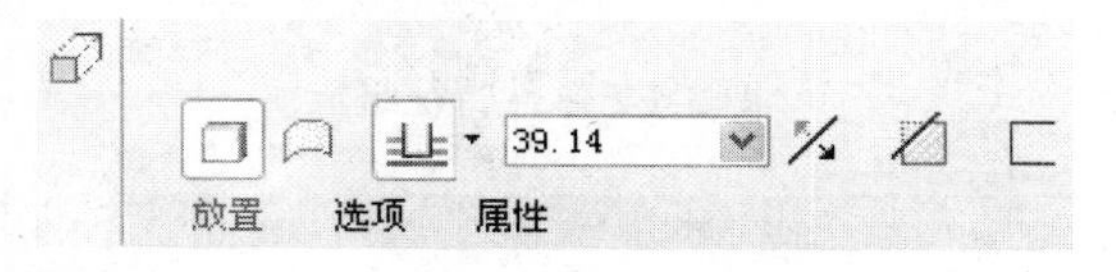

图 3-2　创建拉伸特征的操控板

拉伸特征操控板中各个按钮的功能如下：

- 【放置】：打开该上滑面板，如图 3-3 所示。使用该上滑面板可重定义特征截面。

此外，单击上滑面板中的【定义】按钮可以进入草绘模式中创建或更改拉伸特征的草绘截面。

- 【选项】：打开该上滑面板，如图 3-4 所示。在该上滑面板中用户可以重新定义草绘平面的一侧或两侧的拉伸深度。当创建曲面特征时，通过选中【封闭端】复选框还可以用封闭端创建曲面特征。

图 3-3 【放置】上滑面板

图 3-4 【选项】上滑面板

- 【属性】：打开属性上滑面板，如图 3-5 所示。在【名称】文本框中显示所创建拉伸特征的名称，用户可以直接输入拉伸特征的自定义名称以替换系统自动生成的名称。单击按钮，则将在 Creo Parametric 浏览器中打开此拉伸特征的有关信息。

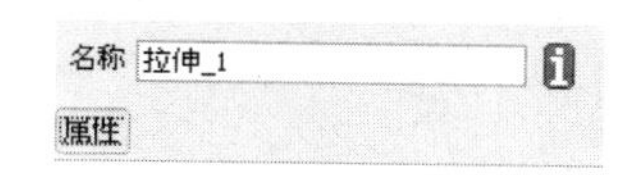

图 3-5 【属性】上滑面板

- 按钮：单击该按钮，表示将创建拉伸实体特征。
- 按钮：单击该按钮，表示将创建拉伸曲面特征。
- 按钮：单击该按钮，将从草绘平面以指定的深度值创建拉伸特征。另外，单击按钮，还将弹出按钮和按钮供用户选择。如果单击按钮则表示系统将在草绘平面的两侧各以指定深度值的一半创建拉伸特征，单击按钮则表示将拉伸至指定的点、曲线、平面或曲面来创建拉伸特征。
- 39.14 下拉列表框：在该下拉列表框中，用户可以直接输入或选择要创建拉伸特征的深度值。
- 按钮：单击该按钮，可将拉伸的深度方向更改为草绘平面的另一侧。
- 按钮：以切除材料的方式创建拉伸特征。只有绘图区中已存在其他基础特征的情况下，该按钮才可用。当单击按钮时还会出现相对应的按钮以控制切除材料的方向。
- 按钮：单击该按钮，表示加厚草绘，即将厚度应用到草绘。

创建拉伸实体特征的一般步骤如下：

（1）单击【拉伸】按钮，打开拉伸特征操控板。

（2）单击【放置】面板中的【定义】按钮，在弹出的【草绘】对话框中指定草绘平面、参照平面、视图方向等内容，单击【草绘】对话框中的【草绘】按钮，系统进入草绘状态。

（3）在草绘环境中绘制拉伸截面，绘制完毕单击草绘工具栏中的按钮✔，系统回到拉伸特征操控板。

（4）拉伸设置。通过【选项】面板选择拉伸模式并设置拉伸尺寸。如果生成薄板特征，选择【薄板特征】按钮，并输入薄板厚度，如果在已有的实体特征中去除材料，单击【去除材料】按钮。

（5）单击按钮，观察生成的特征。

（6）单击拉伸特征操控板中的按钮，完成拉伸特征的建立。

【例 3-1】 创建拉伸特征

利用拉伸特征创建如图 3-6 所示的零件。

图 3-6　创建拉伸特征

设计过程

（1）进入零件设计环境。

（2）创建拉伸特征。单击【拉伸】按钮，打开拉伸特征操控板。单击【放置】面板中的【定义】按钮，在弹出的【草绘】对话框中指定 TOP 面作为草绘平面，RIGHT 面作为参照平面，单击【草绘】按钮，系统进入草绘状态。

（3）绘制如图 3-7 所示所示草图，完成草图。

（4）在【拉伸】操控板中输入拉伸深度为 60，完成拉伸特征的创建，如图 3-8 所示。

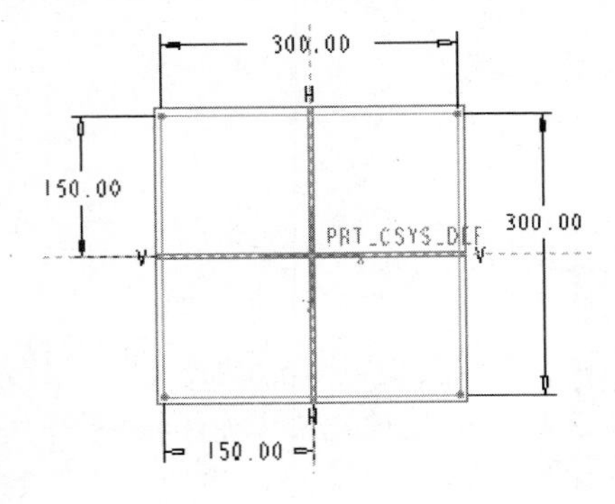

图 3-7　草图

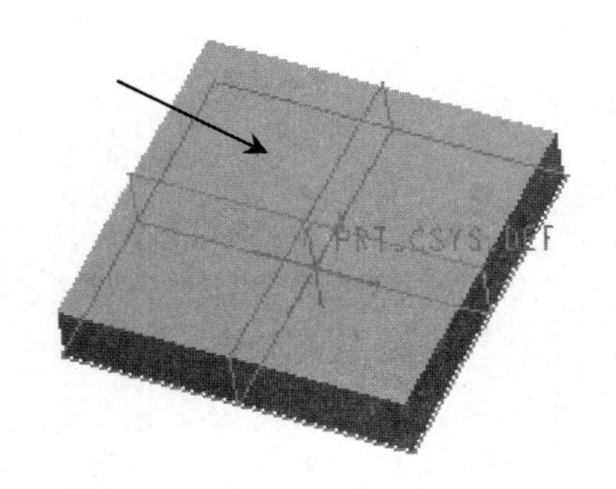

图 3-8　拉伸特征

（5）单击【拉伸】按钮，打开拉伸特征操控板。

（6）单击【放置】面板中的【定义】按钮，在弹出的【草绘】对话框中指定如图 3-8 所示平面作为草绘平面，RIGHT 面作为参照平面，单击【草绘】按钮，系统进入草绘状态。

（7）绘制如图 3-9 所示所示草图，完成草图。

（8）在【拉伸】操控板中输入拉伸深度为 20。单击按钮改变拉伸方向。单击按钮，去除材料。

（9）完成拉伸特征创建，如图 3-10 所示。

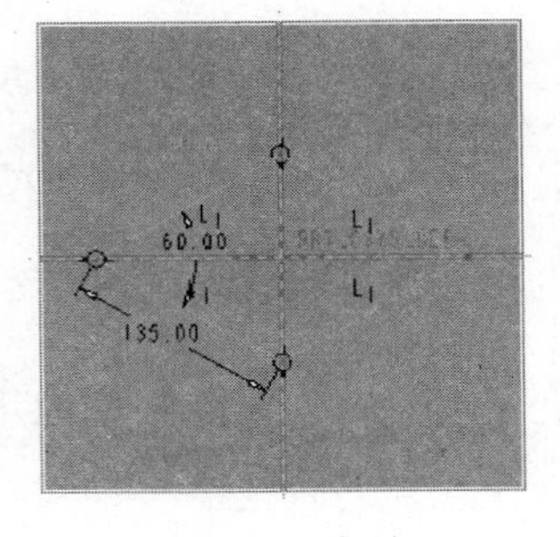

图 3-9　草图

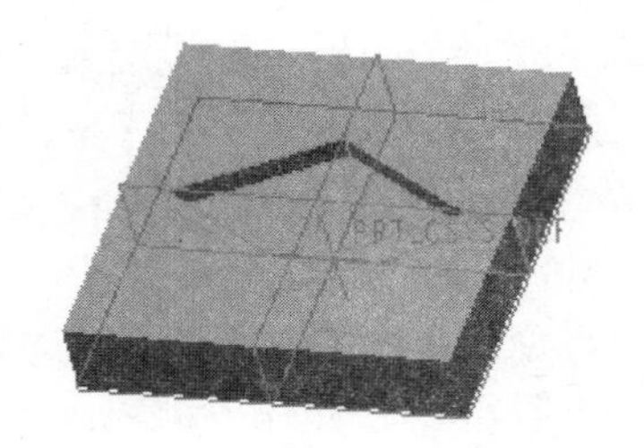

图 3-10　拉伸特征

（10）单击【拉伸】按钮，打开拉伸特征操控板。

（11）单击【放置】面板中的【定义】按钮，在弹出的【草绘】对话框中指定图 3-11 所示平面作为草绘平面，RIGHT 面作为参照平面，单击【草绘】按钮，系统进入草绘状态。

（12）绘制如图 3-12 所示所示草图，完成草图。

（13）在【拉伸】操控板中输入拉伸深度为 100。

（14）在【拉伸】操控板中单击按钮，输入薄壁厚度为 8。

（15）完成拉伸特征创建，如图 3-13 所示。

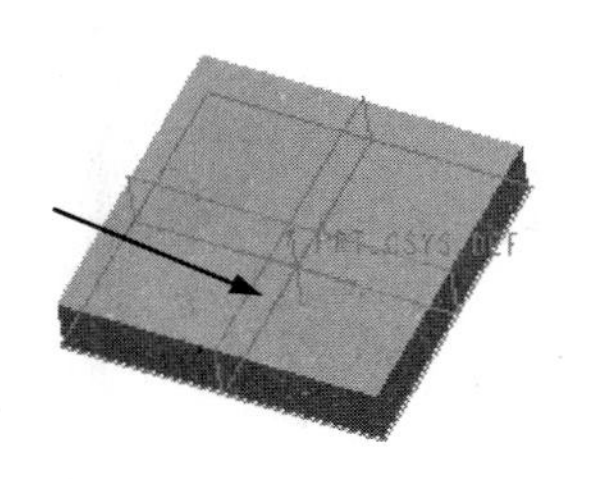

图 3-11　草绘平面

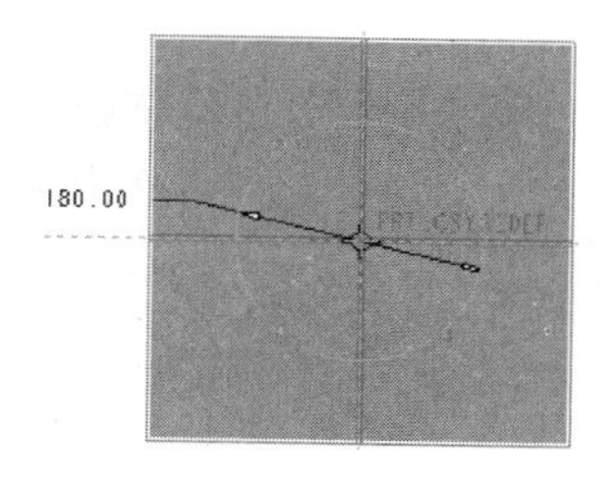

图 3-12　草图

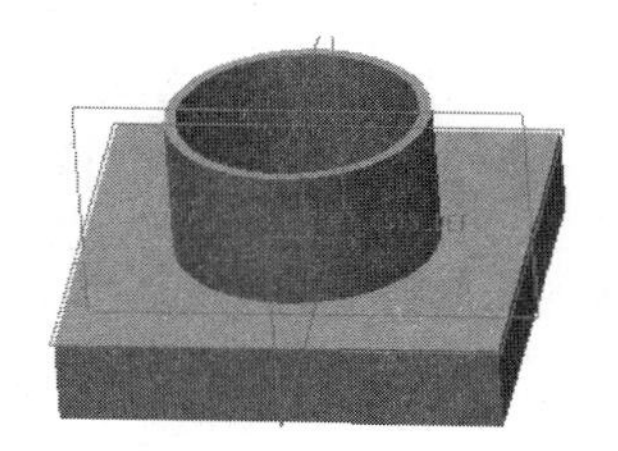

图 3-13　拉伸特征

3.2.2　旋转特征

旋转特征是通过将截面绕着草绘平面内的中心轴线单向或双向旋转一定角度的方式创建特征。同拉伸特征一样，利用旋转操作也可以向模型中增加或去除材料。

单击【旋转】按钮，系统显示如图 3-14 所示的旋转特征操控板，该面板与拉伸特征操控板相似，只将该面板中含义不同的功能选项介绍如下。

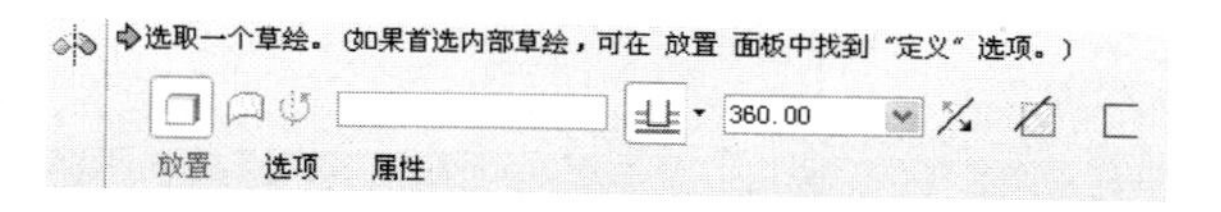

图 3-14　创建旋转特征的操控板

- 【放置】：打开【放置】上滑面板，通过该面板可以选择一个现成的草绘截面或定义一个草绘截面来旋转，并可以通过按钮内部 CL来判断草绘截面内是否含有旋转轴。单击【定义】按钮，即可打开【草绘】对话框进入草绘模式。
- ：用户在非草绘环境下自定义旋转轴。
- ：按指定的旋转角度沿一个方向旋转。
- ：按指定的旋转角度，以草绘平面为分界面向两边旋转。
- ：沿一个方向旋转到指定的点、曲线、平面或曲面。
- 360.00：系统提供默认的四种旋转角度值为 90º、180º、270º、360º，同时也可直接输入 0.001 到 360º 之间的任一值。当单击按钮时，该栏中显示旋转角度的参照对象，激活该栏用户可明确新的参照对象。

建立旋转特征的一般操作步骤如下：

（1）单击【旋转】按钮，打开旋转特征操控板。

（2）单击【位置】面板中的【定义】按钮，系统显示【草绘】对话框，在绘图区中选择相应的草绘平面或参照平面，在【草绘】对话框中设定视图方向和特征生成方向。单击【草绘】对话框中的【草绘】按钮，系统进入草绘工作环境。

（3）在草绘环境中使用绘制中心线工具绘制一条中心线作为截面的旋转中心线，在中心线的一侧绘制旋转特征截面，然后单击草绘工具栏中的按钮✔，回到旋转特征操控板。

（4）旋转设置。在【选项】面板中选择模型旋转方式，并设置旋转角度；如果生成薄板特征，则选【薄板特征】；如果在已有的实体特征中去除材料，则单击图 3-38 所示中的【去材料】按钮。

（5）单击按钮，观察生成的特征。

（6）单击旋转特征操控板中的按钮✔，完成旋转特征的建立。

【例 3-2】 创建旋转特征

设计过程

（1）进入零件设计环境。

（2）单击【旋转】按钮，打开旋转特征操控板。

（3）单击【放置】面板中的【定义】按钮，在弹出的【草绘】对话框中指定 TOP 面作为草绘平面，RIGHT 面作为参照平面，单击【草绘】按钮，系统进入草绘状态。

（4）绘制如图 3-15 所示所示草图及中心线，完成草图。

（5）在【旋转】操控板中输入旋转角度为 90。

（6）完成旋转特征创建，如图 3-16 所示。

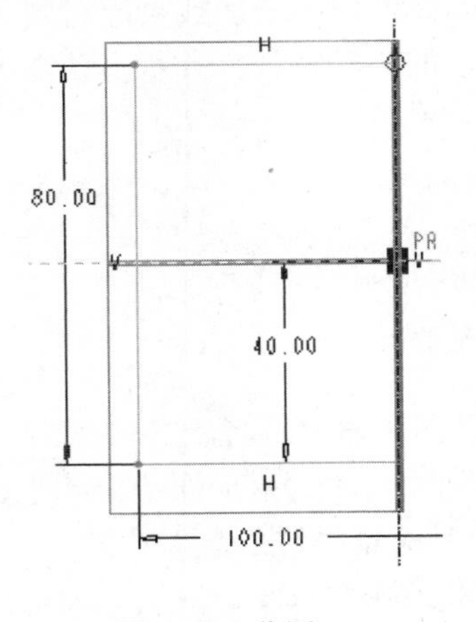

图 3-15　草图

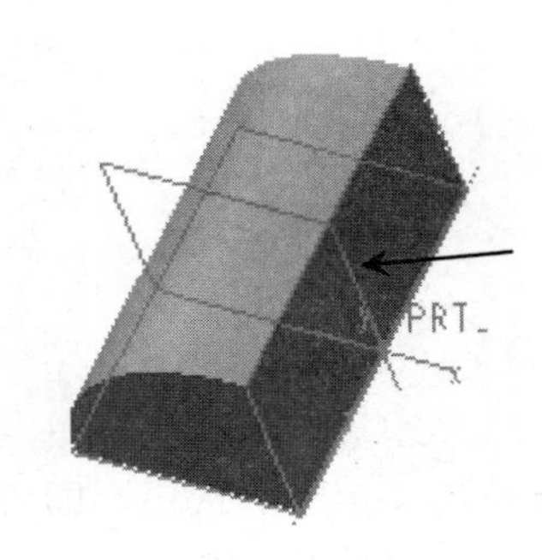

图 3-16　拉伸特征

（7）单击【旋转】按钮，打开旋转特征操控板。

（8）单击【放置】面板中的【定义】按钮，在弹出的【草绘】对话框中指定图 3-16 所示平面作为草绘平面，TOP 面作为参照平面，单击【草绘】按钮，系统进入草绘状态。

（9）绘制如图 3-17 所示所示草图及中心线，完成草图。

（10）在【旋转】操控板中输入旋转角度为 90。单击按钮，去除材料。选择旋转角度控制方式为，并选择图 3-18 所示平面作为参照。单击按钮，改变旋转方向。

（11）完成旋转特征创建，如图 3-19 所示。

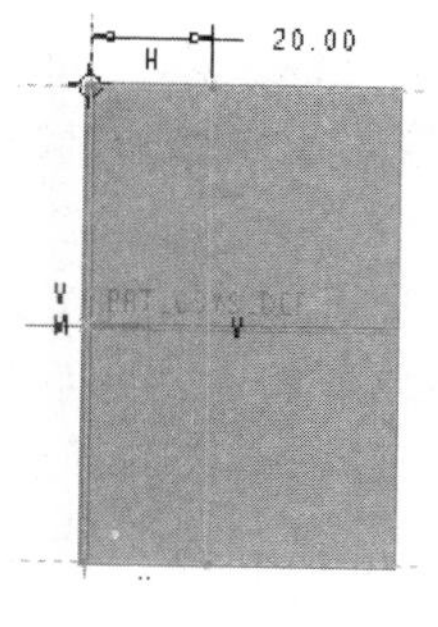

图 3-17　草图

图 3-18　选择参照

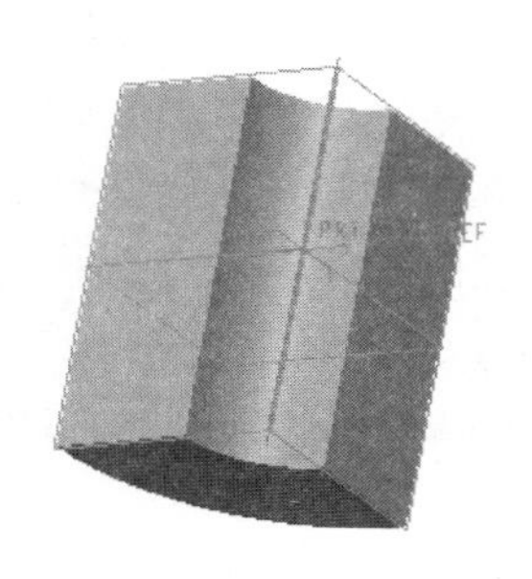

图 3-19　旋转特征

📖 创建旋转实体特征时截面必须封闭。截面上所有草绘图元位于中心线的同一侧，并且中心线必须是几何中心线。若截面有两条以上的中心线，系统将会自动默认第一条生成的中心线为旋转轴。

3.2.3　扫描特征

扫描特征是将二维截面沿着指定的轨迹线扫描生成实体或曲面特征。单击【扫描】按钮，打开【扫描】操控板，如图 3-20 所示。

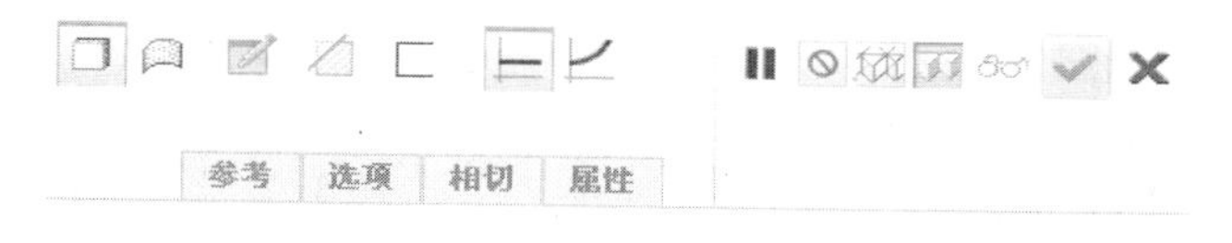

图 3-20　【扫描】操控板

操控板中有关按钮的作用如下：

- ❑ 按钮：绘制截面。
- ❑ ：创建截面不变化的扫描特征。
- ❑ ：创建可变截面扫描。
- ❑ 【参考】：打开【参考】上滑面板，如图 3-21 所示。

其中各项内容的含义如下。

轨迹收集器：轨迹收集器用于选择扫描轨迹，能够选择多条边链作为扫描的轨迹线（按 Ctrl 键选择多条轨迹线）。其中 X 轨迹表示扫描面的 X 轴所经过的轨迹。原始轨迹不能作为 X 轨迹，只有其他轨迹才能被定义为 X 轨迹。X 轨迹实际上控制了截面的 X 轴在扫描过程中的方向。N 轨迹为截面的法向轨迹，即控制截面的法向（截面法向与轨迹各点的切线方向相同）。选择的第一条轨迹线（原点）只能是 N 轨迹，第二条轨迹既可以是 X 轨迹，也可以是 N 轨迹。对于截面不变化的扫描只需选择一条轨迹线，创建根据参考的可变截面扫描时可选择多条轨迹线。

截平面控制：用于控制截面的法线方向，有三种剖面控制方式。垂直于轨迹：截面总是垂直于指定轨迹进行扫描；垂直于投影：截面 z 轴与原始轨迹在指定方向上的投影相切；恒定法向：截面法向（z 轴）始终指向指定方向。

水平/垂直控制：有两个选项。自由：当只有原始轨迹时，只有“自由”选项，表示 x 轴方向由原始轨迹控制；X 轨迹：x 轴方向由第二条轨迹线控制。当选择 x 轨迹时，第二条轨迹线必须比第一条轨迹线长。

起点的 x 方向参考：确定起点的 x 方向。

❑【选项】：打开【选项】上滑面板，如图 3-22 所示。其中各项内容含义如下。

封闭端点：使用封闭截面扫描曲面时，使用此功能可以将曲面的两端封闭，否则曲面两端开放。

合并端：扫描实体与其他实体相交时可以此选项控制它们之间的连接情况。选择此选项时扫描特征延伸到与其他实体特征相交，不选中时扫描特征在轨迹线终点结束。选中与否的结果如图 3-23 所示。

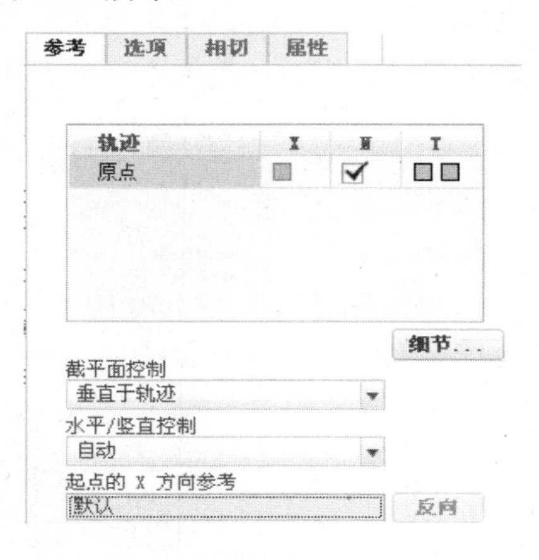

图 3-21 【参照】上滑面板

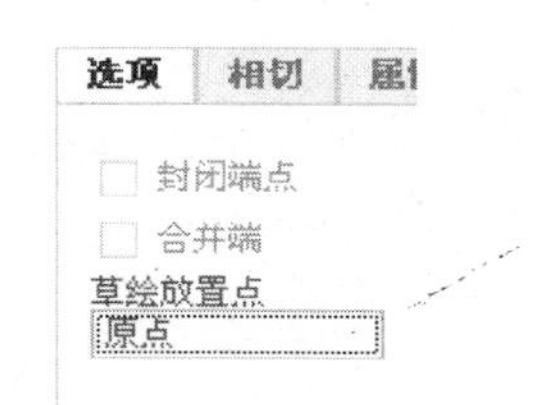

图 3-22 【选项】上滑面板

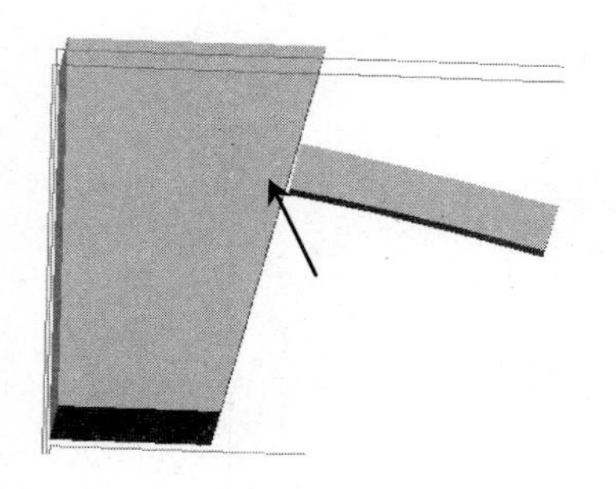

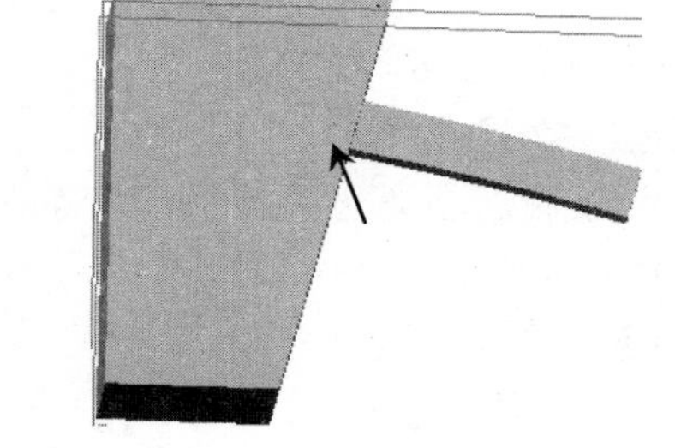

图 3-23 【合并端】的应用

草绘放置点：确定草绘截面的放置位置。默认放置在轨迹线的起点，单击轨迹线上箭头切换起点位置，从而改变截面放置位置。

❑【相切】：打开【相切】上滑面板，如图 3-24 所示。当所绘制截面位于曲面上时，可以通过【相切】上滑面板控制扫描特征与曲面之间的连接关系设置为“相切”。

创建扫描实体特征的基本步骤如下：

（1）创建轨迹线。

（2）单击【扫描】按钮，打开操控板。

（3）打开【放置】上滑面板。选取已有曲线或实体上的边作为扫描轨迹线，设置面板中其他选项。

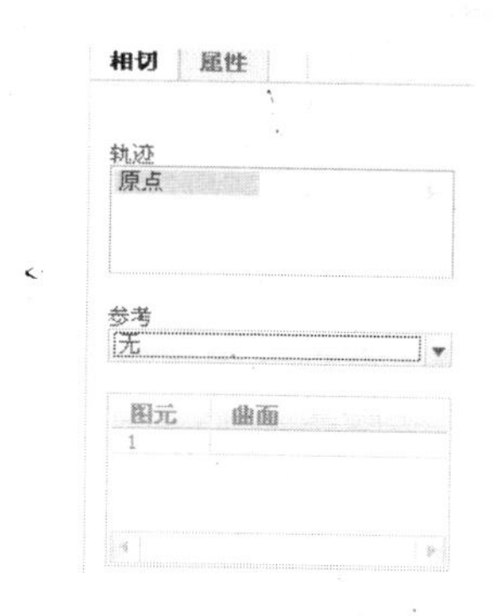

图 3-24 【相切】上滑面板

（4）单击按钮，进入草绘环境绘制扫描截面。
（5）打开【选项】和相切上滑面板进行设置。
（6）在操控板上单击其他按钮进行设置，如创建曲面按钮。
（7）完成扫描特征创建。
创建扫描实体特征如图 3-25 所示。

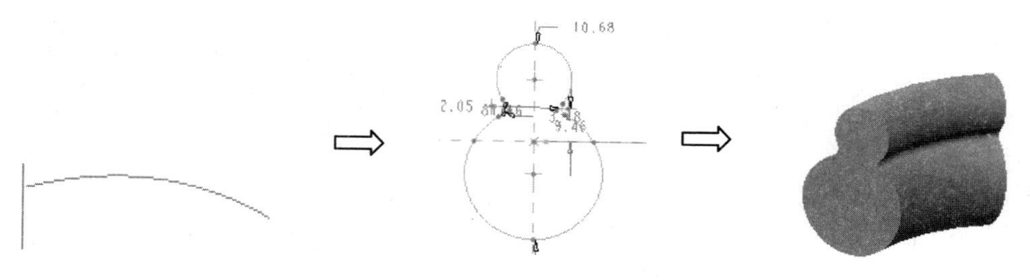

图 3-25 创建扫描实体特征

扫描轨迹必须连续光滑。

3.2.4 可变截面扫描特征

可变截面扫描即为扫描过程中截面可以变化的扫描特征的生成方法。可变截面扫描与一般扫描方法使用相同的操控板，如图 3-20 所示。单击操控板中的按钮即为创建可变截面扫描特征，可以根据参数化参考或沿扫描的关系式控制扫描过程中截面的变化。

【例 3-3】 创建可变截面扫描特征

设计过程

（1）进入零件创建环境。
（2）单击按钮，选择 TOP 面为草绘平面，进入草绘环境。
（3）绘制如图 3-26 所示草图，退出草图环境。
（4）单击按钮，选择 TOP 面为草绘平面，进入草绘环境。
（5）绘制如图 3-27 所示草图，退出草图环境。

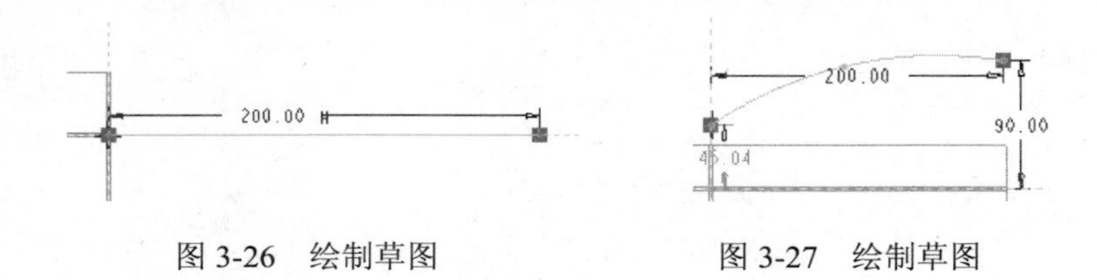

图 3-26　绘制草图　　　　图 3-27　绘制草图

（6）单击按钮，选择 RIGHT 面为草绘平面，进入草绘环境。

（7）绘制如图 3-28 所示草图，退出草图环境。

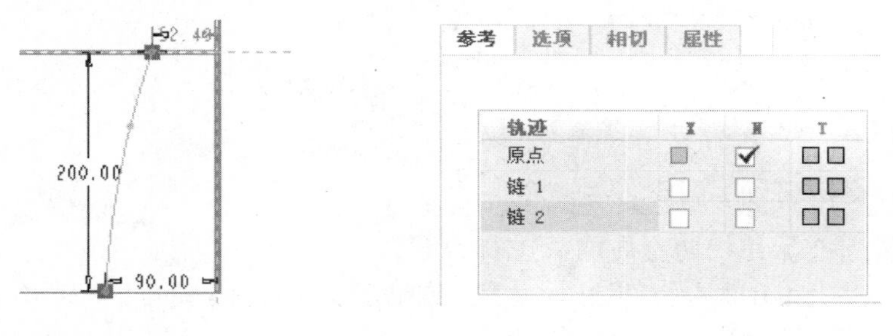

图 3-28　绘制草图　　　　图 3-29 【参考】上滑面板

（8）单击【扫描】按钮，打开操控板。

（9）打开【放置】上滑面板。选择绘制的第一条曲线作为原点，并将其作为 N 曲线。按住 Ctrl 键选择绘制的另外两条曲线也作为轨迹线，如图 3-29 所示。

（10）单击按钮，进入草绘环境绘制扫描截面。选择第 2 条和第 3 条曲线作为参照，绘制如图 3-30 所示截面（截面通过 3 条轨迹线的起点）。

（11）完成特征创建，如图 3-31 所示。

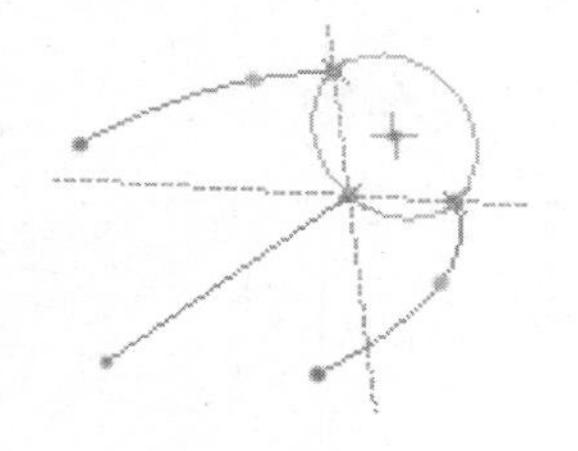

图 3-30　绘制截面

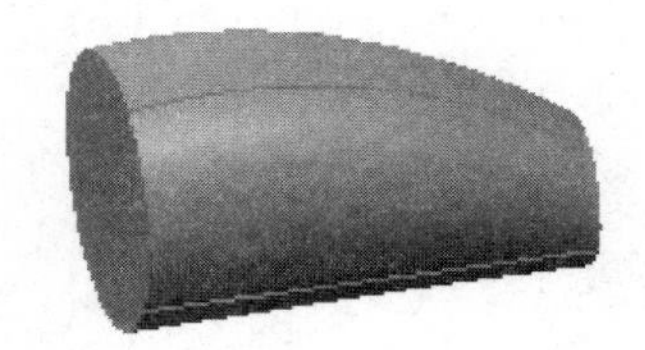

图 3-31　可变截面扫描特征

3.2.5　螺旋扫描特征

螺旋扫描是通过沿着螺旋轨迹扫描截面创建曲面或实体。选择【扫描】/【螺旋扫描】命令，打开【螺旋扫描】操控板，如图 3-32 所示。

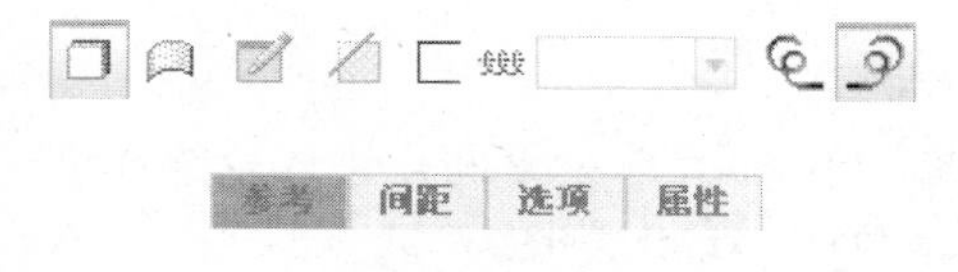

图 3-32 【螺旋扫描】操控板

操控板中有关按钮含义如下。

- ❑ 按钮：创建左旋螺旋。
- ❑ 按钮：创建右旋螺旋。
- ❑ ：输入螺距。
- ❑ 按钮：单击进入草绘环境，绘制扫描截面。
- ❑【参考】：【参考】上滑面板如图 3-33 所示。其中各项内容的含义如下。

螺旋扫描轮廓：用于选择螺旋扫描轨迹线。

【定义】按钮：进入草绘环境绘制螺旋扫描轨迹线。

轮廓起点：确定轨迹线起点。

旋转轴：用于选择旋转轴。

截面方向：包括两个选项。穿过旋转轴：扫描截面位于穿过旋转轴的平面内；垂直于轨迹：扫描截面垂直于螺旋线。

- ❑【间距】：【间距】上滑面板如图 3-34 所示。用于设置螺距及变螺距点位置，多用于创建变螺距螺旋特征。在面板中的【位置】区域单击右键，在弹出的菜单中选择【添加螺距点】，然后确定变螺距点的位置及螺距值即可创建变螺距螺旋扫描特征。

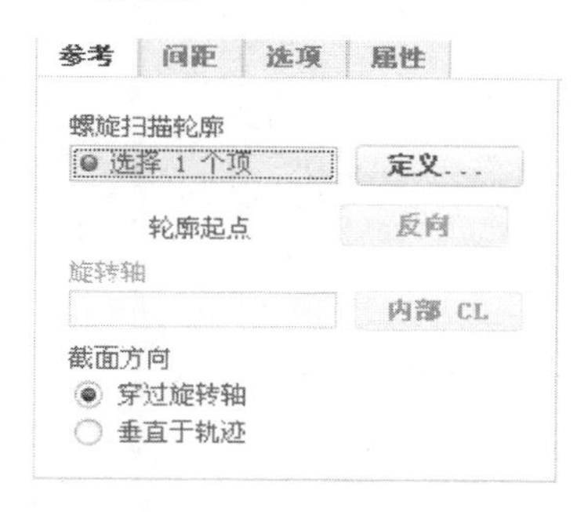

图 3-33 【参考】选项卡

间距　选项　属性

#	间距	位置类型	位置
1	100.00		起点
2	36.67		终点
3	36.67	按值	183.35
添加间距			

图 3-34 【间距】上滑面板

【选项】:【选项】上滑面板如图 3-35 所示。

封闭端：创建两端封闭的螺旋扫描曲面特征。

保持恒定截面：横截面保持不变。

改变截面：横截面可以根据约束条件发生变化。

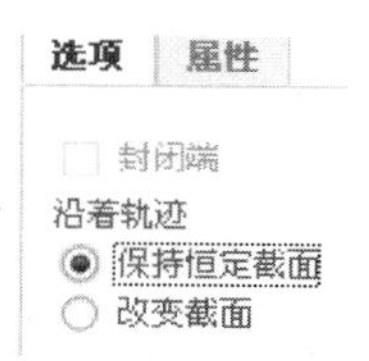

图 3-35 【选项】上滑面板

创建螺旋扫描特征的过程如下：

（1）选择【扫描】/【螺旋扫描】命令，打开操控板。

（2）单击【参考】面板中的【定义】按钮，系统显示【草绘】对话框，在绘图区中选择相应的草绘平面或参照平面，单击【草绘】对话框中的【草绘】按钮，系统进入草绘工作环境。

（3）在草绘环境中绘制中心线，在中心线的一侧绘制扫描轨迹线（直线、曲线均可），然后单击草绘工具栏中的按钮。

（4）在草绘环境中绘制螺旋扫描截面，然后单击草绘工具栏中的按钮。

（5）设置【间距】、【选项】操控板中相关选项。

（6）设置操控板上其他设置，完成旋转特征的建立。

【例 3-4】 创建螺旋扫描特征

设计过程

（1）选择【扫描】/【螺旋扫描】命令，打开操控板。

（2）单击【参考】面板中的【定义】按钮。选择 TOP 面作为草绘平面，绘制（3）中心线及轨迹线，如图 3-36 所示。单击草绘工具栏中的按钮。

（3）单击按钮，根据系统提示，绘制如图 3-37 所示圆形截面。单击草绘工具栏中的按钮。

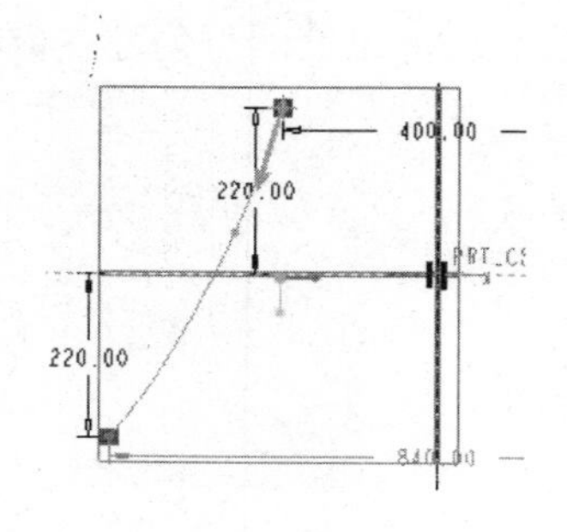

图 3-36　绘制轨迹线

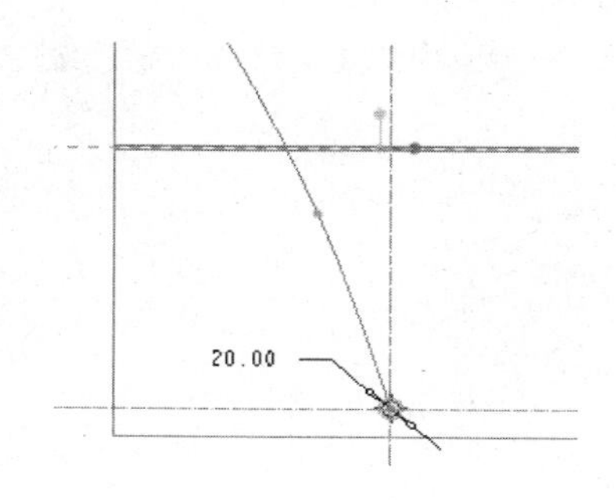

图 3-37　绘制截面

（4）打开【间距】上滑面板，在面板中的【位置】区域单击右键，在弹出的菜单中选择【添加螺距点】，输入【起点】和【终点】螺距值为 44，再次在面板中的【位置】区域单击右键，在弹出的菜单中选择【添加螺距点】，然后在【位置类型】区域中的列表框中选择确定变螺距点的定义方式，在其中选择【按值】，输入距离值为 220、螺距值为 80，如图 3-38 所示。

（5）单击按钮，完成特征创建，结果如图 3-39 所示。

间距　选项　属性

#	间距	位置类型	位置
1	44.00		起点
2	44.00		终点
3	80.00	按值	220.00
添加间距			

图 3-38 【间距】上滑面板定义

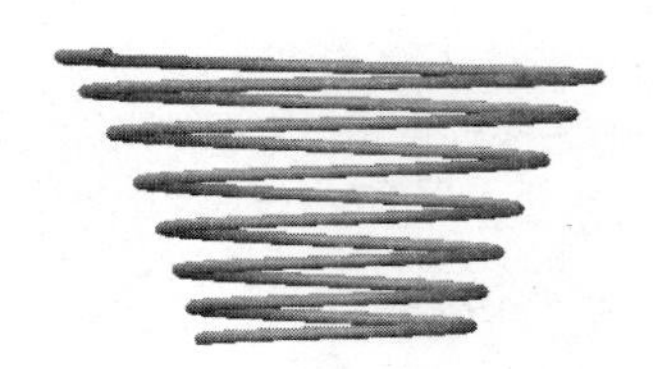

图 3-39　螺旋扫描特征

3.2.6　混合特征

混合特征是按照指定的混合方式，连接两个或两个以上的剖截面而形成的实体或曲面特征模型。混合特征由一系列截面组成，将这些截面在边处用过渡曲面连接形成一个连续特征。在创建混合特征时截面具有方向，并且要求各截面具有相同顶点数。

在实际使用过程中，常用混合方式有两种，即平行混合和旋转混合。

- 平行混合：截面位于多个平行平面上。
- 旋转混合：混合截面围绕 Y 轴旋转，最大旋转角度为 120°。

1. 平行混合

选择【形状】/【混合】命令，弹出【混合】操控板，如图 3-40 所示。

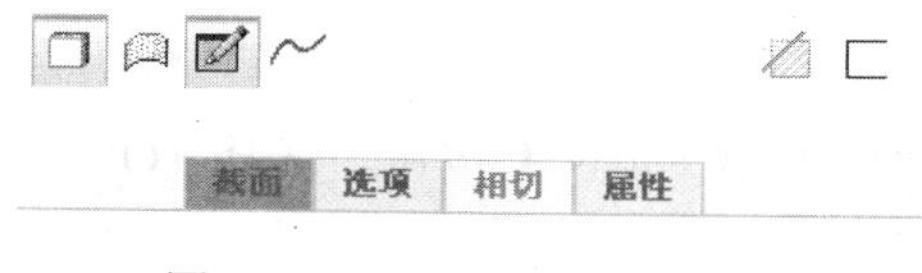

图 3-40　【混合】特征操控板

操控板上有关内容的含义如下。

- 按钮：绘制截面。
- 按钮：草绘截面。
- 【截面】：用于选择、草绘和编辑混合截面。打开【截面】上滑面板，如图 3-41 所示。其中各选项的作用如下。

草绘截面：用草绘方式定义截面。

选定截面：选择已创建截面。

截面：列出所定义截面，选择一个截面后可以对其进行编辑。

插入：插入截面。

移除：移除截面。

【定义】：单击该按钮，进入草绘环境绘制截面。

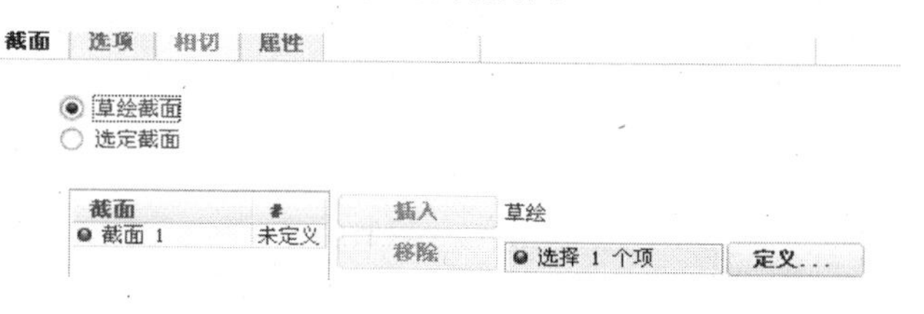

图 3-41　【截面】上滑面板

- 【选项】：用于设置混合截面之间的过渡连接方式，包括直和平滑两种方式，当使用平滑过渡方式时，截面不少于 3 个。另外，在创建曲面特征时还可以通过“封闭端”选项将曲面两端封闭，从而创建一个封闭曲面特征。打开【选项】上滑面板，如图 3-42 所示。
- 【相切】：用于设置开始截面、终止截面与其他特征之间的连接关系，包括自由、垂直和相切三种方式，在【图元】区域选择垂直与相切的参照。打开【相切】上滑面板，如图 3-43 所示。

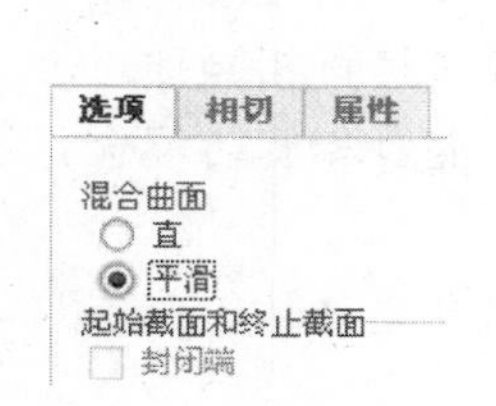

图 3-42 【选项】上滑面板

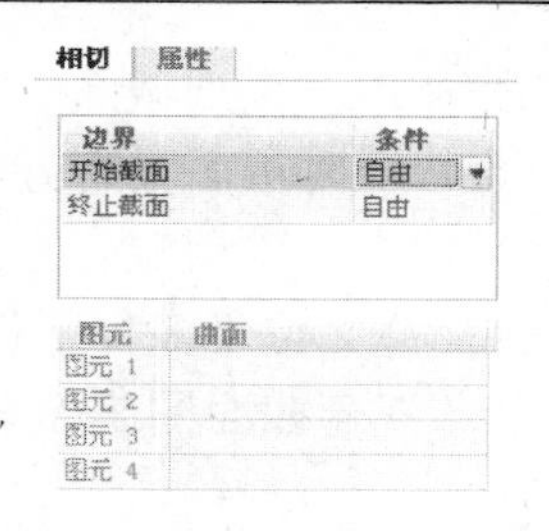

图 3-43 【相切】上滑面板

【例 3-5】 创建平行混合特征。

设计过程

（1）选择【形状】/【混合】命令，弹出【混合】操控板。

（2）打开【截面】上滑面板，选择【草绘截面】选项，单击【定义】按钮，打开【草绘】对话框。

（3）选择 TOP 面作为绘图平面，FRONT 面作为参照。

（4）绘制如图 3-44 所示截面，注意图中箭头位置和方向。

（5）单击✔按钮，完成截面绘制。

（6）在【选项】上滑面板中选择【插入】按钮，进入草绘环境（此时先前创建的截面用虚线表示），绘制如图 3-45 所示圆形截面，圆中心在坐标原点上。

（7）将圆分割为 4 段，使其具有 4 个顶点，以和矩形的 4 个顶点相对应。分割结果如图 3-46 所示。

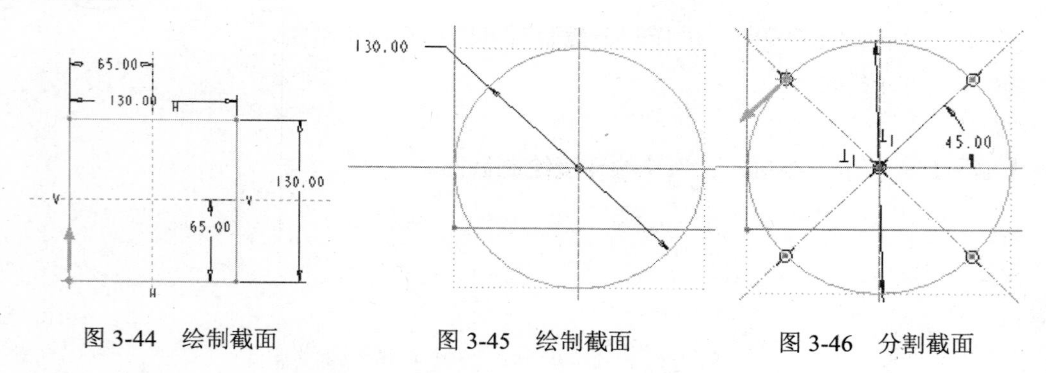

图 3-44 绘制截面　　图 3-45 绘制截面　　图 3-46 分割截面

（8）按照图 3-47 所示更改截面起点及方向。建立混合特征时一般要求截面的起点位置相对应，截面方向一致，这样才能创建出满足要求的特征形状。

（9）单击✔按钮，完成特征创建，结果如图 3-48 所示。

📖 当截面顶点个数不相等时，可以通过“混合顶点”功能使顶点个数相匹配。方法是选择截面的某个顶点，然后右击鼠标，在弹出的菜单中选择“混合顶点”选项，则该顶点作为两个顶点使用。

2．旋转混合

旋转混合中可以使截面彼此之间形成一个角度。在绘制旋转混合截面时，每一个截面都要在草绘环境下建立一条中心线，作为截面旋转的参照。

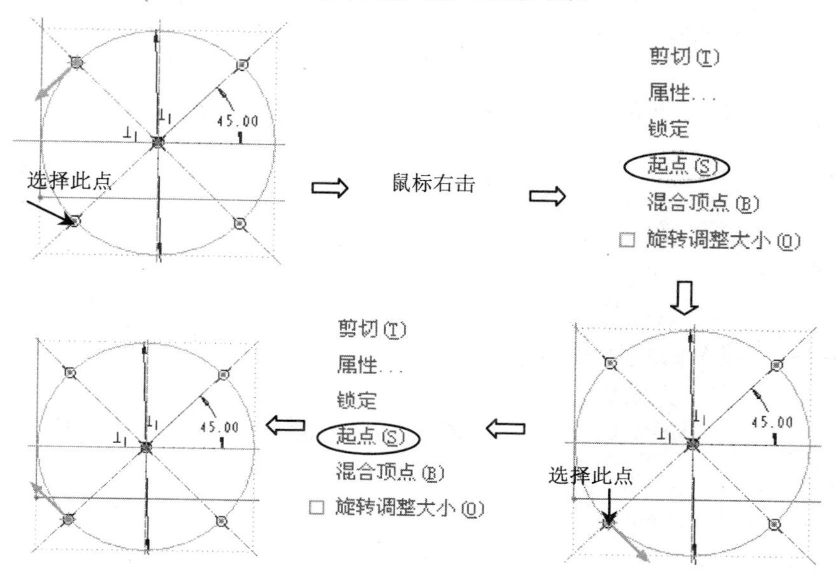

图 3-47　改变起点位置及截面方向

选择【形状】/【旋转混合】命令，弹出【旋转混合】操控板，如图 3-49 所示。

图 3-48　创建混合实体特征

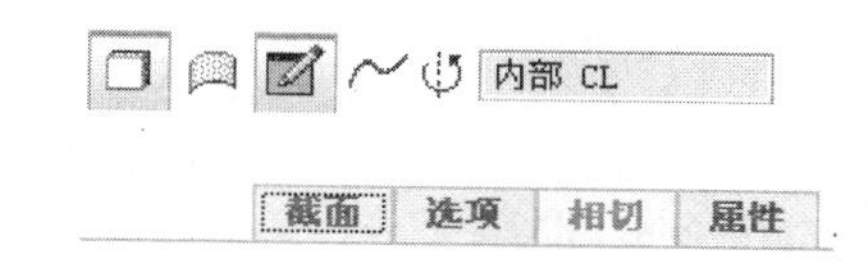

图 3-49 【旋转混合】操控板

其中的多项内容与【混合】特征的创建基本相同，下面仅就区别加以说明。

旋转混合的第一个和最后一个截面可以是一个点，此时打开【相切】上滑面板，在【条件】区域的下拉列表框中会出现“尖点”和“平滑”两个选项，如图 3-50 所示。其中“尖点”表示特征的开始或结束处为一个点，而“平滑”则表示在开始或结束处为一个圆角。

创建旋转混合特征时，第一个截面同时也可以作为最后一个截面， 生成封闭的混合特征。此时只需要在【选项】上滑面板中选择【连接终止截面和起始截面】选项即可，如图 3-51 所示。

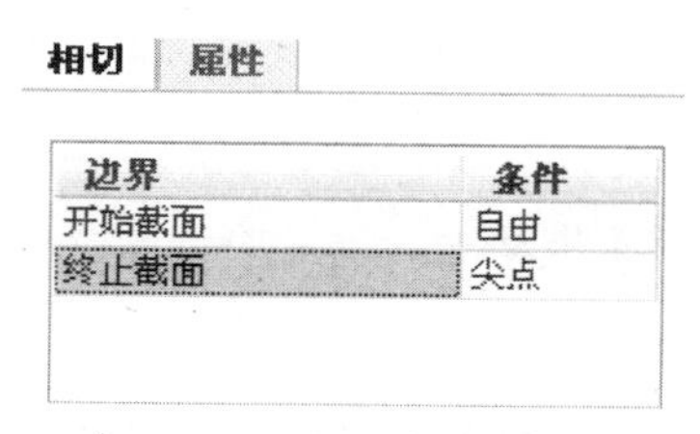

图 3-50 【选项】上滑面板

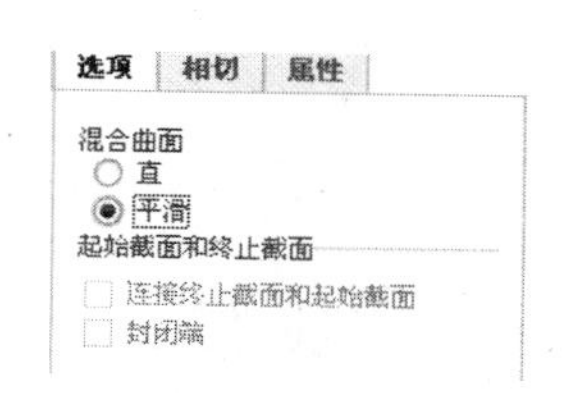

图 3-51 【选项】上滑面板

按钮：选择中心线。

创建旋转混合特征时可以在45.0文本框中输入旋转角度，也可以在【截面】上滑面板中输入。

【例 3-6】 创建旋转混合特征

设计过程

（1）选择【形状】/【旋转混合】命令。

（2）打开截面上滑面板，单击【草绘】按钮。

（3）选择 TOP 面作为草绘平面，FRONT 面作为参照，进入草绘环境。

（4）绘制中心线及截面草图，如图 3-52 所示。

（5）单击✔按钮，完成截面绘制。

（6）在【选项】上滑面板中单击【插入】按钮，进入草绘环境，绘制第二个截面，如图 3-53 所示。

（7）输入旋转角度为 45。

（8）完成特征创建，结果如图 3-54 所示。

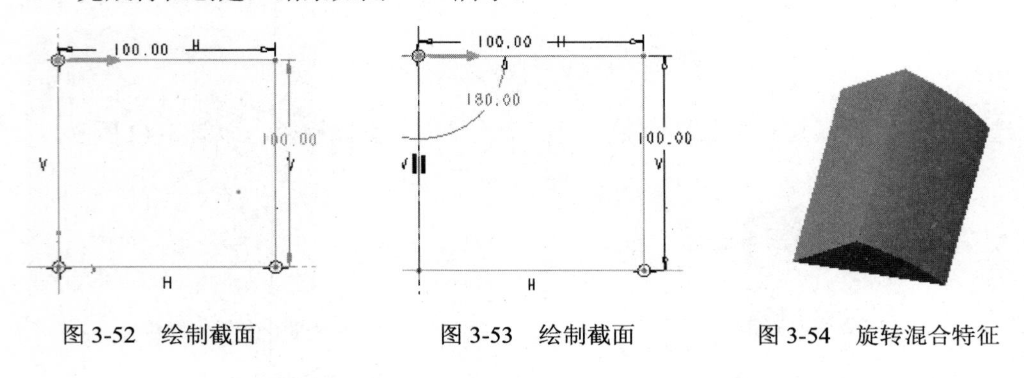

图 3-52　绘制截面　　图 3-53　绘制截面　　图 3-54　旋转混合特征

3.2.7　扫描混合特征

扫描混合同时具备扫描和混合的特点，需要一条轨迹线和若干截面。轨迹线可以通过草绘曲线或拾取曲线、边的方式获得；截面在轨迹线上的不同位置绘制，并且要求截面的顶点个数相同，并且截面的起点位置相对应且方向一致。

单击【扫描混合】按钮，打开操控板，如图 3-55 所示。

图 3-55 【扫描混合】操控板

操控板中有关选项的含义如下。

- 【参考】上滑面板。其中各选项的含义与【扫描】特征操控板中相应选项相同。
- 【截面】上滑面板。扫描混合特征创建时需要有多个截面，可以在原始轨迹的不同位置处绘制不同的截面。打开【截面】上滑面板，如图 3-56 所示。其中各选项的含义如下。

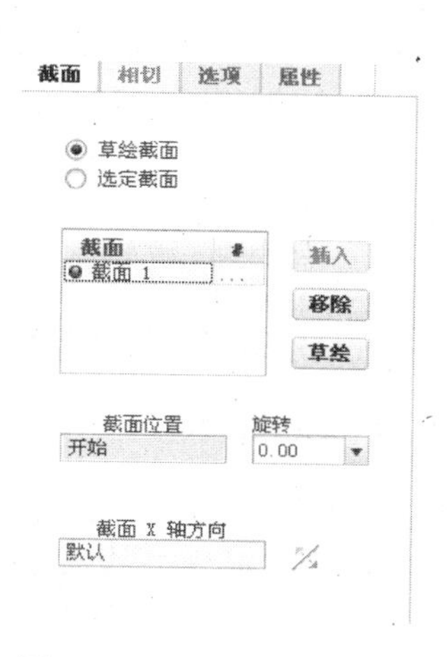

图 3-56 【截面】上滑面板

草绘截面：草绘方式创建截面。

所选截面：选择已有截面作为扫描混合特征的截面。

【截面】列表框：列出截面及截面包含的图元，只有一个截面处于激活状态。

【插入】按钮：单击【插入】按钮，单击【截面位置】框后选择一点作为插入截面位置。如果没有已经创建的点，则单击【插入】按钮后，单击操控板上⏸按钮暂停特征创建，选择【模型】选项卡，选择轨迹线作为参照创建基准点。选择【扫描混合】选项卡，切换到扫描混合环境。单击▶按钮重新创建特征，然后开始创建截面的相关操作。

【草绘】：单击该按钮，进入草绘模式绘制截面。绘制的截面必须具有相同的图元数。

【截面位置】：在原点轨迹上选择点作为截面插入位置。当选取轨迹起点作为截面放置点时，会在截面位置显示“开始”字样。可以使用基准点命令在轨迹上添加点，此时暂停特征的创建，添加点完成后返回特征创建环境，重新启动特征的创建。

【旋转】：截面绕 z 轴旋转角度，范围为–120°～120°。

【截面 x 轴方向】：为某位置处的截面设置 X 轴方向，只有垂直/水平控制为“自动”时，并与起始处 x 方向参照同步时才可用。其中的各项内容的含义如下。

【相切】上滑面板。如图 3-57 所示。当扫描混合特征的开始或终止截面在曲面上时为开始截面和终止截面设置相切条件。

边界：列出开始和终止截面。

条件：对每个截面设置条件，有“自由”和“切线”两个条件。

图元：列出所有截面的所有图元。选取某一图元时在绘图区加亮显示。

曲面：为每一个图元设置相切曲面。选取曲面时，图元必须在曲面上。

❑ 【选项】上滑面板。如图 3-58 所示，用于控制截面之间部分的曲面形状。

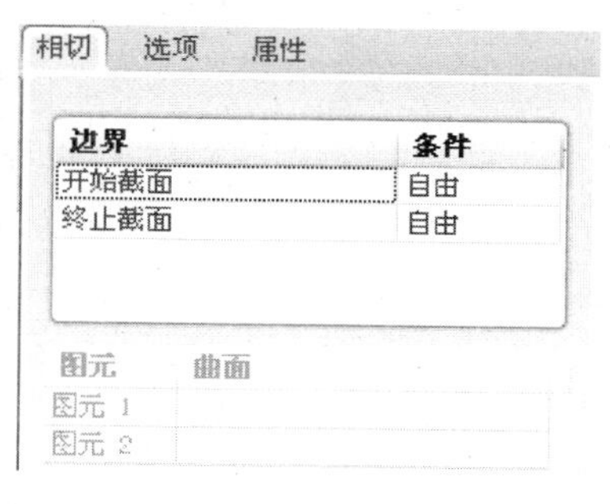

图 3-57 【相切】上滑面板

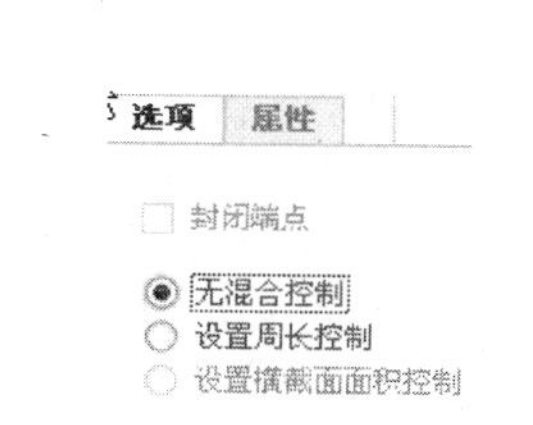

图 3-58 【选项】上滑面板

各选项的含义如下。

封闭端点：创建封闭曲面。

无混合控制：无约束条件。

设置周长控制：通过控制截面周长，控制曲面的特征形状。如果连续两个截面周长相等，那么这两个截面之间的扫描混合曲面的横截面周长保持一致。如果周长不相等，则采用线性插值确定截面周长。

> 📖 所有截面与轨迹线相交；若轨迹线封闭，则至少有两个截面，并且必须有一个在轨迹起点上；若轨迹线开放，则必须在两个端点处定义截面。

【例 3-7】 创建扫描混合特征

设计过程

（1）创建拉伸特征。

（2）选择 TOP 面为草绘平面，RIRHT 面为参照平面，绘制如图 3-59 所示草图。

（3）设置拉伸深度为 30。

（4）完成拉伸特征的创建，如图 3-60 所示。

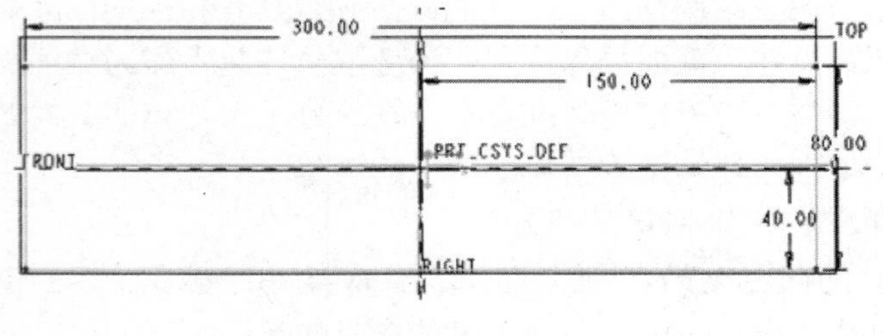

图 3-59 绘制草图

图 3-60 拉伸特征

（5）创建草图。单击【草绘】按钮，以 RIGHT 面作为草绘平面，创建如图 3-61 所示的曲线。曲线与图中所示平面相切。

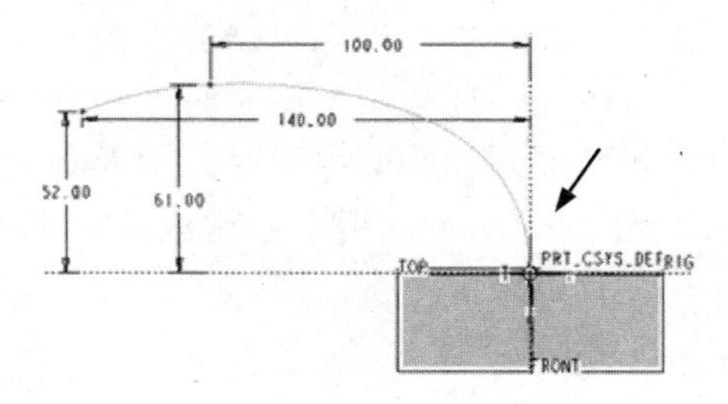

图 3-61 草绘曲线

（6）单击【扫描混合】按钮，打开【扫描混合】操控板。

（7）选择所绘制曲线作为轨迹曲线。

（8）打开【截面】上滑面板，在【截面位置】中选择【开始】，单击【草绘】按钮，绘制图 3-62 所示截面。单击✔按钮，退出草绘环境。

（9）在【截面】上滑面板中单击【插入】按钮，单击操控板上⏸按钮暂停特征创建，选择【模型】选项卡，单击点按钮，打开【基准点】对话框在绘图区选择轨迹线作为参照创建基准点，如图 3-63 所示。

（10）选择【扫描混合】选项卡，切换到扫描混合环境，单击▶按钮重新创建特征。

（11）在【截面】上滑面板中单击【草绘】按钮，进入草绘环境，绘制第二个截面，如图 3-64 所示。单击✔按钮，退出草绘环境。

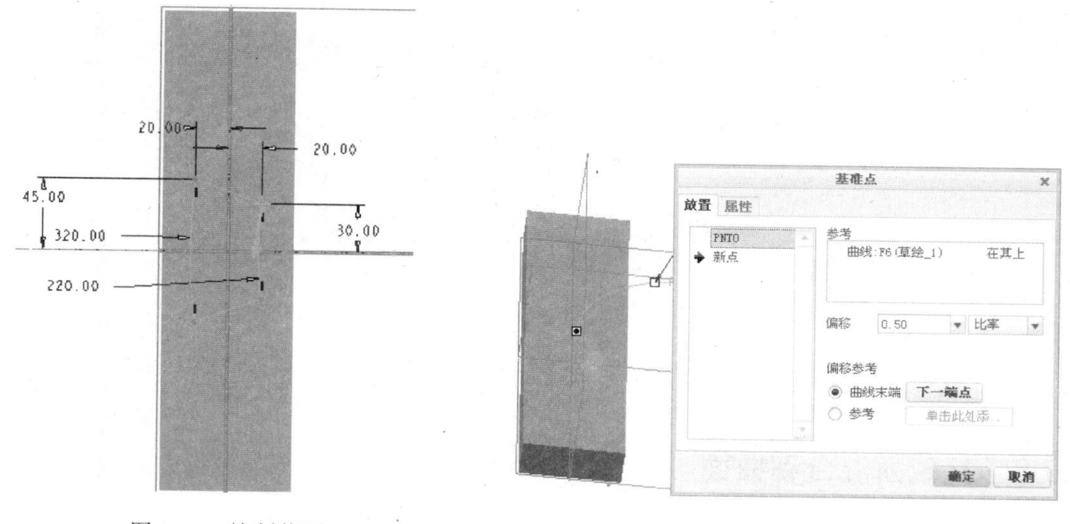

图 3-62　绘制截面

图 3-63　创建基准点

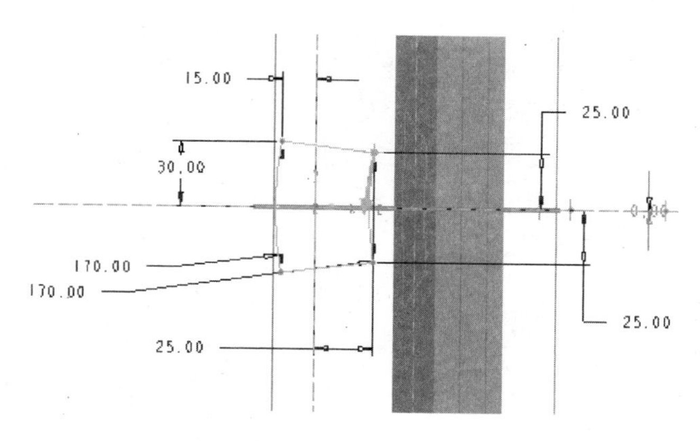

图 3-64　绘制截面

（12）在【截面】上滑面板中单击【插入】按钮。单击【截面位置】框，单击轨迹线的终点，【截面位置】框中显示【结束】。单击【草绘】按钮，进入草绘环境，绘制第三个截面，如图 3-65 所示。单击✔按钮，退出草绘环境。

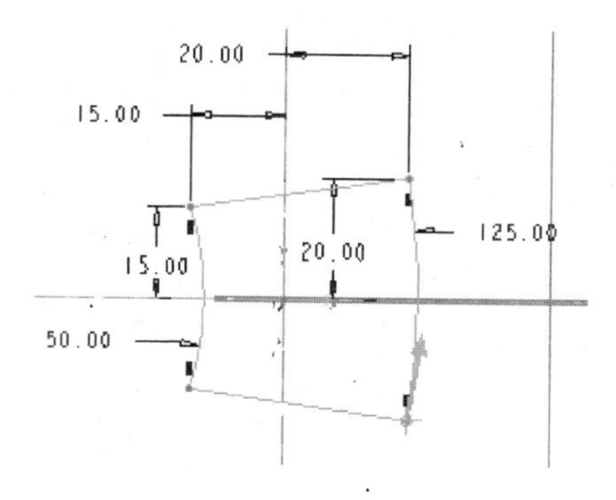

图 3-65　绘制截面

（13）完成特征创建。所创建模型如图 3-66 所示。

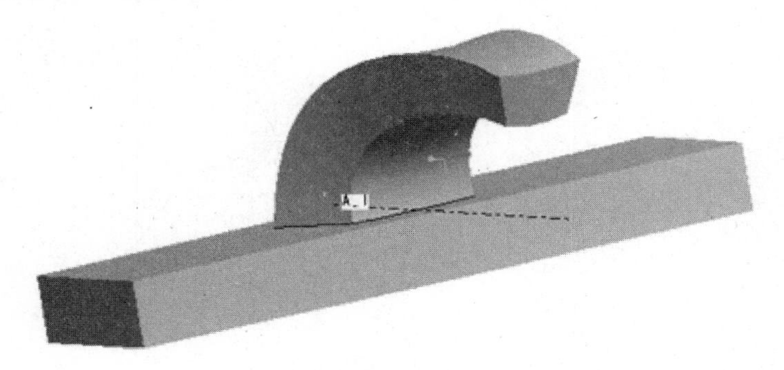

图 3-66　模型创建结果

3.2.8　从截面混合到曲面

“从截面混合到曲面”功能用于创建一个曲面和一个草绘轮廓之间的曲面。过渡曲面的一端为草绘的截面（封闭截面），另一端则与选定的参照截面相切。

选择“从截面混合到曲面”命令，弹出如图 3-67 所示菜单，可以在其中选择伸出项、切口和曲面三种形式的特征。选择特征类型后，弹出如图 3-68 所示的对话框。选择两个曲面作为参照后即可创建相应的特征。

图 3-67 【截面混合到曲面】菜单

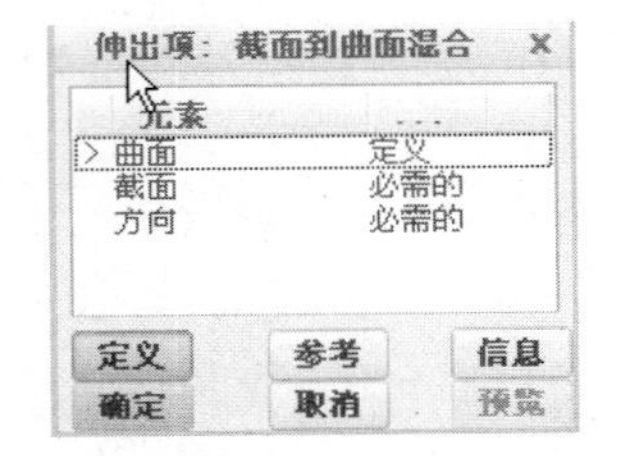

图 3-68 【截面混合到曲面】对话框

截面混合到曲面的步骤如下。

（1）选择“从截面混合到曲面”命令，在弹出大菜单中选择【曲面】，弹出【截面到曲面混合】对话框。

（2）选择图 3-69 所示的曲面作为参照。

（3）根据系统提示选择图 3-70 所示基准平面作为草绘平面。

（4）绘制如图 3-71 所示截面，并完成草图的创建。

（5）单击【确定】按钮，完成特征创建，如图 3-72 所示。

图 3-69　选择曲面

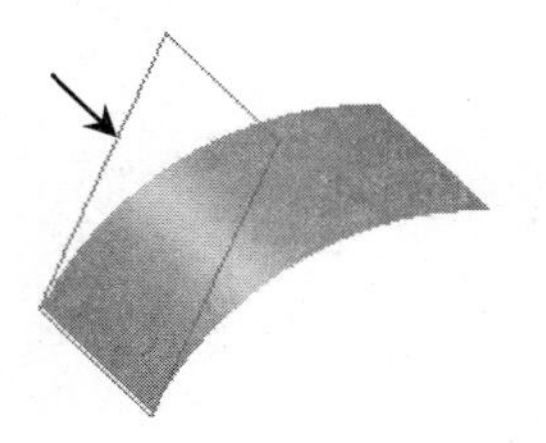

图 3-70　选择草绘平面

图 3-71　绘制截面

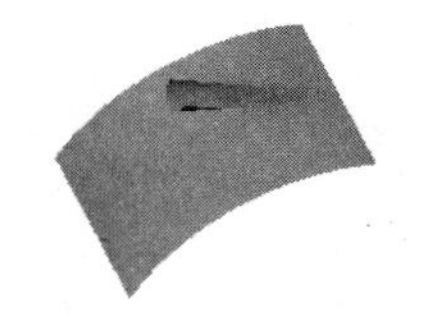

图 3-72　截面混合到曲面特征

3.2.9　在曲面间混合

“在曲面间混合”功能是在两个曲面之间创建平滑的曲面或实体。用于创建过渡特征的曲面上的每个点必须有匹配的切点，例如两个球面。曲面间必须有至少 30°的倾斜角。

选择“在曲面间混合”命令，弹出如图 3-73 所示菜单，可以在其中选择伸出项、切口和曲面三种形式的特征。选择特征类型后，弹出如图 3-74 所示【在曲面间混合】对话框。选择两个曲面作为参照后即可创建相应的特征。

在曲面间混合特征如图 3-75 所示。

图 3-73 【在曲面间混合】菜单

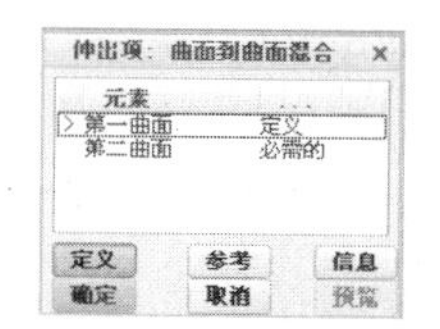

图 3-74 【在曲面间混合】对话框

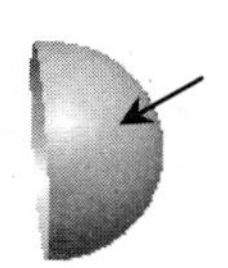

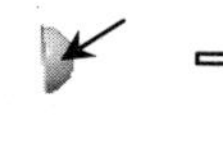

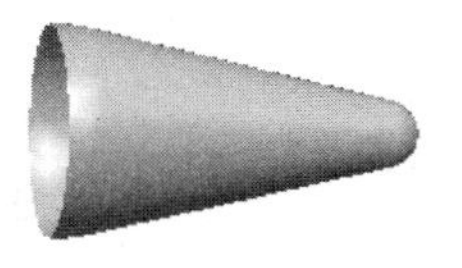

图 3-75　在曲面间混合特征

3.3　综 合 实 例

本节介绍偏心轮及铣刀模型的创建方法，通过这两个模型的创建读者不仅可以进一步掌握各种特征的创建方法，还可以掌握模型创建的思路及过程，为创建更加复杂的模型打下基础。

3.3.1　偏心轮设计

<table>
<tr><td rowspan="2">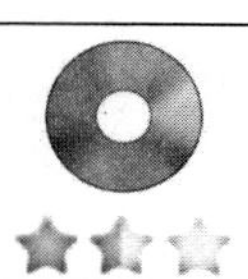</td><td>结果文件：光盘/example/finish/Ch03/3_1_1prt</td></tr>
<tr><td>视频文件：光盘/视频/Ch03/3_1.avi</td></tr>
</table>

偏心轮模型如图 3-76 所示。模型由轴段及键槽组成。

图 3-76　偏心轮模型

设计分析

- ❑ 设计中应用了创建拉伸特征、旋转特征及基准特征的功能。
- ❑ 建模时首先创建偏心轮的各个轴段，然后创建键槽。

设计过程

（1）新建零件文件。单击工具栏中的【新建】按钮，建立一新零件。在【新建】对话框的【类型】分组框中选择【零件】选项，在【子类型】分组框中默认选中【实体】选项，在【名称】文本框中输入文件名“pianxinlun”，并去掉【使用缺省模板】前的【√】。单击【确定】按钮，在弹出的【新文件选项】对话框中选取模板为【mmns_part_solid】，其各项操作如图 3-77、图 3-78 所示，单击【确定】按钮后，进入系统的零件模块。

（2）创建旋转特征。

- ❑ 单击【旋转】按钮，打开旋转特征操控板。
- ❑ 单击其中的【放置】菜单，打开【草绘】对话框，选择基准平面 FRONT 作为草绘平面，其他设置接受系统默认参数，最后单击【草绘】按钮进入草绘模式。
- ❑ 绘制如图 3-79 所示的旋转剖面图，完成后单击✔按钮退出草绘模式。
- ❑ 完成特征创建，结果如图 3-80 所示。

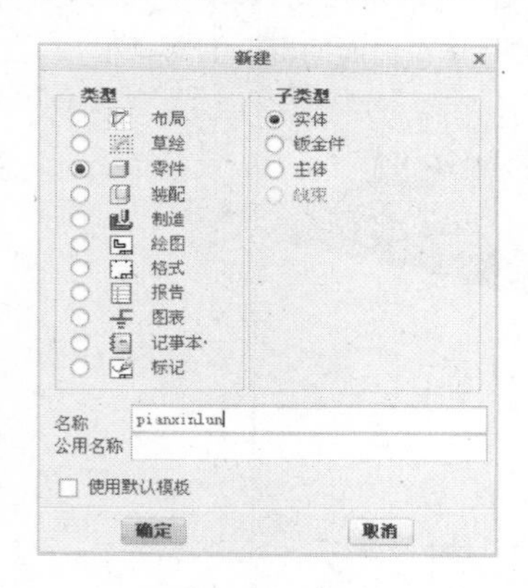

图 3-77　新建文件

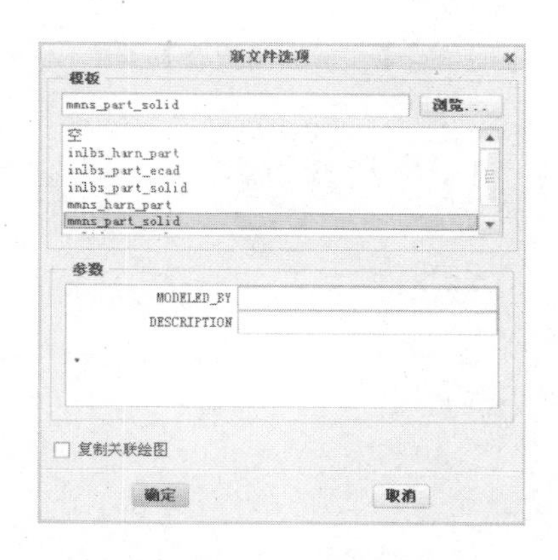

图 3-78　新建文件选项

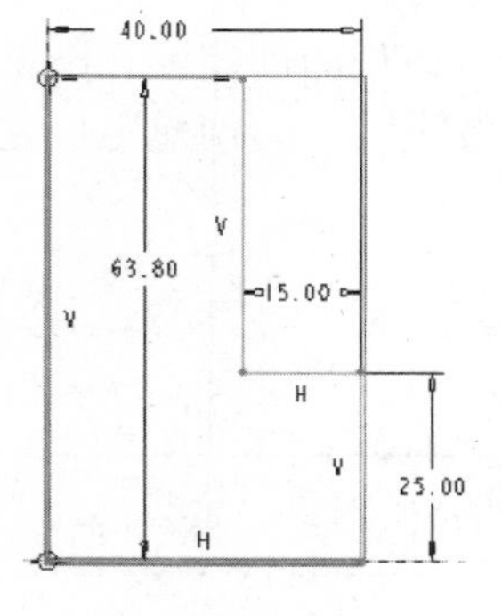

图 3-79　草图

图 3-80　旋转特征

（3）创建偏移平面特征。单击【基准平面】按钮▱，选择 RIGHT 面作为参照，输入距离值 15，完成基准平面的创建，如图 3-81 所示。

（4）创建基准轴。单击【创建基准轴】按钮/，选择上步中创建的基准平面 DTM1 平面与 FRONT 平面作为参照创建基准轴，如图 3-82 所示。

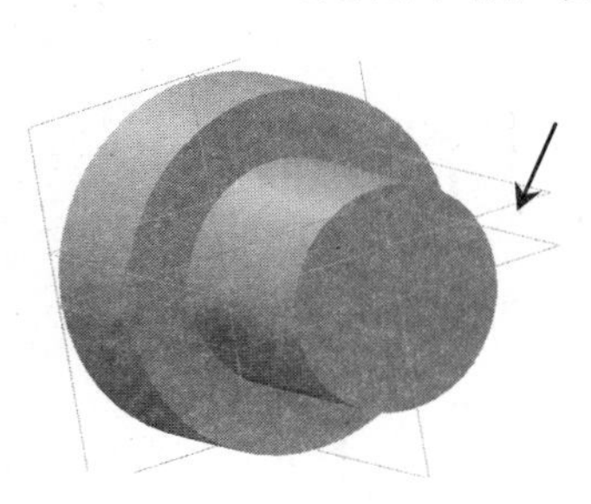

图 3-81　创建偏移平面特征

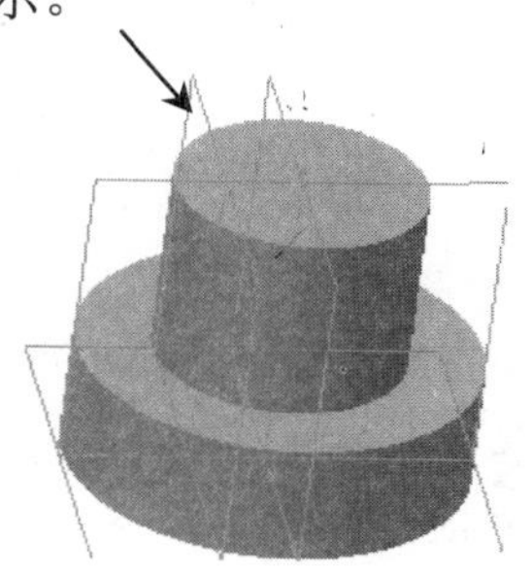

图 3-82　新建基准轴

（5）创建拉伸特征。

- 选择【拉伸】命令，以 TOP 面作为草绘平面。
- 绘制如图 3-83 所示草图。
- 拉伸深度设置为 35。

（6）完成特征的创建，结果如图 3-84 所示。

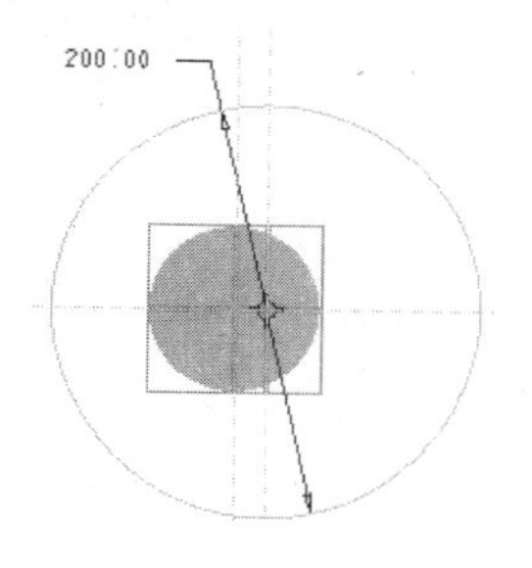

图 3-83　草图

图 3-84　拉伸特征

（7）拉伸特征。

- 选择如图 3-85 所示平面为绘图平面，绘制如图 3-86 所示草图。
- 设置拉伸深度为 60。
- 完成特征的创建，如图 3-87 所示。

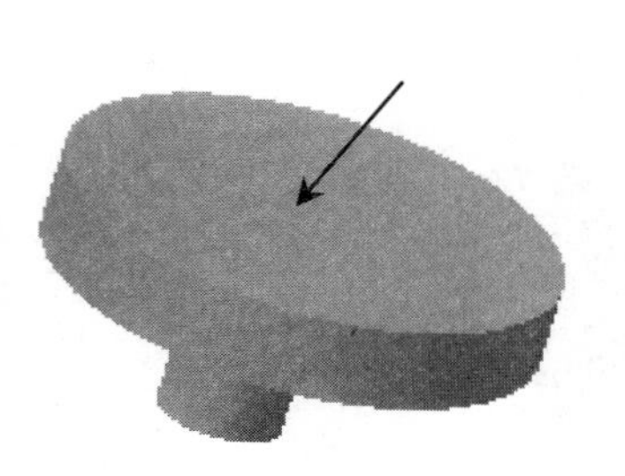

图 3-85　草图平面

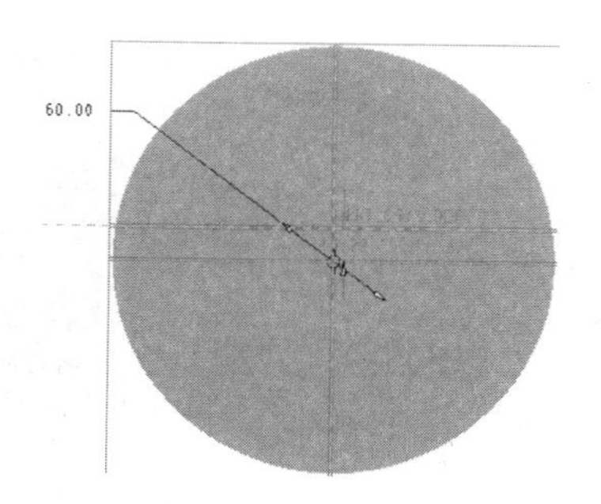

图 3-86　草图

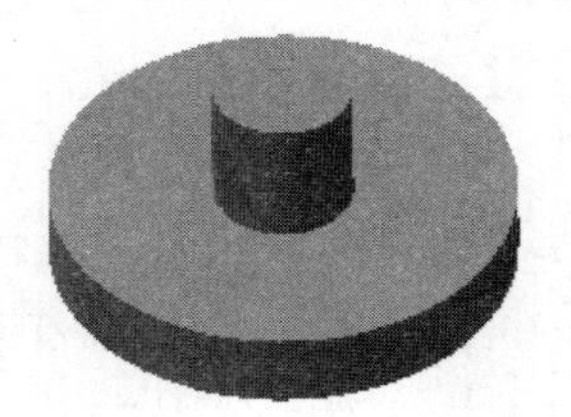

图 3-87　拉伸特征

（8）创建键槽。

- 以 RIGHT 面作为草绘平面，绘制如图 3-88 所示草图。
- 设置拉伸深度为 40。
- 在操控板上单击◪按钮。
- 完成特征创建，结果如图 3-89 所示。

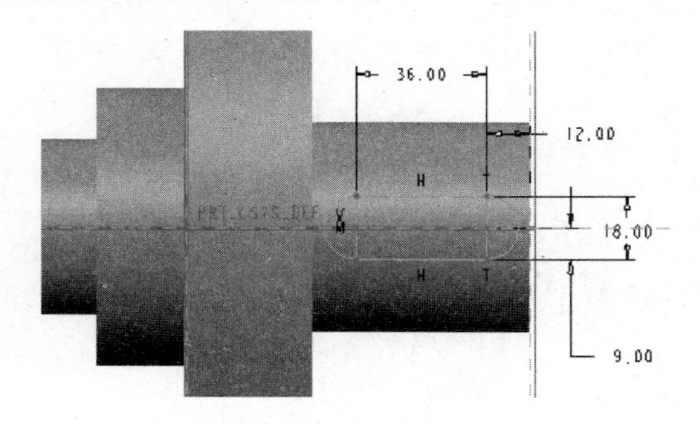

图 3-88　草图

图 3-89　拉伸特征

3.3.2　铣刀模型的创建

	结果文件：光盘/example/finish/Ch03/3_2_1prt
	视频文件：光盘/视频/Ch03/3_2.avi

铣刀模型如图 3-90 所示。模型由圆柱刀体、刀槽、中心孔及键槽组成。

图 3-90　铣刀模型

设计分析

- ❑ 设计中应用了创建拉伸特征、旋转特征、螺旋扫描特征及基准特征等功能。
- ❑ 建模时首先创建拉伸圆柱特征，再创建排屑槽特征，最后创建孔和键槽特征。

设计过程

（1）创建拉伸特征。

- ❑ 选择 FRONT 面作为草绘平面，TOP 面作为参照，绘制如图 3-91 所示草图。
- ❑ 设置拉伸深度为 100。
- ❑ 完成特征创建，如图 3-92 所示。

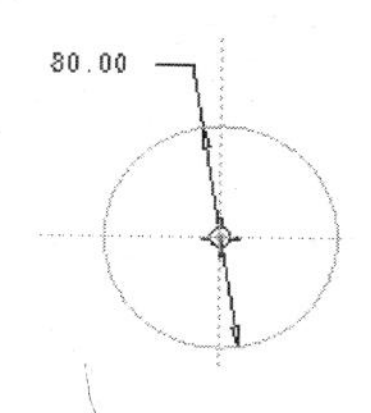

图 3-91　草图

图 3-92　拉伸特征

（2）创建螺旋扫描特征。

- ❑ 选择【扫描】/【螺旋扫描】命令。
- ❑ 单击【参考】上滑面板中的【定义】按钮。
- ❑ 选择 TOP 面作为草绘平面，RIGHT 面作为参照。
- ❑ 绘制如图 3-93 所示草图，完成草图绘制。
- ❑ 单击操控板上的按钮。
- ❑ 选择 DTM 作为草绘平面，单击按钮，进入草绘环境。
- ❑ 绘制如图 3-94 所示的草图，完成草图设计。
- ❑ 单击操控板上的按钮。
- ❑ 设置螺距为 215。
- ❑ 完成特征创建，结果如图 3-95 所示。

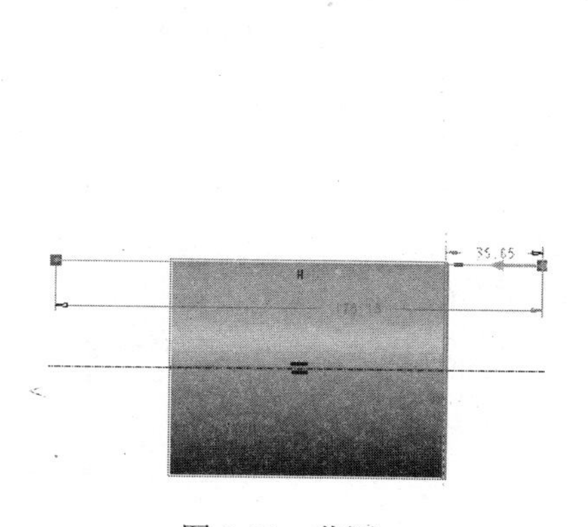

图 3-93　草图

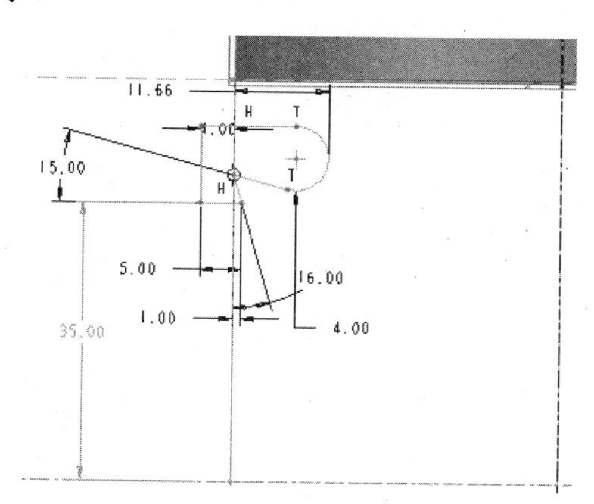

图 3-94　草图

（3）阵列特征。

- ❑ 选择扫描特征。
- ❑ 单击⊞按钮，在操控板中选择“轴”阵列类型。
- ❑ 选择圆柱体轴线作为参照，输入阵列成员个数为 8，角度为 45。
- ❑ 完成阵列，结果如图 3-96 所示。

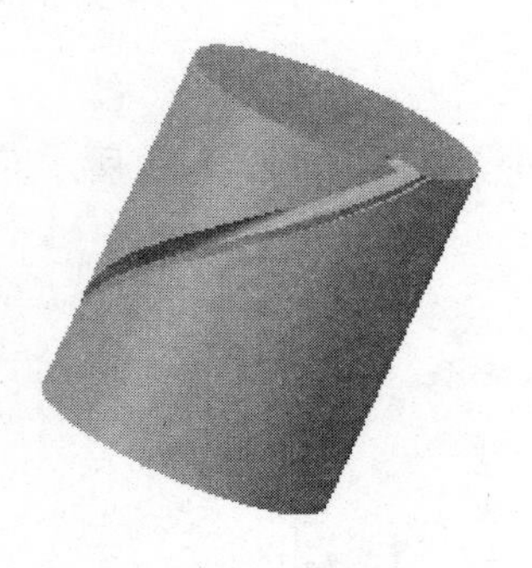

图 3-95　螺旋扫描特征

图 3-96　阵列特征

（4）创建拉伸特征。

- ❑ 选择 FRONT 面作为绘图平面，RIGHT 面作为参照。
- ❑ 绘制如图 3-97 所示草图并完成草图绘制。
- ❑ 在拉伸操控板中选择按钮，设置拉伸深度为 100。
- ❑ 完成拉伸特征创建，结果如图 3-98 所示。

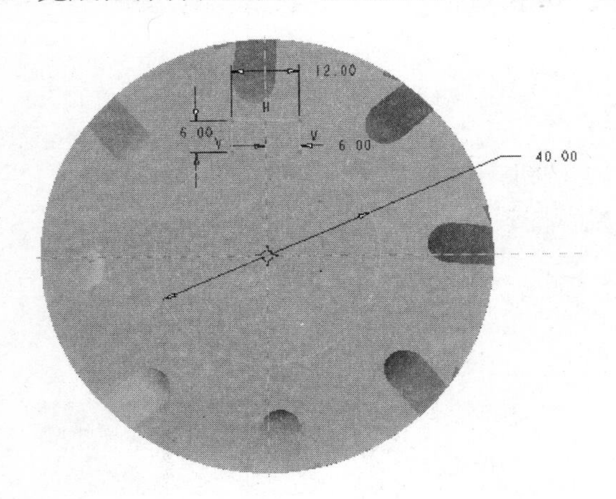

图 3-97　草图

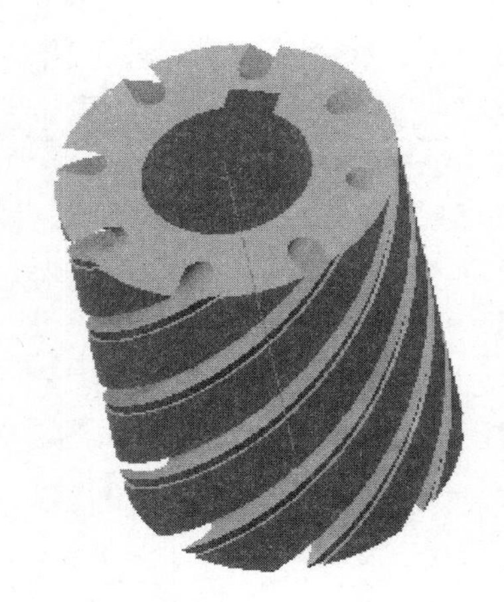

图 3-98　拉伸特征

3.4　思考与练习

1. 思考题

（1）创建拉伸特征时有哪些控制深度的方法，如何应用？

（2）创建可变截面扫描特征时，控制截面形状变化的轨迹线与截面之间具有怎样的关系？

（3）创建扫描混合特征时如何在轨迹线上不同位置插入截面？

（4）采用何种方法实现变螺距螺旋扫描特征的创建？

2. 操作题

创建如图 3-99 所示的水杯模型。

	结果文件：光盘/example/finish/Ch03/3_2_1.prt
	视频文件：光盘/视频/Ch03/3_2.avi

图 3-99　水杯模型

第4章 基准特征

基准特征包括基准点、基准曲线、基准轴、基准平面和基准坐标系等。基准特征没有质量、体积等属性，但其在创建特征、创建装配体和生成工程图、数控编程等方面起重要作用，是创建复杂模型不可或缺的工具。本章介绍基准平面、基准轴、基准点和基准坐标系的创建与使用方法。

4.1 基准平面

基准平面是零件建模过程中使用最频繁的基准特征，它既可用作草绘图形的草绘平面和参照平面，也可用于放置特征的放置平面。另外，基准平面也可作为尺寸标注基准、零件装配基准等。在Creo Parametric零件设计环境中，系统提供了3个正交的基准平面，分别是TOP基准平面、RIGHT基准平面和FRONT基准平面，另外，还有一个坐标系PRT_CSYS_DEF和一个特征旋转中心，如图4-1所示。基准平面理论上是一个无限大的面，但为了便于观察可以设定其大小，以适合于建立的参照特征。基准平面有两个方向面，系统默认的颜色为棕色和黑色，棕色表示基准平面的正法线方向，相当于模型从表面指向实体以外的方向；黑色表示基准平面的负法线方向，相当于模型从表面指向实体以内的方向。

单击【基准平面】按钮▱，打开如图4-2所示的【基准平面】对话框，该对话框包括【放置】、【显示】、【属性】三个菜单。根据所选取的参照不同，该对话框各菜单显示的内容也不相同，下面对该对话框中各选项进行简要介绍。

- 【放置】菜单：用于选择当前存在的平面、曲面、边、点、坐标、轴、顶点等作为参照。
- 【显示】菜单：包括反向按钮（垂直于基准面的相反方向）和调整轮廓选项（供用户调节基准面的外部轮廓尺寸）。
- 【属性】菜单：显示当前基准特征的信息，也可对基准平面重新命名。

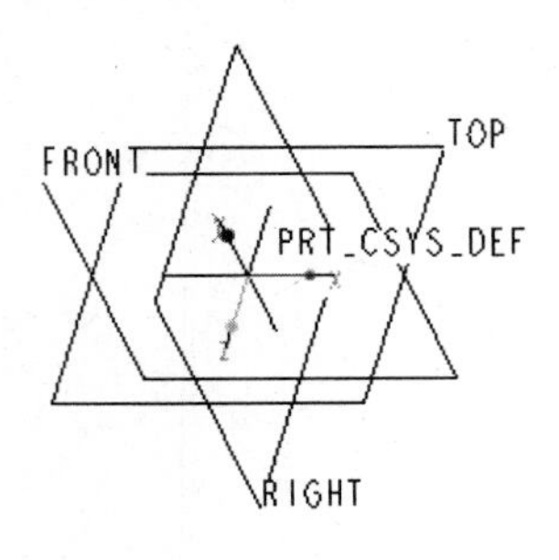

图4-1 基准平面

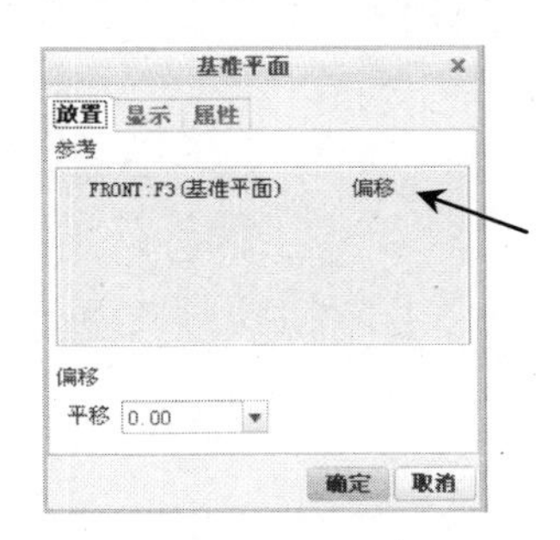

图4-2 【基准平面】对话框

在 Creo Parametric 中，可以通过选取轴、边、曲线、基准点、端点、已经存在的平面等对象作为建立新的基准平面的参照，并且需要设置约束，控制新建基准平面与其参照之间的位置关系。

系统提供了多种约束供用户选择，部分约束含义如下。

- 【穿过】：表示穿过选定参照放置基准平面。
- 【偏移】：表示偏移选定参照放置基准平面。
- 【平行】：表示平行于选定参照放置基准平面。
- 【法向】：表示垂直于选定参照放置基准平面。
- 【相切】：表示相切于选定参照放置基准平面。

除平行、穿过（当选择平面作为参照时）约束外，其余约束需要两个或两个以上参照，约束与参照之间的对应关系如表 4-1 所示。当选择多个参照时，需要按住 Ctrl 键。当需要对某个参照施加不同约束时，右击图 4-2 中箭头所指位置，会出现下拉列表，可以在其中选择所需要的约束类型。

表 4-1　约束与参照对应关系

约束	参照	约束	参照
穿过	平面、轴、边、曲线、点、曲面	法向	坐标系、平面、曲线、轴、边
偏移	平面、坐标系	相切	曲面
平行	平面	角度	平面

偏移与平行均可选择平面作为参照，区别在于单独使用偏移约束即可创建基准平面，而平行约束需要与其他参照和约束搭配使用。

【例 3-1】　创建基准平面

本例介绍基准平面的创建方法，其中重点介绍参照的选择与约束的定义。

设计过程

（1）打开光盘下“example/start/Ch04/jizhunpingmian.prt”文件。

（2）单击▱按钮。

（3）按住 Ctrl 键依次选择图 4-3 所示的三个点，并设置约束类型为“穿过”。

（4）单击【确定】按钮。创建的基准平面如图 4-4 所示，默认名称为 DTM1。

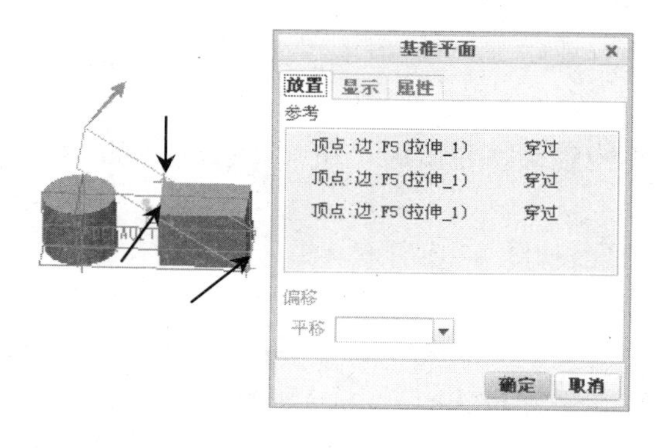

图 4-3　基准与约束的选择

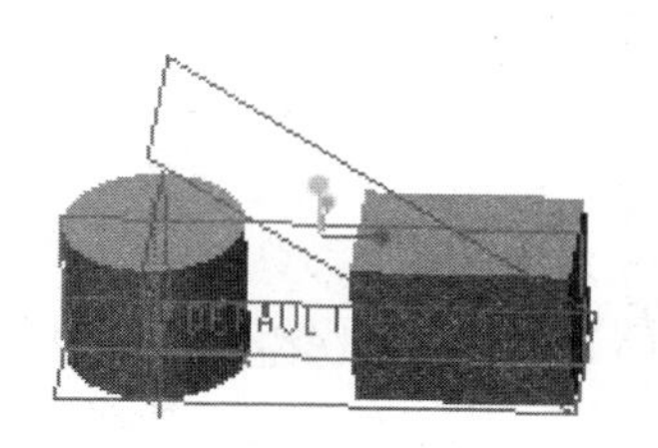

图 4-4　创建基准平面

📖 在图 4-3 的参照列表中，鼠标右键单击某个参照，则可以在打开的快捷菜单中选择【移除】，以删除某个参照对象。

（5）单击▱按钮。

（6）按住 Ctrl 键依次选择图 4-5 所示的两条边，并设置约束类型为“穿过”。

（7）单击【确定】按钮。创建的基准平面如图 4-6 所示。

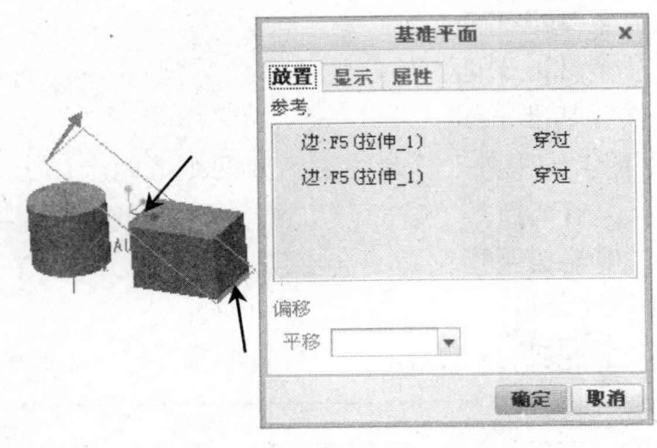

图 4-5　基准与约束的选择

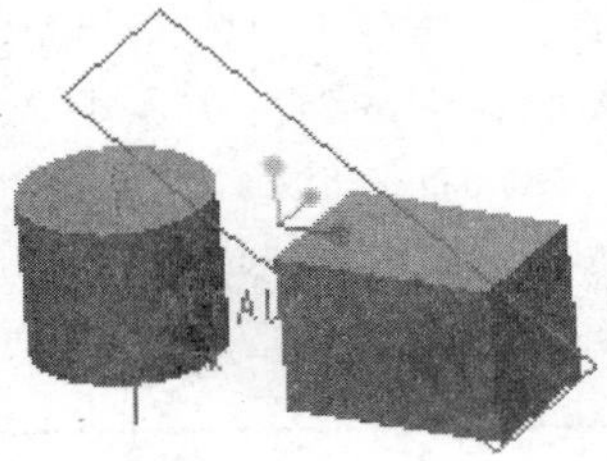

图 4-6　创建基准平面

（8）单击▱按钮。

（9）按住 Ctrl 键依次选择图 4-7 所示的边与曲面，并设置约束类型。

（10）单击【确定】按钮，创建的基准平面如图 4-8 所示。

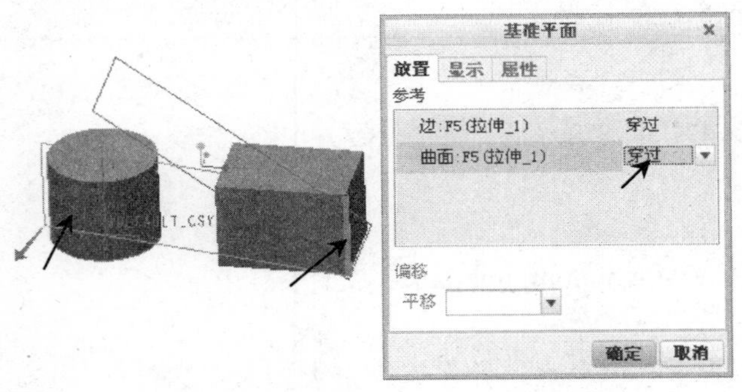

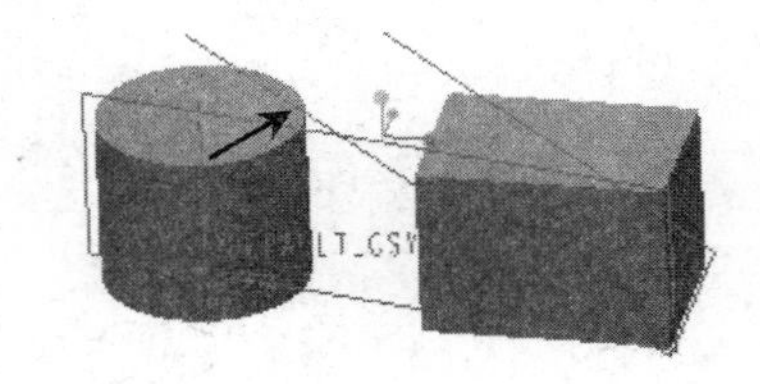

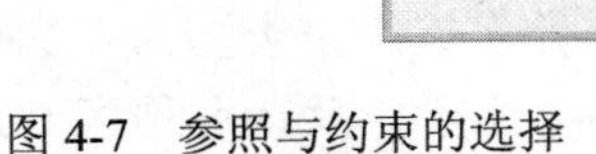

图 4-7　参照与约束的选择

图 4-8　创建基准平面

（11）在模型树中右击创建的基准平面 DTM3，在菜单中选择【编辑定义】，则重新打开【基准平面】对话框。

（12）右击图 4-7 中【基准平面】对话框内箭头所指区域，在出现的下拉列表框中选择【相切】，如图 4-9 所示。

（13）单击【确定】按钮，创建的基准平面如图 4-10 所示。

（14）单击▱按钮。

（15）按住 Ctrl 键依次选择图 4-11 所示的轴线与平面，右击【基准平面】对话框内箭头所指区域，在出现的下拉列表框中有偏移、平行和法向三个选项，当选择偏移选项时需要在【偏移】文本框中输入旋转角度。如图 4-12 选择【偏移约束】，且旋转角度为 45° 时基准平面的创建结果。

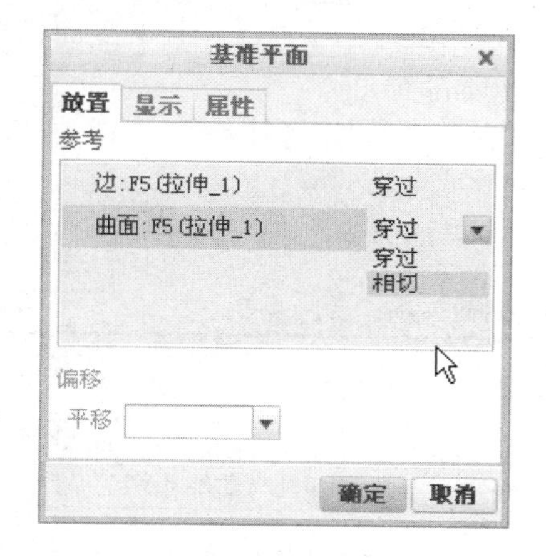

图 4-9　基准与约束的选择

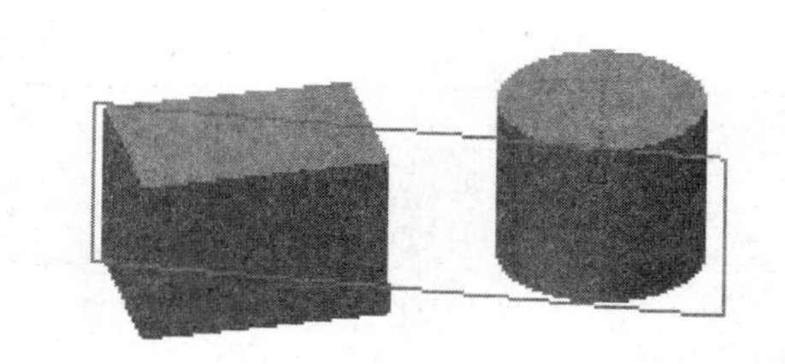

图 4-10　创建基准平面

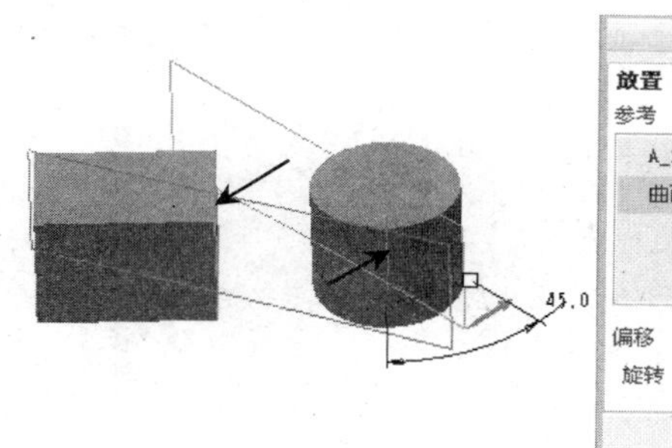

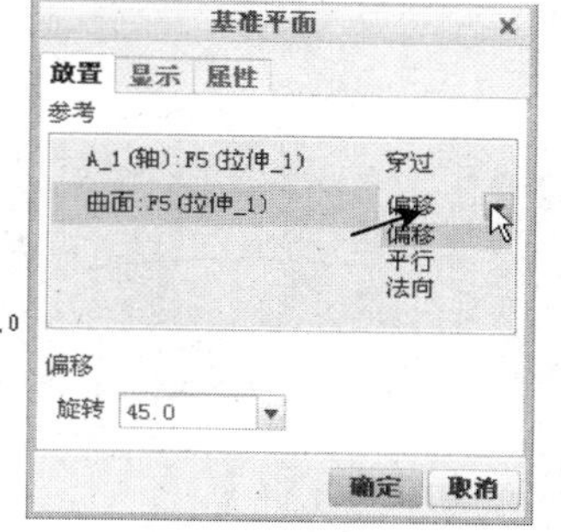

图 4-11　参照与约束选择

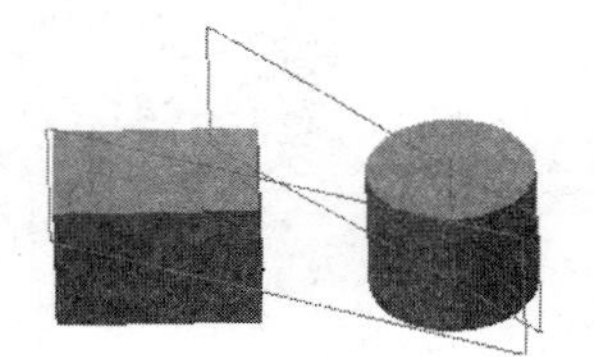

图 4-12　创建基准平面

读者可以尝试选择其他不同参照及设置不同约束类型创建基准平面。

4.2　基　准　轴

基准轴经常用于特征创建的定位参照，也可以用于特征环形阵列操作的参照。

通常情况下，对于创建的圆柱体、圆台、孔及其他旋转特征来说，随着实体特征的完成，系统一般将自动生成基准轴。

基准轴建立过程和基准平面建立过程基本相同，通过单击基准工具栏中的基准轴工具，显示如图 4-13 所示的【基准轴】对话框，该对话框包括【放置】、【显示】和【属性】三个面板。【放置】面板用于选择参照和定义参数。使用【显示】面板可调整基准轴轮廓的长度，从而使基准轴轮廓与指定尺寸或选定参照相拟合。【属性】面板显示基准轴的名称和信息，也可对基准轴进行重新命名。

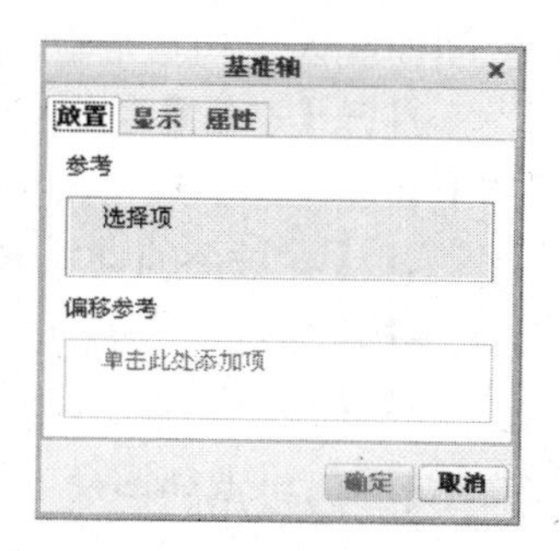

图 4-13　【基准轴】对话框

定义基准轴的部分约束条件含义如下。

- 【穿过】：表示基准轴通过指定的参照。
- 【法向】：表示基准轴垂直于指定的参照，该类型还需要在【偏移】参照栏中进一步定义或添加辅助的点或顶点，以完全约束基准轴。
- 【相切】：表示基准轴相切于指定的参照，该类型还需要添加辅助点或顶点以完全约束基准轴。

创建基准轴选择的参照所创建基准轴之间对应关系如表 4-2 所示。

表 4-2　参照与基准轴对应关系

参　照	基　准　轴	参　照	基　准　轴
直边	通过直边的基准轴	两个平面	通过平面交线的基准轴
两个点	通过两个点的基准轴	点、平面	通过点且与平面垂直的基准轴
圆柱、圆锥曲面	过回转中心的基准轴	点、曲线	通过点且与曲线相切的基准轴
平面与两个偏移参照	垂直平面，需要定义与偏移参照距离		

选择平面与两个偏移参照创建基准轴实体特征如图 4-14 所示。

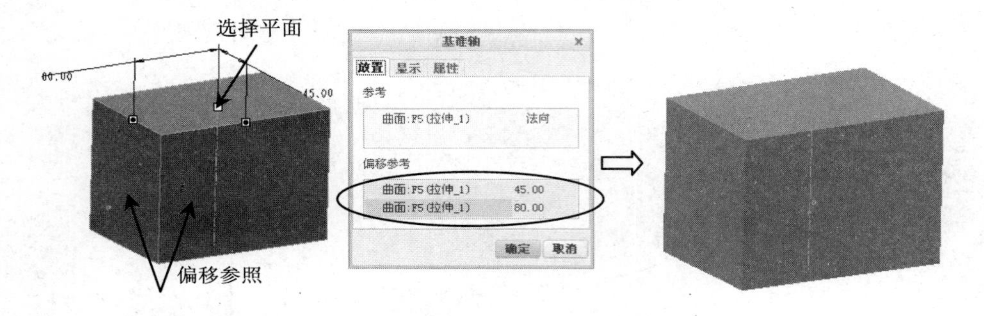

图 4-14　创建基准轴

4.3　基 准 曲 线

在 Creo Parametric 中基准曲线可以是由空间任意位置点组成的三维曲线，如螺旋线、规则曲线等类型，也可以是同一平面的不规则曲线，如样条曲线、双曲线或抛物线等。创建的基准曲线可以作为草图截面的边线、扫描特征的轨迹线使用，还可以直接通过定义的空间曲线创建扫描混合、边界混合等曲面特征。

打开【基准】菜单，单击【曲线】选项后的 ▸，打开如图 4-15 所示菜单，各选项含义如下。

- 【通过点的曲线】：通过数个参照点建立基准曲线。
- 【来自方程的曲线】：根据曲线方程绘制基准曲线。
- 【来自横截面的曲线】：使用截面的边界建立基准曲线。

1．通过点的曲线

经过点创建基准曲线，一般需要事先定义一系列点，包括起始点、终止点及中间节点等，然后按照指定的方式经过选择的点创建基准曲线。可以选取已有模型的顶点或创建的基准点等作为定义基准曲线的点。

打开【基准】菜单，单击【曲线】选项后的 ▸，在打开的菜单中选择【通过点的曲线】选项，打开【曲线：通过点】操控板，如图 4-16 所示。

图 4-15　创建曲线方式菜单项　　图 4-16 【曲线：通过点】操控板

操控板中各项内容含义如下。

（1）【放置】上滑面板。

放置上滑面板如图 4-17 所示，其中包括点列表、定义点之间连接方式、曲线放置方式等内容。

（2）【末端条件】上滑面板。

【末端条件】上滑面板如图 4-18 所示。

当所绘制的曲线的起点或终点与曲面、实体表面相关联时，可以设置曲线与关联对象之间的连接关系，包括【自由】、【相切】、【曲率连续】和【垂直（法向）】几种方式。

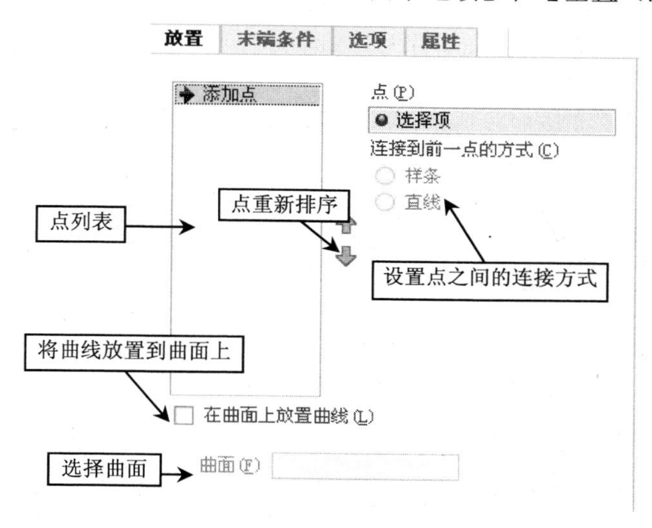

图 4-17 【放置】上滑面板

📖 当选择点之间的连接方式为【直线】时，会出现添加圆角及设置圆角大小的选项。

（3）【选项】上滑面板。

【选项】上滑面板如图 4-19 所示。当只通过两点创建基准曲线时，打开【选项】上滑面板可以对曲线进行扭曲操作。

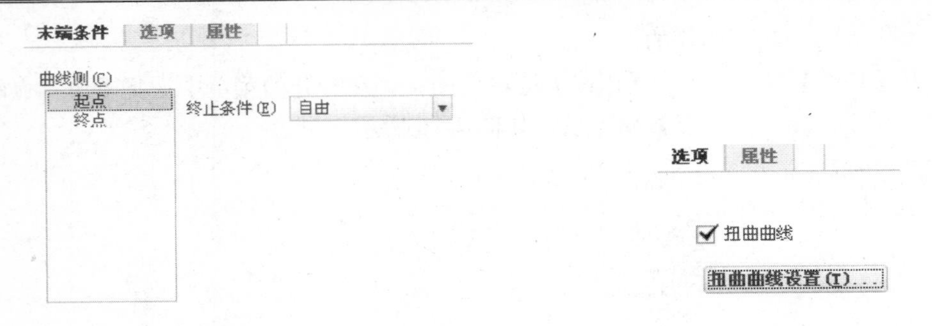

图 4-18 【末端条件】上滑面板　　　　图 4-19 【选项】上滑面板

【例 4-2】 通过点创建基准曲线

本例介绍通过点创建基准曲线的方法，重点介绍曲线的创建过程及各选项的使用、设置方法。

设计过程

（1）打开光盘下“example/start/Ch04/tongguodianquxian.prt”文件。

（2）打开【基准】菜单，单击【曲线】选项后的 ▸，在打开的菜单中选择【来自方程的曲线】选项，打开【曲线：从方程】操控板。

（3）打开【放置】上滑面板。

（4）依次选择图 4-20 所示各点，连接到前一点的设置方式设置为【样条】。

（5）打开【末端条件】上滑面板，为起点和终点设置【相切】条件，选择曲面作为相切参照。

（6）单击 ✔ 按钮，完成曲线的创建，结果如图 4-21 所示。

图 4-20　连接各点　　　　图 4-21　创建曲线

2. 来自方程的曲线

来自方程的曲线可以根据输入的曲线方程绘制曲线。

打开【基准】菜单，单击【曲线】选项后的 ▸，在打开的菜单中选择【来自方程的曲线】选项，打开【曲线：从方程】操控板，如图 4-22 所示。

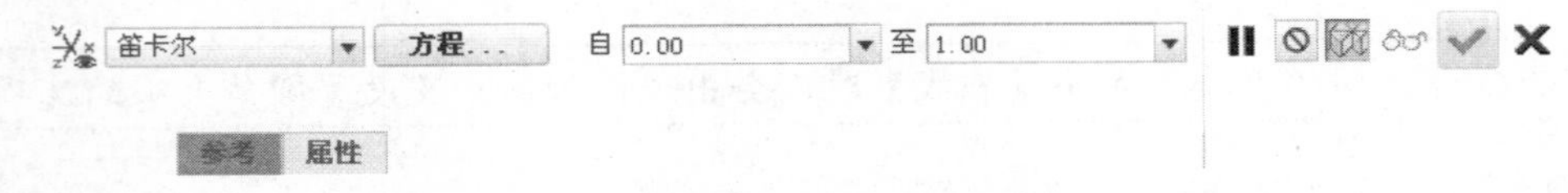

图 4-22 【曲线：从方程】操控板

操控板中各选项的含义如下。

- 笛卡尔 ▾：用于选择坐标系类型，包括球坐标系、笛卡尔坐标系、柱坐标系三种类型。

- ❑ 方程... ：单击该按钮，打开【方程】对话框，用于输入和编辑曲线方程。
- ❑ 自 0.00 至 1.00 ：用于规定系统变量 t 的取值范围。
- ❑ 【参考】上滑面板。打开【参考】上滑面板，如图 4-23 所示，用于选择坐标系。
- ❑ 【属性】上滑面板：用于定义曲线名称。

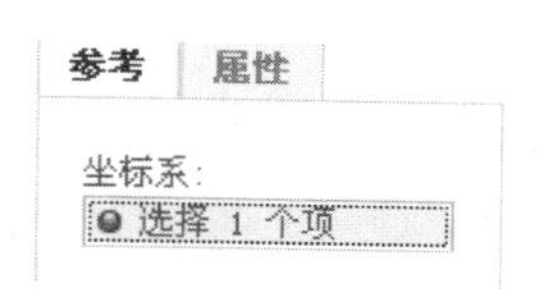

图 4-23　【参考】上滑面板

【例 4-3】 创建来自方程的曲线

本例介绍根据曲线方程绘制基准曲线的方法，重点介绍曲线的创建过程及各选项的使用、设置方法。

设计过程

（1）打开【基准】菜单，单击【曲线】选项后的 ▸，在打开的菜单中选择【来自方程的曲线】选项，打开【曲线：从方程】操控板。

（2）指定坐标系类型为“笛卡尔”坐标系。

（3）在绘图区或者模型树中选取系统默认坐标系。

（4）单击 方程... 按钮，打开【方程】对话框，在对话框中输入曲线方程，如图 4-24 所示。

（5）单击【确定】按钮。绘制曲线如图 4-25 所示。

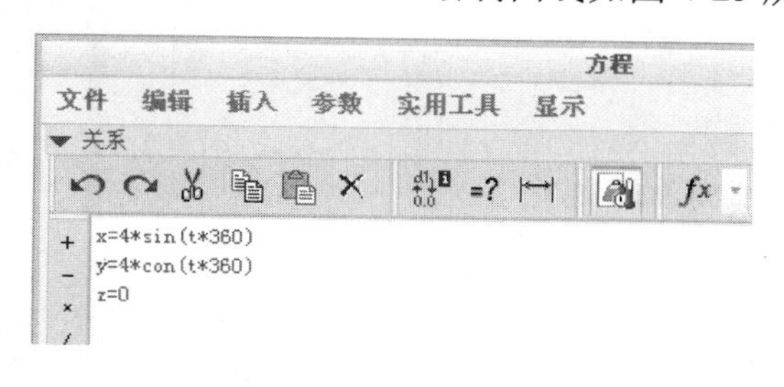

图 4-24　定义曲线方程

图 4-25　曲线绘制结果

📖 方程以参数形式定义，参数 t 变化范围从 0 到 1。定义曲线时需注意所选择坐标系的定义，系统默认坐标系的 z 轴垂直于 FRONT 面，x 轴垂直于 RIGHT 面，y 轴垂直于 TOP 面。

3．来自横截面曲线

来自横截面曲线是以已定义截面的边缘轮廓线为参照建立基准曲线的一种方法，其特点是需要有预先定义的截面作为参照。

使用【来自横截面曲线】功能创建基准曲面的过程如下。

（1）打开【基准】菜单，单击【曲线】选项后的 ▸，在打开的菜单中选择【来自方程的曲线】选项。

（2）选择先前建立的剖面，则自动创建与之相关的曲线。

【例 4-4】 创建来自横截面的曲线

本例介绍横截面及来自横截面曲线的的创建方法，其中详细介绍横截面的创建过程。

（1）打开光盘下“example/start/Ch04/laizihengjiemianqu-xian.prt”文件。

（2）打开【视图】功能菜单。

（3）选择【管理视图】/【视图管理器】命令，打开【视图管理器】对话框，如图 4-26 所示。

（4）选择【截面】选项卡，选择【新建】/【平面】命令。

（5）输入截面名称，按 Enter 键，打开【截面操控板】，如图 4-27 所示。

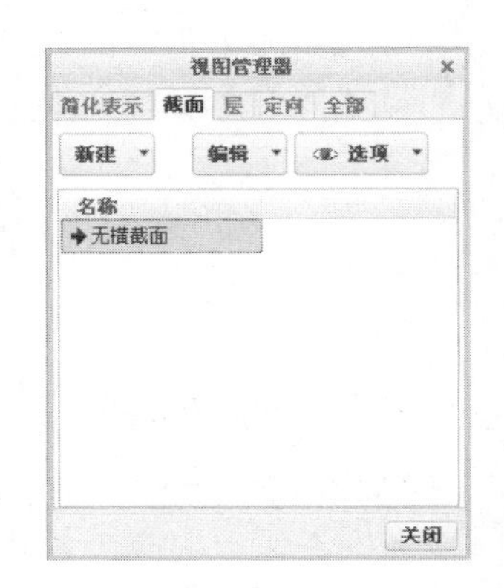

图 4-26 【视图管理器】操控板

图 4-27 【截面】操控板

（6）打开【参考】上滑面板，选择 RIGHT 面作为参照。

（7）单击✔按钮，完成截面创建。结果如图 4-28 所示。

（8）打开【基准】菜单，单击【曲线】选项后的 ▸，在打开的菜单中选择【来自方程的曲线】选项。

（9）系统打开如图 4-29 所示的【曲线】操控板。

（10）选择先前创建的截面作为参考。

（11）单击✔按钮，完成曲线创建，结果如图 4-30 所示。

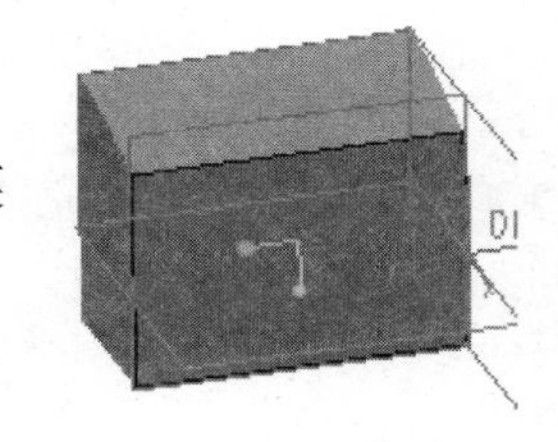

图 4-28 截面创建结果

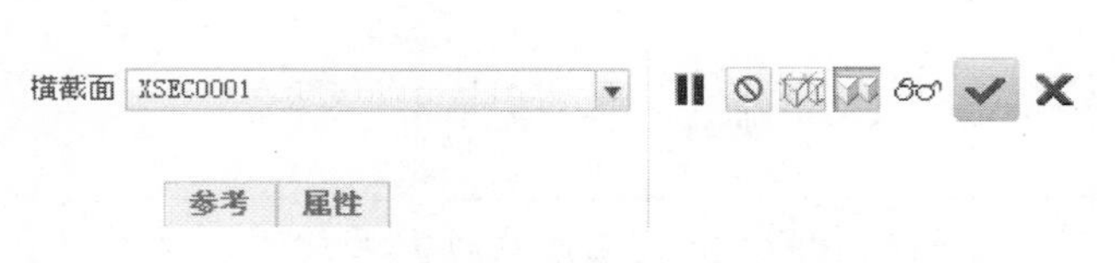

图 4-29 【曲线】操控板

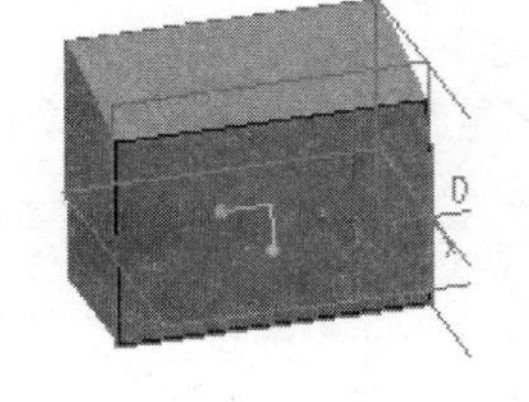

图 4-30 曲线创建结果

4.4 草绘基准曲线

草绘曲线可以由一个或多个草绘曲线及一个或多个开放或封闭的环组成。

创建草绘基准曲线的步骤如下。

（1）单击按钮。

（2）选择草绘平面及草绘参照，进入草绘环境。

（3）绘制草图。

（4）完成草图绘制。

创建的草绘基准曲线如图 4-31 所示。

图 4-31　草绘基准曲线

4.5　基　准　点

基准点和其他基准特征一样，主要也是作为创建其他特征的参照。基准点一般只能作为创建基准曲线或基准平面的参照，而不能直接作为创建其他实体特征的参照。Creo Parametric 提供三种类型的基准点，如图 4-32 所示，其具体含义如下。

- ❑ 按钮：一般基准点工具，从实体、实体交点或从实体偏离创建的基准点。
- ❑ 按钮：偏移坐标系的基准点工具，通过选定的坐标系创建基准点。
- ❑ 按钮：域基准点工具，直接在实体或曲面上单击鼠标左键即可创建基准点。

1．一般基准点

单击基准点工具按钮，弹出如图 4-33 所示的【基准点】对话框，该对话框包含【放置】和【属性】两个菜单。其中，【放置】菜单用于定义基准点的位置，【属性】菜单用于显示特征信息、修改特征名称。

点
偏移坐标系
域

图 4-32　基准点类型

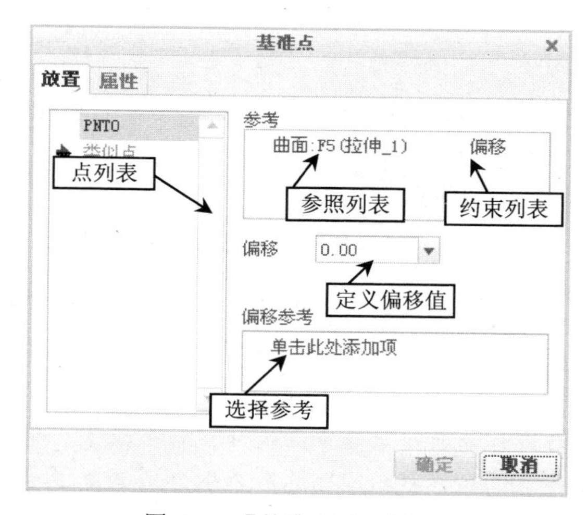

图 4-33　【基准点对话框】

在创建一般基准点时根据所选择参照的不同，能够设置的约束类型有所区别，创建基准点的相关设置也有所不同。表 4-3 列出了创建一般基准点的参照、约束、设置与创建结果之间的关系。

表 4-3　一般基准点的参照、约束、设置与创建结果

参　照	约　束	设　置	创 建 结 果
直边	在其上	偏移距离、偏移参考	在直边上创建与偏移参照具有确定距离的点。偏移距离可以通过比率或者距离设置

续表

参　照	约　束	设　置	创 建 结 果
圆弧	在其上	偏移距离、偏移参考	与选择直边参照相同
	居中		基准点位于圆弧中心
一般曲线	在其上	偏移距离、偏移参考	与选择直边参照相同
轴线	在其上	偏移距离、偏移参考	与选择直边参照相同
平面或曲面	在其上	偏移参考、偏移距离	在面上创建与偏移参照具有确定距离的点
	偏移	偏移值、偏移参考、偏移距离	基准点位于与参照面平行、且由偏移值确定的面上；偏、移距离与参考确定点位置
曲线、边端点			在曲线、边端点创建基准点
曲线、边、轴与曲面			曲线、边、轴与曲面交点创建基准点
两条相交边、曲线、轴线			曲线交点创建基准点
三个曲面			曲面交点创建基准点

通过已知轴线与平面创建基准点实例如图 4-34 所示。

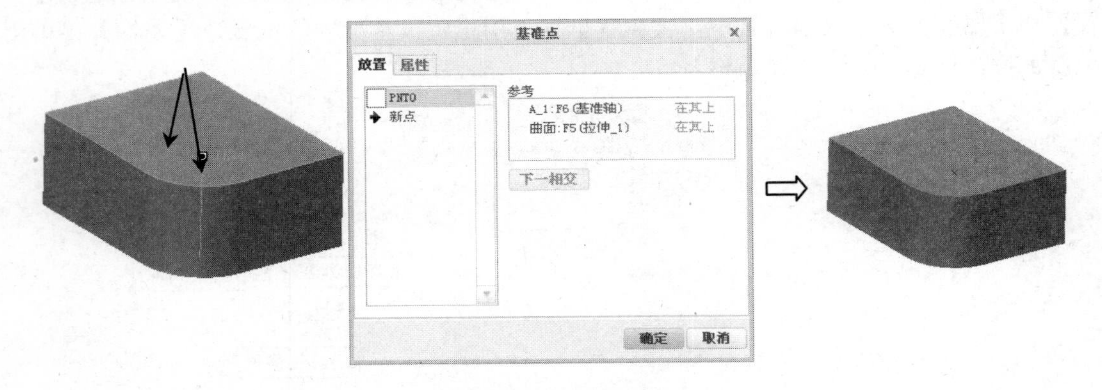

图 4-34　通过线与面创建基准点

📖 偏移距离可以通过比率或距离（实数）设置。偏移比率介于 0 和 1 之间，数值上等于基准点与偏移参照之间距离除以曲线或边的总长度。

2. 偏移坐标系基准点

通过偏移坐标系的方式创建基准点，也就是通过在选定坐标系下输入坐标值方式创建基准点。

操作步骤如下。

（1）单击 按钮。

（2）系统弹出【基准点】对话框，如图 4-36 所示。从【类型】下拉列表中选择坐标系类型。

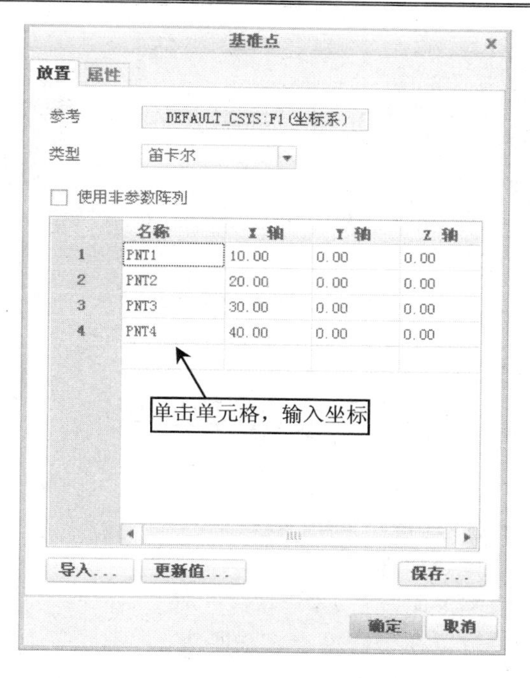

图 4-35　【基准点】对话框

（3）选择用于放置点的坐标系。

（4）单击对话框点列表中的单元格，输入点的坐标。

（5）单击【确定】按钮。

📖 依次单击单元格，并输入坐标值可以创建多个点。

3．域基准点

在"行为建模"中用于分析的点，一个域点标识一个几何域。在不同模块下创建的域基准点的默认名称不同，如在装配模块下默认名称为 AFPNT#，而在零件模块下默认名称为 FPNT#。

创建域基准点的步骤如下。

（1）单击域按钮，系统打开如图 4-36 所示的【基准点】对话框。

（2）选择参照（曲线、边、曲面等）放置基准点，基准点可以在参照上任意放置。

（3）打开【属性】菜单，定义点的名称。

（4）单击【确定】按钮完成基准点的创建。

创建与基准点实例如图 4-37 所示。

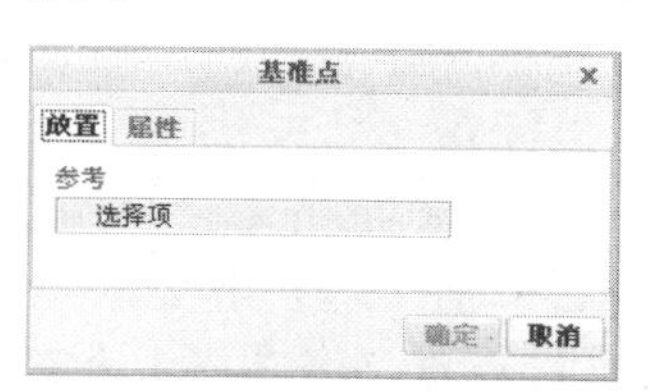

图 4-36　【基准点】对话框

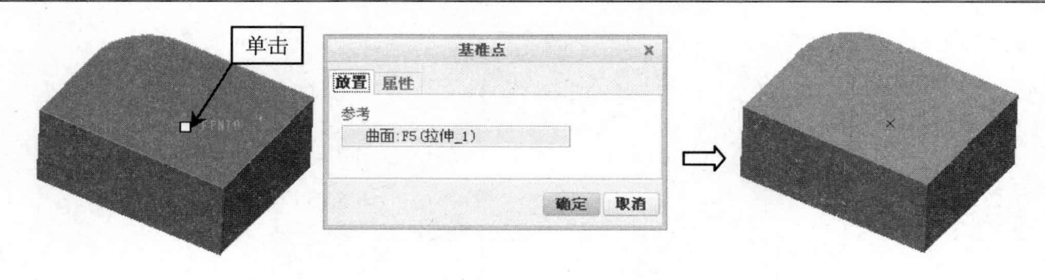

图 4-37　创建域基准点

4.6　基准坐标系

在 Creo Parametric 中坐标系有以下用途：

- ❑ 计算零件的质量、重心和体积等。
- ❑ 作为零件装配约束的参照。
- ❑ 进行有限元分析时可以在坐标系上施加约束。
- ❑ 在制造模块中，作为机床原点使用。
- ❑ 建立其他基准特征。

建立基准坐标系的步骤如下。

（1）单击坐标系按钮，打开【坐标系】对话框，如图 4-38 所示。

（2）打开【原点】选项卡，选择参照定义原点位置。

（3）打开【方向】选项卡，定义坐标轴及其方向。

（4）打开【属性】选项卡，定义坐标系名称。

（5）单击【确定】按钮，完成坐标系的定义。

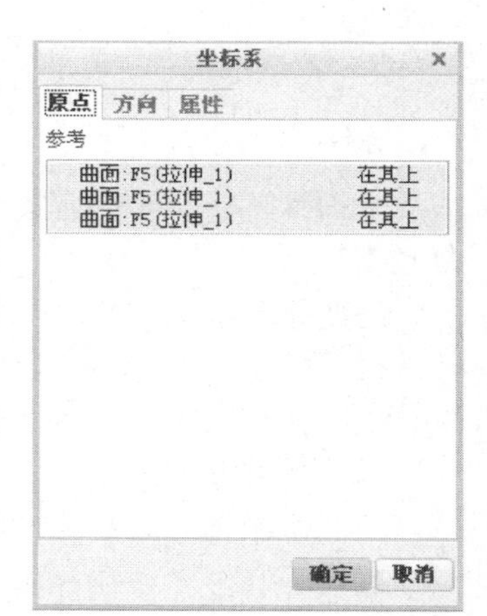

图 4-38 【坐标系】对话框

在定义坐标系时可以选择面、边等作为参照，选择不同参照时坐标系的定义方法略有不同。

下面介绍选择不同参照时坐标系的建立过程与方法：

- ❑ 三个平面——选择两两相交的三个平面，以平面交点为原点建立坐标系，再通过【方向】选项卡修改坐标轴的方位与方向。
- ❑ 1 点+2 轴（边）——先选择 1 点作为坐标原点，再选择边或轴定义坐标轴。
- ❑ 2 轴（边）——以 2 轴（边）交点作为坐标原点，再以所选择轴（边）定义坐标轴。
- ❑ 偏置坐标系——选择已有坐标系作为参照，通过输入偏置值和旋转角度定义新坐标系。
- ❑ 平面+2 轴（边）——选择 1 个平面和 2 个轴(边)，坐标系原点位于平面与第一个轴（边）交点，坐标轴由 2 个轴（边）定义。
- ❑ 点+Z 轴——选择点作为坐标原点，再选择 1 个平面确定 Z 轴方向，之后选择 1 点定义 X 轴。

【例 4-5】 创建基准坐标系

本例介绍选择三个平面作为参照建立基准坐标系的过程，重点在于坐标轴及其方向的定义方法。

设计过程

（1）打开光盘下“example/start/Ch04/jizhunzuobiaoxi.prt”文件。

（2）选择图 4-39 所示三个平面作为参照，出现预览的坐标系。

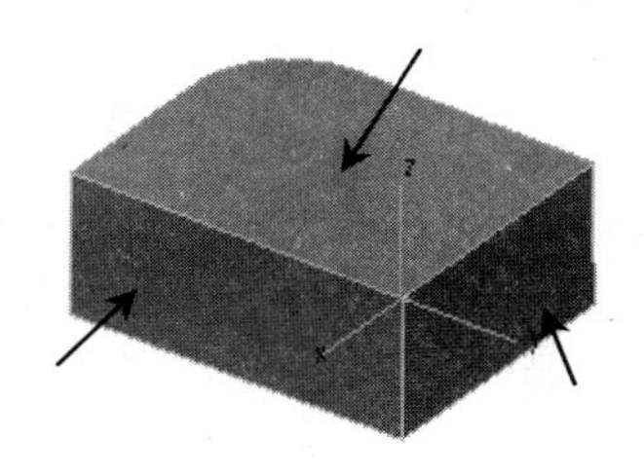

图 4-39　选择参照

（3）打开【坐标系】对话框的【方向】选项卡，如图 4-40 所示。

（4）单击图 4-41 中箭头所指的 反向 按钮。打开图 4-41 中箭头所指下拉列表框，在其中选择“Z”选项。

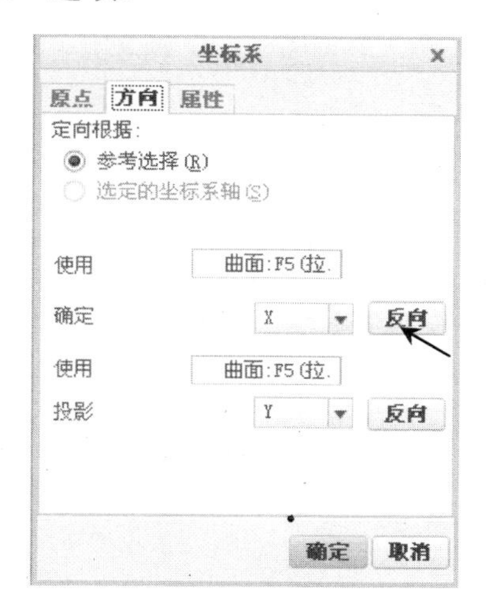

图 4-40 【方向】选项卡

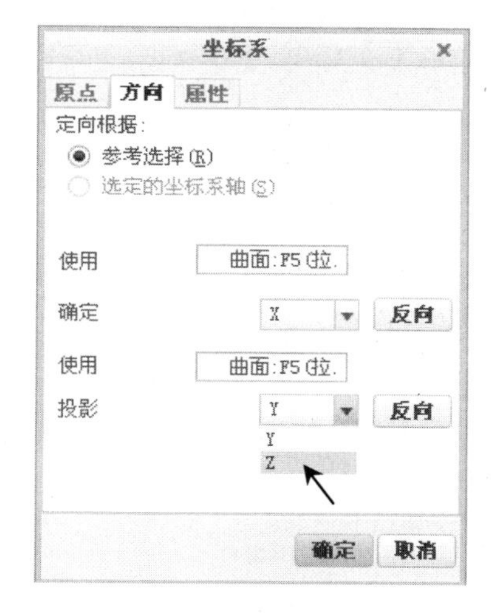

图 4-41　更改坐标轴

（5）单击【确定】按钮。

创建的坐标系如图 4-42 所示。

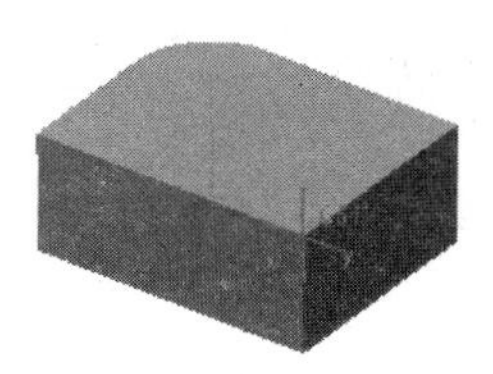

图 4-42　坐标系建立结果

4.7 综 合 实 例

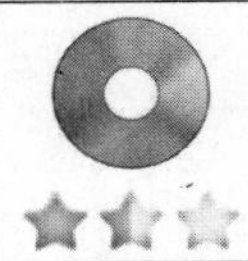

	结果文件：光盘/example/finish/Ch04/4_1_1.prt
	视频文件：光盘/视频/Ch04/4_1.avi

设计分析

- ❑ 模型主要由回转体、键槽、倒角、基准特征及圆角组成。
- ❑ 建模时首先创建旋转体，然后在此基础上利用拉伸特征去除材料创建键槽。
- ❑ 在模型设计过程中涉及基准平面、基准轴、基准点等基准特征创建。

设计过程

（1）新建文件“jizhunshili.prt”。

（2）创建拉伸特征。

- ❑ 单击拉伸按钮。
- ❑ 选择 TOP 面作为草绘平面。
- ❑ 绘制如图 4-43 所示草图。

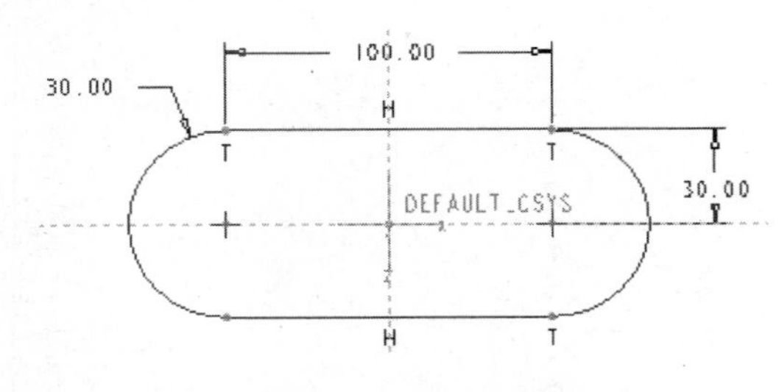

图 4-43 绘制草图

- ❑ 完成草图创建。
- ❑ 设置拉伸深度为 30。
- ❑ 完成拉伸特征创建，结果如图 4-44 所示。

图 4-44 拉伸特征

（3）创建基准轴。

- ❑ 单击 轴 按钮。

- ❑ 选择图 4-44 左侧箭头所指的曲面作为参照。
- ❑ 完成基准轴的创建。
- ❑ 单击 轴 按钮。
- ❑ 选择图 4-44 右侧箭头所指的曲面作为参照。
- ❑ 完成基准轴的创建。结果如图 4-45 所示。

图 4-45　基准轴创建结果

（4）创建孔特征。

- ❑ 单击 孔按钮，打开【孔】特征操控板。
- ❑ 按住 Ctrl 键选择图 4-45 左侧两个箭头所指平面与轴线。
- ❑ 打开【孔】特征操控板中的形状上滑面板，设置孔直径为 18，深度为 30，如图 4-46 所示。

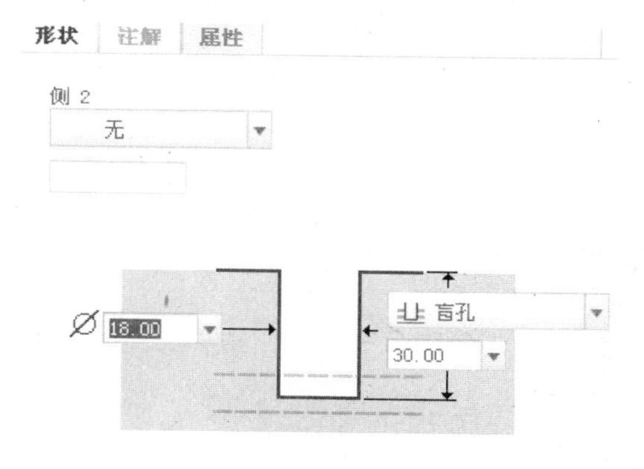

图 4-46 【形状】上滑面板设置

- ❑ 完成孔特征创建。
- ❑ 按上述方法，选择图 4-45 中右侧两个箭头所指轴线和平面完成第二个孔特征的创建，结果如图 4-47 所示。

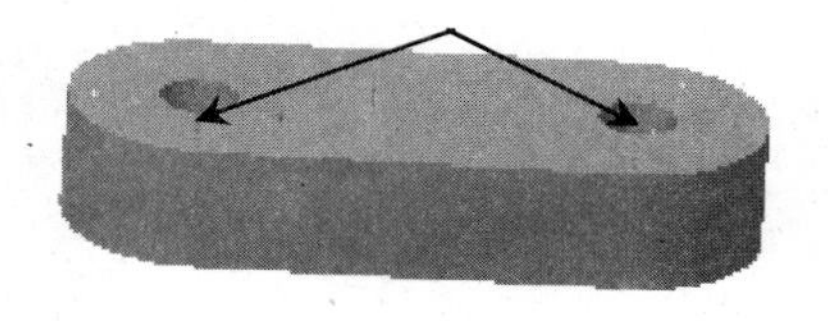

图 4-47　孔特征创建结果

（5）创建基准平面。

- ❑ 单击按钮。
- ❑ 选择图 4-47 所示的两个基准轴作为参照。

- 完成基准平面创建，默认名称为 DTM1，结果如图 4-48 所示。

> 📖 选择多个参照时，需要按住 Ctrl 键。

图 4-48　基准平面创建结果

（6）创建基准轴。

- 单击 轴 按钮。
- 选择 DTM1 与 RIGHT 面作为参照。
- 完成基准轴的创建，结果如图 4-49 所示。

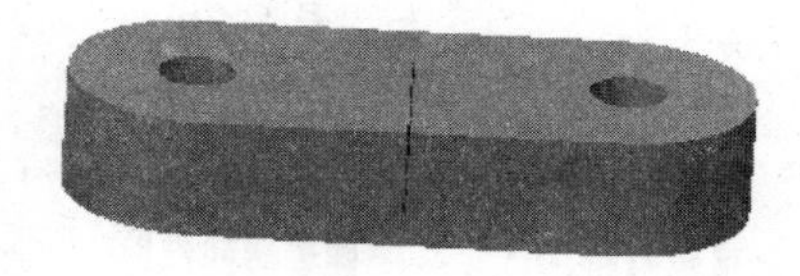

图 4-49　基准轴创建结果

（7）创建基准平面。

- 单击按钮。
- 选择上步中创建的基准轴与 RIGHT 面作为参照。
- 按照图 4-50 设置约束和参数。
- 完成基准平面创建，默认名称为 DTM2，结果如图 4-51 所示。

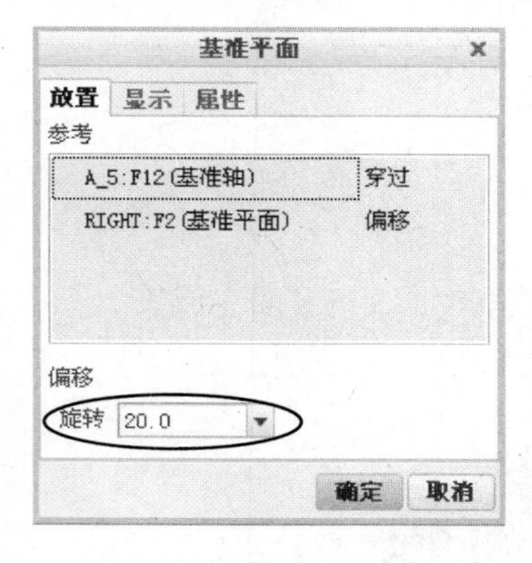

图 4-50　设置约束与参数

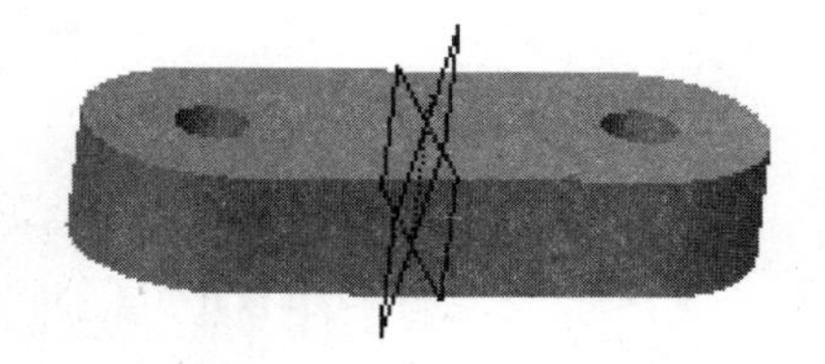

图 4-51　平面创建结果

（8）创建拉伸特征。

- 单击拉伸按钮。
- 选择 DTM2 面作为草绘平面。
- 绘制如图 4-52 所示草图。
- 设置拉伸深度定义方式为深度值为 16。

❑ 完成拉伸特征创建，结果如图 4-53 所示。

📖 绘制草图时选择图 4-52 箭头所指平面作为参照。

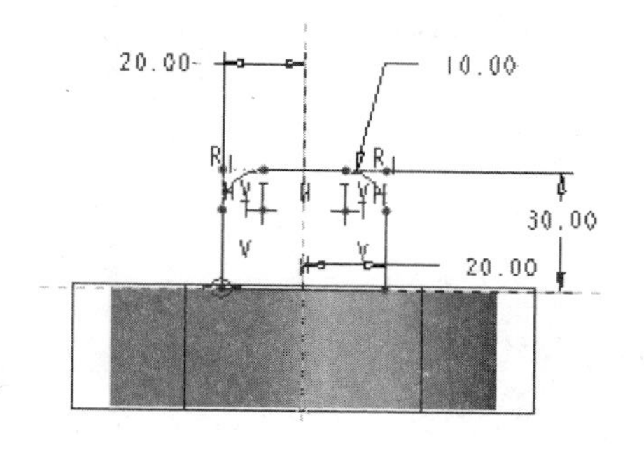

图 4-52　绘制草图

图 4-53　拉伸特征创建结果

（9）创建基准坐标系。

❑ 单击坐标系按钮。

❑ 选择图 4-54 所示的两个边作为参照。

❑ 打开【方向】选项卡，调整坐标轴方位及方向。

❑ 完成坐标系创建，结果如图 4-55 所示。

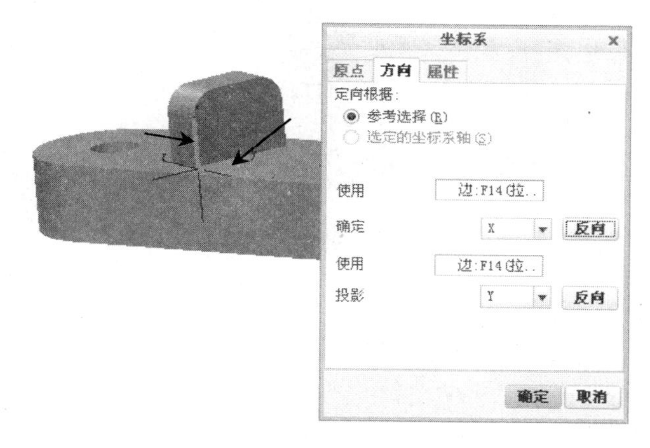

图 4-54　选择参照

图 4-55　坐标系创建结果

📖 参照选取顺序不同会影响坐标系的创建结果，所以经常需要进行方向及方位的调整。

（10）创建基准点。

- 单击 按钮，打开【基准点】对话框。
- 选择上步中创建的坐标系。
- 单击点列表中的单元格，设置 X 坐标为 15，Y 坐标为 20，Z 坐标为 0。
- 完成基准点的创建，结果如图 4-56 所示。

图 4-56　基准点创建结果

（11）创建基准轴。

- 单击 轴 按钮。
- 按住 Ctrl 键，选择上步中创建的基准点与图 4-56 所示的平面作为参照。
- 完成基准轴的创建，结果如图 4-57 所示。

图 4-57　基准轴创建结果

（12）创建孔特征。

- 单击 孔按钮，打开【孔】特征操控板。
- 按住 Ctrl 键选择图 4-57 中两个箭头所指平面与轴线作为参照。
- 打开【孔】特征操控板中的形状上滑面板，设置孔直径为 10，深度为 16，如图 4-58 所示。

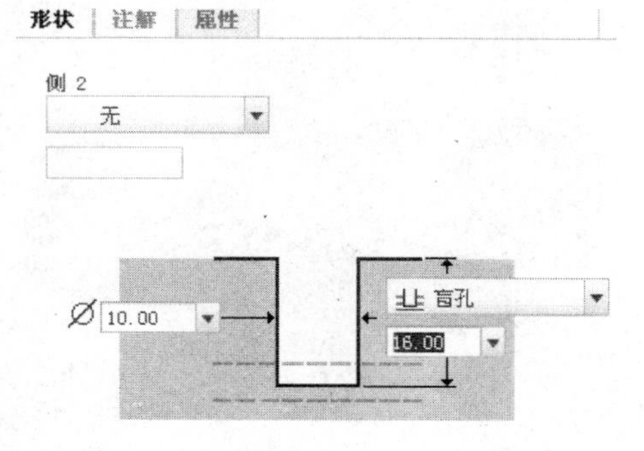

图 4-58 【形状】上滑面板设置

- ❑ 完成孔特征创建，结果如图 4-59 所示。

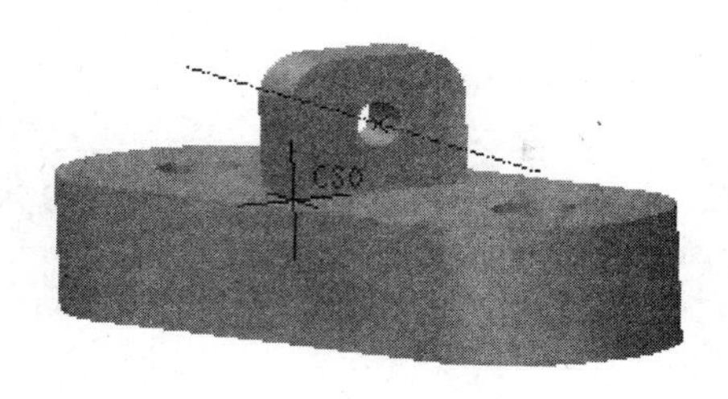

图 4-59　孔特征创建结果

4.8　小　　结

基准特征在特征创建、装配体创建、工程图的生成及工程分析和数控编程方面具有重要作用，是不可或缺的一类特征。本章详细介绍了基准平面、基准轴、基准曲线、基准点和基准坐标系的创建方法与操作步骤。通过对本章的学习读者能够掌握基准特征的创建方法及使用场合，以为后续的学习打下基础。

4.9　思考与练习

1．思考题

（1）基准特征的作用有哪些?
（2）创建基准平面、基准轴可以选择哪些参照，这些参照有哪些组合方式?
（3）如何调整坐标轴的位置和方向？
（4）创建来自方程的曲线有哪些主要操作步骤？

2．操作题

创建如图 4-60 所示的零件。

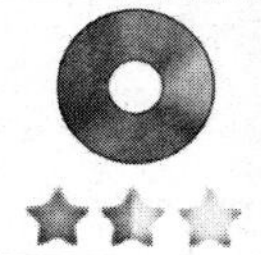	结果文件：光盘/example/finish/Ch04/4_2_1.prt
	视频文件：光盘/视频/Ch04/4_2.avi

图 4-60　零件模型

第 5 章　工程特征与构造特征

本章主要介绍孔、圆角、倒角、拔模等工程特征及轴、法兰等构造特征的创建方法，这些特征的共同点是不能独立存在，需要以实体特征为基础进行创建。另外，本章也会介绍螺纹修饰、槽等修饰特征及折弯特征等复杂特征的创建方法。通过本章的学习读者可以进一步掌握特征及零件的创建方法，为创建结构复杂的零件模型打下基础。

5.1　工 程 特 征

工程特征包括孔、圆角等，在已有实体特征基础上创建，是零件的重要组成部分。本节详细介绍各种工程特征的创建方法。

5.1.1　孔特征

零件上的孔可以采用拉伸等方法创建，但直接创建孔特征简化了孔的创建过程。另外，采用孔特征可以创建多种不同形式的孔，如标准孔、简单孔等，使得孔的创建更加灵活。

在 Creo Parametric 中可创建的孔的类型有以下几种。

- 简单孔：由带矩形剖面的旋转切口组成。可使用预定义矩形或标准孔轮廓作为孔轮廓，也可以为创建的孔指定埋头孔和锥度。
- 标准孔：创建符合工业标准的螺纹孔，对于标准孔会自动创建螺纹注释。
- 草绘孔：使用“草绘器”创建截面不规则的孔。

1. 简单孔特征

单击【工程】工具栏中的按钮，打开【孔】特征操控板，如图 5-1 所示。

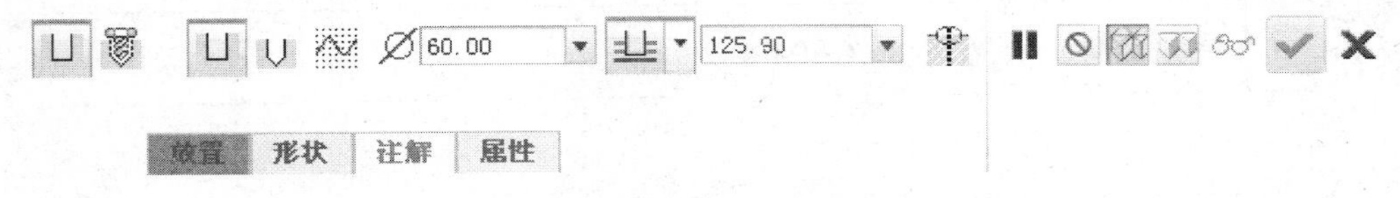

图 5-1 【孔】特征操控板

在【孔】特征操控面板中常用选项功能如下。

- 按钮：创建简单孔，需要设置直径及深度等参数。
- 按钮：创建标准孔，根据螺纹直径确定孔径，需要选择螺纹尺寸。
- 按钮：创建矩形轮廓孔。

- ❑ 按钮：定义标准孔轮廓，可以设置孔底锥度。
- ❑ 按钮：按照草绘孔轮廓形状创建孔特征。
- ❑ 下拉列表框：显示或修改孔的直径尺寸。
- ❑ 按钮：选择孔的深度定义形式。
- ❑ 下拉列表框：显示或修改孔的深度尺寸。
- ❑【放置】上滑面板：如图 5-2 所示，可以指定孔特征的放置曲面、钻孔方向、定位方式和偏移参照及设置偏置参数等内容。孔放置类型有 5 种，分别是同轴、线性、径向、直径和在点上。
- ❑【形状】上滑面板：如图 5-3 所示，通过该上滑面板可以显示孔的形状和进行相关参数设置。单击上滑面板中的【孔深度】文本框，即可从打开的下拉列表的选项中进行选取，并进行孔深度、直径及锥角等参数的设置，从而确定孔的形状。

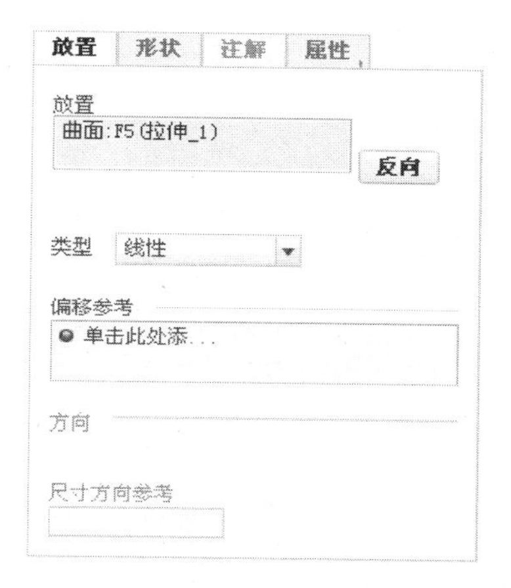

图 5-2 【放置】上滑面板

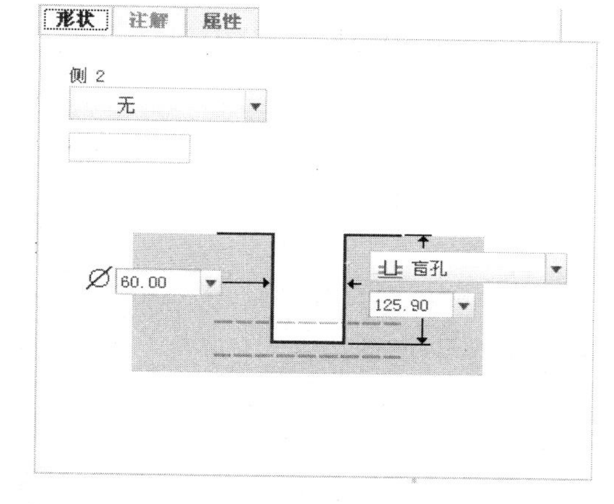

图 5-3 【形状】菜单

- ❑【注解】上滑面板：可以预览正在建立或重新定义的标准孔特征的特征注释。【螺纹注释】显示在模型树和图形窗口中，而且会在打开【注解】上滑面板时出现在对话框中。
- ❑【属性】上滑面板：可以查看孔特征的参数信息，并且能够重命名孔特征。不同类别孔特征，如简单孔、螺纹孔，显示的信息略有区别。

在孔特征创建过程中关键的操作在于通过正确选择孔特征放置面、定位方式及定位参照，以实现孔的正确定位。孔的定位方式包括在点上、同轴、线性、径向和直径五种方式。在【放置】上滑面板的【类型】下拉列表框中的列出了线性、径向和直径三种方式。线性与径向定位方式需要选择的参照如图 5-4、图 5-5 所示。

📖 【线性】定位需要在选择放置面之后单击【偏移参考】列表框，然后按住 Ctrl 键连续选择两个参照（直线、平面、轴线），并分别输入孔中心与参照的距离尺寸。

📖 【径向】定位需要在选择放置面之后单击【偏移参考】列表框，然后按住 Ctrl 键连续选择一条轴线和一个平面作为参照，分别标注孔轴线与参考轴线之间距离，以及孔轴线与参考轴线所确定的平面与所选参考平面之间角度。

【直径】定位方式需要选择的参照与【径向】定位方式相同，不同之处只在于需要在【偏移参考】列表框中输入孔轴线与参考轴线之间距离的 2 倍作为直径值。

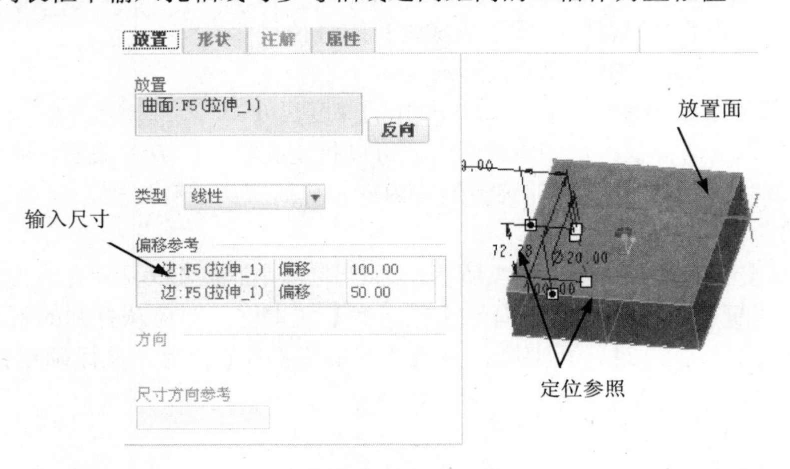

图 5-4 【线性】定位

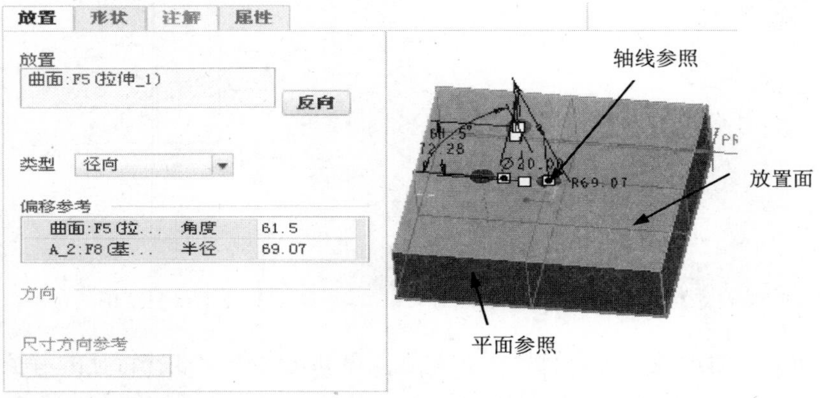

图 5-5 【径向】定位

使用【在点上】方式时，直接单击确定孔中心的基准点或草绘点即可，如图 5-6 所示。

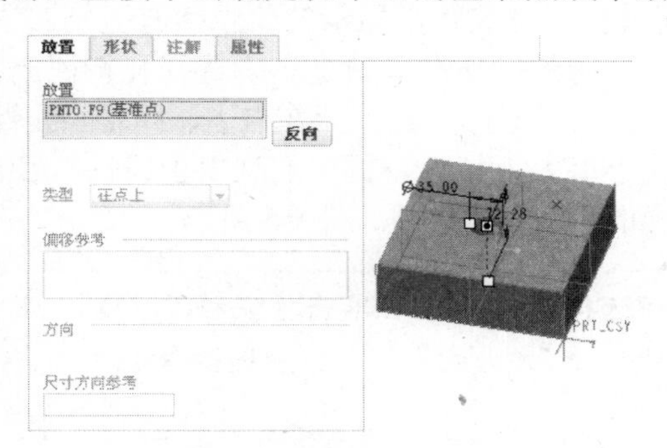

图 5-6 【在点上】定位

使用【同轴】方式进行孔定位时，只需按住 Ctrl 键，选择孔中心的轴线和孔的放置面即可，如图 5-7 所示。

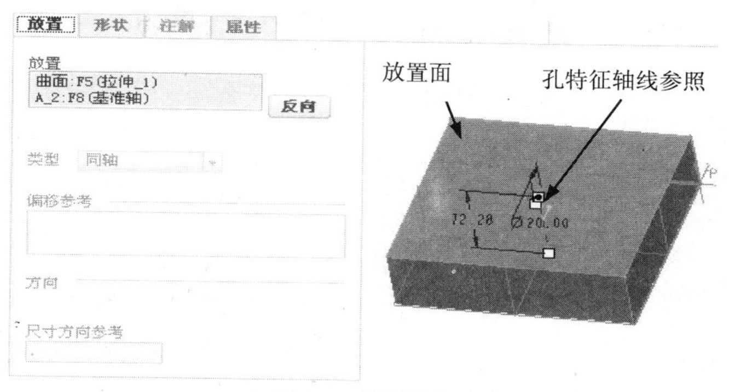

图 5-7 【同轴】定位

【同轴】定位需要按住 Ctrl 键连续选择放置面和孔轴线（直线、基准轴）。

2. 标准孔特征

单击【孔】特征操控板上创建螺纹孔按钮，操控板切换为创建螺纹孔特征形式，如图 5-8 所示。

图 5-8 【标准孔】特征操控板

操控板中相关按钮功能如下。

- 按钮：创建螺纹孔。取消此按钮后会出现钻形孔和间隙孔按钮。
- ：创建钻孔，根据螺纹孔尺寸创建螺纹孔的底孔。
- ：根据螺纹孔尺寸创建螺纹联接孔。
- 按钮：创建锥孔。
- ISO ：选择螺纹标准，包括 ISO 及 UNC 标准。
- M1x.25 ：设置螺纹公称直径与螺距，设置方法根据螺纹标准不同而有所不同。
- 2.25 ：设置螺纹深度。
- ：增加沉头与沉头孔，可以打开【形状】菜单进行尺寸设置。

标准孔的创建过程与简单孔创建类似，不同之处在于需要选择螺纹标准及设置螺距等参数。

3. 草绘孔

草绘孔的放置方式与简单孔相同，不同之处在于需要草绘孔的截面形状。草绘孔的创建过程如下。

（1）在【工程】工具条中点击创建孔特征按钮，并在打开的【孔】特征操控板中选择简单孔。

（2）单击按钮，再单击，进入草绘环境。

（3）绘制中心线及孔截面形状，并标注尺寸，如图 5-9 所示。

（4）完成草图，并在零件设计窗口中选择孔的放置面及确定孔位置的参照。

📖 绘制截面形状时应该在中心线左侧绘制，中心线必须在竖直方向绘制。

5.1.2 壳特征

壳特征的功能是将实体上的材料去除一部分，使之变成指定壁厚的壳体。

单击【工程】工具栏中的壳特征按钮，打开【壳】特征操控面板，如图 5-10 所示。

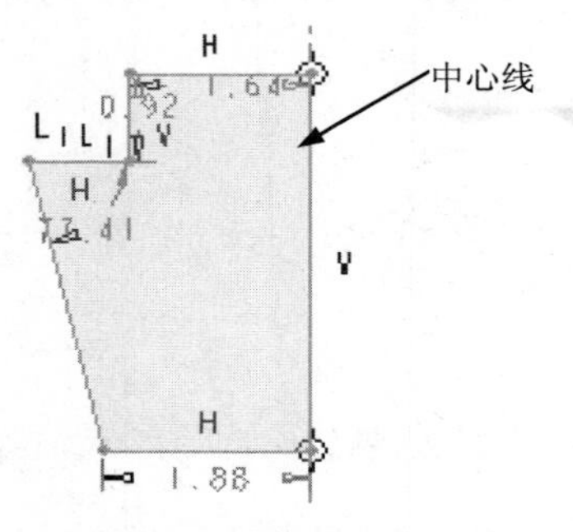

图 5-9 草绘孔截面

图 5-10 【壳】特征操控板

【壳】特征操控板中的选项含义如下。

- 厚度 1.96 下拉列表框：定义壳的厚度，可以输入负值。一般情况下，正的数值表示挖空实体内部形成壳，而负值则是在实体外部加上指定的厚度形成壳体。
- 按钮：单击该按钮，可以在参照的另一侧创建壳体，与厚度输入负值的效果相同。
- 【参考】上滑面板：如图 5-11 所示，在面板中有两个用于指定参照对象的收集器，【移除的曲面】收集器用于选取需要移除的曲面或曲面组，按住 Ctrl 键可以选择多个曲面作为移除面。如果不选择任何曲面作为移除面，则可以在实体中建立一个封闭的壳，整个实体内部呈挖空状态。【非缺省厚度】收集器用于选取需要指定不同厚度的曲面，并且可以对收集器中的每一个曲面分别指定厚度。

📖 使用【非缺省厚度】创建多个壁厚时，必须选择与被去除表面邻近的曲面。

- 【选项】上滑面板：如图 5-12 所示。利用该面板，可以对抽壳对象中的排除曲面（不进行抽壳面）进行设置，以及抽壳操作与其他凹角或凸角特征之间的切削穿透特征进行设置。

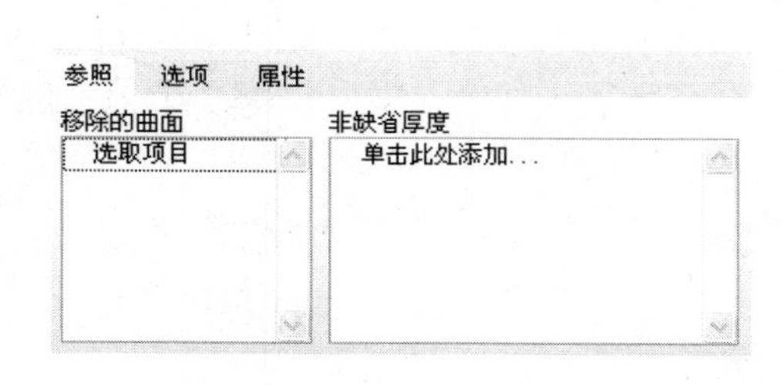

图 5-11 【参照】上滑面板

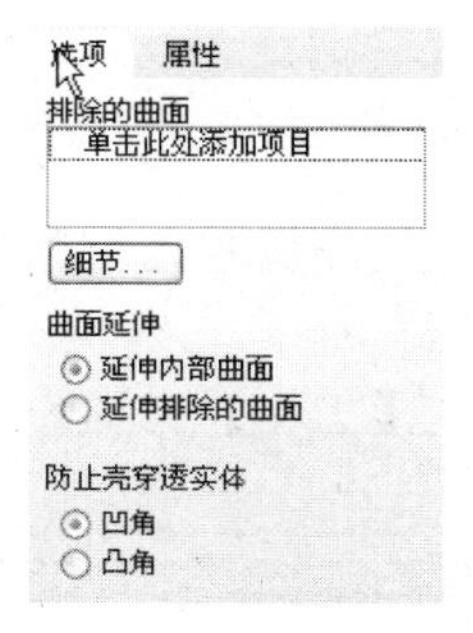

图 5-12 【选项】上滑面板

- 【属性】上滑面板：在【属性】上滑面板中，可为壳特征键入定制名称，以替换自动生成的名称。

建立抽壳特征的操作步骤如下。

（1）单击【工程】工具栏中按钮，打开抽【壳】特征操控板。

（2）在模型中选择要移除的面。如果要移除多个面，按住 Ctrl 键依次单击要移除的面。

（3）设定壳体厚度及去除材料方向。

（4）完成壳特征的创建，如图 5-13 所示。

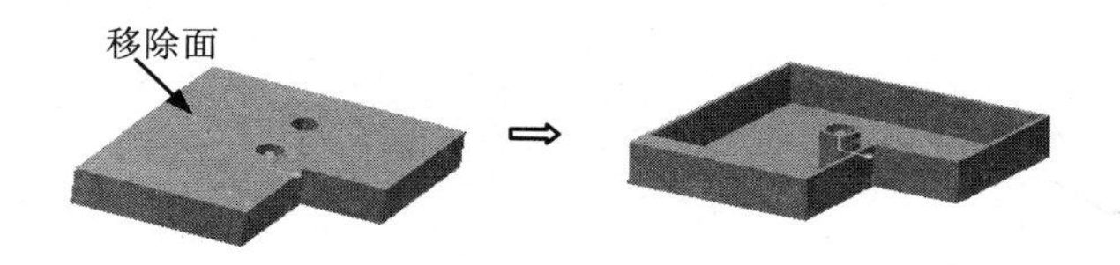

图 5-13　创建壳特征

5.1.3　倒圆角

倒圆角特征是在一条或多条边、边链或在曲面之间添加圆角创建的特征。在 Creo Parametric 中常见的倒圆角有四种形式，即完全倒圆角、多个半径圆角、单一半径圆角与曲线驱动圆角。

单击【工程】工具条上的按钮，打开【倒圆角】操控板，如图 5-14 所示。

图 5-14　【倒圆角】操控板

操控板中各选项的功能如下。

- 按钮：打开圆角设定模式，在该模式下可以选取倒圆角的参照、控制倒圆角的各项参数。
- 按钮：打开圆角过渡模式。可以定义倒圆角特征的所有过渡，切换到该模式后，系统自动在模型中显示可设置的过渡区。
- 5.50 下拉列表框：用户可以直接输入或选择创建圆角的半径值。
- 【集】菜单：单击该菜单弹出如图 5-15 所示的面板，使用此面板可以选取倒圆角的参照、控制倒圆角的各项参数及处理倒圆角的组合。【集】菜单中的“设置列表”包括所有倒圆角集，可以添加、删除倒圆角集，或者选择圆角集进行修改；“截面形状”控制圆角的截面形状；“圆锥系数”用于控制“圆锥”倒圆角的锐度，只有在截面形状选择了“圆锥”或者 D1×D2 时可用；“创建方法”控制活动圆角集的创建方法；“参照收集器”列出所选取的参照；“细节”用于修改链属性；“半径列表”列出圆角的半径值；“完全倒圆角”用于完全倒圆角，只有在有效选择了完全倒圆角的参照后该按钮才可用。

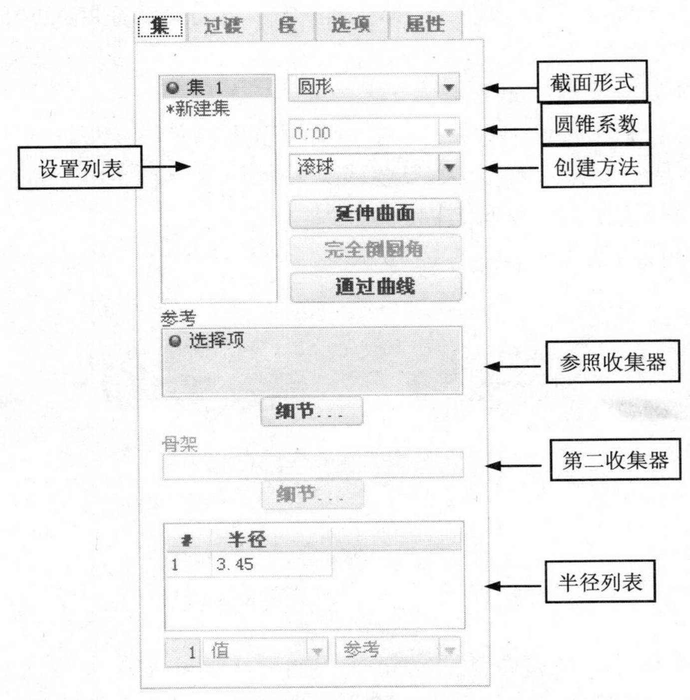

图 5-15 【集】菜单

- 【过渡】菜单：通过该菜单用户可以定义倒圆角特征的所有过渡，切换到该模式后，Creo Parametric 会自动在模型中显示可设置的过渡区。
- 【段】菜单：可以显示所有已选的圆角对象及圆角对象所包含曲线段。
- 【选项】菜单：单击该菜单，在弹出的面板中选择创建实体圆角或曲面圆角。
- 【属性】菜单：在【属性】菜单中，可以浏览圆角特征的类型、参照及半径等参数信息，并且能够重命名圆角特征。

建立圆角特征的操作步骤如下。

（1）单击【工程】工具条中倒圆角按钮，打开倒圆角操控板。

（2）打开【集】菜单，设定圆角类型、形成圆角的方式、圆角的参照、圆角的半径等内容。

（3）单击【圆角过渡】模式按钮，设置转角的形状。

（4）预览生成的圆角，完成圆角特征的建立。

创建完全倒圆角时需要选择实体上两个相对的面作为参考曲面，选择与参考面相交面作为驱动曲面。

创建可变半径圆角时，在选择了进行圆角操作的棱边后，在图 5-16 所示区域单击右键，在弹出选项中选择【添加半径】，并在半径文本框中输入半径值，同时需要在相应文本框中输入位置参数以确定半径点在棱边上的位置。

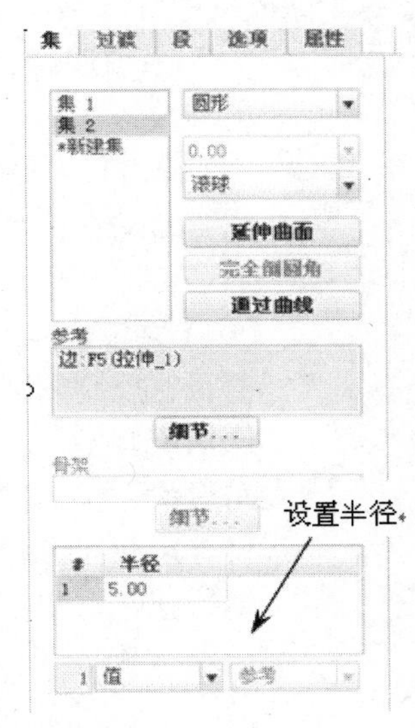

图 5-16 设置半径

创建曲线驱动圆角首先需要在实体表面上绘制驱动曲线。在创建圆角特征的【集】对话框中单击【通过曲线】按钮，选择棱边及驱动曲线后生成圆角特征。

几种倒圆角特征创建如图 5-17～图 5-20 所示。

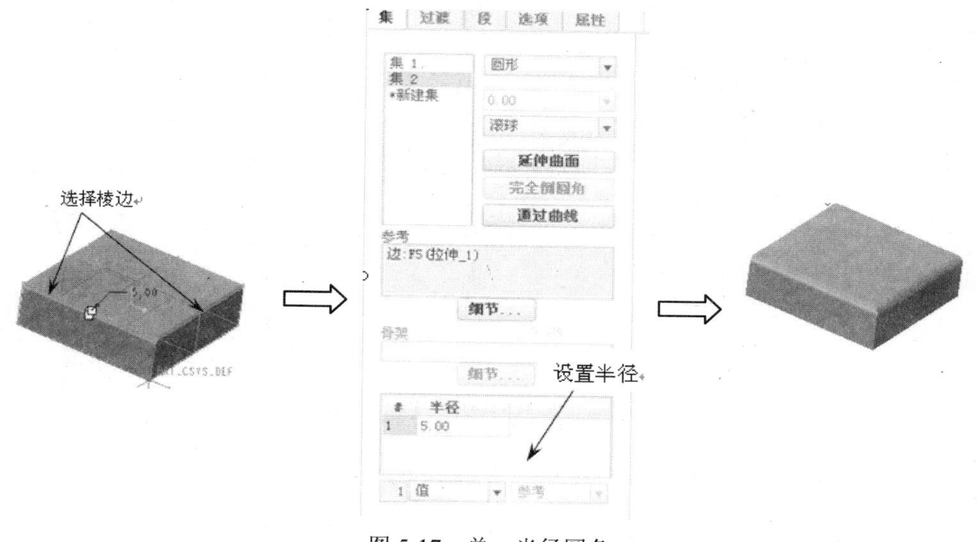

图 5-17　单一半径圆角

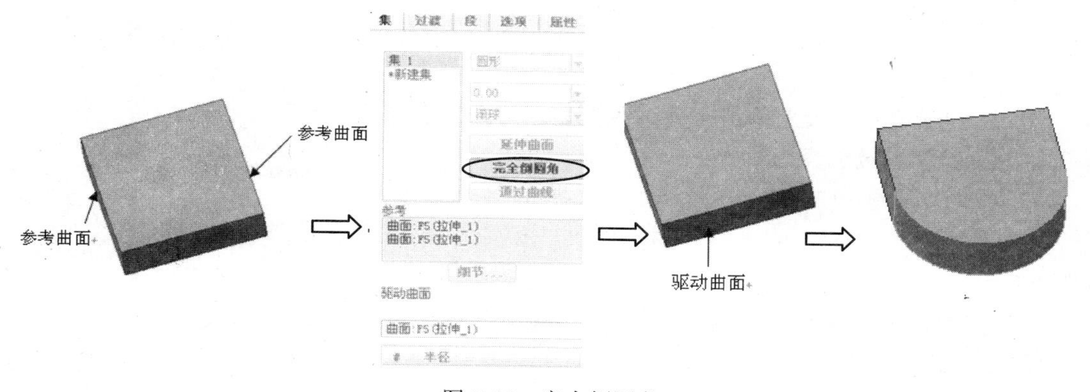

图 5-18　完全倒圆角

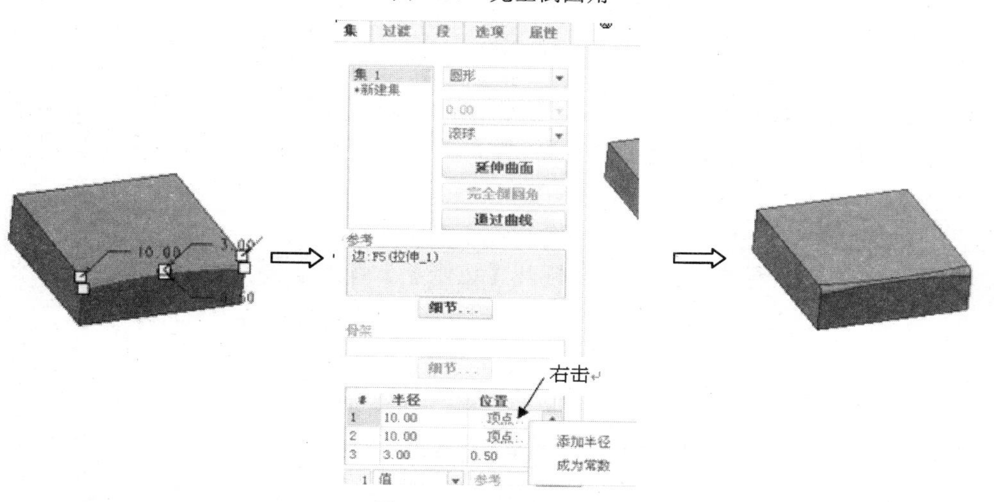

图 5-19　可变半径圆角

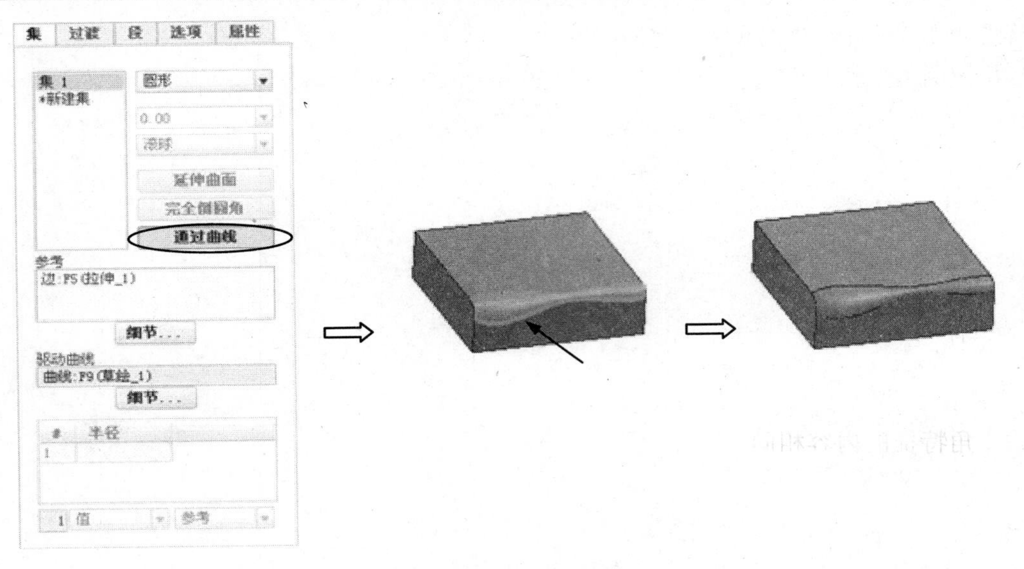

图 5-20　曲线驱动圆角

倒圆角操控板中的圆角过渡功能在于解决几条（不少于 3 条）棱边交点处的圆角过渡问题，其操作过程如下。

（1）单击【倒圆角】按钮，设置圆角半径，选择需要倒圆角棱边，如图 5-21 所示。

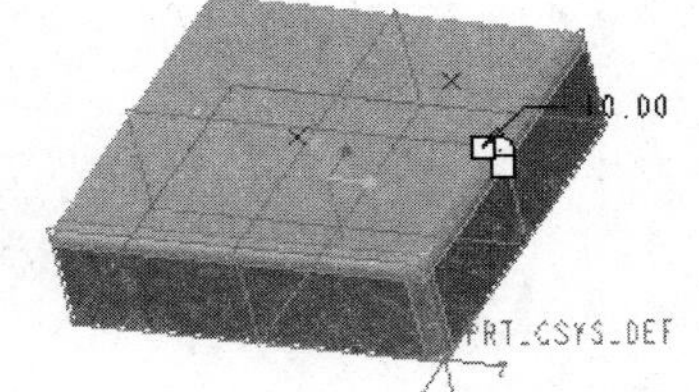

图 5-21　选择倒圆角棱边

（2）在倒圆角操控板上单击圆角过渡按钮，此时能够进行圆角过渡的区域被加亮显示。

（3）在图形区单击需要进行圆角过渡的区域，此时 默认(仅限倒圆角 2) 按钮可用，在下拉列表框中选择圆角过渡类型。

（4）设置圆角过渡的参数值，如球半径等。

（5）完成圆角过渡操作。

5.1.4　倒角

倒角是处理模型周围棱角的方法之一，Creo Parametric 提供了边倒角和拐角倒角两种倒角类型，边倒角沿着所选择边创建斜面，拐角倒角用于在 3 条边的交点处创建斜面。

1. 边倒角

单击【工程】工具栏中的按钮，打开【边倒角】操控面板，如图 5-22 所示。

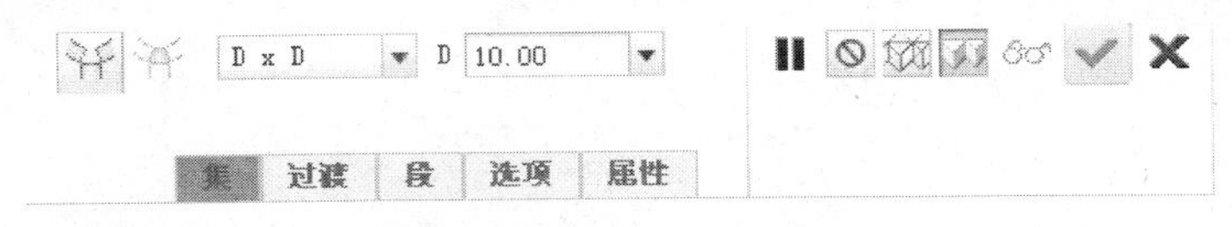

图 5-22 【倒角】特征操控面板

【边倒角】操控中各选项的作用及操作方法介绍如下。

- 按钮：激活“集”模式，可用来处理倒角集，Creo Parametric 默认选取此选项。
- 按钮：打开圆角过渡模式。
- D x D 下拉列表框：指定倒角形式。系统为用户提供了 4 种边倒角的创建方法，其中【D x D】是在各曲面上与参照边相距 D 处创建倒角，用户只需确定参照边和 D 值即可，系统默认选取此选项；【D1 x D2】是在一个曲面距参照边 D1、在另一个曲面距参照边 D2 处创建倒角，用户需要分别确定参照边和 D1、D2 的数值；【角度 x D】创建倒角距相邻曲面的参照边距离为 D，且与该曲面的夹角为指定角度，用户需要分别指定参照边、D 值和夹角数值；【45 x D】：创建倒角与两个曲面都成 45°角，且与各曲面上的边的距离为 D，用户需要指定参照边和 D 值。
- 【集】菜单、【段】菜单、【过渡】菜单及【属性】菜单内容及使用方法与建立圆角特征的内容相同。

创建边倒角的主要步骤如下。

（1）单击【工程特征】工具栏中的按钮，打开【边倒角】操控面板。

（2）在实体模型上选取边线，设置倒角类型并输入参数值。

（3）单击按钮，完成边倒角特征的创建。

创建的倒角特征如图 5-23 所示。

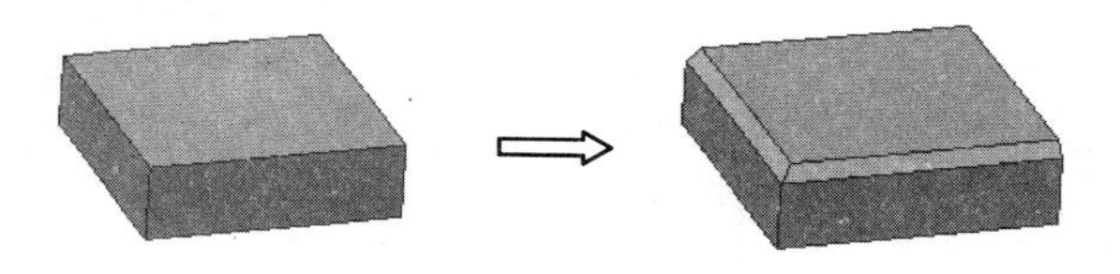

图 5-23　边倒角

2. 拐角倒角

利用【拐角倒角】工具，可以从零件的拐角处去除材料，从而形成拐角处的倒角特征。需要在选择实体上的一个顶点及输入确定拐角大小的 3 个参数值（D1、D2、D3）。

拐角倒角的创建过程如下。

（1）选择【工程】工具条中【拐角倒角】选项，打开【拐角倒角】操控板如图 5-24 所示。

图 5-24　【拐角倒角】操控板

（2）在模型中选取一个顶点，输入倒角距离，完成拐角倒角的创建。

（3）创建的拐角倒角特征如图 5-25 所示。

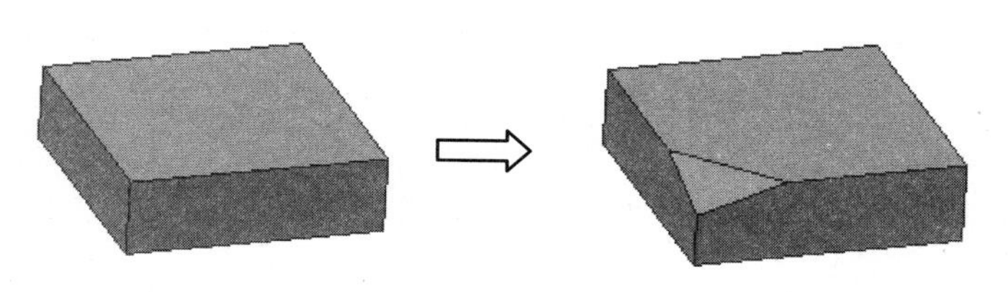

图 5-25　拐角倒角

5.1.5 筋特征

在 Creo Parametric 可以创建轮廓筋及轨迹筋两种形式的筋特征。其中轮廓筋包括直筋和旋转筋，当相邻的两个面均为平面时，生成的筋称为直筋；相邻的两个面中有一个为回转面时则创建旋转筋，此时要求草绘筋的平面必须通过回转面的中心轴。

1. 轮廓筋

创建轮廓筋时需要绘制筋特征的截面草图，筋特征在与草绘平面垂直的方向上进行对称拉伸。筋特征的截面草图不封闭，且只有一条链，而且链的两端必须与接触面对齐。直筋特征草绘只要线端点连接到实体表面上，形成一个要填充的区域即可；对于旋转筋，必须在通过旋转曲面的旋转轴的平面上创建草绘截面，并且其线端点必须连接到实体表面上，形成一个要填充的区域。

单击【工程】工具栏中的【筋】特征中的轮廓筋按钮，打开【筋】特征操控面板，如图 5-26 所示。

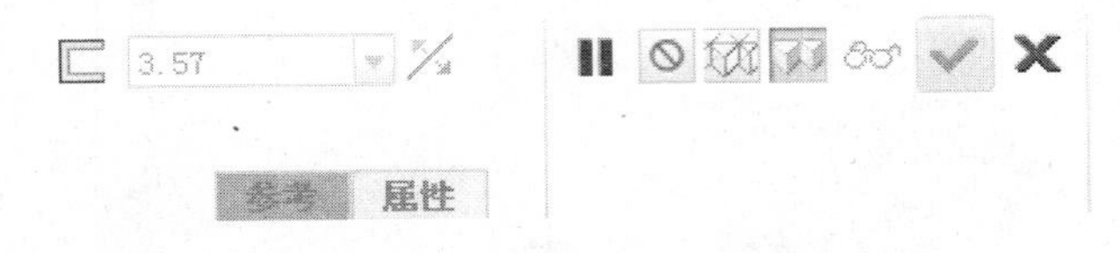

图 5-26 【筋】特征操控面板

操控板上中各选项功能如下。

- 【参照】菜单：用于指定筋的放置平面，并进入草绘环境进行截面绘制。
- 按钮：改变筋特征的生成方向，可以更改筋的两侧面相对于放置平面之间的厚度。在指定筋的厚度后，连续单击按钮，可在对称、正向和反向三种厚度效果之间切换。
- 5.06 文本框：设置筋特征的厚度。
- 【属性】菜单：在【属性】上滑面板中，可以通过单击按钮预览筋特征的草绘平面、参照、厚度及方向等参数信息，并且能够对筋特征进行重命名。

📖 有效的轮廓筋特征草绘必须满足如下规则：单一的开放环；连续的非相交草绘图元；草绘端点必须与形成封闭区域的连接曲面对齐。

轮廓筋的创建过程如下。

（1）打开【筋特征】操控板。

（2）打开【参考】上滑面板，单击定义... 反向按钮，选择如图 5-27 所示草绘平面，进入草绘环境。

（3）绘制如图 5-28 所示草图。

（4）设置筋厚度。

（5）完成筋特征创建，结果如图 5-29 所示。

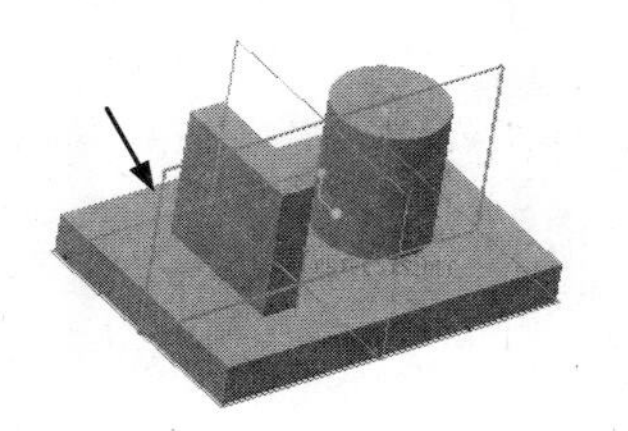

图 5-27　草绘平面

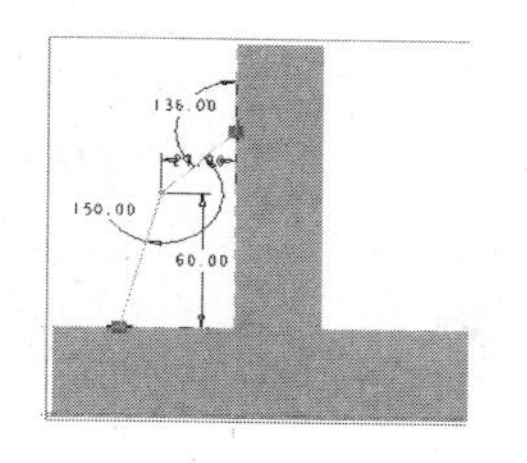

图 5-28　草图

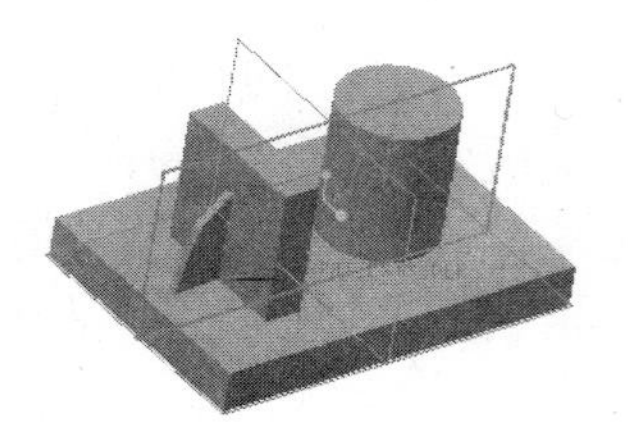

图 5-29　轮廓筋创建

2. 轨迹筋

轨迹筋一般用于在型腔内部创建各种加强筋，向与草绘平面垂直方向生成，并自动延伸至与侧壁相交。

创建的截面没必要使用边界来作参考，系统会自动延伸截面几何直到和边界的实体几何进行融合，可以赋于筋带有斜度、底部圆角和顶部圆角三个工程特性。

单击【轨迹筋】按钮，打开【轨迹筋】操控板，如图 5-30 所示。

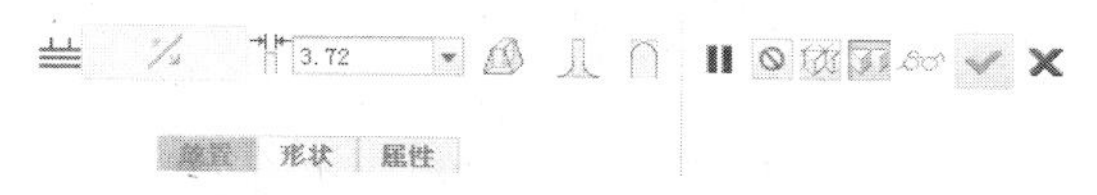

图 5-30 【轨迹筋】操控板

- 按钮：对筋特征进行拔模操作。
- 按钮：在筋特征的内部边上添加圆角。
- 按钮：在筋特征的暴露边上添加圆角。

【放置】：进入草绘环境，绘制筋特征草图。

【形状】：设置筋特征厚度。

【属性】：设置筋特征名称。

轨迹筋的创建过程如图 5-31 所示。

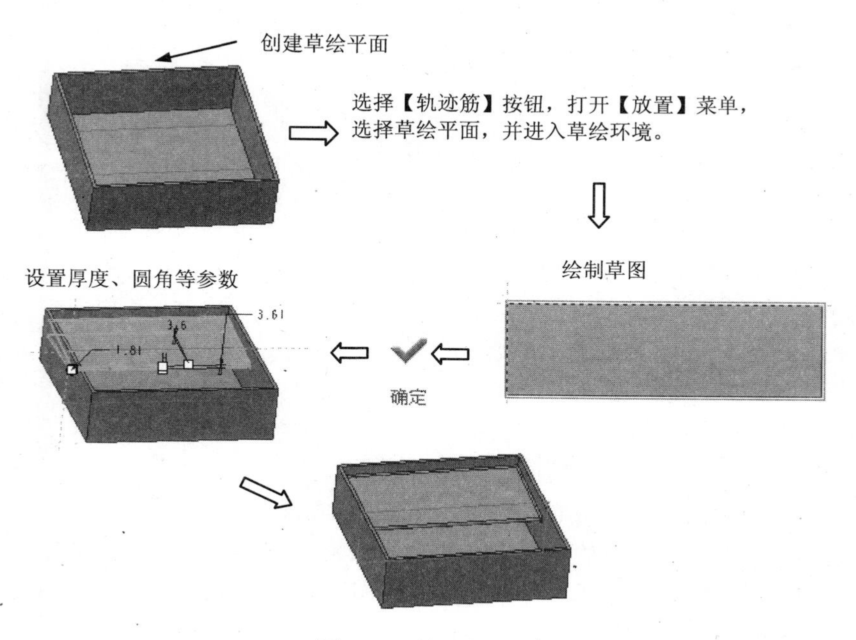

图 5-31　轨迹筋创建过程

在如图 5-31 所示的轨迹筋生成过程中，草绘直线截面的两个端点向两侧延伸至与腔体的两个侧壁相交，再按照筋特征厚度的一半以草绘截面为对称线向两侧偏置，偏置后形成的截面向与草绘平面垂直方向进行拉伸直到与腔体的内壁接触。在轨迹筋生成过程中可以通过单击相应按钮进行圆角、拔模等操作。

5.1.6 拔模特征

选择圆柱面或平面进行拔模操作，可以向单独曲面或一系列曲面中添加一个介于–30°和+30°之间的拔模角度。

1. 拔模特征基本概念

- ❑ 拔模曲面：要拔模的模型的曲面。可以拔模的曲面有平面和圆柱面。
- ❑ 拔模枢轴：曲面围绕其旋转的拔模曲面上的线或曲线（也称作中立曲线）。可通过选取平面（在此情况下拔模曲面围绕它们与此平面的交线旋转）或选取拔模曲面上的单个曲线链来定义拔模枢轴。
- ❑ 拖动方向（拔模方向）：用于测量拔模角度的方向。通常为模具开模的方向。可通过选取平面（在这种情况下拖动方向垂直于此平面）、直边、基准轴或坐标系的轴来定义它。
- ❑ 拔模角度：拔模方向与生成的拔模曲面之间的角度。如果拔模曲面被分割，则可为拔模曲面的每侧定义两个独立的角度。拔模角度范围必须为–30° ～+30° 。

2.【拔模】操控板

在【工程特征】工具栏上单击按钮，打开拔模操控板，如图 5-32 所示。操控板各项含义如下。

图 5-32 【拔模】操控板

- ❑ • 单击此处添加项目：选择拔模枢轴。
- ❑ • 单击此处添加项目：选择拔模方向。
- ❑ 按钮：改变拔模方向。
- ❑ 1.00 文本框：输入拔模角度。
- ❑ ：反转角度以添加或去除材料。
- ❑【参照】上滑面板：用于定义拔模枢轴、拔模曲面和拔模方向。【参照】菜单的内容如图 5-33 所示，其中拔模曲面为需要进行拔模操作的曲面，拔模枢轴为在拔模操作中尺寸不变的截面，拔模方向为度量拔模角度的基准。
- ❑【分割】上滑面板：用于确定是否分割对象及对象的分割方式。在【侧选项】中有独立拔模侧面等几个选项，其中【独立拔模侧面】用于在拔模面分割处指定两个不同的拔模角度；【从属拔模侧面】用于在拔模面分割处指定两个不同的拔模角度；【只拔模第一侧】和【只拔模第二侧】用于指定仅在拔模面分割处的一侧进行拔模。【分割】菜单如图 5-34 所示。

- ❑【角度】上滑面板：进行拔模角度的设置，在此处单击鼠标右键，弹出菜单，其中有【添加角度】、【反向角度】和【成为常数】三个选项。【角度】菜单如图 5-35 所示。
- ❑【选项】上滑面板：【选项】菜单中的【拔模相切曲面】选项用于设定沿着切面分布拔模特征；【延伸相交曲面】选项用来设置当拔模面与一边相交时，系统自动调节拔模体，并与边相交。【选项】上滑面板如图 5-36 所示。

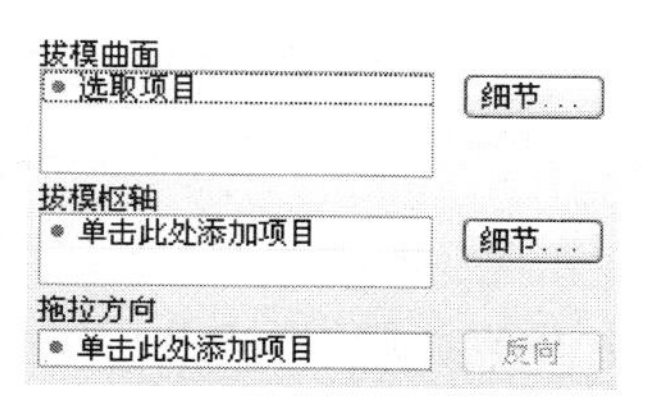

图 5-33　【参照】上滑面板

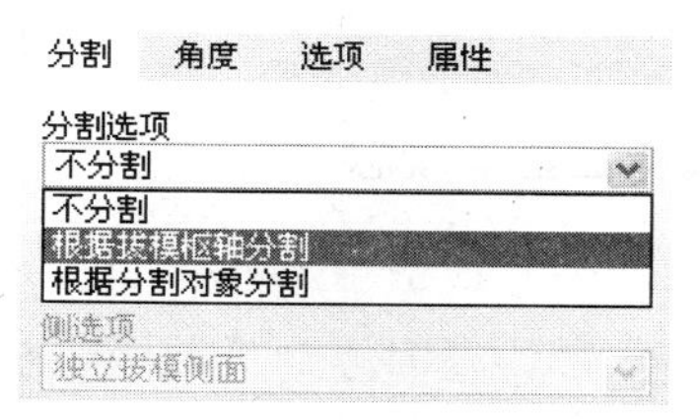

图 5-34　【分割】上滑面板

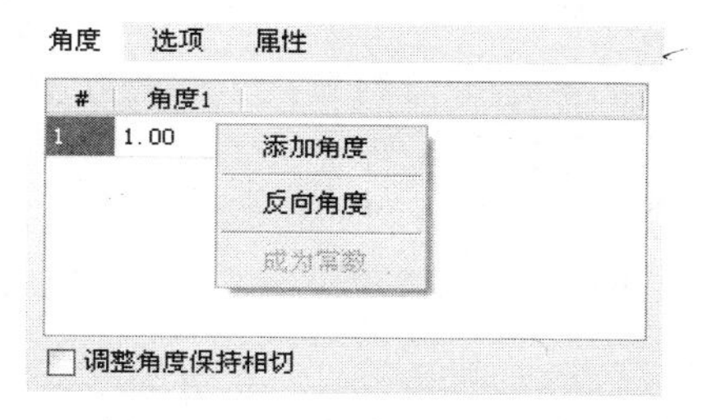

图 5-35　【角度】上滑面板

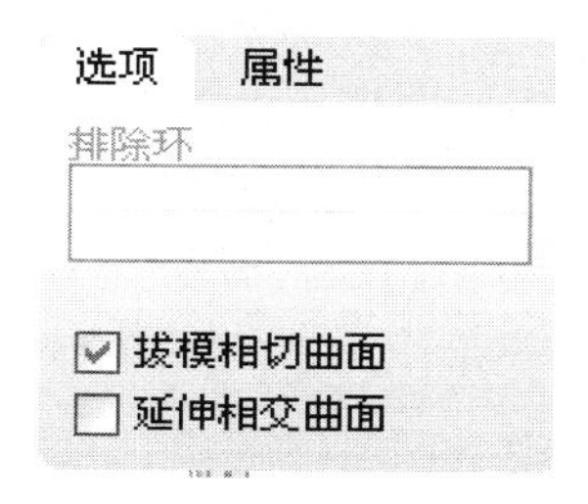

图 5-36　【选项】上滑面板

创建拔模特征过程如下。

（1）创建实体特征。

（2）在【工程】工具栏上单击按钮，打开【拔模】操控板。

（3）打开【参照】上滑面板。选择拔模曲面、拔模枢轴，并定义拖拉方向。

（4）输入拔模角度。

（5）单击按钮完成拔模操作。

（6）拔模操作的结果如图 5-37 所示。

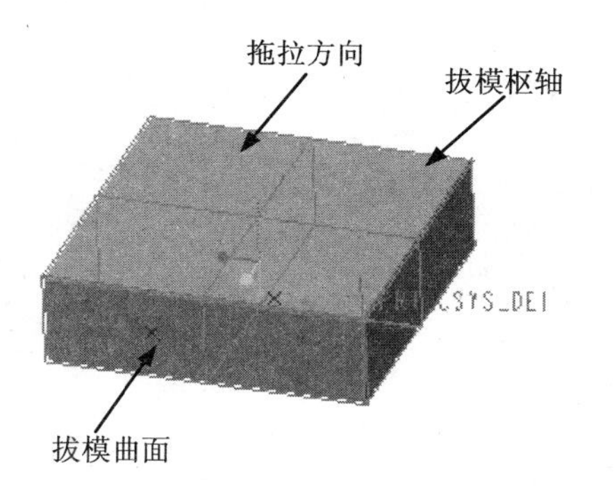

拔模特征

图 5-37　拔模特征

创建拔模特征的相关操作将在实例中进行详细解释。

5.2 折弯特征

环形折弯、骨架折弯属于复杂工程特征，在工程设计中具有一定的应用。本节详细介绍环形折弯特征及骨架折弯特征的创建方法。

5.2.1 环形折弯

“环形折弯”操作将实体、曲面或基准曲线在 0.001°～360°范围内折弯成环形，可以使用此功能根据平整几何创建汽车轮胎、瓶子等形状复杂的形体。

创建环形折弯特征时需对“截面轮廓”、“折弯半径”以及“折弯几何”等进行设置，可选参数包括“法向曲线截面”和“非标准曲线折弯”选项，其含义分别如下。

- ❑ 截面轮廓：定义旋转几何的轮廓截面。
- ❑ 折弯半径：设置坐标系原点到折弯轴之间的距离。
- ❑ 法向参照截面：定义垂直于中性平面的曲面折弯后方向。平整状态下垂直于中性平面的所有曲面在折弯后都会垂直于轮廓曲面。
- ❑ 曲线折弯：设置曲线上的点到具有弯曲轮廓的折弯的轮廓截面平面的距离。

选择【工程】/【环形折弯】命令，打开【环形折弯】操控板，如图 5-38 所示。

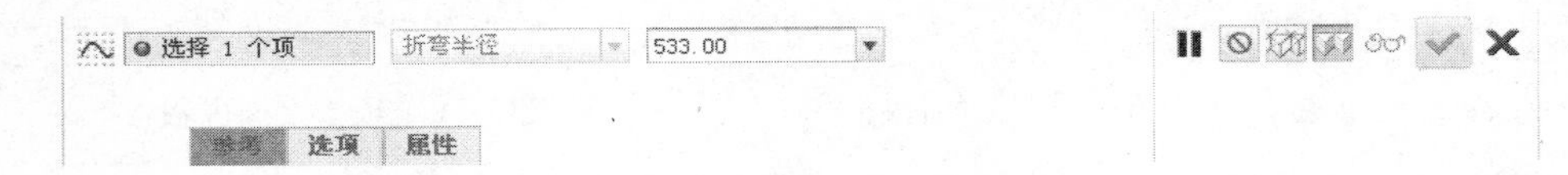

图 5-38 【环形折弯】操控板

【环形折弯】操控板主要由对话栏、上滑面板、控制滑块组成。

对话栏包含以下元素。

- ❑ 截面轮廓收集器：选取用于确定轮廓截面的内部草绘或外部截面。轮廓截面必须包含可旋转几何坐标系才能指示中性平面的位置。对于内部轮廓截面，只有创建了有效的坐标系，才能退出草绘器并继续操作。
- ❑ 折弯半径：有三种方式定义折弯半径，分别是折弯半径、折弯轴、360°折弯。其中【折弯半径】用于设置坐标系原点与折弯轴之间的距离；【折弯轴】用于设置折弯所绕的轴；【360 度折弯】用于设置完全折弯（360°），指定两个用于定义要折弯的几何平面，折弯半径等于两个平面间的距离除以 2π。

上滑面板由【参照】、【选项】和【属性】菜单组成。

【参考】上滑面板包含环形折弯特征中所使用的参照收集器，如图 5-39 所示。

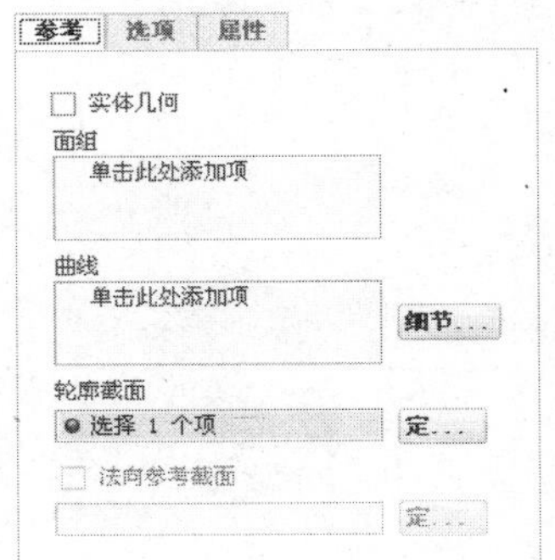

图 5-39 【参照】上滑面板

其中各项内容的含义如下。

- ❑ 实体几何：将环形折弯功能设置为实体折弯几何。当模型包含实体几何时，可使用此复选框。
- ❑ 面组：收集要折弯的面组，这些面组可以是模型内任意数量面组的组合。
- ❑ 曲线：收集所有属于折弯几何特征的曲线。
- ❑ 轮廓截面：选取轮廓截面的内部或外部草绘。
- ❑ 法向参照截面：激活法向参照截面收集器。
- ❑ 法向参照截面收集器：设置一个外部草绘，作为环形折弯法向量方向的参照。应用了法向参照截面后，它会参照轮廓截面，将其放置在尽可能靠近轮廓截面的位置，避开轮廓截面不相切或轮廓截面曲率较高的区域。法向参照截面必须足够长，从而使轮廓截面上的所有点都能在其上进行投影。

【选项】上滑面板选项：包含用于定义曲线折弯的选项，如图 5-40 所示。

选项　属性

曲线折弯

◉ 标准
○ 保留在角度方向的长度
○ 保持平整并收缩
○ 保持平整并展开

图 5-40 【选项】上滑面板

各选项的含义如下。

- ❑ 标准：根据环形折弯的标准算法对链进行折弯。
- ❑ 保留在角度方向的长度：创建另一个环形折弯，则其结果等效于使用【标准】选项创建单个环形折弯。
- ❑ 保持平整并收缩：使曲线链保持平整并位于中性平面内。曲线上的点到轮廓截面平面的距离缩短。
- ❑ 曲线折弯：为曲线收集器中的所有曲线定义折弯选项。
- ❑ 【属性】上滑面板提供环形折弯特征的名称。可以输入新名称或接受缺省名称。

🕮 当且仅当要折弯的曲线位于中性平面上时，才可应用非标准选项。

创建环形折弯步骤如下。

（1）打开或新建模型，在【工程】工具条中选择【环形折弯】命令，打开【环形折弯】操控板。

（2）在【参照】上滑面板中，单击【面组】并选取要折弯的曲面或面组。参照的曲面加亮显示。如果要折弯的对象是实体，则选择【实体几何】。

（3）选择截面轮廓，或在草绘器中创建内部轮廓截面。选择“折弯轴”、“折弯半径”、“360° 折弯”中的一个选项，并进行相应设置。

（4）在【选项】上滑面板中选择曲线折弯选项，以定义折弯曲线选项。

（5）单击操控板中的✓按钮，完成折弯特征的创建。

创建的折弯征如图 5-41 所示。

图 5-41　折弯特征

🕮 需要绘制坐标系，否则不能创建环形折弯特征，因为实体在环形折弯过程中会随此截面折弯轮廓的尺寸发生变化。

5.2.2　骨架折弯

骨架折弯是以具有一定形状的曲线作为参照，将创建的实体或曲面沿着曲线进行弯曲，得到所需要的造型。

选择【工程】/【骨架折弯】命令，打开【选项】菜单，如图 5-42 所示。

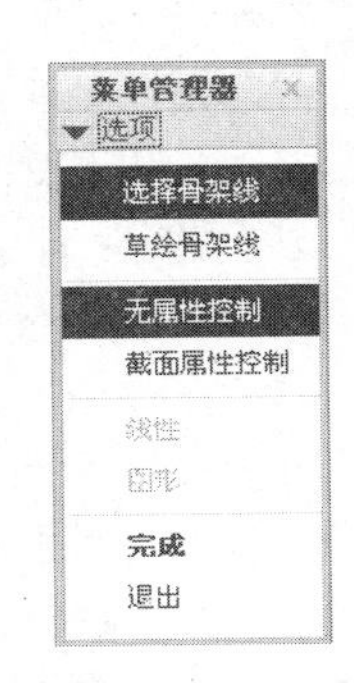

图 5-42 【选项】菜单

【选项】菜单中的内容含义如下。

- ❑ 选取骨架线：选取已有的曲线作为骨架线。
- ❑ 草绘骨架线：草绘曲线作为骨架线。
- ❑ 无属性控制：弯曲效果不受骨架线控制。
- ❑ 截面属性控制：弯曲效果受骨架线控制。
- ❑ 线性：配合截面属性控制选项，骨架线随线性变化。
- ❑ 图形：配合截面属性控制选项，骨架线随图形变化。

📖 骨架线必须与实体相切。

骨架折弯特征创建过程如下。

（1）选择【工程】/【骨架折弯】命令，打开操控板。

（2）打开【选项】上滑面板，设置相应的选项。

（3）在实体上选择一个面作为要折弯的表面。

（4）选择或草绘骨架线，系统在骨架线的起点处创建一个基准面作为折弯的起始面。

（5）根据系统提示创建或选取一个平面作为折弯的终止面，起始面与终止面平行，并且二者距离决定了骨架折弯的弯曲长度。

骨架折弯操作的结果如图 5-43 所示。

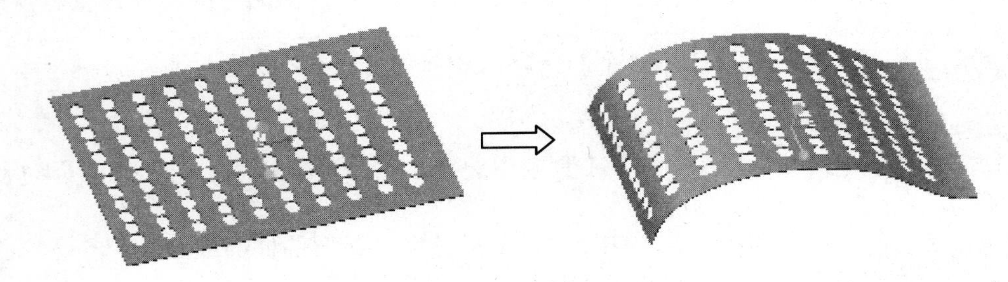

图 5-43 骨架折弯特征

5.3 修饰特征

修饰特征不具有质量特性，也不占有一定的空间，主要用于在已有实体上添加螺纹、凹槽等修饰性特征。

5.3.1 修饰槽

修饰槽是一种投影修饰特征，通过草绘方式绘制图形并将其投影到曲面上。修饰槽特征的创建过程如下。

（1）选择【工程】/【修饰槽】命令，打开【特征参考】菜单，如图 5-44 所示。其中的【添加】、【移除】、【全部移除】、【替换】选项用于选择、移除和替换修饰槽的投影曲面，确定修饰槽特征的放置曲面。

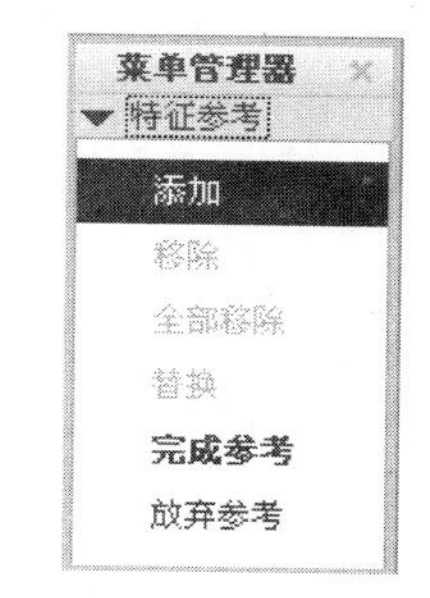

图 5-44 【特征参考】菜单

（2）选择修饰槽的投影曲面。

（3）选择绘制修饰槽形状的绘图平面，并在草绘模式下绘制修饰槽的形状图形。

（4）完成修饰槽绘制，返回零件模式下，同时完成了修饰槽的创建。

（5）创建的修饰槽特征过程如图 5-45 所示。

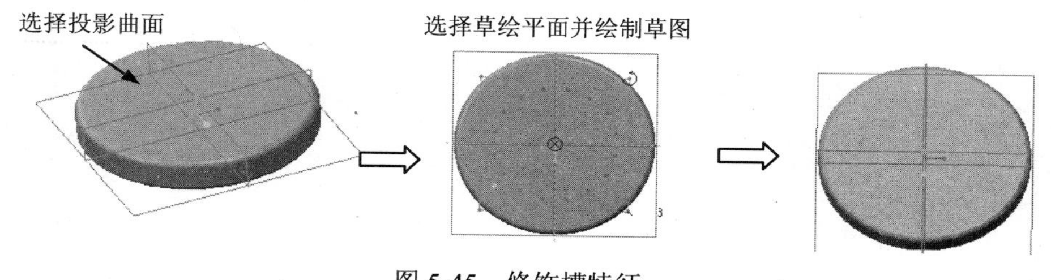

图 5-45　修饰槽特征

📖 修饰槽特征没有深度，并且不能跨越曲面边界。

5.3.2　指定区域

利用指定区域功能可以在一个曲面上通过封闭的曲线指定一部分特殊的区域，将整个曲面分成不同的部分，可以给不同的区域施以不同的颜色，以示区分和强调。

修饰槽特征的创建过程如下。

（1）在要创建指定区域特征的曲面上通过草绘等方法创建封闭的曲线。

（2）选择【工程】/【指定区域】命令。

（3）选择所创建的封闭曲线，完成指定区域特征的创建。

创建的制定区域特征如图 5-46 所示。

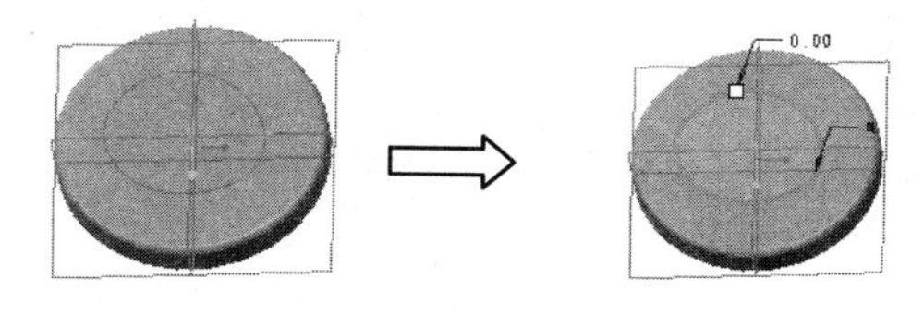

图 5-46　指定区域特征

📖 可以通过【指定区域】操控板控制曲线的选择。

5.3.3　修饰螺纹

添加的螺纹修饰能够在工程图中显示和打印，避免了使用螺旋扫描方法创建的螺纹特征在生成工程图时显示螺纹牙形，不符合制图标准的问题。

创建修饰螺纹特征的过程如下。

（1）选择【工程】/【螺纹】命令，打开【修饰螺纹】特征操控板，如图 5-47 所示。

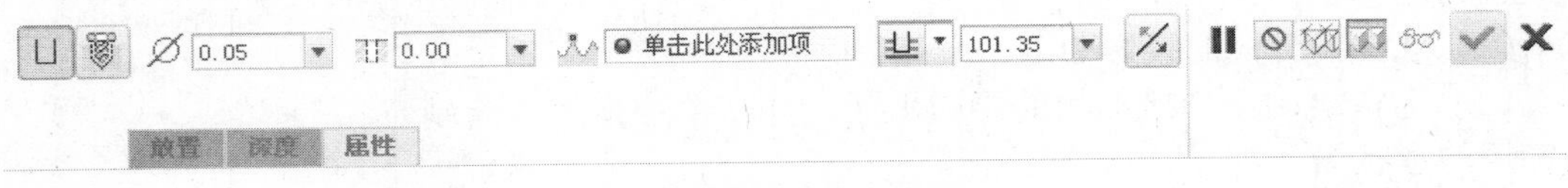

图 5-47 【修饰螺纹】操控板

（2）打开【放置】上滑面板，在绘图区选择需要添加螺纹的曲面，如图 5-48 所示。

（3）打开【深度】上滑面板，设置螺纹深度，如图 5-49 所示。

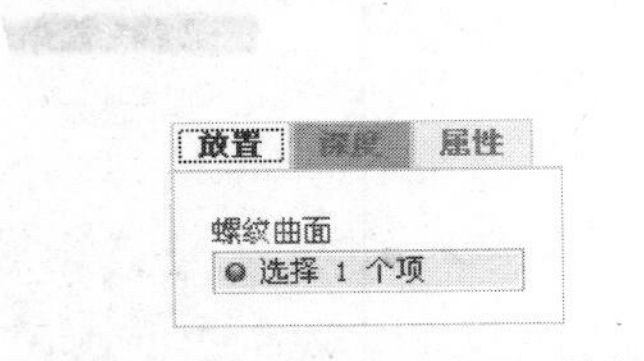

图 5-48 【放置】上滑面板

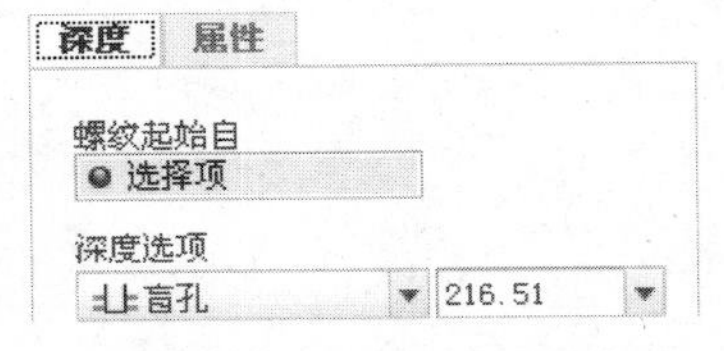

图 5-49 【深度】上滑面板

（4）完成修饰螺纹的创建，如图 5-50 所示。

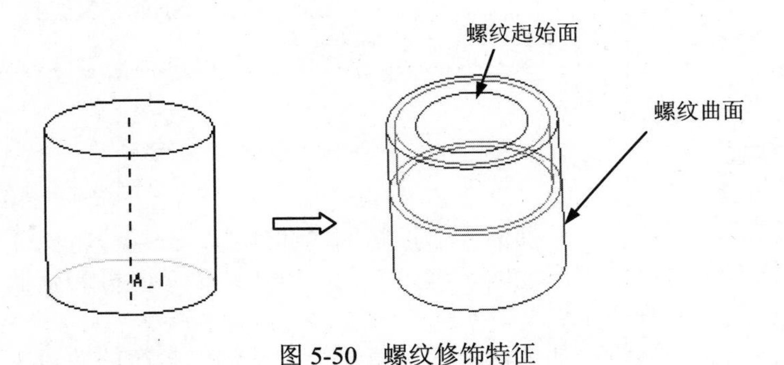

图 5-50 螺纹修饰特征

对于内螺纹，默认直径值比孔的直径值大 10%；对于外螺纹，默认直径值比轴的直径值小 10%。

5.3.4 ECAD 区域

ECAD 是沟通结构设计与电子设计之间的桥梁。机械设计人员和电子工程师采用 ECAD 完成印刷电路板的结构设计和布局设计，可以缩短产品设计时间。

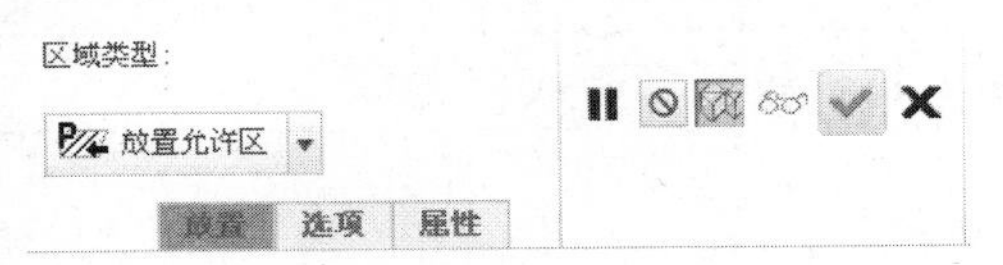

图 5-51 【ECAD 区域】操控板

ECAD 区域特征的创建步骤如下。

（1）打开零件模型。

（2）选择【工程】/【ECAD 区域】命令，打开【ECAD 区域】操控板，如图 5-51 所示，设置【区域类型】。

（3）打开【放置】上滑面板，单击 定义... 按钮，进入草绘模式，绘制封闭曲线，返回模型模式，如图 5-52 所示。

（4）打开【选项】上滑面板指定深度值，如图 5-53 所示。

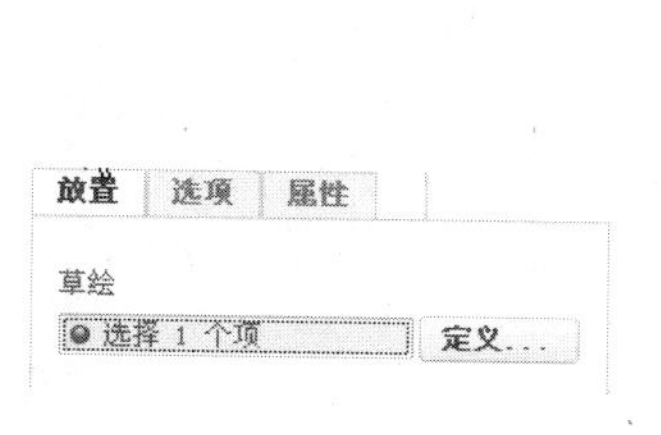

图 5-52　【放置】上滑面板

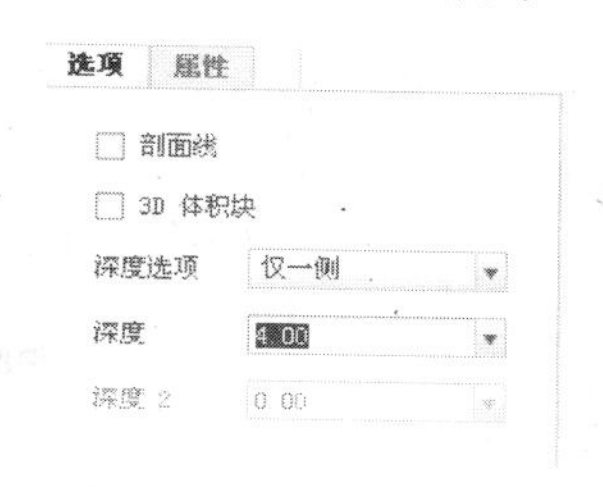

图 5-53　【选项】上滑面板

图 5-54　ECAD 区域特征

（5）完成 ECAD 区域特征的创建，结果如图 5-54 所示。

5.3.5　修饰草绘

修饰草绘特征被绘制在零件的表面上，可以为特征表面的不同区域设置不同的线型和颜色属性。

草绘修饰特征的创建过程如下。

（1）选择【工程】/【修饰草绘】命令，打开【修饰草绘】对话框，如图 5-55 所示。

（2）选择草绘平面，绘制草图。

（3）完成草绘特征的创建，返回模型模式。

创建的草绘修饰特征如图 5-56 所示。

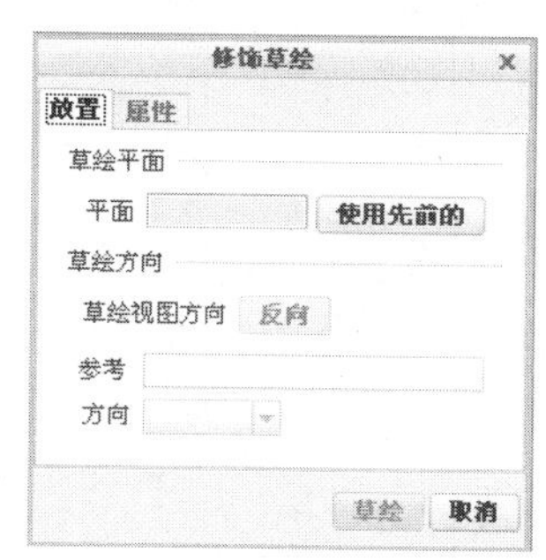

图 5-55　【修饰草绘】对话框

图 5-56　草绘修饰特征

5.4　构 造 特 征

构造特征包括轴、法兰、耳等，需要依附于已有实体特征进行创建，这些特征的创建结果可以使用拉伸、旋转等特征创建方法得到，但构造特征能够简化模型的创建过程。本节将详细介绍各种构造特征的创建方法。

5.4.1 添加构造特征按钮

在默认的 Creo Parametric 界面中构造特征没有相应的功能菜单及工具条，创建这些特征前需要将相应的工具按钮添加到界面中。

具体操作步骤如下。

（1）选择【文件】/【选项】命令，打开【Creo Parametric 选项】对话框。

（2）在列表中选择【自定义功能区】选项，打开如图 5-57 所示的【Creo Parametric 选项】对话框。

图 5-57 【Creo Parametric 选项】对话框

（3）单击其中的【新建选项卡】按钮，列表中出现【新建选项卡】选项，右击此选项，在弹出的菜单中选择【重命名】选项，输入选项卡名称“高级”，如图 5-58 所示。单击【确定】按钮，完成选项卡的重命名。右击如图 5-58 所示的【新建组】选项，在弹出的菜单中选择【重命名】选项，输入选项卡名称“构造”，单击【确定】按钮，完成新建组的重命名。

（4）保持新命名的【构造】选项被选中，在如图 5-57 所示的命令区中选中欲添加到【构造】选项卡中的命令，单击图 5-57 中的【添加】按钮。

（5）依次添加“轴”、“法兰”、“耳”等命令。

（6）单击如图 5-57 所示的【确定】按钮，回到建模环境，此时已经添加了【高级】选项卡及【构造】组，如图 5-59 所示。

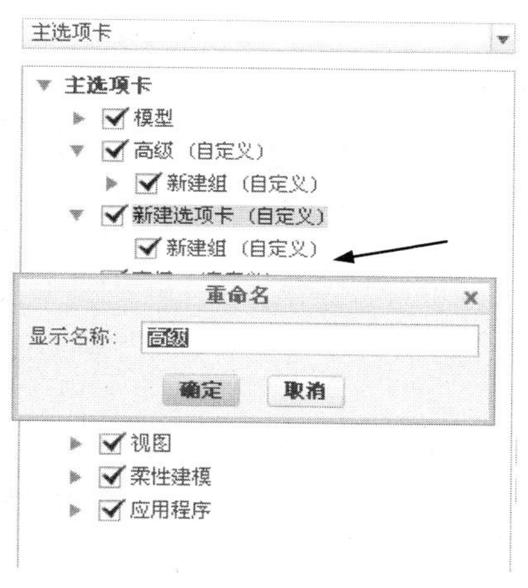

图 5-58　重命名【新建选项卡】

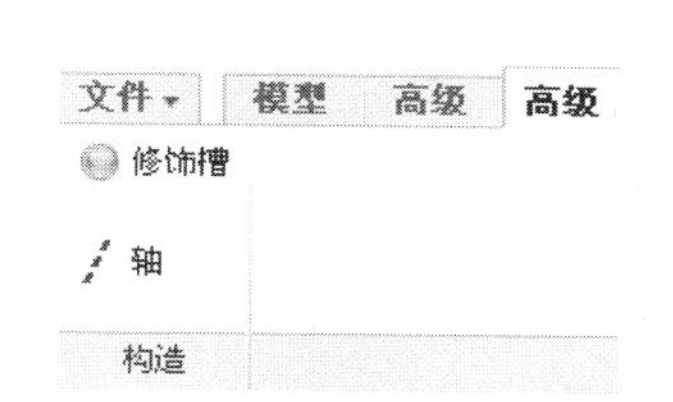

图 5-59　添加选项卡操作结果

5.4.2　轴

轴特征可以在已有实体上创建回转实体，从而大大简化特征的创建过程。选择【高级】菜单，在其中选择【轴】命令，进行轴特征的创建。

轴特征的创建过程如图 5-60 所示。

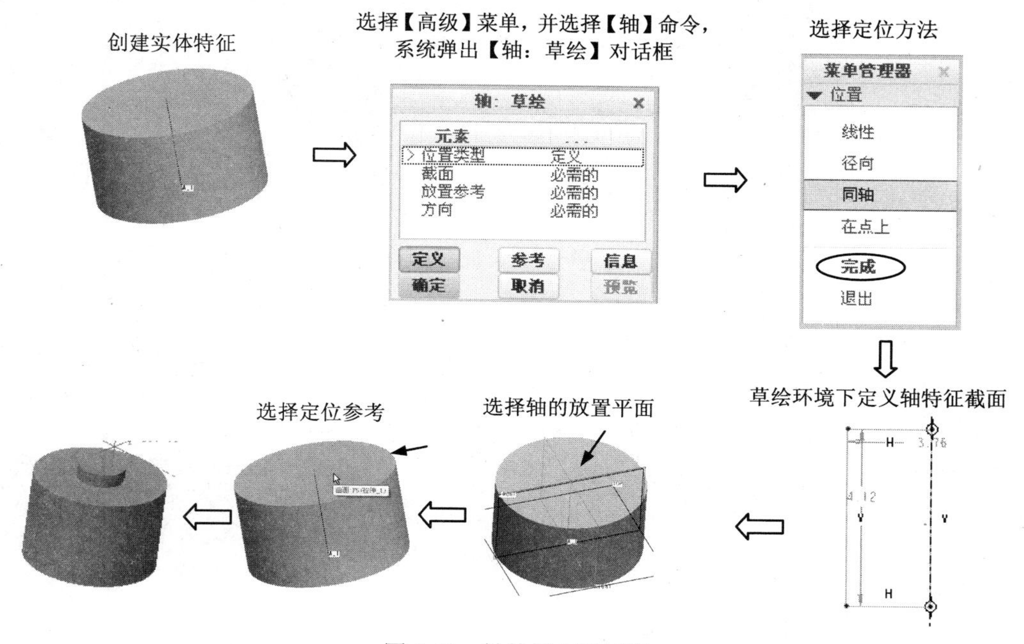

图 5-60　轴特征创建过程

📖 轴的定位方式与孔的定位方式及需要选择的参照类似。轴的草绘截面必须有中心线，并且中心线必须竖直。

5.4.3 法兰

法兰特征在旋转实体上添加材料，选择【高级】菜单，并在其中选择【法兰】命令，进行法兰特征的创建。

法兰特征的创建过程如图 5-61 所示。

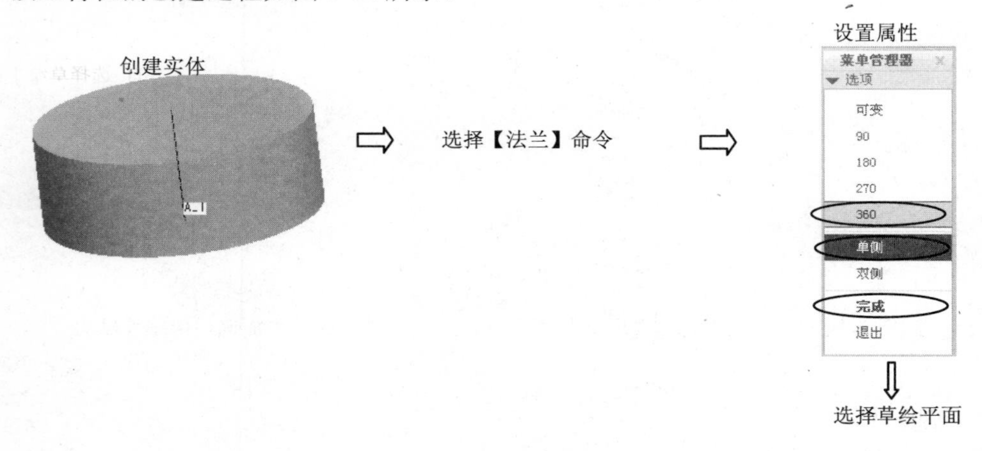

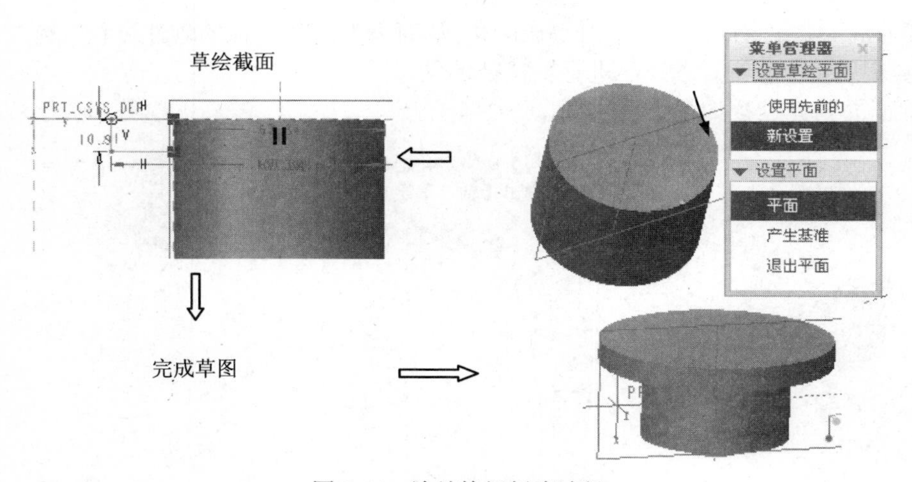

图 5-61　法兰特征创建过程

📖 草绘平面必须通过法兰的旋转轴。草绘截面必须有中心线，中心线必须与实体中心线对齐。截面必须是开放的，开口朝着实体内部。开口截面的端点位于旋转实体的轮廓线上。

5.4.4 环形槽

选择【高级】菜单，并选择【环形槽】命令，进行环形槽特征的创建。环形槽特征的创建过程如图 5-62 所示。

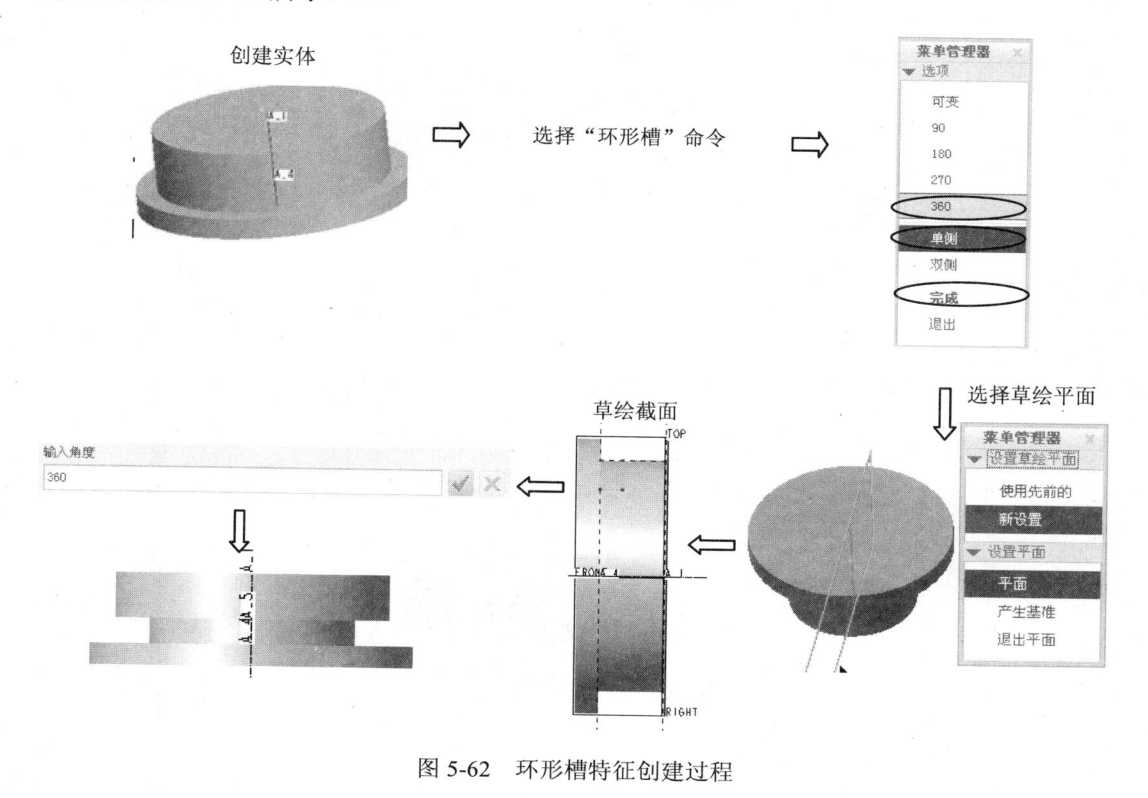

图 5-62　环形槽特征创建过程

> 草绘截面通过实体轴线。草绘截面必须有中心线，中心线必须与实体中心线对齐。截面必须是开放的，开口朝着实体外部。开口截面的端点位于旋转实体的轮廓线上。

5.4.5　耳

选择【高级】菜单，并选择【耳】命令，进行耳特征的创建。耳特征的创建过程如图 5-63 所示。

> 耳特征的草绘面必须与耳特征底部放置面相互正交。耳特征截面开放端对齐在放置面上。角度以放置面为基准，朝向绘图面的方向为正方向。与放置面相接触的线段，即开口段，必须与放置面垂直，长度必须能够满足足够弯曲的要求。

5.4.6　管道

管道特征用于三维管道模型创建，主要依赖于三维管道中心线，中心线由依次选定的基准点定义。除了基准点外，还需定义管道直径，如果是中空的必须给定厚度。

选择【高级】菜单，并选择【管道】命令，可以进行管道特征的创建，其创建过程如图 5-64 所示。

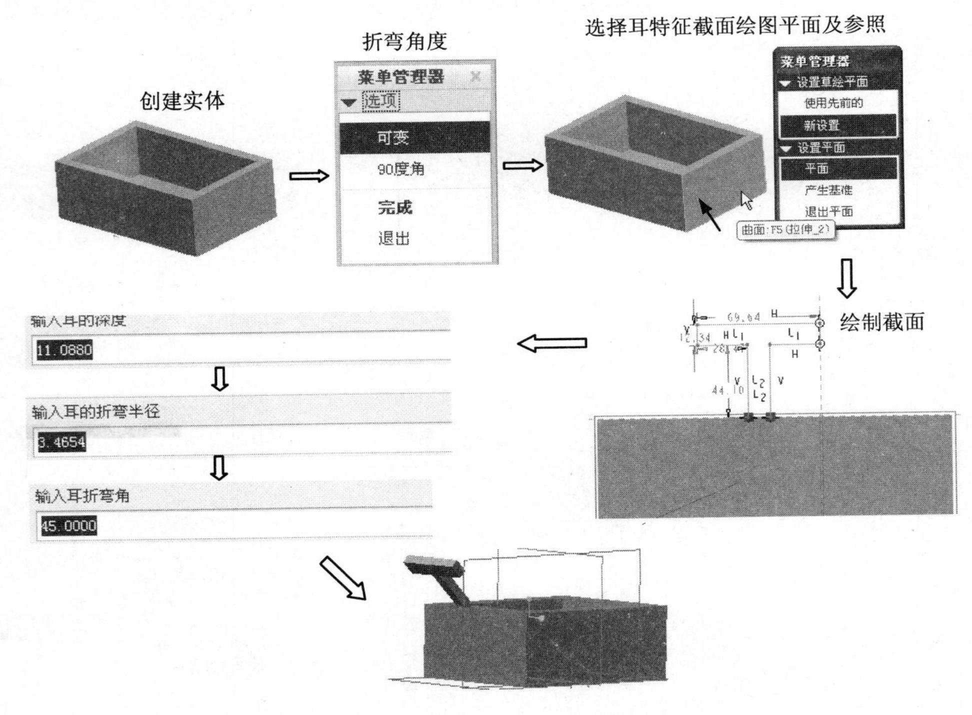

图 5-63　耳特征创建过程

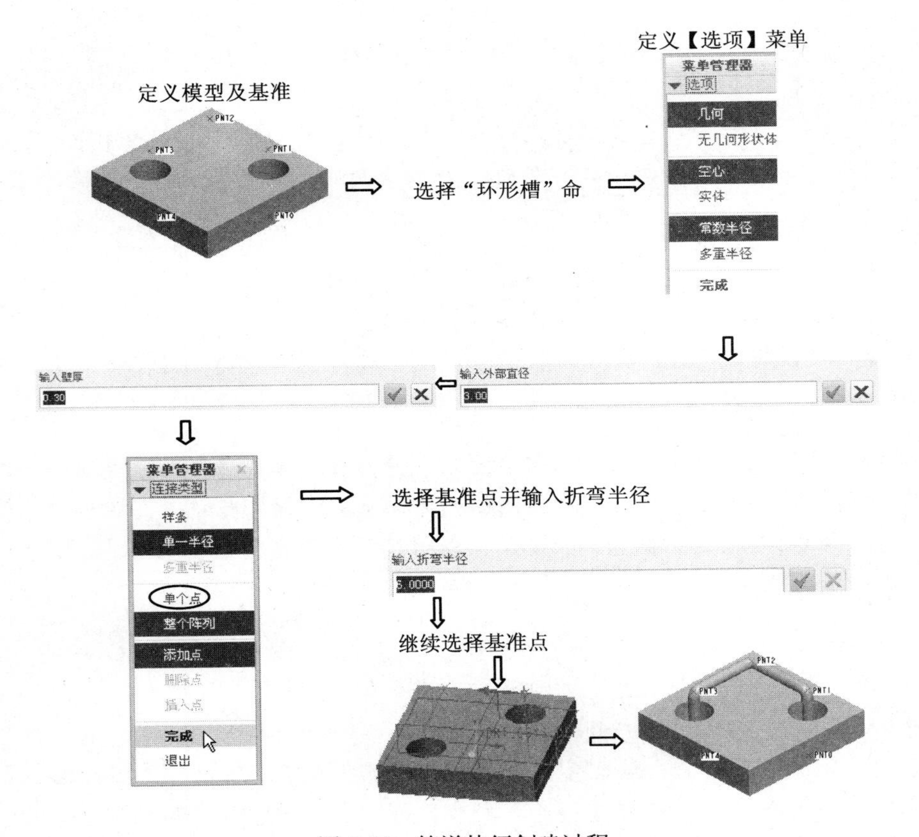

图 5-64　管道特征创建过程

5.4.7　槽特征

槽特征在实体上通过拉伸、旋转等方式可以创建槽特征，从实体上去除材料，是一种应用比较灵活的特征创建方法。下面以拉伸方式创建槽特征为例说明槽特征的创建过程，如图 5-65 所示。

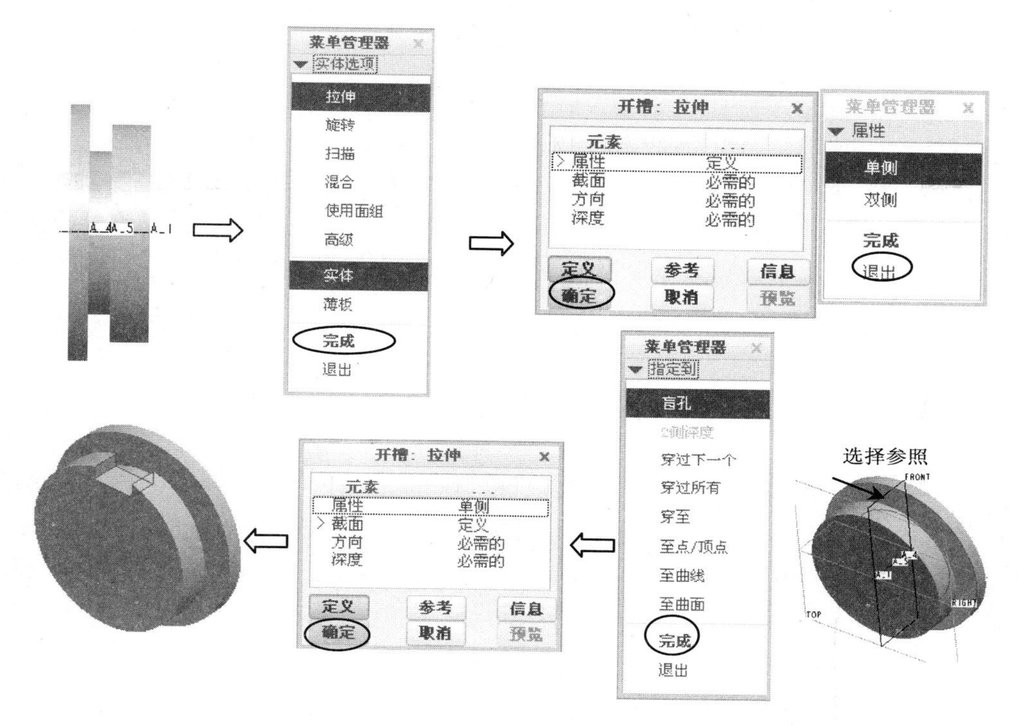

图 5-65　槽特征创建过程

5.5　综 合 实 例

以下内容包括四个实例，综合应用了各种建模方法，通过这些实例的学习读者能够进一步掌握本章介绍的各种特征创建方法及模型的创建思路。

5.5.1　创建拔模特征

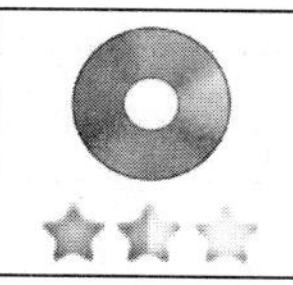	结果文件：光盘/example/finish/Ch05/5_1_1.prt
	视频文件：光盘/视频/Ch05/5_1.avi

创建的零件模型如图 5-66 所示。

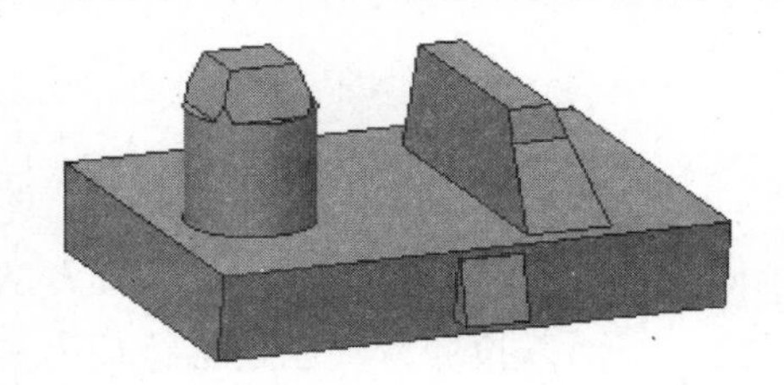

图 5-66　拔模特征

设计分析

- ❑ 拔模特征需要确定拔模曲面、拔模枢轴和拔模方向。可以通过【分割】、【选项】菜单对拔模特征进行进一步的限制。
- ❑ 设计中使用了实体表面、基准平面作为拔模枢轴，并通过对拔模角度的控制实现对同一个拔模曲面设置多个拔模角度，创建复杂的拔模特征。

设计过程

（1）打开光盘下“ example/start/Ch05/5_1.prt”文件，如图 5-67 所示。

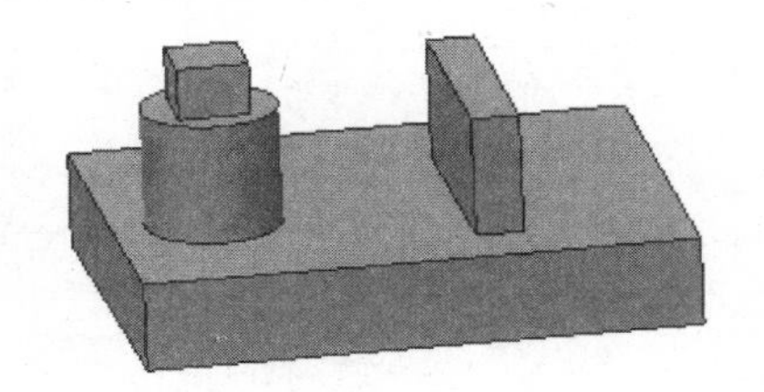

图 5-67　零件模型

（2）单击【工程】工具条中的拔模按钮 拔模，打开【拔模】操控板。

（3）拔模基本操作与拔模角度控制。打开【参考】上滑面板，按照图 5-68 所示选择拔模曲面（按住 Ctrl 键可选择多个面）、拔模枢轴，采用默认拔模方向。

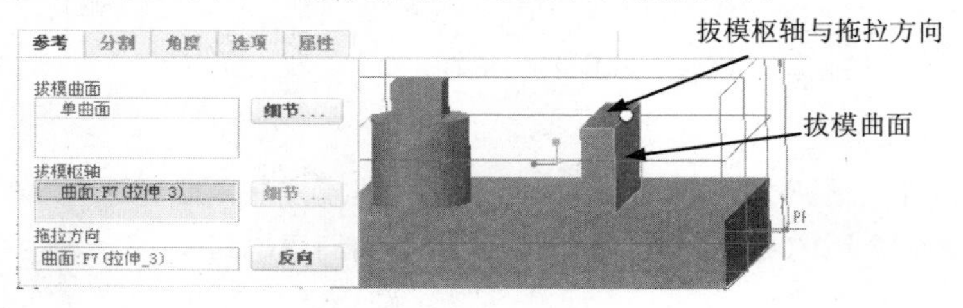

图 5-68　【参考】上滑面板设置

> 📖 单击【拔模曲面】、【拔模枢轴】后的【细节】按钮，打开【细节】对话框，可以进行拔模曲面和拔模枢轴的移除和添加操作。

（4）打开【角度】菜单，在如图 5-69 所示区域右击，选择【添加角度】选项，确定添加角度的位置，并输入角度值，如图 5-70 所示。

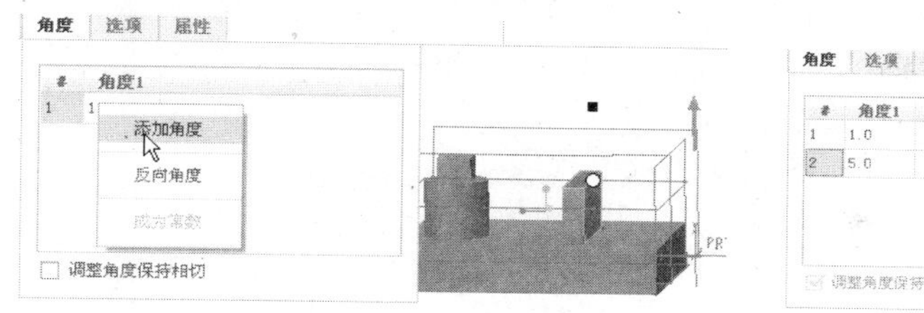

图 5-69　设置拔模角度

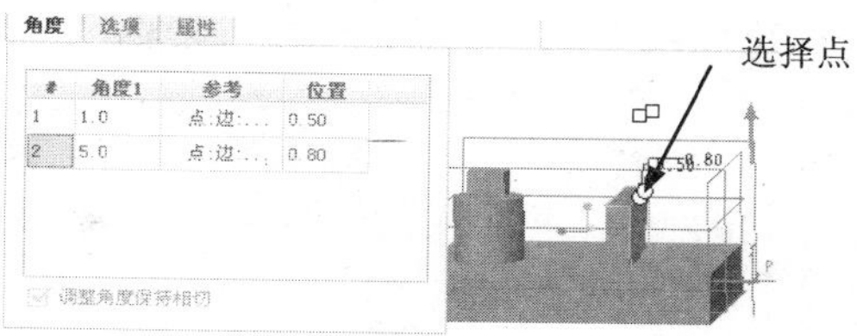

图 5-70　变换拔模角度

（5）完成拔模操作。

（6）打开【拔模】操控板，按图 5-71 所示选择拔模曲面、拔模枢轴，采用默认拔模方向。

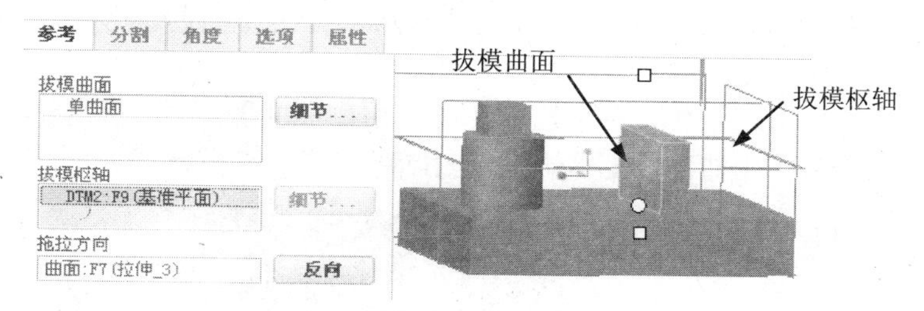

图 5-71　【参考】上滑面板设置

（7）输入第 1 方向拔模角度 10，第 2 方向拔模角度 10，打开【分割】上滑面板，在【分割选项】下拉列表框中选择【根据拔模枢轴分割】。在【侧选项】中选择【独立拔模侧面】。

（8）完成拔模操作，结果如图 5-72 所示。读者可以尝试改变拔模角度方向及选择【侧选项】中不同选项进行操作，比较拔模效果。

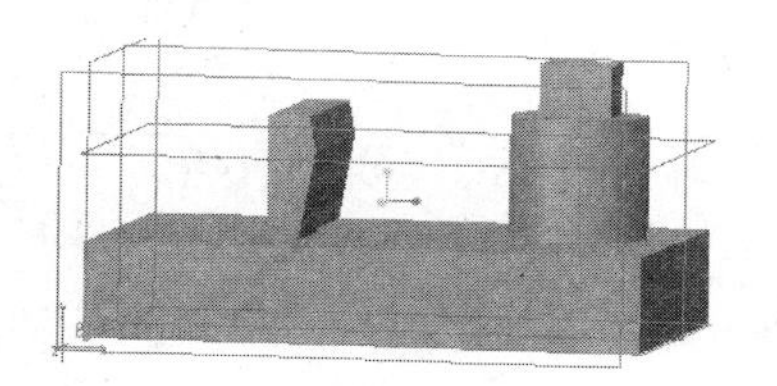

图 5-72　拔模操作结果

（9）打开【拔模】操控板，按图 5-73 所示选择拔模曲面、拔模枢轴，采用默认拔模方向。

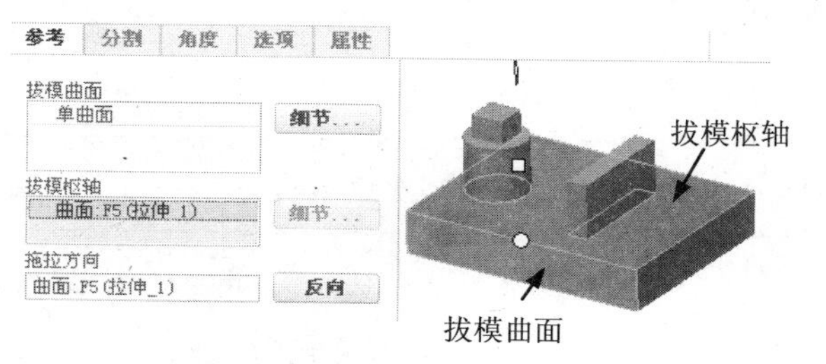

图 5-73　【参考】上滑面板设置

（10）输入第 1 方向拔模角度 10、第 2 方向拔模角度–10，打开【分割】上滑面板，在【分割选项】下拉列表框中选择【根据分割对象分割】。

（11）单击对话框中 定义... 按钮，进入草绘模式。按照图 5-74 所示选择草绘平面，并绘制草图，如图 5-75 所示。

（12）完成草图，返回建模环境。

（13）输入第 1 方向拔模角度–10，第 2 方向拔模角度 10。

（14）完成拔模操作，结果如图 5-76 所示。

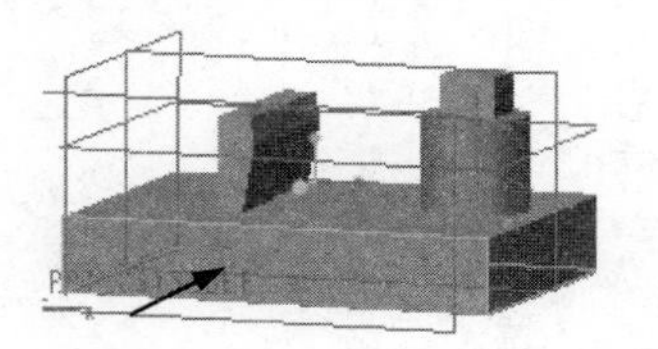

图 5-74 草绘平面

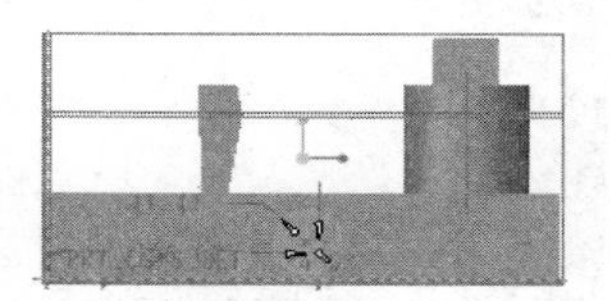

图 5-75 草图绘制

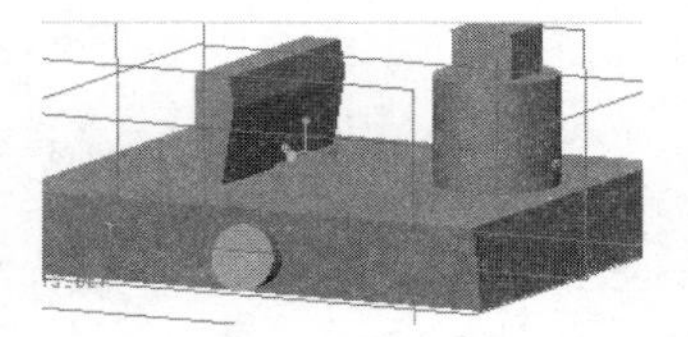

图 5-76 拔模操作结果

（15）打开【拔模】操控板，按图 5-77 所示选择拔模曲面、拔模枢轴，采用默认拔模方向，输入拔模角度 20。

（16）打开【选项】上滑面板，勾选【拔模相切曲面】选项，拔模效果如图 5-78 所示。

（17）勾选【拔模相切曲面】及【延伸相交曲面】，拔模效果如图 5-79 所示。

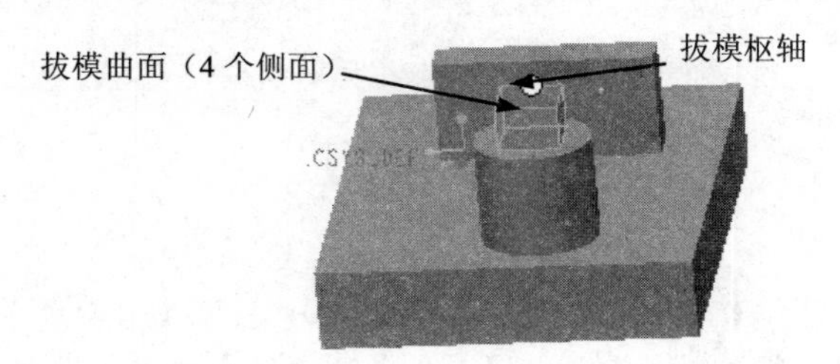

图 5-77 【参考】上滑面板设置

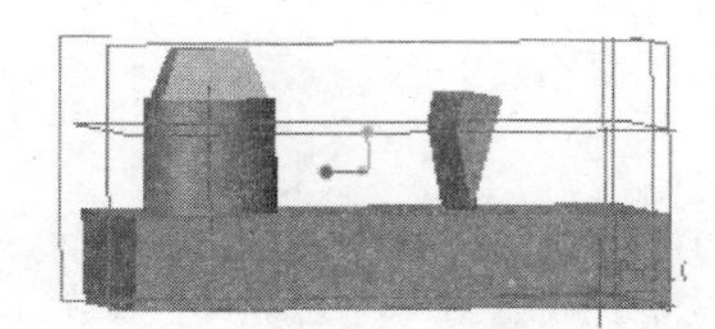

图 5-78 拔模结果

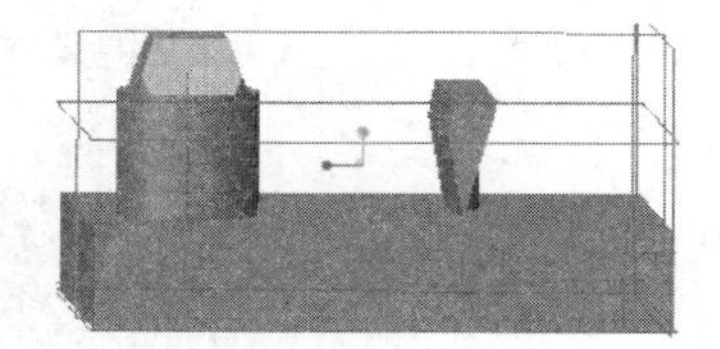

图 5-79 拔模结果

5.5.2 环形折弯应用实例

	结果文件：光盘/example/finish/Ch05/5_2_1.prt
	视频文件：光盘/视频/Ch05/5_2.avi

本小节主要介绍环形折弯特征的创建方法，创建的模型如图 5-80 所示。

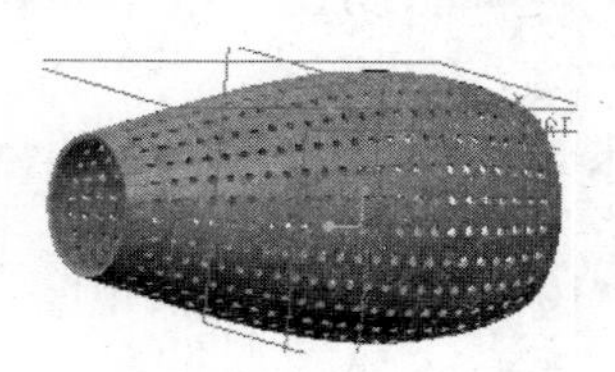

图 5-80 环形折弯模型

设计分析

- ❑ 环形折弯特征创建过程比较复杂，包括复制曲面、绘制轮廓截面、定义折弯半径等操作。
- ❑ 在绘制轮廓截面时必须草绘坐标系，否则不能构建折弯特征。

设计过程

（1）打开光盘下“example/start/Ch05/5_2.prt”文件，如图 5-81 所示。

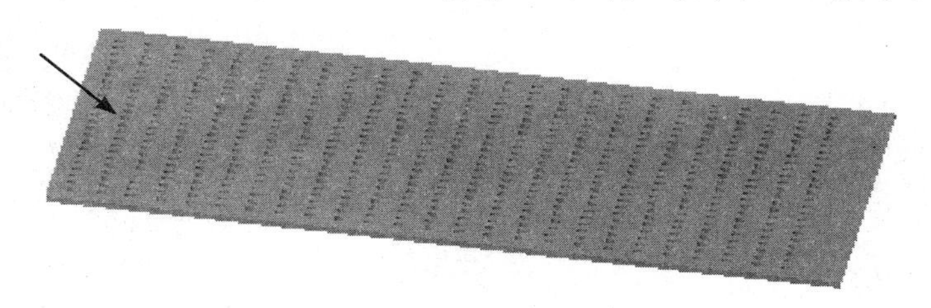

图 5-81　零件模型

（2）创建曲面。选择上图中箭头所指表面，进行复制和粘贴操作，创建一个曲面。

（3）选择【工程】/【环形折弯】命令，打开【环形折弯】操控板。在【环形折弯】操控板中打开【参考】上滑面板，勾选其中的【几何实体】选项，选择上步中创建的曲面作为面组参照，【参考】上滑面板设置如图 5-82 所示。单击定...按钮，进入草绘模式。

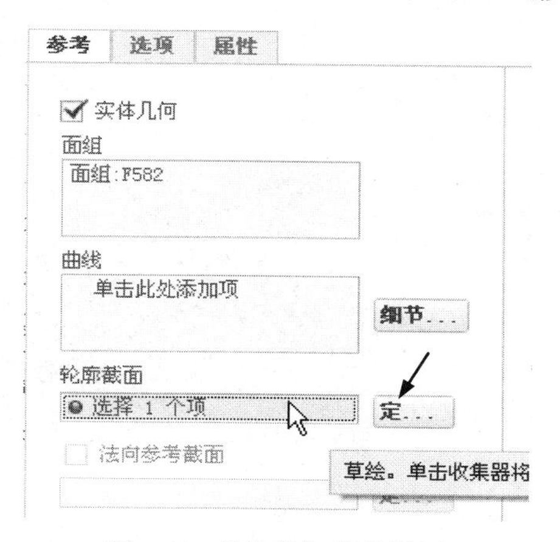

图 5-82　【参考】菜单设置

（4）选择草绘平面。选择零件侧断面为草绘平面，如图 5-83 所示。

图 5-83　草绘平面

（5）绘制如图 5-84 所示的轮廓曲线，单击按钮，创建坐标系。

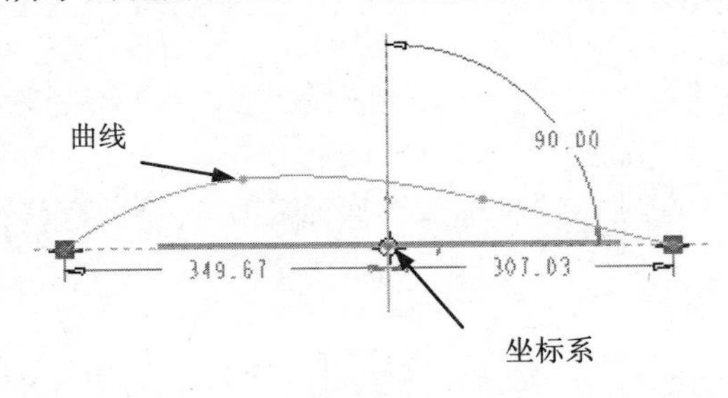

图 5-84　截面轮廓绘制

在绘制轮廓截面时必须草绘坐标系，否则不能构建折弯特征，坐标系一般位于几何图元上，否则草绘轮廓应该具有切向图元。

（6）设置折弯角度为 360º，选择如图 5-85 所示的两个面定义折弯长度。

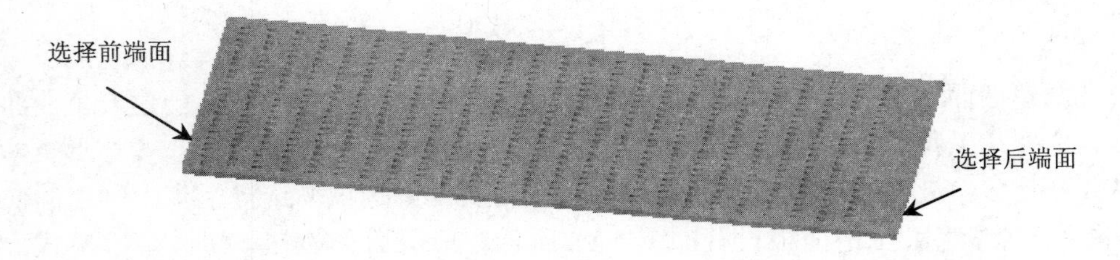

图 5-85　定义折弯长度

（7）单击按钮，完成绘制，结果如图 5-86 所示。

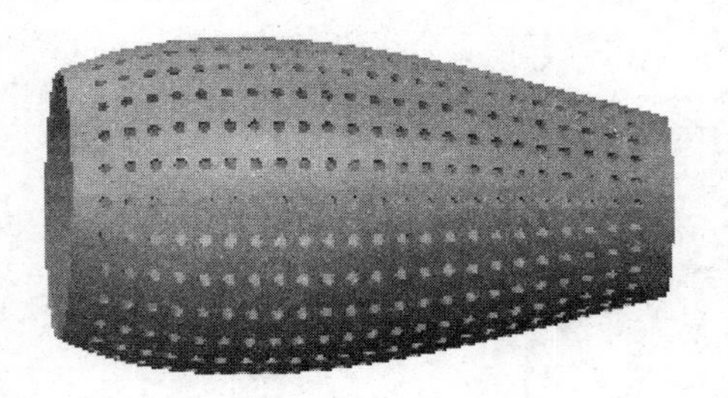

图 5-86　创建结果

读者可以尝试设置折弯半径控制方法并对比在【选项】菜单中对环形折弯的不同控制方法的效果。

5.5.3　骨架折弯设计实例

	结果文件：光盘/example/finish/Ch05/5_3_1.prt
	视频文件：光盘/视频/Ch05/5_3.avi

在以下内容中着重介绍骨架折弯的操作方法，在完成的实例中也包括了拔模及修饰槽修饰等特征的创建。

创建的零件模型如图 5-87 所示。

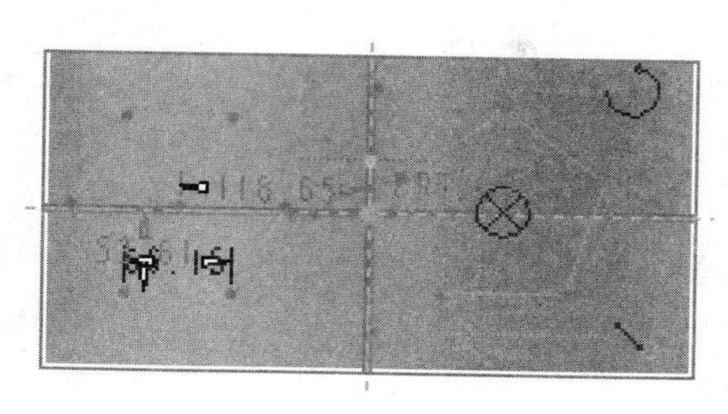

图 5-87　零件模型

设计分析

- ❑ 模型由拉伸特征、骨架折弯特征、拔模特征及修饰特征组成。
- ❑ 首先创建拉伸特征和拔模特征，然后创建骨架折弯特征，在此基础上创建修饰特征。

设计过程

（1）创建拉伸特征。选择 TOP 面作为草绘平面。按照如图 5-88 所示绘制草图，结果如图 5-89 所示。

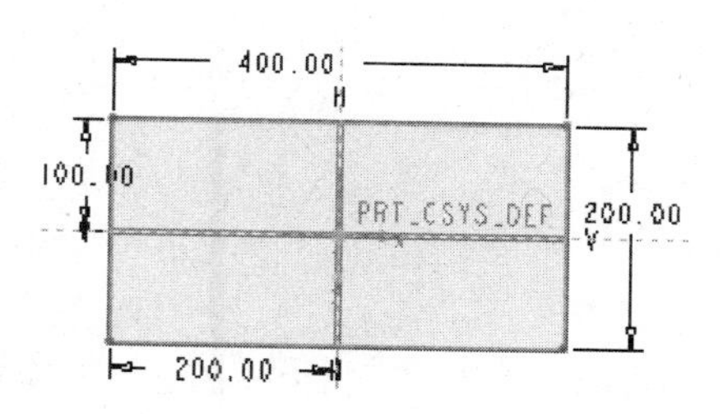

图 5-88　拉伸特征尺寸

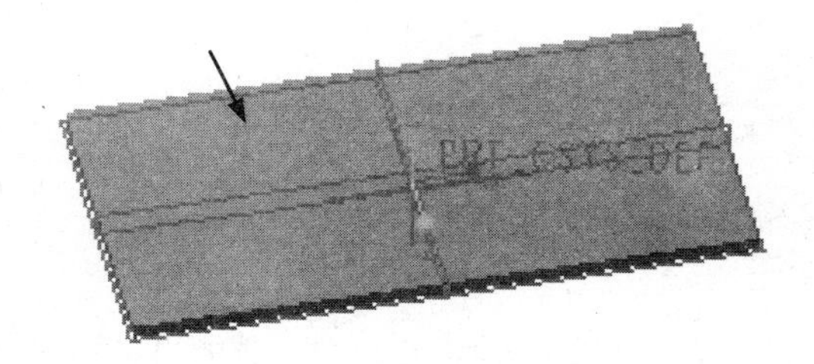

图 5-89　拉伸特征创建结果

（2）创建拉伸特征。选择如图 5-89 所示面为草绘平面，绘制草图如图 5-90 所示，拉伸高度为 2，结果如图 5-91 所示。

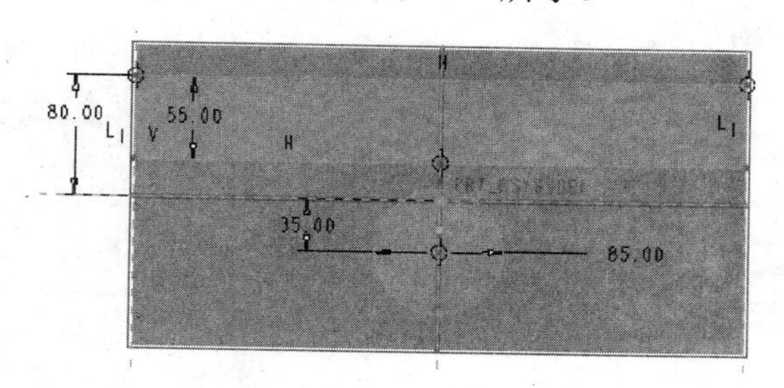

图 5-90　绘制草图

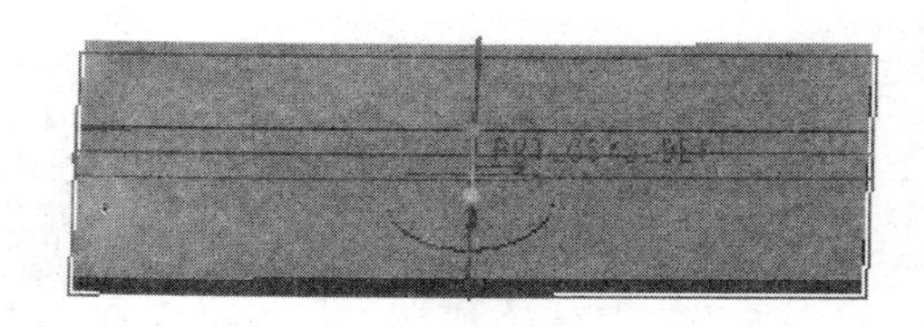

图 5-91　拉伸特征

📖 在绘制骨架线时使用“相切”约束骨架线与实体表面相切。

（3）绘制骨架折弯特征。选择【工程】/【骨架折弯】命令，按照系统提示进行骨架折弯特征的创建，操作过程如图 5-92 所示。

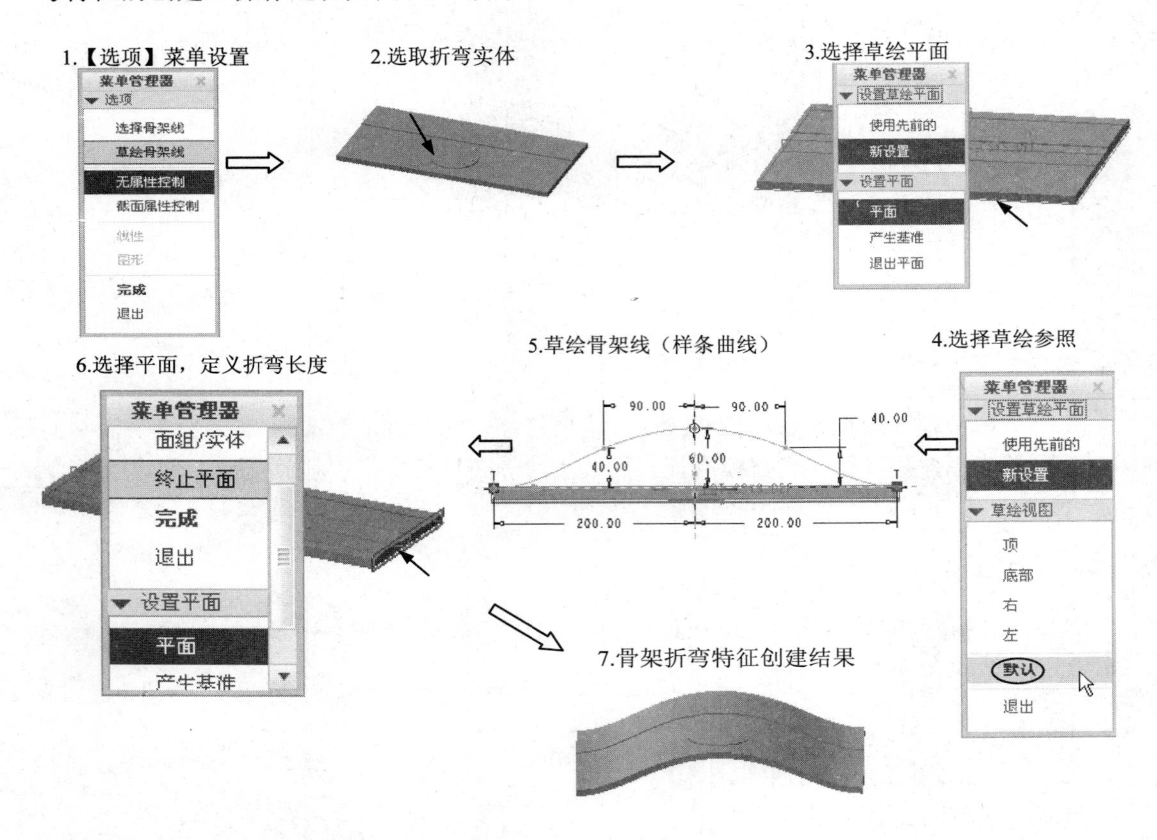

图 5-92　创建骨架折弯特征

（4）创建基准面 DTM1。选择 TOP 面作为参照，在【基准平面】对话框中输入平移距离–25，结果如图 5-93 所示。

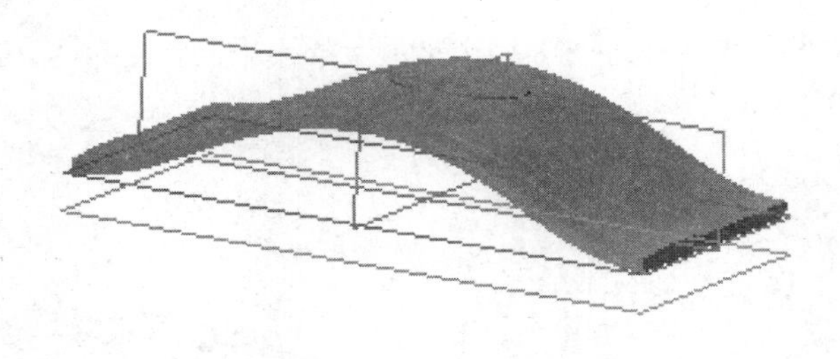

图 5-93　创建基准面

（5）创建修饰槽特征。选择【工程】/【修饰槽】命令，开始创建修饰槽特征，操作过程如图 5-94 所示，定义模型创建。

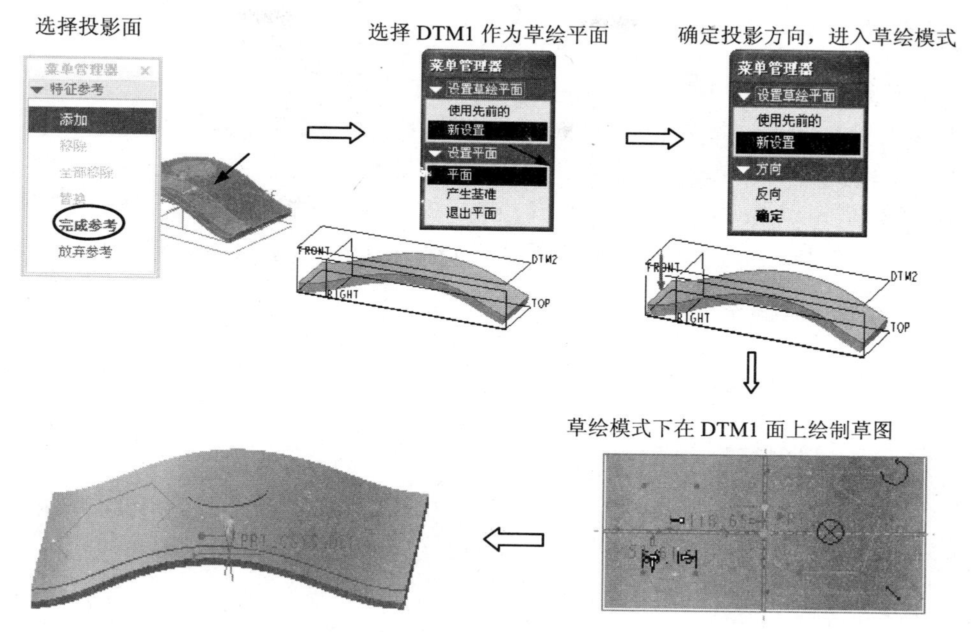

图 5-94　创建修饰槽特征

读者可以尝试对模型进行倒圆角操作，以改善模型外观。

5.5.4　连接板设计

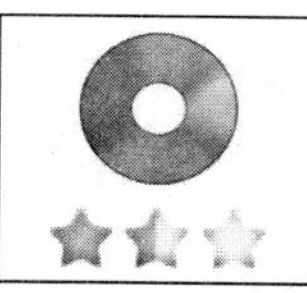	结果文件：光盘/example/finish/Ch05/5_4_1.prt
	视频文件：光盘/视频/Ch05/5_4.avi

在以下内容中，将完成连接板的设计过程，创建的连接板模型如图 5-95 所示。

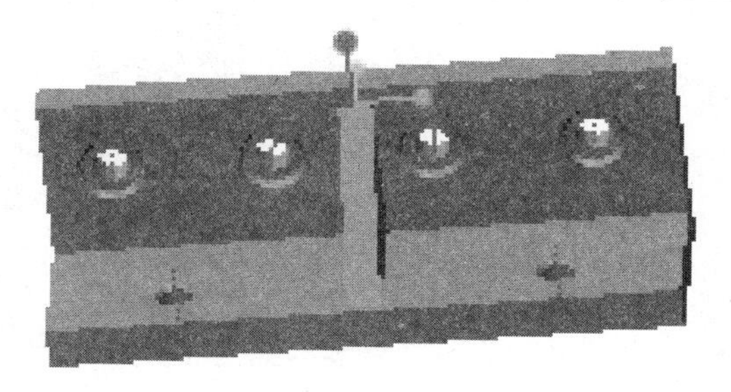

图 5-95　连接板模型

设计分析

- ❑ 模型由拉伸特征、孔特征及筋特征组成。
- ❑ 首先创建主体拉伸特征，再创建筋及孔特征。
- ❑ 最后对所创建孔进行镜像及阵列操作。

设计过程

（1）新建零件文件。单击工具栏中的【新建】按钮，建立一新零件。在【新建】对话框的【类型】分组框中选择【零件】选项，在【子类型】分组框中默认选中【实体】选项，在【名称】文本框中输入文件名“lianjieban”，并去掉【使用缺省模板】前的【√】。单击【确定】按钮，如图 5-96 所示。在弹出的【新文件选项】对话框中选取模板为【mmns_part_solid】，其各项操作如图 5-97 所示，单击【确定】按钮后，进入系统的零件模块。

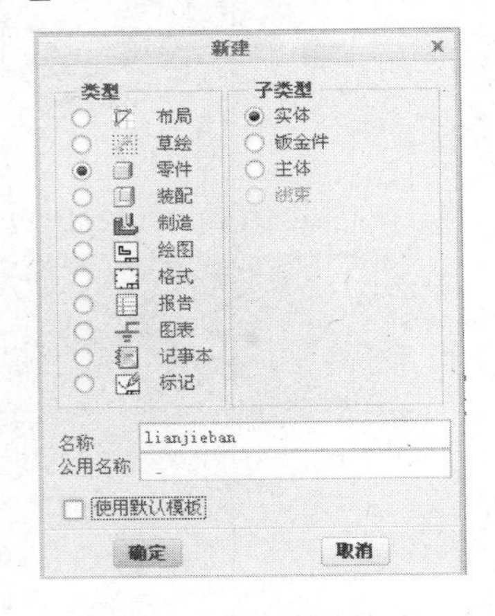

图 5-96 【新建】对话框

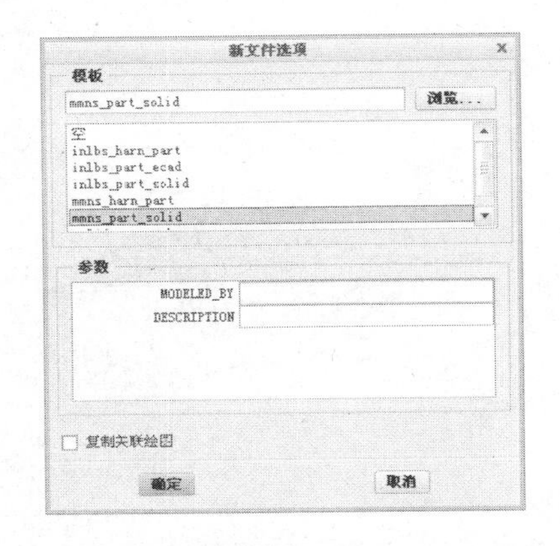

图 5-97 【新文件选项】对话框

（2）创建拉伸特征。选择 TOP 面作为草绘平面，绘制如图 5-98 所示草图。采用对称拉伸方式，长度设置为 150，如图 5-99 所示为所创建的拉伸特征。

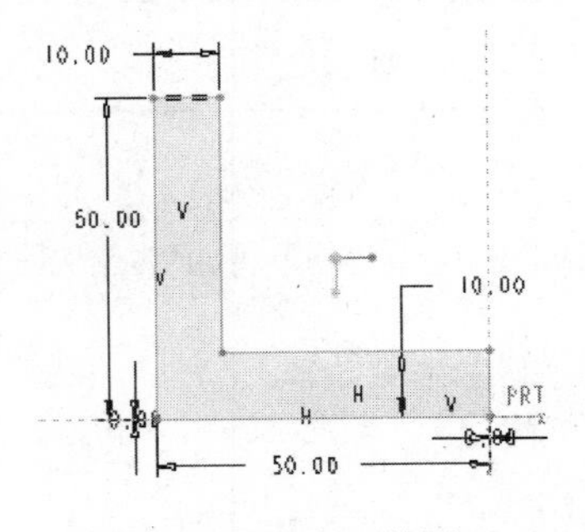

图 5-98 拉伸特征草图

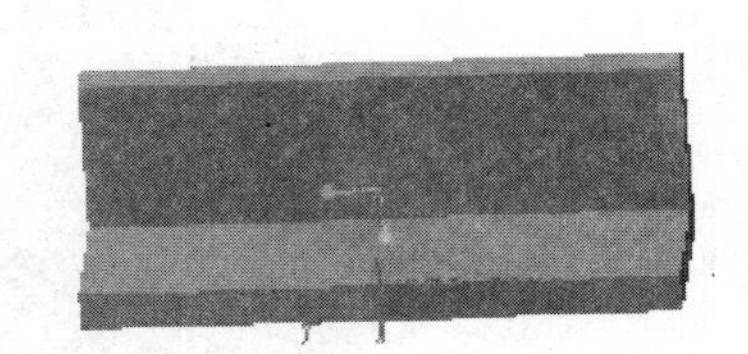

图 5-99 拉伸特征

（3）创建筋特征。选择 TOP 面作为草绘平面，绘制如图 5-100 所示草图，筋特征厚度设置为 8mm，创建的筋特征如图 5-101 所示。

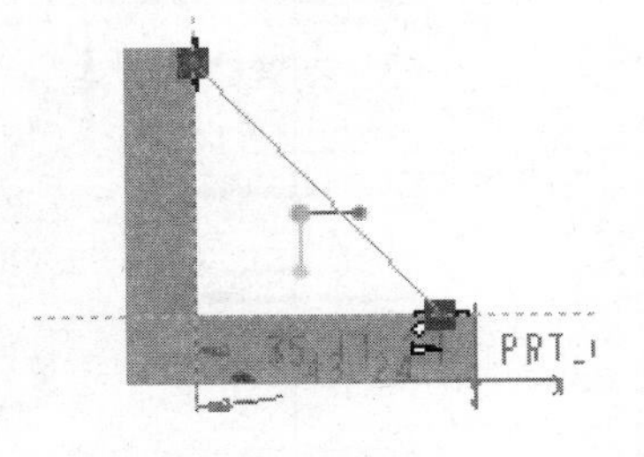

图 5-100 草图绘制

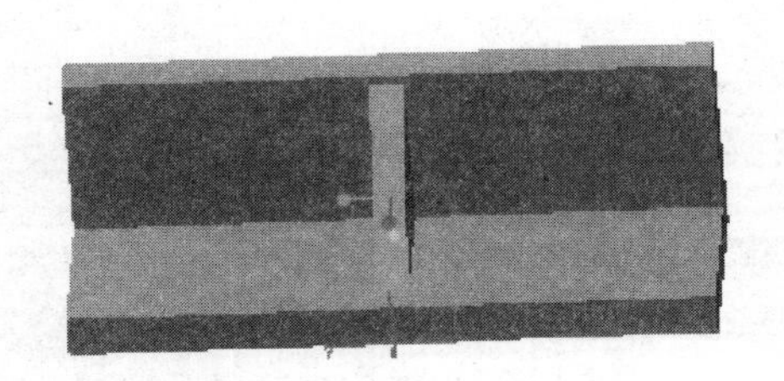

图 5-101 筋特征

（4）创建孔特征。选择如图 5-102 所示面作为孔的放置面。选择【线性】方式确定孔位置，参照选择及尺寸如图 5-103 所示。孔的尺寸如图 5-104 所示。创建的孔特征如图 5-105 所示。

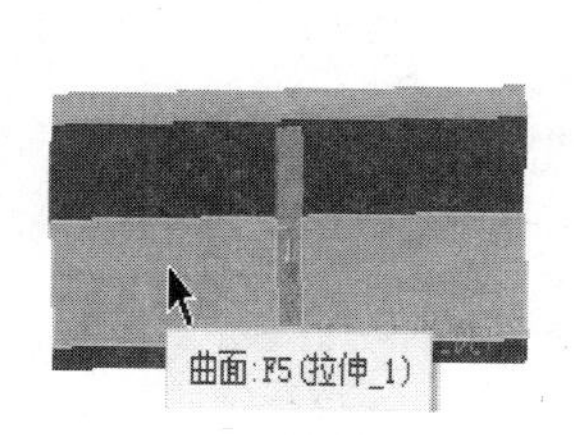

图 5-102　放置面选择

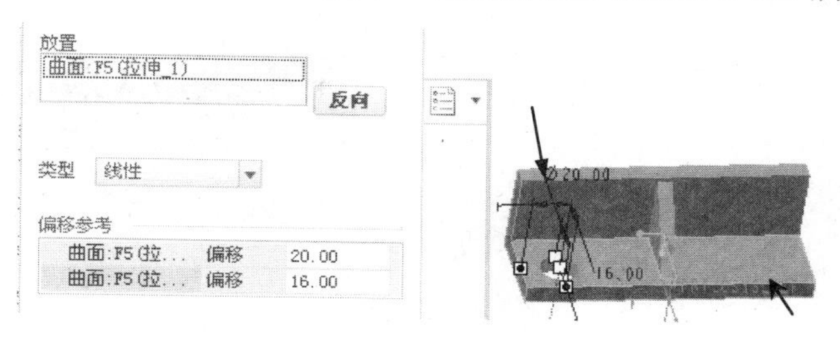

图 5-103　选择尺寸参照及定义参照

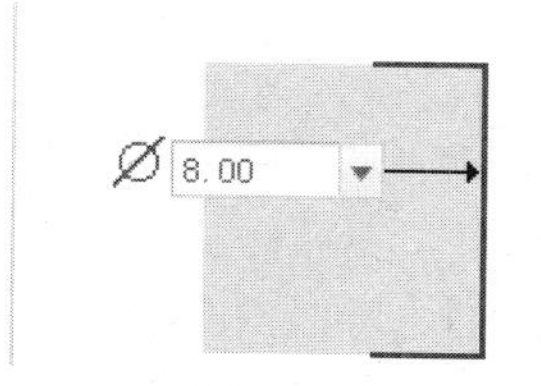

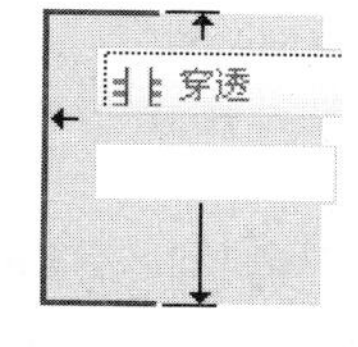

图 5-104　孔特征尺寸

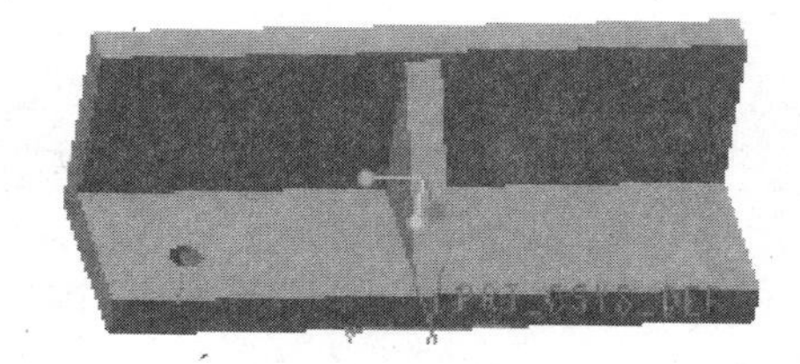

图 5-105　孔特征

（5）阵列孔特征。选择创建的 φ8 孔，单击工具条中的按钮。在【阵列】操控板中选择【尺寸】阵列方式，两个阵列方向的驱动尺寸和增量值如图 5-106 所示，单击按钮完成孔的阵列。

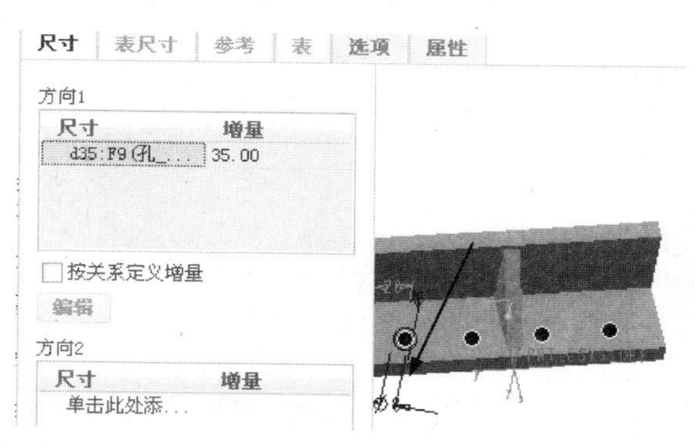

图 5-106　阵列设置

（6）创建孔特征。选择如图 5-107 所示面作为孔的放置面。选择【线性】方式确定孔位置，参照选择及尺寸如图 5-108 所示。孔的尺寸如图 5-109 所示。创建的孔特征如图 5-110 所示。

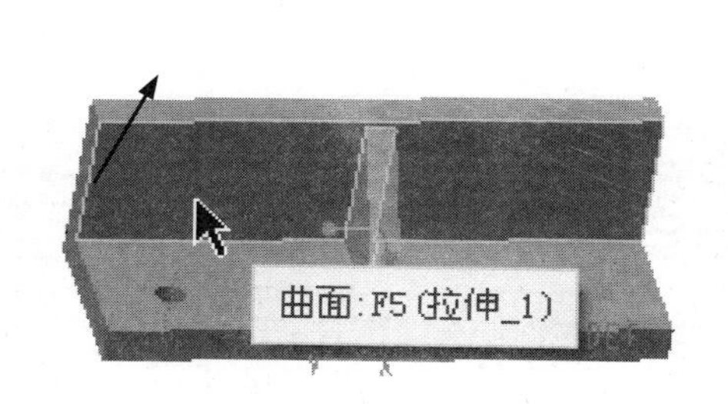

图 5-107　孔特征放置面

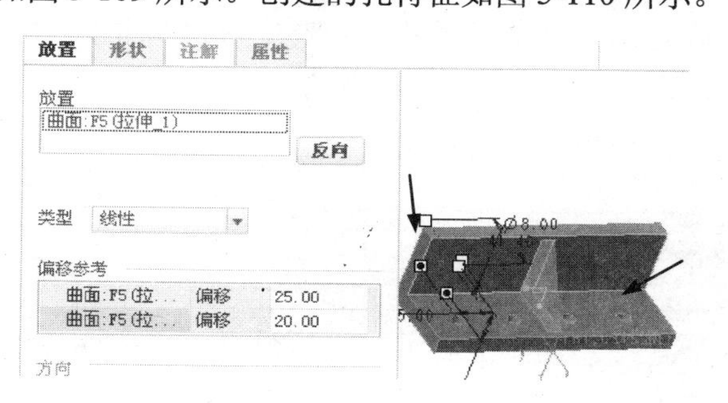

图 5-108　定位参照及定位尺寸

（7）镜像孔特征。选择 φ12 孔，再单击 按钮，选择 TOP 面作为镜像平面，完成镜像操作，结果如图 5-111 所示。

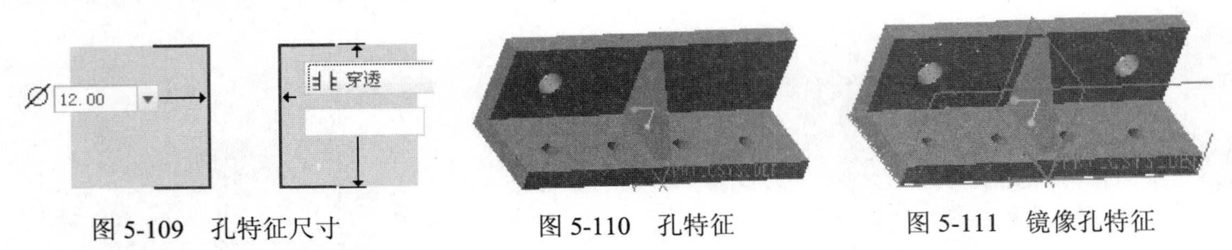

图 5-109　孔特征尺寸　　图 5-110　孔特征　　图 5-111　镜像孔特征

5.6 本 章 小 结

工程特征与构造特征是模型的重要组成部分，用于对所创建的基本特征进行进一步的加工，以完善模型的创建。

本章对常用的创建工程特征、修饰特征、折弯特征及构造特征的命令和创建方法进行了介绍。在本章介绍的实例中，对特征的创建方法进一步做了解释，以使读者能够掌握这些特征的创建方法并达到熟练应用的程度。

5.7 思考与练习

1. 思考题

（1）常用的工程特征有哪些？

（2）进行拔模操作时应该注意哪些问题？

（3）圆角类型及如何创建？

（4）环形折弯、骨架折弯的应用场合，创建零件时的注意事项？

2. 操作题

创建如图 5-112 所示的固定板零件。

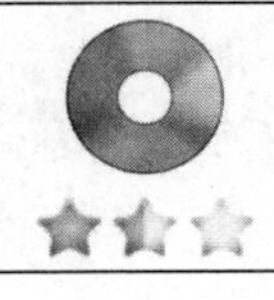	结果文件：光盘/example/finish/Ch05/5_5_1.prt
	视频文件：光盘/视频/Ch05/5_5.avi

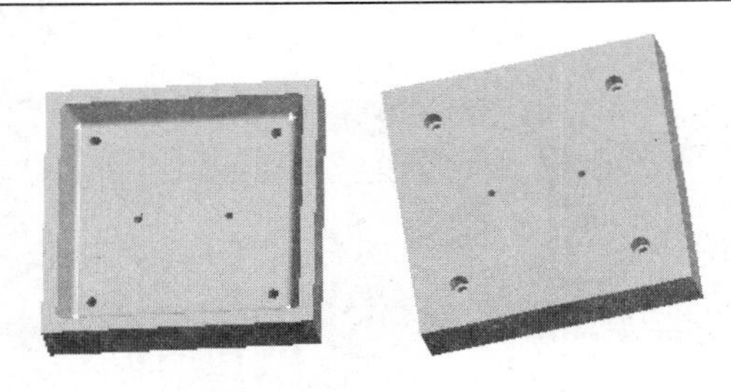

图 5-112　固定板

第 6 章　特 征 编 辑

Creo Parametric 中提供了多种特征编辑方法，可以使用移动、镜像等方法快速创建与模型中已有特征相似的新特征，也可以使用阵列的方法按一定规则复制已经存在的特征，这些特征编辑功能是对以特征为基础的 Creo Parametric 实体建模技术的一个极大补充，可以简化设计过程，提高工作效率。

6.1　模型树操作

在模型树中可以删除零件和特征、重新定义特征、插入特征、重新排序特征、编辑参照特征、隐含特征、隐藏特征、建立图层和建立群组等操作。

1．模型树过滤

模型树过滤功能可以定义在模型树中显示哪些项目。按照如图 6-1 所示打开【模型树项】对话框，可以在其中选择需要显示的项目。在【显示】列表框中，选择需要在模型树中显示的内容，如特征，在【特征类型】列表框中显示了在模型树中显示的特征类型及图标，取消复选框则相应的特征在模型树中不显示，反之，则显示在模型树中。

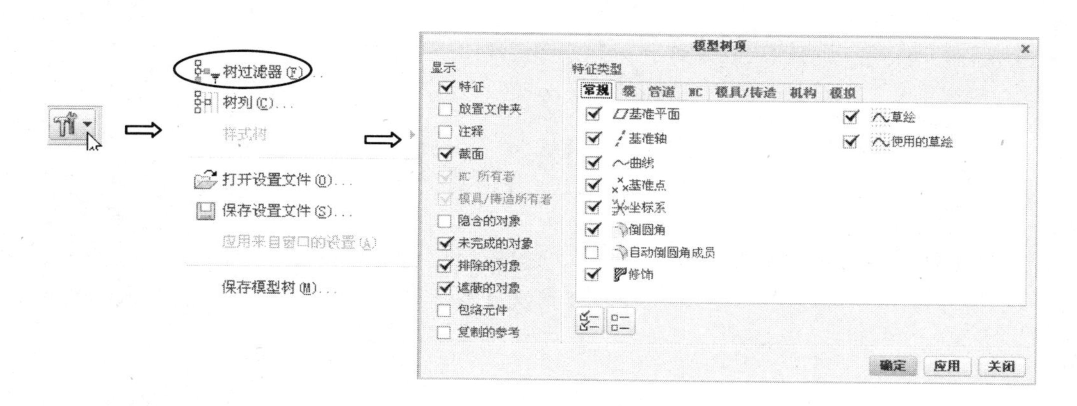

图 6-1　【模型树项】对话框

2. 删除、隐藏和隐含操作

在模型树中选择需要删除的对象，右击鼠标，在弹出菜单中选择【删除】命令，则该对象从模型中删除。

选择需要隐藏的对象，右击鼠标，在弹出菜单中选择【隐藏】命令，将对象隐藏显示，使用“隐藏”命令可在视觉上移除特征。要显示隐藏项目，可选取要显示的项目，然后单击鼠标右键并在弹出的菜单中选择【取消隐藏】命令即可。

在模型树中选择需要隐含的对象，右击鼠标，在弹出菜单中选择【隐含】命令，将对象隐含。隐含在物理和视觉上将特征从模型上临时移除，要显示隐含的对象可在模型树的【显示】列表中勾选【隐含】复选框，然后在模型树中右击对象，在弹出菜单中选择【恢复】选项即可。

3. 动态编辑

动态编辑功能可以对尺寸、剖面、公差和表面粗糙度等进行编辑、修改。

在模型树中右击对象，在弹出的菜单中选择【动态编辑】命令，或者在绘图区内双击需要编辑的特征，则绘图区内显示特征的尺寸、绘图面。双击尺寸，在文本框中输入尺寸值，然后单击工具条中的【再生】按钮，则特征按照输入的尺寸发生变化。动态编辑例子如图 6-2 所示。

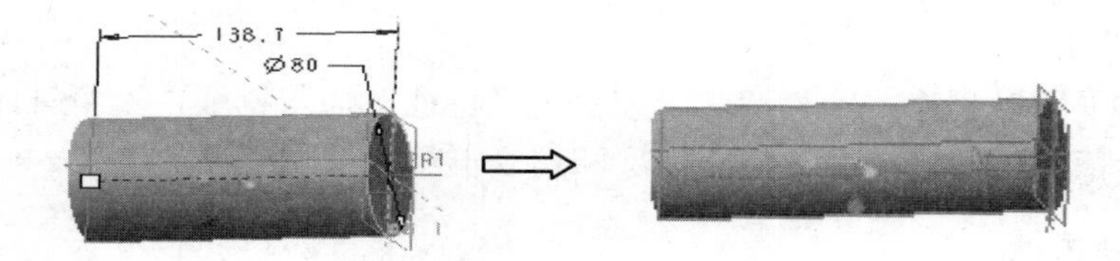

图 6-2　动态编辑对象

4. 编辑定义

编辑定义是一种常用的特征编辑方法。在模型树中右击特征，在弹出的对话框中选择【编辑定义】命令，则系统进入创建该特征的环境中，可以对特征重新进行定义。特征的定义方法及过程不同，则选择【编辑定义】命令后进入的环境不同。

6.2 阵　　列

阵列是以已有特征为原始特征，按照一定的方式一次复制出多个子特征。

选中要阵列的对象，在工具条中单击【阵列】按钮，弹出【阵列】操控板，如图 6-3 所示。

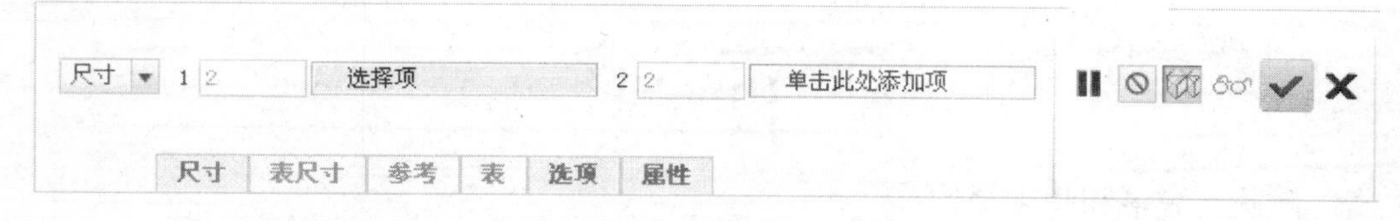

图 6-3 【阵列】特征操控板

其中，尺寸下拉列表框用于选择阵列类型，主要包括以下类型。

- ❑【尺寸】：使用驱动尺寸并指定阵列的增量创建阵列。
- ❑【方向】：指定方向并使用拖动控制滑块设置阵列创建方向和增量创建阵列。
- ❑【轴】：设置阵列的角增量和径向增量来创建径向阵列，也可将阵列拖动成螺旋形。
- ❑【填充】：用实例填充选定区域来创建阵列。
- ❑【表】：使用阵列表并为每一阵列实例指定尺寸值来创建阵列。
- ❑【参照】：参照另一阵列来创建阵列。
- ❑【曲线】：沿草绘曲线创建阵列，需要指定阵列成员的数目或阵列成员间距离。

1. 尺寸阵列

选择尺寸作为阵列的驱动，可以选择一个驱动尺寸进行单方向的阵列，也可以选择两个尺寸进行两个方向的阵列。需要输入每个方向上阵列特征的个数及特征在每个方向上的距离值。

【例 6-1】 尺寸阵列

本例使用“尺寸”作为阵列操作的驱动，需要注意尺寸的选择方式和修改方式。

设计过程

（1）选择特征，如图 6-4 所示。

（2）选择【阵列】命令，打开【阵列】操控板。

（3）在操控板中选择阵列类型为【尺寸】。用鼠标在绘图区内单击作为驱动尺寸的尺寸，如图 6-5 所示。

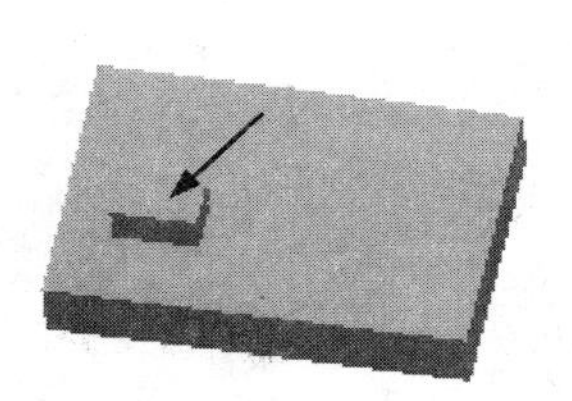

图 6-4　选择特征

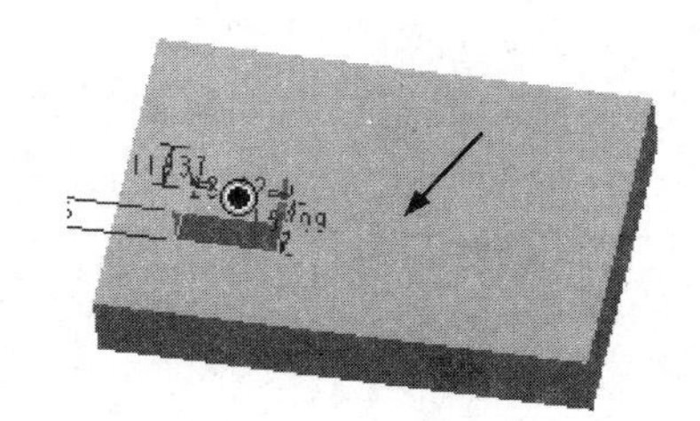

图 6-5　选择尺寸

（4）在【尺寸】上滑面板中显示驱动尺寸，修改增量值，如图 6-6 所示。

（5）完成阵列操作，如图 6-7 所示。

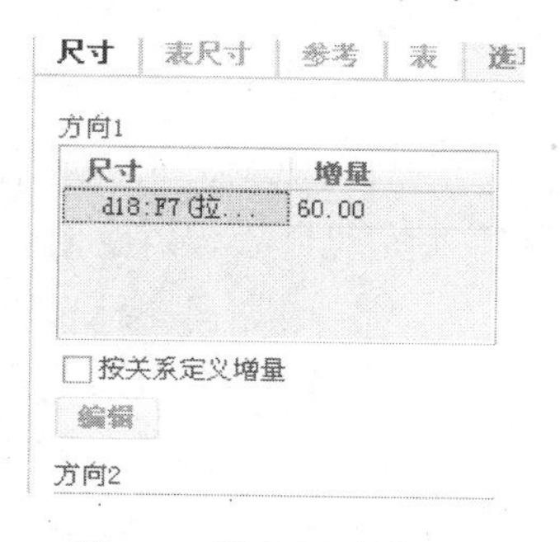

图 6-6　输入尺寸增量

图 6-7　阵列结果

📖 可以只沿着一个方向进行阵列，所以第二方向驱动尺寸为可选。增量值输入负值则改变阵列方向。

2. 方向阵列

在一个或两个方向上进行阵列。在阵列类型列表框中选择【方向】，操控板如图 6-8 所示。

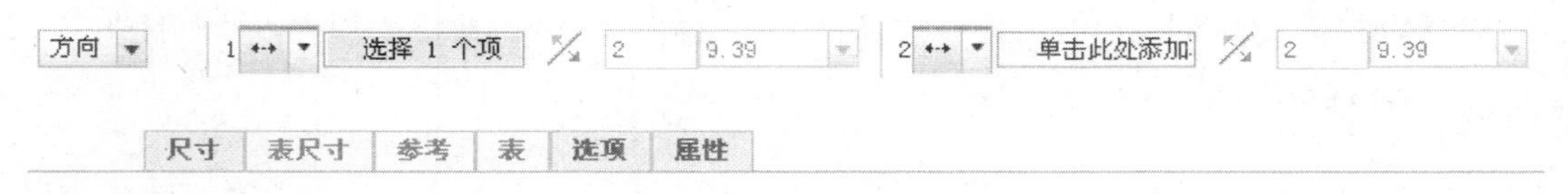

图 6-8 【方向】阵列操控板

【例 6-2】 方向阵列

本例使用“方向”作为阵列操作驱动，读者可以选择基准面、基准轴、直线等作为定义方向的参照。

设计过程

（1）选择特征并选择阵列命令。

（2）选择“方向”阵列方式。

（3）单击操控板中“1”下拉列表框，选择方向 1 的阵列方式（线性、旋转、坐标系）。

（4）单击“1”后面的文本框，从模型中选择阵列参照（面、边等），如图 6-9 所示。

（5）调整阵列方向，并输入阵列个数与间距。

（6）按同样的方法完成第二方向阵列设置（可选）。

（7）完成阵列，如图 6-10 所示。

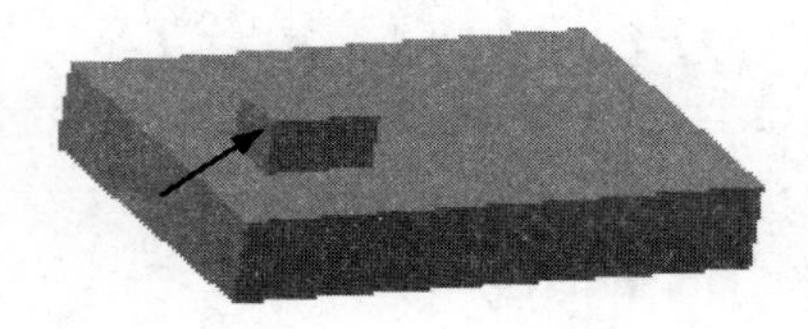

图 6-9 选择阵列参照

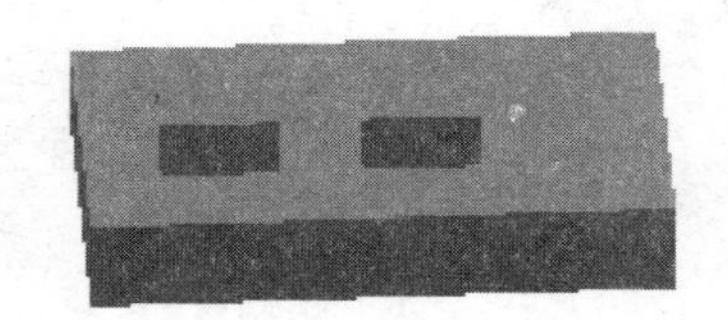

图 6-10 阵列结果

3. 轴阵列

绕着选定的轴在圆周上创建阵列特征。可以使用两种方式确定阵列特征的位置：

- ❑ 阵列成员按逆时针方向等间距放置，需要输入阵列个数与角度值。
- ❑ 阵列成员沿着径向排列。

【轴阵列】操作步骤如下。

（1）选择特征并选择阵列命令。

（2）选择“轴”阵列方式。

（3）选择旋转轴，输入阵列个数与角度，调整角度方向。

阵列结果如图 6-11 所示。

4. 填充阵列

将特征填充在指定区域，实现特征的阵列。可以从几个栅格模板中选取一个模板并定义栅格参数（中心距、圆形和螺旋形栅格的径向间距、阵列成员中心与边界间的最小间距，以及栅格围绕其原点的旋转等）。栅格模板如图 6-12 所示。

填充阵列的操作步骤如下。

（1）选择特征并选取阵列命令，在阵列类型列表框中选择“填充”。

（2）选择填充区域或打开操控板中【参考】上滑面板草绘填充区域。

（3）选择阵列成员的分布形式（选择栅格模板）。

（4）完成阵列，如图 6-13 所示。

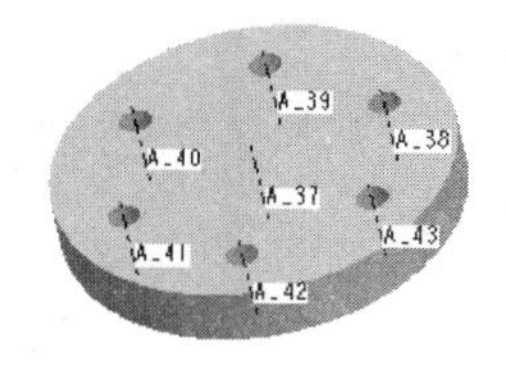

图 6-11 轴阵列结果

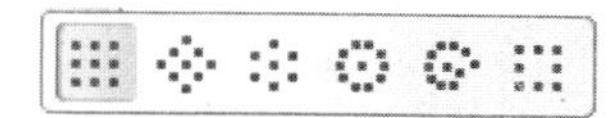

图 6-12　栅格模板

图 6-13　阵列操作结果

5. 曲线阵列

曲线阵列是沿着草绘曲线或基准曲线进行阵列特征的操作。

操作步骤如下。

（1）选择特征及阵列命令，选择阵列类型为“曲线”，操控板如图 6-14 所示。

（2）选择“草绘”图标后的文本框，选择曲线或绘制曲线（打开【参考】上滑面板，单击【定义】按钮，进入草绘环境，绘制曲线），如图 6-15 所示。

（3）打开【选项】上滑面板，进行相应设置，如图 6-16 所示。

（4）完成阵列，如图 6-17 所示。

图 6-14　曲线阵列操控板

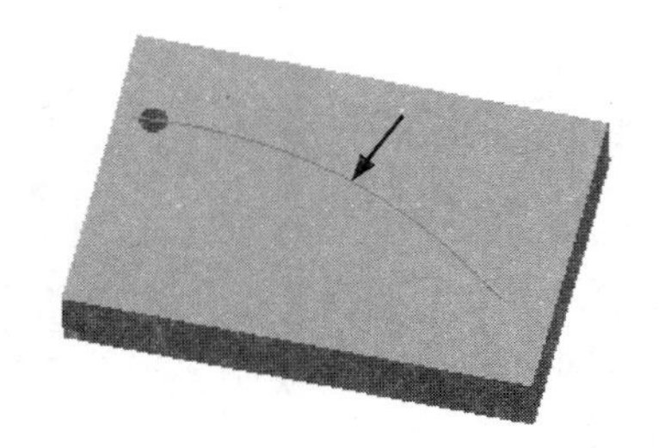

图 6-15　绘制曲线

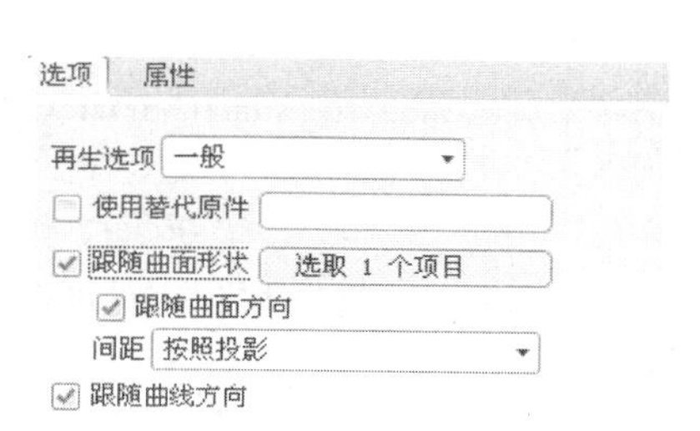

图 6-16 【选项】上滑面板

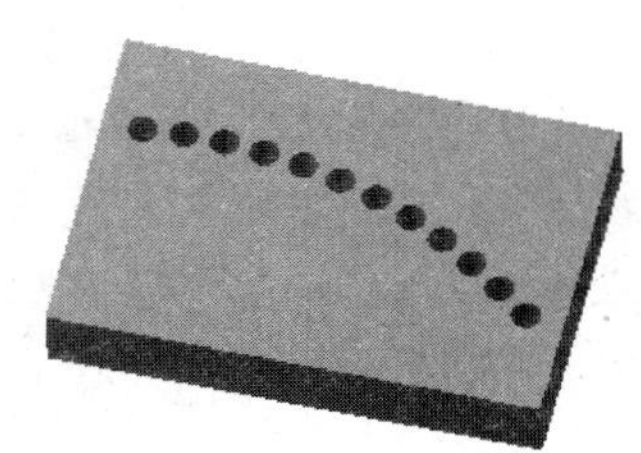

图 6-17　阵列结果

6. 创建点阵列

将特征成员放置在点或坐标系上创建一个阵列。

操作步骤如下。

（1）绘制点，如图 6-18 所示为绘制的点。

（2）选择特征及阵列命令，选择阵列类型为“点”。操控板如图 6-19 所示。

（3）打开【选项】上滑面板，设置选项，如图 6-20 所示。

（4）在模型树中选择点特征。

（5）完成阵列操作，如图 6-21 所示。

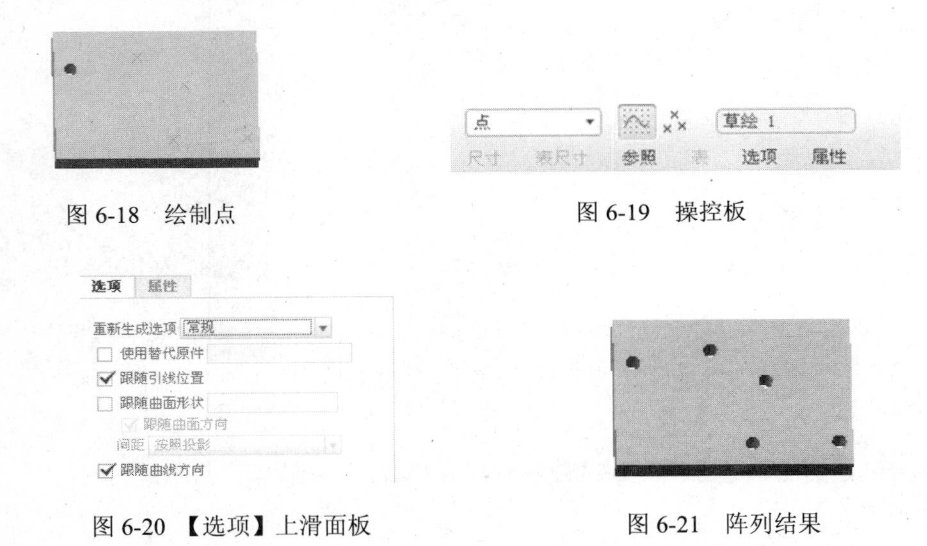

图 6-18　绘制点

图 6-19　操控板

图 6-20　【选项】上滑面板

图 6-21　阵列结果

📖 草绘点必须是几何点。

7. 阵列表

通过一个可编辑表，为阵列的每一个特征指定唯一的尺寸，可使用阵列表创建特征或组的复杂和不规则阵列。

操作步骤如下。

（1）选择特征及阵列命令，选择阵列类型为“表”。系统打开【表】阵列操控板，如图 6-22 所示。

（2）在图形中选择要包括在阵列表中的尺寸，可选择多个尺寸。

（3）在操控板中单击【编辑】按钮，在所弹出的 pro-table 对话框中输入各尺寸阵列后的数值，如图 6-23 所示。在 pro-table 对话框中，系统提示输入每个阵列子特征的放置尺寸及模型名称。模型名称就是父特征中产生当前阵列操作的尺寸（以参数形式表示，如 d7，d8）。子特征索引从 1 开始，并且是唯一的，不一定按顺序。当要使用缺省尺寸和模型名称时，则在其中写入*。以@开头的行，系统视为注释。Idx——索引；sdX——表示以此尺寸驱动特征阵列，方括号中的数字是该尺寸的数值。

（4）选择【文件】/【退出】命令。
（5）设置【选项】操控面板。
（6）完成阵列。

图 6-22　操控板

R1	!				
R2	! 给每一个阵列成员输入放置尺寸和模型名。				
R3	! 模型名是阵列标题或是族表实例名。				
R4	! 索引从1开始。每个索引必须唯一，				
R5	! 但不必连续。				
R6	! 与导引尺寸和模型名相同，缺省值用'*'。				
R7	! 以"@"开始的行将保存为注释。				
R8	!				
R9	! 表名TABLE1.				
R10	!				
R11	! idx	d14(119.35)	d15(174.27)	d13(10.00)	d12(8.00)
R12	s		300	300	0

图 6-23　pro-table 对话框

6.3　镜　　像

利用特征镜像工具，可以产生一个相对于对称平面对称的特征，镜像特征在建模过程中应用较多，且操作过程较为简单，操作者应该熟练掌握其用法。在该操作之前，必须首先选中所要镜像的特征，然后单击特征工具栏中的【镜像】按钮，弹出如图 6-24 所示的特征【镜像】操控板，其各项含义如下。

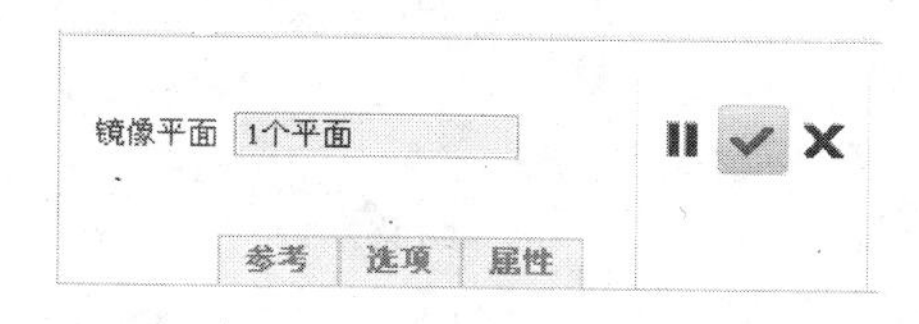

图 6-24　【镜像】操控板

- 按钮：显示镜像平面状态。
- 【参照】下滑面板：定义镜像平面。
- 【选项】下滑面板：选择镜像的特征与原特征间的关系，即独立或从属关系。

镜像操作步骤如下。

（1）选择如图 6-25 所示孔特征。

（2）单击【镜像】按钮，打开【镜像】操控板。

（3）选择如图 6-25 所示基准面作为镜像平面。

（4）完成镜像操作。镜像操作结果如图 6-25 所示。

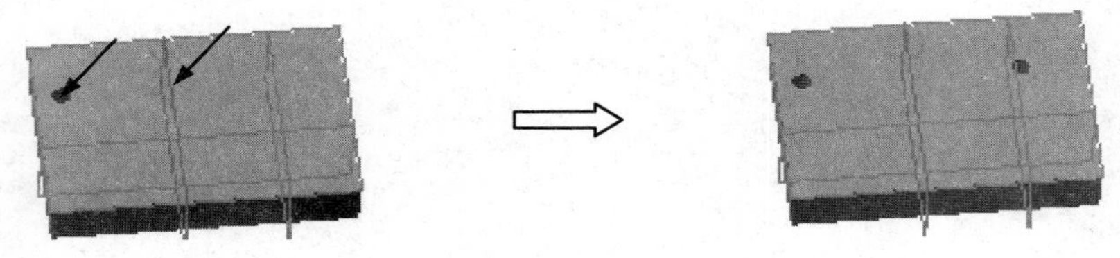

图 6-25　镜像特征

6.4　复制与粘贴

复制功能主要将已完成的特征进行复制，然后进行粘贴工作，提供了一种快速建模的方法。要使用复制功能，必须首先选中要复制的对象特征，然后单击操作工具条中的 镜像平面 • 选取 1 个项目 按钮，如图 6-26 所示，即可完成特征复制。

复制功能是创建特征粘贴的前提，接下来就应该进行特征的粘贴过程。粘贴主要分两种，即普通粘贴和选择性粘贴，这里的粘贴即为普通粘贴，主要将复制的特征，通过选择不同的放置参照，进行原样粘贴。单击【粘贴】按钮后弹出的操控板与创建特征时使用建模功能有关，如图 6-27 所示为粘贴拉伸特征弹出的操控板，【打开】放置上滑面板可以重新编辑草图。

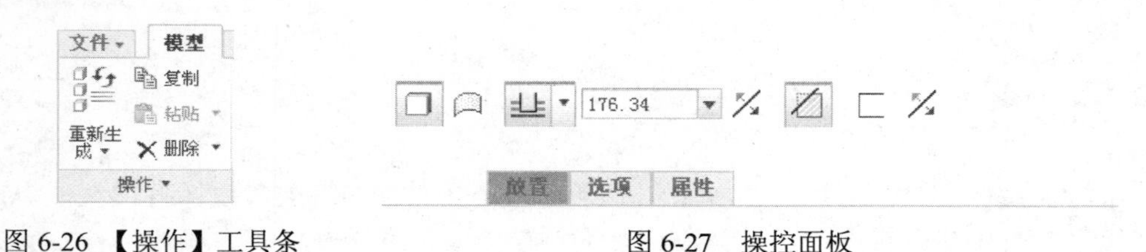

图 6-26 【操作】工具条　　　　图 6-27　操控面板

6.5　选择性粘贴

选择性粘贴可以在进行粘贴操作的同时进行旋转、移动操作，并为下一步阵列做好引导，而普通粘贴仅是原样粘贴。【选择性粘贴】对话框如图 6-28 所示，可以对粘贴进行相关设定。选择【对副本应用移动/旋转变换】，可以实现特征的移动和旋转操作，选中【从属副本】复选框，可以保持复制特征与原特征之间的关联。单击【确定】按钮打开操控板，如图 6-29 所示。

【例 6-3】 选择性粘贴

选择性粘贴可以进行多种设置以实现不同的操作效果。在进行选择性粘贴操作时，使用移动和旋转变换可以同时实现特征的移动和旋转粘贴操作。

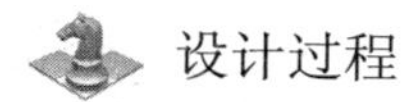

设计过程

（1）选择特征，如图 6-30 所示。

（2）单击【复制】按钮。

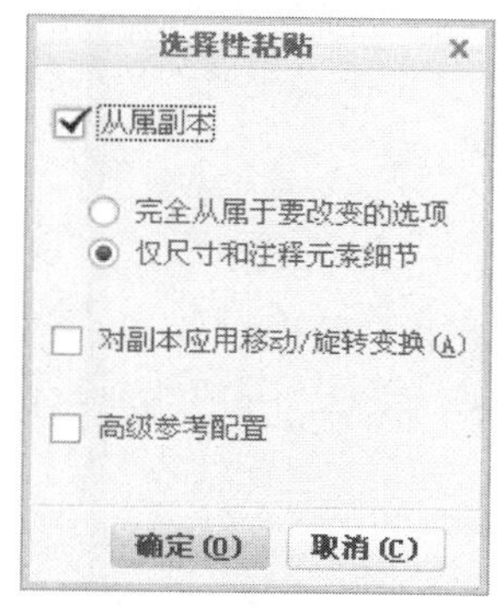

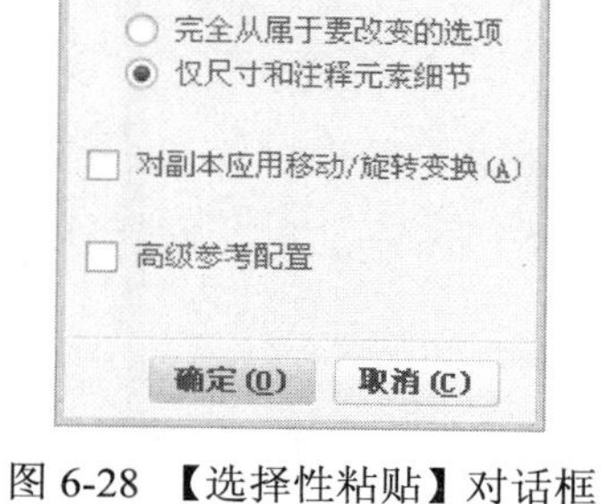

图 6-28 【选择性粘贴】对话框

图 6-29 【选择性粘贴】操控板

（3）选择【选择性粘贴】命令。在弹出的对话框中选择【对副本应用移动/旋转变换】选项。

（4）在操控板中打开【变换】上滑面板。在【设置】下拉列表框中选择【移动】命令，单击【方向参考】区域，并选择如图 6-31 所示面作为参照。在文本框中输入距离值 60。

图 6-30 选择特征

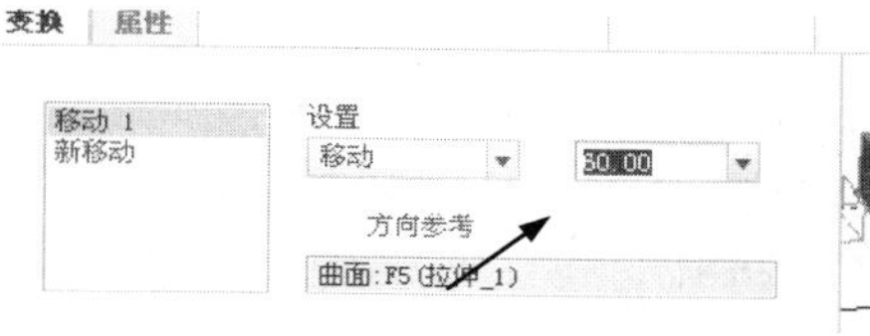

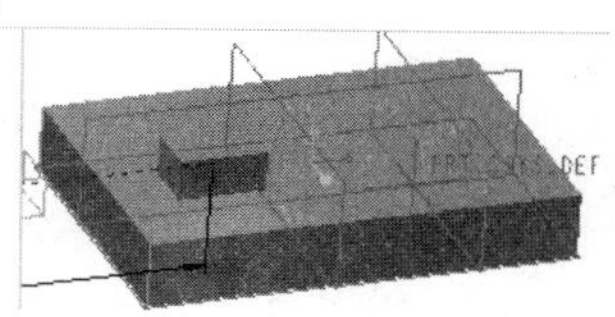

图 6-31 【设置】变换上滑面板

（5）完成操作，结果如图 6-32 所示。

图 6-32 操作结果

6.6 分割曲面

分割曲面功能用于将原有曲面分割成两部分。对于如图 6-33 所示实例，两个长方体为通过一次拉伸同时做出来的特征，如果想要把其中的一个底面或顶面作偏移操作，此时如果选择其顶面或底面时，由于是同时拉伸生成的，因此只能同时选中，也只能同时执行偏移操作，如左图所示。若想单独选中其中的一个顶面或底面，就可以先用分割曲面功能将两个面分开，分开后即可以分别选取并进行操作，如图 6-33 所示。

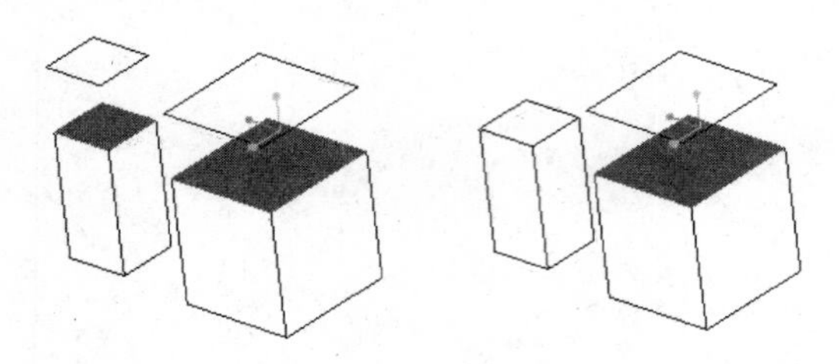

图 6-33　分割曲面功能

要分割曲面，在功能区【模型】主菜单的【编辑】区域单击工具栏中的分割曲面按钮，弹出【分割曲面】特征操控板，如图 6-34 所示，然后指定分割对象，并可在创建或重定义期间指定和更改分割对象。

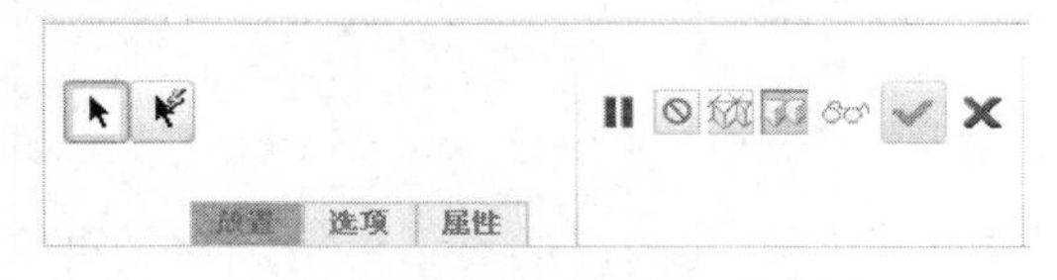

图 6-34 【分割】特征操控板

6.7 扭　　曲

扭曲特征操作可改变实体、面组、小平面和曲线的形式和形状。通常情况下，操作集中在一个编辑框中，可以从整体上调整编辑框，对整个实体进行调整，极大地增强了集合建模的灵活性，从而使设计者可以按照自己的思想任意修改和变换实体造型。

可在零件模式下使用扭曲特征执行以下操作：

- 在概念性设计阶段研究模型的设计变化。
- 使从其他造型应用程序导入的数据适合特定工程需要。
- 使用扭曲操作可对 Pro/ENGINEER 中的几何进行变换、缩放、旋转、拉伸、扭曲、折弯、扭转、骨架变形或雕刻等操作，不需与其他应用程序进行数据交换就能使用其扭曲工具。

在功能区【模型】主菜单的【编辑】区域单击工具栏中的扭曲 按钮，打开【扭曲】特征操控板，此时面板处于未激活状态，打开【参照】上滑面板，并选取欲扭曲实体，并确定。单击【方向】收集器，然后选择一个平面或基准坐标系，可以全部激活【扭曲】操控面板，如图 6-35 所示。

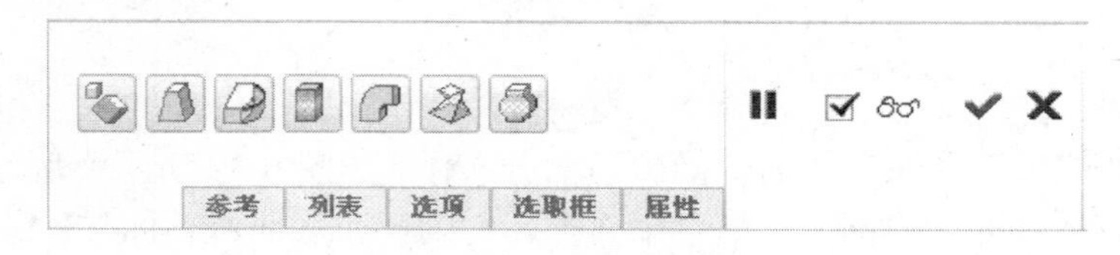

图 6-35 【扭曲】特征操控板

在【扭曲】操控面板中，同时提供了多种变形工具，其意义如下：

- 按钮：变换工具，用于平移、旋转和缩放特征。
- 按钮：扭曲工具，使用“扭曲”操作可进行多种形状改变操作。其中包括使对象的顶部或底部成为锥形；将对象的重心向对象的底部或顶部移动；将对象的拐角或边背向中心或朝向中心拖动。
- 按钮：骨架工具，选择曲线作为骨架线，通过调整骨架线上的点（可以拖动、增加和删除），使对象相应变动。
- 按钮：拉伸工具，可以对特征进行拉伸操作。
- 按钮：折弯工具，可以对特征进行折弯操作。
- 按钮：扭转工具，可以对特征进行扭转操作。
- 按钮：雕刻工具，通过调整网格上的点对对象进行调整。

对于以上变形工具，在操作中一次只能选择一个，选择后操控面板下方会出现与该变形工具相对应的控制选项。对于同一个特征，可使用多种变换工具进行操作。

创建扭曲特征的主要步骤如下。

（1）打开一个模型，以改变几何的形式和形状。

（2）在功能区【模型】主菜单的【编辑】区域单击工具栏中的扭曲按钮，此时【几何】收集器在缺省情况下处于活动状态。

（3）选取扭曲特征。选取要执行扭曲操作的实体、小平面、一组面组或一组曲线。在图形窗口中单击任意位置并拖动，在需要选取的几何周围画一个边界框，将选取边界框里的几何。

（4）设定扭曲方向。在操控板的【参照】选项卡上单击【方向】收集器，也可以右键单击，并选取【方向】收集器。

（5）选取扭曲参照，并设定扭曲参照选项。选取坐标系或基准平面作为扭曲操作的参照，设定参照选项。在操控板的【参照】下指定下列一个或多个选项。

- 【几何】：显示已选取要进行扭曲操作的实体或曲线组、面组或小平面。通过单击收集器，然后使用标准选取工具来选取其他图元，可更改选取内容。
- 【隐藏原件】：隐藏为扭曲操作所选的原始图元的几何。
- 【复制原件】：在完成了扭曲操作后，复制为此操作所选的原始图元，此选项对实体不可用。
- 【小平面预览】：显示特征内部扭曲几何的预览。
- 【方向】：显示选定作为扭曲操作的参照的坐标系或参照平面。

（6）选取扭曲特征工具。选取相应的【扭曲】特征操控板上的扭曲工具，在【选项】和【选取框】中为所选扭曲工具指定一项或多项可用设置。

（7）设置扭曲边界属性。要在边界保持紧密的相切控制，单击右键并选择【使用边界相切】。

（8）编辑并完成扭曲操作。单击【列表】，对所选图元执行的扭曲操作，会以其执行的顺序显示。同时，可以使用列表显示在列表中选择一项操作并对其进行编辑。

创建扭曲特征如图6-36所示。

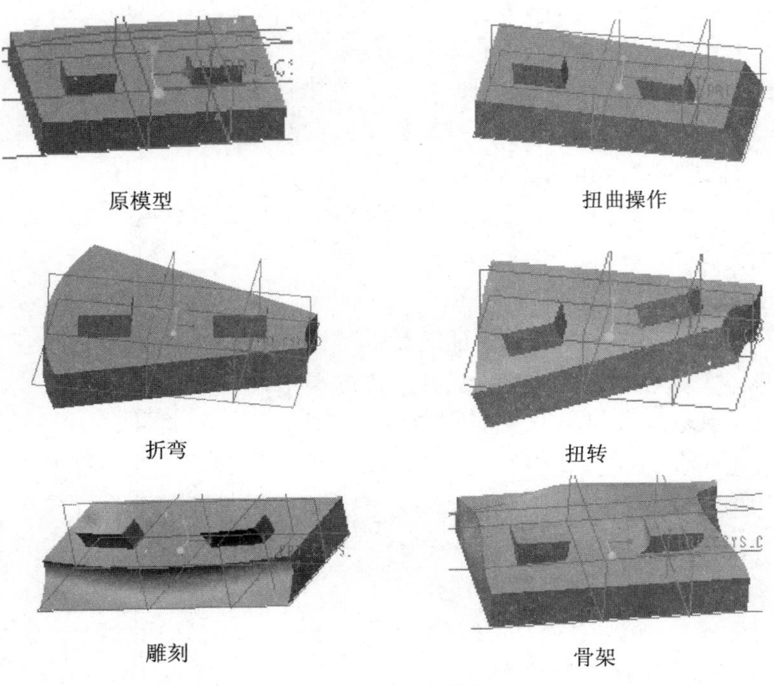

图 6-36　扭曲特征

📖 要最大程度地提高建模灵活性并减小扭曲特征更改所造成的影响，请使用通过目的参照创建的几何。并非所有特征都执行替代参照。不执行替代参照的特征将保留在其原始位置，并不会受到扭曲操作的影响。

6.8　综 合 实 例

	结果文件：光盘/example/finish/Ch06/6_1_1prt
	视频文件：光盘/视频/Ch06/6_1.avi

本节以阀体模型的创建为例，着重说明镜像、阵列等特征编辑方法及其应用，创建的模型如图 6-37 所示。

图 6-37　阀体实体模型

设计分析

- ❑ 模型由拉伸特征、孔特征等组成。
- ❑ 建模过程中综合应用了拉伸特征、孔特征、基准特征、阵列及镜像特征等操作。

设计过程

（1）新建零件文件。在【新建】对话框的【类型】分组框中选择【零件】选项，在【子类型】分组框中默认选中【实体】选项，去掉【使用缺省模板】前的【√】，单击【确定】按钮。在弹出的【新文件选项】对话框中选取模板为【mmns_part_solid】，单击【确定】按钮后，进入系统的零件模块。

（2）创建拉伸特征。

❑ 选择 TOP 面为绘图平面，绘制如图 6-38 所示草图。

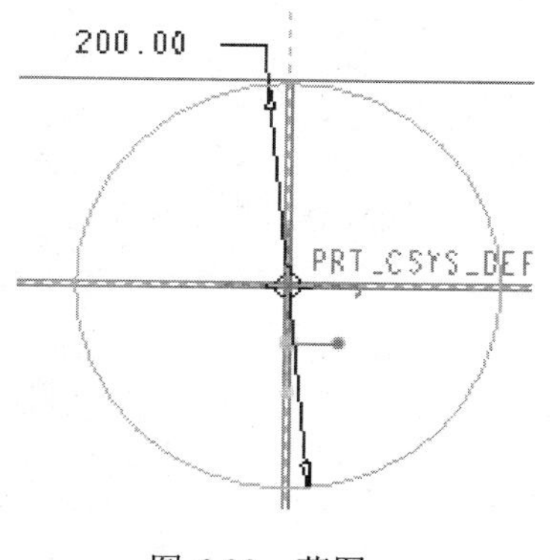

图 6-38　草图

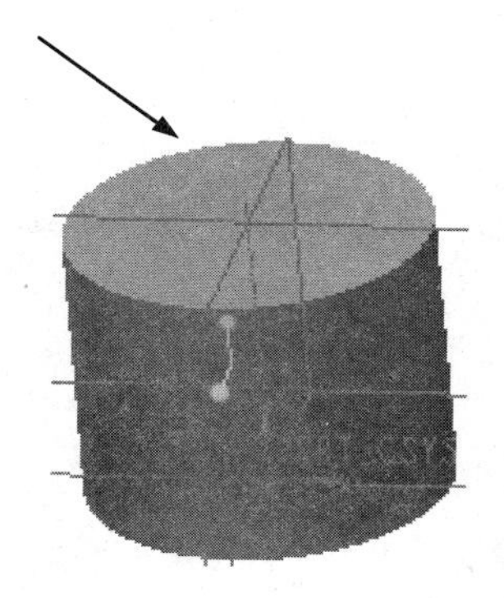

图 6-39　拉伸特征

❑ 设置拉伸深度为 160。

❑ 完成拉伸特征的创建，如图 6-39 所示。

（3）创建拉伸特征。

❑ 选择如图 6-39 所示平面为绘图平面，绘制如图 6-40 所示草图。

❑ 设置拉伸深度为 160。

❑ 完成拉伸特征的创建，如图 6-41 所示。

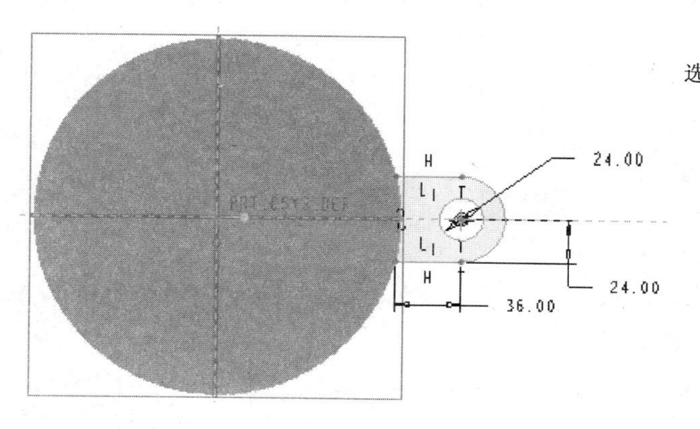

图 6-40　草图

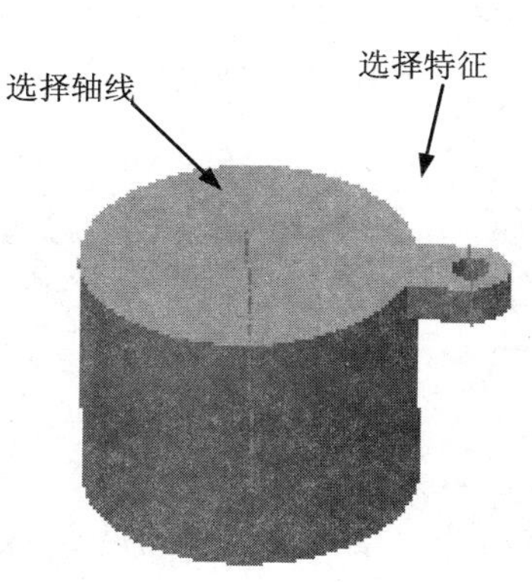

图 6-41　拉伸特征

（4）阵列特征。

- ❑ 选择如图 6-41 所示特征。
- ❑ 在工具栏中单击按钮。
- ❑ 选择阵列类型为“轴”。选择如图 6-41 所示轴线作为参照。
- ❑ 在操控板中输入阵列成员数为 3，角度为 120°。
- ❑ 完成阵列操作，如图 6-42 所示。

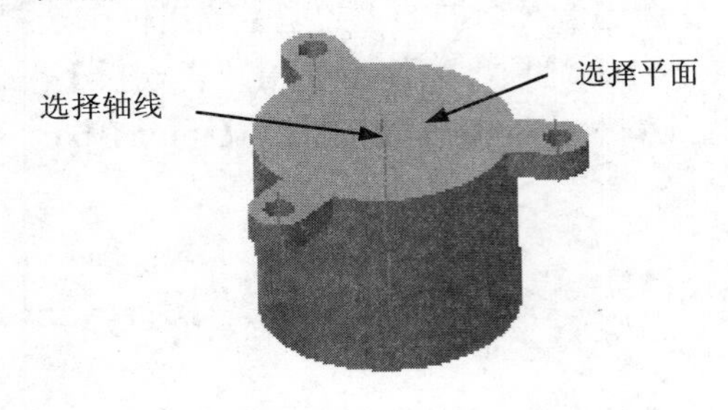

图 6-42　阵列结果

（5）创建基准平面。选择如图 6-42 所示平面作为参照，按照如图 6-43 所示设置参数创建基准平面。基准平面名称为 DTM1。

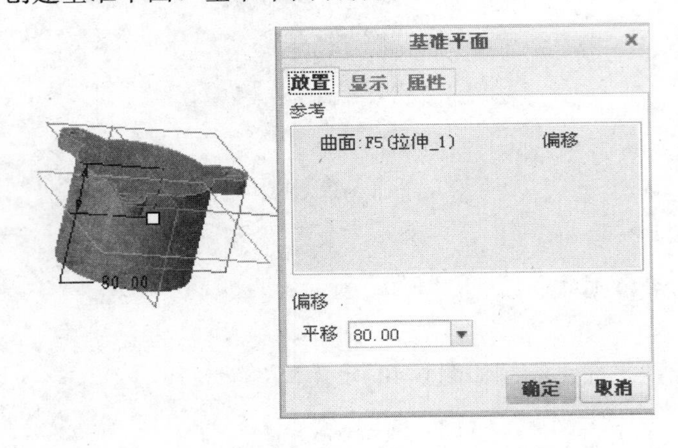

图 6-43　创建基准平面

图 6-44　镜像操作结果

（6）镜像特征。

- ❑ 选择前面创建的阵列特征。
- ❑ 在工具栏中单击【镜像】按钮。
- ❑ 选择 DTM1 面作为镜像平面。
- ❑ 完成镜像操作，如图 6-44 所示。

（7）创建基准平面。选择如图 6-42 所示轴线及 RIGHT 面作为参照，并按照图 6-45 所示设置参数。基准平面名称为 DTM2。

（8）创建基准平面。以 DTM2 作为参照，按照如图 6-46 所示设置创建 DMT3 基准平面。

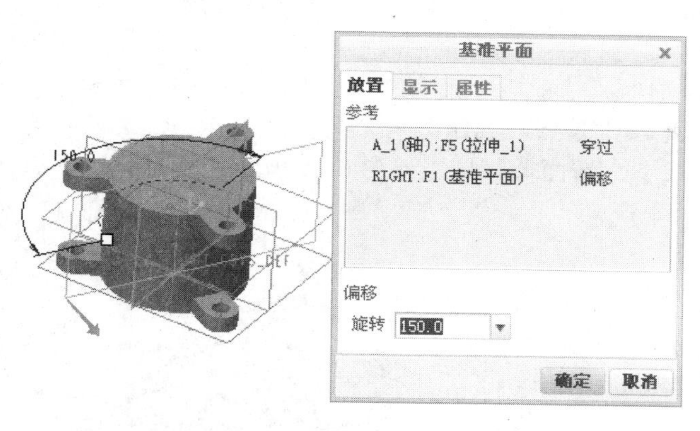

图 6-45 创建基准平面

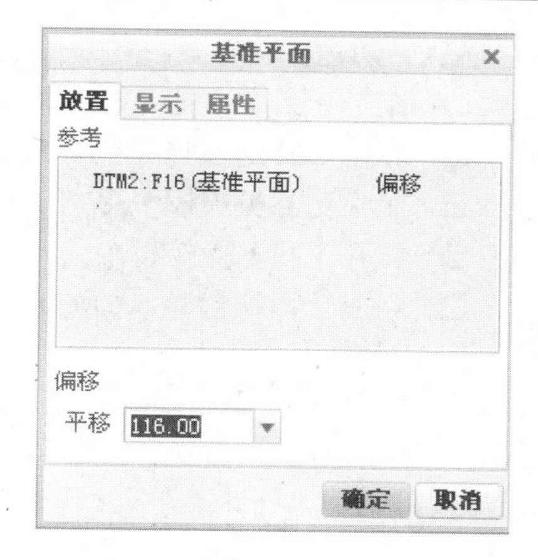

图 6-46 创建基准平面

（9）创建拉伸特征。

- 以 DTM3 平面为绘图平面，绘制如图 6-47 所示草图。
- 设置拉伸深度为【拉伸至与选定曲面相交】，选择如图 6-48 所示曲面作为参照。
- 完成拉伸特征的创建，如图 6-49 所示。

（10）创建孔特征。

- 在工具条中单击【孔】按钮。
- 按住 Ctrl 键选择如图 6-50 所示曲面及轴线放置孔特征。
- 打开【孔】操控板中【形状】上滑面板，设置孔直径 170mm，深度为“穿透”。
- 完成孔特征创建，如图 6-51 所示。

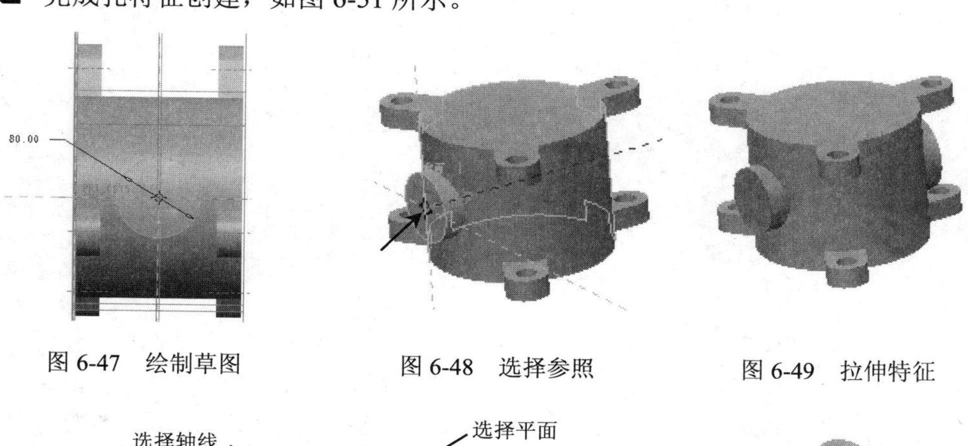

图 6-47 绘制草图　图 6-48 选择参照　图 6-49 拉伸特征

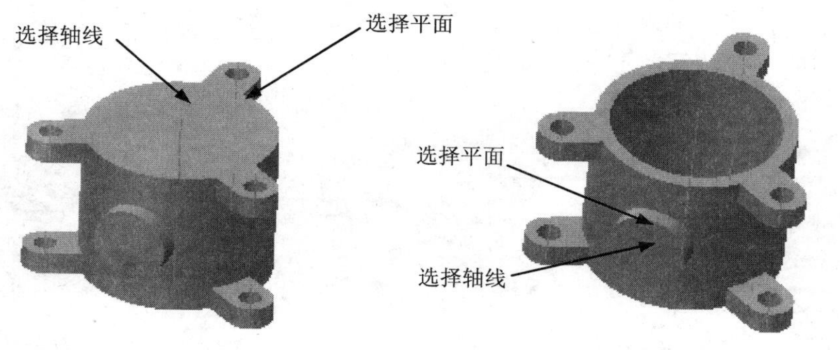

图 6-50 选择参照　图 6-51 孔特征

（11）创建孔特征。

- ❑ 在工具条中单击【孔】按钮。
- ❑ 按住 Ctrl 键选择如图 6-51 所示曲面及轴线放置孔特征。
- ❑ 在【孔】操控板中单击 和 两个按钮，创建沉头孔。
- ❑ 打开【孔】操控板中的【形状】上滑面板，按照如图 6-52 所示进行设置。
- ❑ 完成孔特征创建，如图 6-53 所示。

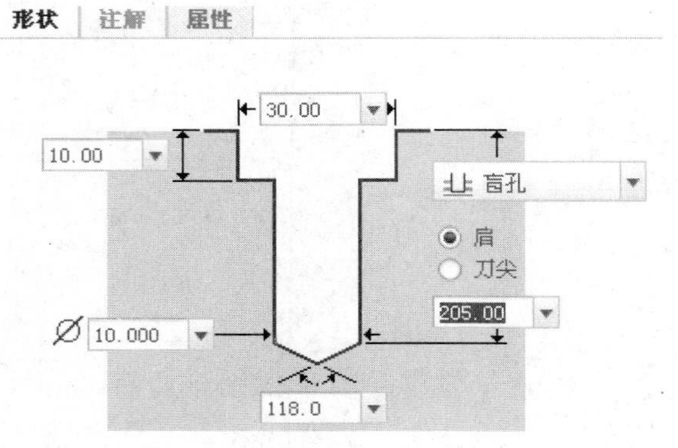

图 6-52　形状上滑面板

图 6-53　孔特征

（12）创建基准平面。以 DTM3 作为参照，按照如图 6-54 所示设置创建 DMT3 基准平面。平面名称为 DTM4。

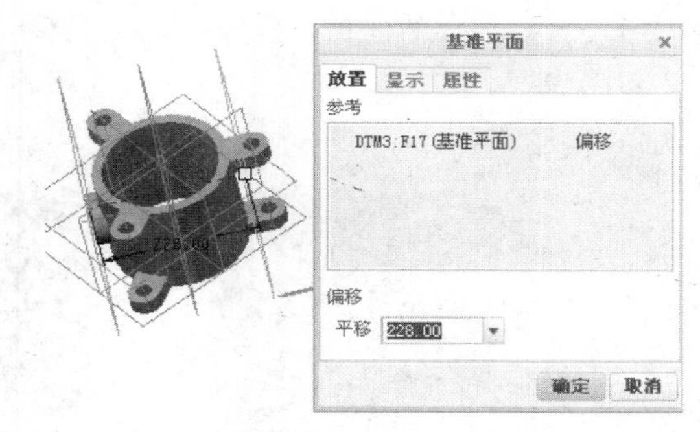

图 6-54　基准平面

（13）创建拉伸特征。

- ❑ 以 DTM4 平面为绘图平面，绘制如图 6-55 所示草图。
- ❑ 设置拉伸深度为【拉伸至与选定曲面相交】，选择如图 6-56 所示曲面作为参照。
- ❑ 完成拉伸特征的创建，如图 6-57 所示。

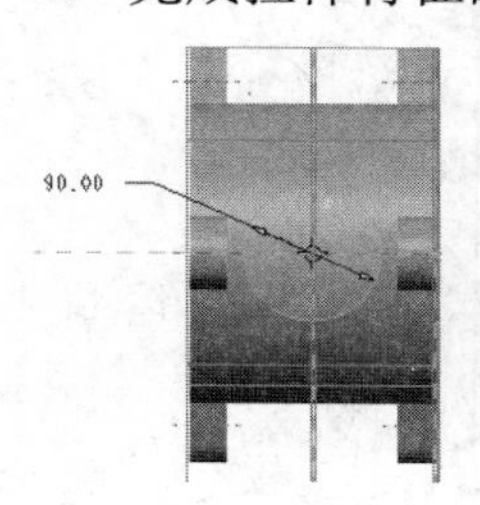

图 6-55　绘制草图

图 6-56　选择参照

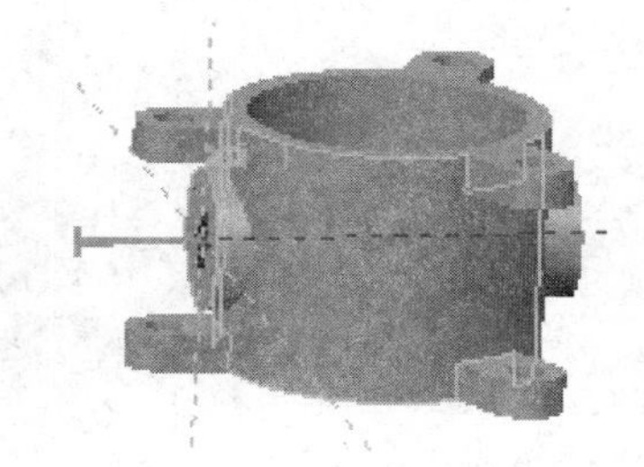

图 6-57　拉伸特征

6.9　思考与练习

1．思考题

（1）特征的粘贴与选择性粘贴有何区别，各自应用于何种场合？
（2）阵列操作有几种方式，各自应该选择何种参考？

2．操作题

完成如图 6-58 所示阀体模型的创建。

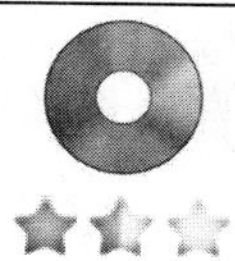	结果文件：光盘/example/finish/Ch06/6_2_1prt
	视频文件：光盘/视频/Ch06/6_2.avi

图 6-58　阀体模型

第 7 章　柔 性 建 模

柔性建模是一种比较自由的建模方式，用户可以明确地修改选定的几何形状，不涉及任何相互关联关系，可以作为参数化建模的辅助工具，实现灵活、快速的设计。在柔性建模环境中可以方便地选择和编辑各种类型的几何对象，如阵列、圆角等。

7.1　柔性建模概述

在 Creo Parametric 环境下选择【柔性建模】功能菜单，打开【柔性建模】操控板。操控板上包括【识别与选择】、【变换】、【识别】和【编辑特征】工具条，如图 7-1 所示。

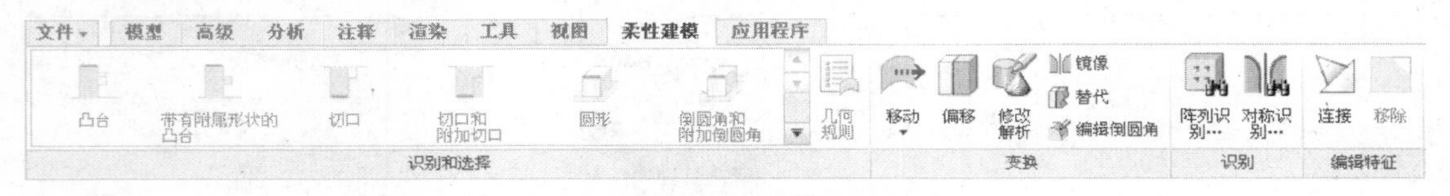

图 7-1　柔性建模操控板

各工具条的作用如下。

（1）【识别与选择】。

用于定义选择几何的方法，按照指定规则选择曲面可以提高选择对象的效率。工具条各按钮的含义如下。

- 凸台按钮：选择形成凸台的曲面。
- 带有附属形状的凸台按钮：选择凸台的曲面及与其相交的附属曲面。
- 切口按钮：选择形成缺口的曲面。
- 缺口和附加切口按钮：选择形成缺口的曲面及与其相交的附属曲面。
- 圆形按钮：选择形成倒圆角的曲面。
- 倒圆角和附属倒圆角按钮：选择形成倒圆角的曲面及过渡连接的具有相同半径倒圆角的曲面。
- 几何规则按钮：打开“几何规则”对话框，显示和控制几何规则。

（2）【变换】。

工具条中提供了偏移等多种几何变换方法，可以方便地实现模型的创建及圆角等特征的修改操作，工具条中各按钮的含义如下。

- 移动按钮：包括使用拖动器移动、按尺寸移动和使用约束移动三种方式移动对象。
- 偏移按钮：偏移选定曲面进行偏移操作，偏移曲面可以重新连接到实体或同一面组。
- 修改解析按钮：修改圆柱或球的半径、圆环的半径或圆锥的角度，修改的曲面可以重新连接到实体或同一面组。

- 镜像按钮：镜像几何对象。
- 替代按钮：用选择的曲面替代某一曲面。
- 编辑倒圆角：移除圆角或修改圆角半径。

（3）【识别】。

可以进行阵列识别及对称识别等操作，工具条各按钮的含义如下。

- 阵列识别：定义几何阵列。
- 对称识别：根据两个曲面找到其对称平面或根据曲面与平面找到曲面的镜像面。

（4）【编辑特征】。

用于编辑选定的几何形状和曲面，工具条各按钮的含义如下。

- 连接：修剪/延伸开放面组直到实体或曲面，选择实体化或合并生成的几何。
- 移除：从实体或面组中移除曲面。

7.2　识别与选择

进入柔性建模环境，选择要修改的曲面，然后可以对其进行编辑修改。利用【识别与选择】中的相应按钮定义选择方法，可以方便地同时选择多个相关对象。

7.2.1　选择凸台类曲面

利用凸台按钮和带有附属形状的凸台按钮可以选择凸台类曲面。前者只选择曲面及与之直接相连的曲面，后者不仅选择形成凸台的曲面，还可以选择与凸台曲面相邻的所有曲面。首先选择如图 7-2 所示曲面，再分别单击凸台按钮和带有附属形状的凸台按钮，结果分别如图 7-3、图 7-4 所示。

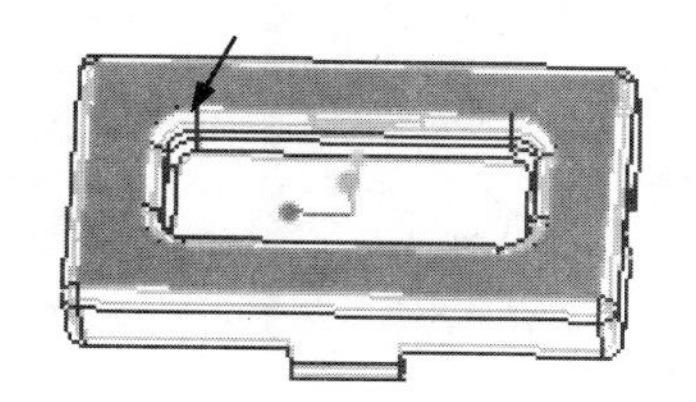

图 7-2　选择曲面

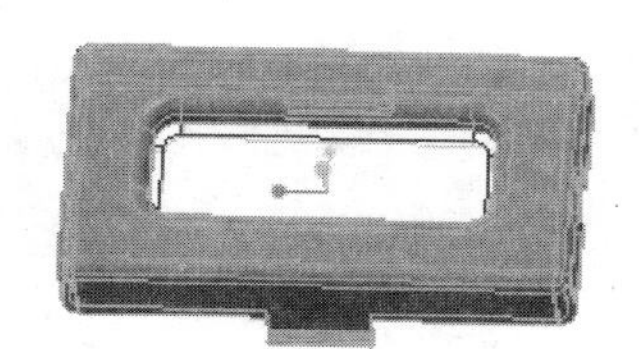

图 7-3　使用凸台按钮

图 7-4　使用带有附属形状的凸台按钮

7.2.2　选择切口类曲面

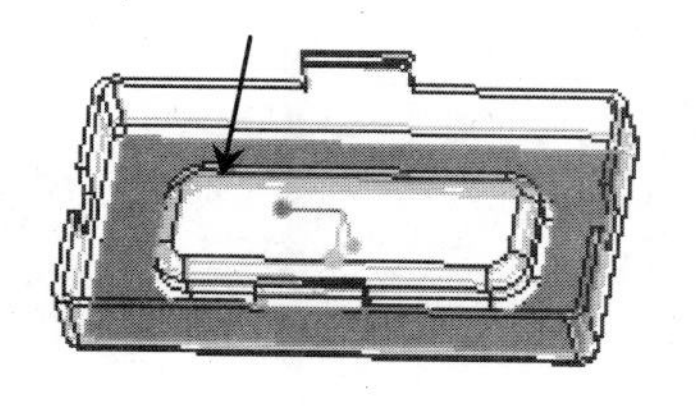

图 7-5 选择曲面

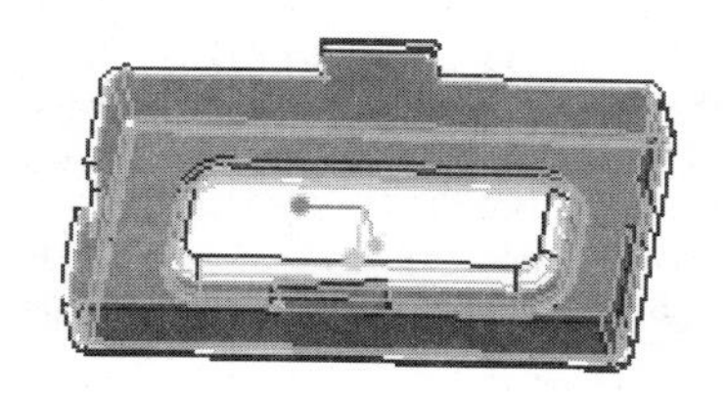

图 7-6　使用切口按钮

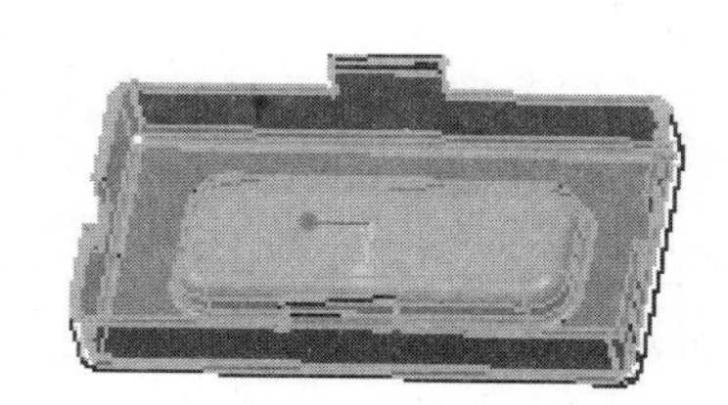

图 7-7　使用带有附属形状的切口按钮

利用切口按钮 和带有附属形状的切口按钮 可以选择切口类曲面。前者只选择形成切口的曲面，后者不仅选择形成切口的曲面，还选择与切口曲面相邻曲面。首先选择图 7-5 所示曲面，再分别单击切口按钮 和带有附属形状的切口按钮 ，结果分别如图 7-6、7-7 所示。

7.2.3 选择圆角类曲面

圆形按钮 和倒圆角和附属倒圆角按钮 用于选择倒圆角曲面。首先选择图 7-8 所示圆角，再分别单击圆形按钮 和倒圆角和附属倒圆角按钮 ，结果分别如图 7-9、7-10 所示。

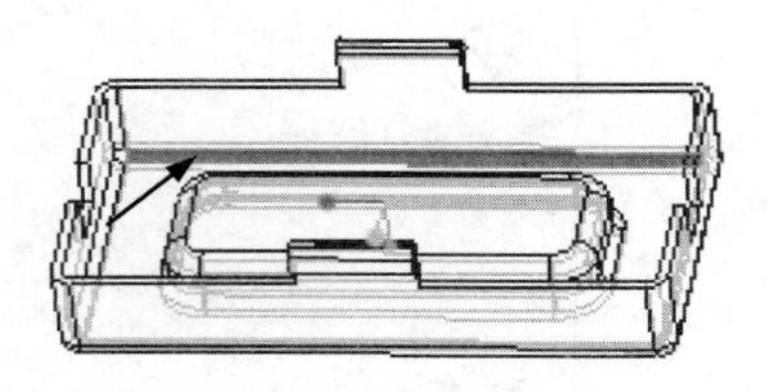

图 7-8 选择圆角

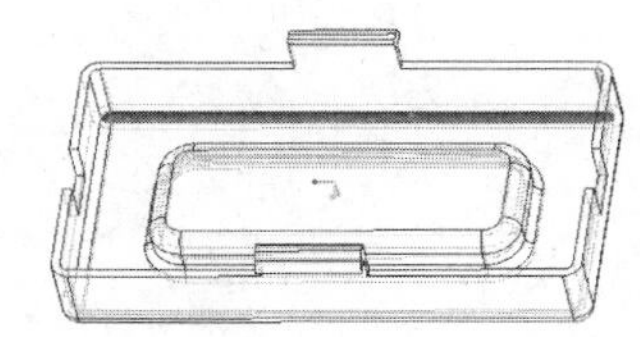

图 7-9 使用圆形按钮

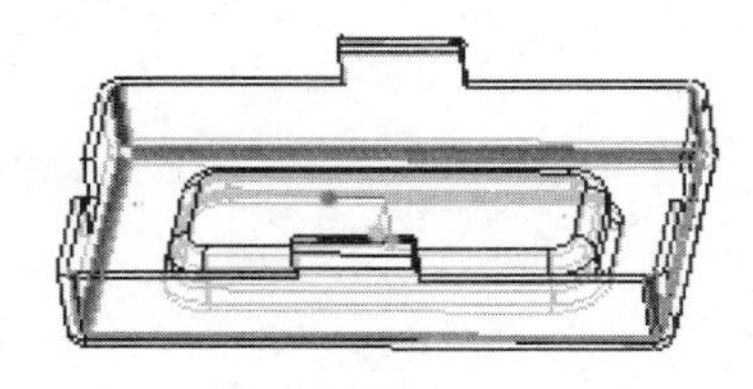

图 7-10 使用倒圆角和附属倒圆角

7.2.4 几何规则

单击【几何规则】按钮，打开【几何规则】对话框，可以根据设定的共面、平行等规则选择曲面。【几何规则】的应用如图 7-11 所示，首先选择图中所示曲面，再选择【几何规则】，设置【平行】规则，则选定所单击平面及与之平行的平面。

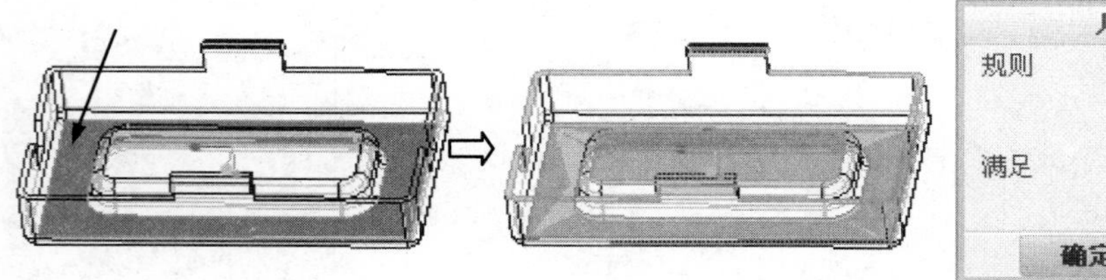

图 7-11 使用几何规则

7.3 变 换

变换功能包括移动变换和偏移变换等，建模过程中使用变换功能可以实现对实体及曲面的编辑修改操作。

7.3.1 移动变换

移动变换可以将选定的几何对象放置到一个新的位置，也可以在实现移动的同时在原来位置创建几何对象的副本。系统提供了三种实现移动变换的方式。

1. 使用3D拖动器

选择【移动】中的【使用 3D 拖动器】命令，打开操控板，如图 7-12 所示。

操控板中各选项含义如下。

（1）参考。

打开【参考】上滑面板，其中列出了移动曲面的详细信息，如图 7-13 所示。在该上滑面板中通过【排除曲面】、【排除曲线和基准】排除不需要移动的曲面、曲线和基准对象。单击详细信息...按钮，可以在弹出的对话框中进行设置。

图 7-12　【移动变换】操控板

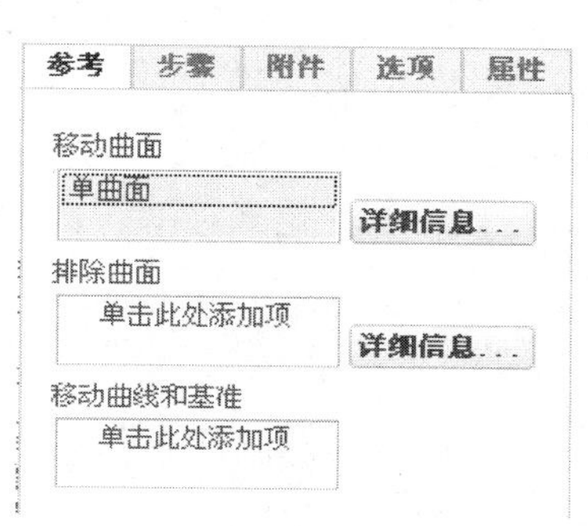

图 7-13　【参考】上滑面板

（2）步骤。

打开【步骤】上滑面板，如图 7-14 所示，在其中列出移动步骤，并可以设置 3D 拖动器的原点位置和坐标轴方向。

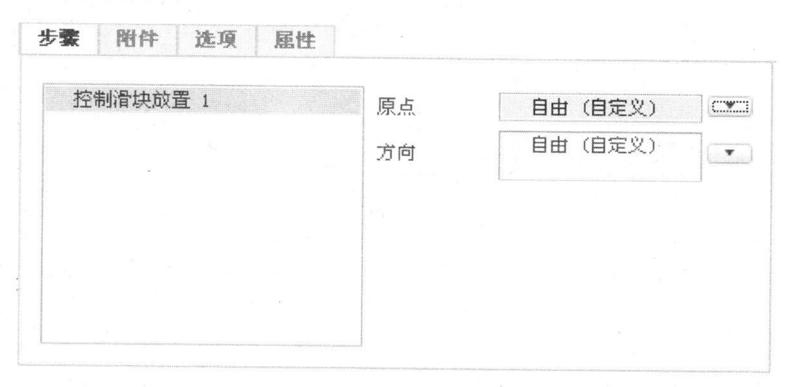

图 7-14　【步骤】上滑面板

（3）附件。

打开【附件】上滑面板，如图 7-15 所示，其中各个选项的作用如下。

- 连接移动的几何：选中时偏移几何延伸到与原始几何所属的相同实体或面组。取消该选项时，【创建倒圆角几何】、【创建侧曲面】、【延伸与相交】功能不可用。
- 创建倒圆角几何：选中时，如果原始几何通过倒圆角连接，则连接偏移几何后重新创建倒圆角。

- ❑ 创建侧曲面：收集要将附件选项从默认设置更改为“创建侧曲面”的链。
- ❑ 延伸与相交：收集要将附件选项从默认设置更改为“延伸与相交”的链。
- ❑ 多个解：用于浏览及在多个解中进行选择。
- ❑ 边界边：收集要将附件选项从默认设置更改为“边界”的链。

（4）【选项】。

【选项】上滑面板如图 7-16 所示，用于设置移动的传播、延伸曲面及分割曲面。其中各项含义如下。

- ❑ 阵列/对称/镜像特征：收集镜像、镜像几何、阵列或阵列/对称识别特征以传播移动变换。
- ❑ 延伸曲面：收集要分割的延伸曲面。
- ❑ 分割曲面：收集将被延伸的曲面以分割延伸曲面。
- ❑【属性】：定义移动特征名称。

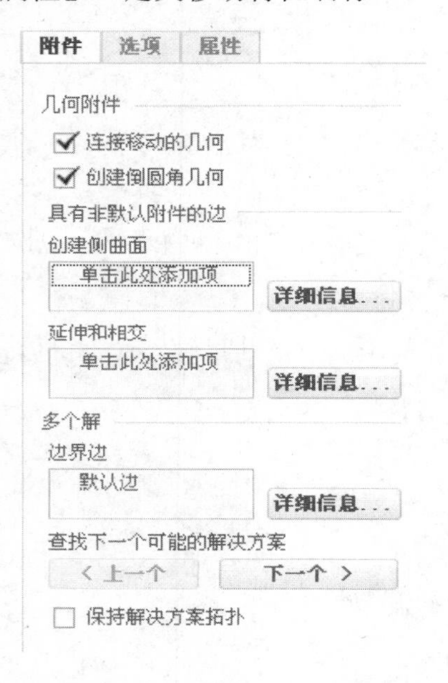

图 7-15 【附件】上滑面板

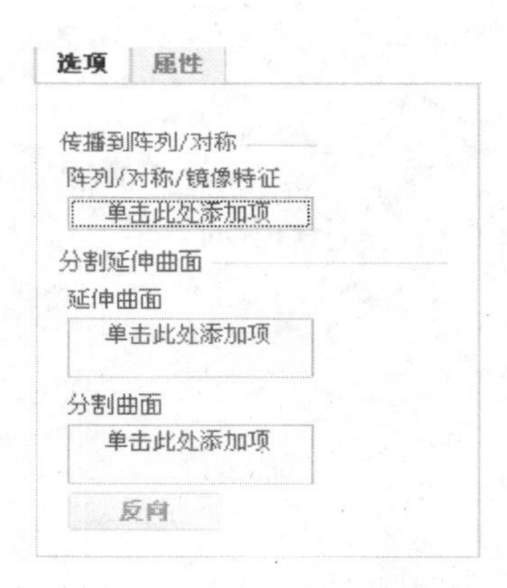

图 7-16 【选项】上滑面板

【例 7-1】 使用 3D 拖动器进行移动操作

本例中介绍了使用 3D 拖动器进行移动操作的基本过程，包括【步骤】上滑面板的设置等内容。

设计过程

使用 3D 拖动器进行移动操作的步骤如图 7-17 所示。

2. 使用“尺寸”进行移动

使用“尺寸”进行移动时可以通过编辑修改所选择的参照之间的尺寸值移动对象。选择【移动】中的【按尺寸移动】命令，打开【按尺寸移动】上滑面板，如图 7-18 所示。

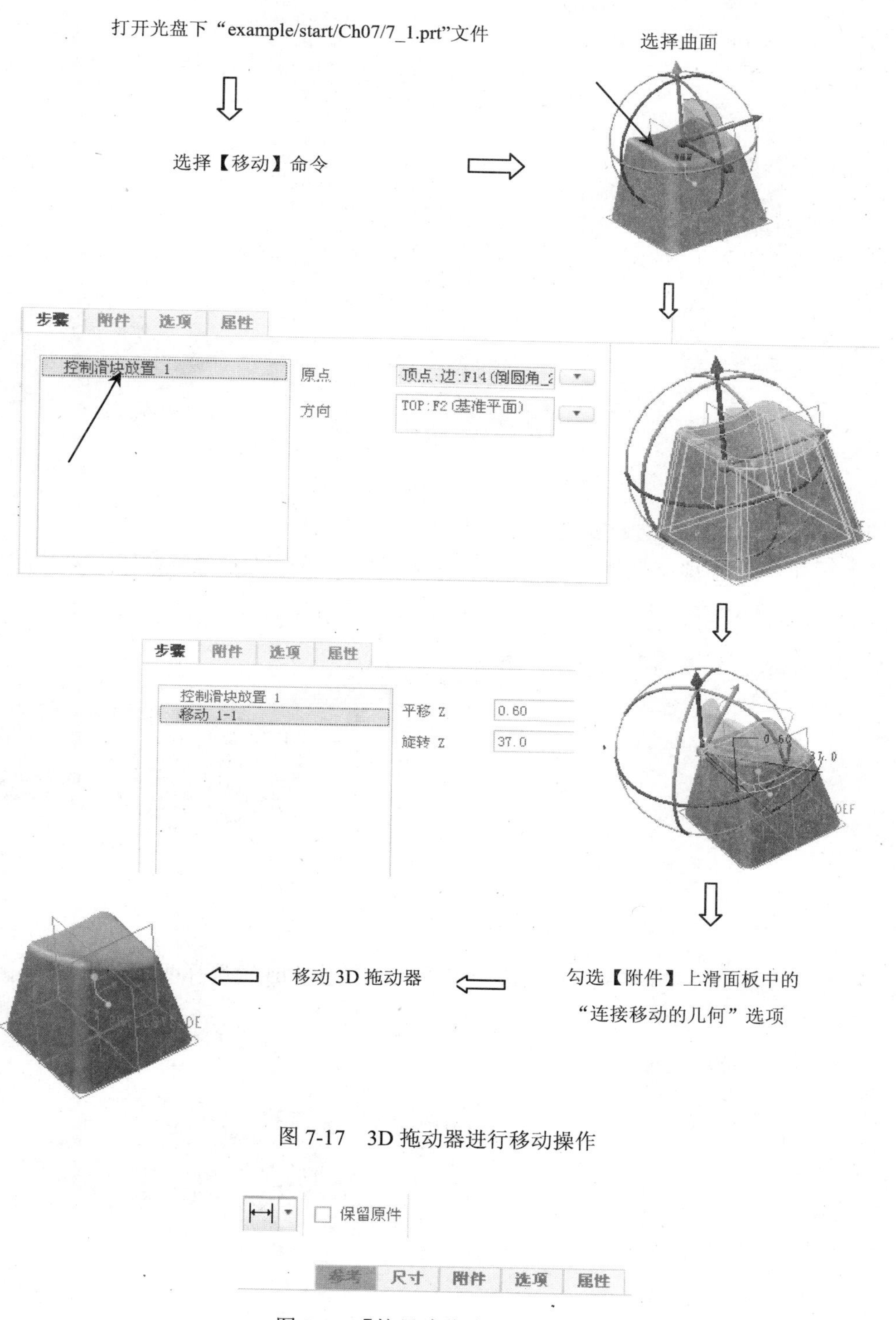

图 7-17 3D 拖动器进行移动操作

图 7-18 【按尺寸移动】上滑面板

其中【参考】、【附件】、【选项】和【属性】上滑面板内容与【使用 3D 拖动器】命令相同。【尺寸】上滑面板用于添加尺寸、选择尺寸偏移的参照及定义偏移量，打开【尺寸】上滑面板，如图 7-19 所示。

【例 7-2】 使用“尺寸”进行移动操作

本例介绍使用“尺寸”进行移动操作的基本过程，包括【尺寸】上滑面板的设置等内容。

设计过程

（1）打开光盘下“example/start/Ch07/7_2.prt”文件。

（2）选择如图 7-20 所示曲面，单击【带有附属形状凸台】按钮，完成对象选择。

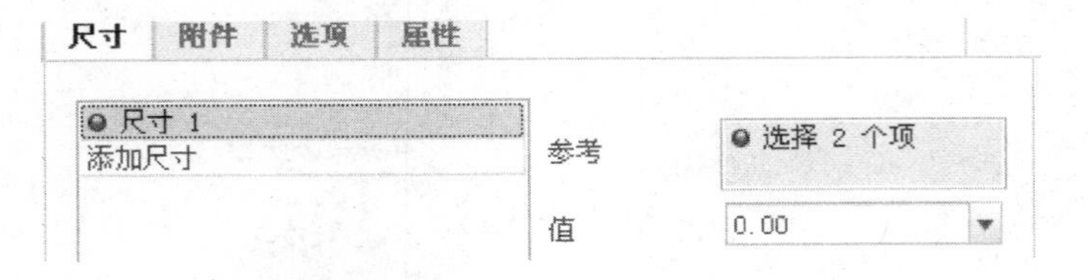

图 7-19 【尺寸】上滑面板

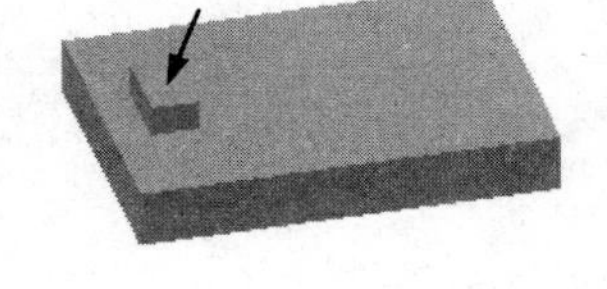

图 7-20 选择曲面

（3）单击【按尺寸移动】按钮，打开【尺寸】选项卡。

（4）按如图 7-21 所示按住 Ctrl 键选择两个面作为尺寸参照，输入新值。

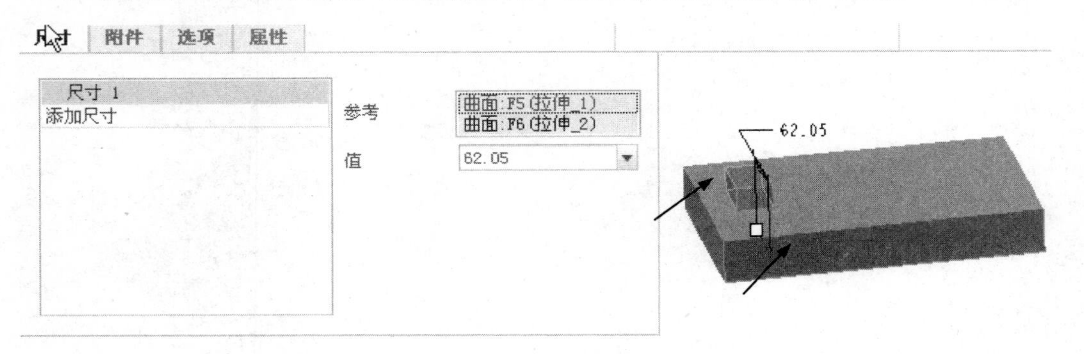

图 7-21 选择尺寸参照

（5）单击【添加尺寸】选项，按如图 7-22 所示，按住 Ctrl 键选择两个面作为尺寸参照，输入新值 150。

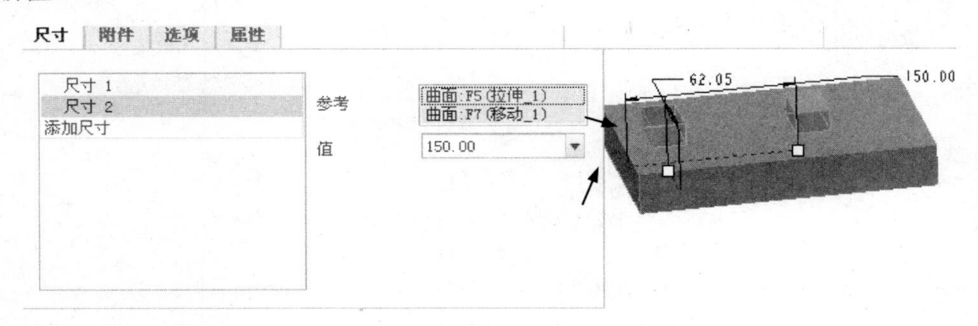

图 7-22 选择尺寸参照

（6）完成移动操作，结果如图 7-23 所示。

3. 按约束移动

按约束移动通过定义所选对象之间的约束关系移动对象。选择【移动】中的【按约束移动】命令，打开【按约束移动】操控板，如图 7-24 所示。其中【参考】、【附件】、【选项】和【属性】上滑面板内容与【使用 3D 拖动器】命令相同。【放置】上滑面板用于定义约束类型及约束参照，打开【放置】上滑面板，如图 7-25 所示。约束的类型及定义方法与装配约束基本相同。

图 7-23　移动操作结果

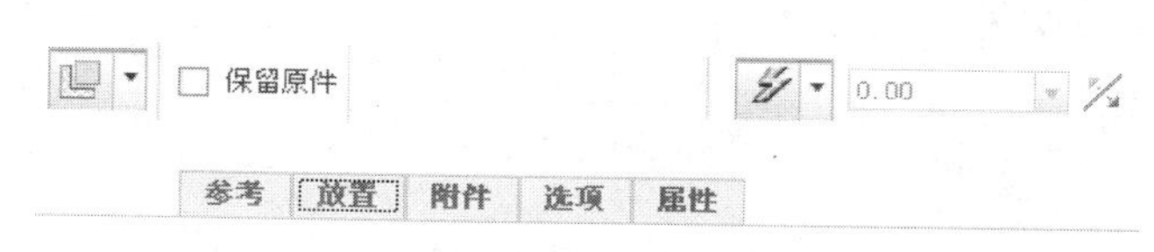

图 7-24　【按约束移动】操控板

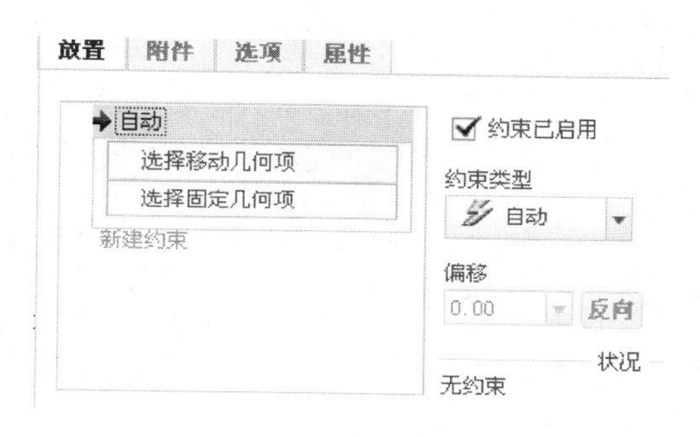

图 7-25　【放置】上滑面板

【例 7-3】　使用“按约束移动”进行移动操作

本例中介绍使用“按约束移动”进行移动操作的基本过程，包括【尺寸】上滑面板的设置等内容。

设计过程

（1）打开光盘下“example/start/Ch07/7.3_prt”文件。

（2）选择如图 7-26 所示曲面，单击【带有附属形状凸台】按钮，完成对象选择。

（3）单击【按约束】按钮，打开【放置】选项卡。

（4）在约束类型下拉列表框中选择【距离】。

（5）按如图 7-27 所示选择两个面作为参照，输入距离值 10。

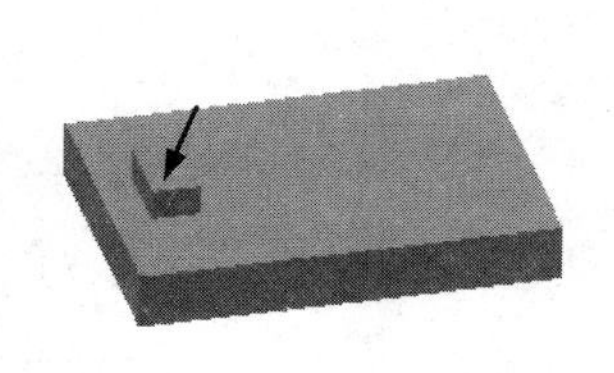

图 7-26　选择曲面

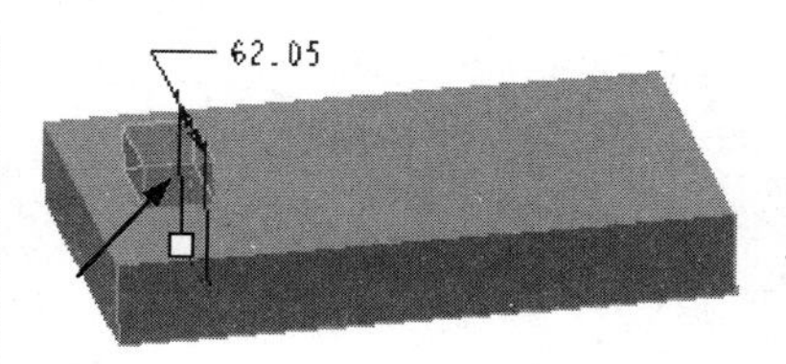

图 7-27　选择约束参照图

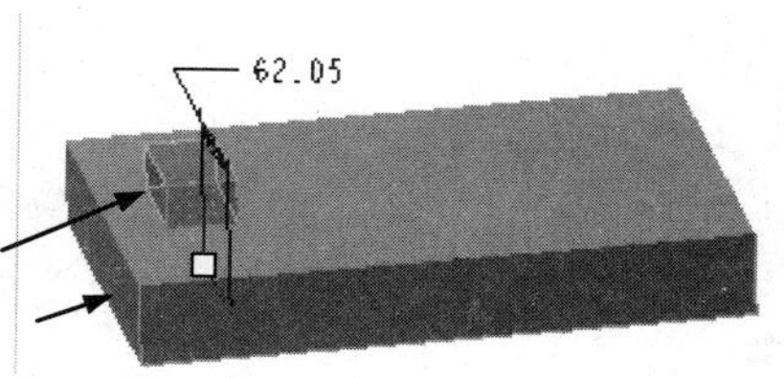

图 7-28　选择约束参照

（6）单击【添加约束】选项，在约束类型下拉列表框中选择【距离】。

（7）按如图 7-28 所示选择两个面作为参照，输入距离值 40。

（8）完成移动操作，结果如图 7-29 所示。

图 7-29 移动操作结果

7.3.2 偏移变换

偏移变换可以对曲面进行偏移操作，偏移曲面可以重新连接到实体或同一曲面组。单击【偏移】按钮，打开【偏移】操控板，其中的【参考】、【附件】、【选项】上滑面板中的内容与【移动】变换基本相同。

偏移操作基本操作过程如下。

（1）单击【偏移】按钮。

（2）选择曲面。

（3）设置偏移值。

（4）设置【附件】、【选项】上滑面板中的相关选项。

（5）完成偏移操作，如图 7-30 所示。

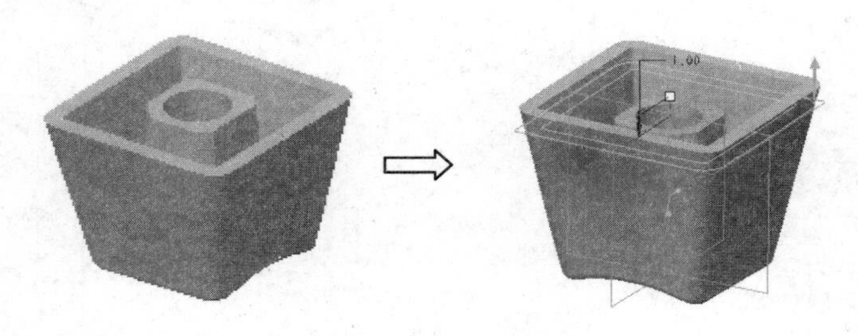

图 7-30 偏移操作结果

7.3.3 修改解析

修改解析曲面可以修改圆柱或球的半径、圆环的半径或圆锥的角度，修改后的曲面可以重新连接到实体或同一面组。【修改解析】操控板如图 7-31 所示。

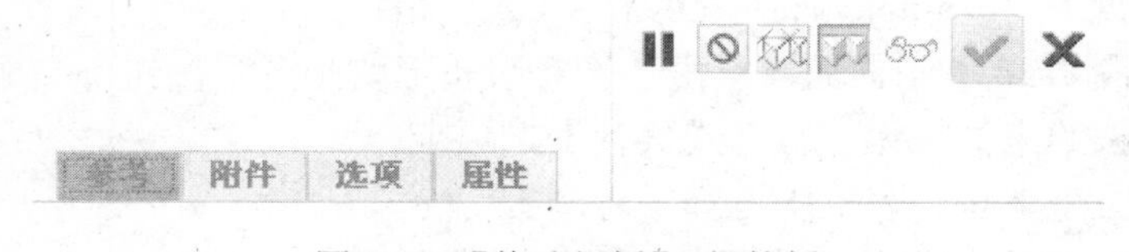

图 7-31 【修改解析】 操控板

各上滑面板中的内容与【移动】变换相应上滑面板中的内容基本相同。

修改解析的基本操作过程如下。

（1）单击【修改解析】按钮。

（2）选择圆柱、球或圆锥曲面。

（3）设置半径值。

（4）设置【附件】、【选项】上滑面板中的相关选项。

（5）完成修改解析操作，结果如图 7-32 所示。

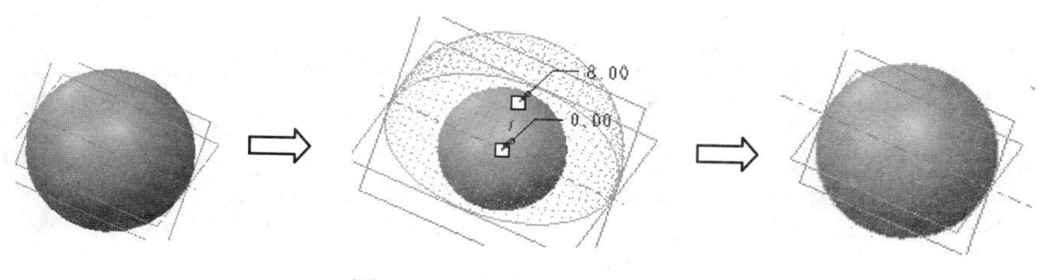

图 7-32　修改解析操作结果

7.3.4　镜像变换

单击【镜像几何】按钮，打开【镜像变换】操控板，如图 7-33 所示。操控板中各上滑面板的含义如下。

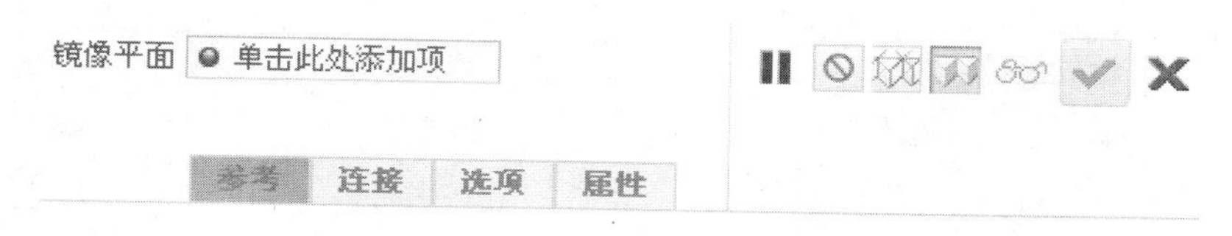

图 7-33　【镜像变换】操控板

- 【参考】上滑面板：用于选择镜像曲面、镜像曲线及基准、镜像平面。
- 【选项】上滑面板：用于定义延伸曲面及分割曲面。

镜像变换基本操作过程如下。

（1）单击【镜像几何】按钮。

（2）打开【参照】上滑面板，选择曲面、曲线和镜像平面。

（3）设置【附件】、【选项】上滑面板中的相关选项。

（4）完成镜像操作，如图 7-34 所示。

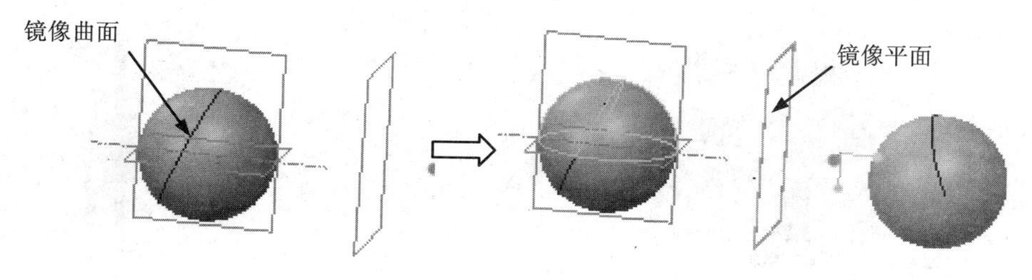

图 7-34　镜像变换结果

7.3.5　替代变换

替代变换可以实现用曲面替代实体表面。单击【替代】按钮，打开【替代】操控面板，如图 7-35 所示。

操控板中各选项的含义如下。

- ● 单击此处添加项按钮：选择参考。
- ⁄按钮：切换替代方向。
- 【参考】：如图 7-36 所示，用于选择替代曲面及需要替代的曲面。

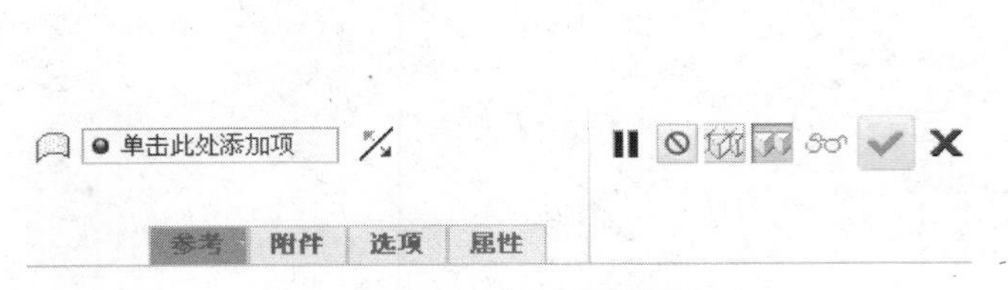

图 7-35 【替代】操控面板

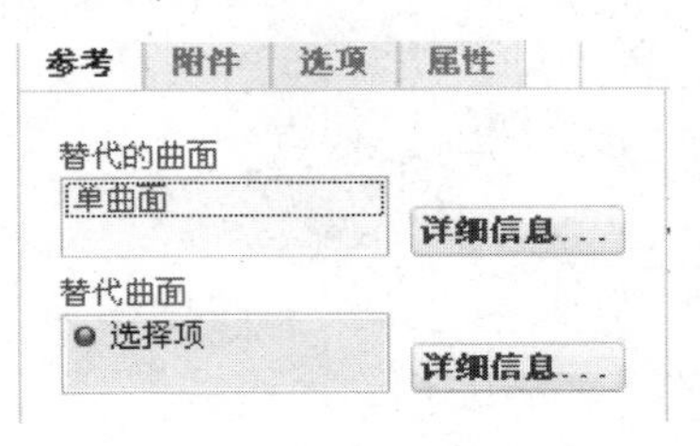

图 7-36 【参考】上滑面板

- 【附件】：如图 7-37 所示，用于选择是否创建几何圆角及在多个解中进行选择。
- 选项：用于确定是否保持替代面组，如图 7-38 所示。

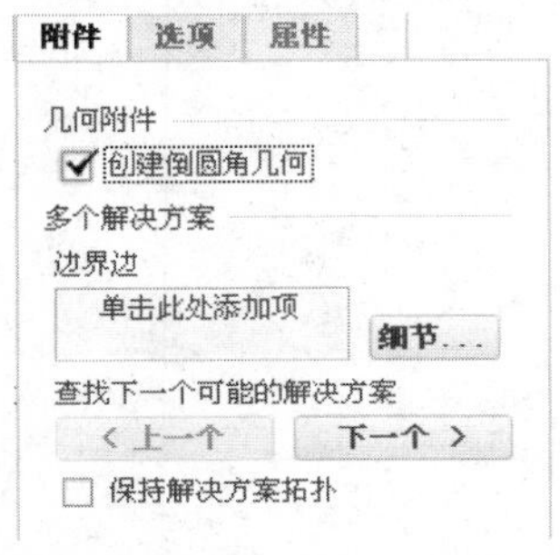

图 7-37 【附件】上滑面板

图 7-38 【选项】上滑面板

替代变换的操作过程如下。

（1）单击【替代】按钮。

（2）打开【参照】上滑面板，选择替代曲面及要被替换的曲面。

（3）设置【附件】、【选项】上滑面板中的相关选项。

（4）完成替代操作，如图 7-39 所示。

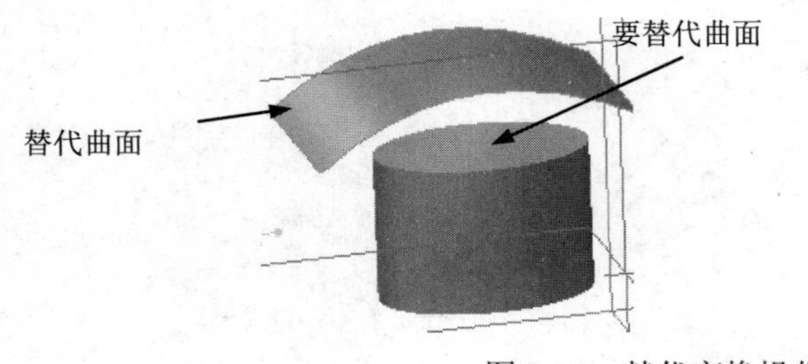

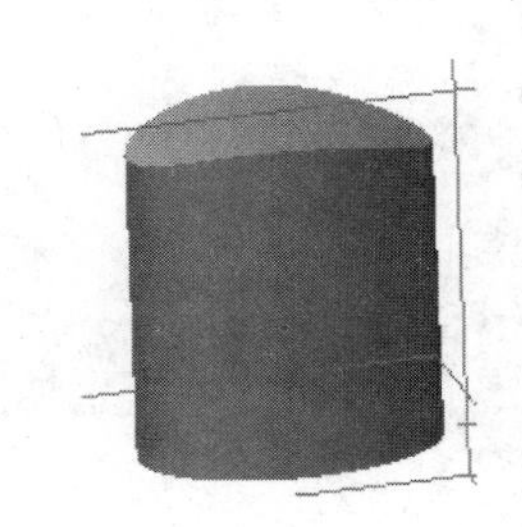

图 7-39 替代变换操作结果

> 注意替代法向方向的设置。

7.3.6 编辑倒圆角

编辑倒圆角功能可以对模型上的倒圆角特征进行编辑修改，重新指定半径值。单击【编辑倒圆角】按钮，打开【编辑倒圆角】操控板，如图 7-40 所示。

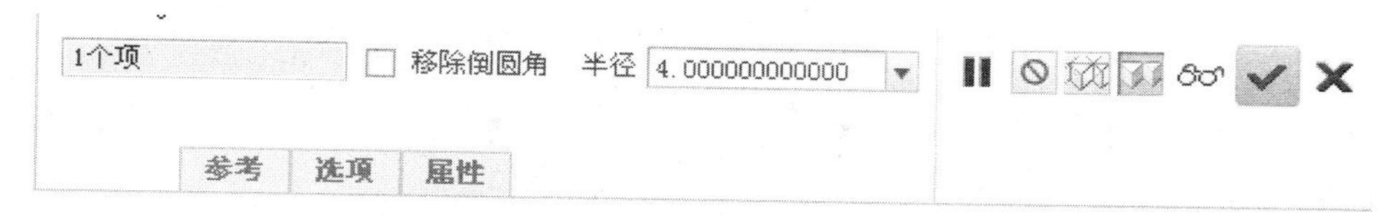

图 7-40　【编辑倒圆角】操控板

操控板中各选项含义如下。

- ❑ 移除倒圆角：移除模型中倒圆角的曲面。
- ❑ 半径 1.18：设置圆角半径。
- ❑ 选择项：选择参考。
- ❑【参考】：打开【参考】上滑面板，如图 7-41 所示，用于选择圆角特征。

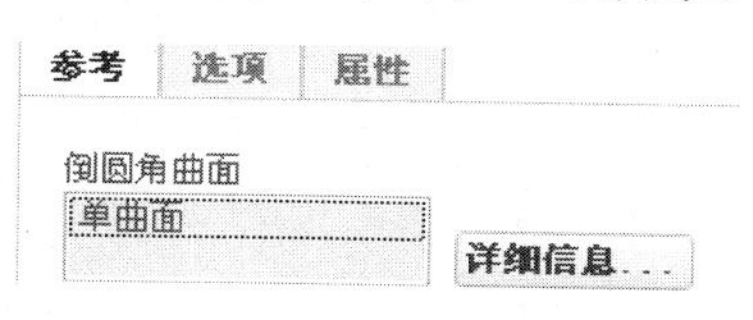

图 7-41　【参考】上滑面板

- ❑【选项】：【选项】上滑面板的内容与【替代】操控板中的【选项】内容相同。

编辑倒圆角的操作过程如下。

（1）单击【编辑倒圆角】按钮。

（2）打开【参照】上滑面板，选择圆角特征。

（3）设置圆角尺寸。

（4）设置【选项】上滑面板中的相关选项。

（5）完成操作。如图 7-42 所示。

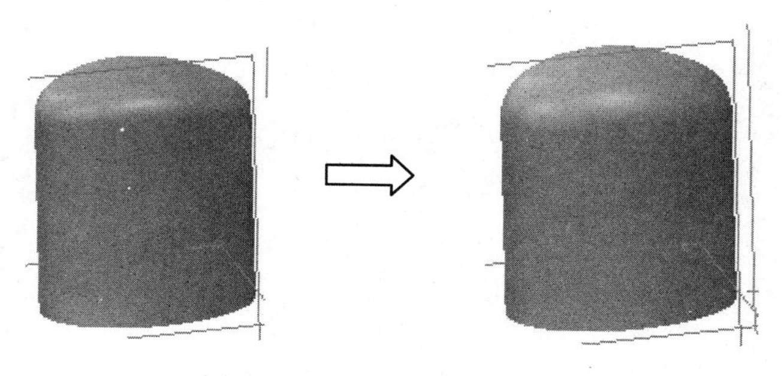

图 7-42　编辑倒圆角操作结果

7.4　阵列识别和对称识别

使用阵列识别和对称识别可以为一些相同或相似几何的柔性变换操作提供方便。本节介绍阵列识别和对称识别操作的基本过程及相关设置。

7.4.1 阵列识别

使用阵列识别功能可以对已经定义的阵列进行编辑修改。单击【阵列识别】按钮，打开【陈列识别】操控板，如图 7-43 所示。

图 7-43 【阵列识别】操控板

操控板中显示内容与定义阵列时使用的方法有关。如图 7-44 所示为使用“方向”阵列时显示的内容。

图 7-44 操控板显示内容

操控板中各项内容的含义如下。

- 【参考】：用于选择导引曲面及曲线。
- 【选项】：打开【选项】上滑面板卡，如图 7-45 所示。勾选允许编辑选项，可以对阵列进行编辑。
- 【阵列】：标识选择的阵列特征。

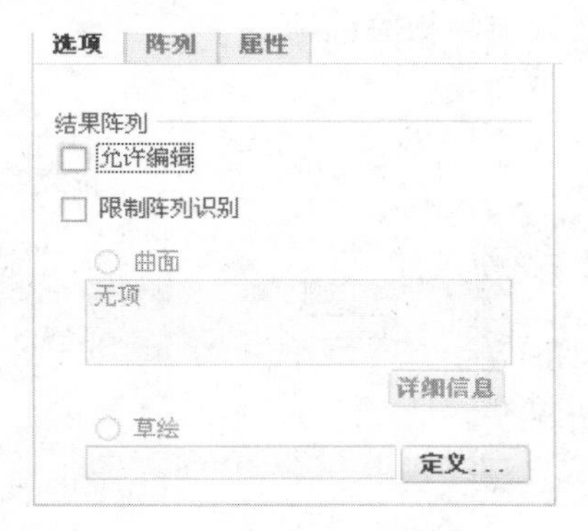

图 7-45 【选项】上滑面板

【例 7-4】 使用“阵列识别”功能编辑阵列

本例介绍使用“阵列识别”进行阵列的编辑操作的基本过程，包括【阵列】操控板的使用等内容。

设计过程

（1）打开光盘下“example/start/Ch07/7_4.prt”文件。

（2）选择如图 7-46 所示曲面，单击【带有附属形状凸台】按钮，完成对象选择。

图 7-46　选择对象

（3）单击【阵列识别】按钮，打开【陈列识别】操控板。
（4）在【选项】上滑面板中勾选允许编辑选项。
（5）在【阵列识别】操控板中修改阵列参数，如图 7-47 所示。

图 7-47　修改阵列参数

（6）完成操作，结果如图 7-48 所示。

7.4.2　对称识别

使用此功能可以选择互为镜像的两个曲面，然后找到镜像平面，也可以选择一个曲面和一个镜像平面，然后确定曲面的镜像曲面。单击【对称识别】按钮，打开【对称识别】操控板，如图 7-49 所示。

图 7-48　阵列识别操作结果

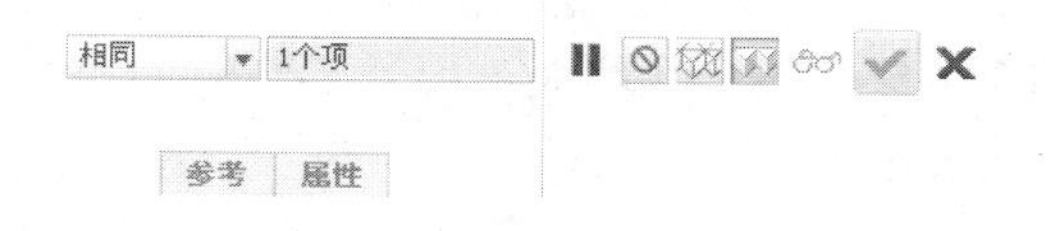

图 7-49　【对称识别】操控板

【例 7-5】 对称识别操作
本例介绍 “对称识别”操作的基本过程。

设计过程

（1）打开光盘下“example/start/Ch07/7_5.prt”文件。
（2）选择如图 7-50 所示两个曲面。
（3）单击【对称识别】按钮。
（4）完成操作，结果如图 7-51 所示。

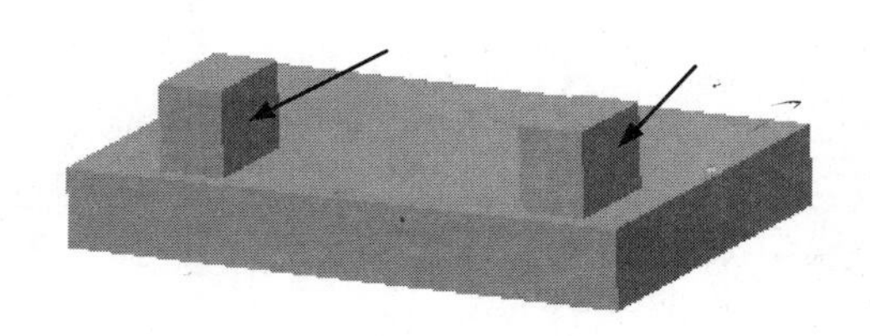

图 7-50　对象选择

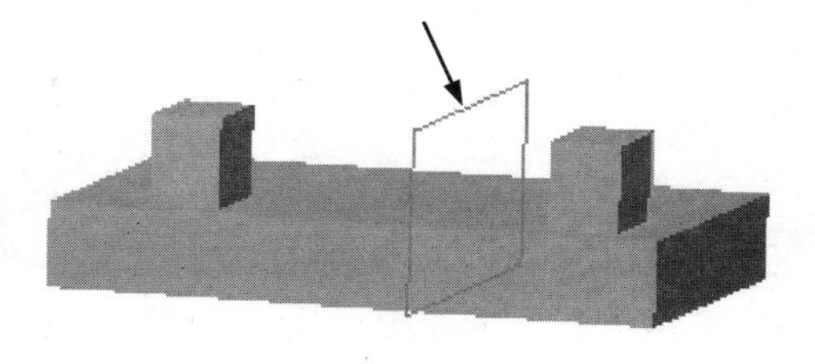

图 7-51　操作结果

7.5 编 辑 特 征

编辑特征包括两个功能，即“连接”和“移除”。利用编辑特征功能可以完成曲面与实体或面组的连接，以及面组的移除操作。

7.5.1 连接

连接功能用于修剪或延伸开放面组，可以直到连接到实体或选定面组，还可以选择实体化或合并生成的几何特征。单击【连接】按钮，打开【连接】操控板，如图 7-52 所示。

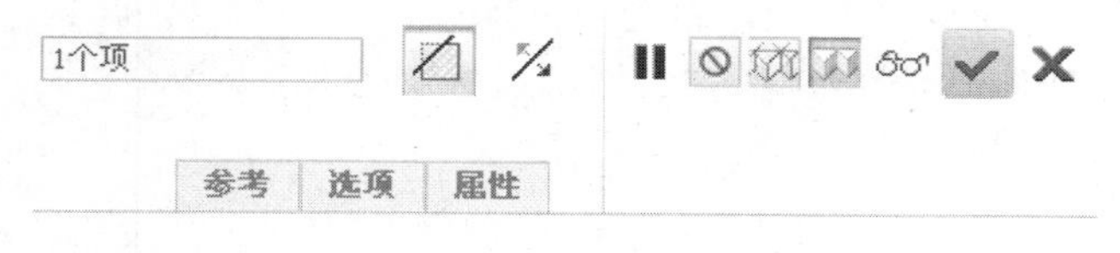

图 7-52 【连接】操控板

操控板中各按钮及上滑面板的功能如下。

- 1个项：参考选择情况。
- ：移除材料。
- ：更改移除材料的方向。
- 【参考】上滑面板：用于要修剪/延伸的面组及要合并面组的选择。
- 【选项】上滑面板：其中的“修剪/延伸并且不进行连接”选中时修剪或延伸的面组不与实体几何或选定的“要连接面组”相连接；“边界边”用于选择要将附件选项从默认设置更改为“边界边”的链；“查找下一个可能的解决方案”用于在多个方案之间切换，使用 < 上一个 下一个 > 按钮进行切换。

7.5.2 移除

用于从实体或面组中移除曲面。选择曲面后，再单击【移除】按钮，打开【移除】操控板，如图 7-53 所示。操控板中各按钮及上滑面板的功能如下。

图 7-53 【移除】上滑面板

- 1个曲面集：移除曲面的选择情况。
- 保持打开状态：选中时，完成移除操作后模型保持原来状态。
- 【参考】上滑面板：用于选择要移除的曲面，如图 7-54 所示。
- 【选项】上滑面板：如图 7-55 所示，“附件”选项在选择实体表面移除时出现。“保留已经移除的曲面”定义移除操作完成后，移除的曲面仍然保留；“排除轮廓”定义选择从选定的多轮廓曲面中移除的轮廓；“查找下一个可能的解决方案”用于在多个方案之间切换，使用 < 上一个 下一个 > 按钮进行切换。

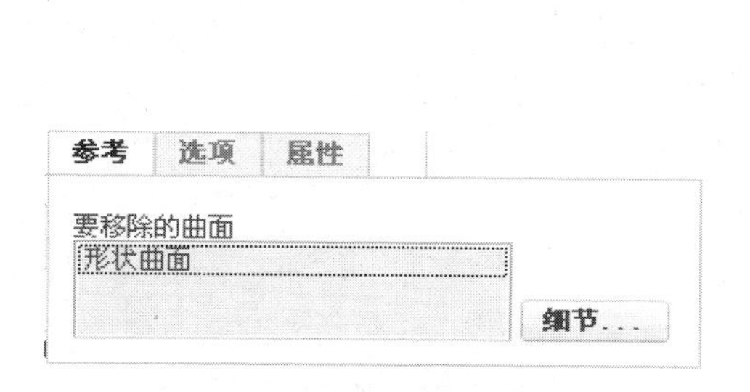

图 7-54 【参考】上滑面板

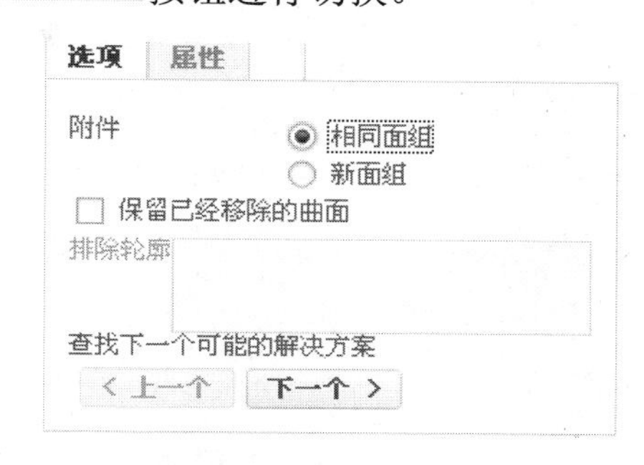

图 7-55 【选项】上滑面板

移除的操作过程如下。

（1）选择从实体或面组中选择要去除曲面。

（2）选择【移除】命令。

（3）设置【选项】上滑面板中的相关选项

（4）完成操作，结果如图 7-56 所示。

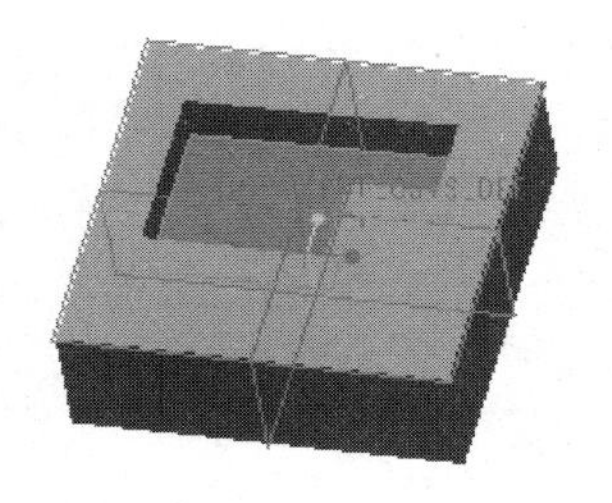

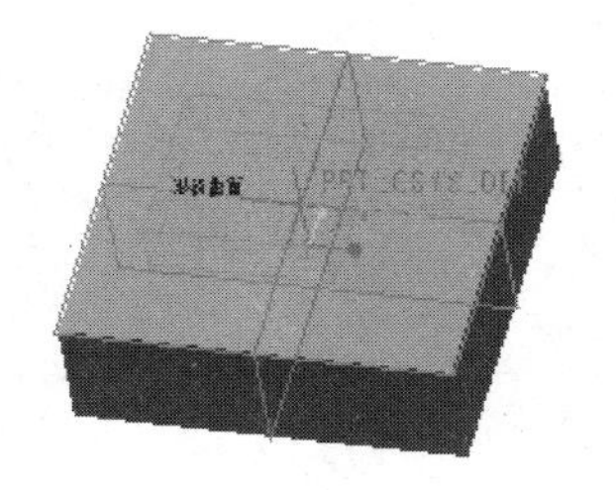

图 7-56　移除操作结果

7.6　小　　结

柔性建模可以直接利用已有的特征进行建模，是参数化建模的辅助工具，可以更加灵活、快速地进行模型的创建。本章着重介绍了柔性建模的各种功能及其操作方法，通过实例说明了柔性建模的应用及操作方法。

7.7　综 合 实 例

	结果文件：光盘/example/finish/Ch07/7_6_1.prt
	视频文件：光盘/视频/Ch07/7_6.avi

下面以实例说明柔性建模的操作方法，内容涉及移动、对称识别、镜像识别、替代和编辑倒圆角等操作。实例操作结果如图 7-57 所示。

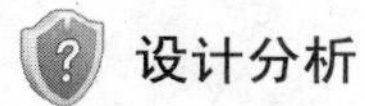

设计分析

- 使用柔性建模功能可以利用已有的特征通过移动、镜像等操作直接生成特征。
- 实例中包括移动、镜像、阵列识别等柔性建模操作方法。

设计过程

（1）打开光盘下“example/start/Ch07/7_6.prt”文件，如图 7-58 所示。

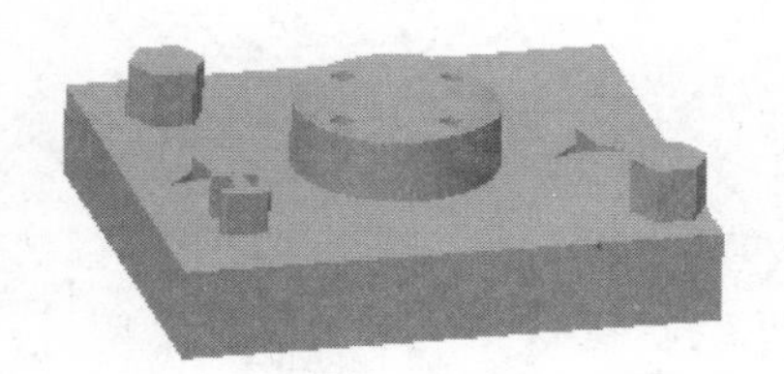

图 7-57　柔性建模操作结果

图 7-58　模型

（2）进入柔性建模环境。

（3）移动对象。

- 选择如图 7-59 所示曲面，单击【带有附属形状的凸台】选择整个凸台曲面。
- 选择【按尺寸移动】，打开操控板，勾选操控板中的☑保留原件，选择图 7-60 所示的面与棱边作为参照，系统显示两个面之间的距离值为 10，修改距离值为 110。
- 在【尺寸】上滑面板中单击【添加尺寸】，选择如图 7-61 所示两个面作为参照，修改尺寸为 10。
- 完成移动操作，结果如图 7-62 所示。

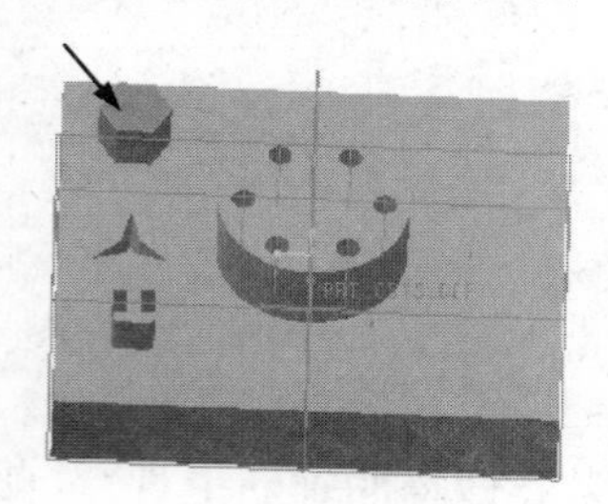

图 7-59　选择曲面

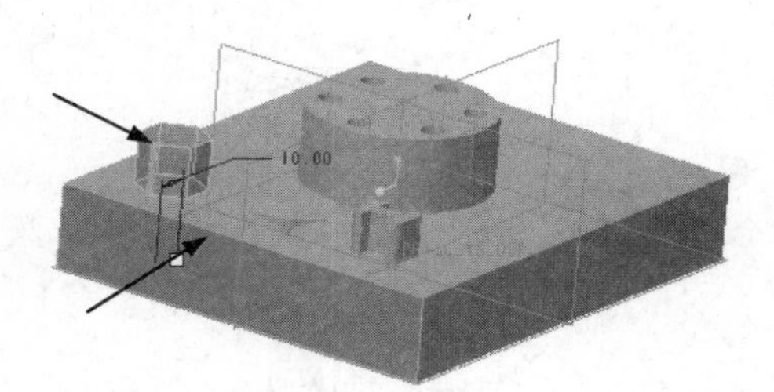

图 7-60　选择参照

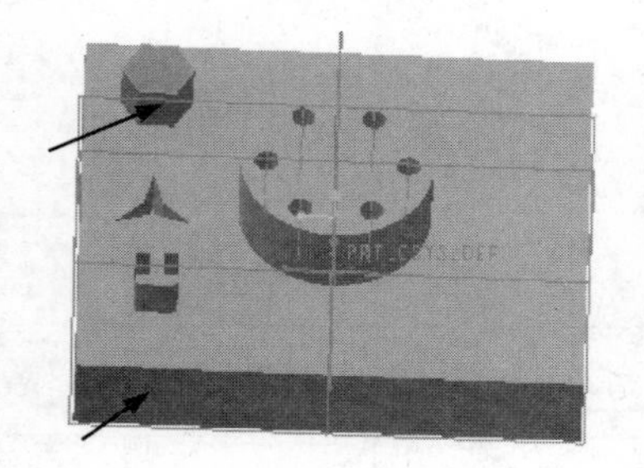

图 7-61　选择参照

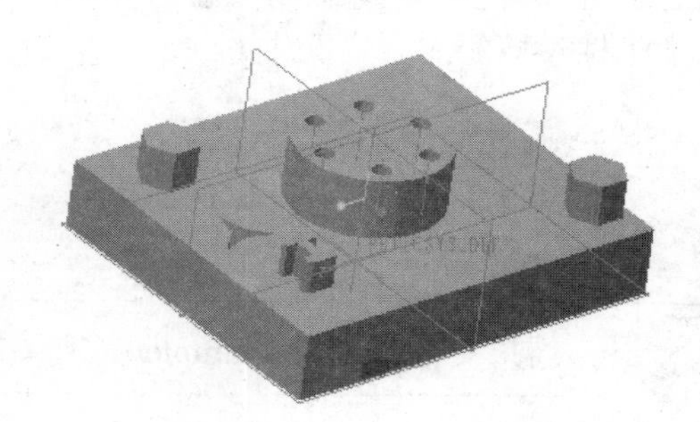

图 7-62　移动操作结果

（4）柔性镜像。

- ❑ 选择图 7-63 所示曲面，单击【切口和附加切口】选择整个特征曲面。
- ❑ 单击镜像按钮，打开【柔性镜像】操控板。
- ❑ 选择 FRONT 面作为对称面。
- ❑ 完成镜像操作，结果如图 7-64 所示。

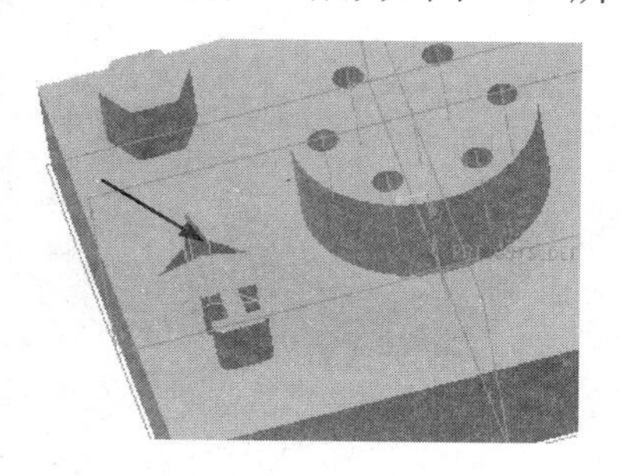

图 7-63　选择曲面

图 7-64　镜像操作结果

（5）阵列识别。

- ❑ 选择孔的内表面，单击【切口和附加切口】选择整个孔特征曲面。
- ❑ 单击【阵列识别】按钮，打开【阵列识别】操控板。
- ❑ 打开【选项】上滑面板，勾选☑允许编辑。
- ❑ 按图 7-65 所示修改阵列参数。
- ❑ 完成操作，结果如图 7-66 所示。

实例 4　间距 90.00

图 7-65　阵列参数修改

图 7-66　操作结果

（6）编辑倒圆角。

- ❑ 选择图 7-67 所示特征上的所有圆角。
- ❑ 单击【编辑倒圆角】按钮。
- ❑ 修改圆角大小为 1。结果如图 7-68 所示。

图 7-67　选择圆角

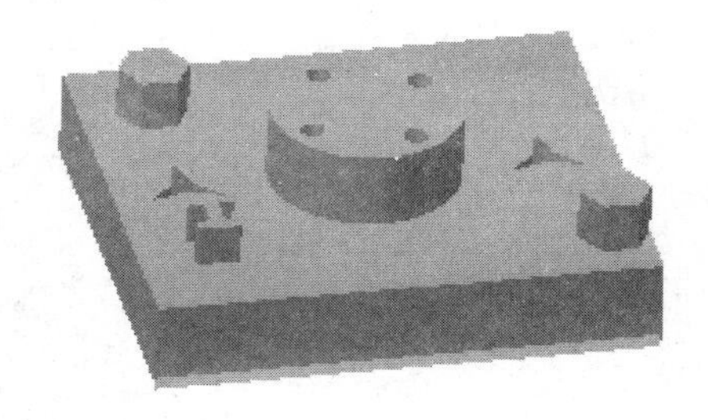

图 7-68　操作结果

（7）替代操作。

- 显示隐藏的曲面特征。
- 单击【替代】按钮。
- 选择如图 7-69 所示的面作为替代的曲面。
- 单击操控板中的 ⅔ 按钮，改变替代的法向方向。
- 完成操作，结果如图 7-70 所示。

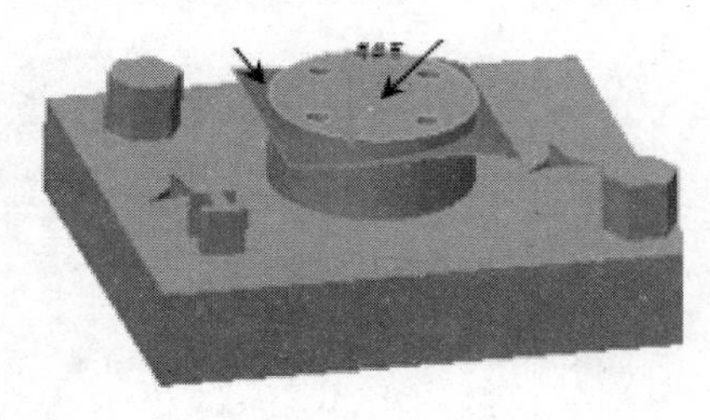
图 7-69　选择曲面

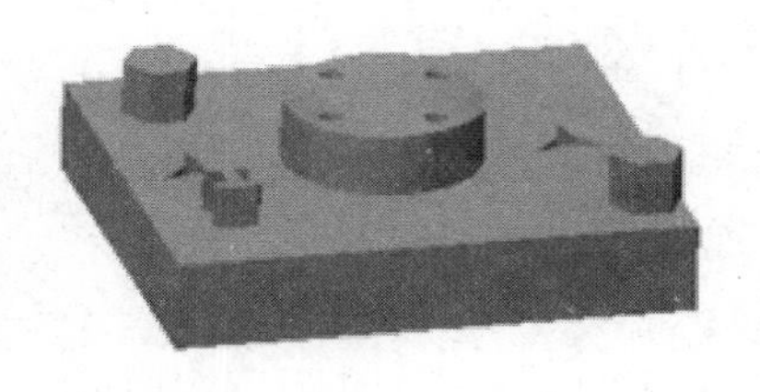
图 7-70　操作结果

7.8　小　　结

柔性建模可以直接利用已有的特征进行建模，是参数化建模的辅助工具，可以更加灵活、快速地进行模型的创建。本章着重介绍了柔性建模的各种功能，通过实例说明柔性建模的应用及操作方法。

7.9　练　习　题

1．思考题

（1）柔性建模环境可以进行哪些操作？
（2）连接与移除操作的应用对象有哪些？
（3）柔性移动分为几种类型？

2．操作题

	结果文件：光盘/example/finish/Ch07/7_7_1.prt
	视频文件：光盘/视频/Ch07/7_7.avi

对图 7-71 所示模型进行移动、镜像等操作。

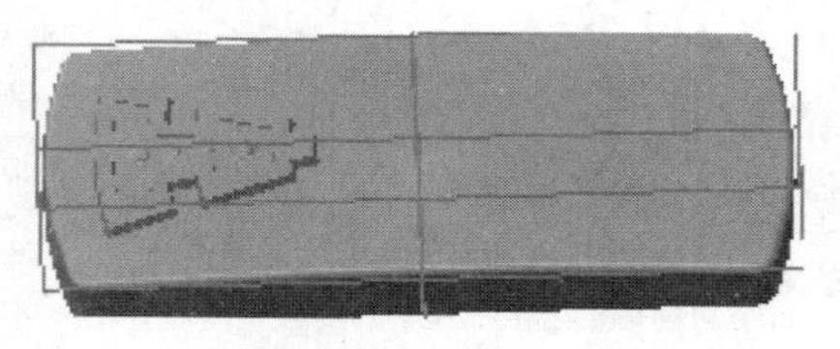
图 7-71　模型

第 8 章　曲 面 设 计

曲面设计是进行产品设计不可缺少的一项设计内容，Creo Parametric 提供了高级曲面设计功能和各种曲面编辑功能，可以方便地设计高质量的曲面。除了可以进行高级曲面设计之外，系统还具有更自由的造型曲面设计功能，使用功能强大的自由曲线和自由曲面设计，可以直观地将曲面调整到最佳状态。

8.1　基本曲面设计

基本曲面指的是使用拉伸、旋转、扫描和填充方法创建的曲面，其中拉伸、旋转、扫描曲面的创建方法与实体特征的创建过程相似。

8.1.1　伸曲面

在【拉伸】特征操控板上单击按钮，即可进行拉伸曲面特征的创建。拉伸曲面特征的创建方法与创建实体拉伸特征的方法类似，可以利用绘图平面上封闭曲线与非封闭曲线创建拉伸曲面，如图 8-1 所示。打开【拉伸】特征操控板上的【选项】上滑面板，选取【封闭端】选项，可以创建两端闭合的拉伸曲面特征，如图 8-2 所示。

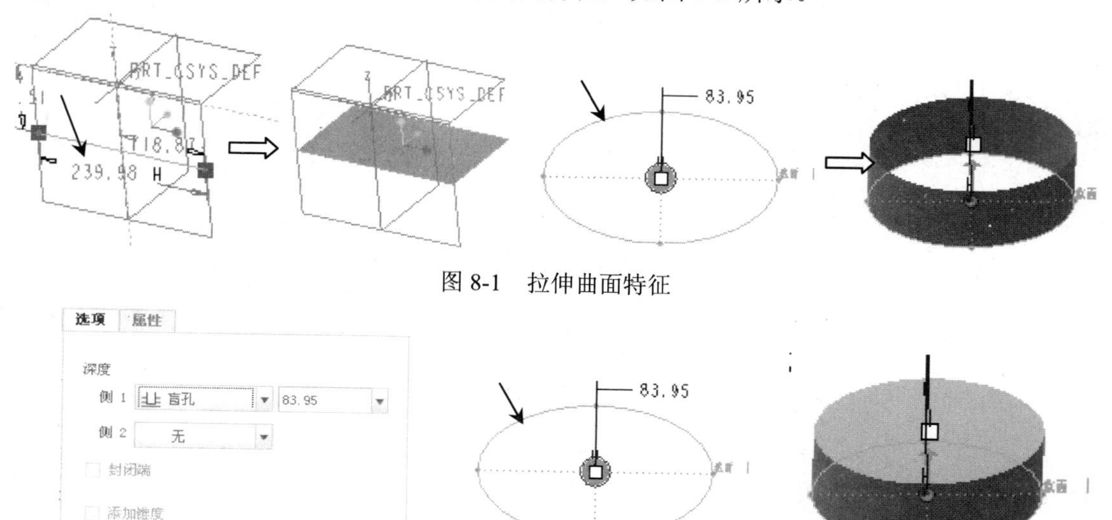

图 8-1　拉伸曲面特征

图 8-2　创建两端封闭拉伸曲面特征

创建拉伸曲面时，在【拉伸】操控板上单击◿按钮，操控板变为如图 8-3 所示。单击被修剪曲面后可以利用新创建曲面对已有曲面进行修剪操作，如图 8-4 所示。

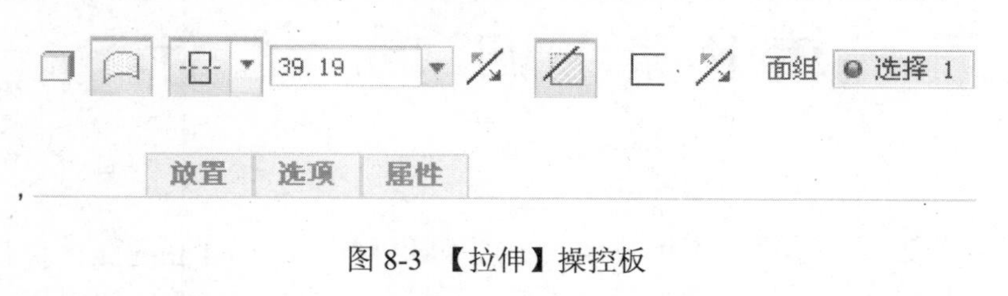

图 8-3 【拉伸】操控板

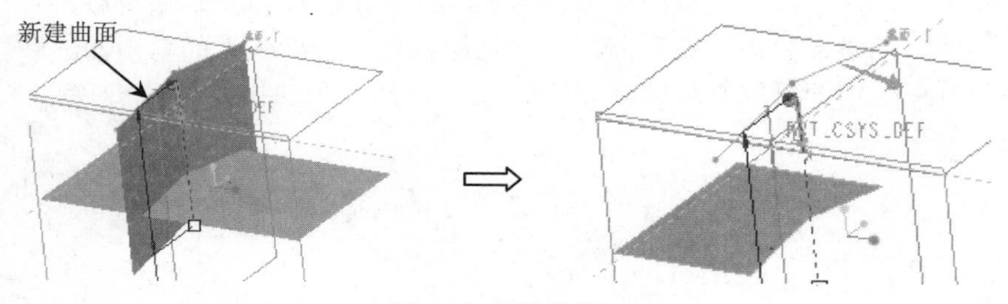

图 8-4 修剪曲面

8.1.2 旋转曲面

在【旋转】特征操控板上单击◻按钮，即可进行旋转曲面特征的创建。旋转曲面是指曲线绕轴线按定义的角度旋转所形成的曲面，旋转曲面的创建方法和创建旋转实体的方法基本相同。如图 8-5 所示为创建的旋转曲面特征。

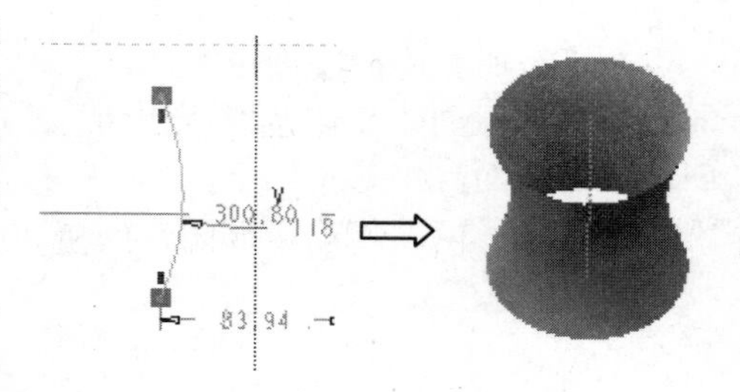

图 8-5 旋转曲面特征

当曲线封闭，且旋转角度小于 360°时，可以打开操控板上的【选项】上滑面板，选择【封闭端】选项创建两端封闭曲面，如图 8-6 所示。

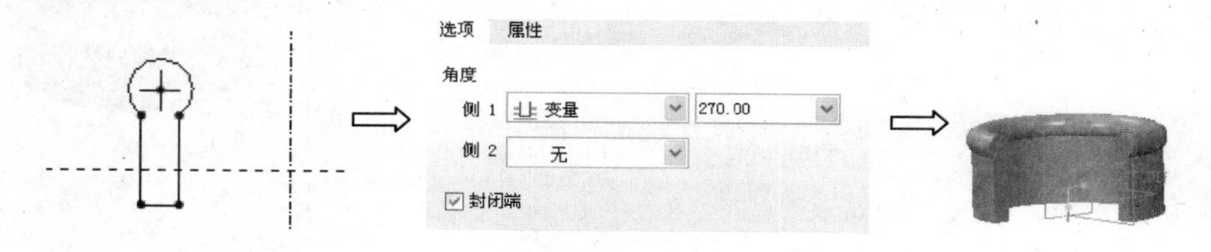

图 8-6 创建两端封闭旋转曲面特征

创建旋转曲面时，也可以在【旋转】操控板上单击◿按钮，利用新创建曲面对已有曲面进行修剪操作。

8.1.3 填充曲面

利用填充曲面功能可以通过选择封闭的平面轮廓线或在草绘平面上绘制封闭草图创

建平面曲面。单击【填充】按钮，打开【填充曲面】操控板，如图 8-7 所示。

通过草绘方式创建填充曲面的过程如下。

（1）选择【填充】命令，在【填充】操控板中打开【参考】菜单，如图 8-8 所示。

（2）单击 定义 按钮，选择草绘平面进入草绘环境。

（3）完成草图绘制，返回建模环境。

（4）单击【填充】操控板中的✓按钮，完成曲面创建。

创建的填充曲面如图 8-9 所示。

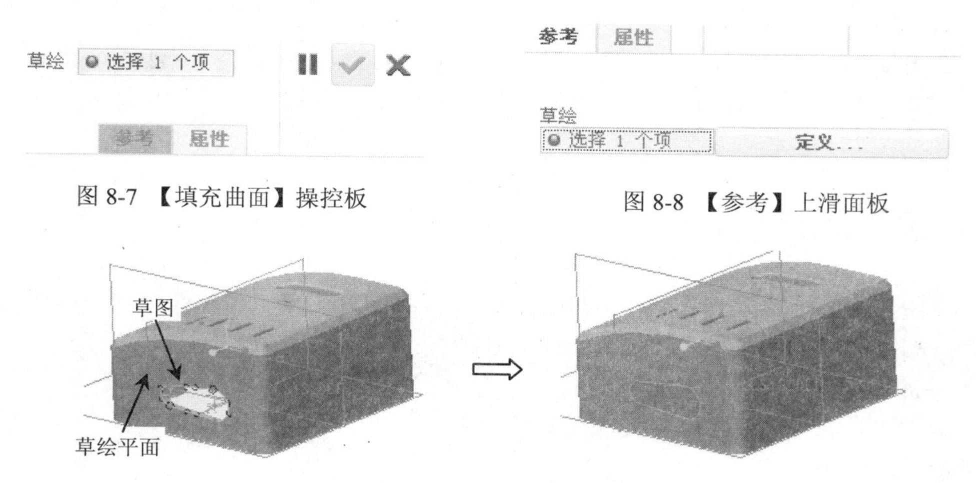

图 8-7　【填充曲面】操控板

图 8-8　【参考】上滑面板

图 8-9　填充曲面特征

8.1.4　扫描曲面

扫描曲面创建过程与实体扫描过程基本相同。单击【扫描】按钮，打开【扫描】操控板。单击▭按钮，进入创建扫描曲面环境。可以通过【选项】上滑面板下的【封闭端点】创建两端封闭的曲面，如图 8-10 所示。单击操控板上的⌐按钮，可以创建截面变化的扫描曲面，如图 8-11 所示。

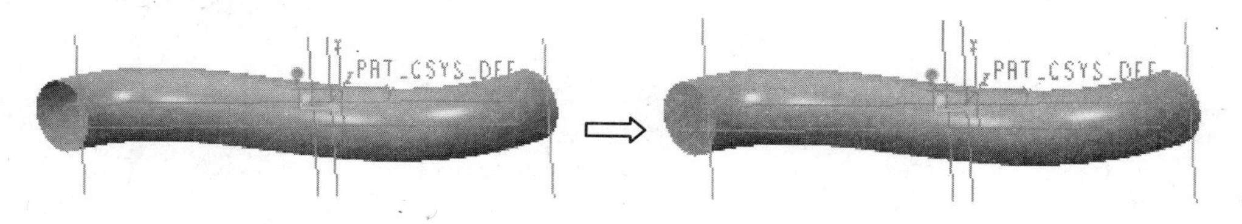

图 8-10　扫描曲面特征

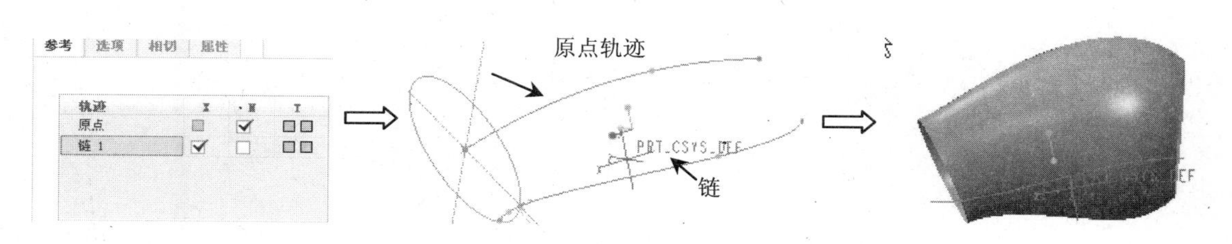

图 8-11　变截面扫描

📖 变截面扫描时需要选择多个轨迹线，其中一条轨迹线作为原点，其余轨迹线用于控制截面变化。轨迹线需要分别绘制，最短轨迹线控制扫描长度。绘制截面时，需要选择非原点轨迹线作为参照，且截面与非原点轨迹线相交。

8.2 高级曲面设计

Creo Parametric 提供了边界混合、曲面自由形状等高级曲面设计方法，这些曲面特征在工业产品造型中得到了广泛应用，合理应用这些特征工具可以进行具有复杂外形产品的设计。

8.2.1 边界混合

边界混合曲面是通过一到两个方向上定义边界线的方式来创建曲面，并可以根据设计要求设置相关边界的约束条件，以及定义具体的控制点来获得较佳的曲面模型。

单击【边界混合】按钮，打开【边界混合】特征操控板，如图 8-12 所示。

图 8-12 【边界混合】操控板

边界混合分为单向边界混合和双向边界混合两种，两者操作过程基本相同。打开【曲线】上滑面板，选取第一方向曲线，根据需要选择第二方向曲线。单向与双向边界混合建立曲面实例如图 8-13、图 8-14 所示。

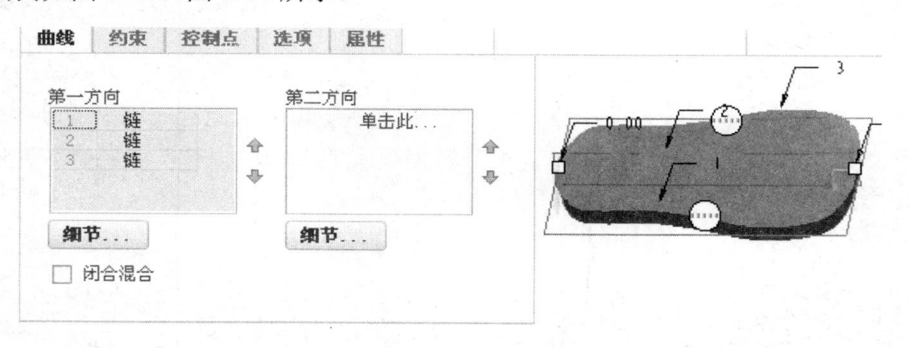

图 8-13 单向边界混合曲面

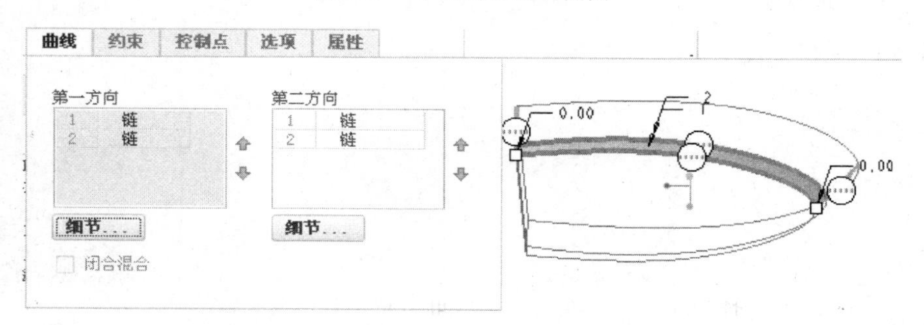

图 8-14 双向边界混合曲面

📖 在创建边界混合特征时，要注意选取曲线顺序。另外，以两个方向定义的混合曲面，外部边界必须构成一封闭环，否则不能创建曲面。

当边界曲线位于其他曲面上时，可以设置边界混合曲面与其他曲面之间的连接类型。打开【约束】上滑面板，单击【条件】文本框，在下拉列表中选择边界的约束条件，包括自由、相切、曲率和垂直四个选项，如图 8-15 所示。

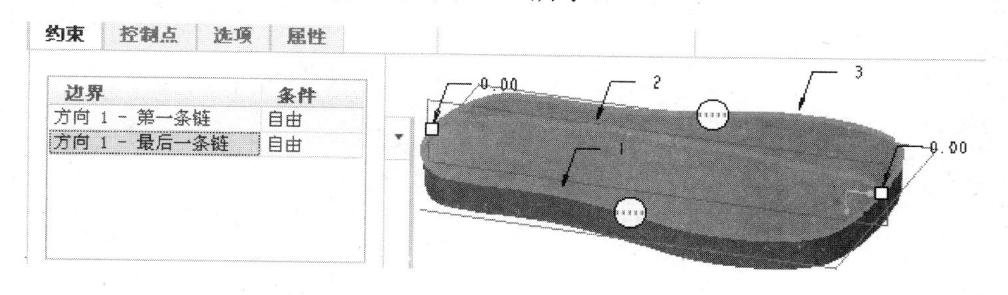

图 8-15 【约束】上滑面板

创建边界混合曲面时，对于每一个方向上的曲线，可以指定彼此的连接点。打开【控制点】上滑面板，如图 8-16 所示。

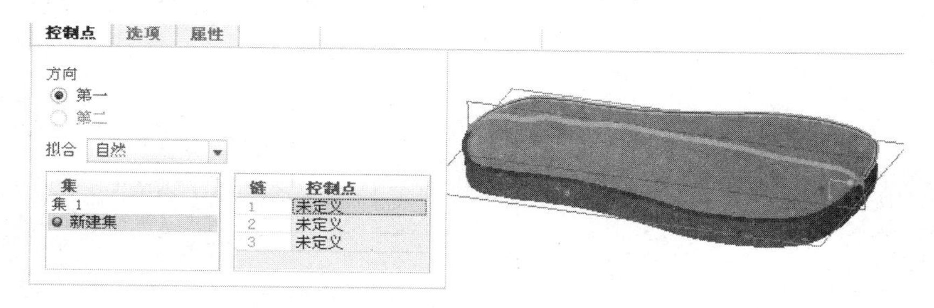

图 8-16 【控制点】上滑面板

在【方向】选项中选择【第一】或者【第二】为第一方向曲线或第二方向曲线定义控制点，确定选择边界曲线，为其设置控制拟合选项。选定方向后，该方向上的曲线加亮显示。在【链】中选择要定义控制点的曲线，被选中曲线显示为红色，并且其上的控制点被显示出来，选择需要控制连接的点即可。

在【拟合】下拉菜单中列出了可以使用的控制点连接类型，各选项含义如下。

- 自然：使用一般混合方式，可获得最逼近的曲面。
- 弧长：对原始曲线进行最小调整。
- 段至段：逐段混合。
- 点至点：逐点混合。
- 可延展：如果选择了一个方向上的相切曲线，则可进行切换，以确定是否需要可延展选项。

【选项】上滑面板如图 8-17 所示，可以设置加入拟合曲面（影响曲线）进一步控制边界混合曲面的形状，各选项的含义如下。

- 影响曲线：选择进一步控制边混合曲面形状的影响曲线。
- 平滑度：控制曲面的粗糙程度，影响因子为 0 与 1 之间，因子越大，曲面越光滑，越小则曲面越接近于影响曲线。

- ❑ 在方向上的曲面片：用于控制曲面品质的参数，数值越大，曲面品质越好，在 1 至 29 范围内取值。

8.2.2 顶点倒圆角

顶点倒圆角操作是在曲面的端点处进行倒圆角。选择【顶点倒圆角】命令，打开【顶点倒圆角】操控板，如图 8-18 所示。选择倒圆角顶点及设定倒圆角半径，完成顶点倒圆角操作，如图 8-19 所示。

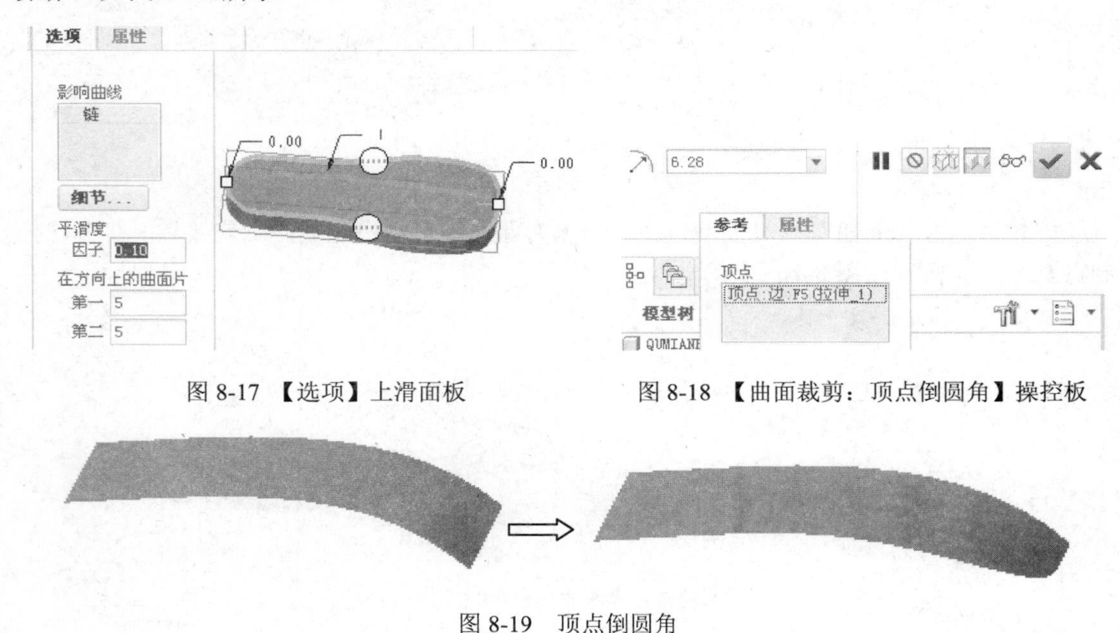

图 8-17 【选项】上滑面板　　图 8-18 【曲面裁剪：顶点倒圆角】操控板

图 8-19 顶点倒圆角

8.2.3 曲面自由成型

创建曲面后，可以对其进行“推”或“拉”，进行自由形状特征的创建。选择【曲面】/【曲面自由形状】命令，打开【曲面自由形状】对话框，如图 8-20 所示。

该对话框中各选项含义如下。

- ❑ 基准曲面：选择进行自由构建曲面的基本曲面。
- ❑ 网格：控制基本曲面上经、纬方向的网格数。
- ❑ 操控：进行一系列的自由构建曲面操作，如移动曲面、限定曲面自由构建区域等。

创建实体自由形状的主要步骤如下。

（1）打开要创建实体自由特征的模型。

（2）选择【曲面】/【曲面自由形状】命令，打开【曲面自由形状】对话框。

（3）选择基本曲面。

（4）输入经、纬方向的曲线数。

（5）在弹出的【修改曲面】对话框中设定变形属性。根据设计要求，选择在第一方向、第二方向及垂直方向对曲面进行整体或局部拉伸。【修改曲面】对话框如图 8-21 所示。

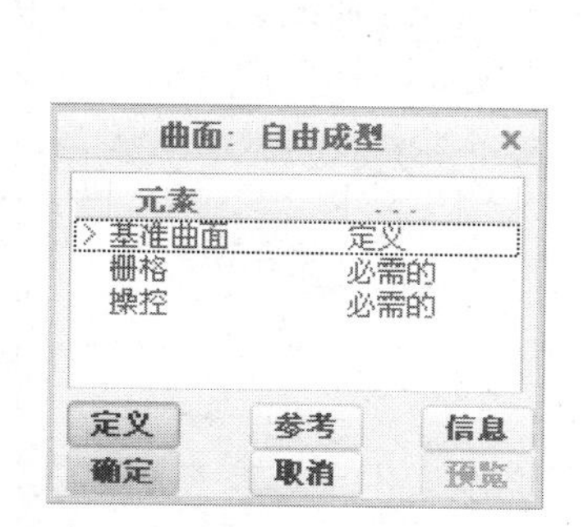

图 8-20 【曲面自由形状】对话框

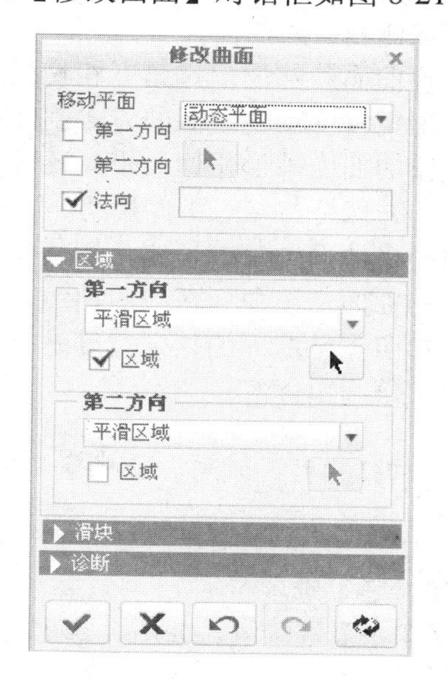

图 8-21 【修改曲面】对话框

（6）单击经线与纬线交点，按住鼠标左键移动鼠标可以调整曲面形状。

创建的自由形状曲面如图 8-22 所示。

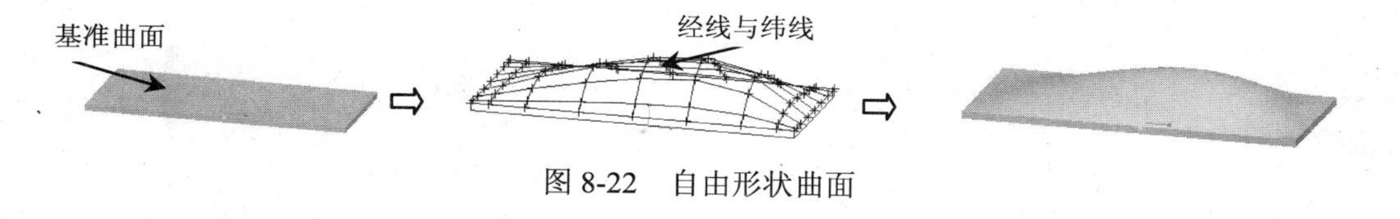

图 8-22　自由形状曲面

可以选取曲面或实体表面作为基本曲面。

8.2.4　将切面混合到曲面

将切面混合到曲面功能可以由指定的曲线或边链，沿实体表面或曲面的切线方向混合生成一个曲面。

选择【曲面】/【将切面混合到曲面】命令，系统打开【曲面：相切曲面】对话框，如图 8-23 所示。

（1）【结果】选项卡。

在【结果】选项卡中可以选择曲面的创建方式、拔模方向及拖拉方向。在【基本选项】中列出了将切面混合到曲面的三种方式。

- 曲线驱动相切拔模曲面：对话框如图 8-23 所示，此种方法需要选择参照曲线和参照零件曲面，创建通过参照曲线且与参照曲面相切的曲面。参照曲线必须位于参照零件之外。对于拖拉方向，可以选择线、面等定义拖拉方向，并且可以进行反向操作。在【方向】选项组中包括【单侧】、【双侧】两个选项，用于定义拔模方向，选择【单侧】或【双侧】后，可以创建通过参照曲线且与参照曲面单侧或双侧相切的曲面。

- 拔模曲面外部的恒定角度相切拔模：通过沿参照曲线的轨迹并与拖动方向成指定恒定角度创建曲面的方式创建曲面。使用该特征为无法利用常规拔模特征进行拔模的曲面添加相切拔模，还可使用该特征将相切拔模添加至具有倒圆角边的筋中，并保持与参照零件相切。
- 在拔模曲面内部的恒定角度相切拔模：创建拔模曲面内部的、具有恒定拔模角度的曲面，该曲面在参照曲线（如拔模线或侧面影像曲线）一侧或两侧上以相对于参照零件曲面的指定角度进行创建，并在拔模曲面和参照零件的相邻曲面之间提供倒圆角过渡。

创建相切拔模时，必须选取拔模类型、拔模方向，并指定拖动方向或接受缺省拔模方向。

（2）【参考】选项卡。

打开【参考】选项卡，如图 8-24 所示。【参考】选项卡用于选取参照曲线，并可以设置拔模角度及半径。

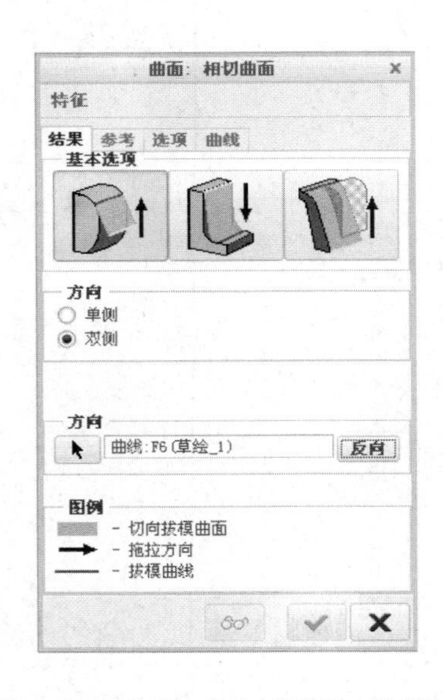

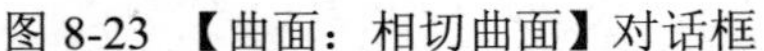

图 8-23 【曲面：相切曲面】对话框　　　图 8-24 【参考】选项卡

（3）【选项】选项卡。

用于选择可选参照，相切拔模的可选参照有以下几项。

- 闭合曲面：允许修剪，或在某些情况下延伸相切拔模直到选定曲面。当相邻曲面处在相对于被拔模曲面的某个角度上时，使用该元素。
- 骨架曲线：允许指定附加曲线，该曲线控制与截面平面垂直的定向。如果单独使用参照曲线导致几何自交，可使用该元素。

📖 闭合曲面必须始终为实体曲面。基准平面或曲面几何不能为封闭曲面。

（4）【曲线】选项卡。

【曲线】选项卡用于编辑参照曲线，选取要包括在拔模线中或从中排除的参照曲线段。切面混合到曲面的创建过程如图 8-25～图 8-27 所示。

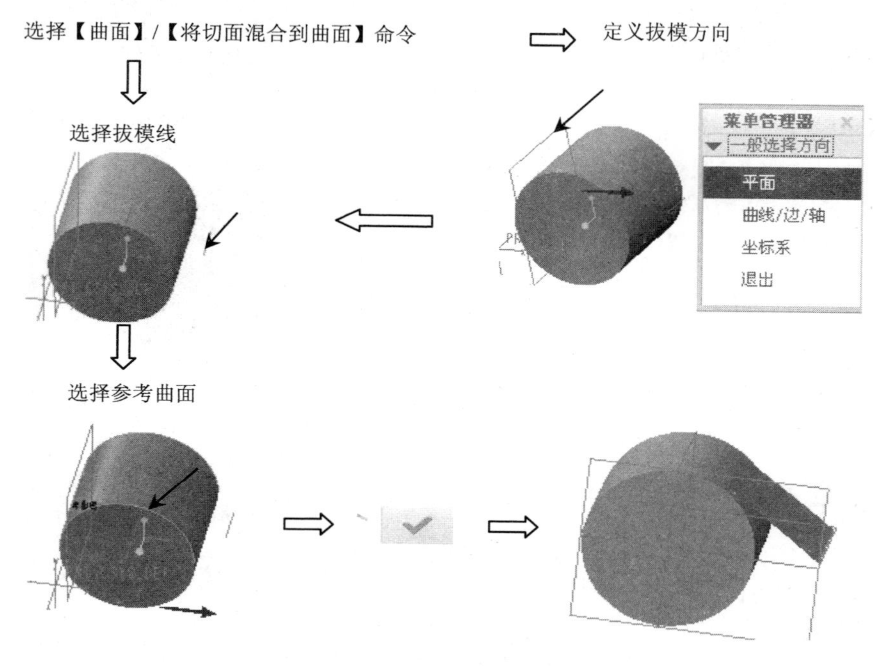

图 8-25　曲线驱动相切拔模曲面

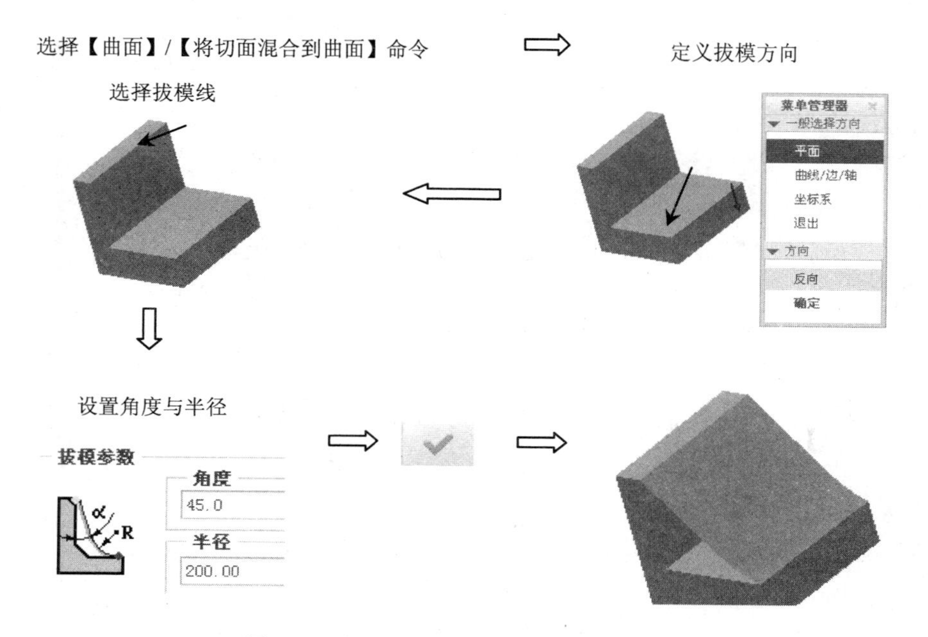

图 8-26　超出曲面恒定拔模角度相切拔模

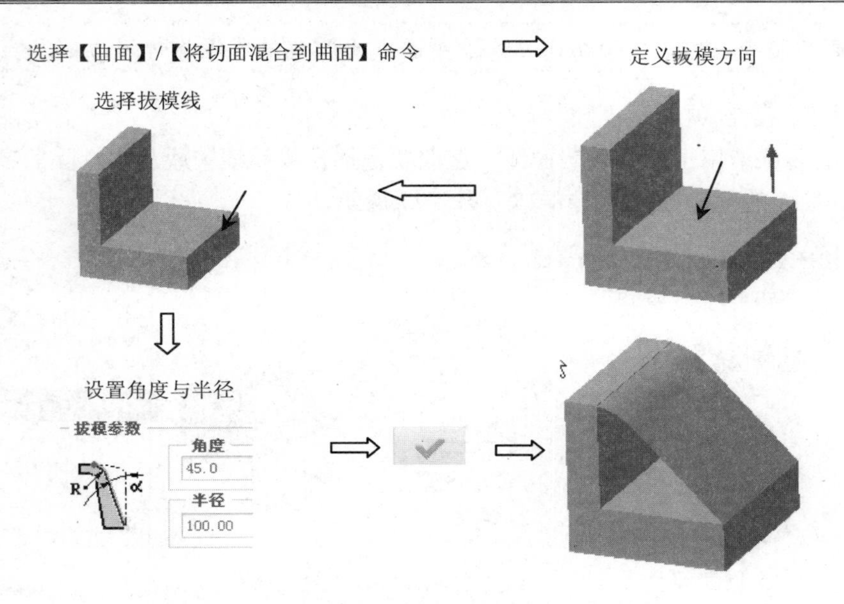

图 8-27　拔模曲面内部恒定角度相切拔模

8.2.5　展平面组

展平面组功能可以将所选择的曲面展平。曲面展平时应选择一个原点，系统相对于所选定的原点展开面组。默认情况下，系统在与原始面组相切于原点的平面上创建展平面组，也可指定其他的放置平面，并按需要定向该面组。

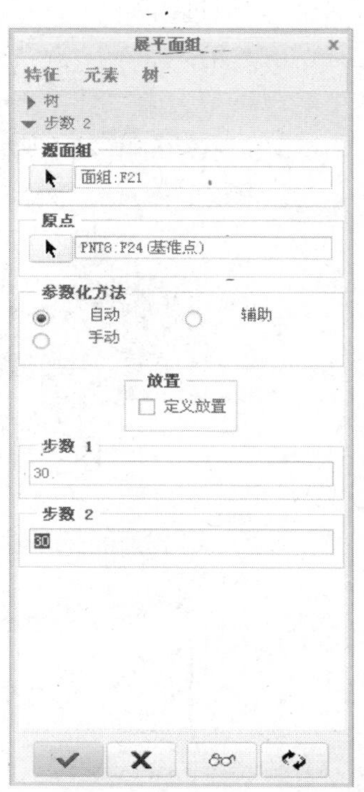

图 8-28 【展平面组】对话框

选择【曲面】/【展平面组】命令，打开【展平面组】对话框，如图 8-28 所示。在对话框中可以指定源面组、原点及选择参数化方法。三种参数化方法的含义如下。

- 【自动】：系统默认的参数化方式。选择该项，系统自动定义曲面的参数化方式。
- 【有辅助】：通过选择曲面边界上的四个点（顶点或基准点），来创建一个用于曲面参数化的参照曲面。
- 【手动】：选择一个用于曲面参数化的参照曲面。

创建展平面组的基本步骤如下。

（1）选择【曲面】/【展平面组】命令，打开【展平面组】对话框。

（2）选取要展平的曲面。

（3）在面组上，选取一个要作为原点的基准点。两个红色箭头指示面组的 u-v 方向。

（4）确定曲面参数化方法。可选方法为自动、有辅助及手动。

（5）可以选择放置展平面组，以使其位于选定坐标系的 XY 平面上，并可按需要定向该面组。

（6）输入用于曲面参数化的网格数目。为曲面的每个方向指定步数，步数决定曲面参数化的栅格密度。

创建的展平曲面如图 8-29 所示。

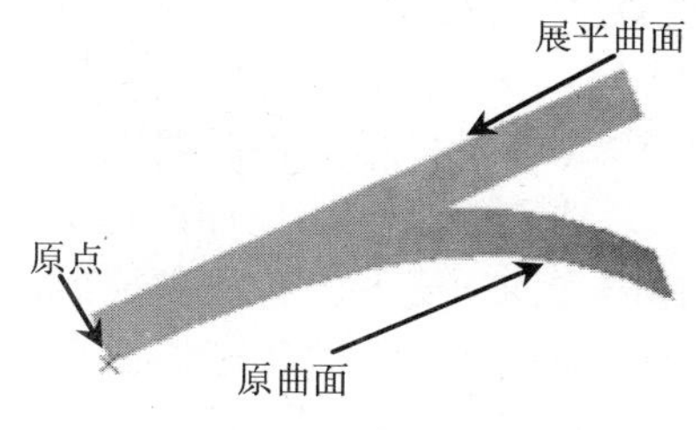

图 8-29　展平曲面

> 📖 原点和 x 方向的点位于原始曲面上，原始曲面上存在多个表面时，各表面必须彼此相切。

8.3　曲 面 编 辑

在曲面建模过程中，创建曲面后往往要进行修剪、延伸等编辑操作才能符合要求，并且优质的曲面都要经过编辑操作才能得到。

8.3.1　修剪

选择【修剪】命令，打开【修剪】操作板，如图 8-30 所示。修剪操作可以实现对曲面的剪切或分割操作，可通过以下方式修剪面组。

- ❑ 在与其他面组或基准平面相交处进行修剪。
- ❑ 使用面组上的基准曲线修剪。

修剪操作过程如图 8-31 所示。

图 8-30　【修剪】特征操控板

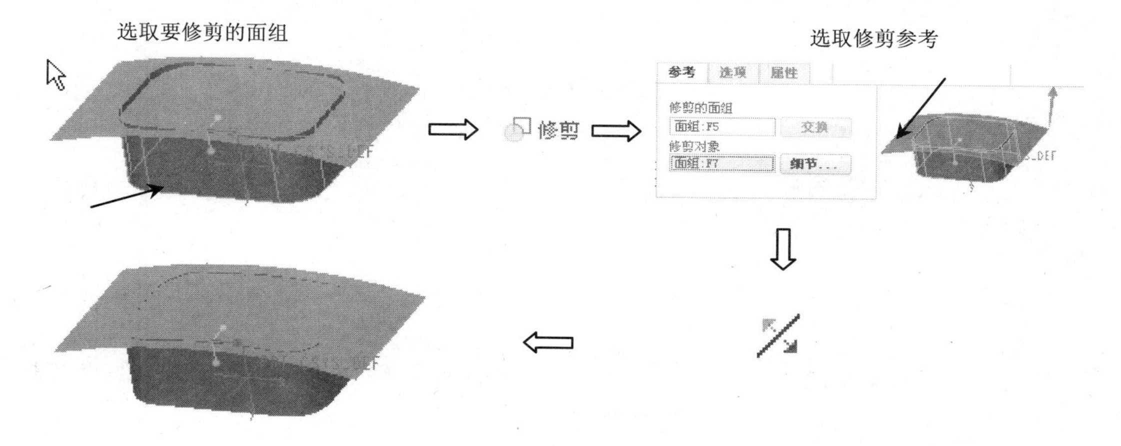

图 8-31　修剪操作过程

> 📖 在使用其他面组修剪面组时，可使用【薄修剪】，允许指定修剪厚度尺寸及控制曲面拟合要求。

8.3.2 延伸

延伸操作可以将曲面所有或特定的边延伸指定的距离，或者延伸到所选参照。

选取要延伸的曲面的边界边，单击【延伸】按钮，弹出【曲面延伸】特征操控板，如图 8-32 所示。

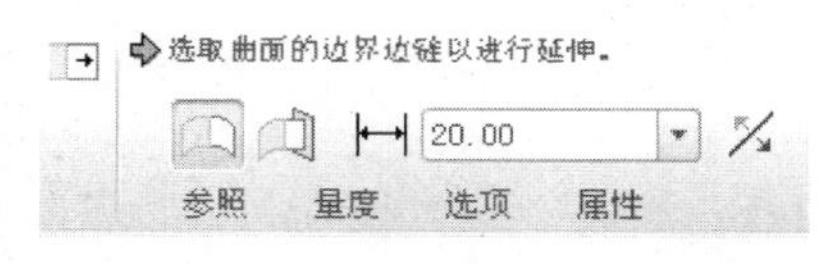

图 8-32 【曲面延伸】特征操控板

系统提供了两种延伸曲面的方法。

- ❑ （沿曲面）：沿原始曲面延伸曲面边界边链。
- ❑ （到平面）：在与指定平面垂直的方向延伸边界边链至指定平面。

使用（沿曲面）创建延伸特征时，可以选取的延伸选项有如下三种。

- ❑ 相同：原始曲面上选定边界边链进行延伸创建曲面。
- ❑ 相切：创建与原始曲面相切的直纹曲面。
- ❑ 逼近：创建延伸作为原始曲面的边界边与延伸的边之间的边界混合。当将曲面延伸至不在一条直边上的顶点时，此方法是很有用的。

曲面的延伸操作过程如下。

（1）选择要进行延伸的曲面的边。

（2）单击【延伸】按钮。

（3）根据需要选择延伸类型为“沿曲面”或“到平面”。

（4）在图形窗口中拖动尺寸手柄设置延伸距离，或在延伸特征操控板的文本框中输入延伸距离值。如果选择“到平面”方式进行延伸，则应选择一平面，使曲面延伸至平面。

（5）完成曲面延伸特征的创建，结果如图 8-33、图 8-34 所示。

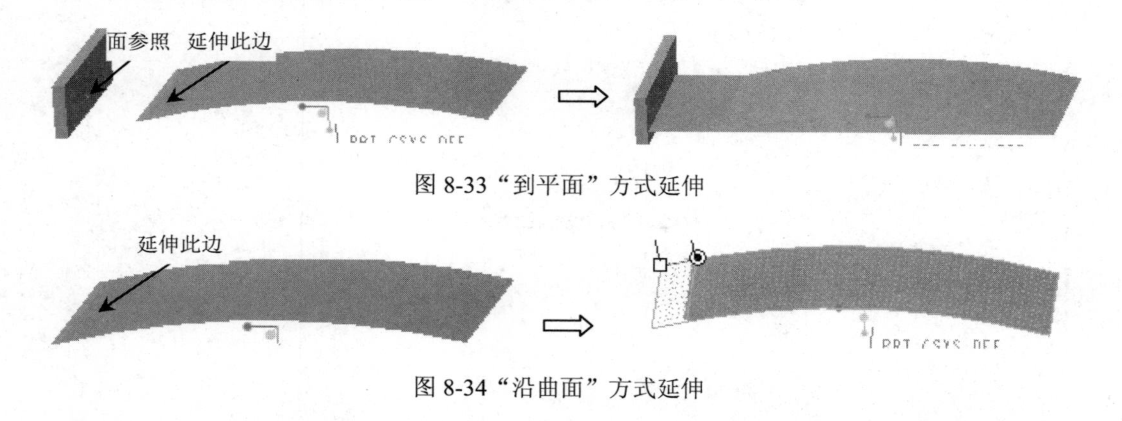

图 8-33“到平面”方式延伸

图 8-34“沿曲面”方式延伸

> 📖 可将测量点添加到选定边，从而更改沿边界边的不同点处的延伸距离。延伸距离可输入正值或负值，输入负值会导致曲面被修剪。

8.3.3 合并

选择两个曲面后，单击【合并】按钮，打开如图 8-35 所示的【合并】操控板。

曲面合并的基本操作步骤如下：

（1）选取如图 8-36 所示的两个面组，单击【曲面合并】按钮，选取的第一个面组成为缺省的主面组。打开如图 8-37 所示的【参考】上滑面板，在列表中选择曲面后通过上下箭头调整曲面顺序。

图 8-35 【合并】操控板　　图 8-36　选取曲面

（2）在如图 8-37 所示的【选项】上滑面板中选择【相交】或【连接】选项，定义合并方法。

（3）单击 操控板中的按钮，改变第一或第二面组的侧。

（4）单击按钮，产生新的曲面，如图 8-39 所示。

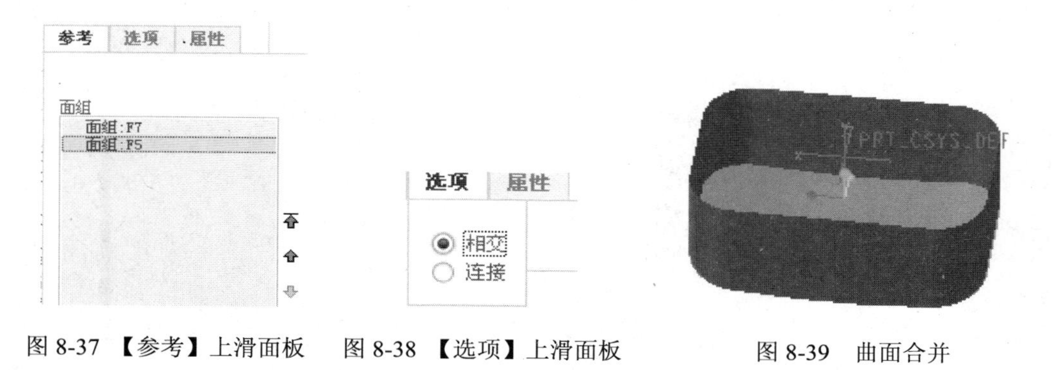

图 8-37 【参考】上滑面板　图 8-38 【选项】上滑面板　图 8-39　曲面合并

曲面合并时一般选择较大面组作为主面组，可以通过【参考】上滑面板调整曲面顺序。

8.3.4　曲面实体化

在工作区中选择某一曲面，单击【实体化】按钮，打开【实体化】特征操控板，如图 8-40 所示。

曲面实体化包括封闭曲面模型转化成实体、用曲面裁剪切割实体及利用曲面代替面组功能。只有封闭曲面才能用实体化功能生成实体，可以在曲面实体化操作之前利用曲面合并功能将相连的曲面合并为一个封闭曲面。用来修剪实体的曲面必须与实体相交。

图 8-40 【实体化】特征操控板

曲面实体化操作过程如下。

（1）利用曲面拉伸功能创建如图 8-41 所示封闭曲面（拉伸操作时选择“封闭端”功能）。

（2）选择创建的封闭曲面，单击【实体化】按钮，完成实体创建。

（3）利用曲面拉伸功能创建如图 8-42 所示曲面。

（4）选择曲面并在实体化操控板中单击◩按钮，并通过⁒按钮，切换切除材料方向。实体化操作结果如图 8-43 所示。

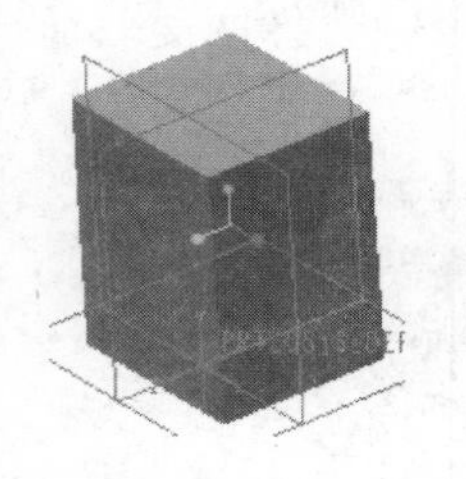

图 8-41　实体化曲面

图 8-42　创建拉伸曲面

图 8-43　实体化曲面

（5）创建如图 8-44 所示曲面（创建拉伸曲面和填充曲面，然后合并，与实体接触部分开放）。

（6）选择建立的曲面，单击【实体化】按钮，在【实体化】操控板中单击◻按钮，则封闭曲面替代了实体的表面，如图 8-45 所示。

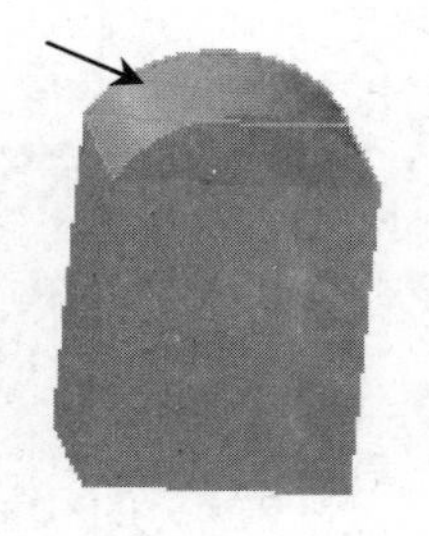

图 8-44　建立曲面

图 8-45　实体化操作结果

📖　如图 8-43 所示曲面与实体端不封闭，并且曲面的边界与实体上被替换面的边界重合。

8.3.5　曲面加厚

曲面加厚是以曲面作为参照，生成薄壁实体的过程。不仅可以利用曲面加厚生成薄壁实体，还可以通过该命令切除实体。

首先选择曲面，然后单击【加厚】按钮，打开【加厚】特征操控板，如图 8-46 所示。在该操控板里可以选择加厚方式，调节加厚生成实体的方向、设定厚度。

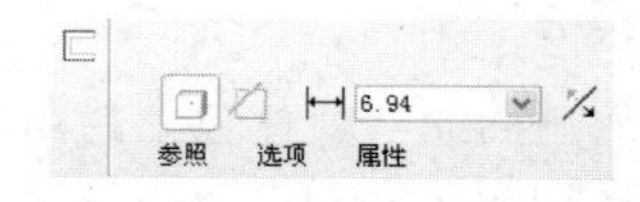

图 8-46 【加厚】特征操控板

利用加厚方式创建实体及剪切实体，实例如图 8-47、图 8-48 所示。

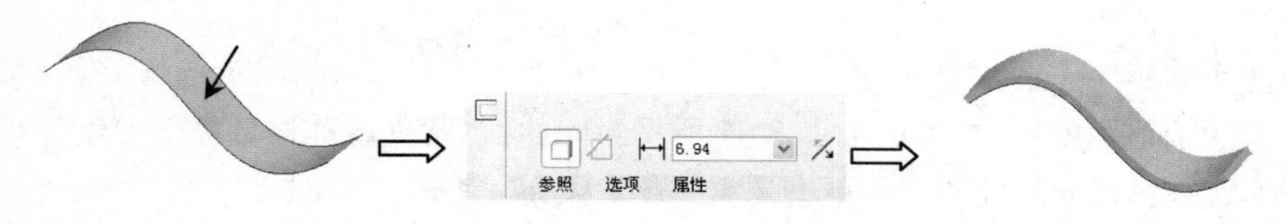

图 8-47　曲面加厚

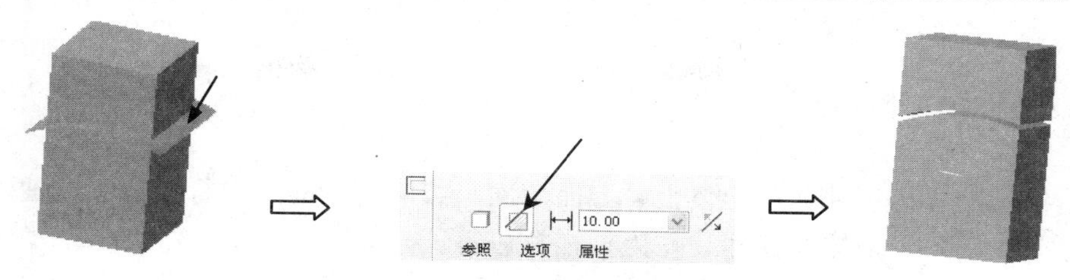

图 8-48 创建加厚剪切实体特征

8.3.6 偏移

使用偏移工具，可以将实体上的曲面或曲线偏移恒定的距离或可变的距离创建新特征。选择曲线或曲面，单击【偏移】按钮，打开如图 8-49 所示的【偏移】操控板。

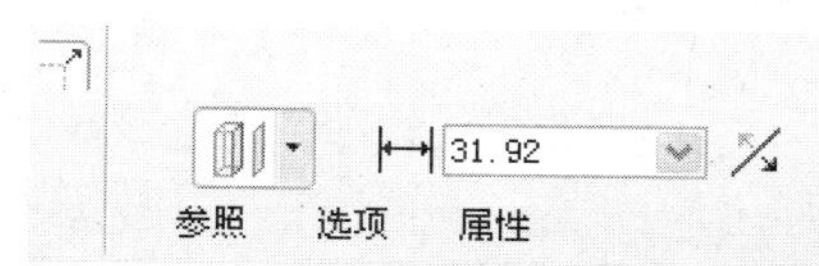

图 8-49 【偏移】操控板

偏移工具中提供了各种选项，使操作者可以创建多种偏移类型。

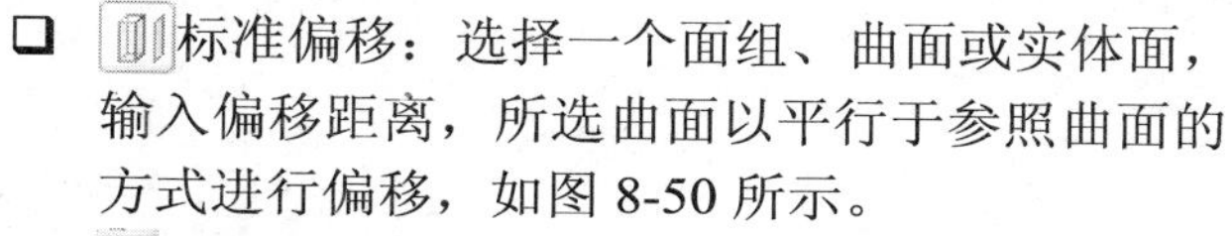

- ❑ 标准偏移：选择一个面组、曲面或实体面，输入偏移距离，所选曲面以平行于参照曲面的方式进行偏移，如图 8-50 所示。
- ❑ 拔模偏移在面上绘制封闭区域的草图，将此区域内的曲面进行偏移，拔模角度范围为 0°～60°，偏移效果如图 8-51 所示。
- ❑ 展开：在封闭面组或实体草绘的选定面之间创建一个连续体积块，当使用【草绘区域】选项时，将在开放面组或实体曲面的选定面之间创建连续的体积块。偏移后曲面与周边的曲面相连，偏移效果如图 8-52 所示。
- ❑ 替换曲面：用面组或基准平面替换实体面，常用于切除超过边界的多余特征，偏移效果如图 8-53 所示。

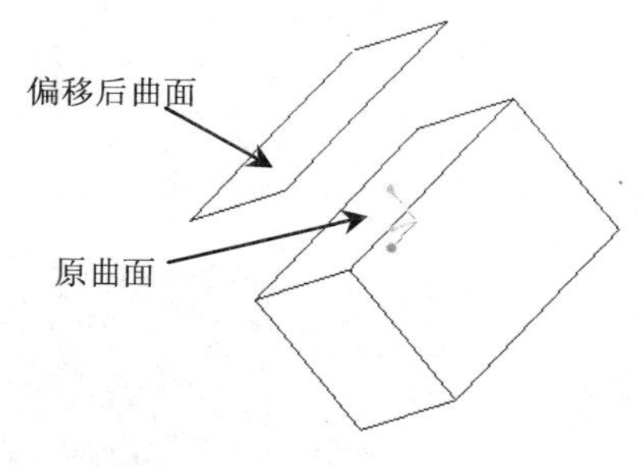

图 8-50 标准偏移

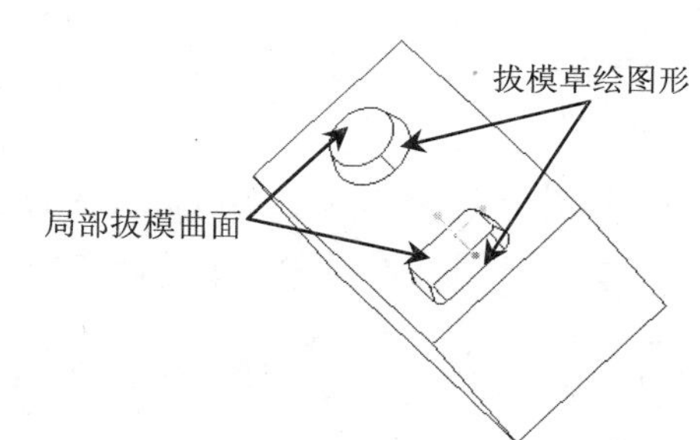

图 8-51 拔模偏移

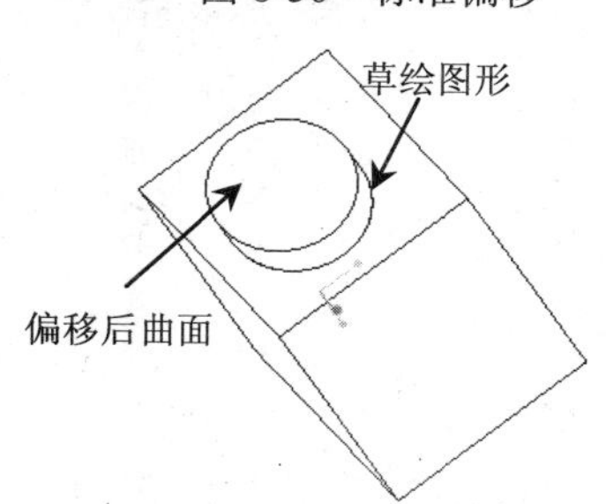

图 8-52 展开曲面偏移

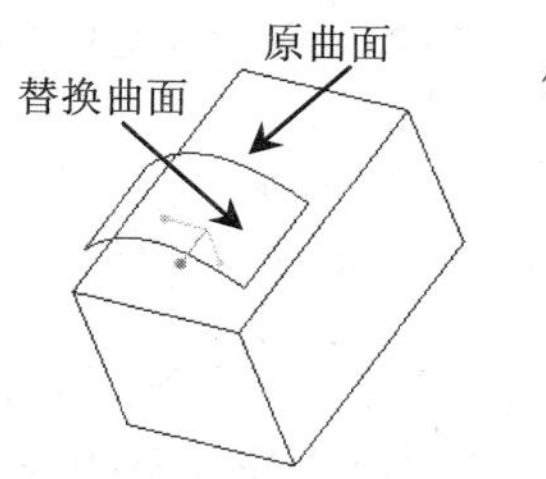

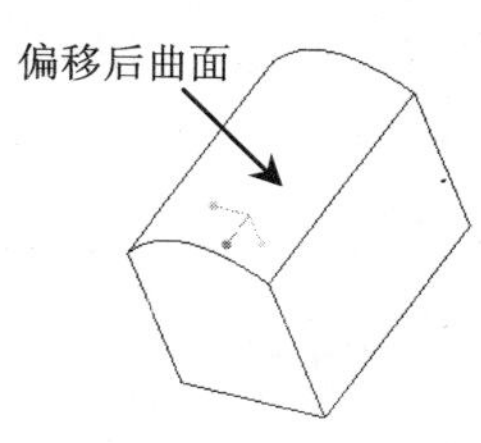

图 8-53 替换曲面偏移

8.3.7 投影

使用投影功能可将曲线在实体上、曲面、面组或基准平面上进行投影创建曲线，所创建的投影曲线，可用于修剪曲面、作为扫描轨迹等。

投影曲线的方法有两种。

- ❑ 投影草绘：将创建的草绘曲线或将现有草绘曲线复制到模型中以进行投影。
- ❑ 投影链：选取要投影的曲线或链。

单击按钮，弹出【投影】特征操控板，如图 8-54 所示。在该操控板中，选取投影曲面、指定或绘制投影曲线并指定投影方向后，即可完成曲线在曲面上的投影。

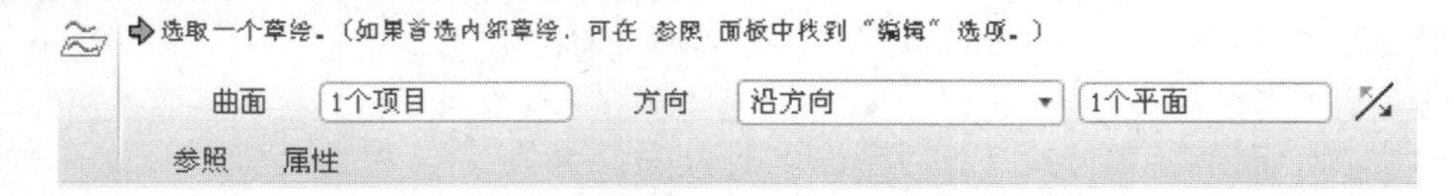

图 8-54 【投影】特征操控板

曲线投影的操作如图 8-55 所示。

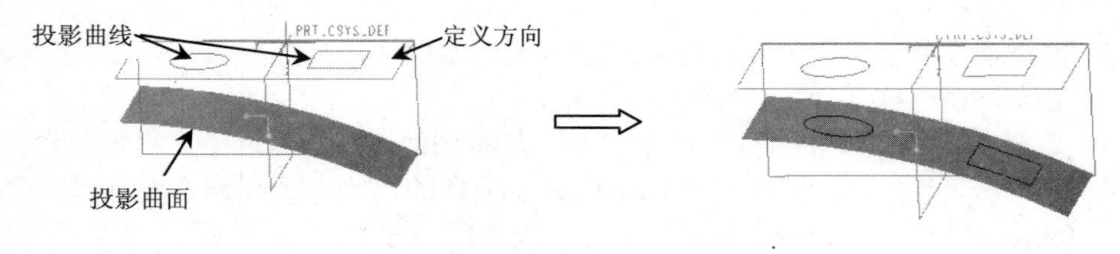

图 8-55 投影曲线

8.3.8 曲面相交

曲面相交功能可以创建曲面的相交曲线。通常通过下列方式使用相交特征。

- ❑ 创建可用于其他特征（如扫描轨迹）的三维曲线。
- ❑ 显示两个曲面是否相交，以避免可能的间隙。
- ❑ 诊断不成功的剖面和切口。

选择两个曲面，单击【相交】按钮，则可以直接创建曲面的相交曲线。创建的相交曲线如图 8-56 所示。

图 8-56 曲面相交

8.4 造型曲面

在 Creo Parametric 的零件设计模式下提供了造型曲面设计工具，在该设计环境中，可以非常直观地创建具有高度弹性化的造型曲线和曲面。在【曲面】工具条中单击【造型】

按钮，即可进入造型曲面设计环境，如图 8-57 所示。

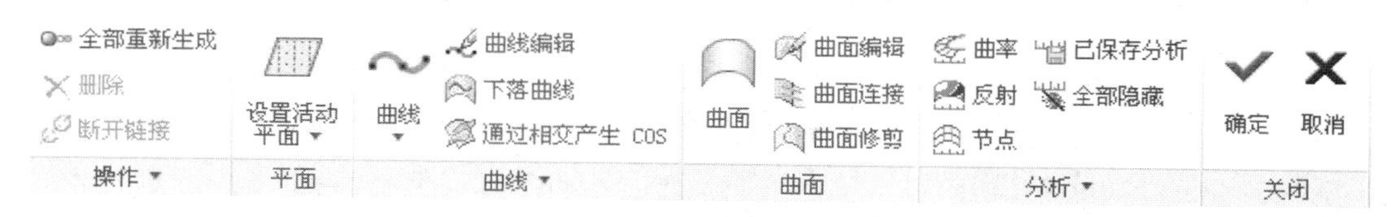

图 8-57　造型曲面设计界面

8.4.1　工具栏介绍

Creo Parametric 造型曲面环境下包括平面、曲面等工具栏，下面介绍工具条中各按钮含义。

（1）【曲线】工具条。

- ❑ 曲线编辑：通过拖动点或切线等方式来编辑曲线。
- ❑ 下落曲线：使曲线投影到曲面上以创建曲线。
- ❑ 通过相交产生 COS（曲面上的曲线）：通过与一个或多个曲面相交来创建位于曲面上的曲线。
- ❑ 创建曲线：显示使用插值点或控制点来创建造型曲线的选项。
- ❑ 创建圆：显示创建圆的各选项。
- ❑ 创建圆弧：显示创建圆弧的各选项。
- ❑ 偏移曲线：创建偏移曲线，通过选定曲线并指定偏移参照方向以创建曲线。
- ❑ 来自基准曲线：创建来自基准的曲线，可以复制外部曲线，并转化为自由曲线。
- ❑ 来自曲面曲线：通过曲面的截面创建自由曲线和 COS 曲线。
- ❑ 复制：复制曲线。
- ❑ 移动：移动曲线。
- ❑【按比例复制】：复制选定的曲线并按比例缩放。

（2）【曲面】工具条。

- ❑ 曲面：利用边界曲线创建曲面。
- ❑ 曲面连接：定义曲面间连接。
- ❑ 曲面修剪：修剪所选面组。
- ❑ 曲面编辑：使用直接操作编辑曲面形状。

（3）【分析】工具条。

- ❑ 曲率：曲率分析，包括曲线的曲率、半径、相切选项和曲面的曲率、垂直选项。
- ❑ 截面：横截面分析，包括截面的曲率、半径、相切、位置选项和加亮位置。
- ❑ 偏移：显示曲面或曲线的偏移量。
- ❑ 着色曲率：为曲面上的点计算并显示最小和最大法向曲率值。
- ❑ 反射：显示直线光源照射时曲面所反射的曲线。
- ❑ 拔模：分析确定曲面的拔模角度。
- ❑ 斜率：用色彩显示零件上曲面相对于参照平面的倾斜程度。
- ❑ 曲面节点：曲面节点分析。

- ❑ 已保存分析：显示已保存的集合信息。
- ❑ 隐藏全部：隐藏所有已保存的分析。
- ❑ 删除全部曲率：删除所有已保存的曲率分析。
- ❑ 删除全部截面：删除所有已保存的截面分析。
- ❑ 删除全部曲面节点：删除所有已保存的曲面节点分析。

（4）【平面】工具条。

- ❑ 设定活动平面：用来设置活动基准平面，以创建和编辑几何对象。
- ❑ 创建内部基准平面：创建造型特征的内部基准平面。

8.4.2 设置活动平面和内部平面

活动平面是造型环境中一个非常重要的参考平面。在许多情况下，造型曲线的创建和编辑必须考虑到当前所设置的活动平面。在造型环境中，以网格形式表示的平面便是活动平面，如图 8-58 所示。系统默认 TOP 面为活动平面，允许用户根据设计意图，重新设置活动平面。

设置活动平面的方法及步骤如下。

（1）单击工具栏中的【设置活动平面】按钮。

（2）选择一个基准平面，或选择平整的零件表面，完成活动平面的设置。

有时，为了使创建和编辑造型特征更方便，在设置活动平面后，调整视图方向使活动平面以平行于屏幕的形式显示，如图 8-59 所示。

图 8-58　活动平面

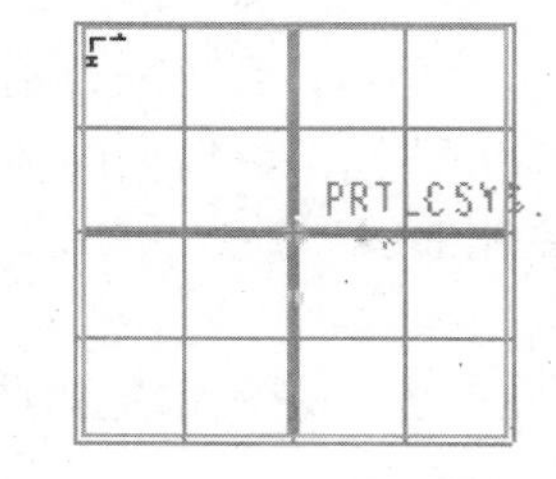

图 8-59　调整视图方向

在创建或定义造型特征时，可以创建合适的内部基准平面进行辅助设计。使用内部基准平面的好处在于可以在当前的造型特征中含有其他图元的参照。创建内部基准平面的方法及步骤如下。

（1）单击【造型曲面】工具栏上的【创建内部基准平面】按钮，打开【基准平面】对话框，如图 8-60 所示。

（2）利用【放置】选项卡，通过参照现有平面、曲面、边、点、坐标系、轴、顶点或曲线来放置新的基准平面，也可选取基准坐标系或非圆柱曲面作为创建基准平面的放置参照。

（3）打开【显示】选项卡和【属性】选项卡，进行相关设置操作。一般情况下，接受默认设置即可。

（4）单击【确定】按钮，完成内部基准平面的创建。缺省情况下此基准平面处于活动状态，并且带有栅格显示，还会显示内部基准平面的水平和竖直方向。创建的内部平面如图 8-61 所示。

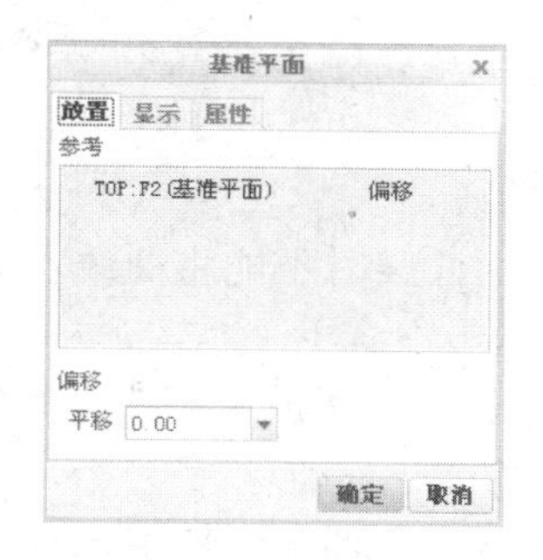

图 8-60 【基准平面】对话框

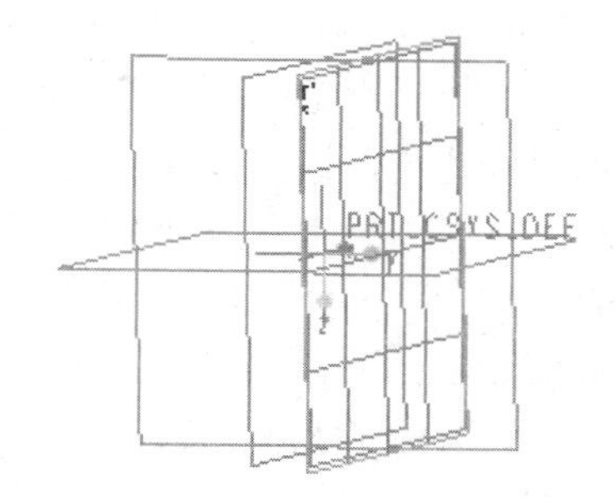

图 8-61　内部平面

8.4.3　创建曲线

造型曲线是通过两个以上的定义点光滑连接而成的。一组内部插值点和端点定义了曲线的几何，曲线上每一点都有自己的位置、切线和曲率。

在造型曲面中，创建和编辑曲线的模式有两种，即插值点和控制点。

- ❑ 插值点：默认情况下，在创建或编辑曲线的同时，造型曲面显示曲线的插值点，如图 8-62 所示。单击并拖动曲线上的点即可编辑曲线。
- ❑ 控制点：在【造型曲面】的操控面板中选取【控制点】选项，显示曲线的控制点，如图 8-63 所示。

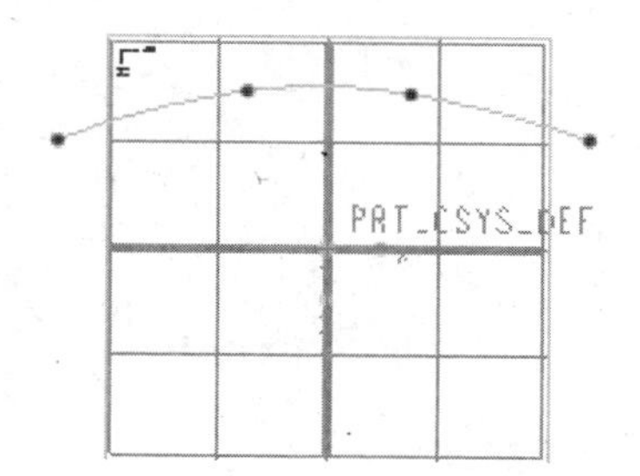

图 8-62　曲线上的插值点

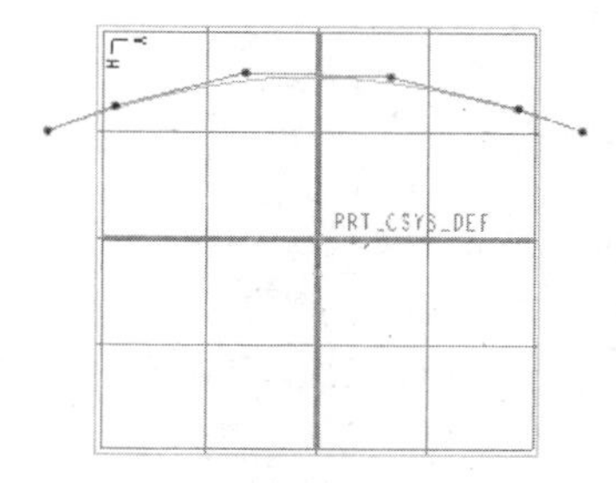

图 8-63　曲线上的控制点

按点的移动自由度来划分，点可分为自由点、软点和固定点三种类型。

- ❑ 自由点：以鼠标左键在零件上任意取点创建曲线时，所选的点会以小黑点“•”形式显示在画面上。当创建完曲线，再单击 “编辑曲线”按钮时，该点可被移动到任意位置，此类的点称之为自由点。
- ❑ 软点：在现有的零件上选取点时，若希望所选的点落在现有零件的直线或曲线上，则需按住 Shift 键，再以鼠标左键选直线或曲线，画面以小圆点“○”形式显示出所选到的点，此点被约束在直线或曲线上，但仍可在此线上移动，此类点称之为“软点”。
- ❑ 固定点：若按住 Shift 键，以鼠标左键选取基准点或线条的端点，画面上以“×”

形式显示出所选的点，此点被固定在基准点或端点上，无法再移动，此类点称之为“固定点”。

造型曲线的类型有 4 种，分别为自由曲线、平面曲线、COS 曲线和下落曲线。

- ❑ 自由曲线：自由曲线就是三维空间曲线。通常绘制在活动工作平面上，并可以通过曲线编辑功能，拖曳插值点使其成为 3D 曲线。
- ❑ 平面曲线。位于活动平面上的曲线，编辑平面曲线时不能将曲线点移出平面，也称为 2D 曲线。
- ❑ COS 曲线：自由曲面造型中的 COS。COS 曲线永远置放于所选定的曲面上，如果曲面的形状发生了变化，曲线也随曲面的外形变化而变化。
- ❑ 下落曲线：下落曲线是将指定的曲线投影到选定的曲面上所得到的曲线，投影方向是某个选定平面的法向。选定的曲线、选定的曲面及定义投影方向的平面都是父特征，最后得到的下落曲线为子特征，无论修改哪个父特征，都会导致下落曲线改变。从本质上来讲，下落曲线是一种特殊的 COS 曲线。

8.4.4 创建自由曲线

自由曲线是造型曲线中最常用的曲线，可以通过定义插值点或控制点的方式来建立自由曲线。

单击工具栏中的【创建曲线】按钮~，打开如图 8-64 所示的【造型曲线】特征操控板。

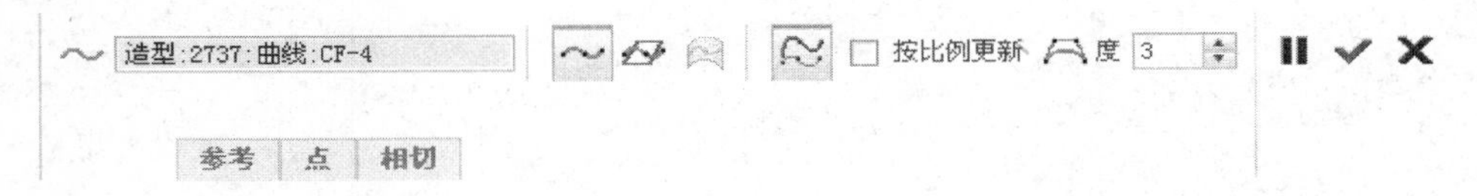

图 8-64 【造型曲线】操控板

其中各选项含义如下。

- ❑ 自由曲线：创建位于三维空间中的曲线，不受任何几何图元约束。
- ❑ 平面曲线：创建位于指定平面上的曲线。
- ❑ 曲面曲线：创建被约束于指定单一曲面上的曲线。
- ❑ 控制点：以控制点方式创建曲线。
- ❑ 【按比例更新】：选中该复选框，按比例更新的曲线允许曲线上的自由点与软点成比例移动。在曲线编辑过程中，曲线按比例保持其形状。没有按比例更新的曲线，在编辑过程中只能更改软点处的形状。
- ❑ 度 3 ：单击曲线端点，在此文本框中输入端点的切线角度。

📖 创建空间任意自由曲线时，可以借助于多视图方式，便于调整空间点的位置，以完成图形绘制。

打开【参考】上滑面板，如图 8-65 所示，该上滑面板主要用来指定绘制曲线所选用的参照及径向平面。

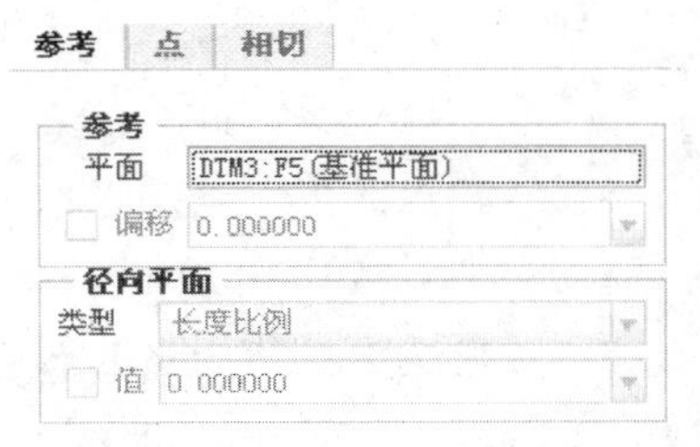

图 8-65 【参照】上滑面板

创建自由曲线主要方法与步骤如下。

（1）新建零件文件，并单击【造型】工具按钮，进入造型环境中。

（2）单击工具栏中的【创建曲线】按钮～，打开【造型曲线】特征操控板。

（3）指定要创建的曲线类型。可以选择自由曲线、平面曲线及曲面曲线。

（4）定义曲线点。可以使用控制点和插值点来创建自由曲线。

（5）如果需要，可选择【按比例更新】复选框，使曲线按比例更新。

（6）完成自由曲线创建。

创建自由曲线实例如图 8-66 所示。

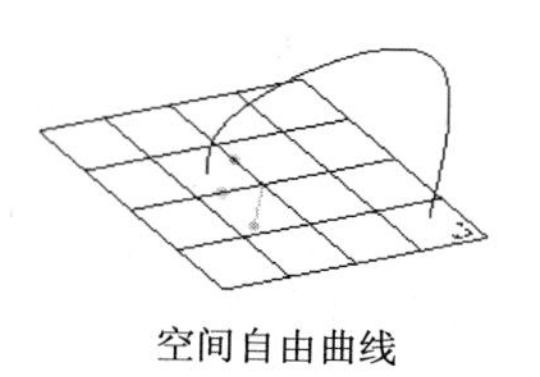

空间自由曲线

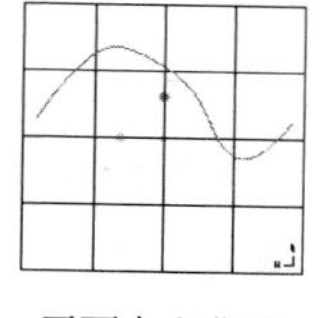

平面自由曲线

曲面上自由曲线

图 8-66　自由曲线

8.4.5　创建圆

在造型环境中，单击工具栏中【创建圆】按钮，弹出【创建圆】特征操控板，如图 8-67 所示。利用此操控板可以创建自由曲线圆或平面曲线圆。

该特征操控板主要选项含义如下。

- 自由：该项将被缺省选中。可自由移动圆，而不受任何几何图元的约束。
- 平面：圆位于指定平面上。缺省情况下，活动平面为参照平面。

圆的创建较简单。打开【创建圆】操控板，单击一点为圆心，并指定圆半径即可创建圆曲线。创建圆实例如图 8-68 所示。

图 8-67　【创建圆】特征操控板

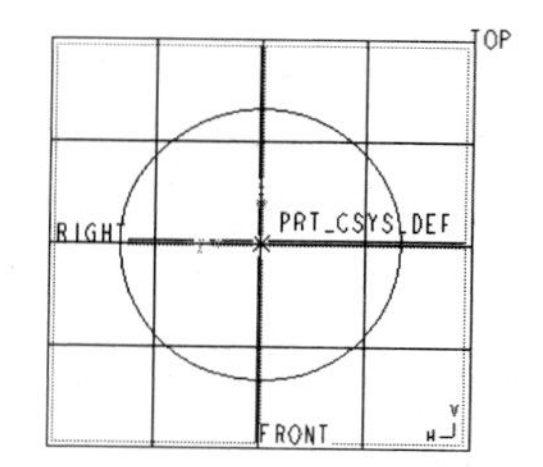

图 8-68　创建圆

8.4.6　创建圆弧

创建圆弧与创建圆的过程基本相同，但需要指定圆弧的起点及终点。

在造型环境中，单击工具栏中【创建圆弧】按钮，弹出【创建圆弧】特征操控板，如图 8-69 所示。在该操控板中，需要指定圆弧的起、始点及结束弧度。

图 8-69 【创建圆弧】特征操控板

创建圆弧的步骤如下。

（1）在造型环境中，单击工具栏中【创建圆弧】按钮，弹出【创建圆弧】特征操控板。

（2）选择造型圆弧的类型。在【创建圆弧】特征操控板中，可设定创建自由形式或平面形式圆弧。

（3）在图形窗口中单击任一位置放置圆弧的中心。

（4）设定圆弧半径及起始、结束角度。拖动圆弧上所显示的控制滑块以更改圆弧的半径以及起点和终点；或者在操控板的【半径】、【起点】和【终点】框中分别指定新的半径值、起点值和终点值。

（5）完成圆弧创建。

创建圆弧的实例如图 8-70 所示。

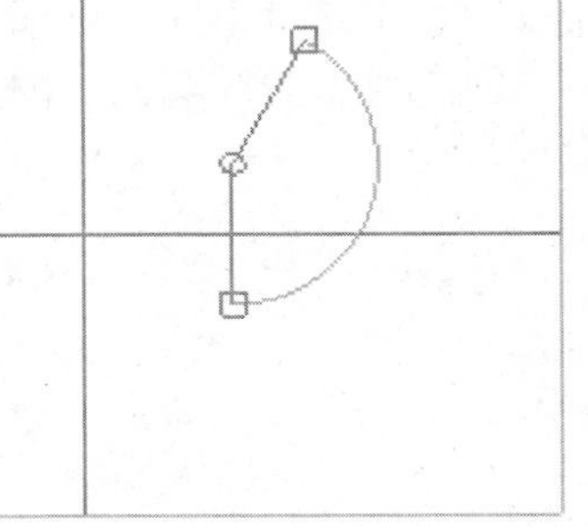

图 8-70 创建圆弧

8.4.7 创建下落曲线

下落曲线是将指定的曲线投影到选定的曲面上所得到的曲线。在造型环境中，单击【创建下落曲线】按钮，弹出【创建下落曲线】特征操控板，如图 8-71 所示。在该操控板中，需要指定投影曲线、投影曲面等要素。

图 8-71 【创建下落曲线】特征操控板

创建下落曲线的主要步骤如下。

（1）在造型环境中，单击【创建下落曲线】按钮，弹出【创建下落曲线】特征操控板。

（2）选取一条或多条要投影的曲线。

（3）选取投影曲面。选取一个或多个曲面，曲线即被放置在选定曲面上。缺省情况下，将选取基准平面作为将曲线放到曲面上的参照。

（4）打开【选项】上滑面板。单击【起点】复选框，将下落曲线的起始点延伸到最接近的曲面边界，选中【终点】复选框，将下落曲线的终止点延伸到最接近的曲面边界。

（5）完成投影曲线创建。

创建投影曲线实例如图 8-72 所示。

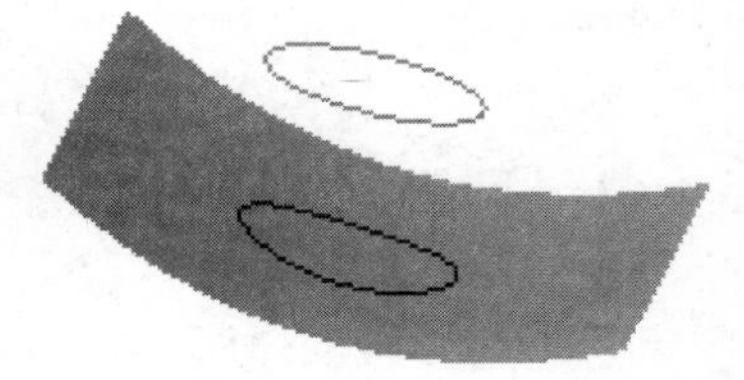

图 8-72 投影曲线

通过投影创建的曲线与原始曲线是关联的，若改变原始曲线的形状，则投影曲线形状也随之改变。

8.4.8　创建 COS 曲线

COS 曲线是曲面上的曲线，通常可以通过曲面相交创建。如果曲面的形状发生了变化，曲线也随曲面的外形变化而变化。在造型环境中，单击【通过相交产生 COS 曲线】按钮，弹出【创建 COS 曲线】特征操控板，如图 8-73 所示。在该特征操控板中，主要设定需要相交的曲面。

创建 COS 曲线的主要步骤如下。

（1）在造型环境中，单击【创建 COS 曲线】按钮，弹出【创建 COS 曲线】特征操控板。

（2）选取两个曲面作为相交曲面。

（3）完成 COS 曲线的创建。创建 COS 曲线实例如图 8-74 所示。

图 8-73　【创建 COS 曲线】特征操控板

图 8-74　创建 COS 曲线

8.4.9　创建偏移曲线

通过选定曲线，并指定偏移参照方向创建偏移曲线。在造型环境中，单击工具条中【偏移曲线】按钮，打开【偏移曲线】特征操控板，如图 8-75 所示。在该操控板中，主要指定偏移曲线、偏移参照及偏移距离。曲线所在的曲面或平面是指定默认偏移方向的参照，另外，可选中【法向】复选框，将垂直于曲线参照进行偏移。

创建偏移曲线的主要步骤如下。

（1）在造型环境中，单击【偏移曲线】按钮，打开【偏移曲线】特征操控板。

（2）选取要偏移的曲线。

（3）在曲面 第二 列表框中选取偏移参照曲面。

（4）设置曲线偏移选项。

（5）输入偏移距离。

（6）完成偏移曲线的创建。

创建偏移曲线实例如图 8-76 所示。

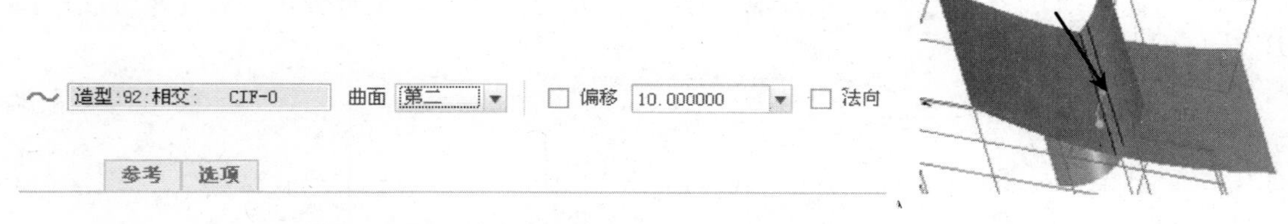

图 8-75 【偏移曲线】特征操控板　　图 8-76 偏移曲线

8.4.10 创建来自基准的曲线

创建来自基准的曲线可以复制外部曲线，所谓外部曲线主要包括以下种类。

- ❑ 导入到 Creo Parametric 中的基准曲线。例如，通过 IGES、Adobe Illustrator 等导入的基准曲线。
- ❑ 在 Creo Parametric 中创建的基准曲线。
- ❑ 在其他或当前“自由形式曲面”特征中创建的曲线或边。
- ❑ 任意 Creo Parametric 特征的边。

> 📖 来自基准的曲线功能将外部曲线转为造型特征的自由曲线，这种复制是独立复制，即如果外部曲线发生变更时并不会影响到新的自由曲线。

在造型环境中，单击【来自基准的曲线】按钮，打开【创建来自基准的曲线】特征操控板，如图 8-77 所示。

创建来自基准的曲线的主要步骤如下。

（1）创建造型曲面特征。

（2）在造型环境中，单击【来自基准的曲线】按钮，打开【来自基准的曲线】特征操控板。

（3）选取基准曲线。可通过两种方式选取曲线，即单独选取一条曲线或边，或者选取多条曲线或边创建链。

（4）调整曲线逼近质量。使用【质量】滑块提高或降低逼近质量，逼近质量可能会增加计算曲线所需点的数量。

（5）完成曲线创建。

创建来自基准曲线实例如图 8-78 所示。

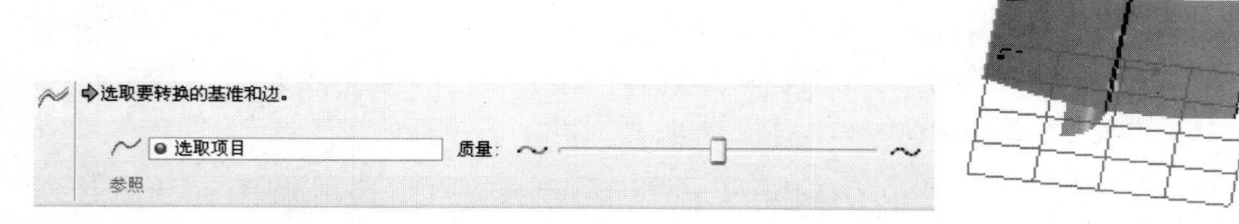

图 8-77 【创建来自基准的曲线】特征操控板　　图 8-78 创建来自基准曲线

8.4.11　创建来自曲面的曲线

单击【来自曲面的曲线】按钮，打开【来自曲面的曲线】特征操控板，如图 8-79 所示。利用该功能可以在现有曲面的任意点沿着曲面的等参数线创建自由曲线或 CO 曲线。

创建来自曲面的曲线的基本步骤如下。

（1）单击【来自曲面的曲线】按钮，打开【创建来自曲面的曲线】特征操控板。

（2）选择创建曲线类型。在特征操控板上选择自由曲线或 COS 类型曲线。

（3）创建曲线。在曲面上选取曲线要穿过的点，创建一条具有缺省方向的来自曲面的曲线，按住 Ctrl 键并单击曲面更改曲线方向。

（4）定位曲线。拖动曲线滑过曲面并定位曲线，或单击【选项】选项卡，并在【值】框中输入一个介于 0 和 1 之间的值。在曲面的尾端，【值】为 0 和 1。当【值】为 0.5 时，曲线恰好位于曲面中间。

（5）完成曲线创建。

创建来自基准曲线实例如图 8-80 所示。

图 8-79 【创建来自曲面的曲线】特征操控板

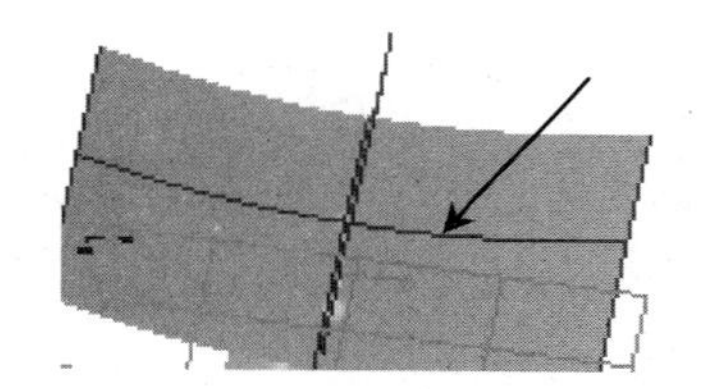

图 8-80　创建来自曲面的曲线

8.5　编辑造型曲线

造型曲线的编辑主要包括对造型曲线上点的编辑及曲线的延伸、分割、组合、复制和移动或删除等操作。在进行这些编辑操作时，应该使用曲线的曲率图随时查看曲线变化，以获得最佳曲线形状。

8.5.1　编辑曲线点或控制点

在造型环境中，单击工具栏中的【编辑曲线】按钮，弹出如图 8-81 所示的【编辑曲线】特征操控板。选中曲线，将会显示曲线点或控制点，如图 8-82 所示。使用鼠标左键拖动选定的曲线点或控制点，可以改变曲线的形状。

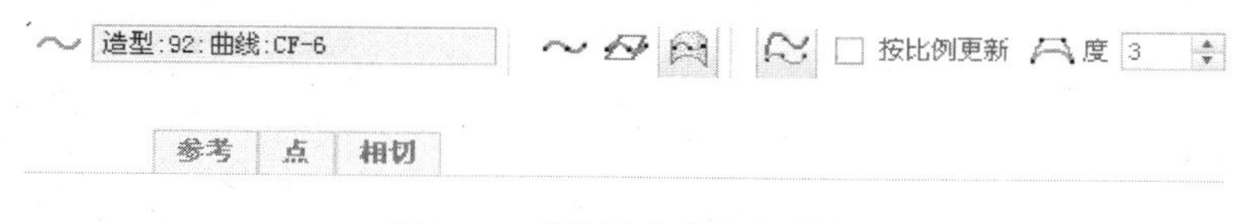

图 8-81 【编辑曲线】操控板

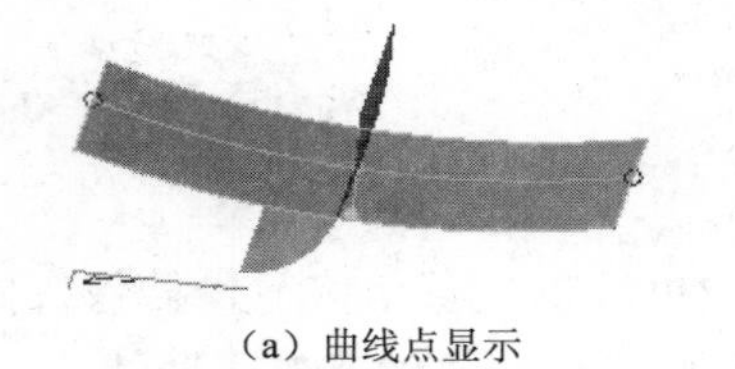

（a）曲线点显示

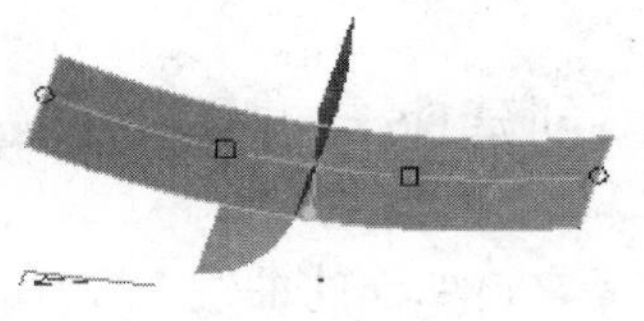

（b）控制点显示

图 8-82　曲线点显示

利用【编辑曲线】对话框的上滑面板中的各选项，可以分别设定曲线的参照平面，点的位置及端点的约束情况，如图 8-83 所示。

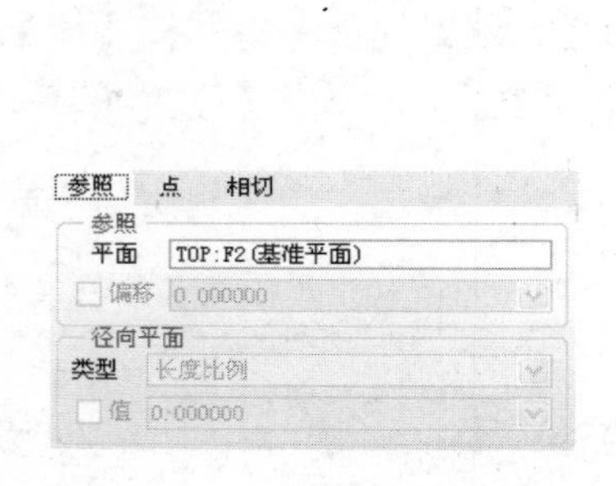

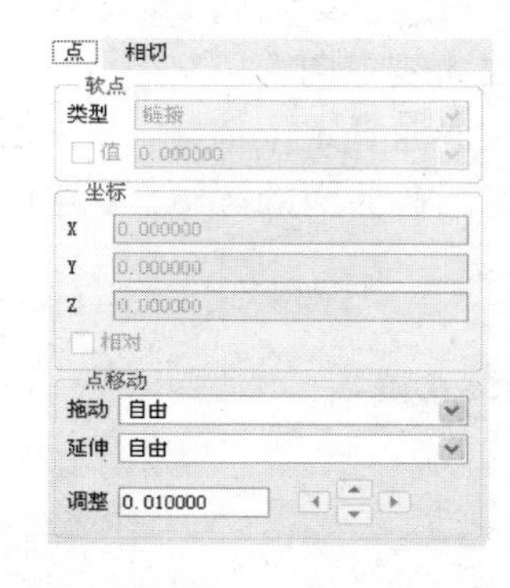

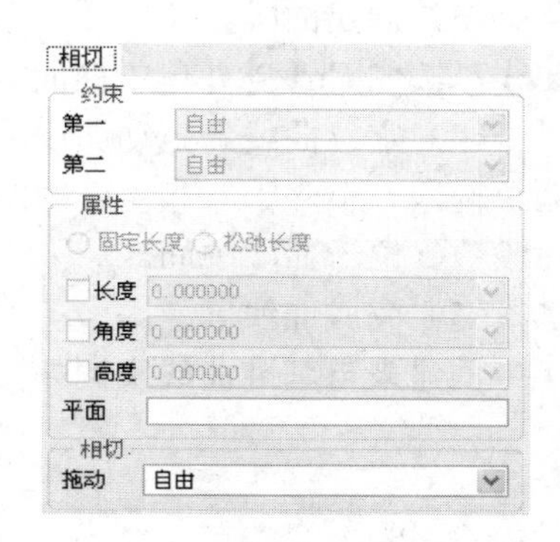

图 8-83　点设置选项

📖 选中造型曲线或曲线点，单击鼠标右键，利用弹出的菜单中的相关指令，可以完成在曲线上增加或删除点，以对曲线进行分割、延伸等编辑操作，也可以完成对两条曲线的组合。

8.5.2　复制与移动曲线

在造型环境中，选择【曲线】/【复制】、【曲线】/【按比例复制】和【曲线】/【移动】命令，可以对曲线进行复制和移动。

- 【复制】：复制曲线。如果曲线上有软点，复制后系统不会断开曲线上软点的连接，操作时可以在操控板中输入坐标值以精确定位。
- 【按比例复制】：复制选定的曲线并按比例缩放。
- 【移动】：移动曲线。如果曲线上有软点，复制后系统不会断开曲线上软点的连接，操作时可以在操控板中输入坐标值以精确定位。

选择【曲线】/【复制】命令，弹出如图 8-84 所示的【复制】特征操控板。利用该操控板完成的曲线复制如图 8-85 所示。

图 8-84　【复制】特征操控板

图 8-85　曲线复制

8.6　创建造型曲面

创建造型曲面的方法主要有三种，即边界曲面、放样曲面和混合曲面，其中最为常用的方法为边界曲面。

8.6.1　边界曲面

创建边界曲面需要三条或四条造型曲线，并且这些曲线形成封闭图形。在造型环境中，单击工具栏中的【曲面】按钮，弹出如图 8-86 所示的【曲面】特征操控板。

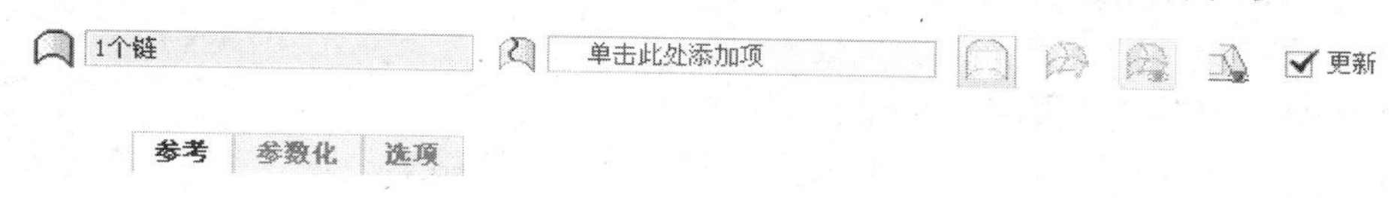

图 8-86　【曲面】操控板

操控板中主要选项含义如下。

- 按钮：主曲线收集器，用于选取主要边界曲线。
- 按钮：内部曲线收集器，用于选择内部边线构建曲面。
- 按钮：显示已修改曲面的半透明或不透明预览。
- 按钮：进入/退出重新参数化模式。
- 按钮：显示重新参数化曲线。
- 按钮：显示曲面连接图标。

创建边界曲面的主要步骤如下。

（1）在造型环境中，单击右侧工具栏中的【从边界曲线创建曲面】按钮，弹出【曲面】特征操控板。

（2）选取边界曲线。按住 Ctrl 键选取三条链来创建三角曲面，或选取四条链来创建矩形曲面，显示预览曲面。

（3）添加内部曲线。单击按钮，选取一条或多条内部曲线。曲面将调整为内部曲线的形状。

（4）调整曲面参数化形式。

（5）完成边界曲面创建。

创建边界曲面的实例如图 8-87 所示。

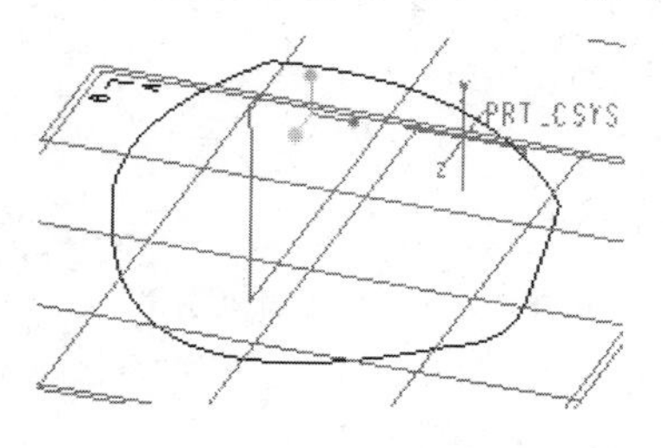

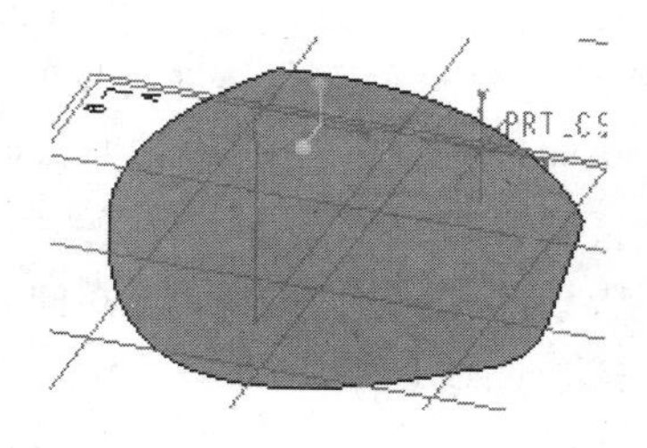

图 8-87　创建边界曲面

8.6.2 曲面连接

在造型环境中，单击右侧工具栏中的【连接曲面】按钮，弹出如图 8-88 所示的【连接曲面】特征操控板。

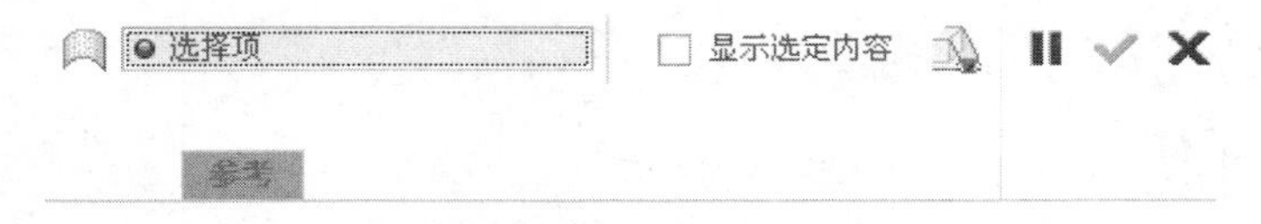

图 8-88 【连接曲面】特征操控板

曲面连接的操作过程如下。

（1）打开【连接曲面】特征操控板。

（2）按住 Ctrl 键选取要连接的曲面。

（3）鼠标右键单击连接符号，在弹出的菜单中选择连接类型。

（4）完成操作。

曲面连接实例如图 8-89 所示。

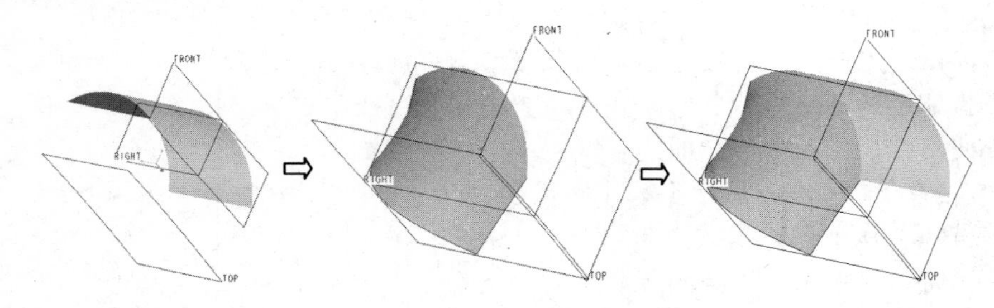

图 8-89 曲面连接

进行曲面连接操作时，对连接放置的设置不同时会得到不同的连接效果。当曲面具有共同边界时，可设置三种连接类型，即几何连接、相切连接和曲率连接。

- 几何连接。曲面共用一个公共边界（共同的坐标点），但是没有沿边界公用的切线或曲率，曲面之间用虚线表示几何连接。
- 相切连接。两个曲面具有一个公共边界，两个曲面在沿边界的每个点上彼此相切，即彼此的切线向量同方向。在相切连接的情况下，曲面约束遵循父项和子项的概念，子项曲面的箭头表示相切连接关系。
- 曲率连接。曲面在公共边界上的切线向量方向和大小都相同时，曲面之间成曲率连接，曲率连接由子项曲面的双箭头表示曲率连接关系。

另外，造型曲面还有两种常见的特殊方式，即法向连接和拔模连接。

- 法向连接。连接的边界曲线是平面曲线，而所有与该边界相交的曲线的切线都垂直于此边界的平面。从连接边界向外指，但不与边界相交的箭头表示法向连接。
- 拔模连接。所有相交边界曲线都具有相对于边界与参照平面或曲面成相同角度的拔模曲线连接，也就是说，拔模曲面连接可以使曲面边界与基准平面或另一曲面成指定角度。从公共边界向外指的虚线箭头表示拔模连接。

8.6.3　修剪造型曲面

在造型环境中，单击工具栏中的【曲面修剪】按钮，弹出如图 8-90 所示的【曲面修剪】特征操控板。在该特征操控板中，选取要修剪的曲面、曲线及保留的曲面部分，即可完成造型曲面的修剪。

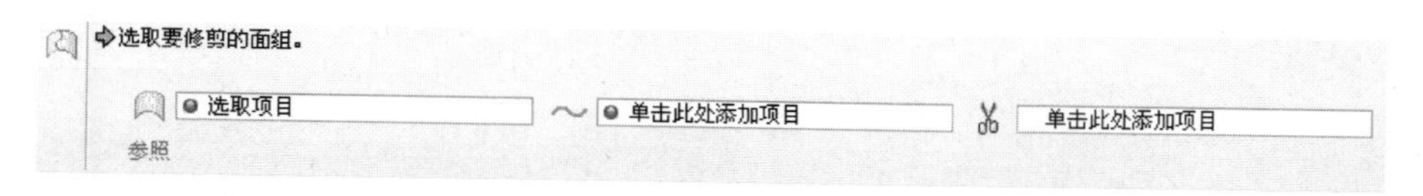

图 8-90　【曲面修剪】特征操控板

曲面修剪实例如图 8-91 所示。

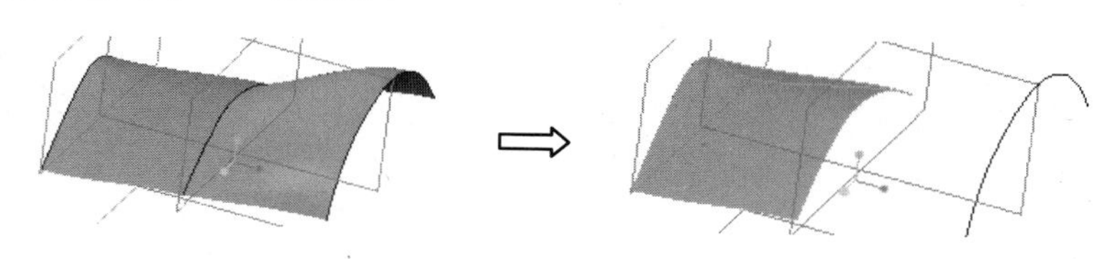

图 8-91　曲面修剪

8.6.4　编辑造型曲面

利用造型曲面编辑工具，可以对曲面进行微调以使问题区域变得平滑。

在造型环境中，单击工具栏中的【曲面编辑】按钮，弹出如图 8-92 所示的【曲面编辑】特征操控板。

图 8-92　【曲面编辑】特征操控板

其中主要选项含义如下。

- ：曲面收集器，选取要编辑的曲面。
- 【最大行数】：设置网格或节点的行数，其值大于或等于 4。
- 【列】：设置网格或节点的列数。
- 【移动】：约束网格点的运动。
- 【过滤器】：约束围绕活动点的选定点的运动。
- 【调整】：输入一个值来设置移动增量，单击、、或以向上、向下、向左或向右轻推点。
- 【比较选项】：更改显示以比较经过编辑的曲面和原始曲面。

在【曲面编辑】特征操控板中设置相关选项及参数后，可以利用鼠标直接拖动控制点的方式编辑曲面形状，实例如图 8-93 所示。

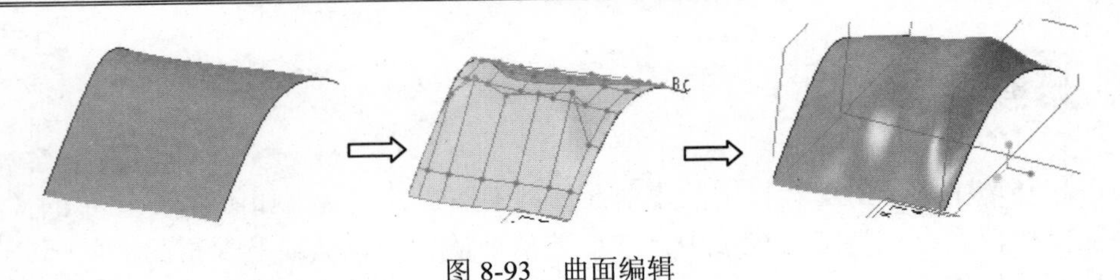

图 8-93　曲面编辑

8.7　综合实例

Creo Parametric 提供了强大而灵活的曲面功能，从设计单个曲面开始，逐步将曲面组合为一个封闭的面组，然后添加材料即可形成实体。本章通过两个综合实例说明 Creo Parametric 曲面建模的基本方法。

8.7.1　电脑风扇建模

	结果文件：光盘/example/finish/Ch08/8_1_1.prt
	视频文件：光盘/视频/Ch08/8_1.avi

本例完成的电脑风扇模型如图 8-94 所示。

设计分析

- ❑ 建模中综合使用了创建拉伸曲面、扫描混合曲面等功能。
- ❑ 首先创建曲面并进行编辑，然后使用曲面加厚功能创建实体模型。

设计过程

（1）新建零件文件。在【新建】对话框中去掉【使用缺省模板】前的【√】，在【新文件选项】对话框中选取模板为【mmns_part_solid】。

（2）以 FRONT 面作为草绘平面，按照如图 8-95 所示创建草图。

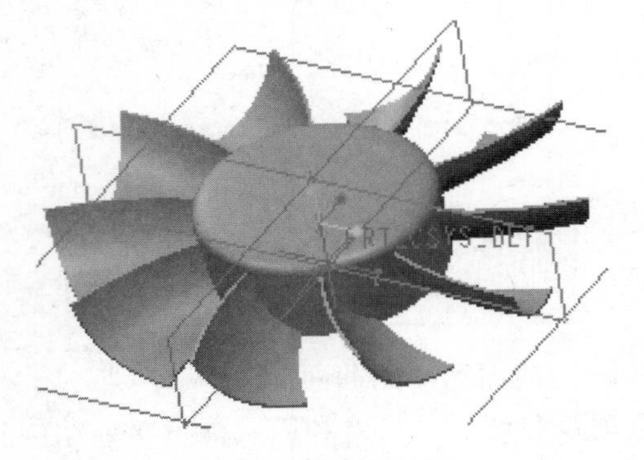

图 8-94　电脑风扇模型

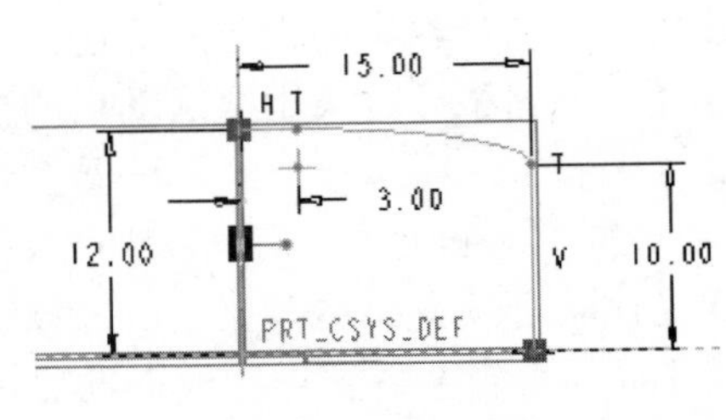

图 8-95　创建草图

（3）创建旋转曲面，如图 8-96 所示。

（4）绘制曲线。以 TOP 面作为草绘平面，绘制如图 8-97 所示曲线。

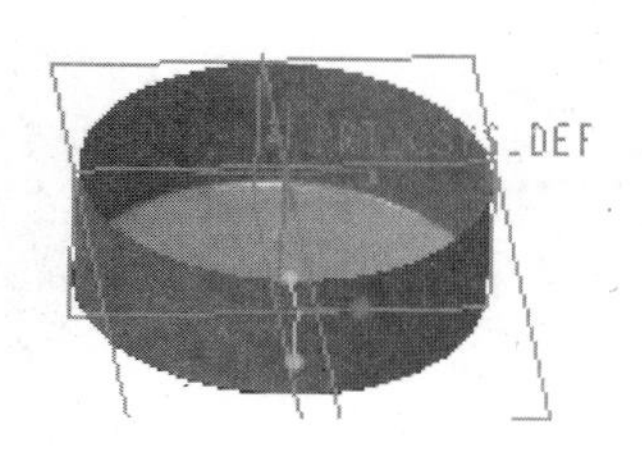

图 8-96　旋转曲面

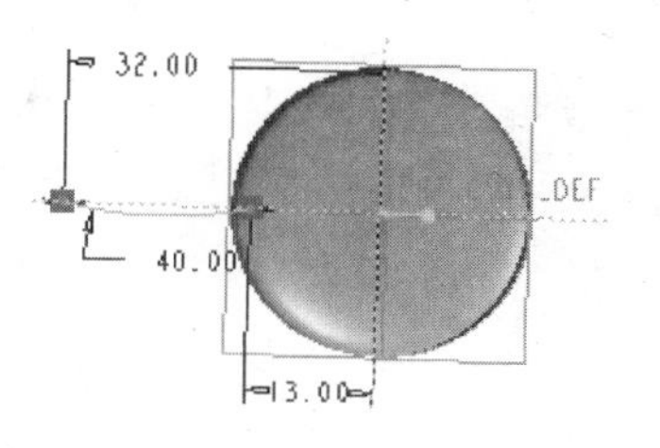

图 8-97　绘制曲线

（5）创建扫描混合曲面，操作过程如图 8-98 所示。

（6）修剪曲面。选择叶片作为被修剪曲面，旋转曲面作为修剪对象，结果如图 8-99 所示。

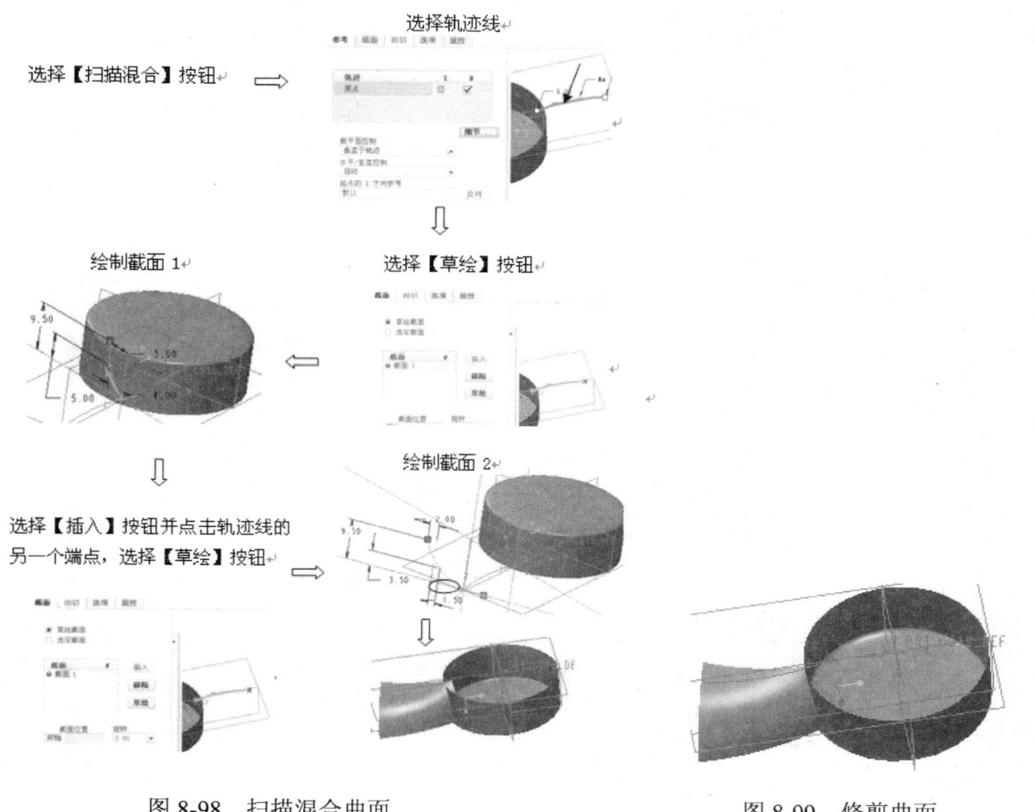

图 8-98　扫描混合曲面

图 8-99　修剪曲面

（7）阵列扫描混合曲面。操控板设置如图 8-100 所示，结果如图 8-101 所示。

图 8-100　阵列设置

（8）加厚曲面。选择如图 8-102 所示曲面进行加厚操作，厚度设置为 1mm，结果如

图 8-103 所示。

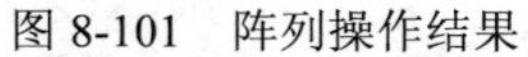
图 8-101　阵列操作结果

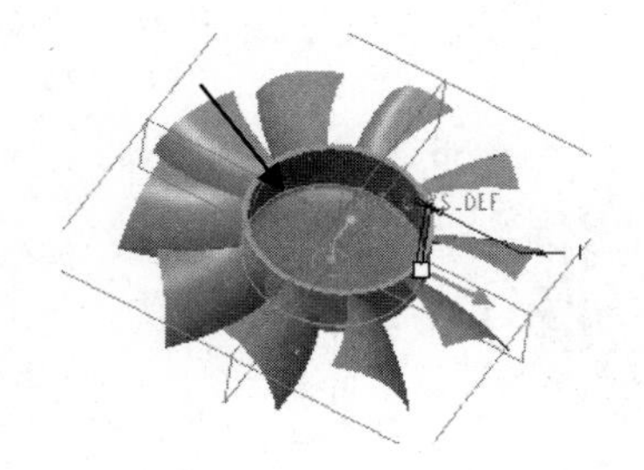

图 8-102　选择曲面

图 8-103　曲面加厚

（9）加厚曲面。选择如图 8-104 所示曲面进行加厚操作，厚度设置为 0.5mm，结果如图 8-105 所示。

图 8-104　选择曲面

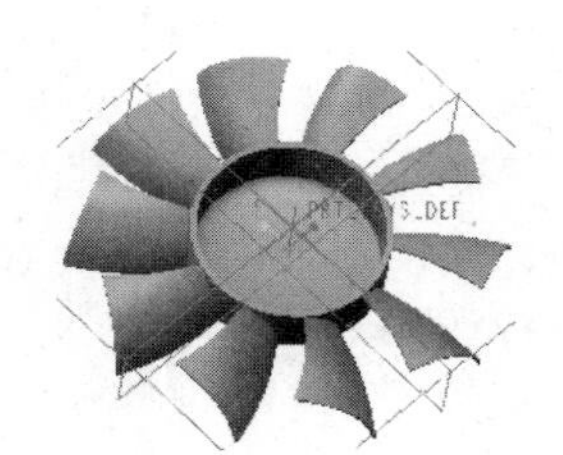

图 8-105　曲面加厚

8.7.2　奶瓶建模

	结果文件：光盘/example/finish/Ch08/8_2_1.prt
	视频文件：光盘/视频/Ch08/8_2.avi

本例完成的奶瓶模型如图 8-106 所示。

设计分析

- 模型由变截面扫描特征、恒定截面扫描特征等组成。
- 首先创建可变截面扫描特征，然后在此基础上扫描特征。
- 使用图形函数关系式控制圆角大小的变化。

设计过程

（1）草绘曲线。

- 单击按钮。
- 选择 FRONT 面作为草绘平面。
- 绘制如图 8-107 所示草图。
- 完成草图绘制。

曲线的一个端点与坐标原点重合，且曲线与 FRONT 面及 RIGHT 面交线重合。

图 8-106　奶瓶模型

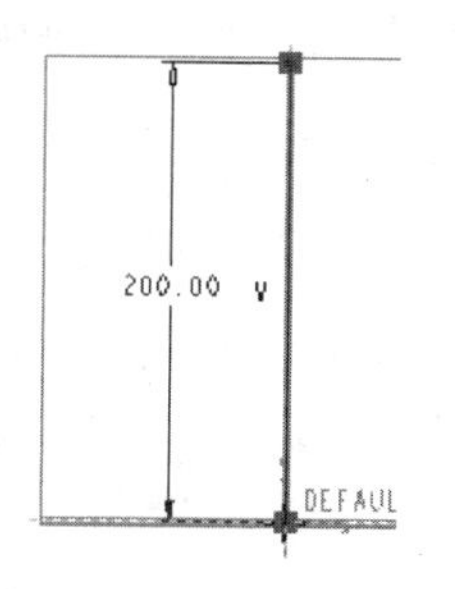

图 8-107　绘制草图

（2）草绘曲线。

- 单击按钮。
- 选择 FRONT 面作为草绘平面。
- 绘制如图 8-108 所示草图，曲线由直线及样条线组成。
- 完成草图绘制。

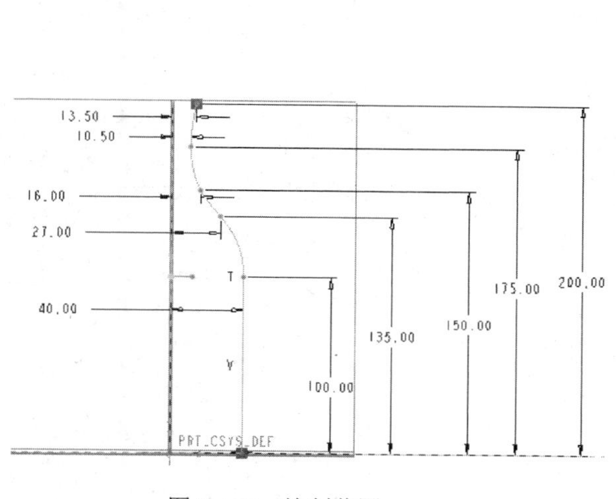

图 8-108　绘制草图

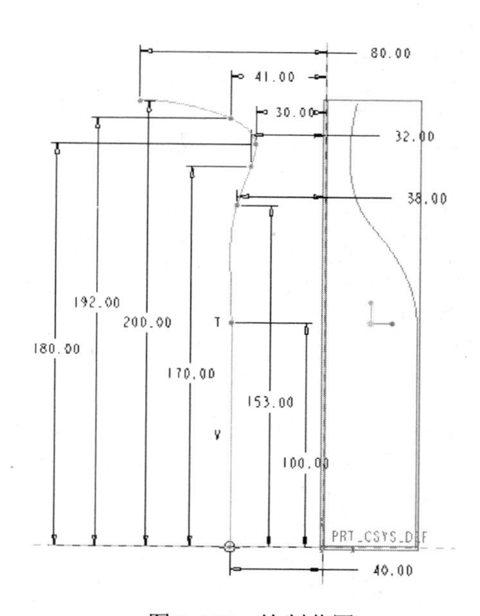

图 8-109　绘制草图

（3）草绘曲线。

- 单击按钮。
- 选择 TRONT 面作为草绘平面。
- 完成草图绘制。结果如图 8-109 所示草图。

上述步骤中创建的曲线的端点对齐在 TOP 平面上，标注相同的总长度 200。

（4）绘制曲线并镜像曲线。

- 选择 RIGHT 面作为草绘平面并绘制如图 8-110 所示的曲线。
- 单击 镜像按钮。

❑ 选择 FRONT 面作为镜像曲面。

❑ 完成镜像操作，结果如图 8-110 所示。

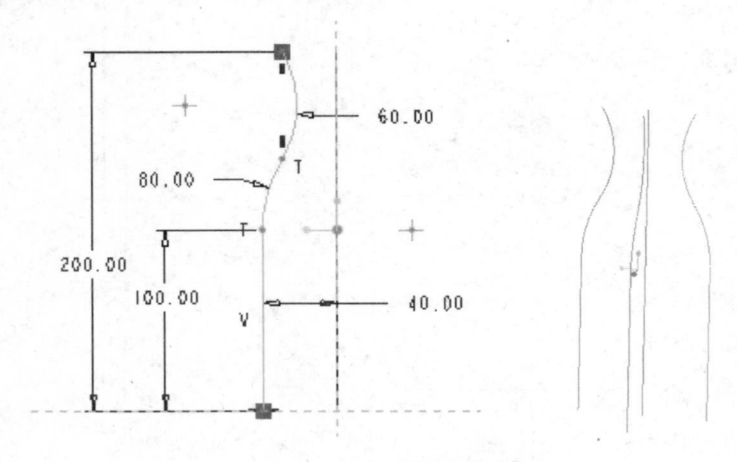

图 8-110　绘制并镜像曲线

（5）创建图形基准。

❑ 选择【基准】/【图形】命令，进入草绘环境。

❑ 输入基准特征名称“G”。

❑ 创建坐标系。

❑ 绘制如图 8-111 所示图形，并标注尺寸。

❑ 完成图形基准的创建。

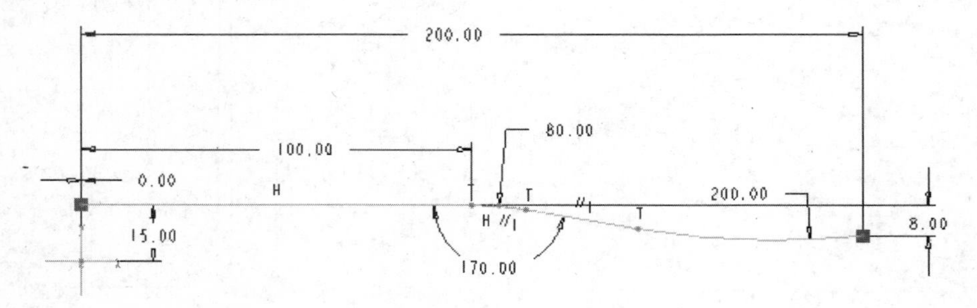

图 8-111　创建图形基准特征

（6）创建扫描特征。

❑ 单击扫描按钮，打开【扫描】操控板。

❑ 在操控板中单击按钮。

❑ 打开【参考】上滑面板，选择轨迹线。如图 8-112 所示，其中直线段为原点轨迹。

❑ 单击操控板中按钮，进入草绘环境。

❑ 绘制如图 8-113 所示草图，草图中各条直线段经过选择步骤 2、3、4 创建的曲线及镜像曲线的端点。

❑ 选择【工具】/【关系】命令，打开【关系】对话框，在文本框中输入“sd23=evalgraph('G', trajpar*200)”，如图 8-114 所示。

❑ 单击【关系】对话框中的【确定】按钮。
❑ 完成草图绘制。

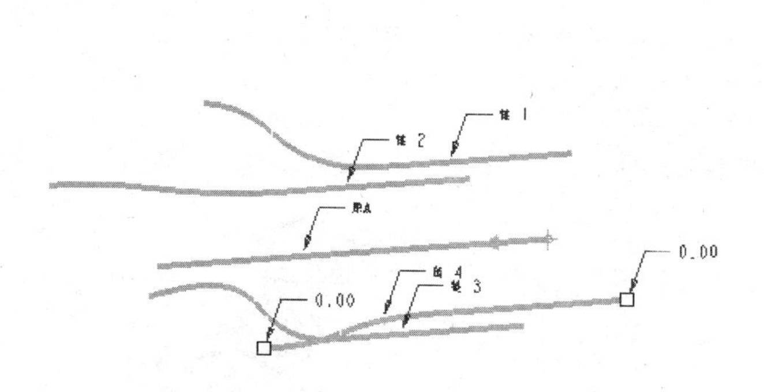

图 8-112　选择轨迹线

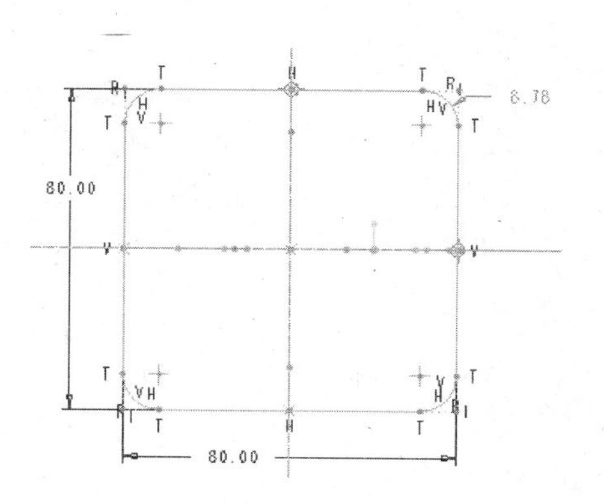

图 8-113　绘制草图

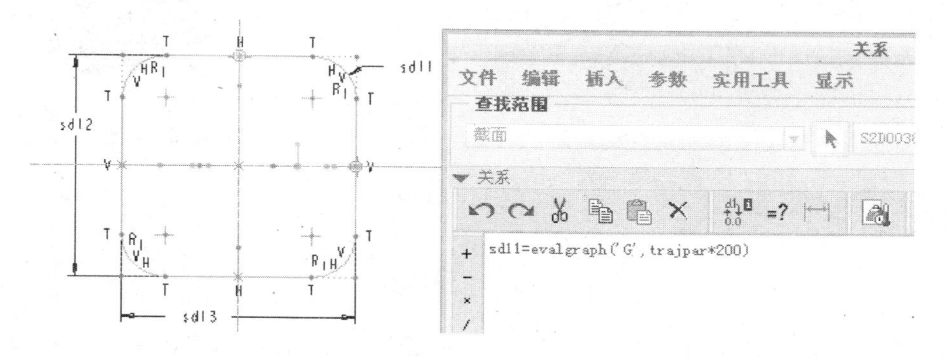

图 8-114　定义关系式

❑ 完成扫描特征创建，结果如图 8-115 所示。
（7）草绘曲线。
❑ 单击～按钮。
❑ 选择 FRONT 面作为草绘平面。
❑ 绘制如图 8-116 所示草图，曲线为样条线。
❑ 完成草图绘制。

图 8-115　扫描特征

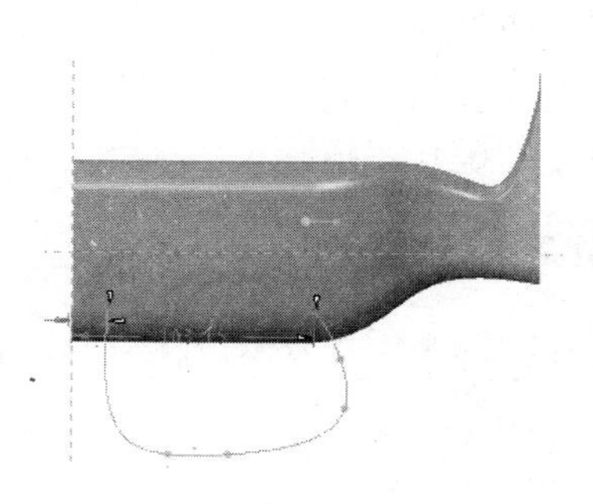

图 8-116　绘制曲线

（8）创建扫描特征。

- ❑ 单击 扫描 按钮，打开【扫描】操控板。
- ❑ 在操控板中单击 按钮。
- ❑ 打开【参考】上滑面板，选择上步创建的样条曲线作为轨迹线。
- ❑ 单击操控板中 按钮，进入草绘环境。
- ❑ 绘制如图 8-117 所示草图。
- ❑ 完成扫描特征创建，结果如图 8-118 所示。

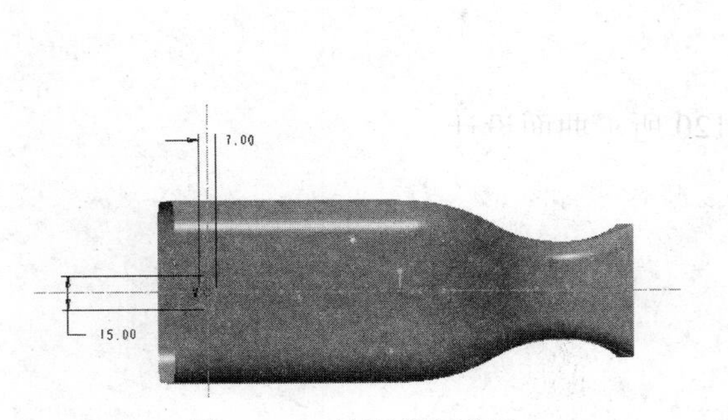

图 8-117　绘制截面曲线

图 8-118　创建扫描特征

8.8　小　　结

应用基本曲面功能可以完成一般工业产品的设计，应用造型曲面功能可以设计出更加复杂和美观的外形。本章介绍了基本曲线、基本曲面及造型曲面和造型曲面的设计与编辑方法。通过本章的学习读者能够掌握曲面造型中各种功能的操作方法，为进行复杂产品设计打下基础。

8.9　思考与练习

1. 思考题

（1）创建边界混合曲面时如何选择参考曲线？
（2）切面混合到曲面的方法有几种创建曲面的方式，各自如何操作？
（3）曲面建模与实体建模的关系，二者在模型创建中各自起到什么作用？

2. 操作题

（1）完成如图 8-119 所示风机外壳的设计。

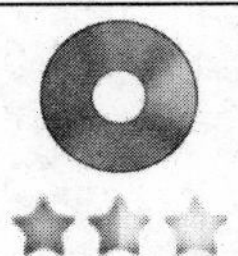	结果文件：光盘/example/finish/Ch08/8_3_1.prt
	视频文件：光盘/视频/Ch08/8_3.avi

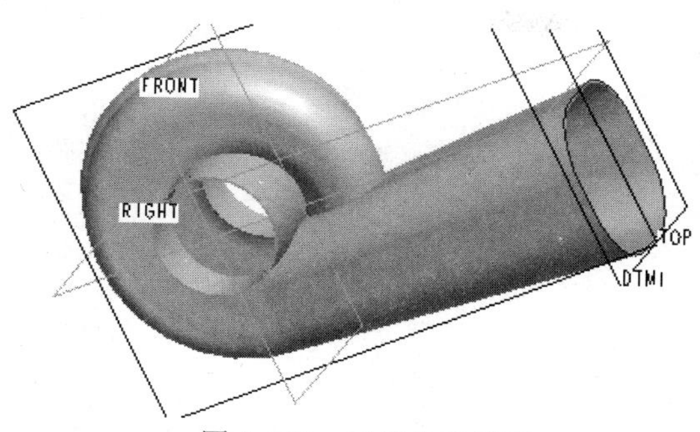

图 8-119　风机外壳模型

（2）利用造型曲面功能完成如图 8-120 所示曲面设计。

<table>
<tr><td rowspan="2">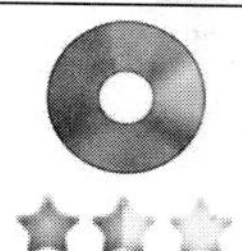</td><td>结果文件：光盘/example/finish/Ch08/8_4_1.prt</td></tr>
<tr><td>视频文件：光盘/视频/Ch08/8_4.avi</td></tr>
</table>

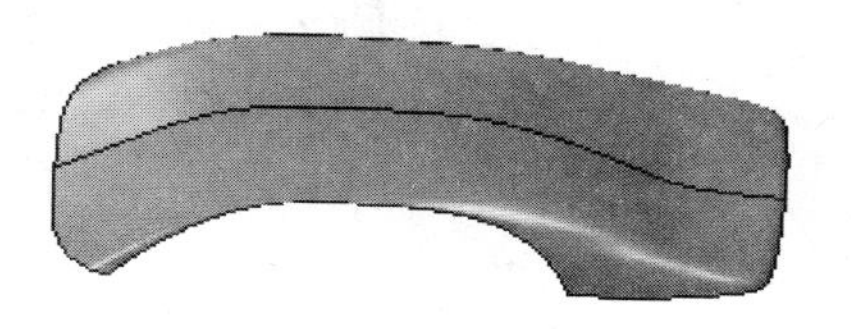

图 8-120　自由曲面造型

第9章　产品渲染

完成零件模型或完成装配体创建后，可以进行渲染操作，以更好地观察模型造型、结构，从而达到视觉上逼真的效果，例如，可以将房间、光源及环境效果添加到模型，然后创建渲染的图像，达到模拟真实场景的效果。

9.1　渲染概述

本节介绍如何进入渲染环境、渲染工具条的主要功能按钮及Creo Parametric中对模型进行渲染操作的主要术语。

9.1.1　认识渲染

选择【渲染】菜单，进入模型渲染环境，系统提供的【渲染】工具条如图9-1所示。

在工具条中提供了【场景】、【外观库】、【透视图】、【渲染】和【设置】工具，各渲染工具的功能如下。

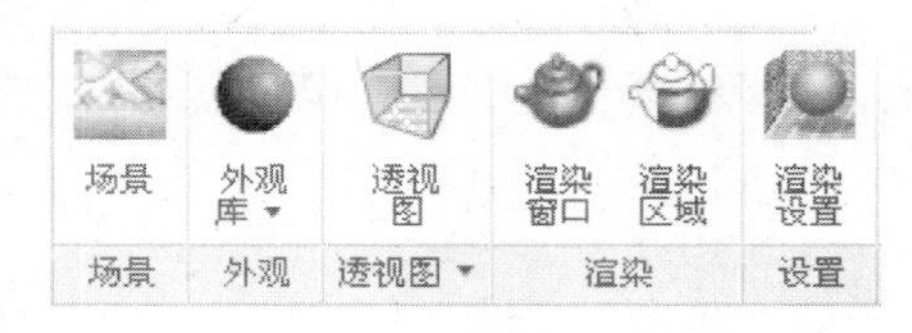

图9-1　【渲染】工具条

（1）场景。

用于创建场景或将场景添加到模型中。添加场景的效果如图9-2所示。

（2）外观库。

通过颜色、纹理，或者二者的组合定义模型的外观。模型的外观渲染如图9-3所示。

（3）透视图。

添加模型的透视效果，模型的透视效果如图9-4所示。

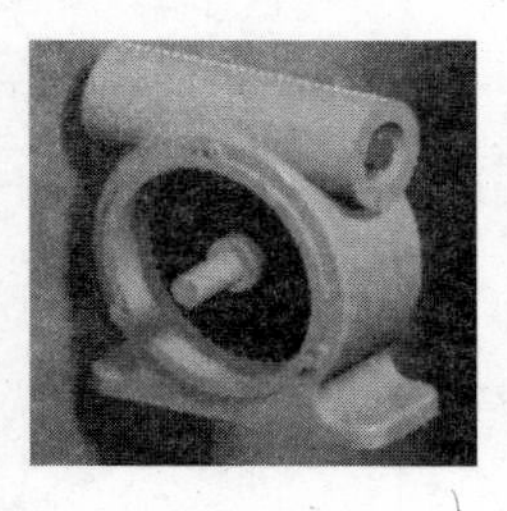

图9-2　添加场景

图9-3　外观渲染

图9-4　透视效果

（4）渲染。

包括渲染窗口和渲染区域。设置场景和渲染效果后，可以应用渲染功能对整个窗口或选定区域进行渲染。

（5）设置。

对 PhotoRender 和 Photolux 渲染器渲染设置。选择不同的渲染器得到不同的渲染效果，如图 9-5 所示为渲染结果。

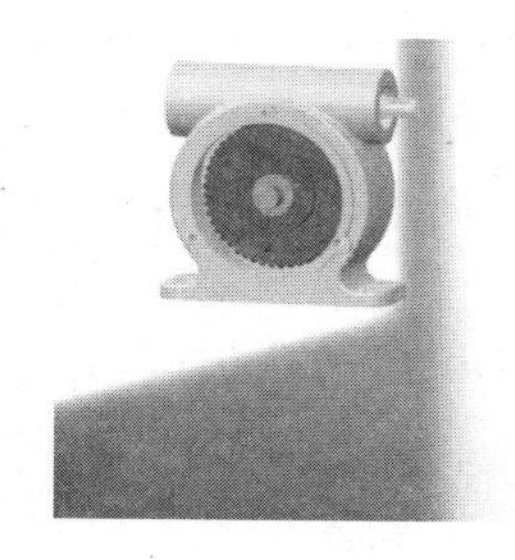

图 9-5　渲染效果

9.1.2　Creo Parametric 渲染术语

常用的渲染术语及其含义如下。

- 像素：图像的单个点，通过将红、绿和蓝三原色加以组合来显示。
- 渲染：创建具有阴影的图像使模型具有更加逼真的外观。
- 渲染质量：控制模型中的曲面渲染质量。
- 背景：渲染模型的环境。
- 透明度：透过曲面的可见程度。
- 场景：应用于模型的渲染设置的集合，包括光源、房间等。
- 纹理：用于确定曲面颜色或外观的图像。
- 锐化几何纹理：渲染选项，使渲染对象的几何纹理更加清晰。
- 成角度锐化纹理：对于与视图成某一阴影角度渲染的纹理图像进行锐化。
- 外观：确定曲面外观的属性集，这些属性包括颜色、反射能力、透明度等。
- 地面阴影：切换地面阴影的渲染选项。
- 自身阴影：产生由模型投射到自身的阴影。
- 凸凹图：创建曲面的渲染效果。
- 凹凸高度：凹凸图特征的高度或深度。
- Alpha：将图像中的某种颜色处理成透明。
- RGB：将红、绿、蓝三种颜色调配成其他颜色。
- 反射：设置模型反射环境的程度。
- 反射房间：控制房间在模型上的反射。
- 反射深度：光线从表面反射的次数。
- 折射深度：光线从表面折射的次数。
- 房间：模型的渲染环境。一个长方体房间具有四个壁、一个天花板和一个地板。一个圆柱形房间具有一个壁、一个地板和一个天花板。
- 光源：系统提供了 6 种光源，即室内光、环境光、天空光源、远光源、灯泡和聚光灯。光源需要设置位置、颜色和亮度参数，有的光源还需要设置方向性、扩散性及汇聚性。

- 灯泡：光源的一种类型，光从灯泡的中心辐射。曲面对光的反射取决于它与光源的相对位置。
- 环境光：指的是一种平均作用于各对象的一种光源。
- 环境光反射：用于定义曲面对环境光的反射量。
- 加亮强度：突出显示颜色区的亮度。
- 加深颜色：模型中加亮部分的颜色。
- 景深：照相机最远聚焦点与最近聚焦点之间的距离。
- 聚光灯：一种光源，光线限制在锥体范围内。
- 聚光交点：汇聚光光束的锐度。
- 散射：模拟光在介质中的散射效果。
- 映射方法：指定纹理映射到曲面的方法。可用的映射方法有平面型、圆柱型、球型和参数型。
- 色调：颜色的色泽或阴影。
- 饱和度：颜色中色调的纯度。
- 亮度：色调的强度。
- 调色板：显示的渲染对象的集合。
- 贴花：由标准颜色纹理图和透明度组成。
- 消除锯齿：设置平滑位图图像中对角线和边的锯齿外观的方法。
- 背面：曲面的背面。
- PhotoRender：渲染程序，用于建立场景的光感图像。
- Photolux：渲染程序。

9.2 创建外观

模型的外观取决于颜色、光源、映像、反射及透明度的设置。可以单独通过颜色或纹理，或者通过颜色和纹理的组合来定义外观，可以为任何零件或组件指定颜色。外观将与模型一同保存，但当模型载入时，外观不会载入到调色板中。要载入外观文件，可以将一个外观文件指定为 config.pro 文件中的 pro_colormap_path 配置选项的值。

9.2.1 外观库

在工具条中单击【外观库】按钮，打开【外观库】对话框，如图 9-6 所示，在该对话框中可以进行模型的外观设置。

对话框中各选项的含义如下。

（1）我的外观：显示用户创建并存储的外观。可以在其中选择一种外观施加于模型。选取一种外观后系统将弹出【选择】对话框和画笔，选择模型表面后即可改变模型外观。在某个外观图标上右击，可以在弹出的菜单中选择相应命令进行新建、编辑及删除外观设置等操作。

（2）模型：显示在模型中使用的用户定义的颜色列表，缺省情况下，在调色板中只显示缺省外观。

（3）库：以图表形式显示系统库中预定义的外观及 Photolux 库。

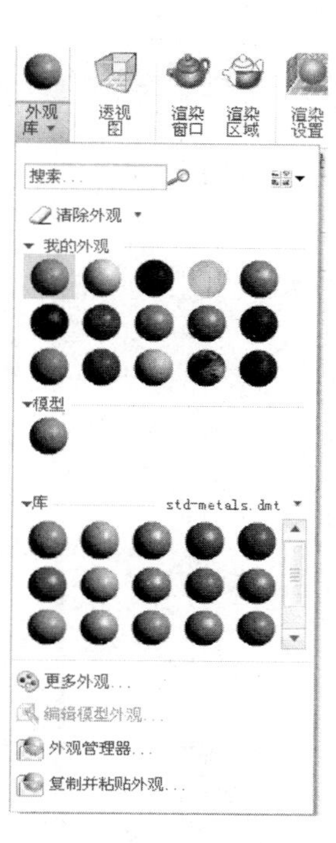

图 9-6　外观库

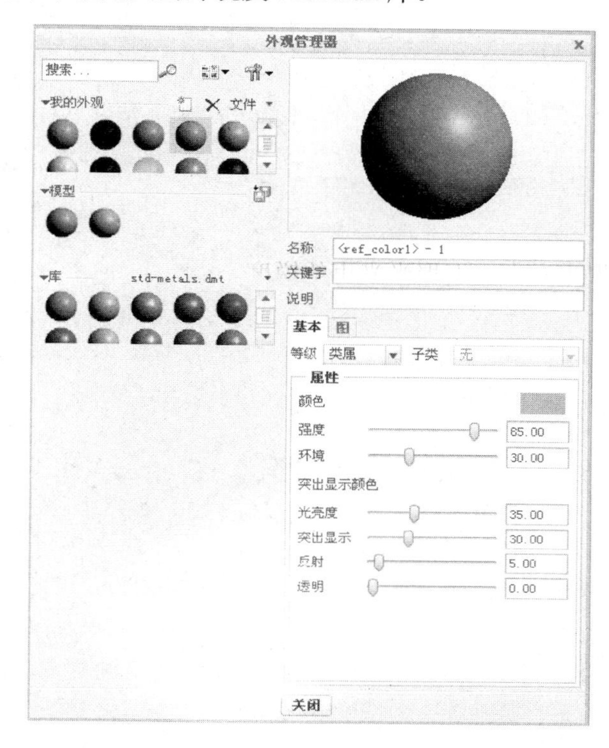

图 9-7　【外观管理器】对话框

9.2.2　外观管理器

执行图 9-6 所示对话框中【外观管理器】命令，打开图 9-7 所示的【外观管理器】对话框。

其中的各项内容含义如下。

（1）名称：显示选定外观名称。

（2）关键字：显示外观的关键字，搜索时使用此关键字。

（3）说明：外观的描述。

（4）【基本】选项卡：用于定义外观颜色属性。打开【等级】下拉列表框，在其中选择金属、玻璃等等级。

- 单击▇打开【颜色编辑器】对话框，如图 9-8 所示，其中颜色轮盘用于选取颜色及其亮度级；混合调色板用于将多达四种颜色进行连续混合；RGB 随着用户在框内左、右移动光标定义颜色，RGB 值的范围为 0～100。RGB 的值设置全都设置为 0 可定义黑色，将其全部设置为 100 可定义白色。HSV 使用色调、饱和度和亮度来选取颜色。色调用于定义主光谱颜色，色调值的范围为 0～360；饱和度则决定颜色的浓度，亮度可控制颜色的明暗，饱和度和亮度值的范围是 0～100%。

- 【强度】与【环境】用于通过滑块或在文本框中填入数值控制“灯泡光源”、“远光源”或“聚光灯光源”的反射程度及控制曲面反射的环境光的量。
- 在【突出显示颜色】区域下可以设置控制曲面的光亮度突出显示区域的光亮度，还可以设置【反射】及【透明】两个选项，以控制局部对房间或场景的反射程度与透过曲面可见的程度。

（5）【图】选项卡：使用纹理定义外观。打开【图】选项卡，如图 9-9 所示。

图 9-8 【颜色编辑器】对话框

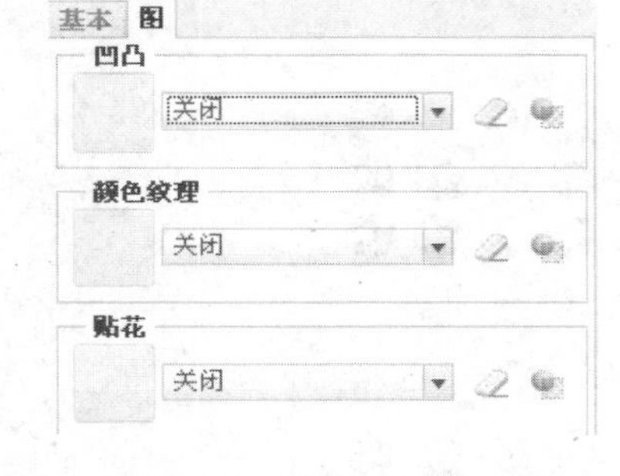

图 9-9 【图】选项卡

- 【凹凸图】是一种创建曲面粗糙度映象的纹理类型。当应用凹凸时，还可指定所采用凹凸值的高度或深度。
- 【颜色纹理】是一种颜色纹理图片。将这种图片应用到曲面或零件时，会替换由图像影响的交迭区域的基本颜色。
- 【贴花】可以替换由图像影响的交迭区域的基本颜色。贴花位于所有颜色纹理的顶层，就像是粘膜或徽标。贴花也可包括透明区域，即使该区域位于图像之内，也允许透过它显示基本颜色或颜色纹理。

9.2.3 创建与保存外观

打开【外观编辑器】对话框，设置【外观管理器】各选项内容，单击【确定】按钮，完成外观创建。

在【外观编辑器】对话框中选择【文件】/【另存为】命令进行保存，默认的文件格式为.dmt。选择【文件】/【打开】命令可将保存的外观文件打开。

9.2.4 外观编辑与删除

在【我的外观】列表中右击，在弹出的菜单中选择【编辑】命令，打开【外观编辑器】对话框，在其中可以对外观进行编辑修改。

在【我的外观】列表中右击，在弹出的菜单中选择【删除】命令，对外观进行删除操作。

9.2.5　修改模型外观

单击编辑模型外观...按钮，打开【外观编辑器】对话框，单击对话框中的按钮。在视图中选择要编辑外观的对象，在【外观编辑器】对话框中设置【基本】、【图】选项卡下的相关内容，完成外观的编辑。

选择【外观库】中的【清除外观】选项，在系统提示下选择对象，可以清除施加在模型上的外观。

9.2.6　应用纹理

应用纹理可以将表面纹理应用到用颜色无法表示的表面，诸如木纹或布纹。纹理图是一种特殊的图像文件，可对曲面或零件应用颜色纹理、贴花和凸凹图三种纹理，可以使用系统提供的纹理图像进行渲染。下面通过实例说明三种纹理的添加方法。

【实例 9-1】 添加颜色纹理

本例介绍颜色纹理的添加方法，主要说明颜色纹理的添加过程。

设计过程

（1）打开光盘下“example/start/Ch09/9_2.prt”文件。

（2）打开【外观管理器】对话框，在我的外观对话框中选择【ptc-wood-elm】外观图标。

（3）在【基本】选项卡中单击按钮，打开【颜色编辑器】对话框，按图 9-10 所示调整颜色。

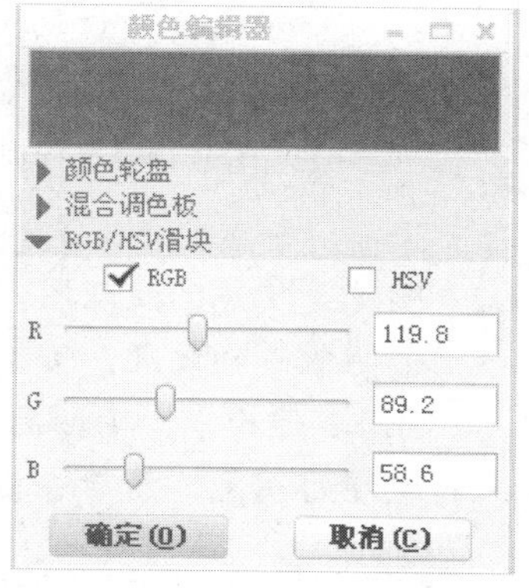

图 9-10　设置颜色

（4）选择【图】选项卡，在【颜色纹理】区域的下拉列表框中选择【图像】，单击按钮，在【打开】对话框中选择“graphic-library/textures/wood/plank-fir.tx3”文件，单击【打开】按钮。

（5）关闭【外观管理器】对话框。

（6）在外观库中【我的外观】列表框中选择【ptc-wood-elm】外观图标，按照系统提示选择模型表面，如图 9-11 所示，颜色纹理的添加效果如图 9-12 所示。

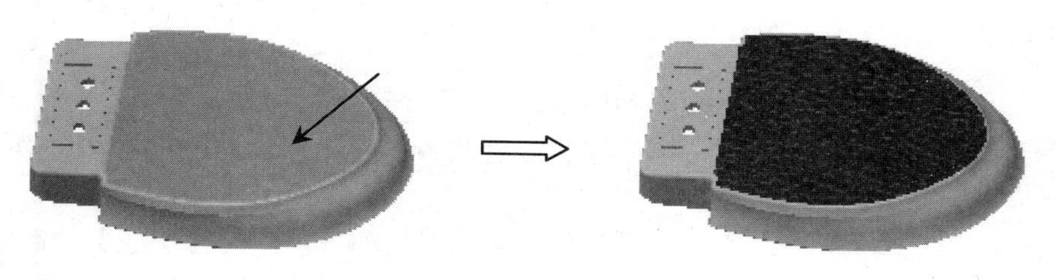

图 9-11　选择模型表面　　　图 9-12　颜色纹理效果

【实例 9-2】 添加贴花

本例介绍贴花的添加方法，主要说明贴花的添加过程。

设计过程

（1）打开光盘下“example/start/Ch09/9_2.prt”文件。

（2）打开【外观管理器】对话框，在我的外观对话框中选择【ptc-metallic-aluminium】外观图标。

（3）在【基本】选项卡中单击■按钮，打开【颜色编辑器】对话框，按图 9-13 所示调整颜色。

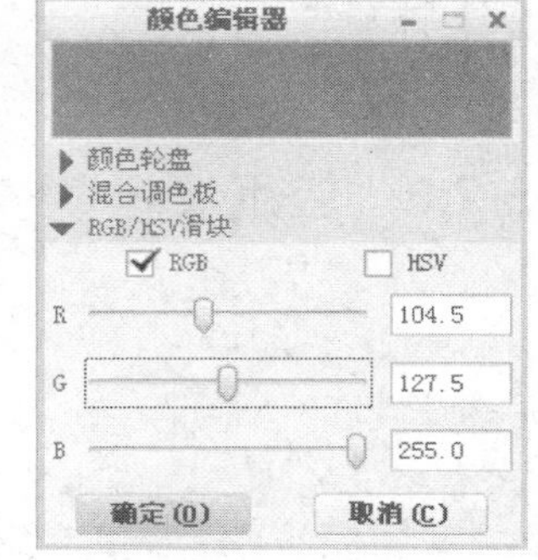

图 9-13　设置颜色

（4）选择【图】选项卡，在【贴花】区域的下拉列表框中选择【图像】，单击■按钮，在【打开】对话框中选择“graphic-library/textures/wood/ stone/ Fingerprint-bump.pg”文件，单击【打开】按钮。

（5）关闭外观管理器。

（6）在外观库中【我的外观】列表框中选择【ptc-metallic-aluminium】外观图标，按照系统提示选择模型表面，如图 9-14 所示，颜色纹理的添加效果如图 9-15 所示。

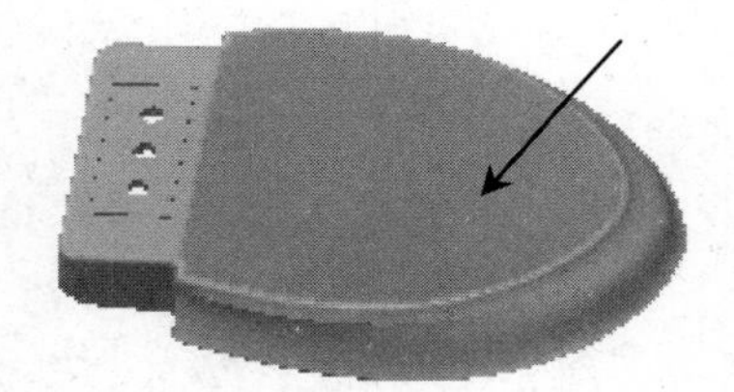

图 9-14　选择模型表面

图 9-15　贴花效果

> 📖 贴花是特殊的纹理图，例如，添加到曲面上的公司徽标或文本。贴花是应用 alpha 或透明蒙罩的纹理。如果像素的 alpha 值大于零，则该像素颜色会映射到曲面；如果 alpha 值为零，则曲面的基本纹理颜色透过此像素可见。其过程类似于将一个模板放置在曲面上，然后在模板上画上纹理。当抽去模板后，就将贴花留在了曲面上。

【实例 9-3】 添加凸凹图

本例介绍凸凹图的添加方法，主要说明凸凹图的添加过程。

设计过程

（1）打开光盘下“example/start/Ch09/9_2.prt”文件。

（2）打开【外观管理器】对话框，在我的外观对话框中选择【ptc-metallic-blue】外观图标。

（3）选择【图】选项卡，选择【凸凹图】区域下拉列表框中的【图像】的■按钮，在【打开】对话框中选择“graphic-library/textures/wood/metal/brushed.tx3”文件，单击【打开】按钮。

（4）关闭外观管理器。

（5）在外观库中【我的外观】列表框中选择【ptc-metallic-blue】外观图标，按照系统提示选择模型表面，如图 9-16 所示，颜色纹理的添加效果如图 9-17 所示。

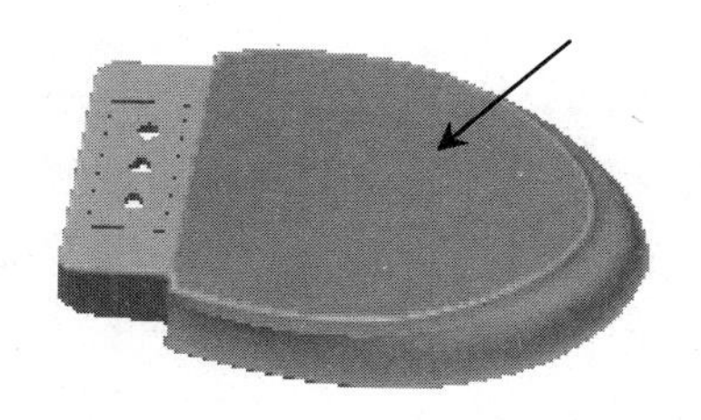

图 9-16　选择模型表面

图 9-17　颜色纹理效果

图为凹凸图的例子，凹凸图是单通道纹理图，用于表示高度区域。在曲面着色时，法向量受高度值的影响，得到的着色曲面有皱纹或不规则外观。仅在使用“渲染模型”渲染时，才能显示出凹凸图纹理效果。

9.3　添加光源

进行渲染必须使用光源。单击【场景】按钮，打开【场景】对话框，选择【光源】选项卡，进行光源定义，如图 9-18 所示。在对话框中最多可以使用六个自定义光源和两个缺省光源，但是只能将光散射效果应用到“灯炮”和“聚光灯”类型的光源。

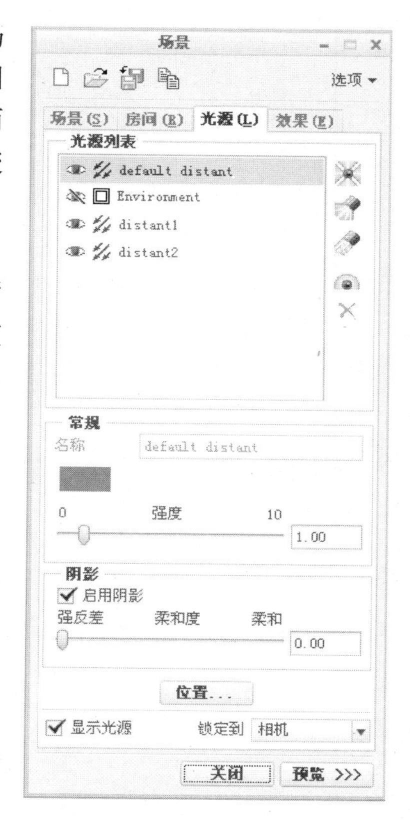

图 9-18　光源类型

可用光源类型有以下几种。

（1）环境光：环境光源能均匀地照亮所有曲面。不管模型与光源之间的夹角如何，光源在房间中的位置对于渲染效果没有任何影响。环境光源缺省存在，而且不能创建。环境光没有光源图标，也没有位置和方向。

（2）灯泡：这种光源与房间中的灯泡发出的光相似，光从灯泡的中心向外辐射。根据曲面与光源的相对位置，曲面的反射光会有所不同。使用灯泡或点表示光源位置。

（3）远光源：远光源投射平行光线，无论模型位于何处，均以相同角度照亮所有曲面，此类光源可模拟太阳光或其他远距离光源。图标由光源位置和指向箭头组成。

（4）聚光灯：聚光灯与灯泡相似，但其光线被限制在一个圆锥体之内，称为聚光角。图标由光源位置、指向箭头和聚光角圆锥组成。

（5）平行光：按一定方向发出平行光线，可模拟太阳光或其他远距离光源。图标由方向箭头组成。

（6）天空光源：使用包含多个光源点的半球模拟天空，需要使用 Photolux 渲染器。

1．环境光源设置

单击【光源列表】列表框中的 Environment ，在【场景】对话框的下部显示定义环境光源的参数，如图 9-19 所示。通过滑块或文本框设置强度、饱和度及旋转角度即可。

2．平行光源设置

单击【场景】对话框中的按钮，进行平行光源设置。此时在【场景】对话框的下部显示定义平行光源的参数，如图 9-20 所示。

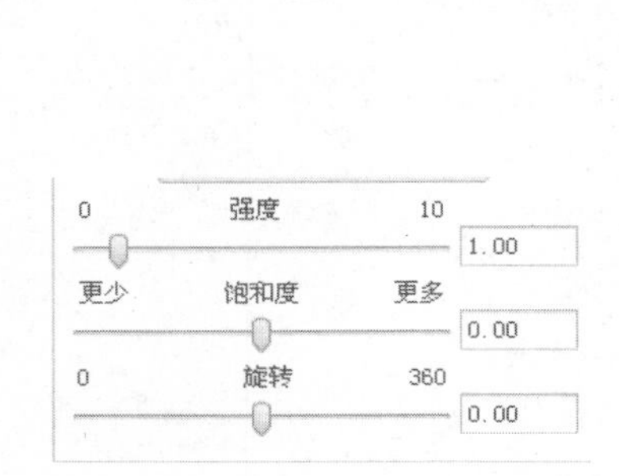

图 9-19　环境光源参数

图 9-20　平行光源参数

各项含义如下。

（1）名称：输入光源名称。

（2）强度：输入光强数值或者通过滑块调整。

（3）启用阴影：可进行阴影定义，可以输入数值或使用滑块定义阴影的柔和度。

（4）位置：单击【位置】按钮，打开【光源位置】定义对话框，如图 9-21 所示。在 x、y 或 z 方向设置光源位置及瞄准点位置。Z 方向总是与屏幕或视图垂直。

（5）锁定到：将光源固定到某对象或视图，包括 4 个选项。

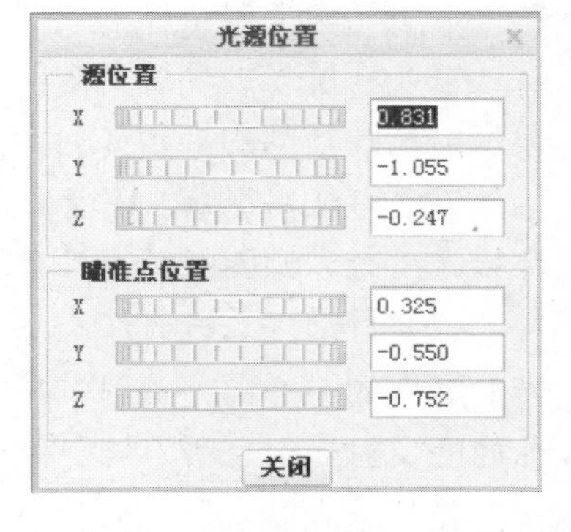

图 9-21　【光源位置】对话框

- ❑ 相机：光源固定在与相机相对的某位置。
- ❑ 模型：将光源固定到模型。光源始终照亮模型的同一点，而与视点无关。
- ❑ 照相室：将光源固定到照相室。光源始终照亮视图的同一点，而与房间和模型的旋转无关。
- ❑ 房间：将光源相对于房间固定在同一位置。例如，如果在房间的左上角放置一个光源，则该光源将始终位于此位置。

📖 可为每个光源设置清晰阴影和柔和阴影。清晰阴影是半透明的，可以穿过对象，并可粘着其所穿过材料的颜色。柔和阴影始终是不透明的，且是灰色的，可以控制柔和阴影的柔和度。只有在使用 Photolux 渲染器时，才能看到清晰阴影和柔和阴影的效果。要使用 PhotoRender 类型的渲染器来渲染阴影，必须在“渲染设置”对话框中选取“地板上的阴影”或“自身阴影”。对于 Photolux 渲染器，可同时选取“模型”和“房间”下的“阴影”选项。

3．聚光灯设置

单击【场景】对话框中的按钮，进行聚光灯设置。此时在【场景】对话框的下部显示定义聚光灯的参数，与平行光源相比增加了【聚光灯】相关参数，如图 9-22 所示。

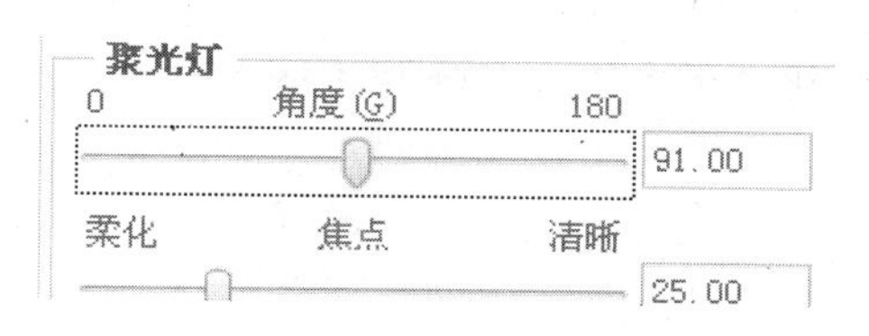

图 9-22　聚光灯参数

参数含义如下。

- 角度：控制光束的尺寸。聚光角为光束的直径。
- 焦点：控制光束的焦点。

4．点光源

单击【场景】对话框中的按钮，进行点光源设置。此时在【场景】对话框的下部显示定义点光源的参数，其中各选项含义与平行光定义相同。

5．光源文件的保存与打开

光源的设置可以保存为文件，可以在使用时直接打开并应用。光源文件的保存与打开操作通过【场景】对话框工具条中的【保存】与【打开】按钮实现，光源文件以.dlg 文件格式保存。

9.4　房　　间

房间用于设置渲染的场所，是渲染图像的组成部分。一个定义明确的房间可展示模型的最佳特征。房间的要素包括大小、位置和壁图案（已指定纹理）。

房间可以为长方形或柱圆形，可以更改房间的大小。可以为房间的墙壁指定纹理，可为单个墙壁分配纹理，或一次给四个墙壁分配纹理。

9.4.1　创建房间

缺省房间形状为矩形，可将房间从长方体更改为圆柱体，方法是在对话框中选择【选项】/【房间类型】/【圆柱形房间】命令。

选择【房间】选项卡，进行房间定义，如图 9-23 所示。

各选项含义如下。

（1）大小：使用指轮来调整天花板、地板和壁的大小。这些尺寸和房间显示在图形窗口中动态地发生变化。

（2）比例：使地板与墙壁、天花板一同缩放。

（3）旋转：可旋转房间，通过调节指轮来指定旋转值。

（4）房间锁定到模型：可锁定房间与模型一同旋转。

（5）显示选项：为房间选取“着色”或“线框” 显示模式。

（6）照相室：房间的方向为“壁 2”与平面平行。

（7）模型：房间方向与模型默认坐标系平行。

图 9-23 【房间】对话框

📖 房间的大小和方向及壁、天花板和地板上纹理的布置都会影响图像的质量。对于长方体房间，创建房间时，最困难的是要使房间的角落看起来更真实。可以使用下面的方法避免房间角落的问题：创建一个圆柱体房间或创建足够大的房间，以使角落不包含在图像中；将房间的壁从模型中移走，然后放大模型进行渲染。

9.4.2 房间文件的保存与打开

房间的设置可以保存为文件，可以在使用时直接打开并应用。房间文件的保存与打开操作通过【场景】对话框中的【保存】与【打开】按钮实现。房间文件以.drw 文件格式保存。

9.5 场　　景

场景是一组渲染设置，可以将场景库中的场景应用到模型中。

单击【场景】按钮，打开【场景】对话框，选择【效果】选项卡，进行场景定义，如图 9-24 所示。

对话框中各选项含义如下。

- ❑ 名称：设置场景名称。
- ❑ 说明：对场景的描述。
- ❑ 将模型与场景一起保存：可以将场景与模型一起保存。
- ❑ 场景库：列出各种已定义场景。

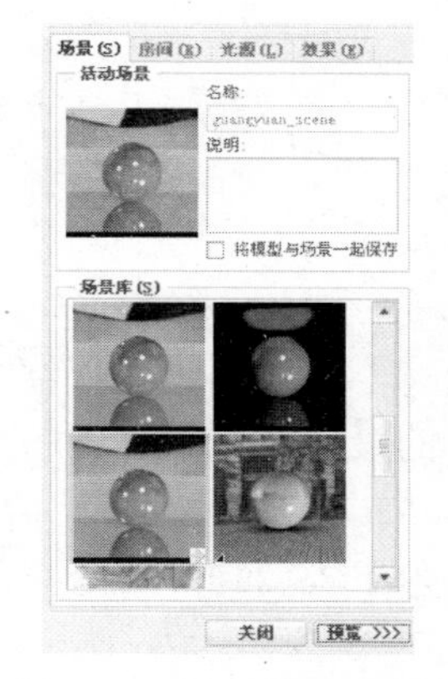

图 9-24 【场景】对话框

📖 双击场景图标，可以将其应用于模型。也可以对已定义场景进行复制、保存和打开操作。

9.6 效　　果

单击【场景】按钮，打开【场景】对话框，选择【效果】选项卡，如图 9-25 所示。

其中各选项的含义如下。

图 9-25 【效果】选项卡

（1）反射设置：通过设置可以将房间、背景、环境反射到模型上。

- ❑ 房间：房间反射到模型上。
- ❑ 背景：背景反射到模型上。
- ❑ 环境：环境反射到模型上。

（2）色调映射：将 HDR 图像转换为 LDR 图像。

- ❑ 照相室设置：为照相室环境中的对象设置色调映射。
- ❑ 室内设置：为室内环境中的对象设置色调映射。
- ❑ 室外设置：为室外环境中的对象设置色调映射。
- ❑ 用户定义：通过调整胶片 ISO 等参数定义对象的色调映射。

（3）应用背景：设置背景颜色或加入背景图片。

- ❑ 混合：定义一幅图像，从图像顶部到底部为两种颜色的多级过渡。
- ❑ 颜色：定义一种颜色作为背景。
- ❑ 图像：定义一幅图像作为背景。
- ❑ 环境：将高动态图像定义为背景。

（4）启用 DoF：定义景深可以在整个场景范围内产生多种变化的焦点。

- ❑ 焦点：指定视点到聚焦点的距离。
- ❑ 模糊：指定聚焦平面之外场景变模糊的程度。

9.7 渲 染 设 置

渲染设置主要包括透视图设置及对 PhotoRender 和 Photolux 两个渲染器进行设置两个方面，下面介绍其相关内容。

9.7.1 设置透视图

单击【透视图】设置按钮，弹出【透视图】对话框，如图 9-26 所示。

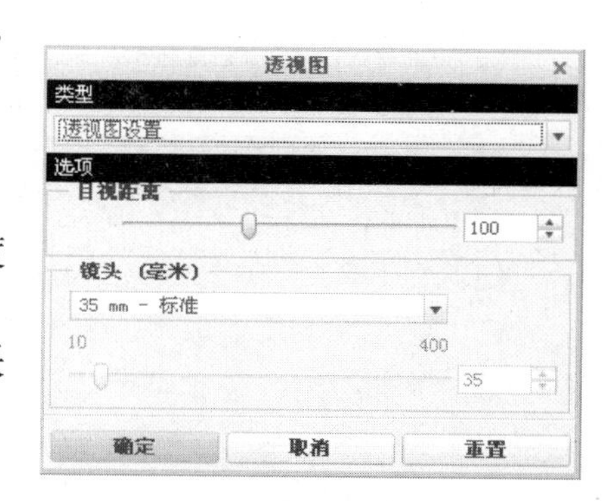

图 9-26 【透视图】对话框

对话框中各项含义如下。

（1）【类型】：选择操控模式视图的方式。

- ❑ 透视图设置：控制目距和焦距，调整观察角度和透视量。
- ❑ 浏览：用鼠标或控件在图形窗口移动模型，采用渐进方式控制运动。
- ❑ 漫游：以连续运动方式控制模型。
- ❑ 起止：由两个点定义查看路径。

- 沿路径：沿着由边、轴定义的路径查看模型。

（2）【目视距离】：指定目视距离值，可以在文本框中输入数值或用鼠标移动滑块实现。

（3）【镜头】：定义焦距。可以使用系统的预设值，也可以进行自定义，通过移动滑块或输入数值定义焦距。

📖 再次点击【透视图】按钮，可以取消透视效果。

9.7.2 渲染器设置

渲染器设置是指对 PhotoRender 和 Photolux 两个渲染器进行设置，下面分别介绍其设置方法。

1. PhotoRender设置

单击【渲染设置】按钮，打开【渲染设置】对话框，在【渲染器】列表框中选择【PhotoRender】。

打开【选项】选项卡，如图 9-27 所示。选项卡中各项内容含义如下。

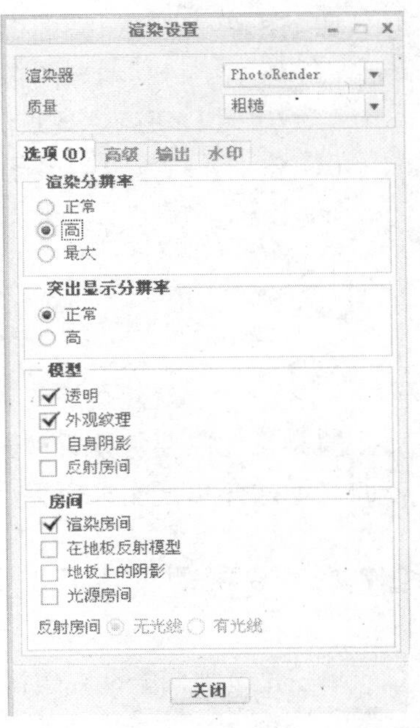

图 9-27 【选项】选项卡

（1）质量：包括粗糙、高、最大三个选项，用于指定渲染质量，选择不同选项时，对话框中的其他选项默认设定值不同。

（2）渲染分辨率：设置图像的分辨率，分为高、中和最大，分别对应【质量】列表框中的三个选项，用于控制模型中的曲面渲染质量。提高质量会增加创建渲染图像所需时间。

（3）突出显示分辨率：设置突出显示区的分辨率，有“高”和“正常”两个选项。

（4）模型。

- 透明：显示透明材质的透明效果。
- 外观纹理：显示透明材质的纹理。
- 自身阴影：由场景中的对象向其自身和其他对象投射阴影，但不能向环境中的地面和壁投射阴影。
- 反射房间：房间反射到模型上。

（5）房间。

- 渲染房间：渲染模型和房间。
- 在地板上反射模型：在地板上反射渲染的模型。
- 光源房间：使用活动光源渲染房间的墙壁。

（6）反射房间。

- 无光线：利用环境光渲染房间的墙壁。

❑ 有光线：使用自定义光线渲染房间的墙壁。

打开【高级】选项卡，如图 9-28 所示。其中各选项含义如下。

（1）锐化几何纹理：用较高的清晰度来渲染几何壁图案。使用此选项可创建大型的地板或壁，几何图案包括条纹和棋盘格。

（2）成角度锐化纹理：锐化模糊壁图案的图像，但可能会造成锯齿（锯齿边缘）。图案与视点之间的夹角太小时，壁图案会变模糊。

（3）计算色块大小：软件基于模型大小和指定的可用内存值进行计算。

（4）覆盖色块大小：指定每个通道的色块宽度和高度，该值决定每个通道渲染图像的量。

打开【输出】选项卡，如图 9-29 所示。其中各选项含义如下。

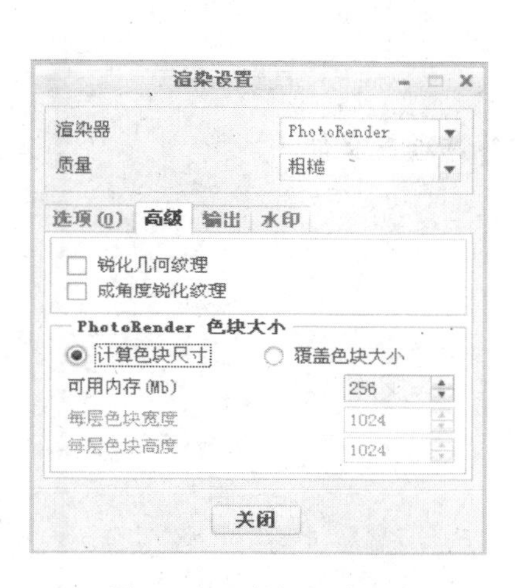

图 9-28 【高级】选项卡

图 9-29 【输出】选项卡

（1）【渲染到】。

❑ 全屏幕（预览）：快速渲染低质量图像。
❑ 全屏幕：在当前窗口中创建图像。
❑ 新窗口：在新窗口中创建图像。
❑ PTC 图像文件 (PTC Image File)：创建 .imf 文件。
❑ Tiff：标记图像文件格式。
❑ TGA：True Vision 图像格式。
❑ Shima-Seiki：Shima Seiki 图像格式。
❑ RGB：Silbutton Graphics Inc 图像格式。
❑ JPEG：JPEG 图像格式。
❑ RLA：Wavefront 格式。

（2）图像大小。

当在【渲染到】列表框中不选择“全屏幕”和“全屏幕（预览）”选项可以设置图像大小。可以设置的图像大小如下。

❑ MPEG：创建符合 MPEG 标准的 352 x 240 图像。
❑ 600 x 450：创建像素比为 1:1 的 600 x 450 图片。

- ❑ VGA：创建符合 VGA 标准的 640 x 480 图像。
- ❑ NTSC：创建符合 NTSC 标准的 720 x 483 图像。
- ❑ PAL：创建符合 PAL 标准的 720 x 575 图像。
- ❑ 1024 平方：创建像素比为 1:1 的 1 024 x 1 024 图像。
- ❑ 工作站：创建 1 024 x 1 240 图像。
- ❑ HDTV：创建大小符合 SMPTE 240M HDTV 标准的图片。
- ❑ HDTV：创建大小符合 Shima Seiki HDTV 标准的图片。
- ❑ 定制：允许指定定制的图像大小。如果图片的大小小于 1 024 x 1 024，则 x 大小必须是 32 的倍数，y 大小必须是 4 的倍数。PhotoRender 通过将输入值调整为最接近的有效大小来修正无效的输入值。
- ❑ DPI：图像每英寸的点数。
- ❑ 纸张大小：可用来指定标准或定制的纸张大小。
- ❑ 宽度和高度：纸张的宽度和高度。

（3）【水印】选项卡。

打开【水印】选项卡，如图 9-30 所示。其中各选项含义如下。

- ❑ 启用文本水印：在模型中插入水印。
- ❑ 文本：输入文本。
- ❑ 字体：水印文本字体。
- ❑ 颜色：水印文本颜色。
- ❑ 尺寸：文本大小。
- ❑ 对齐：文本相对于模型的对齐方式。
- ❑ Alpha：文本的透明度设置。
- ❑ 图像水印：将图像作为水印插入到模型中。

2. Photolux设置

单击【渲染设置】按钮，打开【渲染设置】对话框，在【渲染器】列表框中选择【Photolux】。

（1）【选项】选项卡。

打开【选项】选项卡，如图 9-31 所示，其中各项含义如下。

图 9-30 【水印】选项卡

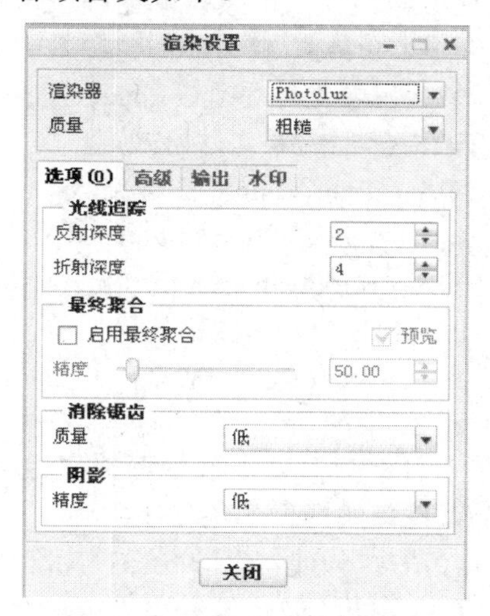

图 9-31 【选项】选项卡

- ❑ 光线跟踪：光线可以仅跟踪图像的某些部分。例如，仅跟踪透明或反射材料。对于使用玻璃或其他透明材料的模型来说，光线跟踪特别有效。
- ❑ 反射深度：指定光源到达视点之前反射的次数。
- ❑ 折射深度：指定光源到达视点之前折射的次数。
- ❑ 阴影：确定在渲染过程中，是否投射阴影。
- ❑ 消除锯齿：提高图像的质量。对于含有大量细节的渲染，这些选项非常有用。
- ❑ 最终聚合：使用周围曲面和背景颜色值计算场景中的光照，通过移动滑块或输入数值指定。

（2）【高级】选项卡

打开【高级】选项卡，如图 9-32 所示，其中各项含义如下：

- ❑ 全局照明：使用全局照明对模型进行渲染，可以通过滑块对文本框设置精度及半径值。
- ❑ 全局设置：指定光度数及能量刻度。
- ❑ 即时几何：将选定的几何进行渲染。

【输出】与【水印】选项卡中内容与 PhotoRender 渲染器中的选项相对应，不再赘述。

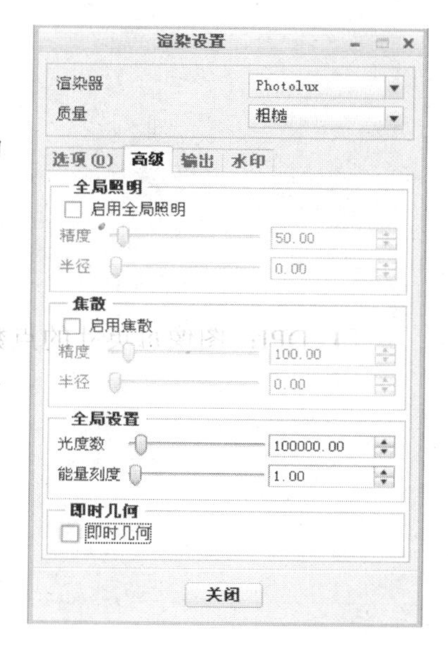

图 9-32　【高级】选项卡

9.7.3　渲染窗口

单击【渲染窗口】按钮，系统对整个窗口区域进行渲染，渲染的步骤如下。

（1）载入零件或组件。

（2）使用【外观编辑器】对话框来定义和设置零件或曲面的外观。

（3）使用【房间编辑器】对话框来定义渲染房间。设置房间大小和方向，以适合模型和渲染类型。必要时可对房间应用纹理，以创建详细的背景环境。

（4）使用【光源编辑器】对话框来创建和定位光源。可使用多个光源从不同的角度照亮模型。

（5）移动和旋转模型，直到获得所需的视图为止，也可更改透视图的查看。

（6）使用【渲染设置】对话框选择渲染选项。在“渲染设置”对话框中，将渲染“输出”设置为“全屏幕”。

（7）单击来渲染模型。如果需要，请修改渲染设置并重新渲染。

（8）要保存渲染输出，单击【渲染控制】工具栏中的，将当前显示的图像保存到文件。

渲染窗口实例如图 9-33 所示。

9.7.4　渲染区域

单击工具条中的【渲染区域】按钮，光标变为放大镜形状，在图形区内按住鼠标左键拖拉出矩形区域，作为渲染区域，则系统只对选定区域进行渲染。

图 9-33 渲染窗口

图 9-34 渲染区域

9.8 综合实例

	结果文件：光盘/example/finish/Ch09/9_1_1.asm
	视频文件：光盘/视频/Ch9/9_1.avi

本节以电扇的渲染为例综合介绍渲染操作的过程及方法，内容涉及外观、房间及光源的设置等。

设计分析

- ❑ 实例中对模型外观、房间及光源进行了设置。
- ❑ 应用上述设置对模型进行了渲染处理。

设计过程

（1）打开模型。打开光盘下“example/start/Ch9/9-1.asm”文件。

（2）设置底座外观。

- ❑ 在模型树中选择 BASE6.PRT，单击鼠标右键，在弹出的菜单中选择【打开】命令。
- ❑ 选择【渲染】，单击【外观库】下的倒三角符号，在弹出的对话框中选择【外观管理器】，弹出【外观管理器】对话框。
- ❑ 在【我的外观】中选择“ptc-metallic-aluminium”，单击右键，选择【编辑】命令，【基本】选项卡的设置如图 9-35 所示，关闭对话框。
- ❑ 在【我的外观】中选择“ptc-metallic-aluminium”，根据系统提示按住 Ctrl 键选择底座的所有外表面，设置底座的外观。

（3）设置叶片（VANE4.pat）外观。按照相同步骤设置叶片外观，选择“ptc-painted-red”，按图 9-36 所示设置【基本】选项卡，关闭对话框。

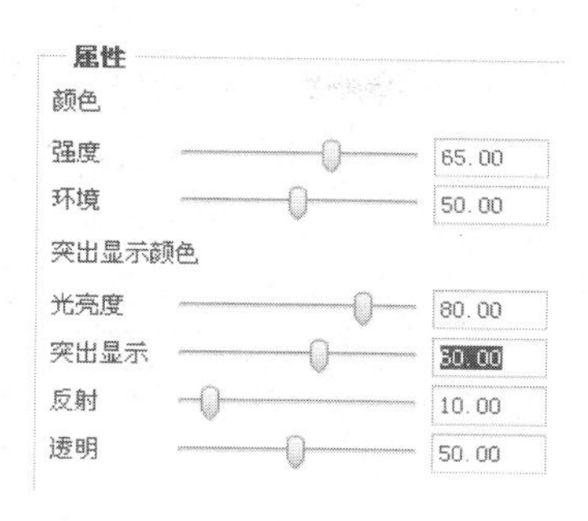

图 9-35　设置【基本】选项卡

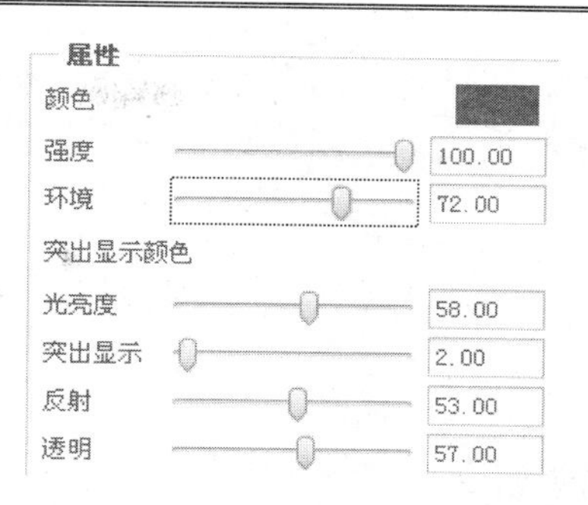

图 9-36　设置【基本】选项卡

（4）房间设置。

- 单击【场景】按钮，在弹出的对话框中选择【房间】选项卡。
- 在【房间外观】列表中选择“地板”矩形框，弹出【房间外观编辑器】对话框。
- 单击【图】选项卡，单击【颜色纹理】区域内的矩形框，选择对话框中的【misc】/【studioGrayDark】文件，单击【打开】按钮。
- 设置【基本】选项卡，如图 9-37 所示。

（5）光源设置。

- 选择【场景】对话框中的【光源】选项卡，弹出【定义光源】对话框。
- 屏蔽列表框中所有光源。
- 创建平行光。光的强度设置为 1。单击【位置】按钮，设定光源位置如图 9-38 所示。

（6）渲染设置。

- 打开【渲染设置】对话框，选择 Photolux 渲染器，质量选择【最大】。
- 在【输出】选项卡中，在【渲染到】下拉列表框中选择“JPEG”选项。

（7）渲染。单击【渲染窗口】按钮，对模型进行渲染，结果如图 9-39 所示。

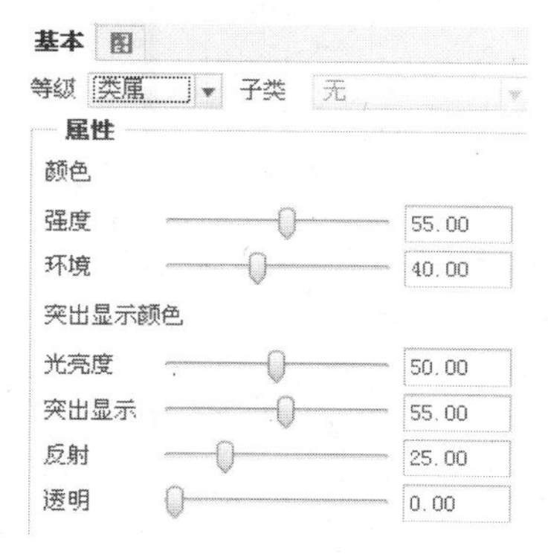

图 9-37　设置【基本】选项卡

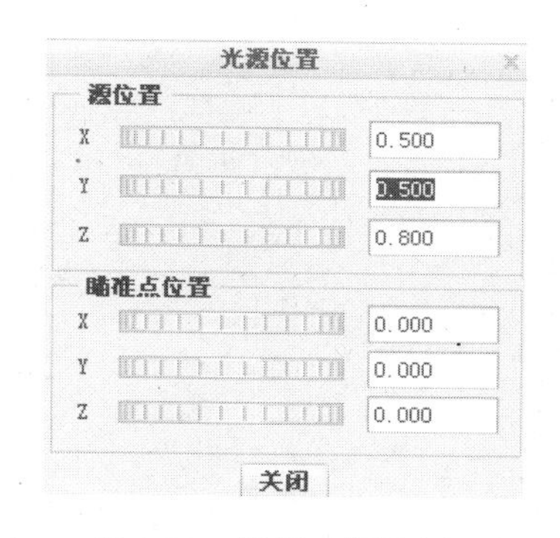

图 9-38　设置光源位置

图 9-39　渲染窗口

9.9　小　　结

本章介绍了模型渲染操作的基本过程及方法，重点介绍了模型外观、房间、光源等的定义与设置。通过本章的学习能够掌握模型渲染的基本方法，通过正确设置渲染操作的各种参数创建渲染图像，以达到更加逼真的效果。

9.10 练 习 题

1. 思考题

（1）渲染器的种类及其应用场合？
（2）渲染操作的基本过程？
（3）模型外观创建、编辑及保存的基本过程？

2. 操作题

打开“光盘/example/start/Ch9/9_3.prt”文件，完成如图 9-40 所示模型的渲染操作。

<table>
<tr><td rowspan="2"></td><td>结果文件：光盘/example/finish/Ch09/9_1_1.prt</td></tr>
<tr><td>视频文件：光盘/视频/Ch09/9_2.avi</td></tr>
</table>

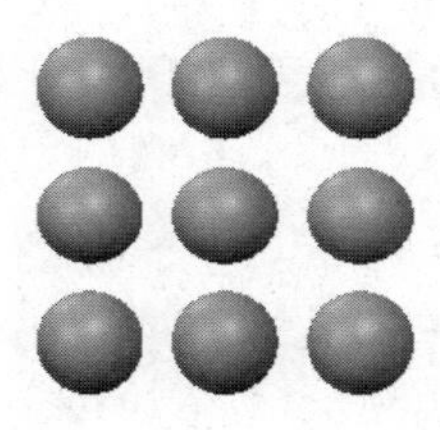

图 9-40 渲染模型

第 10 章　装 配 设 计

装配设计通过向模型中添加零件（或部件），并按一定约束关系建立零（部）件之间的联系，从而完成装配体设计的过程。利用 Creo Parametric 提供的装配模块，可以按照一定的约束关系或连接关系，将各零件组装成一个整体，从而完成装配体设计，便于进行结构分析、运动分析及装配体工程图的生成等操作。

10.1　进入装配模块

选择【文件】/【新建】命令，或单击工具栏中的【新建】按钮。打开【新建】对话框，在【新建】对话框的【类型】选项组中，选中【装配】单选按钮，在【子类型】选项组中单击【设计】单选按钮。在【名称】文本框中输入装配文件的名称，然后禁用【使用默认模板】复选框，如图 10-1 所示，单击【确定】按钮。在弹出的【新文件选项】对话框中列出多个模板，选择 mmns_asm_design 模板，如图 10-2 所示，单击【确定】按钮，进入装配模块工作环境。

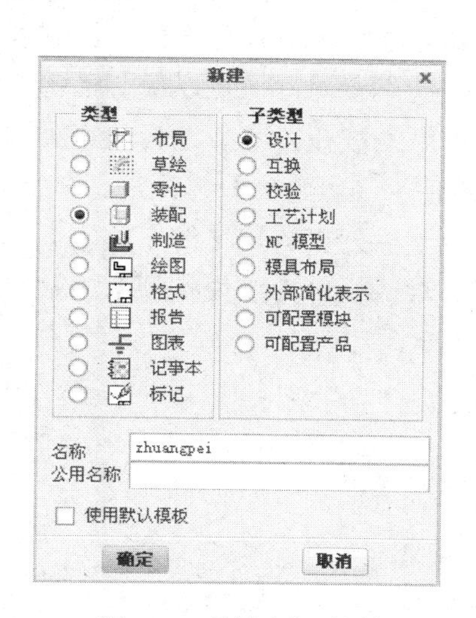

图 10-1 【新建】对话框

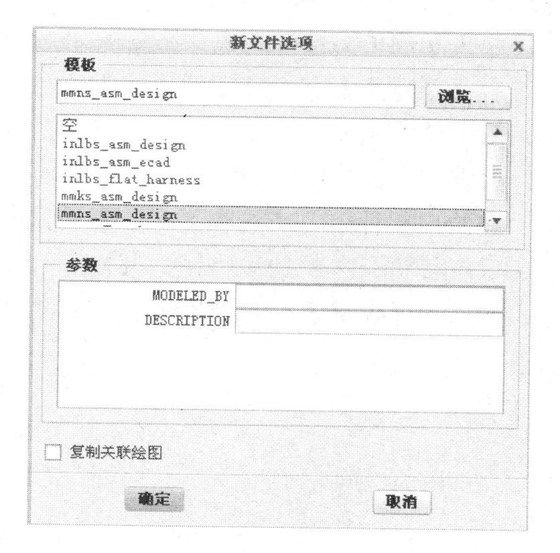

图 10-2 【新文件选项】对话框

10.2　装配操控板

在装配工作环境中，单击按钮，在弹出的【打开】对话框中选择要装配的零件后，单击【打开】按钮，系统显示如图 10-3 所示的【装配】操控板。

图 10-3 【装配】操控板

【装配】操控板中各项内容含义如下。

- ❑ 按钮：使用界面放置元件。
- ❑ 按钮：手动放置元件。
- ❑ 按钮：约束与连接互换，约束装配与连接装配约束类型互换。
- ❑ 用户定义：预定义约束列表框，提供了多种装配约束。
- ❑ 自动：约束类型列表，提供了多种用于机构运动仿真的装配约束。
- ❑ 0.00：用于“距离”约束中定义两个平面之间的偏移距离。
- ❑ 按钮：改变约束方向，单击该按钮，能够将【共面】约束切换成【重合】约束，或者相反。
- ❑ 状况:无约束：显示放置状态，显示元件的约束状态。
- ❑ 按钮：在单独窗口中显示元件，装配时预添加的元件显示在单独窗口中。
- ❑ 按钮：在装配窗口中显示元件，装配时预添加的元件显示在装配窗口中。
- ❑ 按钮：是否显示动态坐标系。
- ❑ 【放置】上滑面板：用于定义元件（部件）之间的约束关系和连接关系，由导航收集区和约束属性区构成，如图 10-4 所示。在导航收集区中有【集】、【新建约束】和【新建集】三个选项。【集】选项用于选取约束参照，如点、线、面等；当装配零件需要添加多个约束条件时单击【新建约束】按钮，然后选择约束类型和约束参照，建立新的约束。用户也可以根据需要使用【新建集】选项定义多个约束。在约束属性区有【约束类型】和【偏移】两个下拉列表框，【约束类型】下拉列表框提供了多种约束类型，其内容与【装配】对话栏中【约束类型】下拉列表框相同。【偏移】列表框用于设置偏移距离、角度。

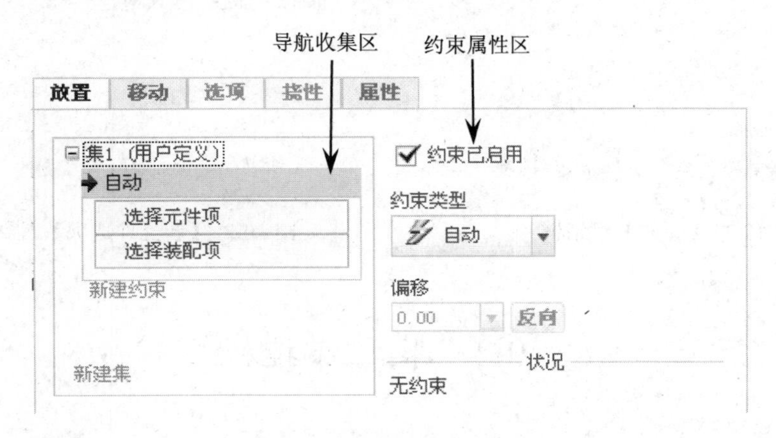

图 10-4 【放置】上滑面板

- 【移动】上滑面板：元件在装配前，通过【移动】上滑面板调整其位置，以便观察及选择装配约束参照。可以选择运动类型和移动参照，然后在图形区选择元件进行移动。如图 10-5 所示为【移动】上滑面板中的相关选项。
- 【属性】上滑面板：显示元件的名称，如图 10-6 所示。

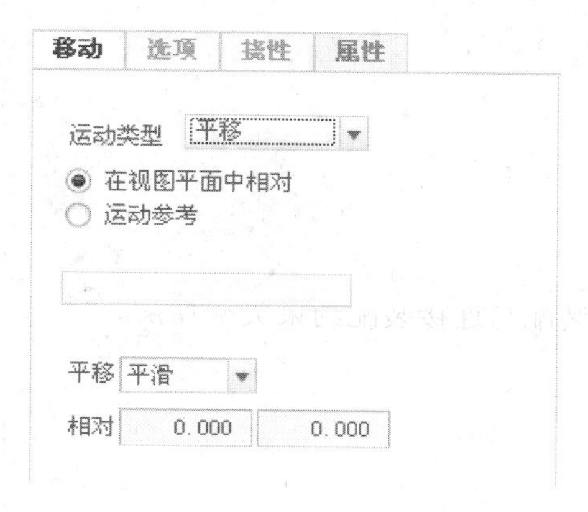

图 10-5 【移动】上滑面板

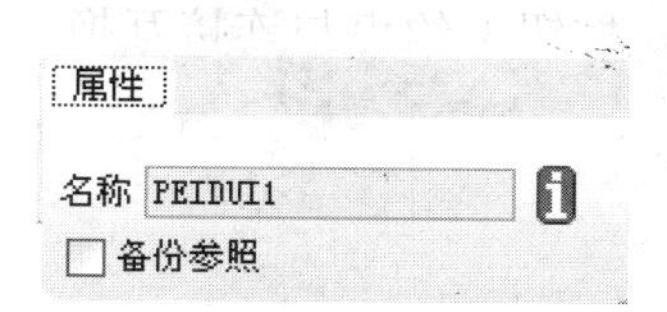

图 10-6 【属性】上滑面板

- ☑：确定并退出【装配】操控板。
- ⏸：暂停装配以进行其他操作。
- ✕：退出，取消放置元件操作。

10.3　约 束 装 配

约束装配用于指定新加载的元件相对于装配体中指定元件的放置方式，从而确定新加载的元件在装配体中的相对位置。在元件装配过程中，控制元件之间的相对位置时，通常需要设置多个约束条件。

加载元件后，单击【装配】操控面板中的【放置】按钮，打开【放置】上滑面板，其中包含距离、平行等多种约束类型，如图 10-7 所示。

在约束类型中，如果使用【自动】、【固定】、【默认】约束类型，则只需要选取对应列表项，而不需要选择约束参照。使用其他约束类型时，需要给定约束参照。

自动
自动
距离
角度偏移
平行
重合
法向
共面
居中
相切
固定
默认

图 10-7　约束装配的类型

1．平行约束

“平行”约束使两个平面法线方向相反，互相平行，忽略二者之间的距离，也可以使两条直线平行。可以选择直线、平面或基准面作为约束参照。

2．距离约束

“距离”约束使两个平面法线方向相反，互相平行，通过输入的间距值控制平面之间的距离。可以选择平面或基准面作为约束参照。

3. 重合约束

"重合"约束可以将两个面、线重合，当使两个平面重合时可以切换装配方向，使其共面或平行。可以选择回转曲面、平面、直线及轴线作为参照，但是参照需为同一类型。对于两个回转曲面，"重合"约束使二者轴线重合。"重合"约束效果如图 10-8 所示。

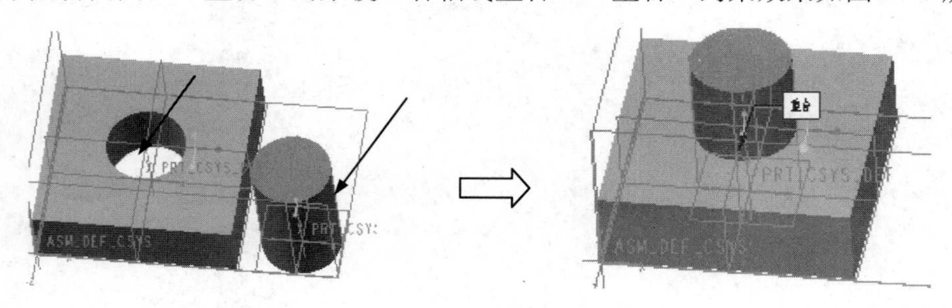

图 10-8　重合约束

4. 角度偏移

"角度偏移"约束规定两个平面之间的角度，可在打开的【角度偏移】文本框中输入角度值。角度约束的效果如图 10-9 所示。

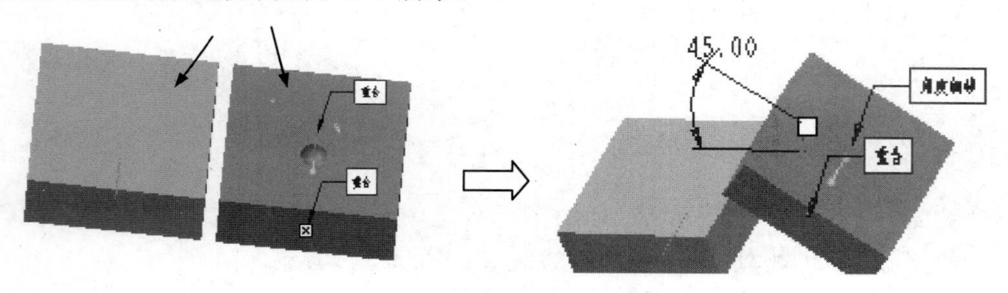

图 10-9　角度偏移约束

5. 相切约束

"相切"约束控制两个曲面在切点的接触，该约束的一个应用实例为轴承的滚珠与其轴承内外套之间的接触装配。"相切"约束需要选择两个曲面作为约束参照，或曲面与平面作为参照，如图 10-10 所示。

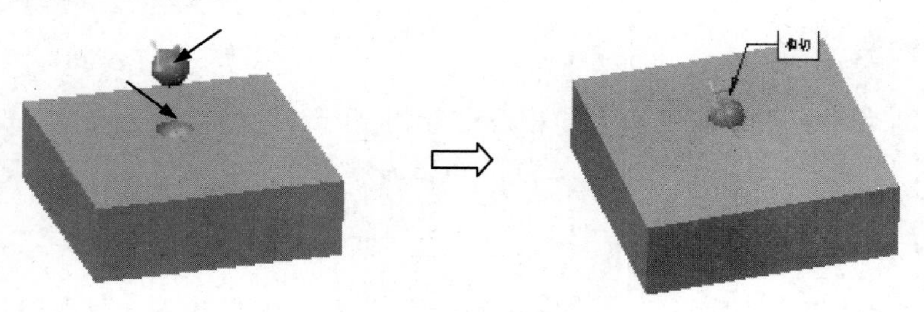

图 10-10　相切约束

6．法向约束

“法向”约束使元件参考与装配参考相互垂直，可以选择直线、平面等作为装配约束的参照，如图 10-11 所示。

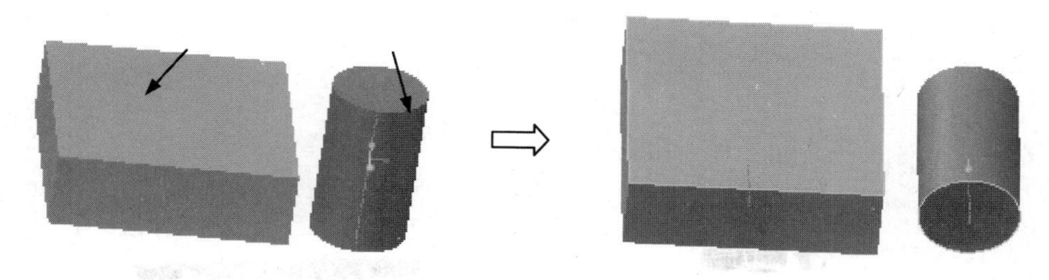

图 10-11　法向约束

7．共面约束

“共面”约束使元件参考与装配参考共面，选择直线、轴线等作为参照，约束效果如图 10-12 所示。

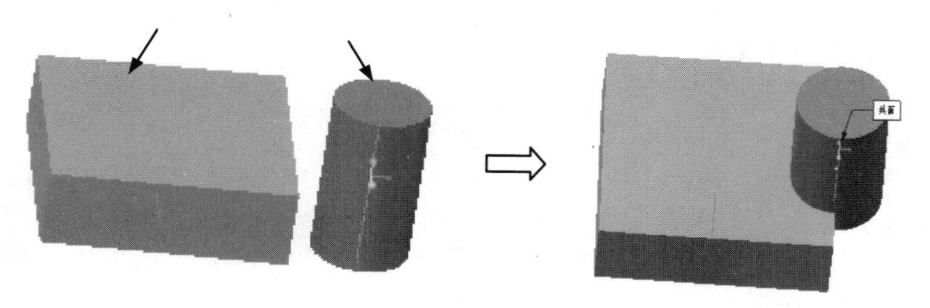

图 10-12　共面约束

8．居中约束

“居中”约束使元件参考与装配参考同心，选择两个回转曲面作为约束，使二者轴线重合。约束效果如图 10-13 所示。

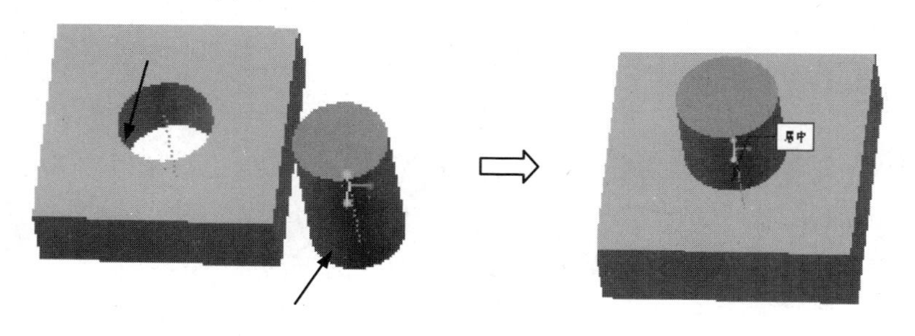

图 10-13　居中约束

9．固定约束

将元件固定在当前位置。装配模型中的第一个元件常使用这种约束方式。

10．默认约束

默认约束将元件的默认坐标系与装配体的默认坐标系重合。

10.4 连 接 装 配

连接装配是对元件施加各种连接约束，如“销”、“圆柱”、“刚性”、“球”等。使用这些约束装配的元件，因自由度没有完全消除（刚体、焊缝、常规除外），元件可以自由移动或旋转，连接装配通常用于机构运动分析。

在【装配】操控板中，单击【用户定义】下拉列表框，弹出系统定义的连接约束类型，如图 10-14 所示。对选定的连接类型进行约束设定时的操作与上节的约束装配操作基本相同。下面着重介绍各种连接的含义，以便在模型的连接装配时正确选择连接类型。

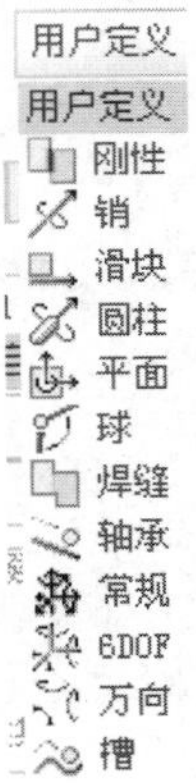

用户定义
用户定义
刚性
销
滑块
圆柱
平面
球
焊缝
轴承
常规
6DOF
万向
槽

图 10-14　连接约束

1．刚性连接

“刚性”连接用于将两个元件连接在一起，使其无法相对移动，连接的两个元件之间自由度为零。

2．销连接

“销”连接由一个“轴对齐”约束和一个“平移”约束组成。元件可以绕轴旋转，具有一个旋转自由度，总自由度为 1。“轴对齐”约束可选择直边、轴线或圆柱面作为参照，可反向；“平移”约束可以是两个点重合，也可以是两个平面的重合，选择平面重合时，可以设置偏移量。

3．滑块连接

“滑块”连接由一个“轴对齐”约束和一个“旋转约束”组成。元件沿轴平移，具有一个平移自由度，总自由度为 1。“轴对齐”约束可选择直边、轴线或圆柱面作为参照，可反向。“旋转”约束选择两个平面作为参照。

4．圆柱连接

“圆柱”连接具有一个“轴对齐”约束。比“销”约束少了一个“平移”约束，因此，元件绕轴旋转同时也可沿轴向平移，具有一个旋转自由度和一个平移自由度，总自由度为 2。“轴对齐”约束可选择直边、轴线或圆柱面作为参照，可反向。

5．平面连接

“平面”连接由一个“平面”约束组成，也就是确定了元件上某平面与装配体上某平面之间的距离（或重合）。元件可绕垂直于平面的轴旋转并在平行于平面的两个方向上平移，具有一个旋转自由度和两个平移自由度，总自由度为 3。可指定偏移量，可反向。

6. 轴承连接

“轴承”连接由一个“点重合”约束组成。它与机械上的“轴承”不同，它是元件（或装配）上的一个点重合到装配（或元件）上的一条直边或轴线上，因此，元件可沿轴线平移并任意方向旋转，具有一个平移自由度和三个旋转自由度，总自由度为4。

7. 球连接

“球”连接由一个“点重合”约束组成。元件上的一个点重合到装配体上的一个点，比轴承连接小了一个平移自由度，可以绕着重合点任意旋转，具有三个旋转自由度，总自由度为3。

8. 焊缝连接

“焊缝”连接使两个坐标系重合，元件自由度被完全消除，总自由度为0。连接后，元件与装配体成为一个主体，相互之间不再有自由度。

9. 6DOF连接

6DOF 连接需满足“坐标系重合”约束关系，因为未应用任何约束，不影响元件与装配体相关的运动。元件的坐标系与装配中的坐标系重合。X、Y 和 Z 是允许旋转和平移的运动轴。

10. 槽连接

“槽”连接包含一个“点重合”约束，允许沿一条非直的轨迹运动，此连接有四个自由度。在元件或装配上选择一点，则点可以沿着非直参照轨迹进行运动。

10.5 装配模式下的零件操作

在装配模块下可以进行创建元件、骨架模型、主体页和包络等操作，本节详细介绍操作的基本过程。

10.5.1 元件创建

除了可以完成装配设计外，还可以在装配模块下创建元件，单击【元件】工具条中的创建按钮，弹出【元件创建】对话框，如图10-15所示。

在图10-16所示的【元件创建】对话框中，在【类型】选项组中单击【零件】按钮，【子类型】选项组中选中【实体】按钮，在【名称】文本框中输入文件名，单击【确定】按钮，打开【创建选项】对话框，在其中选择相应创建选项，单击【确定】按钮进入零件建模环境中，可以利用各种建模方法直接创建零件模型。

图 10-15 【元件创建】对话框

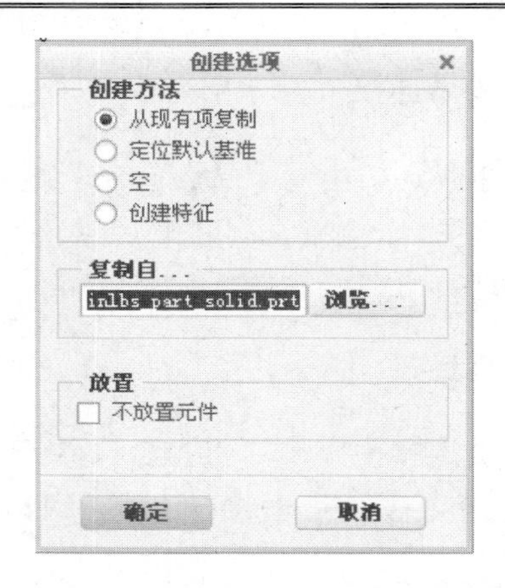

图 10-16 【创建选项】对话框

10.5.2 创建骨架模型

Creo Parametric 中提供了一个骨架模型的功能，允许在加入零件之前，先设计好每个零件在空间中的静止位置，或者运动时相对位置的结构图。设计好结构图后，可以利用此结构图将每个零件装配上去，可以使用骨架模型实现自顶向下构建模型。

系统提供两种类型的骨架模型，即标准骨架模型和运动骨架模型。在打开的装配体中，以零件的形式创建标准骨架模型。运动骨架模型是包含设计骨架（标准骨架或内部骨架）和主体骨架的子装配。骨架是使用曲线、曲面和基准特征创建的，同时它们也可包括实体几何。

在如图 10-15 所示的【元件创建】对话框中，在【类型】选项组中选中【骨架模型】单选按钮，【子类型】选项组中选中【标准】或【运动】单选按钮，在【名称】文本框中输入文件名，如图 10-17 所示，在弹出的【创建选项】对话框中选择相应创建选项，即可进入骨架模型的创建环境。

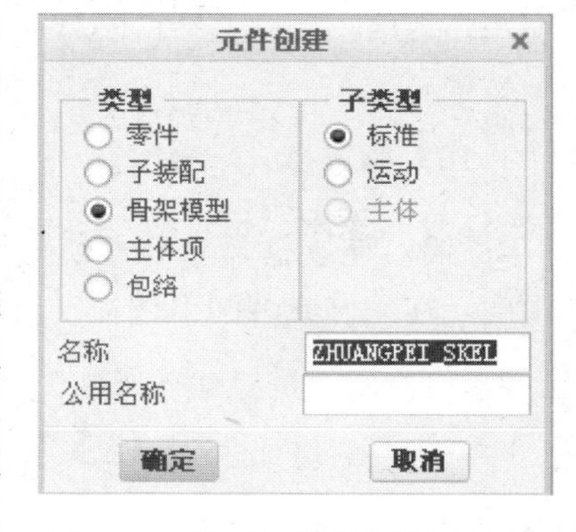

图 10-17 【创建骨架模型】对话框

10.5.3 创建主体项

在装配体中主体项是元件的非实体表示。主体项表示的对象不需要建立实体模型，但可以在“材料清单”或“产品数据管理”程序中表示出来。在如图 10-15 所示的【元件创建】对话框中，在【类型】选项组中选中【主体项】单选按钮，在【名称】文本框中输入文件名，如图 10-18 所示。单击【确定】按钮，在弹出的【创建选项】对话框中选择相应创建选项，即可进入主体项的创建环境。

10.5.4 创建包络

包络是为了表示装配中一组预先确定的元件（零件和子装配）而创建的一种零件。在

图 10-15 所示的【元件创建】对话框中，在【类型】选项组中选中【包络】单选按钮，在【名称】文本框中输入文件名，单击 确定 按钮，弹出【包络】定义对话框，如图 10-19 所示，即可进入包络的创建环境。

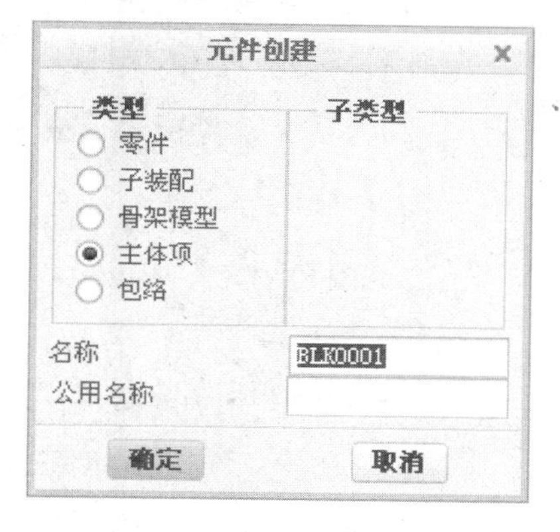

图 10-18 【创建主体项目】对话框

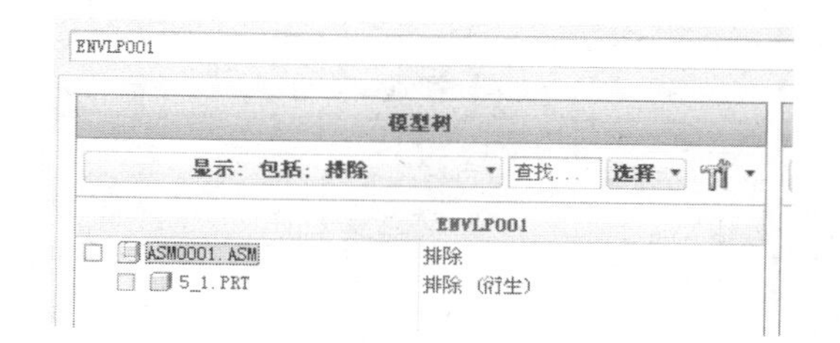

图 10-19 【包络】定义对话框

10.6　元 件 操 作

在装配环境中可以对元件进行阵列、镜像、复制及重复装配等操作，从而简化装配体的创建过程，提高效率。

10.6.1　零件的阵列

在装配模式下可以进行零件的阵列操作，使用阵列操作能够简化装配体的创建过程。

【实例 10-1】 零件阵列

本例着重说明装配体环境下零件阵列操作的过程。

设计过程

（1）将光盘下的“example/start/Ch10/zhenlie”文件夹复制到工作目录。

（2）进入装配环境。单击，在【打开】对话框中选择 “1.prt”文件。单击【打开】按钮。

（3）选择【默认】约束类型。

（4）单击，在【打开】对话框中选择“2r.prt”文件，单击【打开】按钮，元件出现在图形区。选择【重合】约束进行装配，选择图 10-20 所示孔和“2.prt” 的轴线作为“重合”约束参照。单击【新建约束】，选择约束类型为“重合”，选择图 10-20 所示的两个平面作为“重合”约束参照。

（5）单击按钮完成装配。

（6）在模型树中选取“2.prt”，单击鼠标右键，在弹出的菜单中选择【阵列】命令或单击按钮，系统打开【阵列】控制面板，接受系统默认的阵列方式：参照。

（7）单击☑按钮，完成元件的阵列操作，结果如图 10-21 所示。

图 10-20 参照选择

图 10-21 阵列操作结果

本例的阵列方式选为“参照”，原因是“1.prt”上的 4 个孔是采用阵列方式创建的。

10.6.2 零件的镜像

在装配模式下可以进行零件的镜像操作，操作过程与零件模式下特征的镜像操作过程有所不同。

【实例 10-2】 零件镜像

本例着重说明装配体环境下零件镜像操作的过程。

设计过程

（1）将光盘下的“example/start/Ch10/jingxiang”文件夹复制工作目录。

（2）打开“jingxiang.asm”文件。

（3）单击按钮，打开【元件创建】对话框，如图 10-22 所示，在【类型】选项组中选择【零件】单选按钮，在【子类型】选项组中选择【镜像】单选按钮，并输入特征名称，单击【确定】按钮，打开【镜像元件】对话框。

（4）择“dingyi.prt”作为零件参考，选择装配题的 F3 面（ASM_FRONT）为镜像参照，如图 10-23 所示。

（5）单击【确定】按钮，完成镜像操作。镜像操作结果如图 10-24 所示。

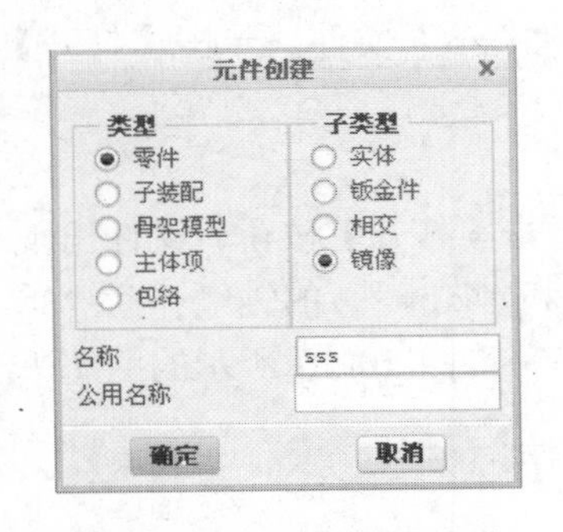

图 10-22 【元件创建】对话框

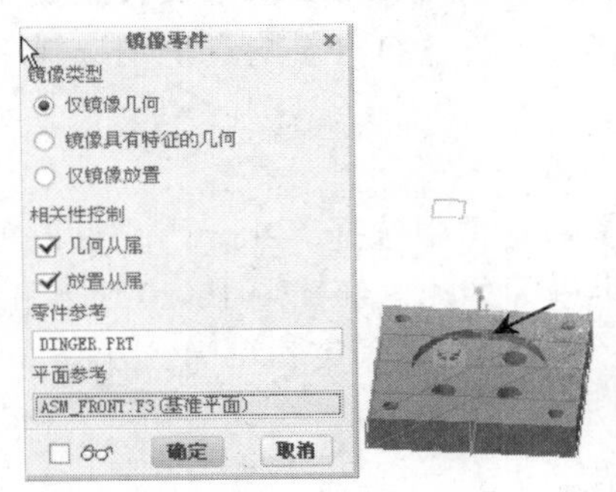

图 10-23 【镜像零件】对话框

图 10-24 镜像操作结果

10.6.3 零件的复制

在装配模式下，可以对零件进行平移复制和旋转复制操作。

【实例 10-3】 零件复制

本例着重说明装配体环境下零件复制操作的过程。

设计过程

（1）将光盘下的“example/start/Ch10/fuzhi”文件夹复制工作目录。

（2）进入装配环境。单击按钮，装配零件“1.prt”，选择【默认】约束类型。单击按钮完成装配操作。

（3）单击，在【打开】对话框中选择“2.prt”文件，单击【打开】按钮，元件出现在图形区。选择【重合】约束进行装配，选择图 10-25 所示孔和“2.prt”的轴线作为“重合”约束参照。单击【新建约束】，选择约束类型为“重合”，选择图 10-25 所示的两个平面作为“重合”约束参照。

（4）元件复制的操作过程如图 10-26 所示，主要包括坐标系和元件选择、复制类型选择、旋转角度和实例数目输入等步骤。

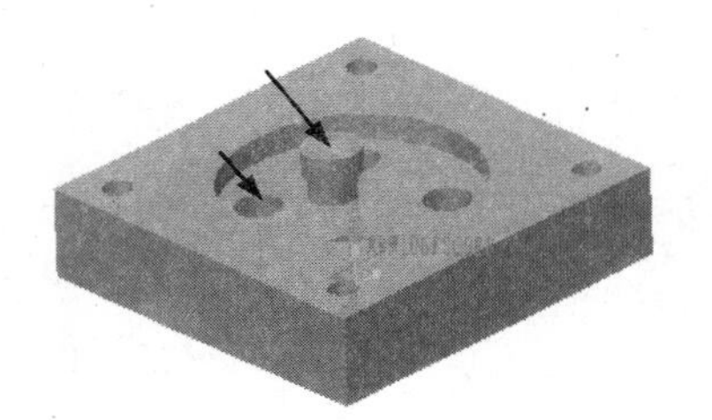
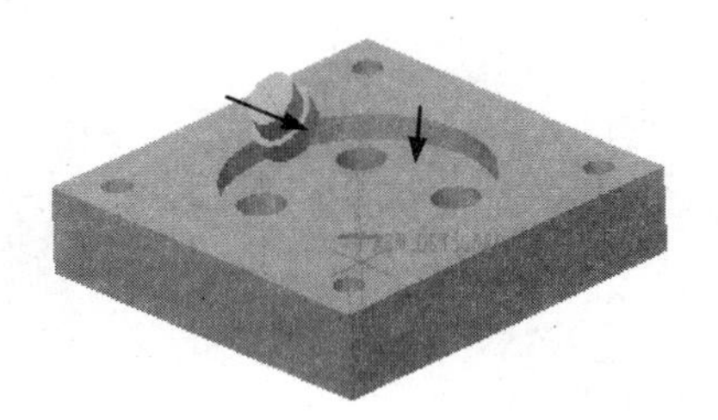

图 10-25 约束参照选择

10.6.4 元件的显示与隐藏

在装配体中可用显示与隐藏功能，控制零件在装配体中的显示和隐藏状态。元件的显示与隐藏作方法如下。

在模型树上选择需要隐藏的零件，单击鼠标右键，在打开的菜单中选择【隐藏】命令，则所选择的零件在图形区内被隐藏。同样，在模型树上选择被隐藏的零件，单击鼠标右键，在菜单中选择【显示】命令，则所选择零件显示在图形区内。

10.6.5 重新定义元件装配关系

在装配体中可以更改零件的约束类型及约束参照，操作方法如下。

（1）在装配体环境下，在模型树上选择需要重新定义装配关系的零件，单击鼠标右键。

（2）在弹出的菜单中选择【编辑定义】命令，弹出【装配】操控板。

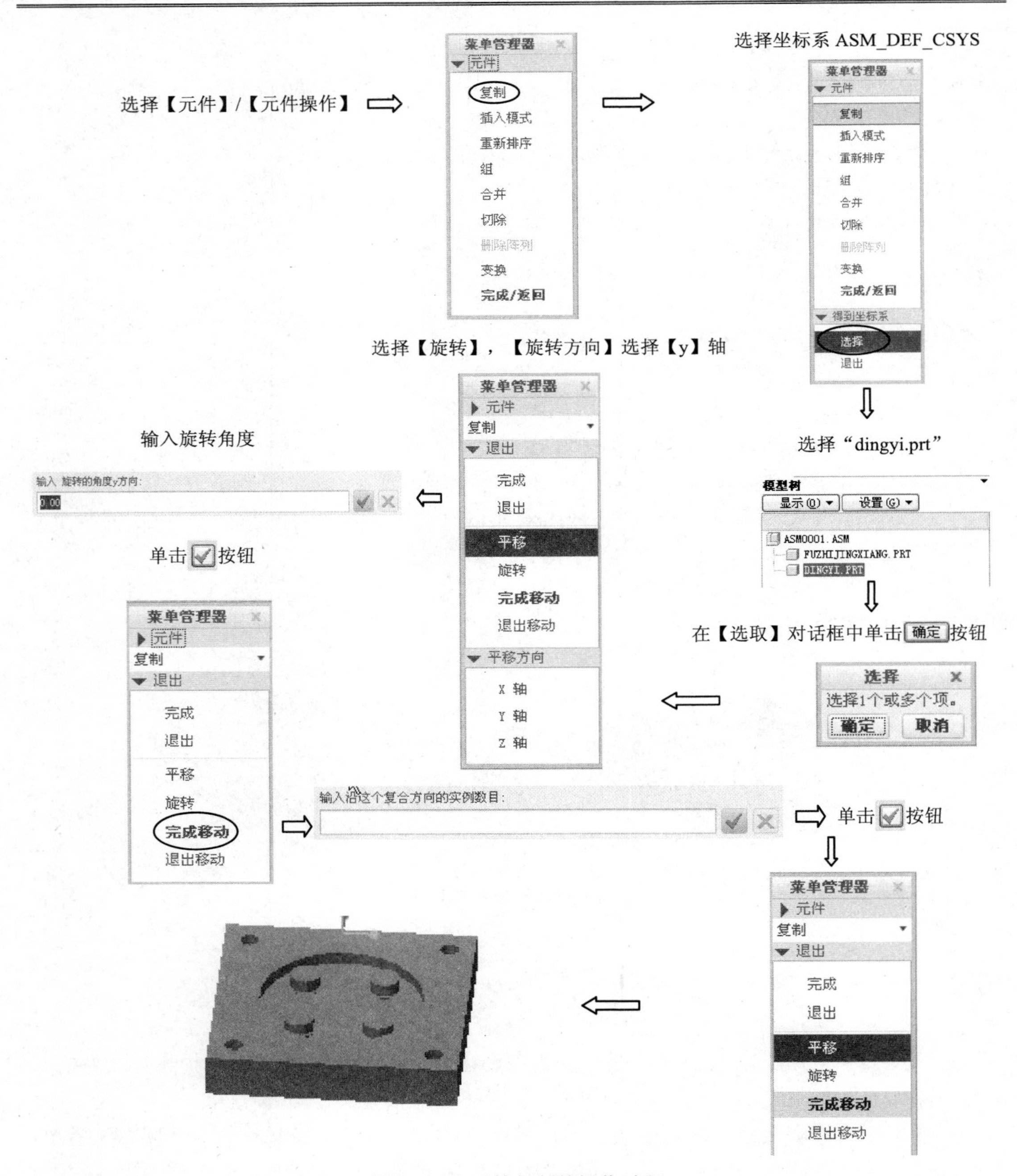

图 10-26 元件复制的操作过程

（3）单击【放置】上滑面板，删除原先定义的约束关系，添加需要的约束关系，并完成定义约束关系所需要的参照选择。

（4）完成零件的重新装配。

10.6.6 零件编辑

在装配模式下可以对其进行添加特征、编辑零件特征或尺寸等操作。零件的编辑操作过程如下。

（1）在装配体环境下，在模型树中用鼠标右键单击需要编辑的零件，在弹出的菜单中选择【激活】或【打开】命令，进入到零件建模环境。或者在图形区选择零件模型，单击鼠标右键，在弹出的菜单中选择【编辑定义】命令，进入到零件建模环境。

（2）在零件建模环境中对零件进行编辑，包括修改尺寸、删除特征和添加特征等。

（3）修改完毕后保存零件模型，切换到装配模型。

10.6.7　零件的重复装配

有些元件（如螺栓、螺母等）在产品的装配过程中不只使用一次，而且每次装配使用的约束类型相同，仅仅约束的参照不同，为了方便这些元件的装配，系统为用户提供了重复装配功能。

【实例 10-4】　零件重复装配

本例着重说明装配体环境下零件复制操作的过程。

设计过程

（1）打开光盘中“example/start/Ch10/chongfuzhuangpei”文件夹复制工作目录。

（2）打开“chongfuzhuangpei.asm”文件，如图 10-27 所示。

（3）在模型树中选取“1.prt”元件，单击鼠标右键，在弹出的菜单中选择【重复】命令，打开【重复元件】对话框，如图 10-28 所示。

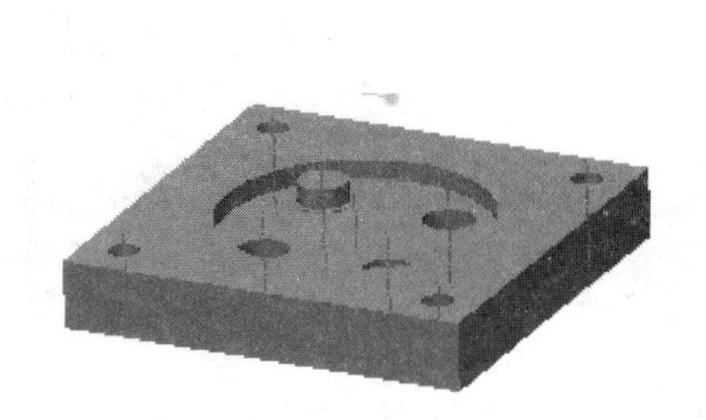

图 10-27　组件模型

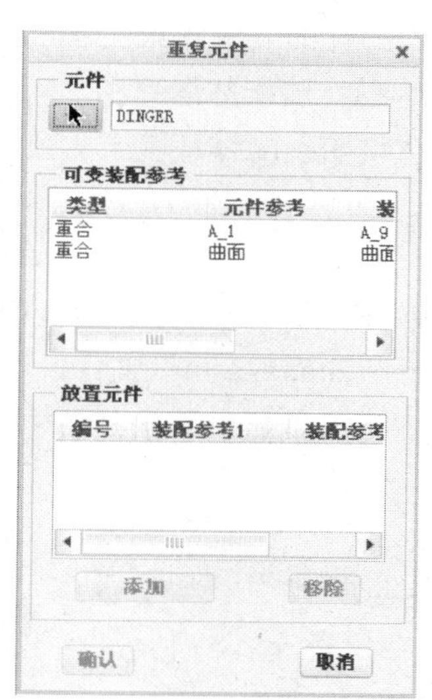

图 10-28 【重复元件】对话框

（4）在【可变装配参考】列表中单击“重合”，在图形区中显示“重合”约束的参照，单击【添加】按钮，系统提示：为新元件从组件选取参照。

（5）为“重合”约束指定新参照。依次点取图 10-29 所示的三个孔轴线，新参照出现在【放置元件】列表框中，如图 10-30 所示。

（6）单击【确定】按钮，完成零件的重复安装操作，结果如图 10-31 所示。

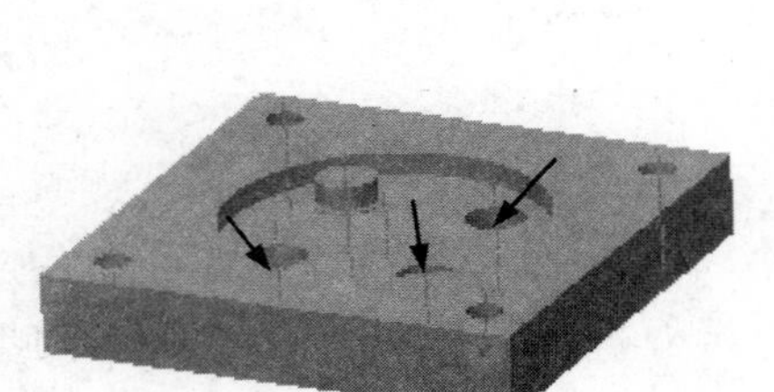

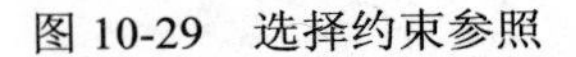

图 10-29　选择约束参照

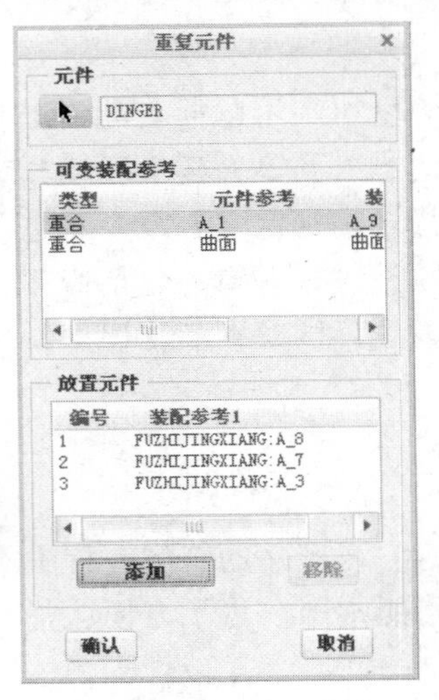

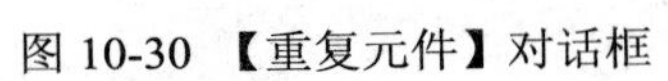

图 10-30 【重复元件】对话框

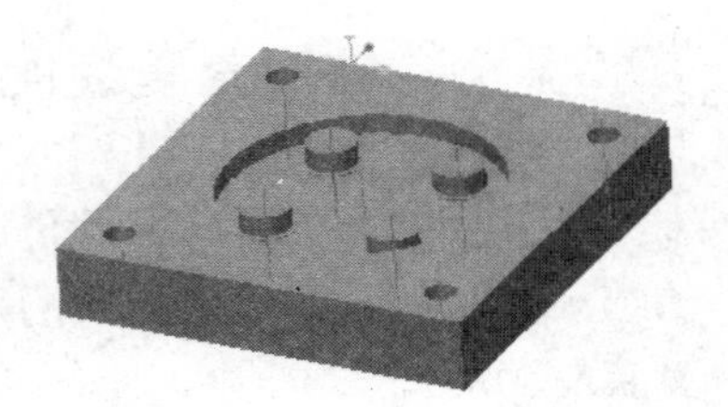

图 10-31　重复装配结果

10.7　装配体爆炸图

装配体的爆炸图是将模型中的元件沿着直线或坐标轴旋转、移动得到的，是装配体模型的分解状态。通过爆炸图可以清楚装配体结构组成。爆炸图仅影响装配体的外观，并不改变装配体内零件的装配约束关系，可以通过取消爆炸图显示，恢复装配的显示状态。

【实例 10-5】 装配体爆炸图

本例着重说明装配体环境下生成爆炸图的操作过程。

设计过程

（1）将光盘下的“example/start/Ch10/baozha”文件夹复制到工作目录。

（2）打开“zhouxi.asm”文件，如图 10-32 所示。

（3）单击【模型显示】工具条中分解图按钮，生成的装配体爆炸图如图 10-33 所示。

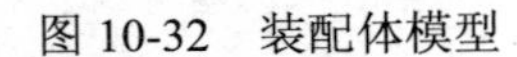

图 10-32　装配体模型

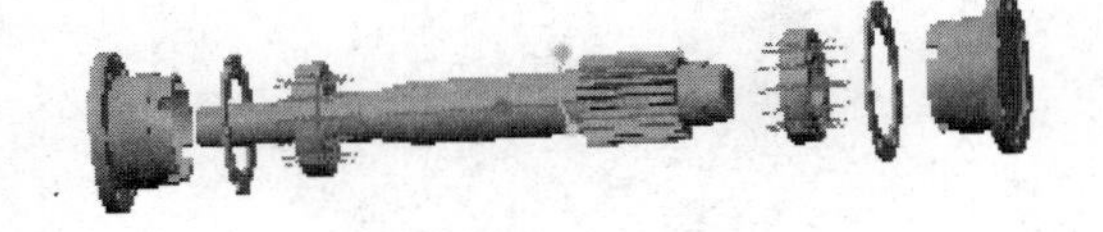

图 10-33　装配体爆炸图

（4）单击【模型显示】工具条上的编辑位置按钮，打开【分解工具】操控板，如图 10-34 所示。打开【参考】上滑面板选择要分解元件，打开【选项】上滑面板设置移动距离。爆炸图的编辑过程如图 10-35 所示。

（5）删除爆炸图。关闭【模型显示】工具条中分解图按钮，将爆炸图恢复到未分解状态。

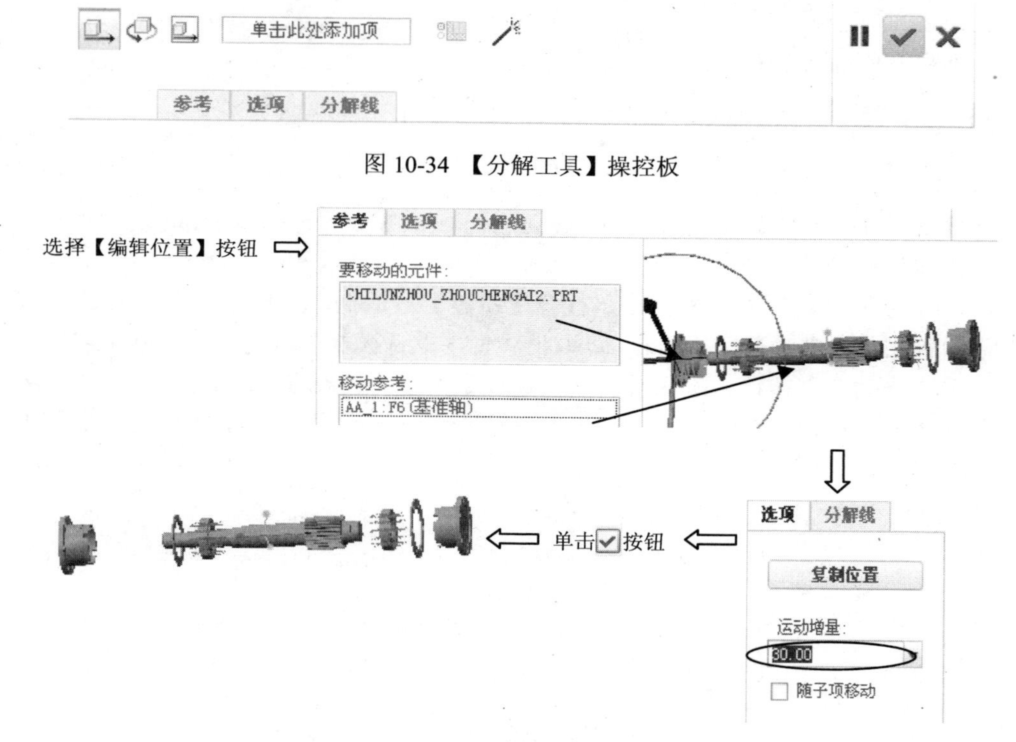

图 10-34 【分解工具】操控板

图 10-35　爆炸图编辑过程

10.8　综 合 实 例

前面介绍了关于装配设计的相关知识，为了便于更好地掌握装配设计环节及流程，下面以装配案例介绍产品装配设计和运动仿真的一般过程和方法。

10.8.1　槽轮装配

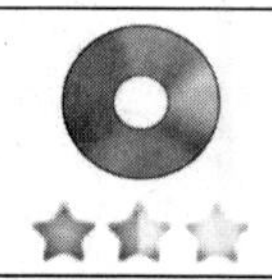	结果文件：光盘/example/finish/Ch10/caolun/caolun_1.asm
	视频文件：光盘/视频/Ch10/caolun.avi

本节通过槽轮的装配过程，介绍 Creo Parametric 环境下创建装配体的创建方法，使读者了解掌握装配体创建的一般过程、常用约束类型的使用及约束参照的选择方法。槽轮装配结果如图 10-36 所示。

图 10-36 槽轮装配结果

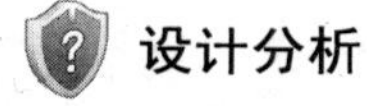

设计分析

- 槽轮的装配体包括支架、槽轮和传动杆三个元件，在整个装配体中三者之间具有不同的装配关系。

- 建模过程中使用了“重合”、“平行”等约束方式，并且对于每种约束方式可以选择不同的参照对象。

设计过程

（1）新建装配文件。

- 设置工作目录，并将光盘中的“example/start/Ch10”下的“caolun”文件夹复制到工作目录。
- 选择【文件】/【新建】命令，打开【新建】对话框，选择【装配】类型，在【名称】文本框中输入“caolun”，取消“使用默认模板”复选框，如图 10-37 所示。单击【确定】按钮，进入【新文件选项】对话框。在【新文件选项】对话框中选择【mmns_asm_design】，如图 10-38 所示，单击【确定】按钮，进入装配工作模式。

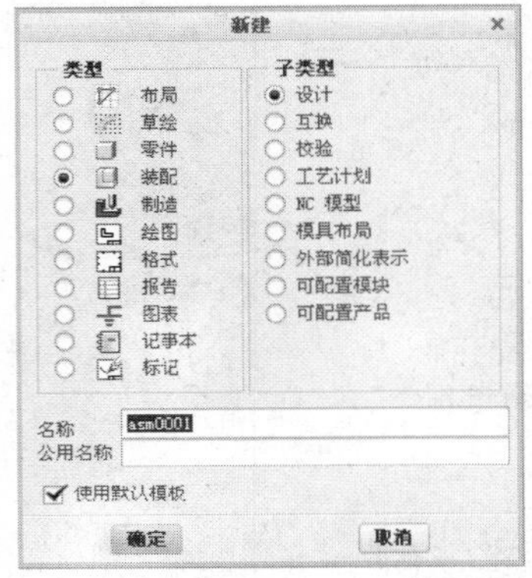

图 10-37 【新建文件】对话框

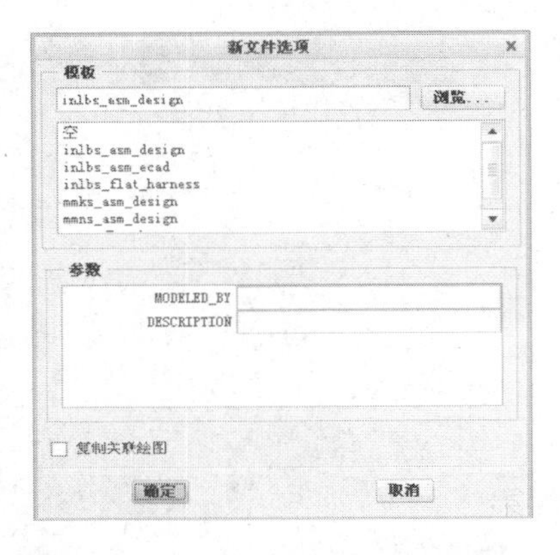

图 10-38 【新文件选项】对话框

（2）装配第 1 个元件。

- 单击按钮，在【打开】对话框中选择“zhijia.prt”文件，单击【打开】按钮，元件出现在图形区。
- 在【装配】操控板上单击【放置】上滑面板，在【约束类型】下拉列表框中选择【默认】选项，如图 10-39 所示。
- 单击按钮完成第一个元件的装配。

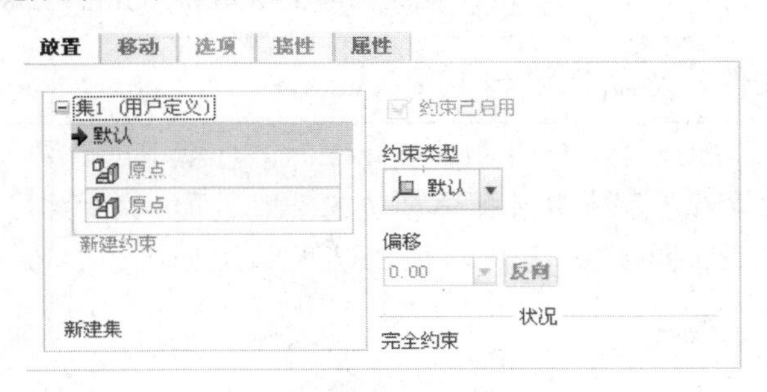

图 10-39 设置约束类型

（3）装配第 2 个元件。

❑ 单击按钮，在【打开】对话框中选择“chuandonggan.prt”，单击【打开】按钮，元件出现在图形区。

❑ 在【装配】操控板上单击【放置】上滑面板，在【约束类型】下拉列表框中选择【重合】选项，选择图 10-40 所示轴线作为参照。

❑ 单击【新建约束】选项，在【约束类型】下拉列表框中选择【重合】，选择如图 10-41 所示两个平面作为参照。

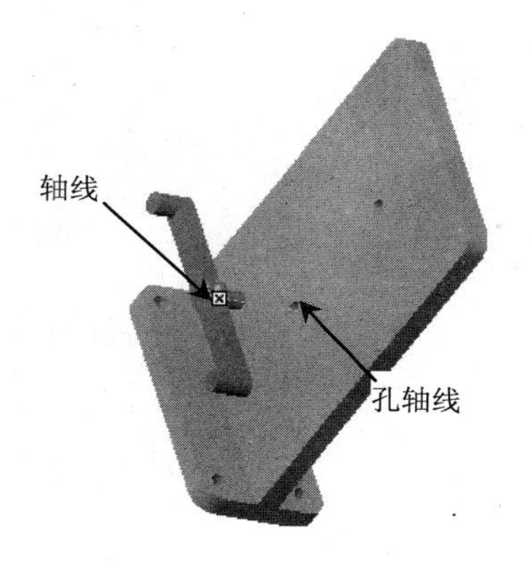

图 10-40　【重合】约束参照

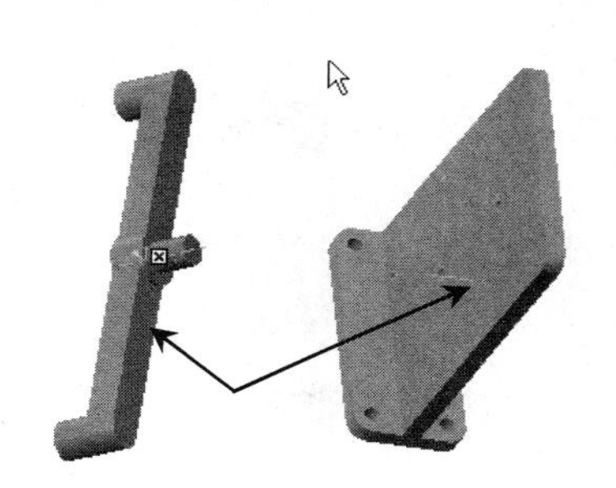

图 10-41　【重合】约束参照

❑ 单击【新建约束】选项，在【约束类型】下拉列表框中选择【平行】，如图 10-42 所示完成两个平面作为参照。

❑ 单击按钮完成第一个元件的装配。

（4）装配第三个元件。

❑ 单击按钮，在【打开】对话框中选择“caolun.prt”，单击【打开】按钮，元件出现在图形区。

❑ 在【装配】操控板上单击【装配】上滑面板，在【约束类型】下拉列表框中选择【重合】，选择如图 10-43 所示轴线作为参照。

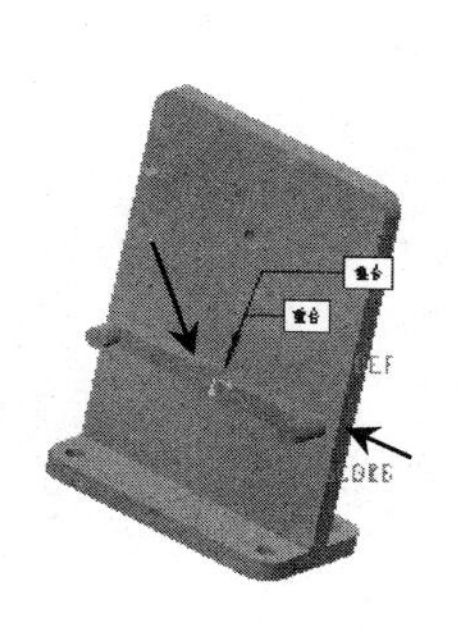

图 10-42　【平行】约束参照

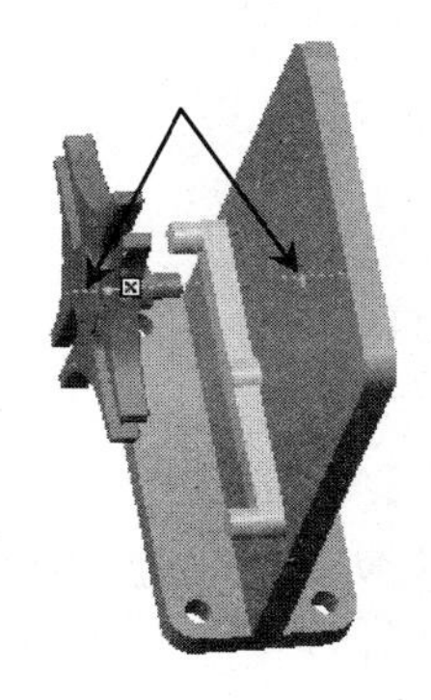

图 10-43　【重合】约束参照

❑ 在【装配】操控板上单击【放置】上滑面板，在【约束类型】下拉列表框中选择【重合】，选择图示平面作为参照，如图 10-44 所示。

❑ 单击【新建约束】选项，在【约束类型】下拉列表框中选择【平行】，选择如图

10-45 所示完成两个平面作为参照。

- ❑ 单击☑按钮完成槽轮的装配，结果如图 10-46 所示。

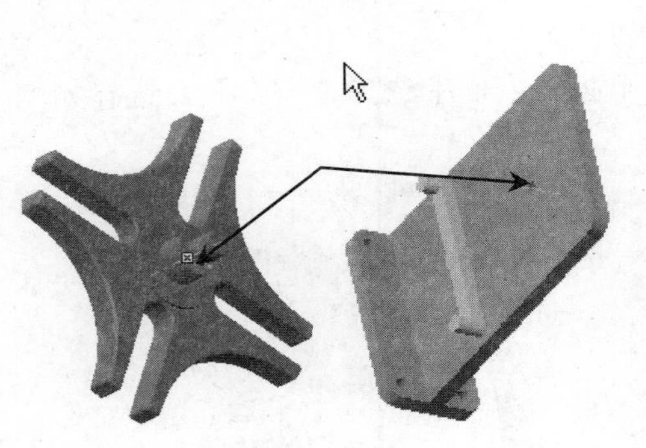

图 10-44 【重合】约束参照

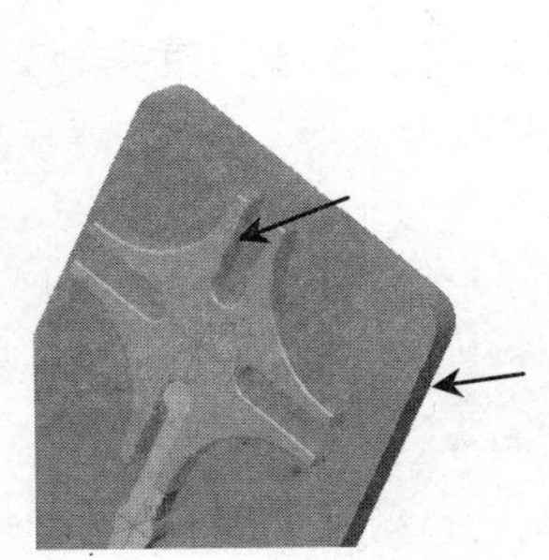

图 10-45 【平行】约束参照

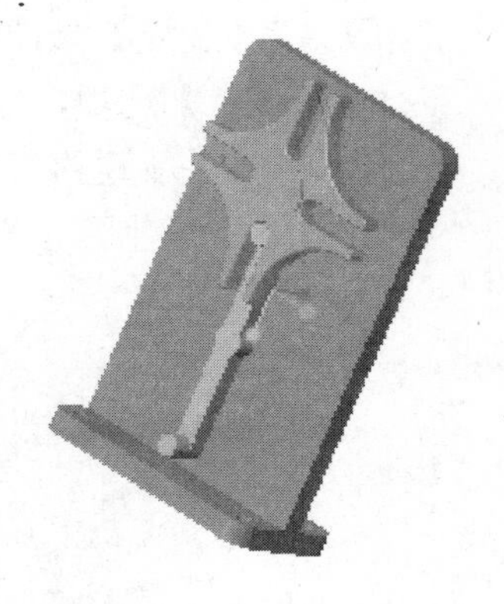

图 10-46 装配结果

10.8.2 轴系零件装配

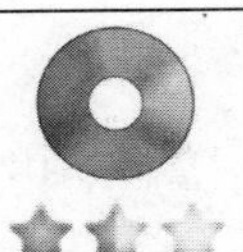	结果文件：光盘/example/finish/Ch10/ zhouxi /zhouxi_1.asm
	视频文件：光盘/视频/Ch10/zhouxi.avi

本实例完成轴系零件的装配，包括轴、键及齿轮等典型轴系零件的装配，使读者了解轴系零件的装配方法及不同约束方法的使用。

设计分析

- ❑ 轴系装配体包括轴、套筒、轴承、齿轮和键等多种元件，不同元件之间具有不同的装配关系。
- ❑ 键与齿轮，以及键与轴之间需要定义多种约束方式才能实现元件的合理定位。

设计过程

（1）新建装配文件。

- ❑ 创建工作目录，并将光盘中的“example/start/Ch10/zhouxi”文件夹拷贝到工作目录。
- ❑ 选择【文件】/【新建】命令，打开【新建】对话框，在【名称】文本框中输入“zhouxi”，取消“使用默认模板”复选框，单击【确定】按钮，进入【新文件选项】对话框。
- ❑ 在【新文件选项】对话框中选择【mmns_asm_design】选项，单击【确定】按钮，进入组件工作模式。

（2）装配第 1 个元件。

- ❑ 单击按钮，在【打开】对话框中选择“zjz.prt”，单击【打开】按钮，元件出现在图形区。
- ❑ 在【装配】操控板上单击【放置】上滑面板，从【约束类型】下拉列表框中选择

【默认】，单击按钮完成元件的装配。

（3）装配第 2 个元件。

- 单击按钮，在【打开】对话框中选择“zjz_jian18.prt”文件，单击【打开】按钮，元件出现在图形区。
- 在【装配】操控板上单击【放置】上滑面板，在【约束类型】下拉列表框中选择【重合】，选择如图 10-47 所示平面作为“重合”参照。
- 单击【新建约束】选项，在【约束类型】下拉列表框中选择【重合】命令。选择如图 10-48 所示两个平面作为参照面。

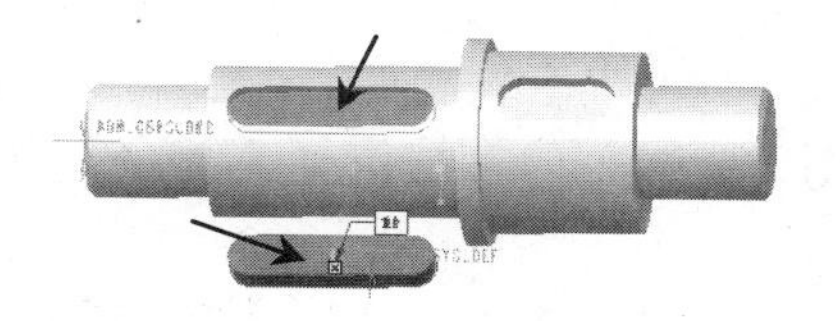

图 10-47　【重合】约束参照

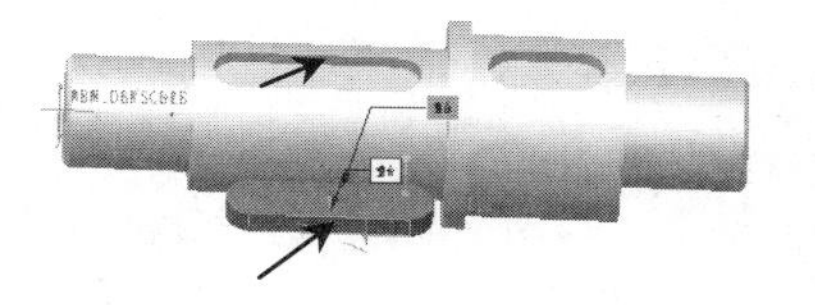

图 10-48　【重合】约束参照

- 单击【新建约束】选项，在【约束类型】下拉列表框中选择【重合】命令。选择如图 10-49 所示两个面（半圆面）作为参照面。单击按钮完成元件装配，结果如图 10-50 所示。

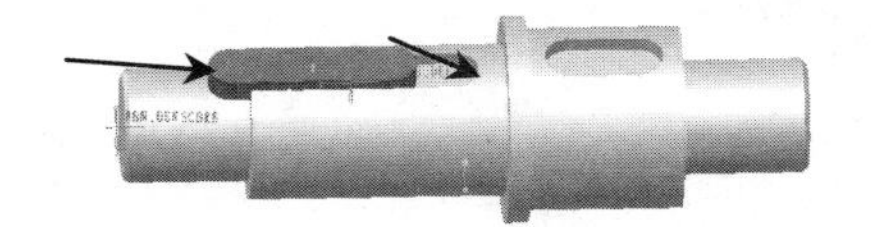

图 10-49　【重合】约束参照

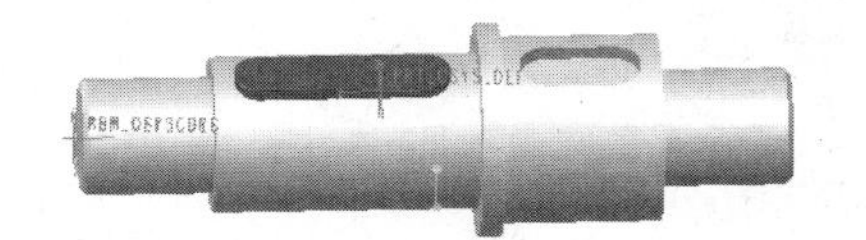

图 10-50　装配结果

（4）装配第 3 个元件。

- 单击按钮，在【打开】对话框中选择“zjz_jian20.prt”文件，单击【打开】按钮，元件出现在图形区。
- 在【装配】操控板上单击【放置】上滑面板，在【约束类型】下拉列表框中选择【重合】，选择如图 10-51 所示两个平面作为“重合”参照。
- 单击【新建约束】选项，在【约束类型】下拉列表框中选择【重合】命令。选择如图 10-52 所示两个平面作为参照面。

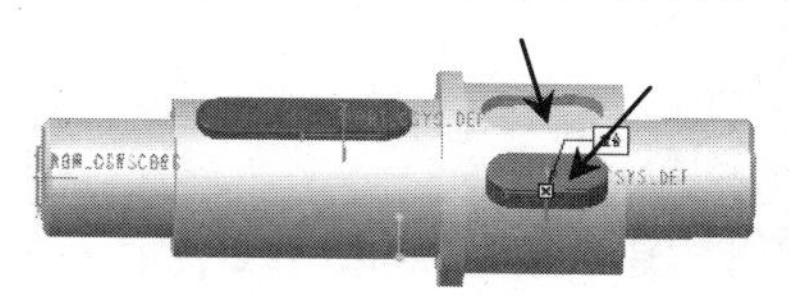

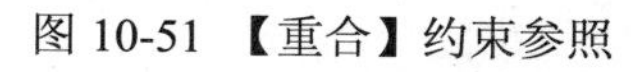

图 10-51　【重合】约束参照

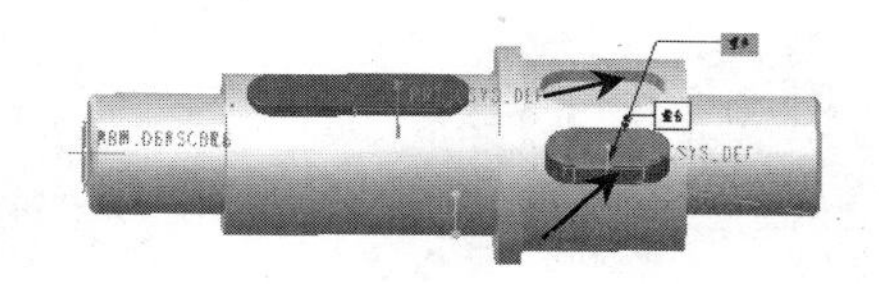

图 10-52　【重合】约束参照

- 单击【新建约束】选项，在【约束类型】下拉列表框中选择【重合】命令。选择如图 10-53 所示两个面（半圆面）作为参照面。单击按钮完成元件装配，装配结果如图 10-54 所示。

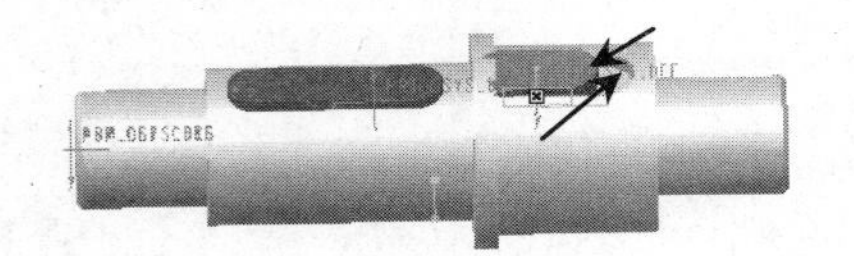

图 10-53 【重合】约束参照

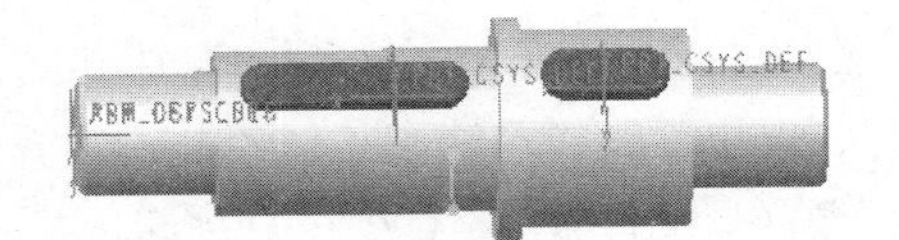

图 10-54 装配结果

（5）装配第 4 个元件。

- 单击按钮，在【打开】对话框中选择“xiaochilun1.prt”文件，单击【打开】按钮，元件出现在图形区。
- 在【装配】操控板上单击【放置】上滑面板，在【约束类型】下拉列表框中选择【重合】命令，选择齿轮轴线和“zjz.prt”的轴线作为“重合”约束参照。
- 单击【新建约束】选项，在【约束类型】下拉列表框中选择【重合】命令。选择如图 10-55 所示两个平面作为参照面。
- 单击【新建约束】选项，在【约束类型】下拉列表框中选择【重合】命令。选择如图 10-56 所示两个平面（键及键槽侧面）作为参照面，结果如图 10-57 所示。

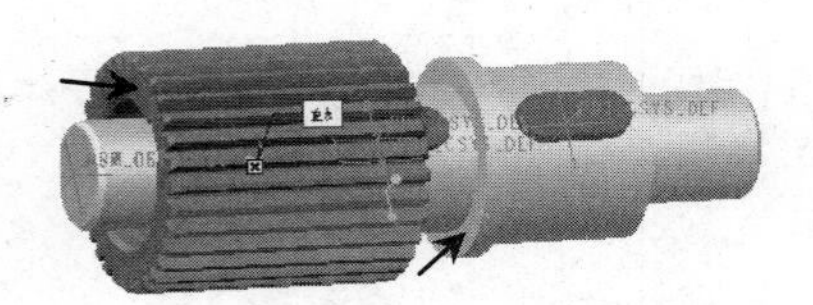

图 10-55 【重合】约束参照

图 10-56 【重合】约束参照

图 10-57 装配结果

（6）装配第 5 个元件。

- 单击按钮，在【打开】对话框中选择“zjzchilun2.prt”文件，单击【打开】按钮，元件出现在图形区。
- 在【装配】操控板上单击【放置】上滑面板，在【约束类型】下拉列表框中选择【重合】命令，选择齿轮轴线和“zjz.prt”的轴线作为“重合”参照。
- 单击【新建约束】选项，在【约束类型】下拉列表框中选择【重合】命令。选择如图 10-58 所示两个平面作（齿轮端面及轴肩端面）为参照面。
- 单击【新建约束】选项，在【约束类型】下拉列表框中选择【重合】命令。选择如图 10-59 所示两个平面（键及键槽侧面）作为参照面，结果如图 10-60 所示。

图 10-58 【重合】约束参照

图 10-59 【重合】约束参照

图 10-60 装配结果

（7）装配第 6 个元件。

- ❑ 单击按钮，在【打开】对话框中选择“zjz_taotong2.prt”单击【打开】按钮，元件出现在图形区。
- ❑ 在【装配】操控板上单击【放置】上滑面板，在【约束类型】下拉列表框中选择【重合】命令，选择“zhjz_taotong2.prt”的轴线和“zjz.prt”的轴线作为“重合”参照。
- ❑ 单击【新建约束】选项，在【约束类型】下拉列表框中选择【重合】命令。选择如图 10-61 所示两个平面作为参照面。单击按钮完成元件的装配，结果如图 10-62 所示。

图 10-61　【重合】约束参照

图 10-62　装配结果

（8）装配第 7 个元件。

- ❑ 单击按钮，在【打开】对话框中选择“chilunzhou_taotong1.prt.”，单击【打开】按钮，元件出现在图形区。
- ❑ 在【装配】操控板上单击【放置】上滑面板，在【约束类型】下拉列表框中选择【重合】命令，选择“zjzaotong1.prt”的轴线和“zjz.prt”的轴线作为“重合”参照。
- ❑ 单击【新建约束】选项，在【约束类型】下拉列表框中选择【重合】命令。选择如图 10-63 所示两个平面作为参照面。单击按钮完成元件的装配，结果如图 10-64 所示。

图 10-63　【重合】约束参照

图 10-64　装配结果

（9）装配第 8 个元件。

- ❑ 单击按钮，在【打开】对话框中选择“6039.prt”，单击【打开】按钮，元件出现在绘图区。
- ❑ 单击【新建约束】选项，在【约束类型】下拉列表框中选择【重合】命令。选择如图 10-65 所示的两个平面作为参照面。
- ❑ 在【装配】操控板上单击【放置】上滑面板，在【约束类型】下拉列表框中选择

【重合】命令，然后选择轴承轴线和“zjz.prt”的轴线作为“重合”约束的参照。

- ❑ 单击☑按钮完成元件的装配，结果如图 10-66 所示。

图 10-65 【重合】约束设置

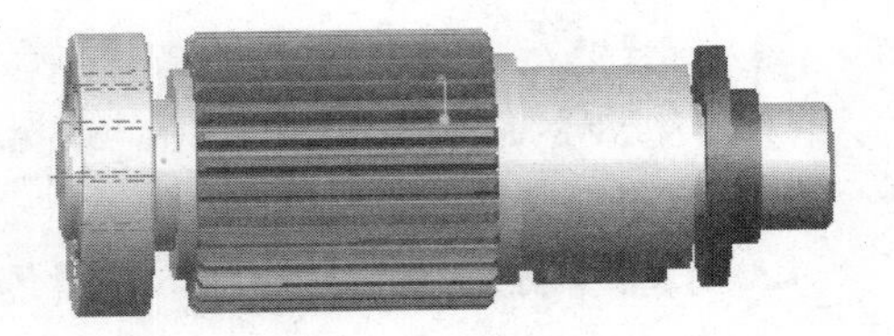

图 10-66 装配结果

（10）装配第 9 个元件。

- ❑ 在模型树中右击 6039.prt，在弹出菜单中选择【重复】命令，打开【重复元件】对话框。
- ❑ 在【重复元件】中的【可变装配参考】列表框中选择【重复】（平面与平面之间约束）命令。
- ❑ 单击【添加】按钮。
- ❑ 按如图 10-67 所示选择参照面。
- ❑ 完成重复装配，结果如图 10-68 所示。

图 10-67 选择约束参照

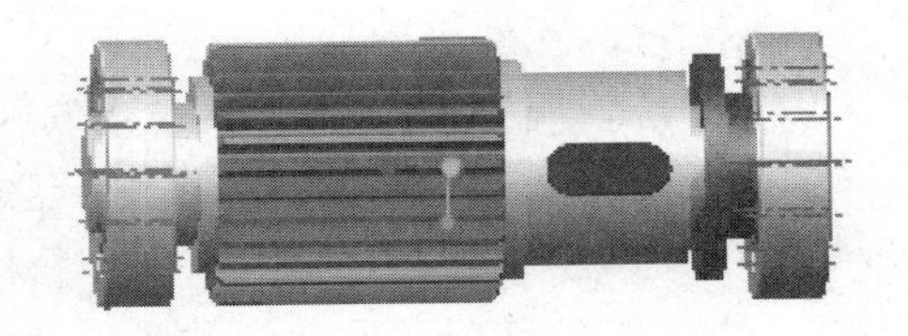

图 10-68 装配结果

（11）装配第 10 个元件。

- ❑ 单击按钮，在【打开】对话框中选择“zjz_zcg1.prt”，单击【打开】按钮，元件出现在图形区。
- ❑ 在【装配】操控板上单击【放置】上滑面板，在【约束类型】下拉列表框中选择【重合】命令，选择端盖轴线和“zjz.prt”的轴线作为“重合”参照。
- ❑ 单击【新建约束】选项，在【约束类型】下拉列表框中选择【重合】命令。选择如图 10-69 所示两个平面作为参照面。单击☑按钮完成元件的装配，结果如图 10-70 所示。

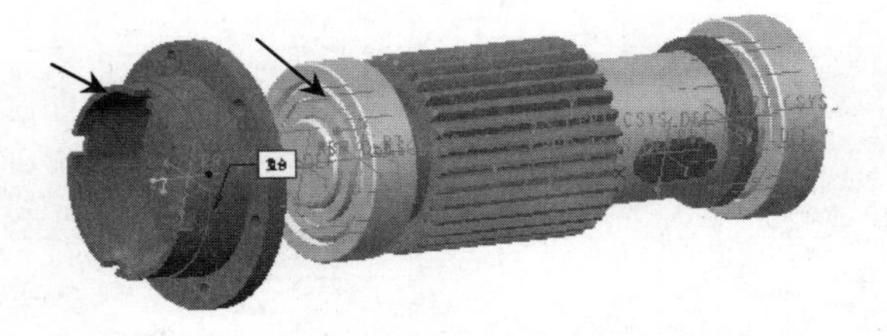

图 10-69 【重合】约束设置

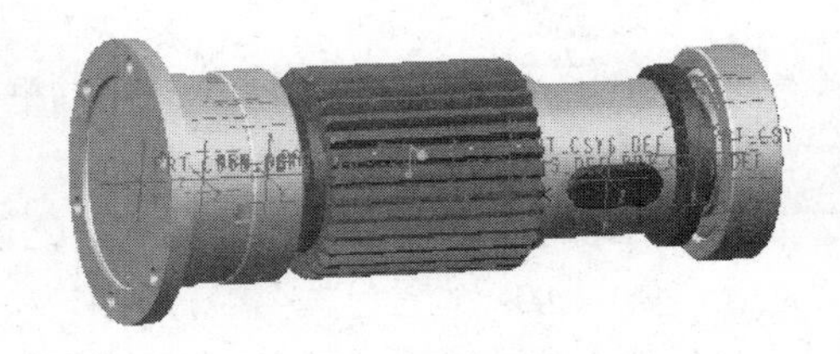

图 10-70 装配结果

（12）装配第 11 个元件。

- 单击按钮，在【打开】对话框中选择“zjz_zcg2.prt”，单击【打开】按钮，元件出现在图形区。
- 在【装配】操控板上单击【放置】上滑面板，在【约束类型】下拉列表框中选择【重合】命令，选择端盖轴线和“zjz.prt”的轴线作为“重合”参照。
- 单击【新建约束】选项，在【约束类型】下拉列表框中选择【重合】命令。选择如图 10-71 所示两个平面作为参照面。单击按钮完成元件的装配，结果如图 10-72 所示。

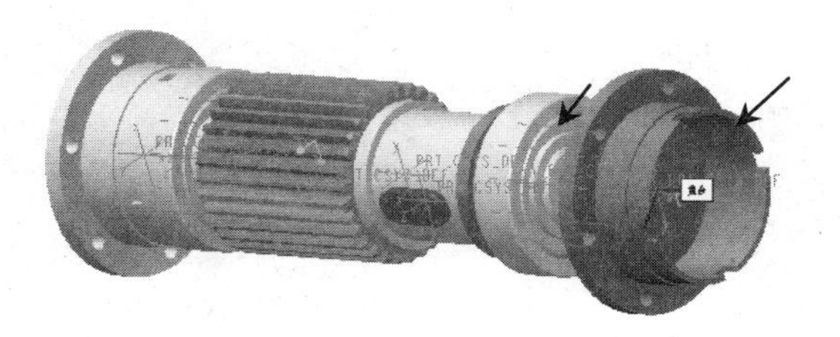
图 10-71　【重合】约束设置

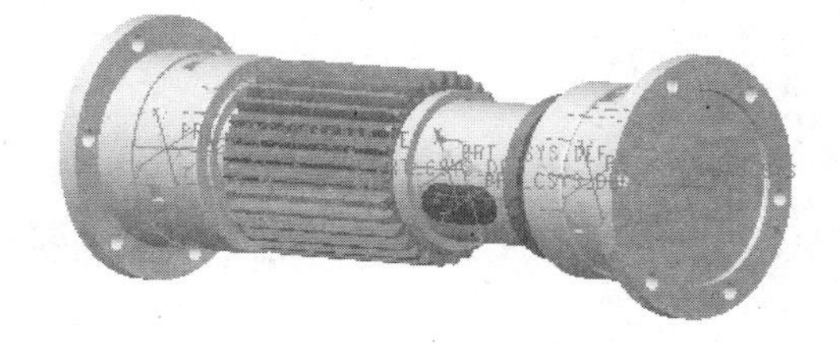
图 10-72　装配结果

（13）装配第 12 个元件。

- 单击按钮，在【打开】对话框中选择“zjz_dp1.prt”，单击【打开】按钮，元件出现在图形区。
- 在【装配】操控板上单击【放置】上滑面板，在【约束类型】下拉列表框中选择【重合】命令，选择垫片轴线和“zjz.prt”的轴线作为“重合”参照。
- 单击【新建约束】选项，在【约束类型】下拉列表框中选择【重合】命令。选择如图 10-73 所示两个平面作为参照面。单击按钮完成元件的装配，结果如图 10-74 所示。

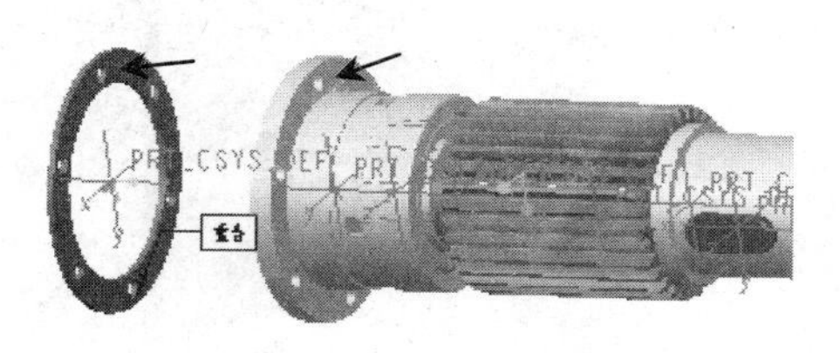
图 10-73　【重合】约束设置

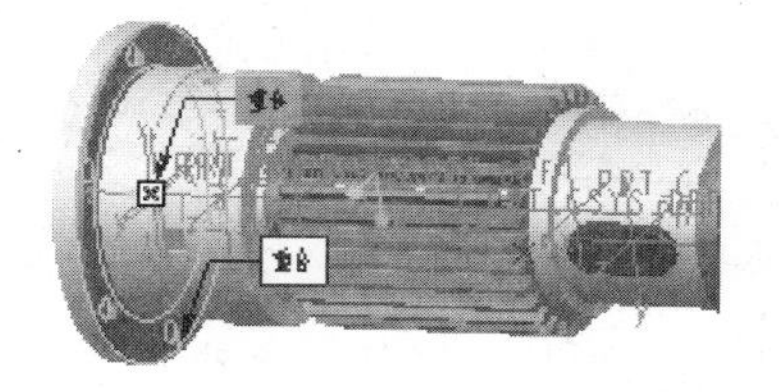
图 10-74　装配结果

（14）装配第 13 个元件。

- 单击按钮，在【打开】对话框中选择“zjz_dp2.prt”，单击【打开】按钮，元件出现在图形区。
- 在【装配】操控板上单击【放置】上滑面板，在【约束类型】下拉列表框中选择【重合】命令，选择垫片轴线和“zjz.prt”的轴线作为“重合”参照。
- 单击【新建约束】选项，在【约束类型】下拉列表框中选择【重合】命令。选择如图 10-75 所示两个平面作为参照面。单击按钮完成元件的装配，结果如图 10-76 所示。

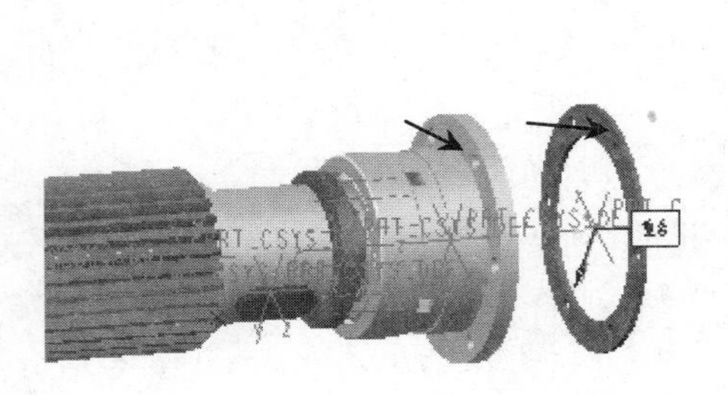

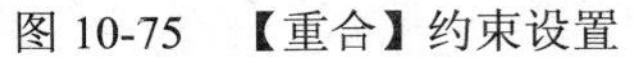

图 10-75 【重合】约束设置

图 10-76 装配结果

📖 在使用重合等约束方式时，可以改变方向，从而调整元件位置。

10.8.3 蜗轮减速器装配及运动仿真

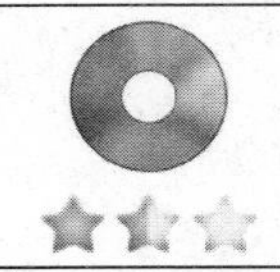	结果文件：光盘/example/finish/Ch10/wolunjigou/wolun_1.prt
	视频文件：光盘/视频/Ch10/wolun.avi

本实例主要介绍蜗轮减速器的装配及运动仿真过程，主要涉及包括连接装配的定义、伺服电动机的定义及仿真结果的输出方法，使读者能够了解连接装配、伺服电机等的定义方法及了解机构运动仿真的过程。蜗轮减速器装配体如图 10-77 所示。

图 10-77 蜗轮减速器装配体

设计分析

- ❑ 蜗轮减速器装配体包括轴、蜗轮、蜗杆等多个元件，这些元件有的采用装配约束，有的采用连接约束。
- ❑ 在进行机构运动仿真时需要定义齿轮副、伺服电机等内容。

设计过程

（1）将光盘中“example/start/Ch10/”下的文件夹“wolunjiansuqi”拷贝到工作目录。

（2）新建文件 wolun_1.asm，进入装配环境。

（3）装配轴。

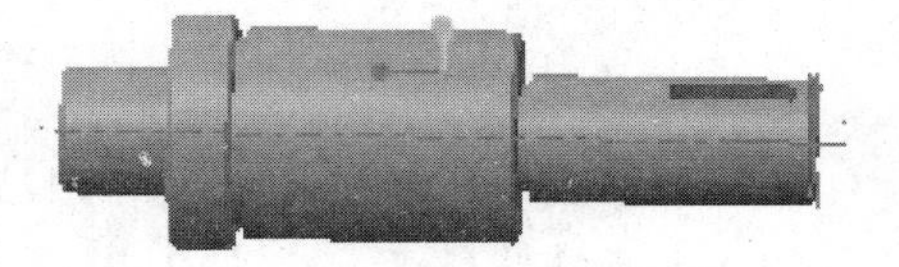

图 10-78 装配轴结果

- ❑ 单击按钮，在弹出的【打开】对话框中选择“zhou.prt”文件，单击【打开】按钮，元件显示在图形区内。
- ❑ 在【装配】操控板上打开【约束类型】下拉列表框，选择【默认】选项，单击☑按钮完成轴的装配，如图 10-78 所示。

（4）装配键。

- ❑ 单击按钮，在【打开】对话框中选择“jian.prt”，单击【打开】按钮，元件出现在图形区。
- ❑ 在【装配】操控板上单击【放置】上滑面板，在【约束类型】下拉列表框中选择【重合】命令，选择图 10-79 所示平面作为“重合”参照。
- ❑ 单击【新建约束】选项，在【约束类型】下拉列表框中选择【重合】命令。选择如图 10-80 所示两个平面作为参照面。

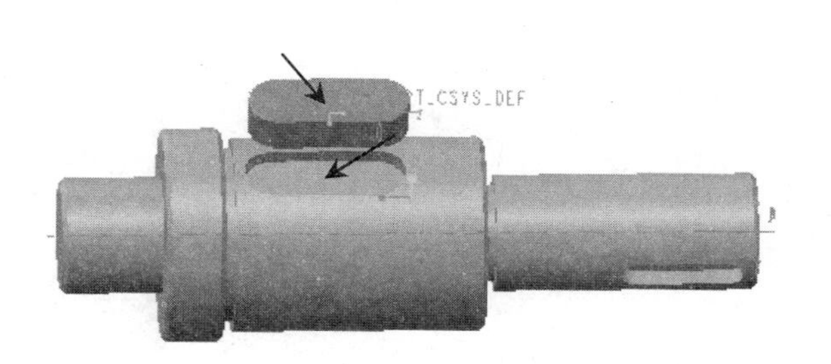

图 10-79 【重合】约束参照

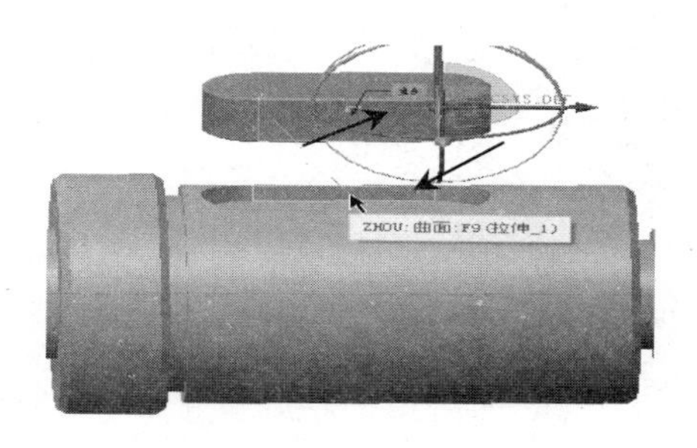

图 10-80 【重合】约束参照

- ❑ 单击【新建约束】选项，在【约束类型】下拉列表框中选择【重合】命令。选择如图 10-81 所示两个圆弧面作为参照面。
- ❑ 单击按钮完成元件的装配，结果如图 10-82 所示。

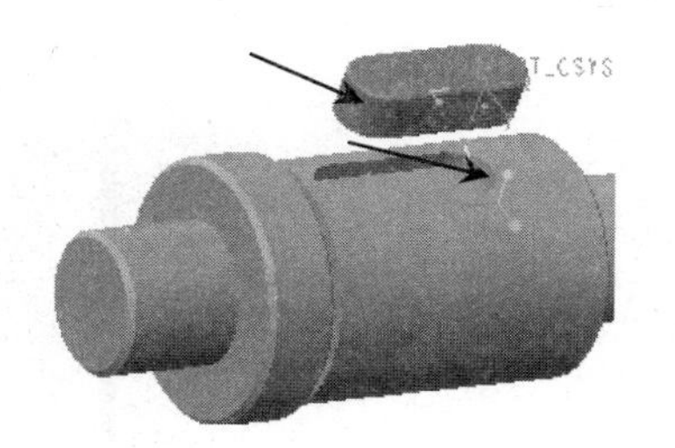

图 10-81 【重合】约束参照

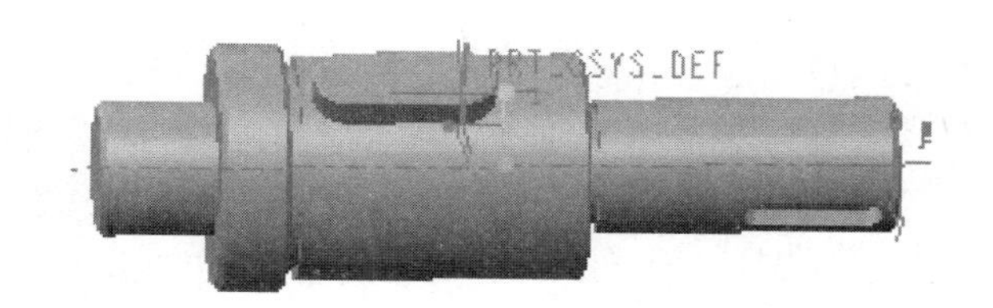

图 10-82　装配结果

（5）装配蜗轮。

- ❑ 单击按钮，在【打开】对话框中选择“wolun.prt”，单击【打开】按钮。
- ❑ 在【装配】操控板上单击【放置】上滑面板，在【约束类型】下拉列表框中选择【重合】命令，选择“zhou.prt”及“wolun.prt”的轴线作为“重合”参照。
- ❑ 单击【新建约束】选项，在【约束类型】下拉列表框中选择【角度偏移】命令。选择键侧面及蜗轮键槽侧面作为参照，如图 10-83 所示，偏移角度设置为 0。
- ❑ 单击【新建约束】选项，在【约束类型】下拉列表框中选择【距离】命令。选择如图 10-84 所示两个平面作为参照，距离值设置为 0。
- ❑ 单击按钮完成元件的装配，结果如图 10-85 所示。

（6）保存装配体文件 wolun_1.asm。

（7）新建文件 wolun.asm，进入装配环境。

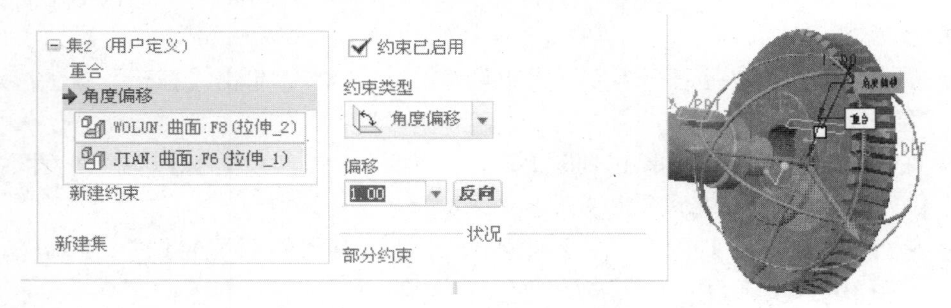

图 10-83 【角度偏移】约束参照

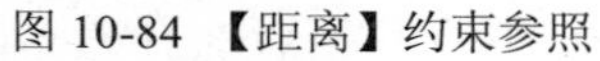

图 10-84 【距离】约束参照

图 10-85 装配结果

（8）装配箱体。

❑ 单击按钮，在弹出的【打开】对话框中选择"jiasuxiang.prt"文件，单击【打开】按钮，元件显示在图形区内。

❑ 在【装配】操控板上打开【约束类型】下拉列表框，选择【默认】选项，单击☑按钮完成箱体的装配，如图 10-86 所示。

图 10-86 减速器箱体

（9）装配 wolun_1.asm。

❑ 单击按钮，在弹出的【打开】对话框中选择"wolun_1.asm"文件，单击【打开】按钮，子装配体显示在图形区内。

❑ 在【装配】操控板上的用户定义下拉列表框中选择"销"。

❑ 选择图所示轴线作为轴对齐参照，如图 10-87 所示。选择如图 10-88 所示平面作为平移参照，结果如图 10-89 所示。

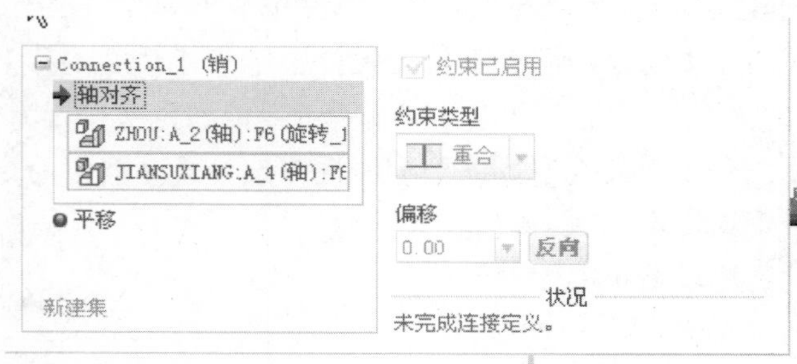

图 10-87 【轴对齐】参照

图 10-88 【平移】参照

图 10-89　装配结果

（10）装配蜗杆。

- 单击按钮，在弹出的【打开】对话框中选择“wogan.prt”文件，单击【打开】按钮，元件显示在图形区内。
- 在【装配】操控板上的用户定义下拉列表框中选择“销”。
- 选择图所示轴线作为轴对齐参照，如图 10-90 所示。选择如图 10-91 所示平面作为平移参照，结果如图 10-92 所示。

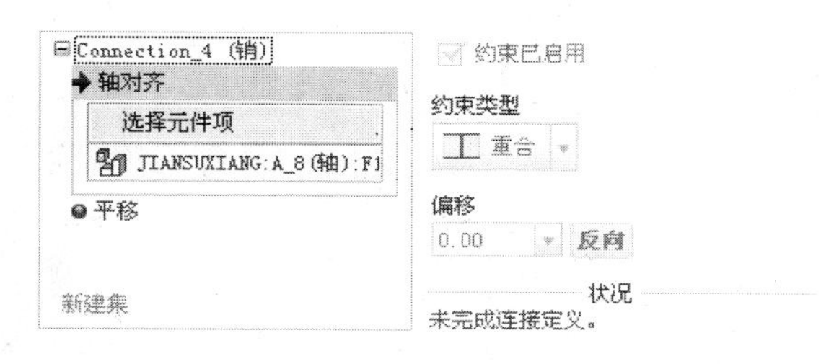

图 10-90 【轴对齐】参照

图 10-91 【平移】参照

图 10-92　装配结果

（11）进入机构运动仿真环境。单击菜单【应用程序】中的【机构】按钮，进入机构运动仿真环境，装配体模型上显示出【销】连接的旋转轴（隐藏 jiansuxiang.prt），如图 10-93 所示。

（12）定义伺服电动机。

- 单击【定义伺服电动机】按钮，弹出【伺服电动机定义】对话框。
- 打开【类型】下拉列表框，在【类型】选项卡中选择【运动轴】选项，选择蜗杆的“销”连接轴为运动轴，如图 10-94 所示。

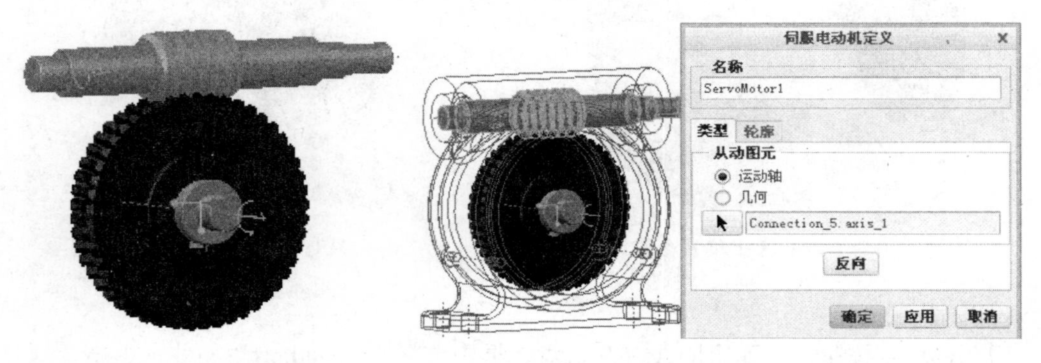

图 10-93 【销钉】连接旋转轴　　图 10-94 【类型】选项卡

- 打开【轮廓】选项卡，在【规范】下表框中选择【速度】命令，设置模为 30，如图 10-95 所示。
- 单击【确定】按钮，完成伺服电动机的定义。

（13）定义齿轮副。

- 单击工具条上按钮，打开【齿轮副定义】对话框。
- 打开【Gear1】选项卡。选择蜗杆轴线上的“销”图标定义运动轴，输入直径值 1，按照图 10-96 所示定义齿轮 1。

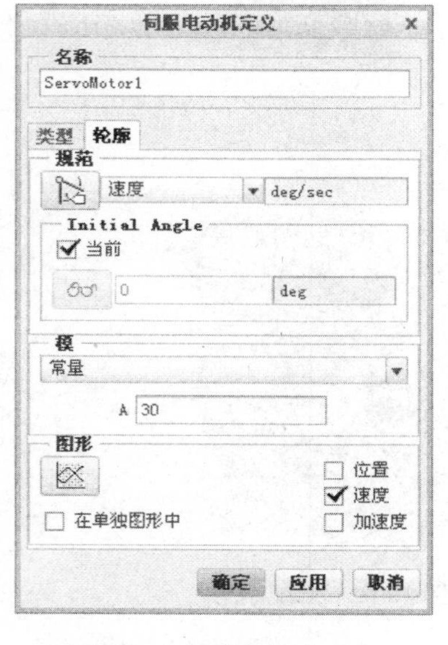

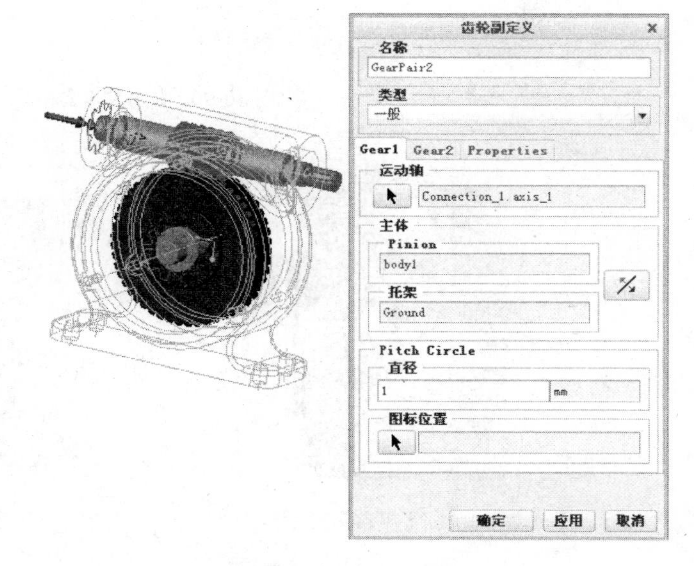

图 10-95 【轮廓】选项卡　　图 10-96 定义齿轮 1

- 切换到【Gear2】选项卡，选择“zhou.prt”轴线上的“销”图标定义运动轴，输入直径值 49，按照图 10-97 所示定义齿轮 2。
- 单击【确定】按钮，完成齿轮副的定义，结果如图 10-98 所示。

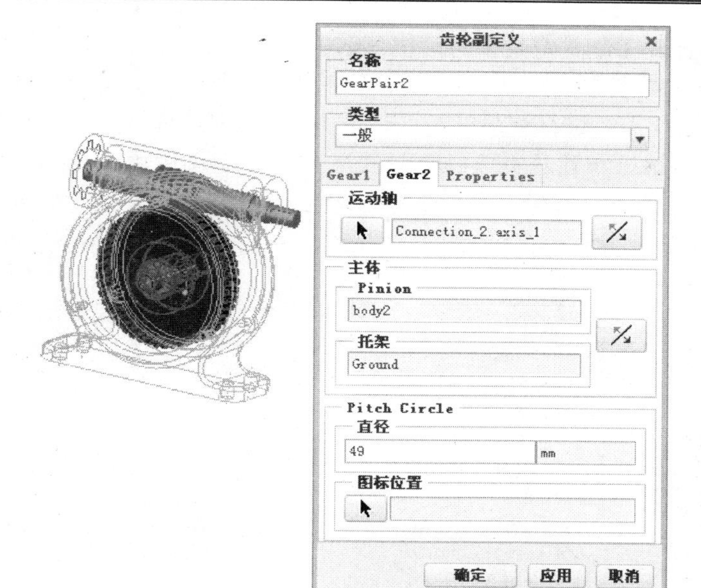

图 10-97　定义齿轮 2

图 10-98　齿轮副定义

（14）进行机构分析。

- 选择工具条中【机构分析】按钮，打开如图 10-99 所示【分析定义】对话框，接受其中的默认设置，单击【运行】按钮，开始运动仿真。
- 单击【确定】按钮，完成仿真。

（15）建立测量结果。

- 单击按钮，打开【测量结果】对话框，如图 10-100 所示。

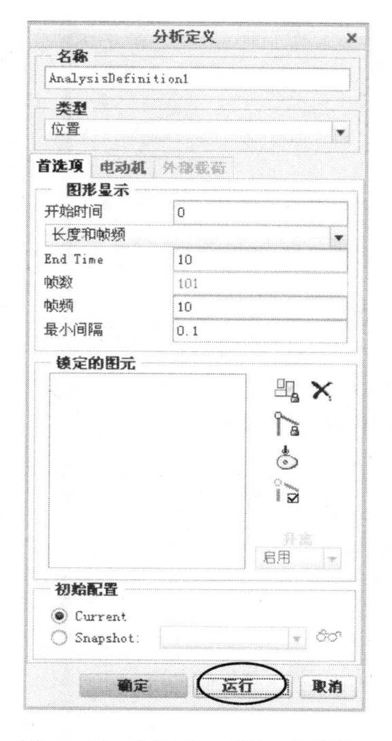

图 10-99 【分析定义】对话框

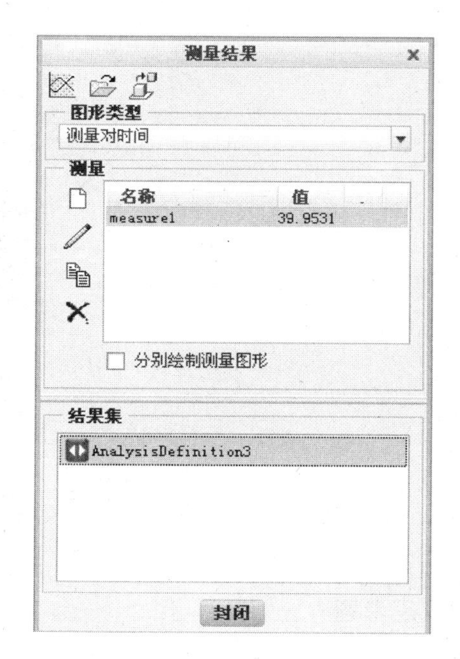

图 10-100 【测量结果】对话框

- 单击列表框中的按钮，打开【测量定义】对话框。
- 在【测量定义】对话框的【类型】下拉列表中选择【位置】命令，单击【选择点或运动轴】栏中按钮，选择需要进行测量的点或运动轴。本例中选择“wolun.prt”上的一点，【测量定义】对话框设置及所选取的测量点如图 10-101 所示。

图 10-101 【测量结果】对话框设置及测量点选取

- 单击【确定】按钮，回到【测量定义】对话框，在【结果集】选择结果，此时按钮处于可用状态。单击绘制所选取点的“位置随时间变化”曲线，如图 10-102 所示。

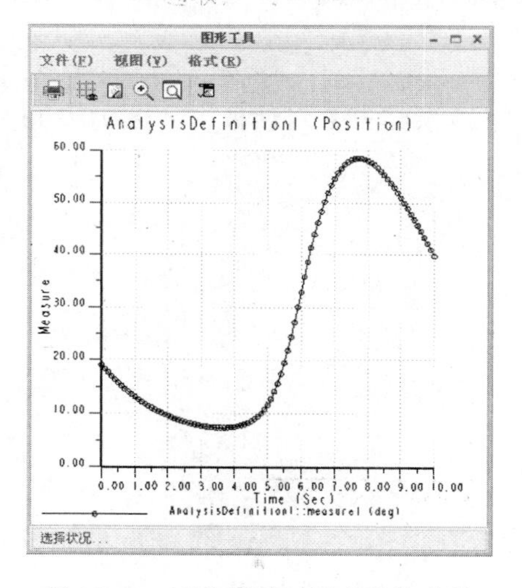

图 10-102 “位置随时间变化”曲线

10.9 思考与练习

1. 思考题

（1）什么是产品装配？

（2）Creo Parametric 中产品装配主要形式有哪些，各自应用何种约束类型？

（3）Creo Parametric 中运动仿真的主要流程有哪些？

2．操作题

利用光盘“fadongjizhuangpei”文件夹下的文件完成发动机的装配及运动仿真，如图 10-103 所示。

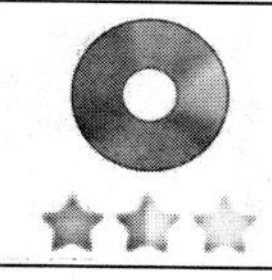	结果文件：光盘/example/finish/Ch10/ fadongjizhuangpei / fadongji.asm
	视频文件：光盘/视频/Ch10/fadongji.avi

图 10-103　发动机装配体

第 11 章　产品工程图设计

利用 Creo Parametric 提供的工程图模块，可以很方便地完成符合制图标准的单个零件工程图及装配体装配图，并添加标注和修改尺寸。Creo Parametric 中的工程图与相对应的三维实体模型之间相互关联，如果对实体模型进行了修改，那么对应的工程图中也会产生相同的修改结果。

11.1　工程图环境设置

Creo Parametric 提供的很多工程图默认设置与国标绘图标准并不一致，在创建工程图之前，应进行详细的工程图环境变量的设置，使之符合制图标准。

11.1.1　工程图配置文件的建立

启动 Creo Parametric 并建立工程图文件后，在主菜单中选择【文件】/【准备】/【图形属性】命令，弹出如图 11-1 所示的【模型属性】对话框。选择【详细信息选项】下的【更改】命令，打开【选项】对话框，如图 11-2 所示。在这个对话框里显示了当前绘图中所采用的配置选项，即当前绘图中的环境变量，可以在这里直接对相关选项进行修改，并保存为自己的工程图配置文件。

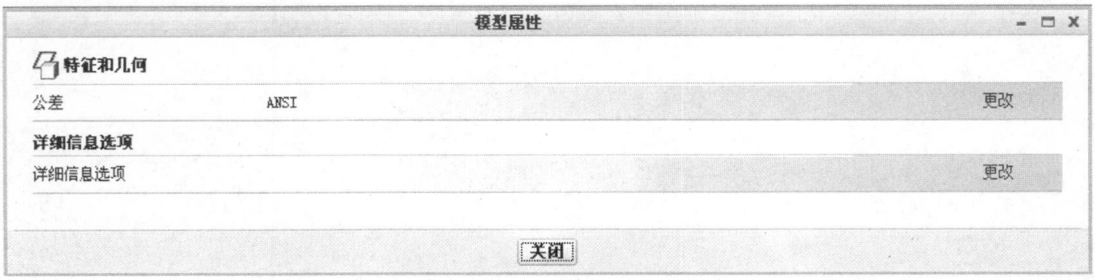

图 11-1 【图形属性】对话框

常用的一些环境变量以及其设定值如表 11-1 所示。

表 11-1　工程图环境变量举例

环 境 变 量	设 置 值	含 义
drawing_text_height	3.500 000	工程图中的文字字高
text_thickness	0.00	文字笔画宽度
text_width_factor	0.8	文字宽高比

续表

环 境 变 量	设 置 值	含　　义
projection_type	FIRST_ANGLE	投影分角为第三/第一角视角，国标采用第一分角 FIRST_ANGLE
tol_display	YES/NO	显示/不显示公差
drawing_units	Inch/mm/cm/m	设置所有绘图参数的单位

图 11-2 【选项】对话框

11.1.2 工程图配置文件的调用

工程图配置需要正确调用才能生效，这需要在 config.pro 文件中设置选项“drawing_setup_file”值指定到工程图配置文件，如“D:/gongchengtu/cns_cn.dtl”。

利用上述方法，在启动系统时，加载 config.pro 的同时也加载了其中指定的.dtl 文件。当启动时找不到 config.pro，或 config.pro 中未指定 dtl 文件，或 config.pro 中指定的.dtl 不存在时，系统自动使用 Creo Parametric 安装目录中“text”文件夹下的 prodetail.dtl 中的工程图环境变量的设置。

系统提供了几种工程图标注选择，如 JIS、ISO、DIN 等，其相关参数分别放在 Creo Parametrc 安装目录中 text 文件夹下的***.dtl 文件里。常用的.dtl 后缀的配置文件及其对应关系如下。

- cns_cn.dtl——中国大陆标准的配置文件。
- cns_tw.dtl——中国台湾标准的配置文件。
- din.dtl——德国标准的配置文件。
- jis.dtl——日本标准的配置文件。
- iso.dtl——国际标准的配置文件。

一般选择 cns_cn.dtl 文件作为建立配置文件的模板，因为此标准比较符合国家标准，只要稍作修改就可以使用。

11.1.3　图纸的设置

创建工程图首先要选取相应的图纸格式，系统提供了两种形式的图纸格式，即系统定义的图纸格式和用户自定义的图纸格式。系统定义的图纸格式在介绍视图生成时详细讲解，这里仅介绍用户自定义的图纸格式。

下面介绍创建一个 A3 幅面图纸模板，具体步骤如下。

（1）在【新建】对话框中的【类型】区域内选择【格式】单选按钮，在【名称】编辑框中输入文件名称，如“GB_A3”，如图 11-3 所示，单击【确定】按钮，打开【新格式】对话框，如图 11-4 所示。

（2）设置图纸空间属性。在【新格式】对话框的【指定模板】区域中选择【空】单选按钮，在【方向】区域内单击【横向】按钮，设置图纸为水平放置，单击【大小】区域内的【标准大小】下拉列表框，在弹出的下拉列表中选择 A3 选项，如图 11-4 所示，单击【确定】按钮，进入图纸模板设计模式，此时图纸模式下只有图纸的边界线（420×297），在此基础上可以绘制工程图的边框。

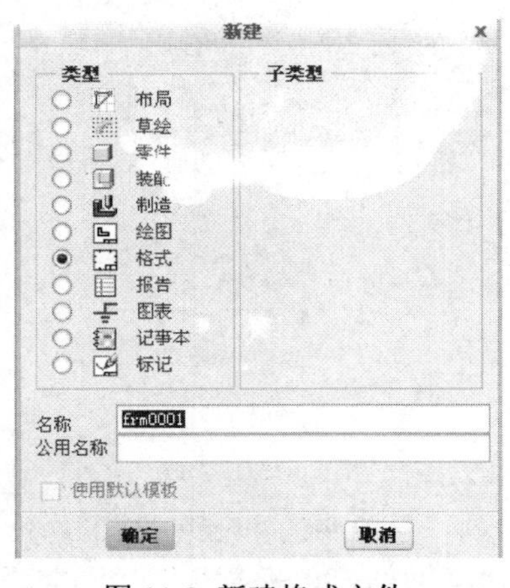

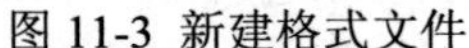
图 11-3 新建格式文件

图 11-4 【新格式】对话框

（3）在【草绘】工具栏中，单击画【线】按钮╲，绘制工程图的边框。国标工程图 A3 边框线为左端装订需要，边框线距离图纸边线 25 mm，其余 3 边均距离图纸边线 5mm，即形成一个 390×287 的矩形绘图框。

（4）单击【表】命令按钮绘制标题栏。在矩形绘图框右下角绘制一个标准的标题栏，用户根据需要加入标题栏详细内容。完成后的图纸模板如图 11-5 所示。

（5）选择【文件】/【保存】命令保存生成的图纸模板。以后绘制工程图时就可直接调用此图纸模板。

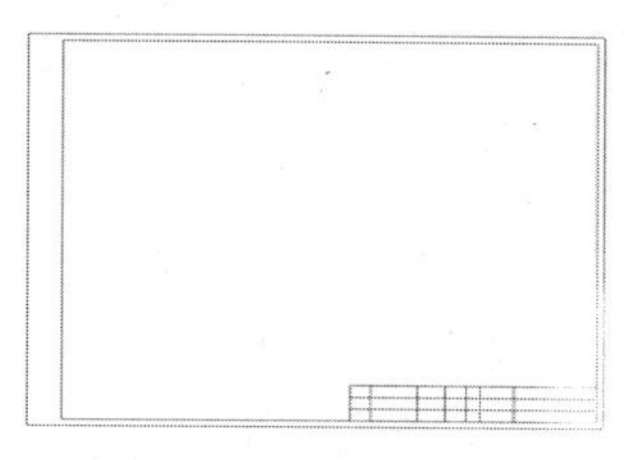

图 11-5　完成的图纸模板

11.2　新建工程图

选择【文件】/【新建】命令，或在工具栏中单击按钮，打开【新建】对话框，选取【绘图】单选按钮，禁用【使用缺省模板】复选框，在名称后的文本框输入文件名，如图 11-6 所示。单击【确定】按钮后，打开【新建绘图】对话框，如图 11-7 所示。在【新建绘图】对话框中可以选择零件模型和模板类型，单击【确定】按钮，进入工程图环境，如图 11-8 所示。

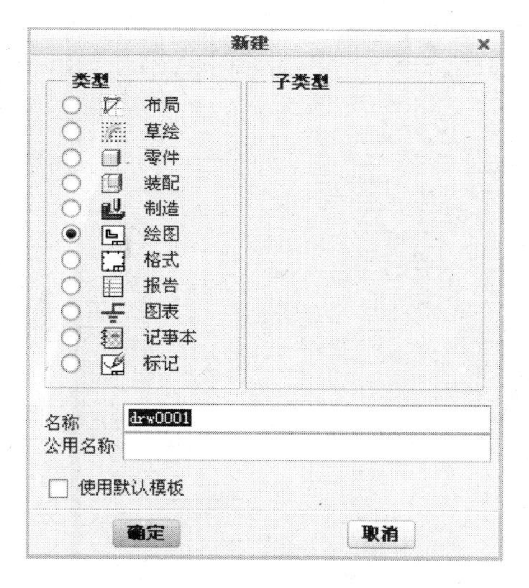

图 11-6　【新建】对话框

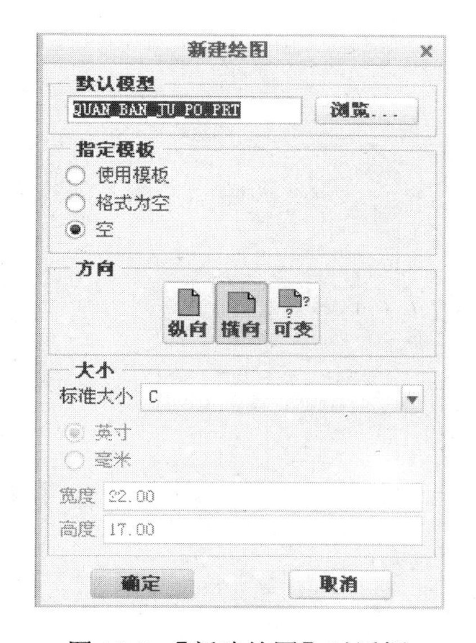

图 11-7　【新建绘图】对话框

系统提供了三种工程图模板，即“使用模板”、“格式为空”及“空”。当选择“使用模板”创建工程图时，需要在【新建绘图】对话框中选择模板类型，如图 11-9 所示。单击【确定】按钮后系统自动生成三视图、图框，如图 11-10 所示。当选择“格式为空”创建工程图时，需要在【新建绘图】对话框中单击【浏览】按钮，在【打开】对话框中选择模板文件，如图 11-11 所示。单击【打开】按钮后，单击【新建绘图】对话框中【确定】按钮后系统自动生成标题栏及图框，但不创建视图。当选择“空”创建工程图时，如图 11-12 所示，可以在【新建绘图】对话框中选择【标准大小】列表框中选择标准尺寸图纸，也可以单击【可变】按钮，自定义图纸尺寸。在【新建绘图】对话框中【确定】按钮后系统自动创建图框，但不创建视图及标题栏。

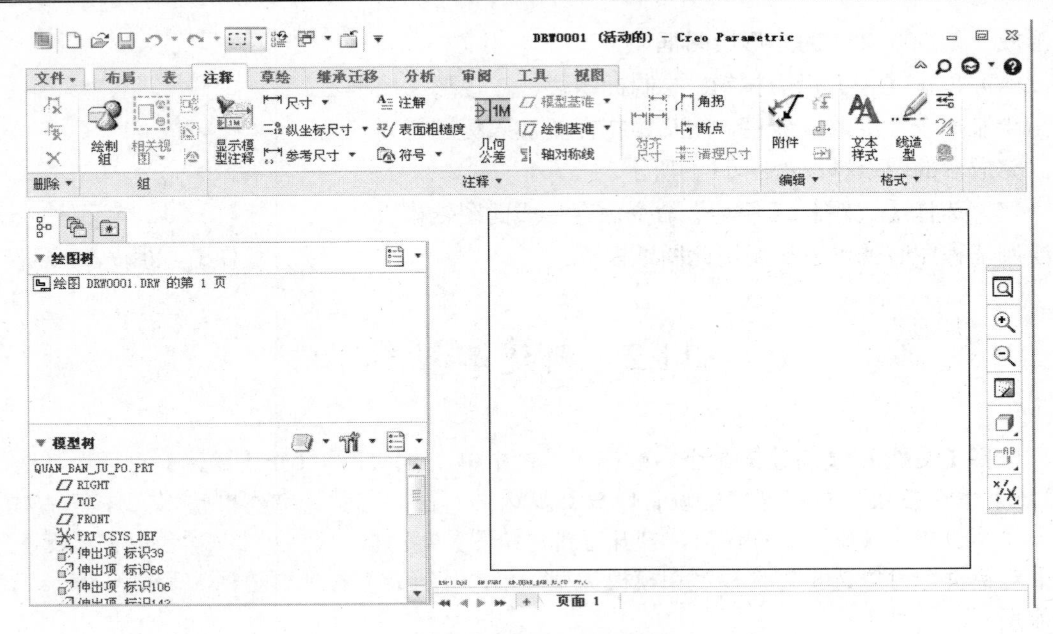

图 11-8 使用模板创建工程图

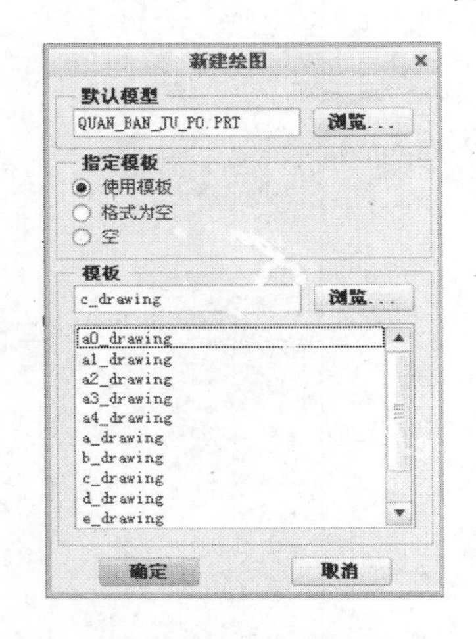

图 11-9 选择模板

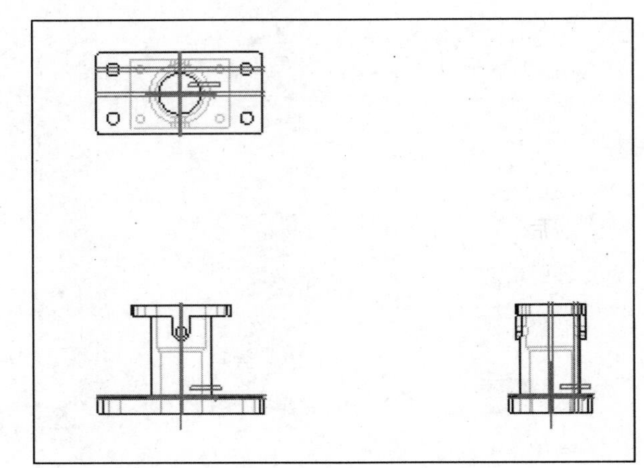

图 11-10 三视图

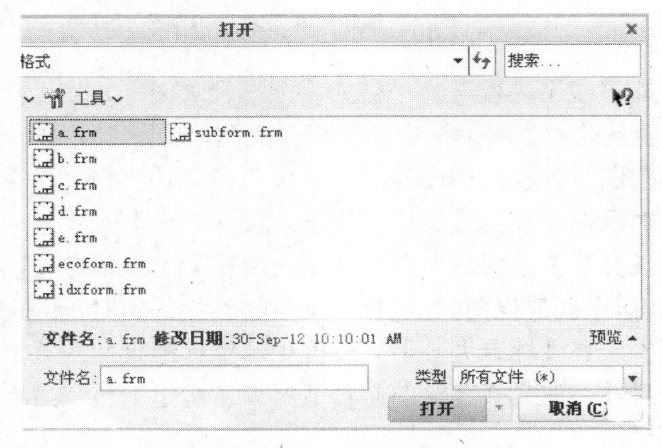

图 11-11 选择模板文件

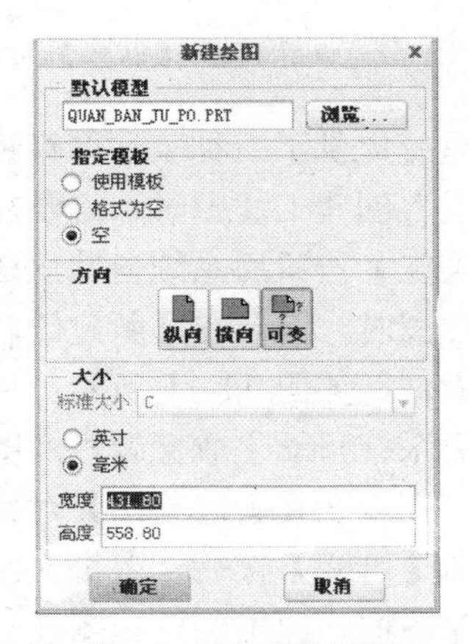

图 11-12 “空”模板

11.3　工程图视图

本节将介绍一般视图、投影视图等基本视图及 3D 剖面视图等高级视图的创建方法，以及常用的视图编辑方法。

11.3.1　创建基本视图

下面介绍模型的一般视图、投影视图、辅助视图和详细视图等的创建方法。

1. 视图

不使用模板或者使用空模板建立视图时，首先要创建一般视图，一般视图是其他视图的父视图。一般视图的创建过程可以分为三个步骤，即确定视图的放置位置、确定视图方向和视图设置。

（1）确定视图放置位置。

新建工程图文件时，应在【新建绘图】对话框中指定零件的模型文件、指定模板为“空”、选择图纸方向和图纸大小，然后单击【确定】按钮进入工程图环境，在工程图环境中单击按钮，在打开的【选择组合状态】对话框中单击【确定】按钮，然后用鼠标左键在图纸中指定视图的中点，即可确定视图的放置位置。

（2）确定视图方向。

放置视图后，系统打开【绘图视图】对话框，如图 11-13 所示，通过该对话框确定一般视图的投影方向。

在【视图方向】栏中有三种方式确定视图方向。

- ❑ 查看来自模型的名称：通过选择 FRONT、LEFT 等确定投影方向，如图 11-14 所示。

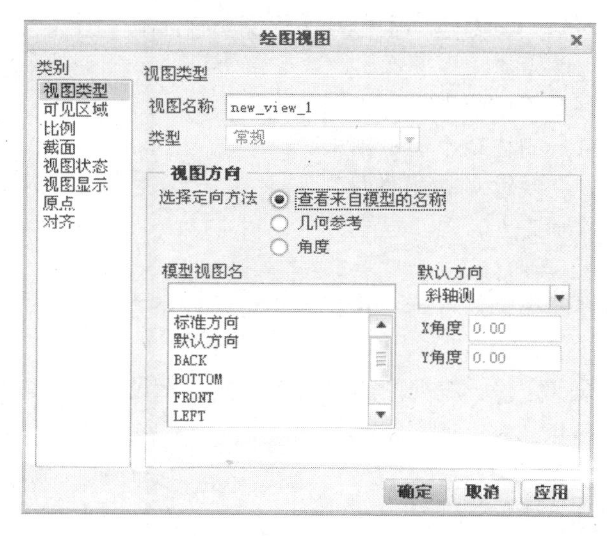

图 11-13　绘图视图对话框

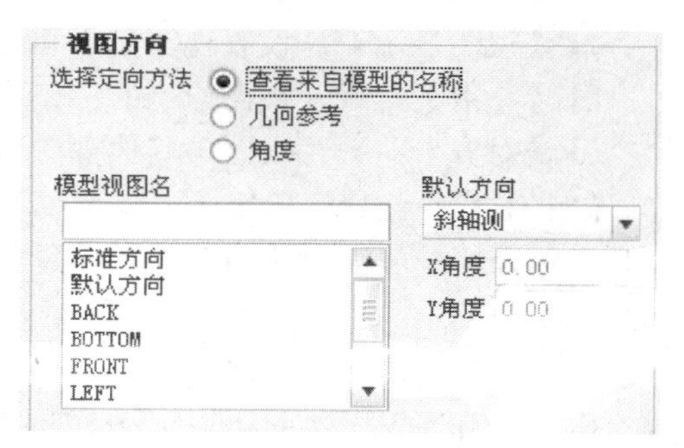

图 11-14 查看来自模型的名称定向

- ❑ 几何参考：在模型上选择平面定义投影方向，在【参考】列表框中定义所选面的方向，如图 11-15 所示，需要定义两个几何参考。
- ❑ 角度：在【旋转参考】列表框中选择参考，在【角度值】文本框中输入角度值定义投影方向，如图 11-16 所示。

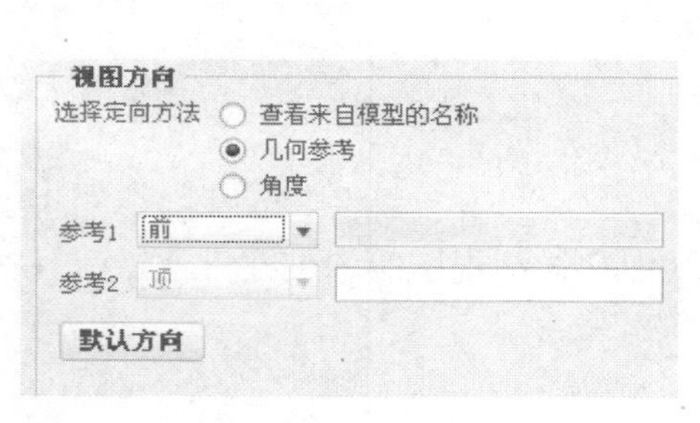

图 11-15 几何参考定向

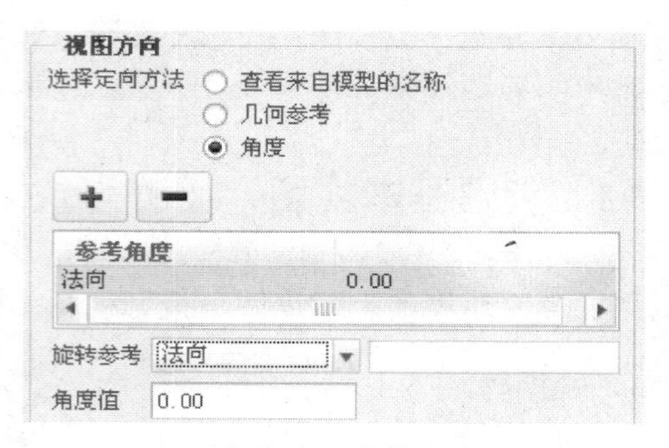

图 11-16 角度定向

（3）视图设置。

在【绘图视图】对话框中可以对视图进行一些相关设置。

- ❑【视图类型】：设置视图类型、视图名及有关视图属性等。常见的视图类型有【一般】视图、【投影】视图、【详细】视图、【辅助】视图和【旋转】视图等。
- ❑【可见区域】：设置视图的可见性，有【全视图】、【半视图】、【局部视图】、【破断视图】四种。
- ❑【比例】：指定视图的比例或创建透视视图。有【页面的默认比例】、【定制比例】和【透视图】三种。【页面的缺省比例】位于工程图框下面的注释中，在创建某个视图时，系统自动对所创建的视图施加这个比例，即按该比例缩放视图。【定制比例】单独设置某个视图的比例，位于某个工程图下面的注释中。它独立于全局，修改工程图的【页面的缺省比例】值时，带有单独视图比例的视图不变化。【透视图】用于创建透视视图。
- ❑【截面】：指定视图中是否有剖切面。有【无截面】、【2D 横截面】、【3D 横截面】和【单个零件曲面】四种。但指定【2D 截面】时，【模型边可见性】有【全部】、【区域】两种。
- ❑【全部】：除剖面的实体部分外，背景的边线也显示出来。
- ❑【区域】：只画出剖面实体部分，背景的边线不显示出来。
- ❑【视图状态】：设置视图分解状态，主要针对装配图而言。
- ❑【视图显示】：设置视图显示和边显示。
- ❑【原点】：设置视图原点的位置。
- ❑【对齐】：设置视图与其他视图对齐。撤销对齐后，投影视图可沿任意方向移动。

【例 11-1】 创建一般视图

本例介绍一般视图的创建过程，其中重点介绍一般视图的定向及视图显示设置操作。

设计过程

（1）打开光盘下“example/start/Ch11/11_1.drw”文件。

（2）新建绘图文件，选择模板格式为“空”，进入工程图环境。

（3）单击按钮，在打开的【选择组合状态】对话框中单击【确定】按钮，然后用鼠标左键在图纸中指定视图的中点，确定视图的放置位置。

（4）选择几何参考定向方式，选择图 11-17 所示平面确定方向。

（5）双击【绘图视图】对话框中的【视图显示】，在打开的对话框中将【显示样式】设置为【消隐】。

（6）单击【绘图视图】对话框中的【确定】按钮，完成一般视图创建，如图 11-18 所示。

图 11-17 选择方向参照

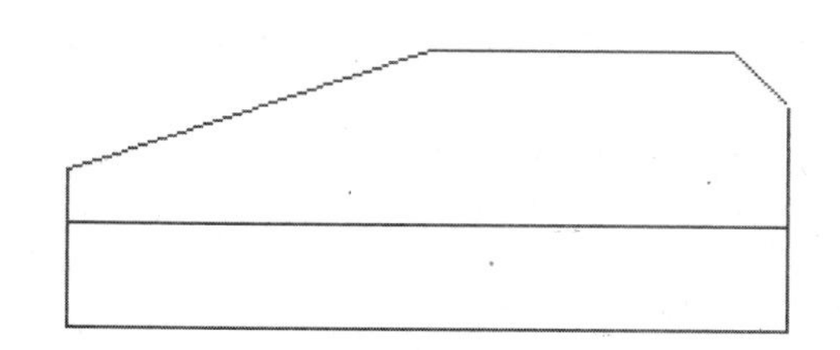

图 11-18 一般视图

2. 创建投影视图

投影视图是由一般视图或其他投影视图按照一定的投影方向产生的视图。系统能根据用户给定的视图放置位置自动投影出各种视图，并且自动调整投影视图的位置。

（1）添加投影视图。

添加投影视图就是以现有视图为父视图，以水平或垂直视角方向为投影方向创建视图。

首先选择父视图，然后在工具栏中单击按钮 投影(P)...，然后单击父视图的上、下、左、右四侧，则投影视图自动生成，如图 11-19 所示。

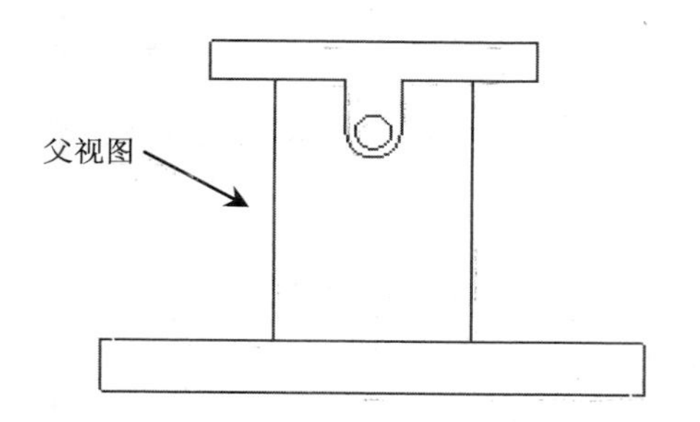

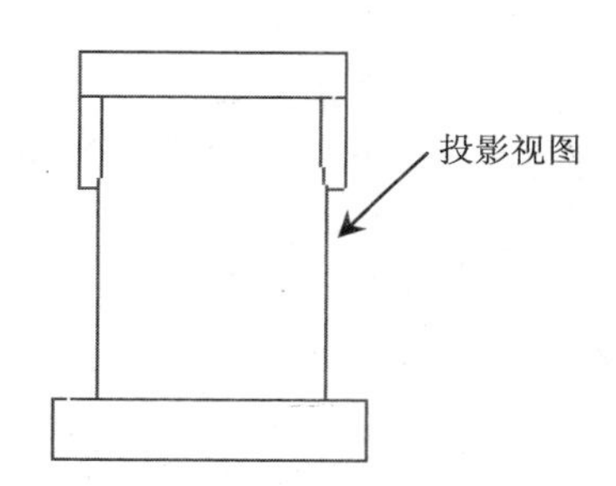

图 11-19 投影视图

（2）移动投影视图。

投影视图自动与父视图对齐。默认情况下，投影视图只能沿一定方向移动。

- 在投影方向上移动视图。右击需要移动的投影视图，在右键菜单中取消【锁定视图移动】选项，然后单击并拖动视图，即可投影方向上移动视图。
- 任意方向移动视图。任意移动视图时，视图可以随鼠标的拖动在任意方向上移动。双击需要移动的投影视图，在打开的【绘图视图】对话框中选择【对齐】选项，然后取消【将此视图与其他视图对齐】复选框，单击【确定】按钮，就可以把投影视图移动到绘图页面中的任意位置，如图 11-20 所示。

3．创建辅助视图

辅助视图是一种特殊的投影视图，是以选定的曲面或轴为参照，在垂直于参照的方向上投影所生成的视图，并且所选的参照必须垂直于屏幕平面。

首先生成零件的一般视图或投影视图，在工具栏中单击【辅助视图】按钮 辅助(A)...，在绘图区域中选取边、轴、基准平面或曲面为投影参照，然后在适当位置单击，系统将自动在该位置创建零件的一个辅助视图，如图 11-21 所示。

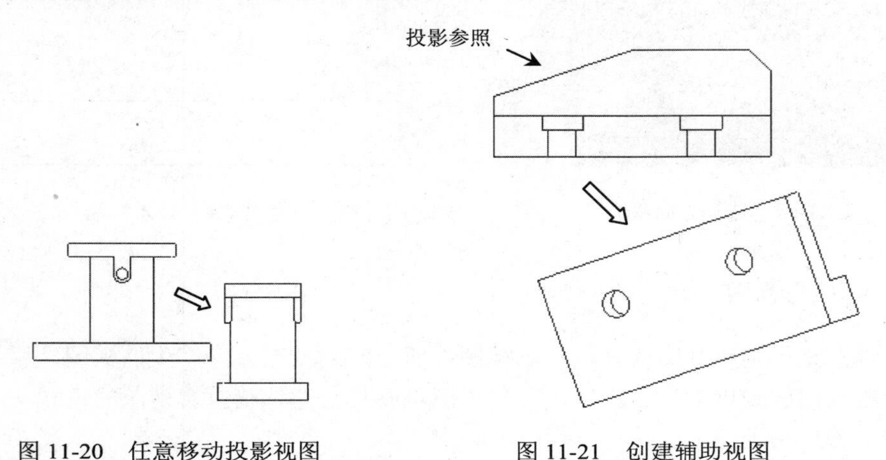

图 11-20　任意移动投影视图　　　　图 11-21　创建辅助视图

4．创建详细视图

详细视图也叫局部放大图。当模型上某些细小结构在视图中表达得不够清楚，或者不便于标注尺寸时，可以利用详细视图以大于原图的比例画出这些结构。

（1）创建详细视图。

在 Creo Parametric 中创建详细视图时，主要包括 3 个步骤，即指定放大位置点，确定放大区域和放置详细视图。

创建零件的视图后，在工具栏中点击【详细视图】按钮 详细(D)...，在视图中需要放大的区域单击，确定放大位置点，然后围绕该点绘制封闭样条曲线，确定放大区域，最后在图中的适当位置单击确定详细视图的放置位置，完成详细视图的绘制，如图 11-22 所示。

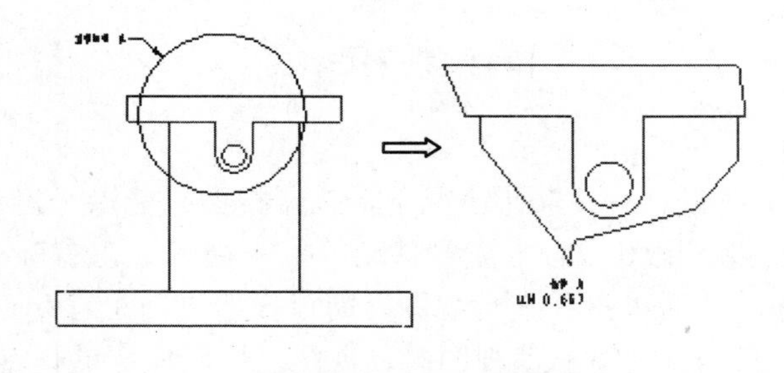

图 11-22　创建详细视图

（2）调整放大边界类型。

在创建详细视图时，绘制的样条曲线可定义详细视图放大区域的形状。在父视图上，放大区域的边界形状不仅能够由样条曲线确定，而且可以根据需要进行调整。

双击详细视图，打开【绘图视图】对话框。从【父项视图上的边界类型】下拉列表中选取所需要的选项，然后单击【确定】按钮，完成父视图上的边界形状调整，如图 11-23 所示。【父项视图上的边界类型】下拉列表中选项主要包括圆、椭圆、水平垂直椭圆、样条及 ASME94 圆 5 种绘制形式。

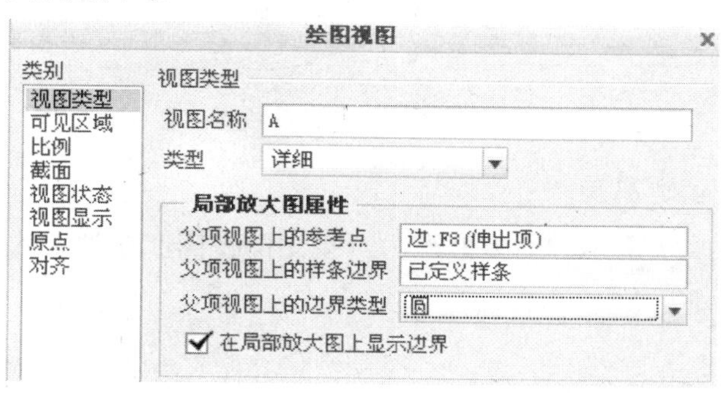

图 11-23　调整父视图上的边界类型

（3）调整视图比例。

在绘图区中双击详细视图，打开【绘图视图】对话框。选择【比例】选项后，选择【定制比例】单选按钮，然后输入要放大的比例，最后单击【确定】按钮，完成比例调整。

5．创建旋转视图

在工具栏中单击【旋转视图】按钮 旋转(R)... ，然后依次选取用于创建旋转视图的父视图和视图中点，打开【绘图视图】对话框，如图 11-24 所示，在【横截面】列表框中选择【创建新...】，系统弹出【剖截面创建】菜单管理器，如图 11-25 所示。在菜单管理器中，依次选择【平面】/【单一】/【完成】选项，并在信息栏中为创建的截面指定名称，然后在父视图中选择作为旋转剖面的基准平面。单击【绘图视图】对话框上的【确定】按钮，完成旋转视图的创建，结果如图 11-26 所示。

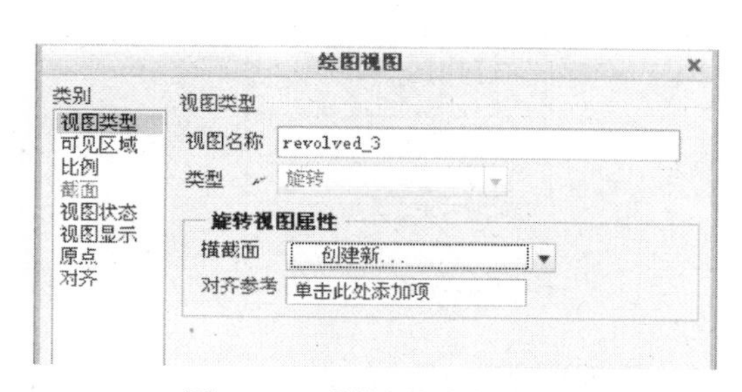

图 11-24　【绘图视图】对话框

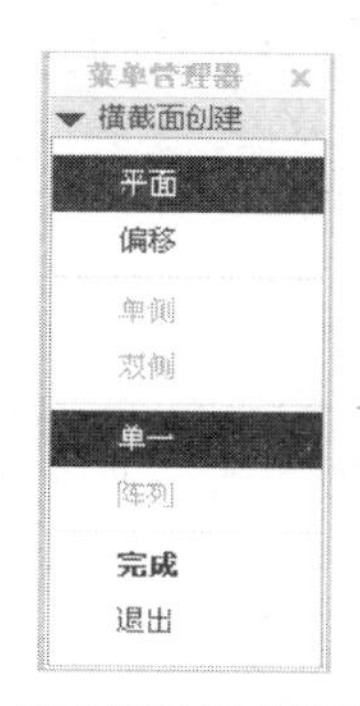

图 11-25　【剖截面创建】菜单管理器

6．创建剖视图

创建剖视图时，可以在零件或组件模式中创建一个剖切面，或者在视图中添加剖切面，也可以将基准面作为剖切面。能够创建的剖视图包括全剖视图、半剖视图及局部剖视图三种类型。

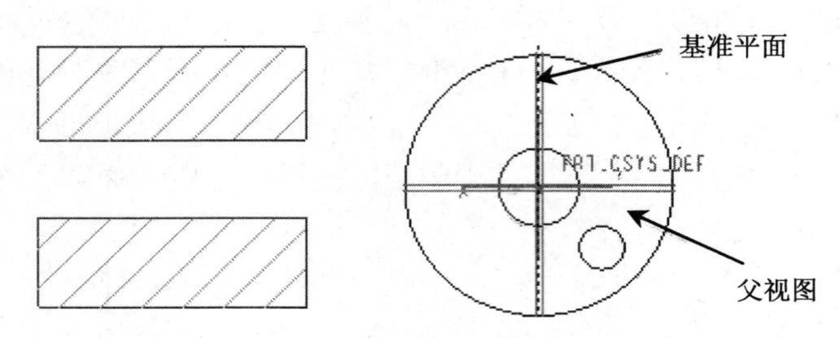

图 11-26　创建旋转视图

创建全剖视图的步骤如下。

（1）双击如图 11-27 所示的需要修改为剖视图的视图，在弹出的【绘图视图】对话框中选择【截面】选项。

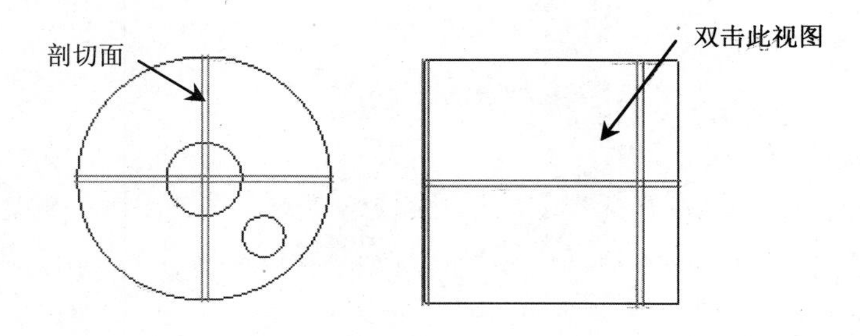

图 11-27　选择视图

（2）在【绘图视图】对话框中选中【2D 横截面】单选按钮，单击+按钮，然后在【剖切区域】下拉列表框里可以选择“全剖”。

（3）在如图 11-25 所示的菜单管理器中选择【平面】/【单一】/【完成】选项。

（4）在信息栏中输入截面名称。

（5）选择如图 11-27 所示的剖切面。

（6）完成全剖视图的创建，如图 11-28 所示。

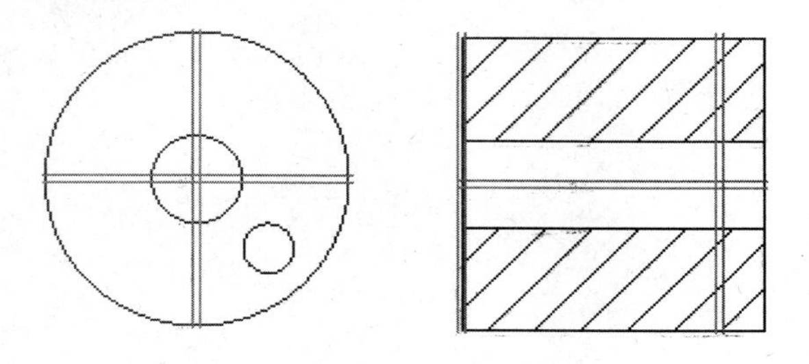

图 11-28　剖视图创建结果

创建半剖视图的步骤如下。

（1）双击如图 11-29 所示的需要修改为剖视图的视图，在弹出的【绘图视图】对话框中选择【截面】选项。

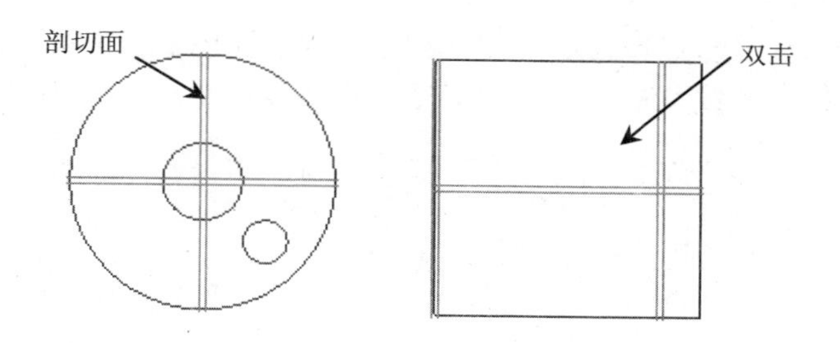

图 11-29　选择视图

（2）在【绘图视图】对话框中选中【2D 横截面】单选按钮，在【剖切区域】下拉列表框里可以选择“半剖”，然后单击按钮。

（3）在如图 11-25 所示的菜单管理器中选择【平面】/【单一】/【完成】选项。

（4）选择剖切平面，如图 11-29 所示。

（5）在信息栏中输入截面名称。

（6）为剖视图选择如图 11-30 所示参考平面，通过【绘图视图】对话框中的按钮切换视图的剖切部分。

（7）完成半剖视图的创建，如图 11-31 所示。

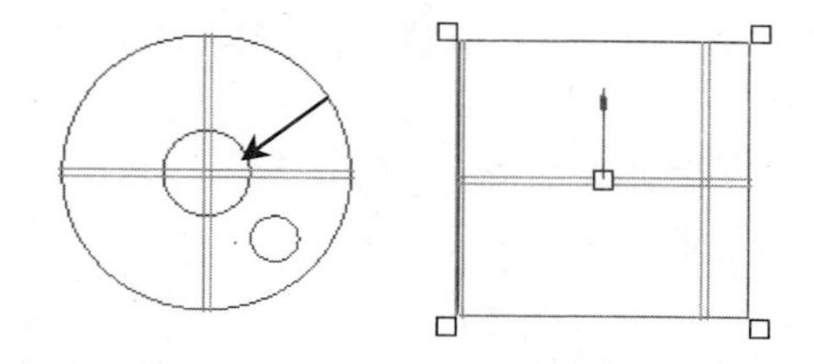

图 11-30　选择参考平面

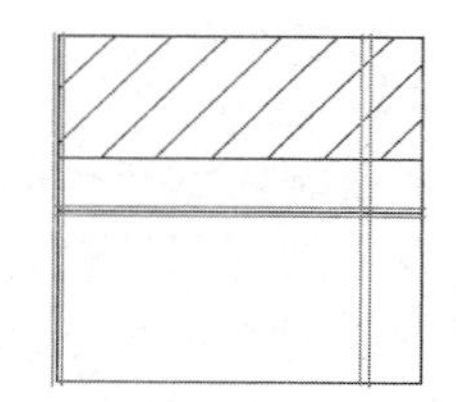

图 11-31　半剖视图创建结果

创建局部剖视图步骤如下。

（1）双击如图 11-32 所示的需要修改为剖视图的视图，在弹出的【绘图视图】对话框中选择【截面】选项。

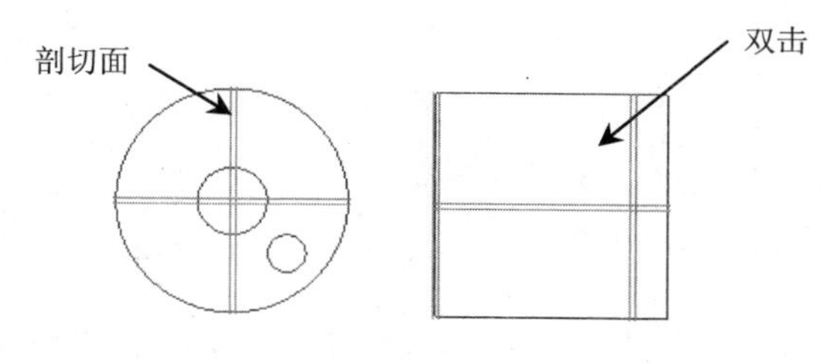

图 11-32　选择视图

（2）在【绘图视图】对话框中选中【2D 横截面】单选按钮，在【剖切区域】下拉列表框里可以选择“局部”，然后单击按钮。

（3）在如图 11-25 所示的菜单管理器中选择【平面】/【单一】/【完成】选项。

（4）选择剖切平面，如图 11-32 所示。

（5）在信息栏中输入截面名称。

（6）在轮廓线上选择一点作为局部剖视图中心点，如图 11-33 所示。

（7）绘制封闭样条曲线，单击鼠标中键结束样条线绘制，如图 11-34 所示。

（8）完成局部剖视图的创建，如图 11-35 所示。

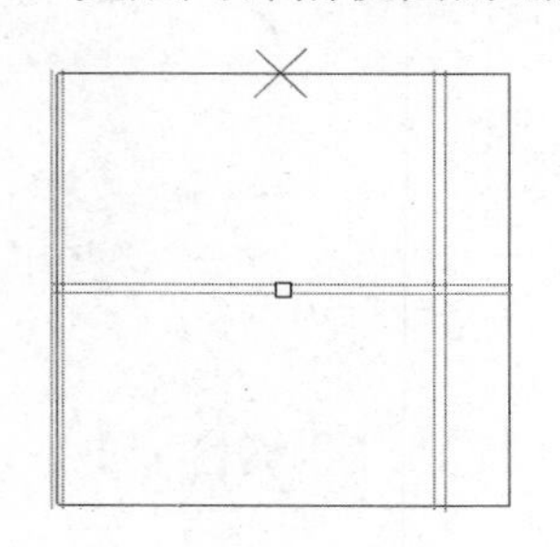

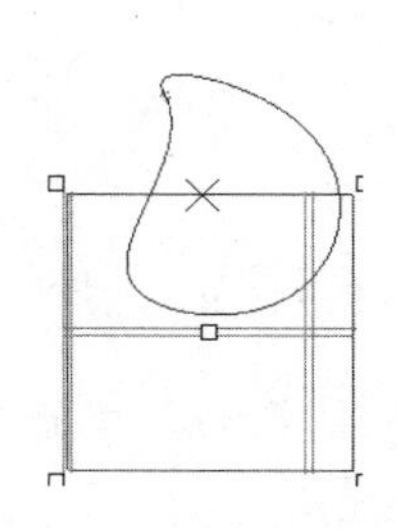

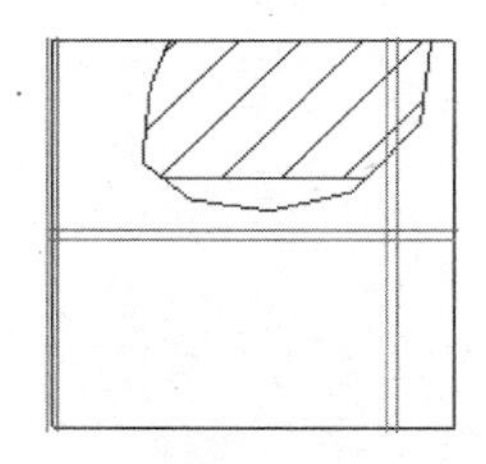

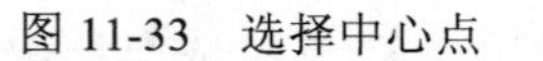

图 11-33　选择中心点　　图 11-34　绘制封闭样条线　　图 11-35　局部剖视图

7．视图的可见区域

视图根据可见区域分为全视图、半视图、局部视图和破断图 4 种。系统默认的视图可见区域为全视图，下面主要介绍半视图、局部视图和破断图的创建方法。

半视图创建过程如下。

（1）双击如图 11-36 所示的需要修改为半视图的视图，选择【绘图视图】/【可见区域】/【半视图】选项。

（2）根据系统提示选择如图 11-36 所示平面作为参照。

（3）完成半剖视图的创建，如图 11-37 所示。

局部视图创建过程如下。

（1）双击如图 11-38 所示的需要修改为局部视图的视图，选择【绘图视图】/【可见区域】/【局部视图】选项。

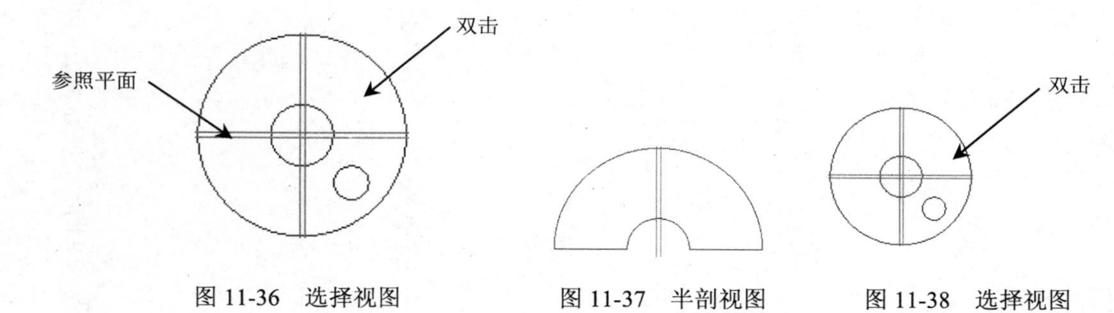

图 11-36　选择视图　　图 11-37　半剖视图　　图 11-38　选择视图

（2）在轮廓线上选择一点作为参照点，如图 11-39 所示。

（3）绘制封闭样条曲线，单击鼠标中键结束样条线绘制，如图 11-40 所示。

（4）完成局部视图的创建，如图 11-41 所示。

破断视图创建过程如下。

（1）双击需要修改为破断视图的视图，选择【绘图视图】/【可见区域】/【破断视图】选项。

（2）在【绘图视图】对话框中单击【添加断点】按钮 ✚。

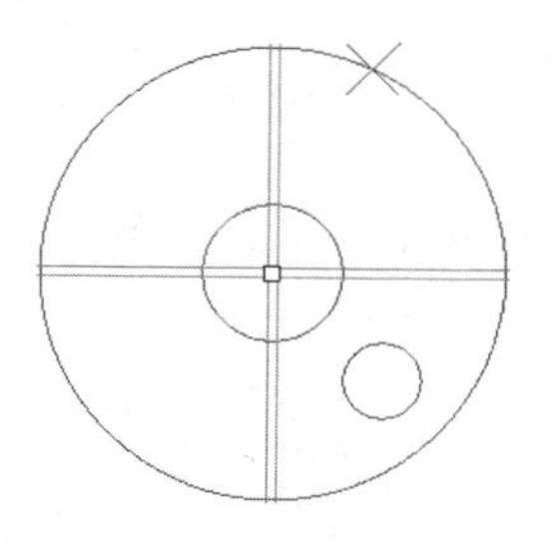

图 11-39 选择中心点

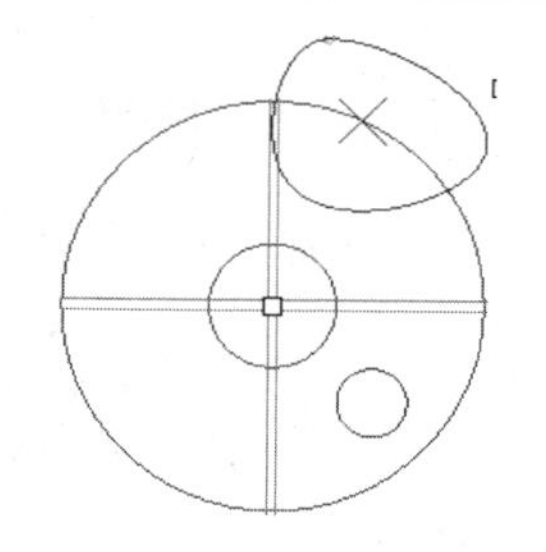

图 11-40 绘制封闭样条线

（3）单击【第一条破断线】，在轮廓线上选择一点，绘制第一条破断线。

📖 可以打开【破断线造型】下拉菜选择破断线的线型。

（4）在系统提示下绘制第二条破断线。

（5）完成破断视图的创建，如图 11-42 所示。

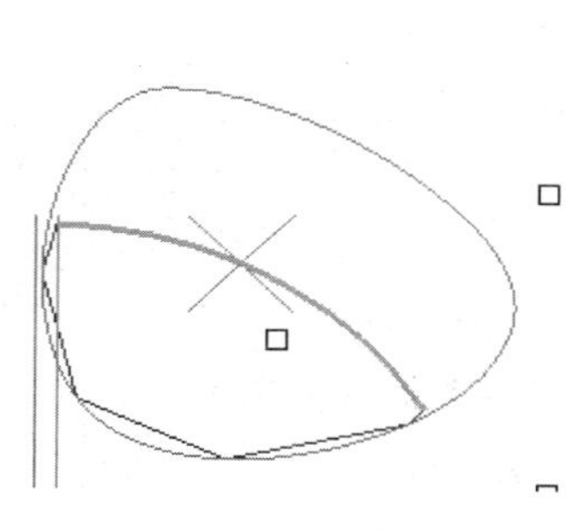

图 11-41　局部视图

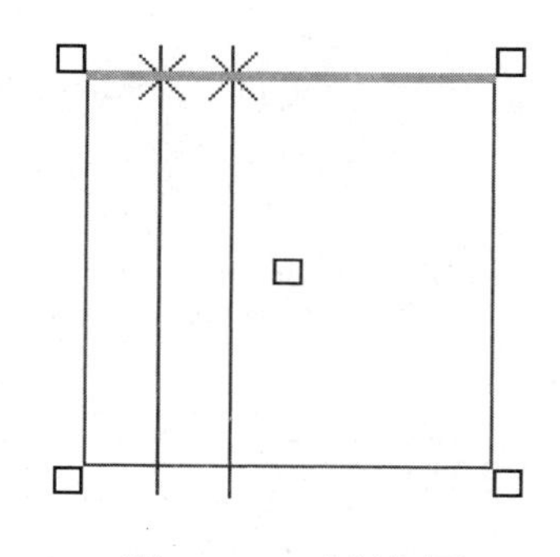

图 11-42　破断视图

11.3.2　视图编辑

在完成视图的创建后，常常需要对视图进行编辑修改，视图的编辑包括移动视图、修改视图、删除视图、拭除和恢复视图、设置视图的显示模式等。

1. 移动视图

在生成视图时，如果放置的位置不合理，可以移动视图，使视图在工程图面中合理放置。

移动视图操作过程如下。

首先选择视图，并用鼠标右键单击，稍作停顿，在弹出的快捷菜单中取消选择【锁定视图移动】命令。然后将光标移动到视图中间，单击鼠标左键移动视图到合适位置。

📖 可以将一般视图和局部视图移动到任意位置；以某一视图为基础所建立的投影视图或辅助视图，仅能沿着投影方向移动；如果移动用来建立投影或辅助视图的父视图，所有与其相关的视图将一起被移动。在视图移动过程中可按 Esc 键使视图恢复到原始位置；如果视图位置已经调整好，可启动【锁定视图移动】功能，禁止视图的移动。

2. 修改视图

双击视图或选择视图后用鼠标右键单击，稍作停顿，在弹出的快捷菜单中选择【属性】命令，弹出【绘图视图】对话框，可重新对视图类型、视图名称、视图比例、视图状态、剖截面、视图状态、视图显示和原点等进行修改。

3. 拭除与恢复视图

删除是将现有的视图从图形文件中清除掉，而拭除只是从当前界面中去除。对于前者，一旦删除操作成功，则视图将不可恢复；对于后者，从当前环境中拭除一个视图后，还可以通过相应的命令将其重新恢复。

如果要对视图进行拭除操作，首先在工具栏中单击【拭除视图】按钮 拭除视图，然后选取要拭除的视图即可。恢复视图的操作与拭除基本相同。

4. 删除视图

选取要删除的视图，然后利用键盘上的 Delete 键即可完成删除操作。当一个视图有子视图时，则系统会弹出删除确认对话框，让用户确认删除操作。

11.3.3 视图的显示模式

可以改变单个视图、边或组件成员的显示模式（隐藏线、线框、消隐）。工程图中的视图可以设置为隐藏线、线框、消隐等几种显示模式。

视图显示控制操作方法如下。

（1）选择要修改的视图，待其周围的方框变为红色，用鼠标右键单击背景稍作停顿，在弹出的快捷菜单中选择【属性】命令，弹出【绘图视图】对话框。在【类别】选项组中，选择【视图显示】选项，打开如图 11-43 所示的【绘图视图】对话框。

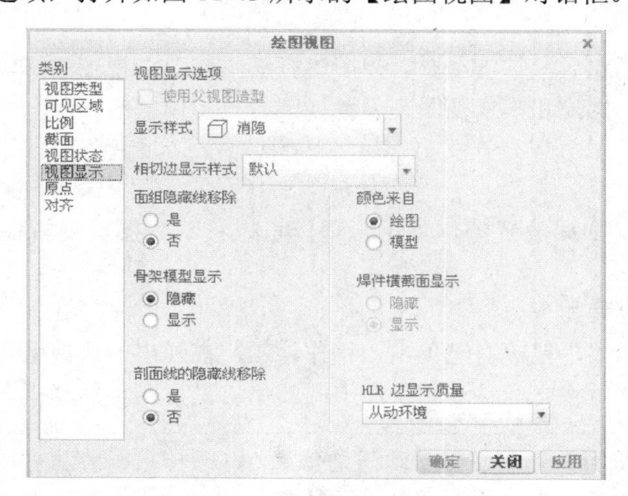

图 11-43 【绘图视图】对话框

（2）在【视图显示选项】面板中，从【显示样式】列表中选择下列选项之一：

- 【线框】：将显示模式设置为线框，视图中的所有线条均显示实线。
- 【隐藏线】：将显示模式设置为隐藏线，视图中的隐藏线显示为虚线。
- 【消隐】：将显示模式设置为消隐，视图中的隐藏线将不被显示。
- 【从动环境】：显示模式与【Creo Parametric 选项】对话框中的相应设置相同。

（3）单击【确定】按钮，系统更新所选视图的显示模式。

11.3.4　创建高级视图

1．全部展开剖面图

全部展开剖视图是根据所确定的剖切位置将剖面全部展开的一种视图。

【例 11-2】 创建全部展开剖面图

本例介绍全部展开剖视图的创建过程，其重点在于横截面的定义。

设计过程

（1）打开光盘文件“example/start/Ch11/11_2.drw”。

（2）双击视图，打开【绘图视图】对话框，选择【截面】/【2D 横截面】。

（3）单击【添加】按钮 ＋，在【名称】列表框中选择【创建新...】。

（4）在弹出菜单中选择【偏移】、【单侧】、【单一】选项，然后选择【完成】命令，如图 11-44 所示。

（5）输入截面名称。

（6）按照系统提示选择如图所示绘图平面，进入草绘环境。

在草绘环境中选择【草绘】/【参考】命令，选择如图 11-45 箭头所指对象作为草绘参考。

图 11-44 【横截面创建】菜单

图 11-45　草绘平面

（7）选择【草绘】/【线】/【线】命令，绘制如图 11-46 所示的草图，表示截面位置与形状。

（8）完成草图绘制。

（9）选择【绘图视图】对话框中的【确定】按钮，完成视图创建，如图 11-47 所示。

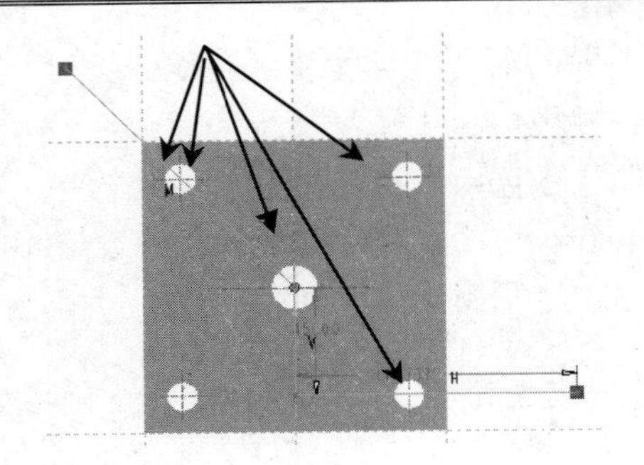

图 11-46 选择参照

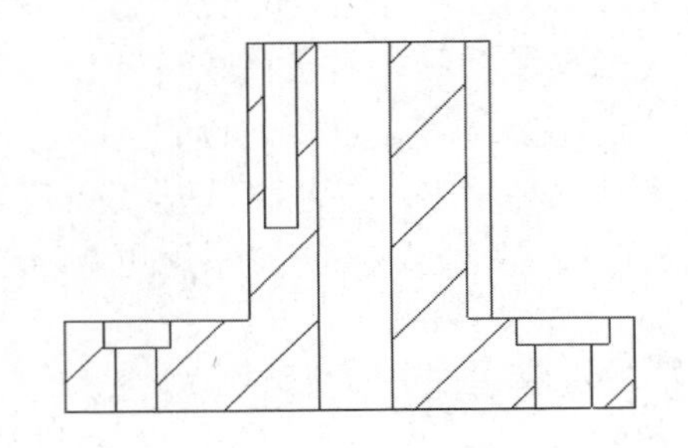

图 11-47 全部展开视图

2. 全部对齐剖面图

利用全部对其剖面图功能可以创建旋转剖视图。

【例 11-3】 创建全部对齐剖面图

本例介绍全部对齐剖视图的创建过程，其重点在于横截面与剖切位置的定义。

设计过程

（1）从光盘中打开“/example/start/Ch11/11_3.drw”文件。

（2）双击视图，打开【绘图视图】对话框，选择【截面】/【2D 横截面】。

（3）单击【添加】按钮 +，在【名称】列表框中选择【创建新...】。

（4）在弹出菜单中选择【偏移】、【单侧】、【单一】，然后选择【完成】。

（5）输入截面名称。

（6）按照系统提示选择如图 11-48 所示绘图平面，进入草绘环境。

（7）在草绘环境中选择【草绘】/【参考】命令，选择如图 11-49 箭头所指对象作为绘图参考。

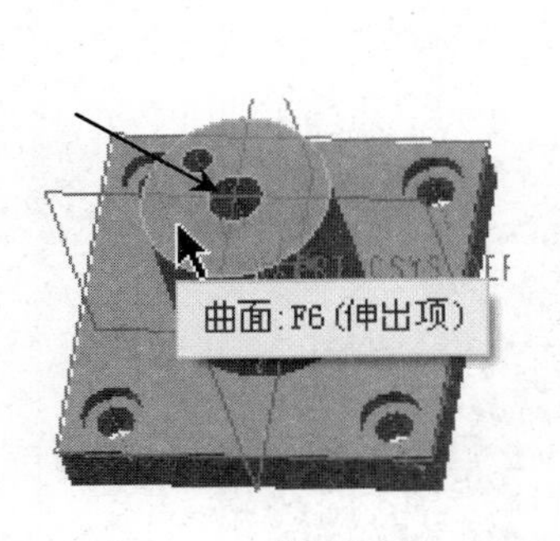

图 11-48　草绘平面

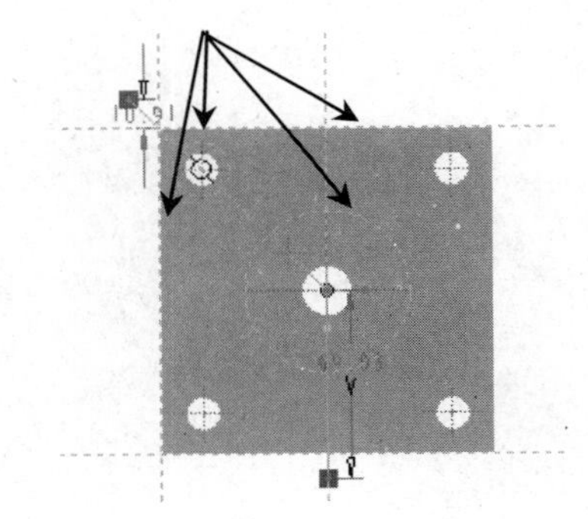

图 11-49　选择参照与绘制草图

（8）选择【草绘】/【线】、【线】命令，绘制如图 11-49 所示的草图，表示截面位置与形状。

（9）完成草图绘制。

（10）在【绘图视图】对话框的【剖切区域】列表框中选择“全部（对齐）”选项。

（11）选择如图 11-50 所示的轴线。

（12）单击【确定】按钮，完成视图创建，如图 11-51 所示。

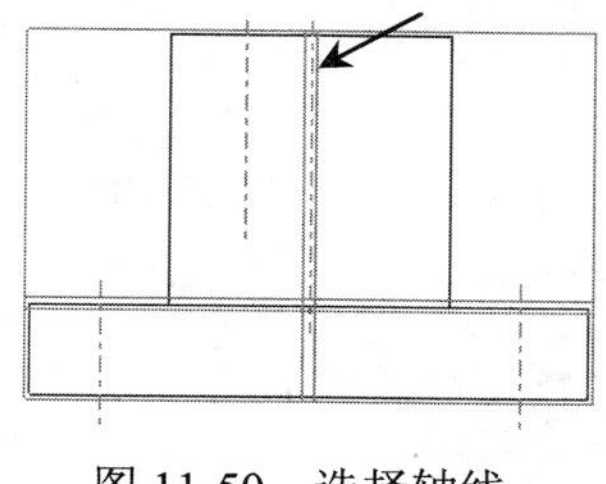

图 11-50　选择轴线

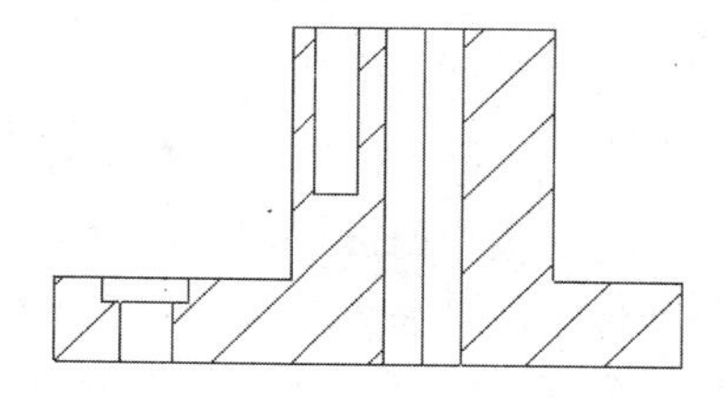

图 11-51　全部对齐剖视图

3．阶梯剖视图

通过确定剖切位置等操作创建模型的阶梯剖视图。

【例 11-4】 创建阶梯剖面图

本例介绍阶梯剖视图的创建过程，其重点在于横截面的定义。

设计过程

（1）打开光盘文件“example/start/Ch11/11_2.drw”。

（2）双击视图，打开【绘图视图】对话框，选择【截面】/【2D 横截面】命令。

（3）单击【添加】按钮 ，在【名称】列表框中选择【创建新…】命令，在剖切区域中选择【全部】命令。

（4）在弹出菜单中选择【偏移】、【单侧】、【单一】命令，然后选择【完成】命令。

（5）输入截面名称。

（6）按照系统提示选择如图 11-52 所示的绘图平面，进入草绘环境。

（7）在草绘环境中选择【草绘】/【参考】命令，选择如图 11-53 箭头所指对象作为绘图参考。

（8）选择【草绘】/【线】、【线】命令，绘制如图 11-53 所示的草图，表示截面位置与形状。

（9）完成草图绘制。

（10）单击【绘图视图】对话框中的【确定】按钮，完成视图创建，如图 11-54 所示。

图 11-52　草绘平面

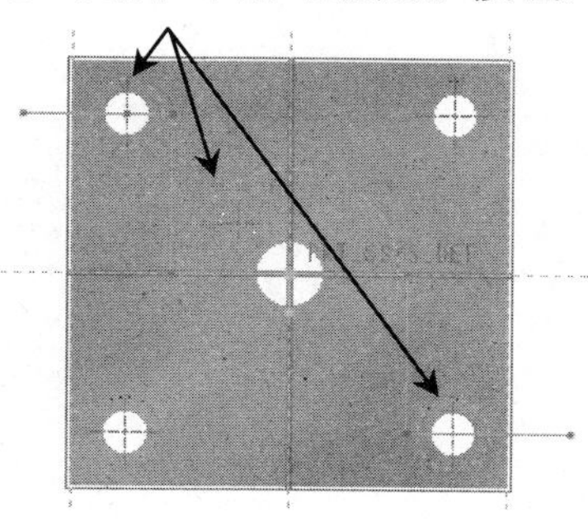

图 11-53　选择参照与绘制草图

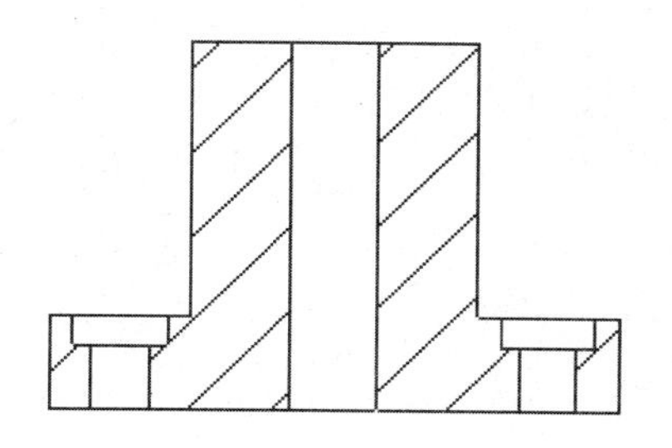

图 11-54　阶梯剖视图

4．完全&局部剖面

在 Creo Parametric 中完全&局部剖面是在完全剖视图的基础上创建的。

【例 11-5】 创建完全&局部剖面

本例介绍完全&局部剖面的创建过程，其重点在于横截面的定义。

设计过程

（1）打开光盘文件“example/start/Ch11/11_3.drw”。

（2）双击左视图，打开弹出【绘图视图】对话框，选择【截面】/【2D 横截面】命令。

（3）单击添加按钮+，在【名称】列表框中选择【创建新...】，在剖切区域中选择【全部】命令。

（4）在弹出菜单中选择【平面】、【单一】命令，然后选择【完成】命令。

（5）输入截面名称。

（6）按照系统提示选择如图 11-55 所示的平面。

（7）单击【绘图视图】对话框中的【应用】按钮，完成视图创建，如图 11-56 所示。

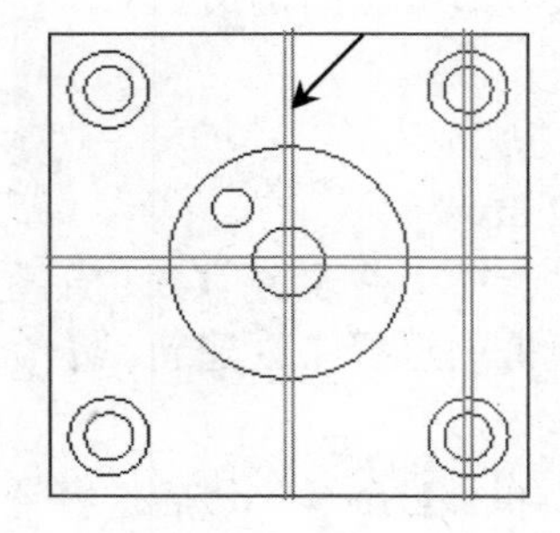

图 11-55 选择平面

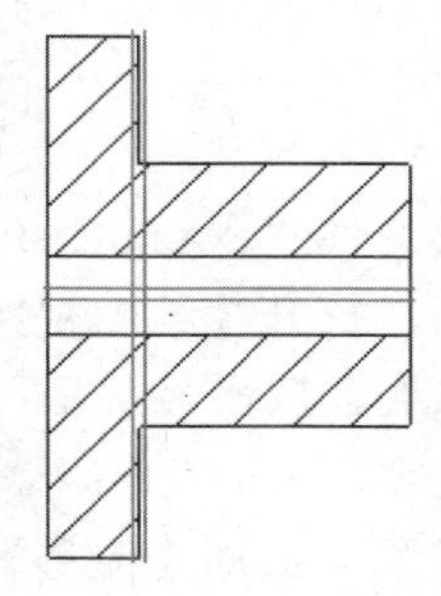

图 11-56 完全剖视图

（8）单击添加按钮+，在【名称】列表框中选择【创建新...】命令。

（9）在弹出菜单中选择【平面】、【单一】，然后选择【完成】命令。

（10）输入截面名称。

（11）按照系统提示选择如图 11-57 所示的平面。

（12）在轮廓上选择一点，并绘制封闭样条线，如图 11-58 所示。

（13）单击【绘图视图】对话框中的【确定】按钮，完成视图创建，如图 11-59 所示。

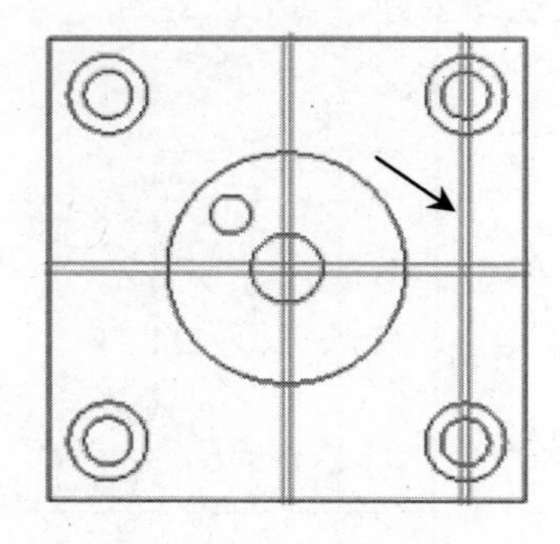

图 11-57 选择平面

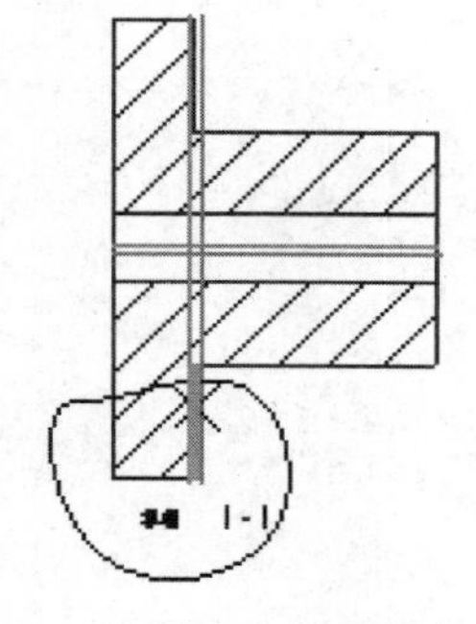

图 11-58 选择点击绘制样条曲线

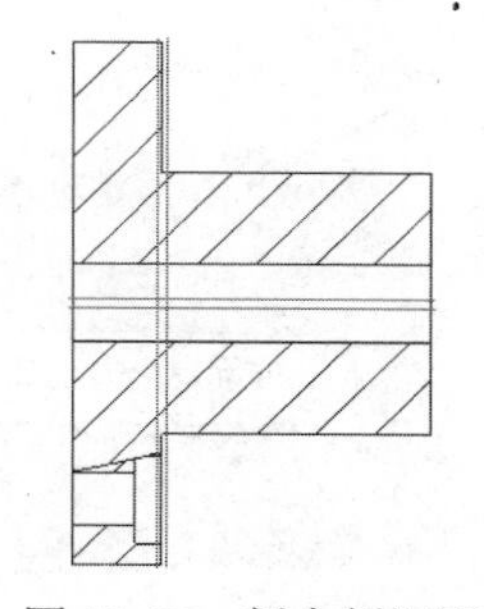

图 11-59 剖中剖视图

5．3D剖面视图

在 Creo Parametric 实体建模环境下创建了 3D 剖面后，在工程图环境下可以直接利用

3D 剖面生成剖视图。

【例 11-6】 3D 剖面视图

3D 剖面视图是在已定义 3D 横截面的基础上创建的，本例介绍 3D 剖面视图的创建过程。

设计过程

（1）从光盘打开“example/start/Ch11/11_4.drw”文件。

（2）双击视图，在打开的【绘图视图】对话框中选择【3D 横截面】。

（3）选择【确定】按钮，完成视图创建，如图 11-60 所示。

6. 复制并对齐视图

复制并对齐视图功能用于在一个局部视图中再创建局部视图。

【例 11-7】 创建复制并对齐视图

本例着重介绍复制并对齐视图的创建过程与方法。

设计过程

（1）从光盘打开文件“example/start/Ch11/11_5.drw”。

（2）单击 复制并对齐 按钮，在系统提示下，选择局部视图，如图 11-61 所示。

（3）在图面空白区域单击定义视图中心点。

（4）在系统提示下绘制封闭样条曲线，定义局部视图显示区域。

（5）选择对齐直线，如图 11-61 所示。

（6）完成视图创建，结果如图 11-62 所示。

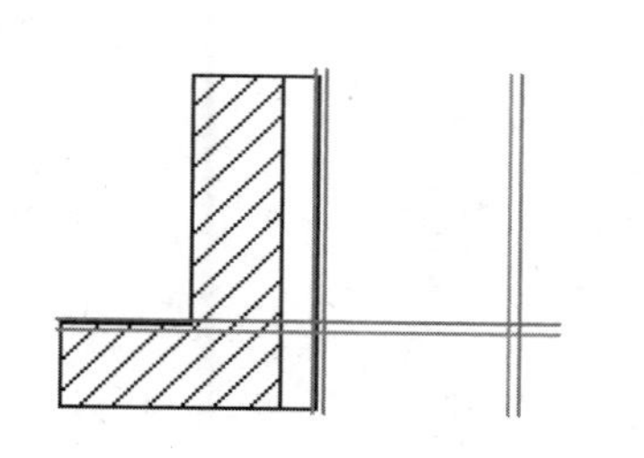

图 11-60　3D 剖面视图

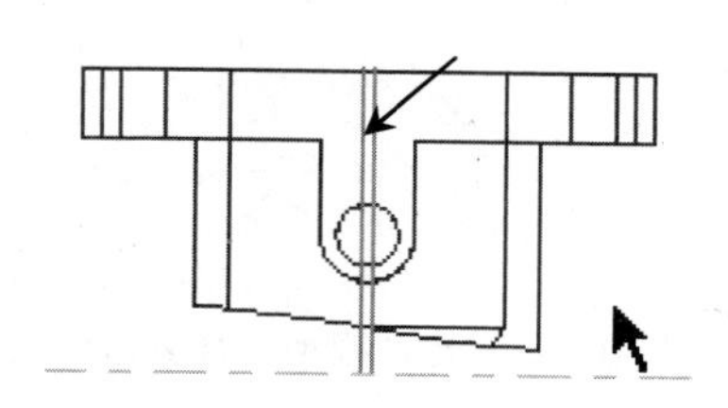

图 11-61　选择局部视图

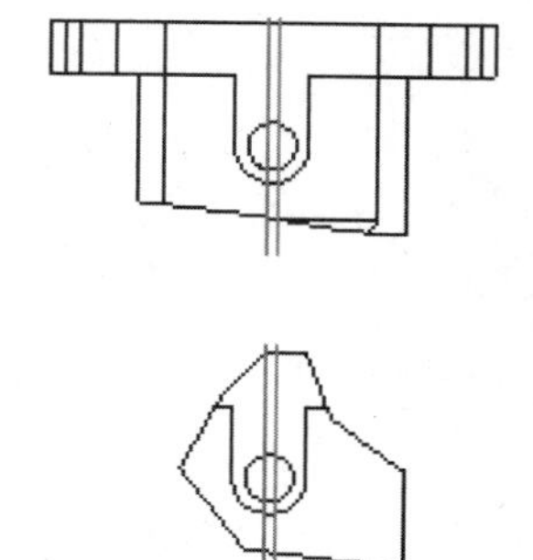

图 11-62　复制与对齐视图

11.4　尺 寸 标 注

视图创建完成后需要标注尺寸以反映模型的真实大小及零件之间的装配关系。在 Creo Parametric 中，尺寸可以利用创建特征时系统给定的尺寸和注释进行显示，也可以根据需要手动添加。

在工具栏中选择【注释】选项卡，在其中的【注释】工具栏中列出了尺寸标注、文字注释的常用工具，如图 11-63 所示。

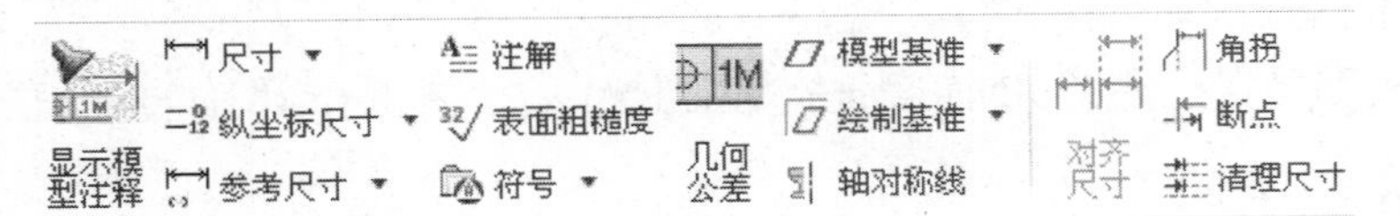

图 11-63 【注释】工具栏

11.4.1 创建被驱动尺寸

被驱动尺寸指的是在草绘或 3D 模型中所标注的尺寸，这些尺寸可以在工程图中直接创建。

单击【显示模型注释】按钮，弹出【显示模型注释】对话框，如图 11-64 所示。在该对话框中，可以对注释的类别进行选择，包括尺寸、公差、粗糙度等，而且在【类型】下拉列表框里可以选择注释的显示范围，例如对尺寸显示来说，包括全部、驱动尺寸显示选项等，方便用户对不同类型的注释进行显示与隐藏。选择好类别和类型后单击选取视图，就可以对相关尺寸进行显示或隐藏操作。被驱动尺寸与模型之间有着很强的关联性，因此，在零件模式下修改尺寸时，模型尺寸也会随之发生变化。

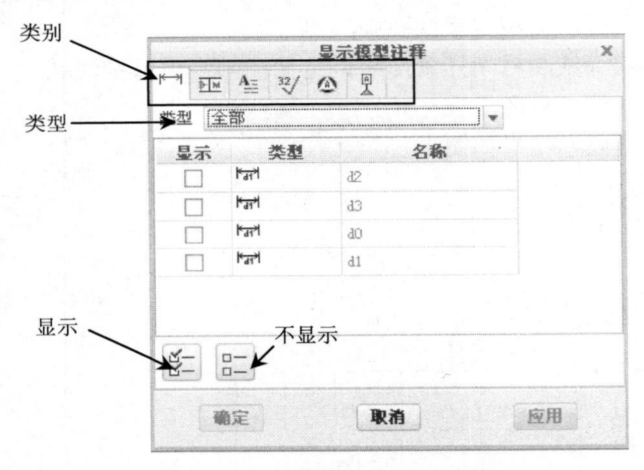

图 11-64 【显示模型注释】对话框

利用【显示模型注释】对话框，对零件的部分尺寸进行显示，实例如图 11-65 所示。

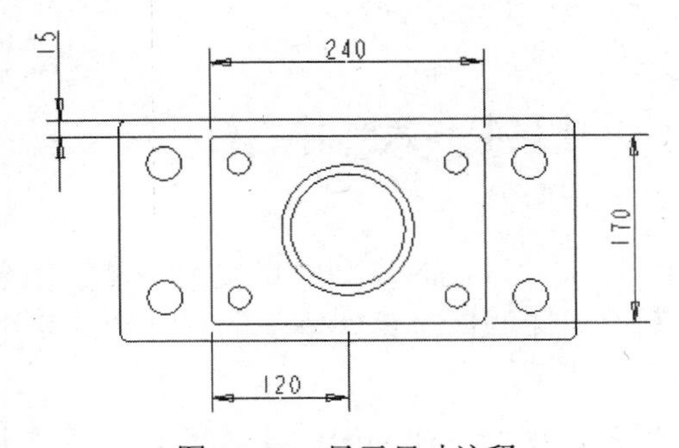

图 11-65 显示尺寸注释

11.4.2　创建草绘尺寸

系统显示的尺寸不能满足设计需要时，就需要手动添加尺寸。工程图中标注尺寸的方法与草绘模式下标注尺寸的操作方法基本相同。

1．法向尺寸标注方法

单击【注释】工具栏上的【尺寸】按钮，打开【依附类型】菜单管理器，如图 11-66 所示。选择依附类型并在视图中指定参照对象后，最后单击鼠标中键，完成标准尺寸的添加，此类尺寸与特征之间没有关联性。

菜单管理器
依附类型
图元上
在曲面上
中点
中心
求交
做线
返回

图 11-66　依附类型

【依附类型】菜单管理器中包含下列选项。

- 【图元上】：以视图中的几何图元为尺寸依附对象，为该图元添加尺寸。选择【图元上】选项后，直接选择视图中的几何图元，移动鼠标到需要的位置后单击中键，即可完成尺寸标注。
- 【在曲面上】：以视图中的曲面为依附对象，在曲面对象之间添加尺寸。选择【在曲面上】选项后，在视图中指定依附曲面对象和参照点，然后利用【弧/点类型】菜单管理器依次指定参照点类型，移动鼠标到需要的位置后单击中键，即可完成尺寸标注。
- 【中点】：以所选图元的中点为尺寸依附对象添加尺寸标注，选择【中点】选项后，在视图中指定依附中点对象，然后利用【尺寸方向】菜单管理器依次指定参照点类型，即可完成此类尺寸标注。
- 【中心】：以具有圆弧特征图元的中心点为尺寸依附对象，标注两中心点间的距离。
- 【求交】：可以在两个图元的交点之间添加尺寸标注。选择该选项后，按下 Ctrl 键依次选取图元，以确定交点。然后选择尺寸方向，移动鼠标到需要的位置后单击中键，即可完成求交尺寸标注。
- 【做线】：以绘制的参照线为依附对象添加尺寸标注。选择【做线】选项后，在打开的【做线】菜单管理器中选择做线的类型，然后在视图中绘制作为尺寸依附对象的参照线，移动鼠标到需要的位置后单击中键，完成做线标注。

> 确定依附类型并选择尺寸标注参照后，系统有时弹出如图 11-67 所示的菜单，用于确定尺寸方向。

尺寸标注实例如图 11-68 所示。

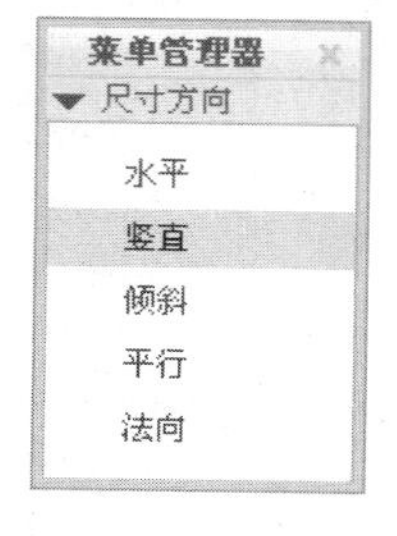

图 11-67　尺寸方向菜单

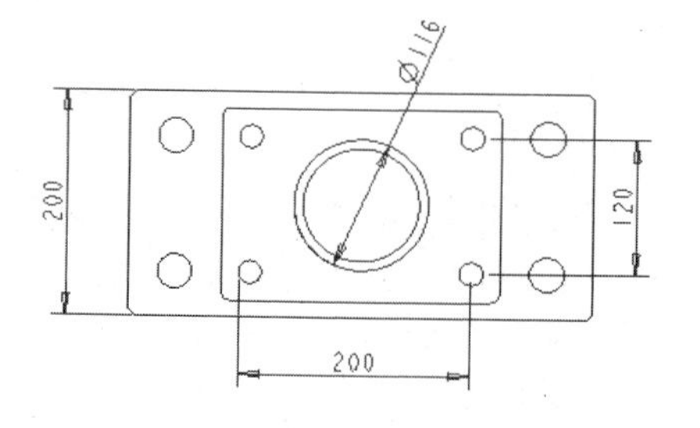

图 11-68　尺寸标注

2．参照尺寸标注

单击【参照尺寸标注】按钮，打开【依附类型】菜单管理器，接下来的操作同标注法向尺寸相同，不过参照尺寸的后面带有“参照”标识，如图 11-69 所示。

3．公共参照尺寸

单击【注释】工具栏上的尺寸 - 公共参考按钮，可以标注具有公共参照的尺寸。公共参照尺寸标注如图 11-70 所示，各尺寸具有相同的第一尺寸界限。

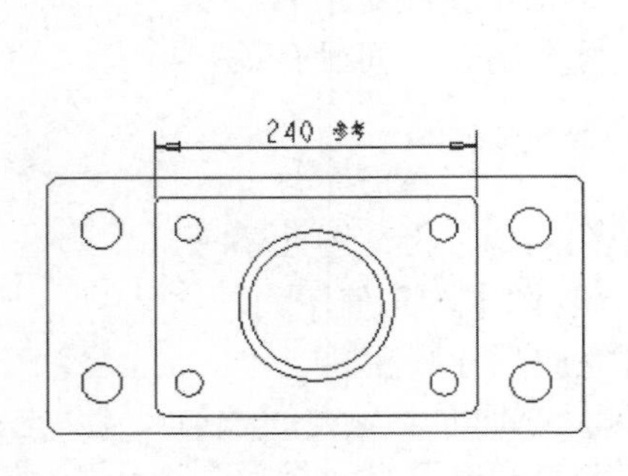

图 11-69　标注参照尺寸

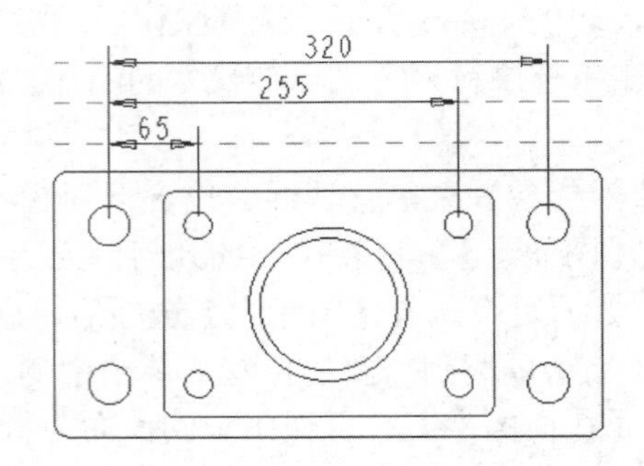

图 11-70　公共参照尺寸

📖 创建公共参照尺寸后，可以使用【清理尺寸】功能修改尺寸线间距。

11.4.3　尺寸的操作

尺寸标注后通常要进行位置调整、对齐及清除尺寸等操作，使标注的尺寸满足制图标准的规定。本节将分别介绍删除、移动和对齐尺寸的操作方法。

1．删除尺寸

当尺寸标注不恰当时，可以在工程图中通过以下方法删除多余的尺寸。

- 单击鼠标左键选取需要删除的尺寸，然后按键盘上的 Delete 键。
- 单击鼠标左键选取需要删除的尺寸，然后在绘图区域中单击鼠标右键，从快捷菜单中选择【删除】选项。

2．清除尺寸

利用注释方式标注的尺寸往往比较乱，此时就需要移动尺寸的位置。

移动尺寸时，可以利用鼠标单击要移动位置的尺寸，出现✥形状后拖动鼠标进行移动。此外还可以使用“清理尺寸”功能进行移动。单击清除尺寸(D)按钮，打开【清除尺寸】对话框，如图 11-71 所示。在绘图区拾取一个或多个需要调整位置的尺

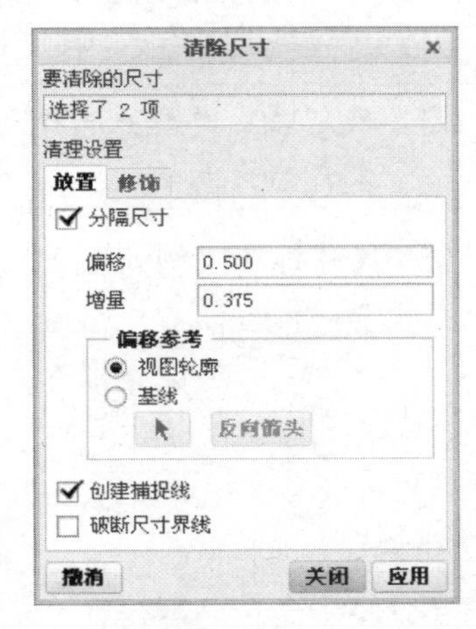

图 11-71　【清除尺寸】对话框

寸，在【偏移】文本框中指定第 1 个尺寸与图元的偏移量，在【增量】文本框中输入尺寸之间的距离，单击【应用】按钮，完成尺寸的移动。清除尺寸操作结果如图 11-72 所示。

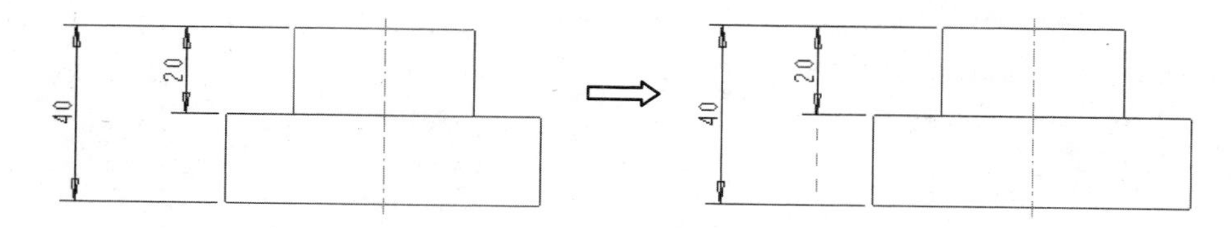

图 11-72　清除尺寸操作结果

尺寸位置经过“清除尺寸”操作后，移动其中的一个尺寸线位置，其余的尺寸线也随之移动。

3．对齐尺寸

对齐尺寸属于移动尺寸的一种特殊形式，其作用是将数个尺寸标注在水平或垂直方向上对齐。按住 Ctrl 键，在视图上选取要对齐的多个尺寸，然后单击对齐尺寸(G)按钮，所选尺寸将以第一个被选中尺寸为参照对齐。

4．编辑尺寸

在 Creo Parametric 中，不仅可以调整尺寸的整体位置和放置形式，还可以单独编辑每个尺寸的尺寸箭头、尺寸界限及公称值等参数。在绘图区拾取要编辑的尺寸，然后单击鼠标右键，打开如图 11-73 所示的快捷菜单，有关尺寸编辑的选项介绍如下。

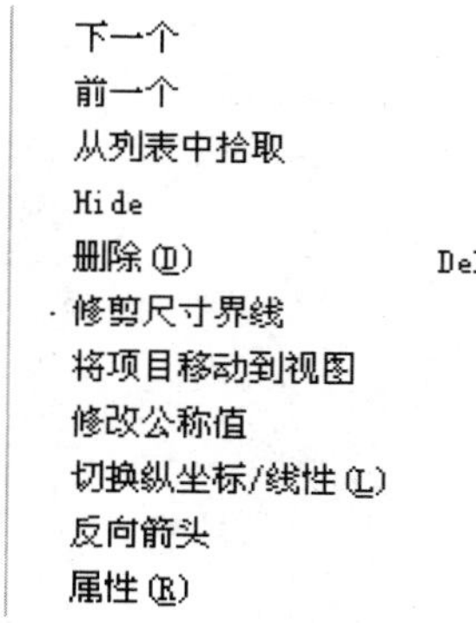

下一个
前一个
从列表中拾取
Hide
删除(D)　　Del
修剪尺寸界线
将项目移动到视图
修改公称值
切换纵坐标/线性(L)
反向箭头
属性(R)

图 11-73　【编辑尺寸】快捷菜单

- 【将项目移动到视图】：将尺寸从一个视图移动到另一个视图。选择需要移动的尺寸标注后，选择该选项，然后选取目标视图，即可将该尺寸移动到目标视图上。
- 【反向箭头】：调整所选尺寸标注的箭头方向。单击需要调整的尺寸标注后，选择该选项，即可切换所选尺寸的箭头方向。

尺寸标注完成后，双击尺寸打开【尺寸属性】对话框。在【属性】选项卡中，可以进行选择尺寸公差类型及标注尺寸公差等操作，如图 11-74 所示。在【显示】选项卡下，可以添加前缀及后缀，选择文本方向及尺寸界限的显示方式等操作，如图 11-75 所示。

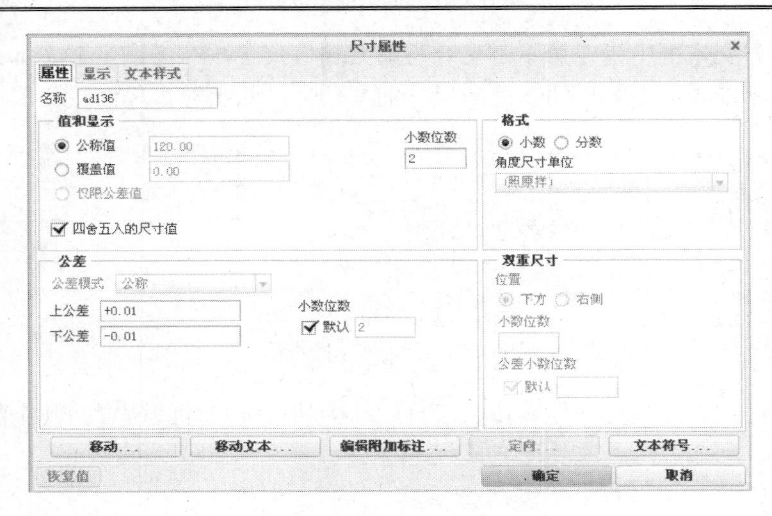

图 11-74 【属性】选项卡

图 11-75 【显示】选项卡

在【文本样式】选项卡下可以对文本格式进行定义，如图 11-76 所示。

图 11-76 【文本样式】选项卡

11.5　创建注释文本

工程图中的技术要求、标题栏等内容需要以注释方式创建，注释主要由文本和符号组成。

11.5.1　注释菜单

打开【注释】菜单，单击 注解 按钮，打开菜单管理器，如图 11-77 所示。其中各项含义如下。

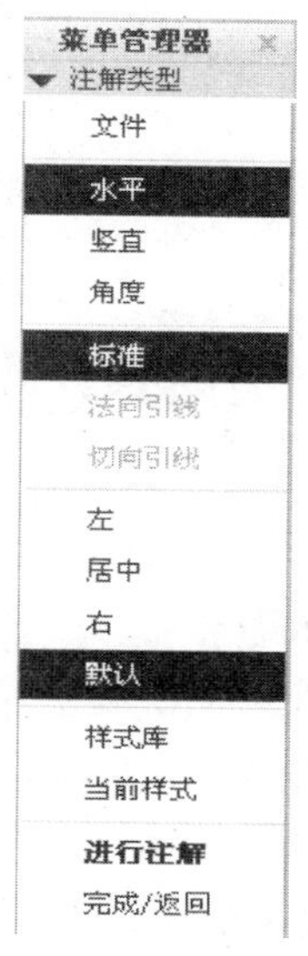

图 11-77　注解类型

（1）注解类型。

- 无引线：注解无指引线。
- 带引线：在注释上创建带箭头引线。
- ISO 引线：创建 ISO 样式的引线。
- 在项上：将注释放置到边和曲线等图元上。
- 偏移：注释放置在尺寸、公差等项目偏置的位置上。

（2）注释创建类型。

- 输入：从键盘输入注释。
- 文件：从.txt 文件输入注释。

（3）放置方式。

- 水平：注释水平放置。
- 竖直：注释竖直放置。
- 角度：注释旋转一个角度放置。

（4）引线方式。

- 标准：引线以标准方式显示。
- 法向引线：引线与参照垂直。
- 切向引线：引线与参照相切。

（5）文本对齐方式。

- 包括左、居中和右三种类型。

（6）选择样式。

- 样式库：可创建或修改文本样式。
- 当前样式：设置当前注释样式。

（7）进行注解。

11.5.2　创建无方向指引注释

在【注释类型】菜单中选择【进行注解】命令，系统弹出如图 11-78 所示的【选择点】对话框，用于选择注释的方式位置。在绘图区内任选一点，弹出【输入注解】对话框，如图 11-79 所示。在其中输入文本，同时可以在系统弹出的【文本符号】对话框中选择相应符号插入文本，如图 11-80 所示。输入文本后，两次单击【输入注解】对话框中的✔，完成注释的创建，如图 11-81 所示。

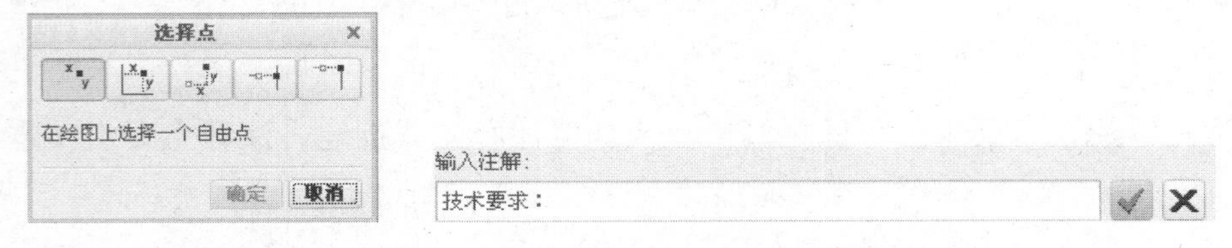

图 11-78 【选择点】对话框　　　　图 11-79 【输入注解】对话框

图 11-80 【文本符号】对话框

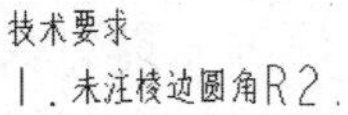

技术要求
1.未注棱边圆角R2.

图 11-81 注释

11.5.3 创建有方向指引注释

打开【注释】菜单，单击 注解 按钮，打开菜单管理器。在【注解类型】中选择【带引线】命令，然后选择【进行注解】命令。系统弹出如图 11-82 所示的菜单管理器，其中列出了可供选择的注释依附类型及箭头的形式，在其中选择【在图元上】及【自动】两个选项。选择如图 11-83 所示的边作为注释依附对象，单击【完成】按钮。系统弹出【选择点】对话框。在绘图区内选一点（应该靠近所选依附参照），系统弹出【输入注解】对话框，在其中输入文本。输入文本后，两次单击【输入注解】对话框中的✔，完成注释的创建，如图 11-84 所示。

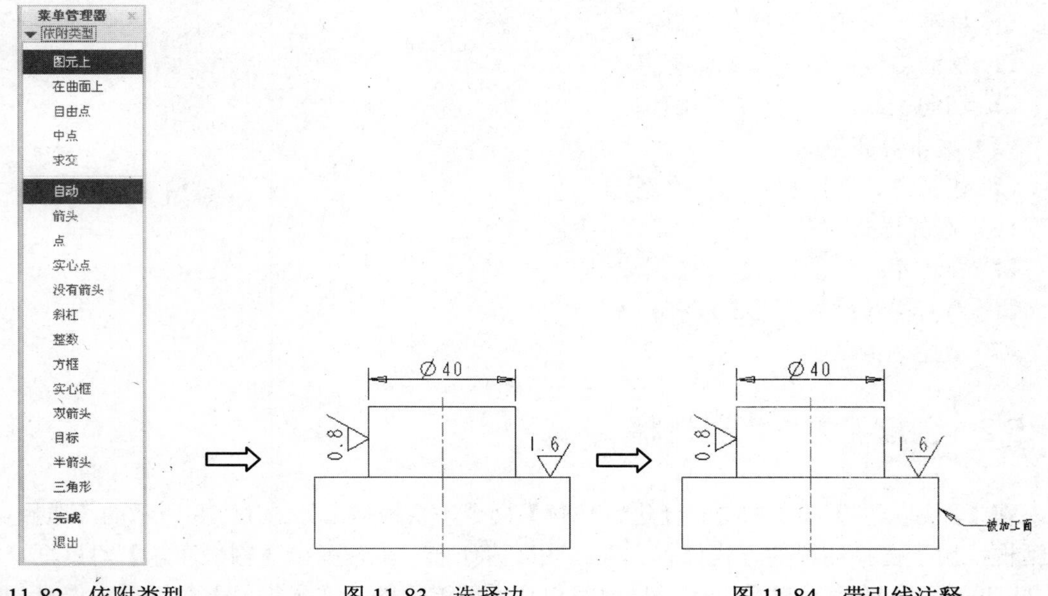

图 11-82 依附类型　　　　图 11-83 选择边　　　　图 11-84 带引线注释

11.5.4　注释的编辑

添加注释后可以对其进行移动、修改注释文本内容及修改文本格式等操作。

1．移动注释

移动无引导线的注释，可以单击注释，注释被加亮显示，光标变为✥形状，此时拖动光标即可移动注释。

移动有引导线的注释时，可以单击注释，注释及引导线被加亮显示，在文本及引导线上出现空心方框，移动不同的空心方框即可实现注释或引导线的移动。

2．修改注释文本内容

将鼠标移至注释上，出现绿色矩形框时双击注释，打开【注释属性】对话框，如图 11-85 所示。可以直接在【文本】选项卡下编辑注释，或单击 编辑器... 按钮，打开文本编辑器对注释进行编辑。单击 文本符号... 按钮可以在文本中插入符号，编辑完成后单击【确定】按钮。

3．修改注释文本格式

在【注释属性】对话框中选择【文本样式】选项卡，如图 11-86 所示，可以在其中对文本格式进行修改，如定义字高、放置方式等。

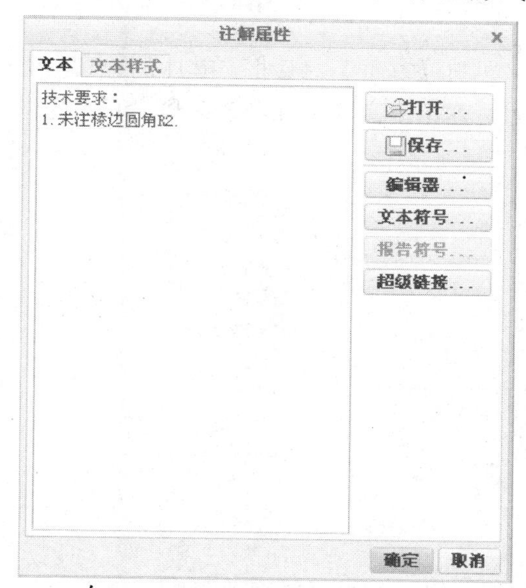

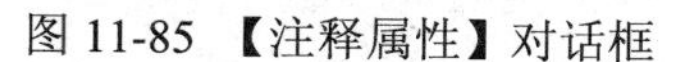
图 11-85 【注释属性】对话框

图 11-86 【文本样式】选项卡

11.6　基　　准

创建形位公差（如垂直度、平行度等）时，需要选择基准。基准分为基准轴和基准平面两类，下面将介绍二者的创建方法及相关操作。

11.6.1　创建基准

打开【注释】菜单，在工具栏中的【模型基准】按钮下包含的【模型基准平面】和【模型基准轴】两个选项就是用来创建基准轴及基准平面的工具。

1．基准平面

在【模型基准】按钮下选择【模型基准平面】，打开【基准】对话框，如图 11-87 所示，其中包括的各项内容含义如下。

（1）名称：输入基准名称，如 A、B。

（2）定义：用于定义基准面，有两种方式。

- 在曲面上：选择面作为基准。
- 定义：系统打开定义基准面菜单，根据在其中选择的定义方式定义基准面。

（3）显示：定义基准的显示方式。

（4）放置：定义基准的放置方式。单击-A-按钮，其中各选项可用。

- 在基准上：将模型的基准平面放置到基准面上。
- 在尺寸中：将模型的基准平面放置到尺寸上。
- 在几何上：将模型的基准平面放置到圆等几何上。

2．基准轴

选择【模型基准】/【模型基准平面】命令，打开【基准】对话框，其中的选项与创建基准面相同，不同之处在于单击【定义】按钮后，弹出定义【基准轴】菜单，其中提供了多种定义基准轴的方法，如图 11-88 所示。

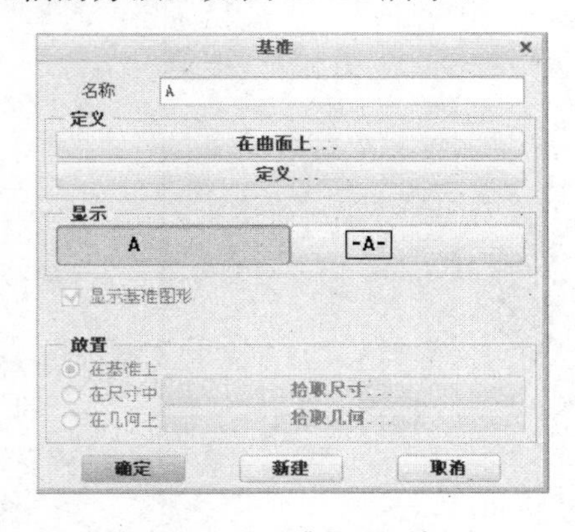

图 11-87　【基准】对话框

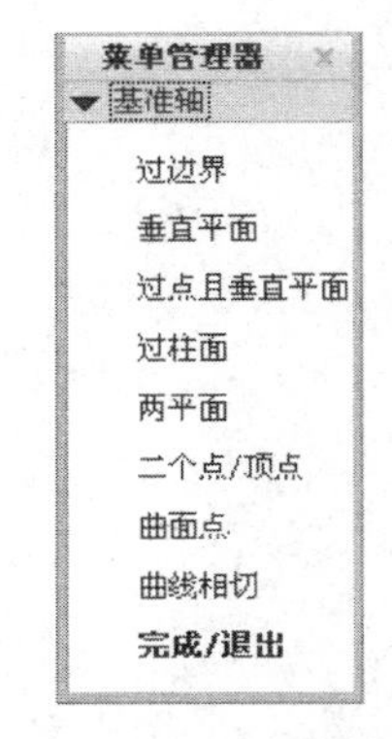

图 11-88　【基准轴】菜单

📖　将变量 gtol_datums 的值更改为 std_iso_jis，基准符号就会出现带黑色三角形的引线。

11.6.2　基准的拭除与删除

对模型基准可以进行拭除与删除操作，方式是先选择基准，然后在基准符号上右击鼠标，在弹出的对话框中选择【拭除】或【删除】命令，如图 11-89 所示。基准【拭除】后不再显示基准符号，但基准本身并没有从视图中删除，这是与【删除】操作不同的地方。

拭除
删除(D)
编辑连接
属性(R)

图 11-89　快捷菜单

11.6.3　标注形位公差

形位公差用来标注产品工程图中的直线度、平面度、圆度、圆柱度、线轮廓度、倾斜度、垂直度、平行度、位置度、同轴度、对称度、圆跳动度和全跳动等。

单击工具栏上的【几何公差】按钮，打开【几何公差】对话框，如图 11-90 所示。

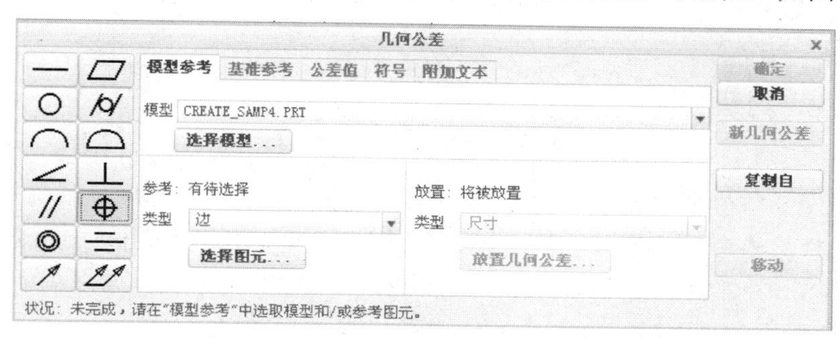

图 11-90　【几何公差】对话框

【几何公差】对话框中有四个选项卡，其各自功能如下。

- 【模型参照】选项卡：该选项卡用于设置公差标注的参照及几何公差的放置方式。
- 【基准参照】选项卡：该选项卡用于设置公差标注的参照基准，用户可在【首要】、【第二】、【第三】选项卡中分别定义第一、第二、第三基准，在【公差值】编辑框中输入复合公差的数值。
- 【公差值】选项卡：输入几何公差的公差值，同时指定材料状态。
- 【符号】选项卡：在其中指定其他符号。

【例 11-8】　创建复制并对齐视图

本例着重介绍基准创建及行为公差的标注方法。

设计过程

（1）从光盘打开“example/start/Ch11/biaozhu.drw”文件。

（2）选择【模型基准】/【模型基准轴】命令。

（3）在【轴】对话框中输入名称“D”，单击【定义】按钮，打开如图 11-91 所示的菜单，在其中选择【过柱面】命令，选择如图 11-92 所示的圆柱面。

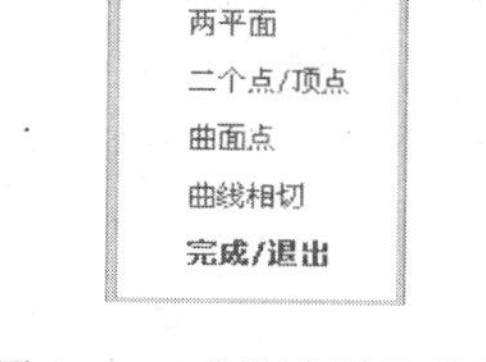

图 11-91　【基准轴】菜单

（4）其余选项按照图 11-92 中【轴】对话框所示设置，选择图中尺寸作为放置基准参照。

（5）完成基准的创建。

（6）在单击工具栏上的【几何公差】按钮，打开【几何公差】对话框。

（7）打开【基准参考】选项卡，单击【基本】下拉列表框，选择基准“D”。

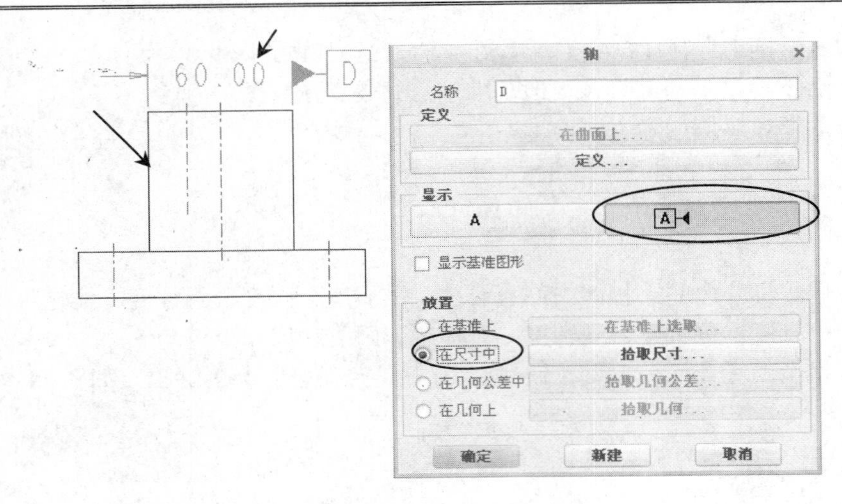

图 11-92　选择参照及尺寸

（8）打开【公差值】选项卡，输入公差值 0.05。

（9）在【模型参考】选项卡下，选择⊥符号，在【参考】列表框中选择【轴】，单击 选择图元... 按钮，并选择如图 11-93 所示的轴线。

（10）在【放置】列表框中选择【带引线】。在弹出的菜单中选择引线类型为【自动】，单击 放置几何公差... 按钮，并选择图 11-93 所示的边，选择菜单中【完成】命令，在图形区选择一点放置公差，结果如图 11-94 所示。

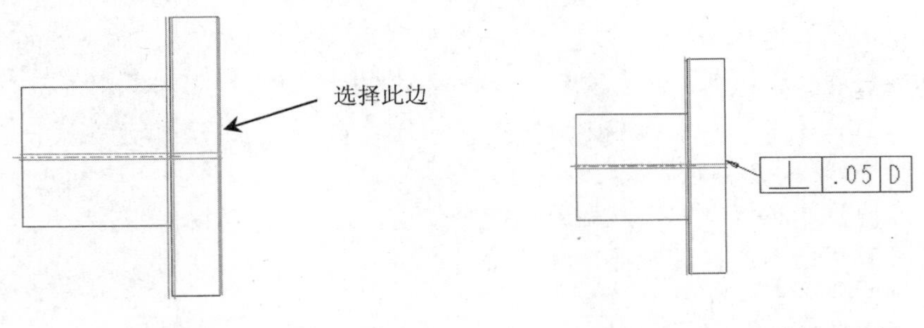

图 11-93　选择轴线及边　　　图 11-94 几何公差标注结果

11.6.4　标注面粗糙度

系统可在工程图中方便地创建零件表面的表面粗糙度，但不能在两个视图中显示同一表面粗糙度。

单击工具栏上的【表面光洁度】按钮，打开如图 11-95 所示的【得到符号】菜单。

首次标注表面粗糙度时需要进行检索。在【得到符号】菜单中选择【检索】选项，系统弹出【打开】菜单，从【打开】对话框中选取【machined】，单击【打开】按钮，在弹出对话框中选择【standard1.sym】，再次单击【打开】按钮，系统弹出如图 11-96 所示【实例依附】菜单，在该菜单中选择粗糙度符号的放置方式，随后根据系统提示粗糙度值，完成表面粗糙度的标注。表面粗糙度标注的结果如图 11-97 所示。粗糙度标注完成后，可以移动符号位置，双击尺寸值后，可以修改粗糙度数值。

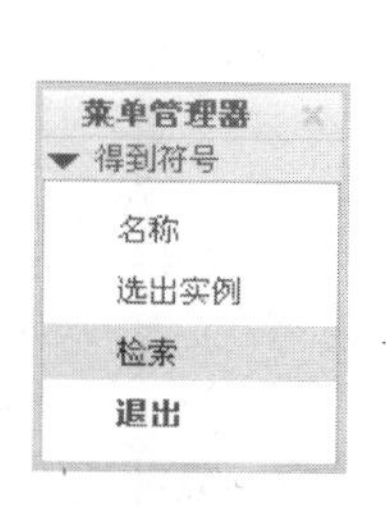

图 11-95 【得到符号】菜单

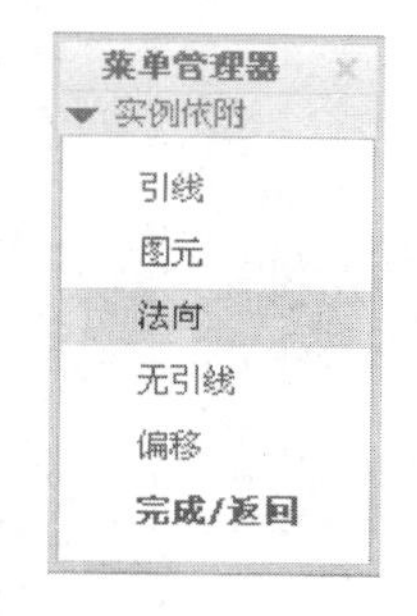

图 11-96 【实例依附】菜单

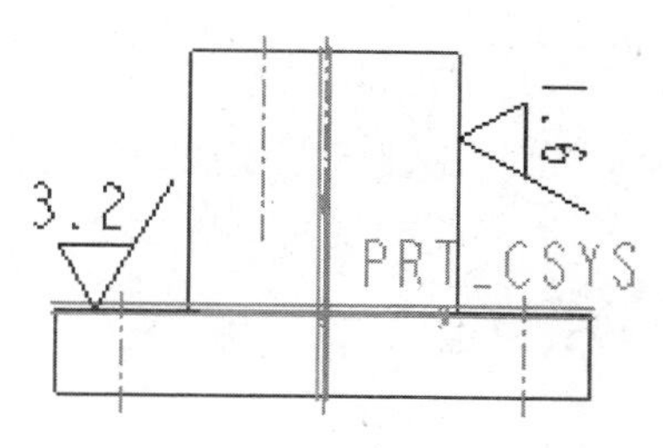

图 11-97　表面粗糙度标注实例

11.6.5　打印出图

打印出图是指直接将工程图打印输出到绘图仪或打印机上。在输出工程图时需要对打印机及输出进行设置。

选择【文件】/【打印设置】/【预览】命令，进入打印机配置环境。选择【设置】命令，打开【打印机配置】对话框。在如图 11-98 所示的【目标】选项卡中可以选择打印机、文件输出位置（至文件、到打印机）、打印份数等内容。

在【页面】选项卡中设置图纸大小、偏移距离及打印输出单位，如图 11-99 所示。

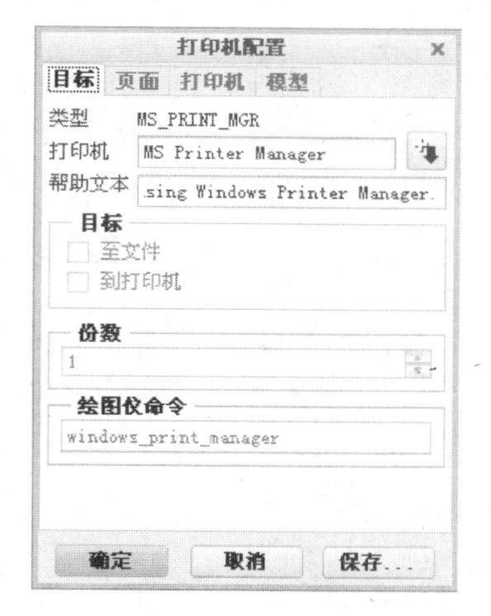

图 11-98【目标】选项卡

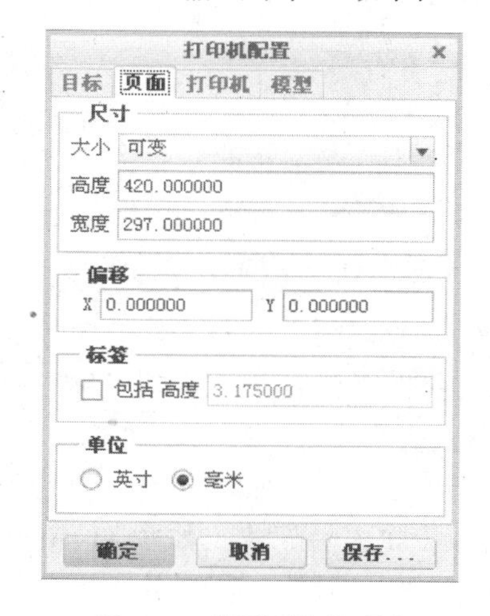

图 11-99【页面】选项卡

11.7　综 合 实 例

	结果文件：光盘/example/finish/Ch11/11_1_1.drw
	视频文件：光盘/视频/Ch11/11_1.avi

实例内容主要介绍压盖零件的工程图的创建过程，包括各种视图的创建，以及尺寸标注和公差标注等内容。

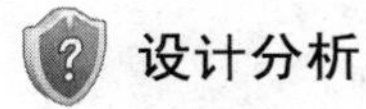

设计分析

- ❑ 首先创建一般视图，并在此基础上创建投影视图。
- ❑ 在创建的视图基础上标注尺寸、公差及粗糙度等。

设计过程

（1）新建绘图文件。单击【新建文件】按钮，打开【新建】对话框，在类型栏中选取【绘图】单选按钮，禁用默认模板，在名称后的文本框输入新文件名为“shili”，如图 11-100 所示。单击【确定】按钮，弹出【新建绘图】对话框，如图 11-101 所示。在指定模板栏中选取【空】单选按钮，单击【确定】按钮，进入工程图格式环境。

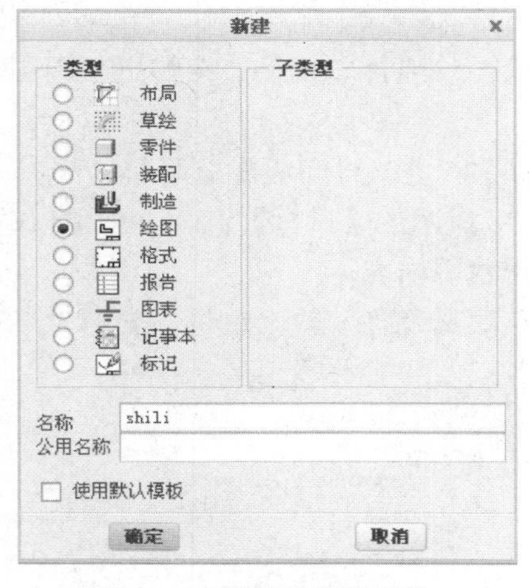

图 11-100　新建绘图文件

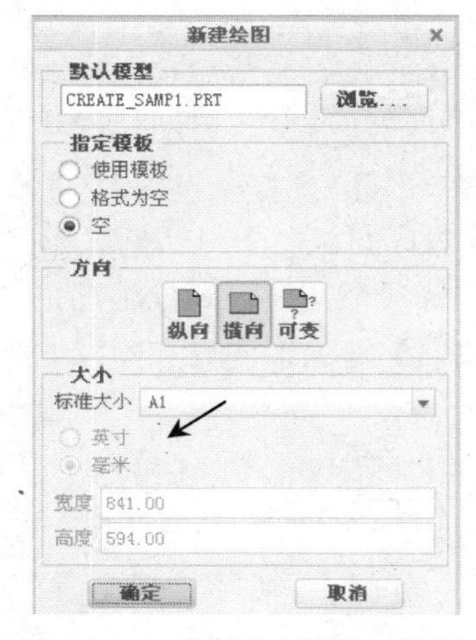

图 11-101　【新建绘图】对话框

（2）创建一般视图。单击工具栏中的【创建一般视图】按钮，在绘图区选取放置视图的中心点，打开【绘图视图】对话框，在该对话框中选择【几何参照】单选按钮，选取 FRONT 面为“前”参照，RIGHT 面为“右”参照。在【类别】选项组中双击【视图显示】，在对话框中设置【显示样式型】为“消隐”，【相切边显示样式】为“无”。单击【确定】按钮，完成一般视图的创建，如图 11-102 所示。

（3）创建投影视图。选取上一步创建的一般视图作为参照视图，单击工具栏中的 投影(P)... 按钮，在绘图区选取放置视图的位置，完成投影视图创建，如图 11-103 所示。

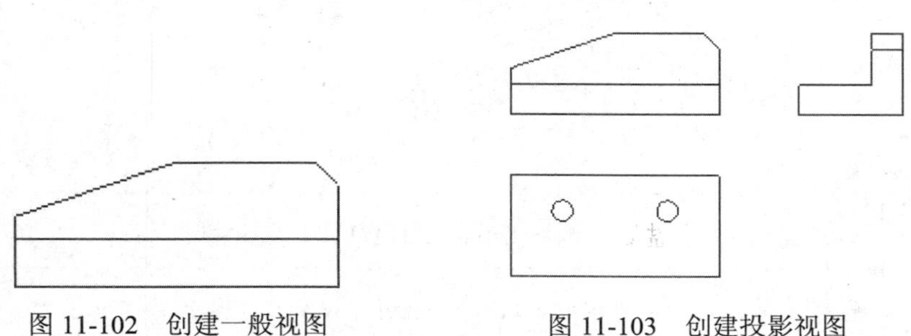

图 11-102　创建一般视图　　　　图 11-103　创建投影视图

（4）修改视图比例。双击一般视图，在弹出的【绘图视图】对话框中的【比例】选项中选择【定制比例】选项，并输入新的比例值“1”，并将视图移动到相应位置，如图 11-104 所示。

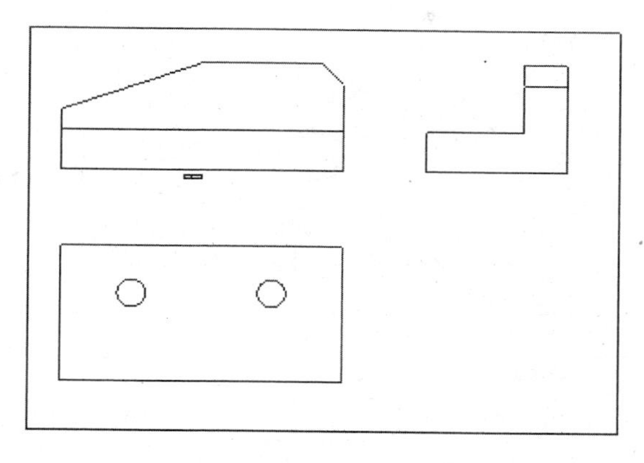

图 11-104　修改视图比例

（5）创建剖视图。双击创建的一般视图，在打开的【绘图视图】对话框中选取【类别】中的【截面】选项，按照前述剖视图创建过程进行操作，选择图 11-105 所示的面作为剖切面，创建结果如图 11-106 所示。

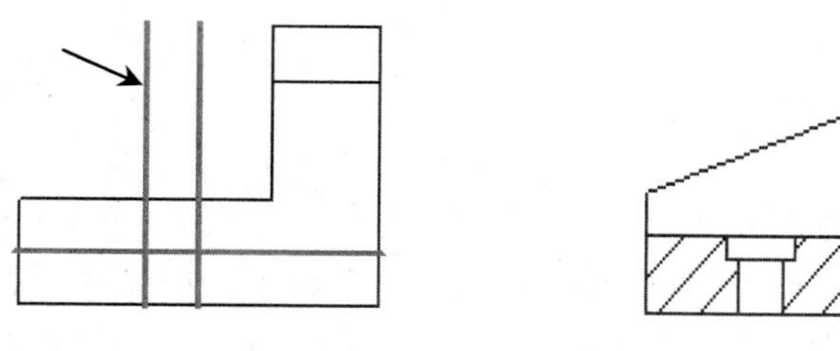

图 11-105　选择剖切面　　图 11-106　创建剖视图

（6）显示轴线。打开【注释】菜单，单击【显示模型注释】按钮，打开【显示模型注释】对话框，单击按钮，在列表框中选中所有轴线，然后分别单击三个视图中的孔特征，每选择一个孔特征后，单击对话框中【显示】按钮及【应用】按钮，则在视图中显示孔的轴线，如图 11-107 所示。

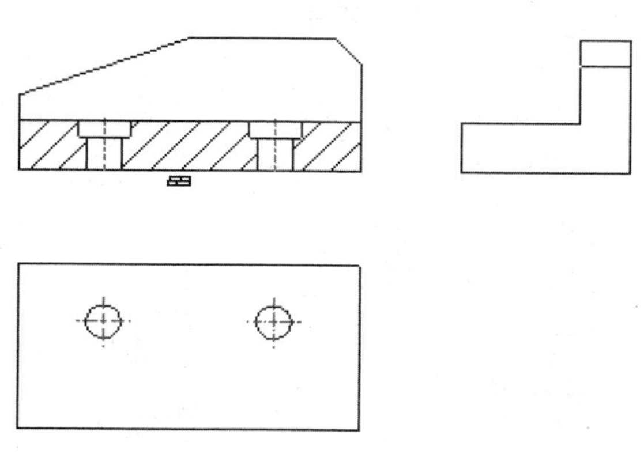

图 11-107　显示轴线

（7）标注尺寸。单击【创建新参照尺寸】按钮，在【尺寸依附】菜单中，选择不同的依附类型，完成尺寸标注，如图 11-108 所示。

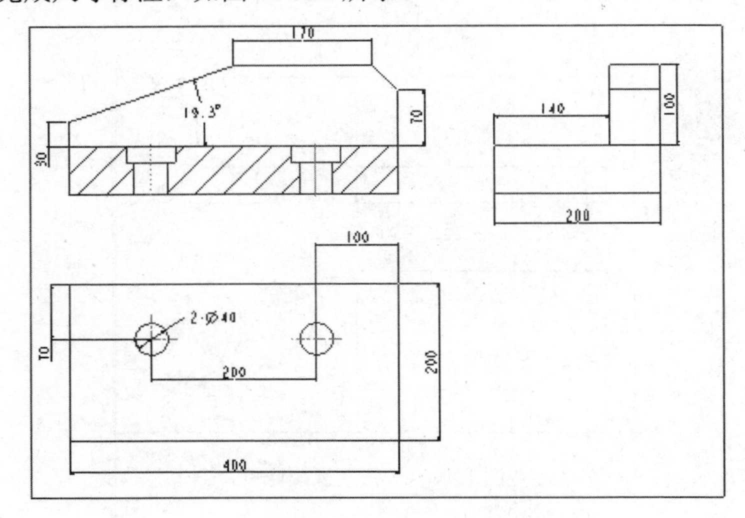

图 11-108　修改尺寸

（8）修改绘图选项。在主菜单中，选择【文件】/【准备】/【绘图属性】命令，单击【详细信息选项】后面的【更改】按钮，在打开的对话框中将绘图选项【tol_display】的值设为“yes”，如图 11-109 所示，这样就可以修改尺寸使其显示尺寸公差。

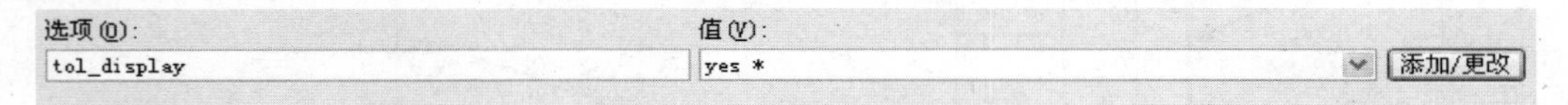

图 11-109　修改绘图选项

（9）标注尺寸公差。双击尺寸 200，单击右键，在弹出的快捷菜单中选择【属性】命令，系统弹出【尺寸属性】对话框。选择【公差】模式为【正-负】，公差表列表框中选择【无】，并在上、下公差框格中分别输入 0.03、0.01，单击【尺寸属性】对话框中的【确定】按钮。用相同方法标注其他尺寸公差，如图 11-110 所示。

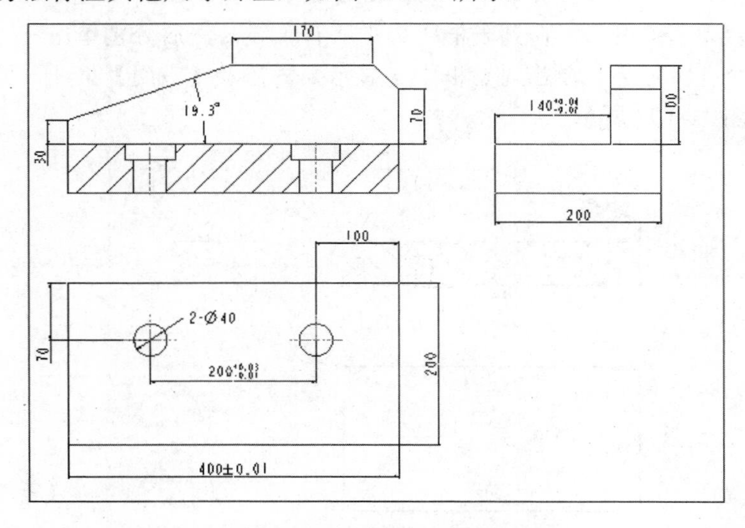

图 11-110　标注尺寸公差

（10）标注表面粗糙度。在【注释】工具栏中单击【插入表面光洁度】按钮，系统弹出【得到符号】菜单管理器，单击【检索】，选择 “machined”文件夹，打开 standard1.sym 文件，在弹出的菜单管理器中选择标注方式为“法向”。依次标注粗糙度值，如图 11-111 所示。

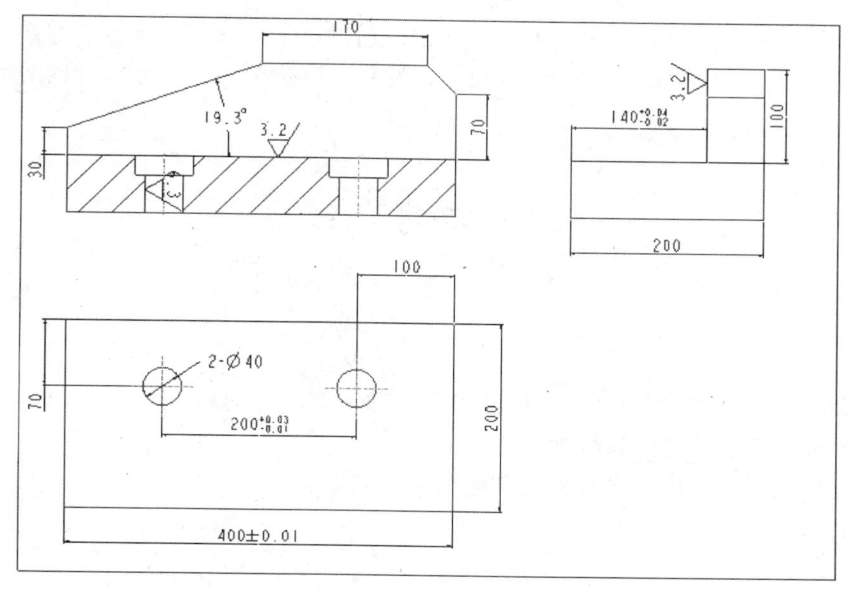

图 11-111　标注粗糙度

（11）标注形位公差。

- 创建标注基准。选择如图 11-112 所示的曲面定义基准面“C”。

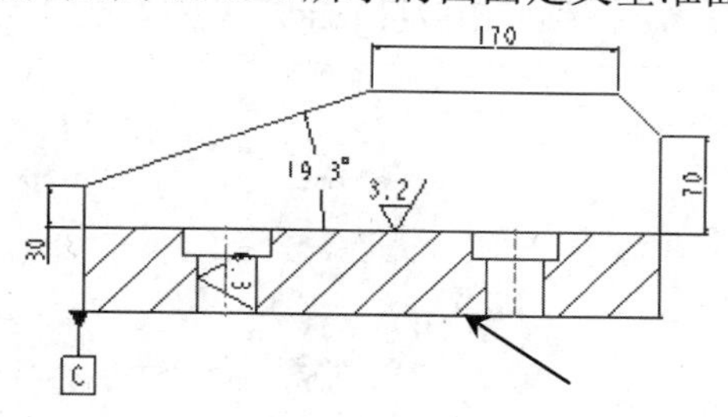

图 11-112　定义基准曲面

- 标注形位公差。单击【创建几何公差】按钮，在【几何公差】对话框中选取公差项目为//，将公差大小设置为 0.05，公差基准为“C”，【放置类型】为法向引线，【引线类型】为箭头，单击图 11-113 中箭头所指平面，标注该面的平行度公差，如图 11-113 所示完成形位公差的标注，完成工程图创建。

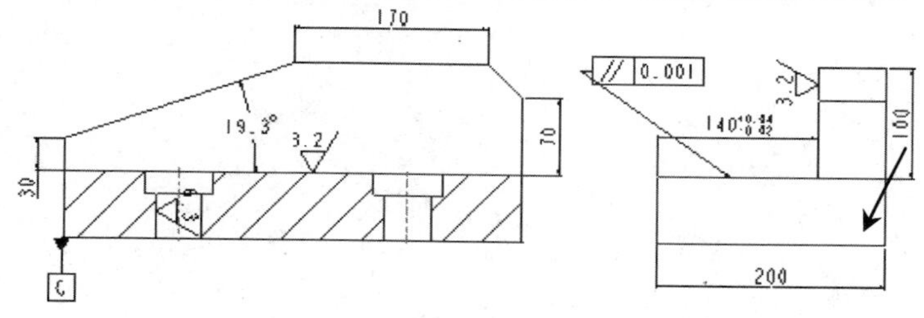

图 11-113　标注形位公差

11.8 小　　结

本章介绍了有关建立及编辑工程图的知识，通过本章的学习，读者能够掌握建立各种工程视图的方法，并能够对工程图进行尺寸、注释、形位公差及表面粗糙度的标注及编辑方法。

11.9 思考与练习

1. 思考题

（1）如何向工程图中添加基准符号？
（2）添加粗糙度符号的过程如何？
（3）阶梯剖视图与展开剖视图的创建有何不同？

2. 操作题

打开光盘文件 pump_back.prt，如图 11-114 所示，创建其工程图。

	结果文件：光盘/example/finish/Ch11/11_2_1.drw
	视频文件：光盘/视频/Ch11/11_2.avi

图 11-114　模型

第 12 章　机械产品设计典型案例

Creo Parametric 采用特征建模方式进行模型的创建，可以帮助用户高效、准确地完成产品的设计与开发工作。本章介绍拨叉、传动轴、齿轮泵箱体、轴承端盖和齿轮的设计方法和设计过程，通过本章的学习读者能够更深入地掌握各种特征的创建方法，以及产品建模的过程。

12.1　传动轴设计

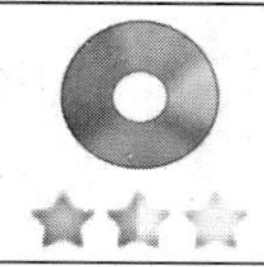	结果文件：光盘/example/finish/Ch12/12_1_1.prt
	视频文件：光盘/视频/Ch12/12_1.avi

传动轴是机器的主要组成构件，主要用于支承传动件，实现旋转运动并传递动力和运动。创建的传动轴模型如图 12-1 所示。

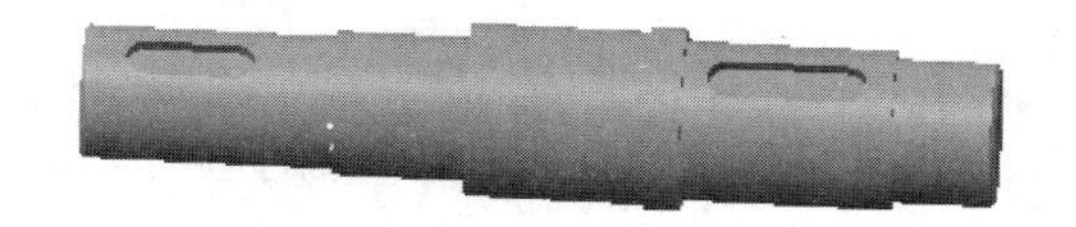

图 12-1　轴模型

设计分析

- ❑ 模型主要由轴、键槽、倒角及圆角组成。
- ❑ 设计中应用了拉伸、旋转及倒圆角等特征创建方法。
- ❑ 建模时首先创建旋转体，然后在此基础上利用拉伸特征去除材料创建键槽，最后创建圆角及倒角特征。

设计过程

（1）创建旋转特征。

- ❑ 选择 FRONT 面作为草绘平面。
- ❑ 绘制如图 12-2 所示草图。
- ❑ 完成旋转特征创建。

（2）创建基准平面。选择 FRONT 面作为参照，按照如图 12-3 所示设置创建基准平面。

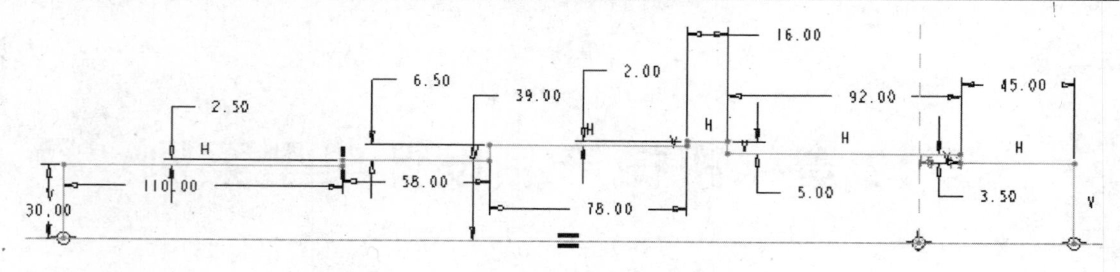

图 12-2　绘制草图

（3）创建拉伸特征。

- 以上一步中创建的基准平面为草绘平面，绘制如图 12-4 所示的草图。

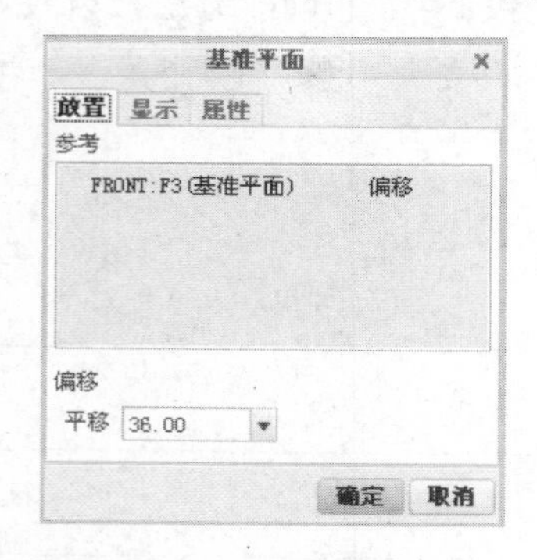

图 12-3　创建基准平面

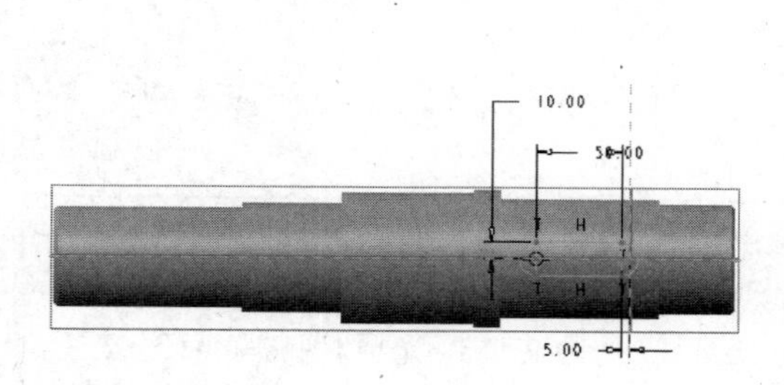

图 12-4　创建草图

- 设置拉伸深度为 7.5。
- 单击【拉伸】操控板上的按钮。
- 完成拉伸特征创建，结果如图 12-5 所示。

（4）创建基准平面。选择 FRONT 面作为参照，按照如图 12-6 所示设置创建基准平面。

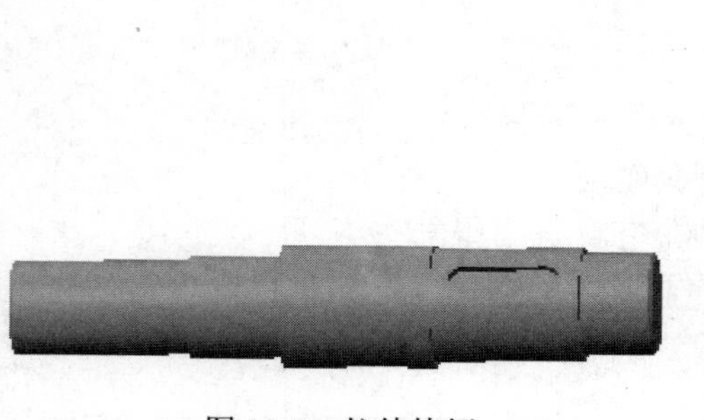

图 12-5　拉伸特征

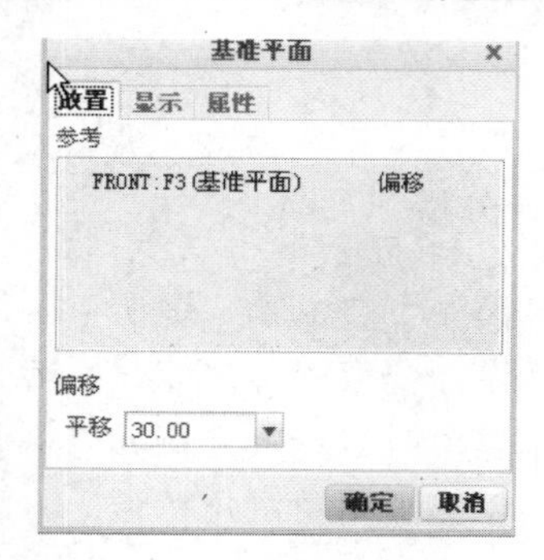

图 12-6　创建基准平面

（5）创建拉伸特征。

- 以上一步中创建的基准平面为草绘平面，绘制如图 12-7 所示的草图。
- 设置拉伸深度为 7.5。
- 单击【拉伸】操控板上的按钮。
- 完成拉伸特征创建，结果如图 12-8 所示。

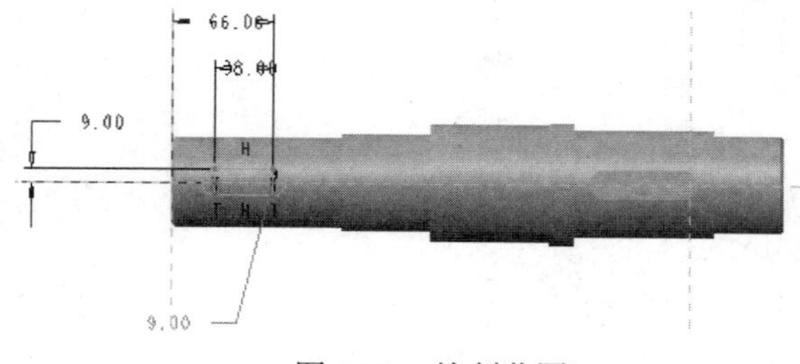

图 12-7　绘制草图

图 12-8　拉伸特征

（6）创建倒圆角及倒角特征。圆角半径为 2，倒角为 1×45°。

12.2　轴承端盖设计

	结果文件：光盘/example/finish/Ch12/12_2_1.prt
	视频文件：光盘/视频/Ch12/12_2.avi

轴承端盖属于盘套类零件，是一类应用广泛的机械零件。本节介绍轴承端盖的设计过程及设计方法。

模型如图 12-9 所示。

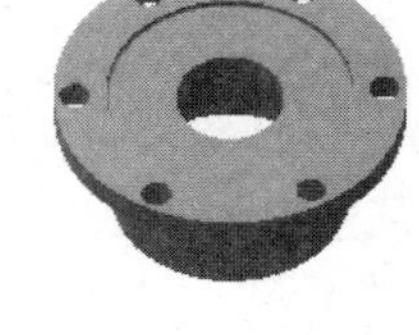

图 12-9　轴承端盖

设计分析

- ❑ 模型的主体为回转体，在主体基础上添加孔特征。
- ❑ 设计中应用了拉伸、孔及阵列等建模方法。
- ❑ 建模时首先通过拉伸方法创建轴承端盖主体部分，然后创建孔特征，并对孔进行阵列操作，完成零件的设计。

设计过程

（1）创建拉伸特征。

- ❑ 选择 FRONT 面作为草绘平面，绘制如图 12-10 所示的草图。
- ❑ 设置拉伸深度为 43。
- ❑ 完成拉伸特征创建，结果如图 12-11 所示。

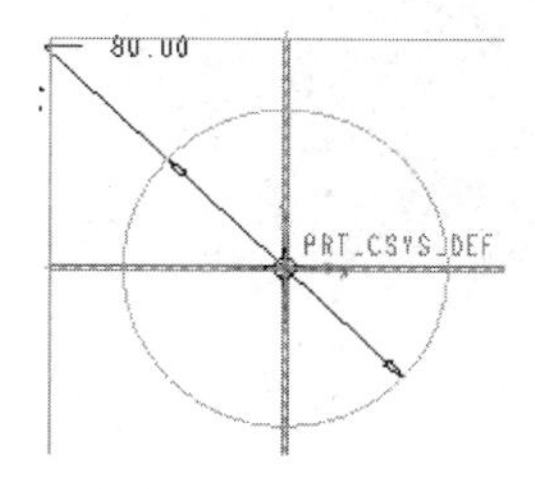

图 12-10　草图

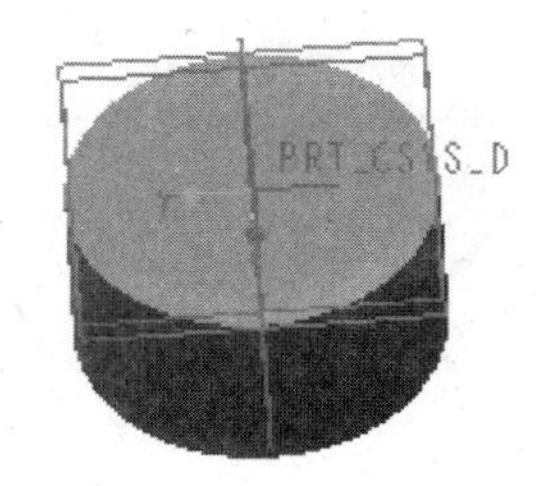

图 12-11　拉伸特征

（2）创建拉伸特征。

- ❑ 选择 FRONT 面作为草绘平面，绘制如图 12-12 所示的草图。

❑ 设置拉伸深度为 10。
❑ 完成拉伸特征创建，结果如图 12-13 所示。

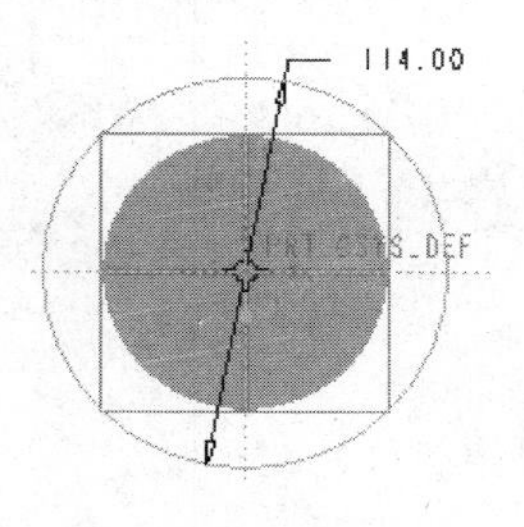

图 12-12 草图

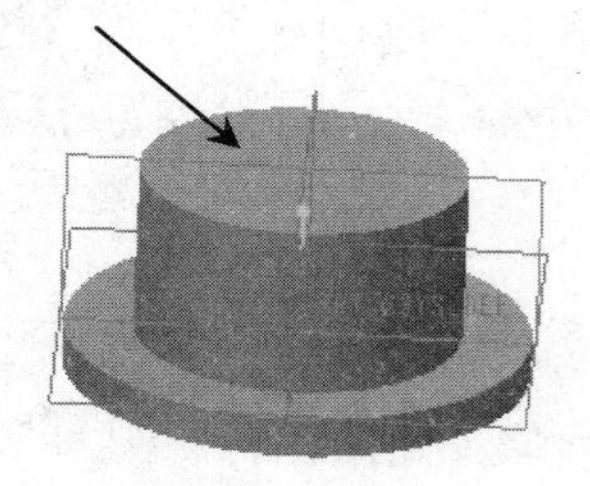

图 12-13 拉伸特征

（3）创建拉伸特征。
❑ 选择如图 12-13 所示平面作为草绘平面，绘制如图 12-14 所示的草图。
❑ 设置拉伸深度为 15。
❑ 单击【拉伸】操控板上的按钮。
❑ 调整去除材料方向。
❑ 完成拉伸特征创建，结果如图 12-15 所示。

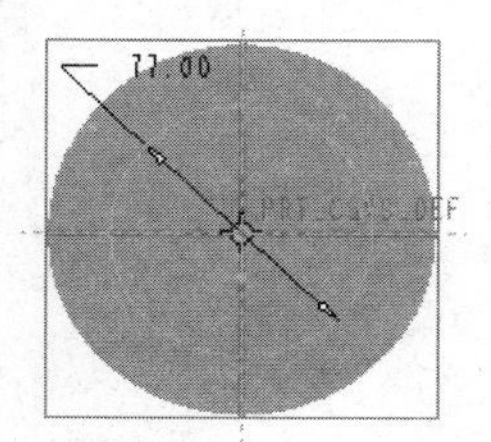

图 12-14 草图

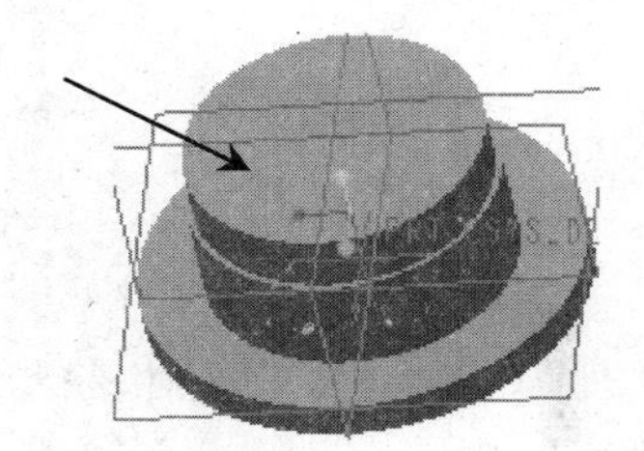

图 12-15 拉伸特征

（4）创建拉伸特征。
❑ 选择图 12-15 所示平面作为草绘平面，绘制如图 12-16 所示的草图。
❑ 设置拉伸深度为 47。
❑ 单击【拉伸】操控板上的按钮。
❑ 完成拉伸特征创建，结果如图 12-17 所示。

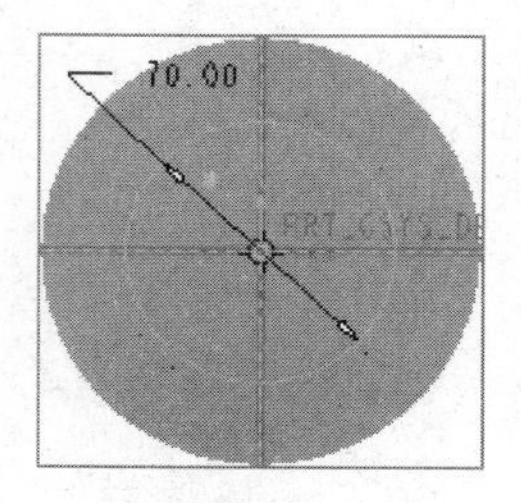

图 12-16 草图

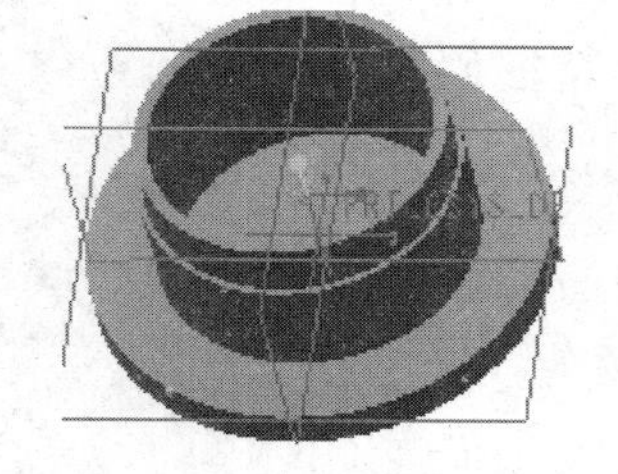

图 12-17 拉伸特征

（5）创建拉伸特征。
❑ 选择 TOP 面作为草绘平面，绘制如图 12-18 所示的草图。
❑ 选择拉伸方式为对称方式。

- ❑ 设置拉伸深度为 42。
- ❑ 单击【拉伸】操控板上的按钮。
- ❑ 完成拉伸特征创建，结果如图 12-19 所示。

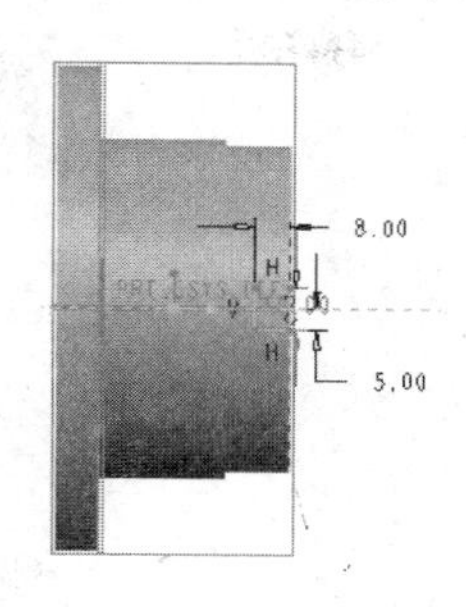

图 12-18　草图

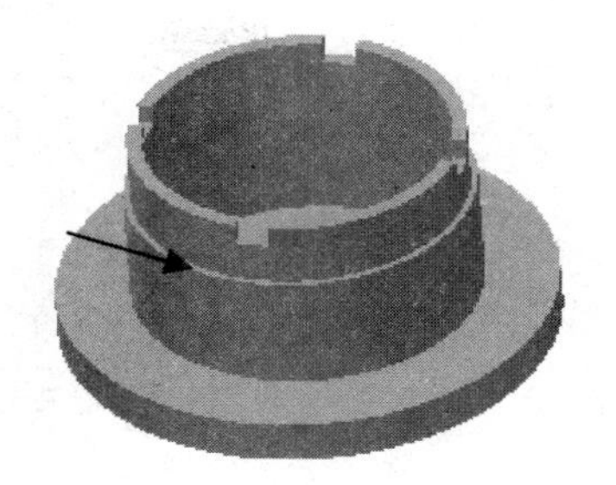

图 12-19　拉伸特征

（6）创建基准轴。选择如图 12-19 所示面作为参照，结果如图 12-20 所示。

（7）阵列特征。

- ❑ 选择步骤（5）中创建的拉伸特征。
- ❑ 单击工具条中按钮，打开【阵列】操控板。
- ❑ 选择“轴”阵列方式，选择上步中创建的轴线作为参照。
- ❑ 设置阵列成员为 4 个，角度为 90°。
- ❑ 完成阵列特征操作，结果如图 12-21 所示。

图 12-20　基准轴

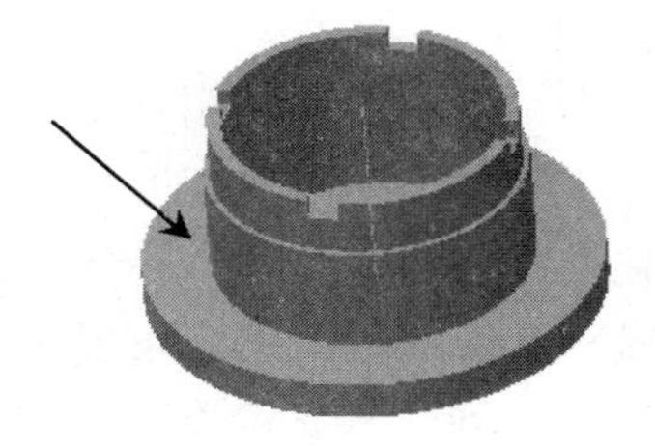

图 12-21　阵列操作结果

（8）创建孔特征。

- ❑ 在工具条中选择【孔】按钮。
- ❑ 选择如图 12-21 所示的面放置孔。
- ❑ 选择【线性】放置方式，按图 12-22 所示选择偏移参考，并输入距离值。
- ❑ 打开【形状】上滑面板，设置孔直径为 10，深度为 30。
- ❑ 完成孔特征创建，如图 12-23 所示。

（9）阵列孔特征。

- ❑ 选择上步中创建的孔特征。
- ❑ 单击工具条中按钮，打开【阵列】操控板。
- ❑ 选择“轴”阵列方式，选择步骤（6）创建的轴线作为参照。阵列成员为 6 个，角度为 60°。
- ❑ 完成阵列，结果如图 12-24 所示。

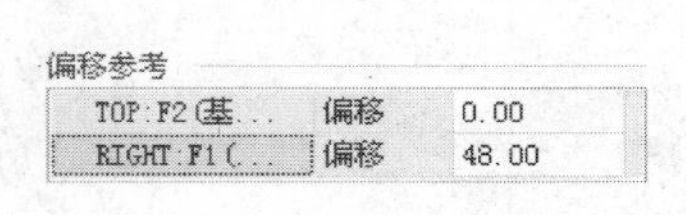

图 12-22　偏移参考

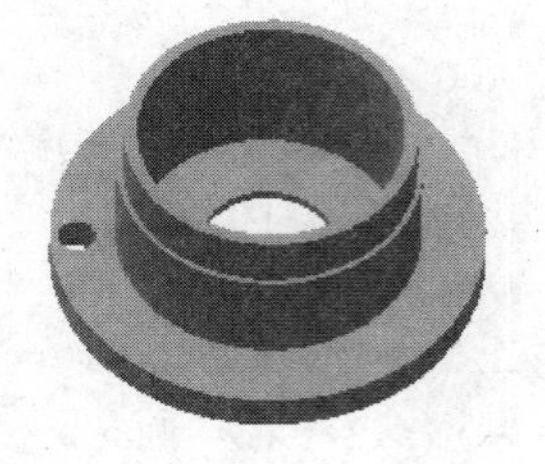

图 12-23　孔特征

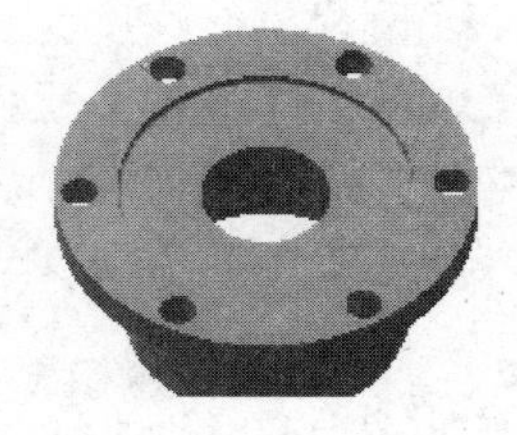

图 12-24　孔特征阵列

12.3　齿轮泵箱体零件设计

	结果文件：光盘/example/finish/Ch12/12_3_1.prt
	视频文件：光盘/视频/Ch12/12_3.avi

齿轮泵箱体是典型的箱体类零件，通常作为装配时的基础零件，将轴、齿轮、套筒及轴承装配起来，使其保持正确的相互位置关系，以传递扭矩和运动。本节介绍齿轮泵箱的设计方法与设计过程。

齿轮泵箱体模型如图 12-25 所示。

设计分析

- 模型由主体部分及孔组成。
- 设计中应用了拉伸、孔特征、螺纹修饰特征、圆角特征的创建操作，以及特征的镜像等操作。
- 建模时首先应用拉伸方法创建主体部分，然后在此基础上完成孔的创建螺纹修饰及圆角特征的创建。

图 12-25　齿轮泵箱体模型

设计过程

（1）创建拉伸特征。

- 单击按钮。
- 选择 FRONT 面作为草绘平面，进入草绘环境。
- 绘制如图 12-26 所示草图。
- 设置拉伸深度类型为，深度值设置为 28。
- 完成拉伸特征的创建，结果如图 12-27 所示。

（2）创建拉伸特征。

- 单击按钮。
- 选择 FRONT 面作为草绘平面，进入草绘环境。
- 绘制如图 12-28 所示草图。
- 设置拉伸深度类型为，深度值设置为 16。
- 完成拉伸特征的创建，结果如图 12-29 所示。

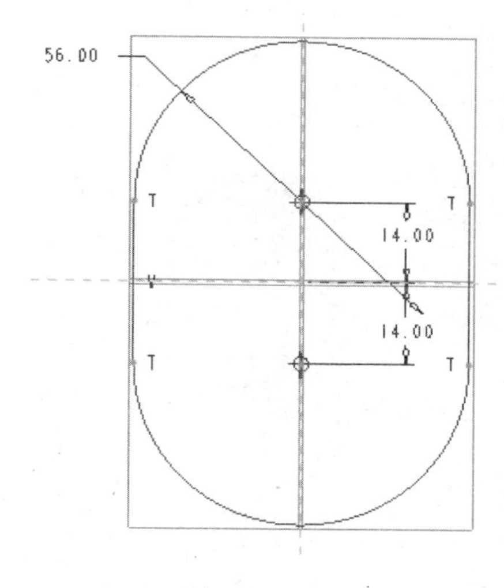

图 12-26　绘制草图

图 12-27　拉伸特征

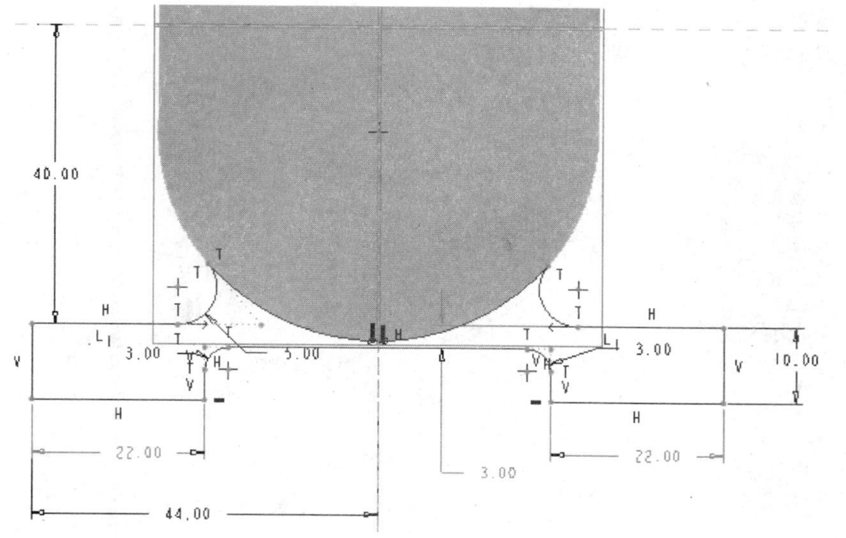

图 12-28　绘制草图

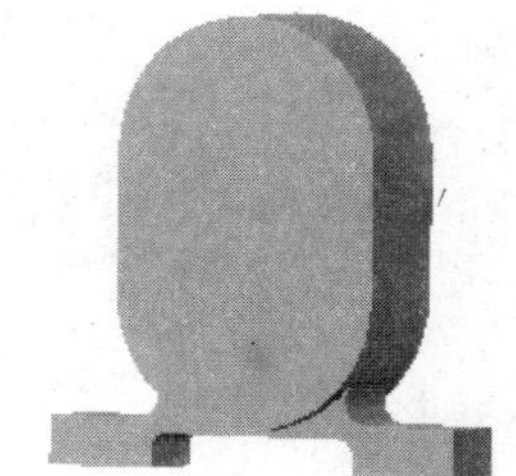

图 12-29　拉伸特征

📖 在草绘拉伸截面时，利用工具 R50 圆弧创建与主体部分相连接部分。

（3）创建拉伸特征。

❑ 单击按钮。

❑ 选择 RIGHT 面作为草绘平面，进入草绘环境。

❑ 绘制如图 12-30 所示的草图。

❑ 设置拉伸深度类型为，深度值设置为 70。

❑ 完成拉伸特征的创建。结果如图 12-31 所示。

（4）创建拉伸特征。

❑ 单击按钮。

❑ 选择图 12-31 中箭头所指面作为草绘平面，进入草绘环境。

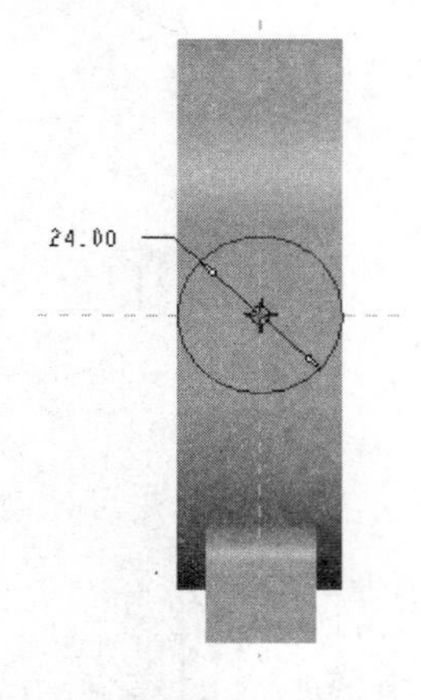

图 12-30　绘制草图

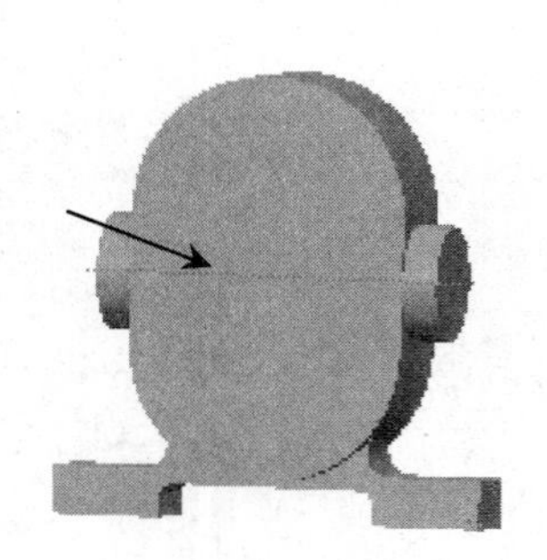

图 12-31　拉伸特征

❑ 单击按钮，选择如图 12-32 所示的曲线作为参照，设置偏置距离为 10.75。
❑ 设置拉伸深度值为 32。
❑ 单击【拉伸】操控板中的去除材料按钮。
❑ 完成拉伸特征的创建，结果如图 12-33 所示。

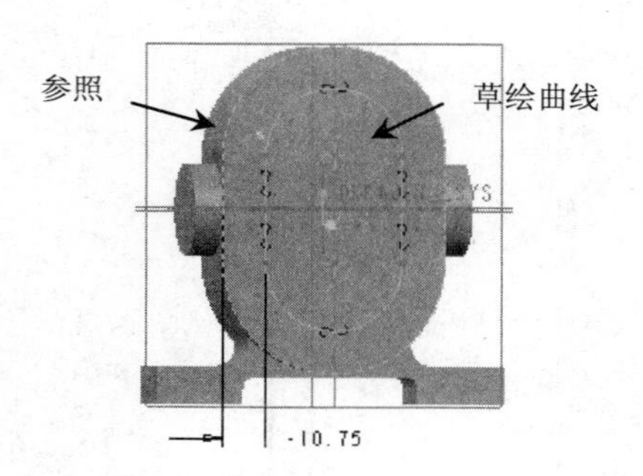

图 12-32　选择【偏置】参照

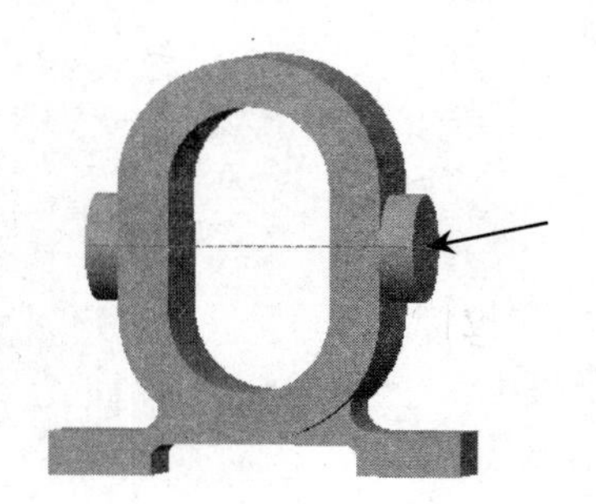

图 12-33　拉伸特征

（5）创建孔特征。
❑ 单击孔特征按钮，打开【孔】特征操控板。
❑ 打开【放置】上滑面板，按住 Ctrl 键选择如图 12-34 所示的轴线和平面。

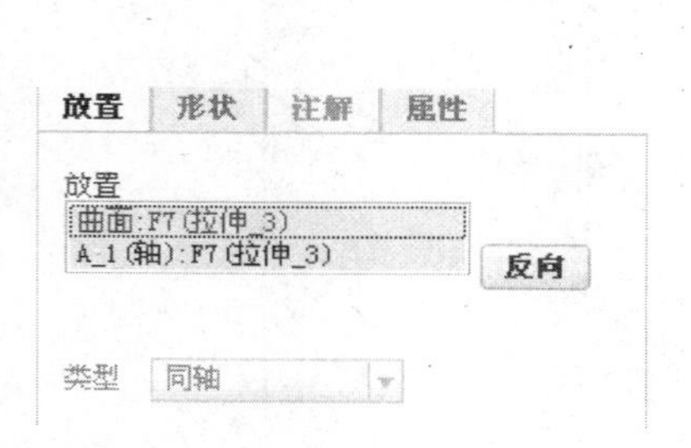

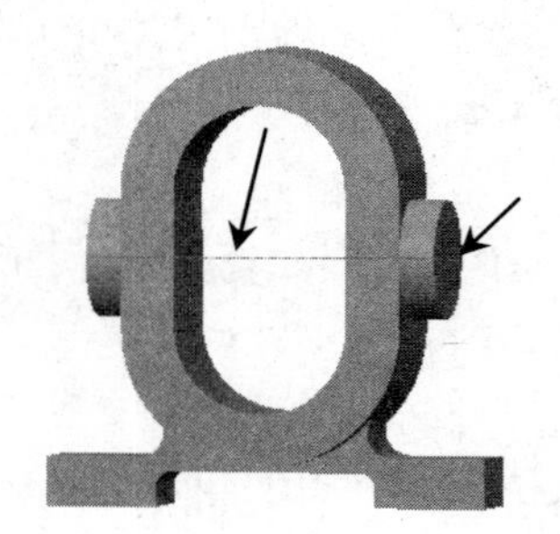

图 12-34　选择孔特征参照

❑ 打开【形状】形状上滑面板，设置孔直径为 10，深度为 32。
❑ 完成孔特征的创建，结果如图 12-35 所示。

（6）镜像孔特征。

- ❑ 选择上步中创建的孔特征。
- ❑ 单击镜像按钮。
- ❑ 选择 RIGHT 面作为镜像平面。
- ❑ 完成特征镜像操作，结果如图 12-36 所示。

图 12-35　孔特征创建结果

图 12-36　孔特征镜像操作结果

（7）草绘曲线。

- ❑ 单击按钮。
- ❑ 选择 FRONT 面作为草绘平面。
- ❑ 单击按钮，选择图 12-37 所示轮廓线为参照，设置偏移值为 6。
- ❑ 将草绘曲线变为构造线。
- ❑ 绘制图 12-37 所示的 6 个圆，直径为 5。
- ❑ 完成草图绘制。

（8）创建拉伸特征。

- ❑ 选择上步中绘制的 6 个圆。
- ❑ 单击【拉伸】按钮，打开【拉伸】操控板。
- ❑ 选中操控板中去除材料选项。
- ❑ 设置拉伸方式为对称拉伸。
- ❑ 设置拉伸深度为 32。
- ❑ 完成拉伸特征的创建，结果如图 12-38 所示。

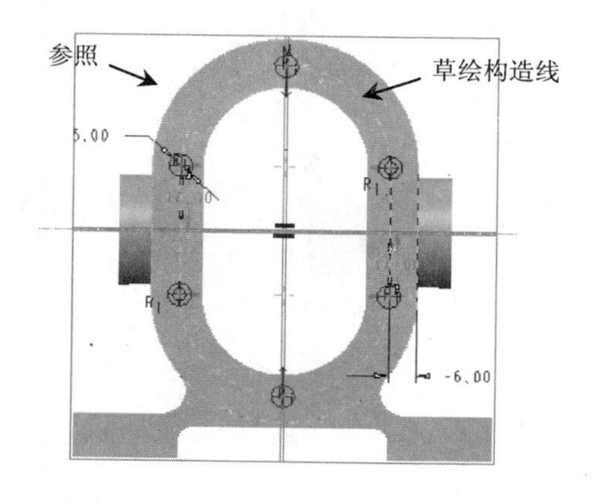

图 12-37　草绘曲线

图 12-38　创建拉伸特征

（9）创建拉伸特征。

- 单击【拉伸】按钮，打开【拉伸】操控板。
- 选择 FRONT 面作为草绘平面。
- 绘制如图 12-39 所示草图。
- 选中操控板中去除材料选项。
- 设置拉伸方式为对称拉伸。
- 设置拉伸深度为 32。
- 完成拉伸特征的创建，结果如图 12-40 所示。

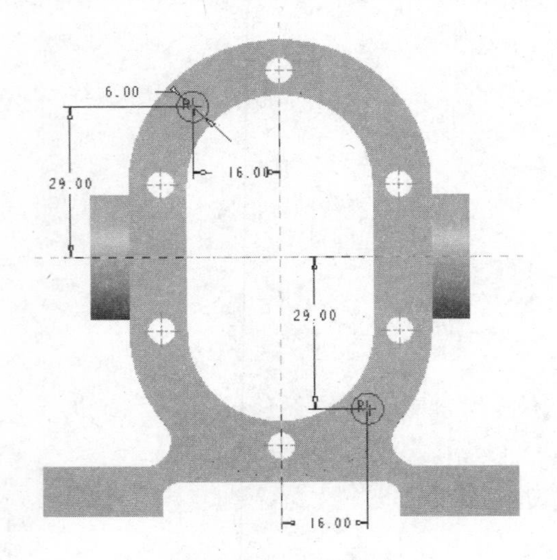

图 12-39　绘制草图

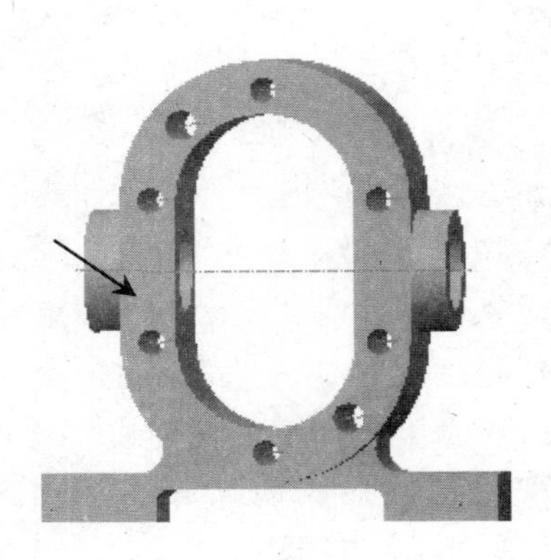

图 12-40　拉伸特征创建结果

（10）创建螺纹修饰特征。

- 选择【工程】/【修饰螺纹】命令，打开【螺纹修饰】操控板。
- 打开【放置】上滑面板，选择一个直径为 5mm 孔作为螺纹修饰放置面。
- 打开深度上滑面板，选择图 12-40 中箭头所指面为螺纹起始面，深度值设置为 24。
- 输入螺纹主直径为 6。
- 使用同样方法为其他 5 个孔添加螺纹修饰特征，结果如图 12-41 所示。

（11）创建孔特征。

- 单击孔特征按钮，打开【孔】特征操控板。
- 打开【放置】上滑面板，选择如图 12-42 所示的平面。
- 单击【偏移参考】列表框，按住 Ctrl 键选择参照并输入尺寸，如图 12-42 所示。
- 打开【形状】形状上滑面板，设置孔直径为 10，深度为 32。
- 完成孔特征的创建。

（12）镜像孔特征。

- 选择上步中创建的孔特征。
- 单击镜像按钮。
- 选择 RIGHT 面作为镜像平面。

图 12-41　创建螺纹修饰特征

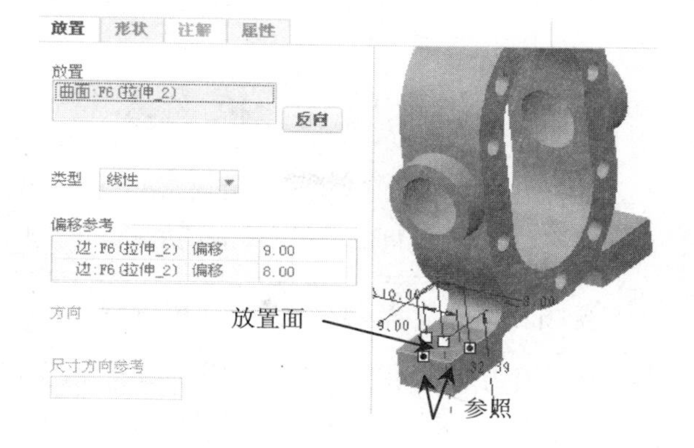

图 12-42　孔特征放置面与参照

❑ 完成特征镜像操作，结果如图 12-43 所示。

（13）创建倒圆角特征。

❑ 单击【倒圆角】按钮 。

❑ 选择边，设置圆角大小为 3。结果如图 12-44 所示。

图 12-43　孔特征镜像结果

图 12-44　创建倒圆角特征

（14）创建倒角特征。

❑ 单击【倒角】按钮 倒角。

❑ 选择图 12-45 所示边，设置倒角为 1。

❑ 单击【倒角】按钮 倒角。

❑ 选择图 12-46 所示边，设置倒角为 0.5，完成倒角操作。

图 12-45　选择边

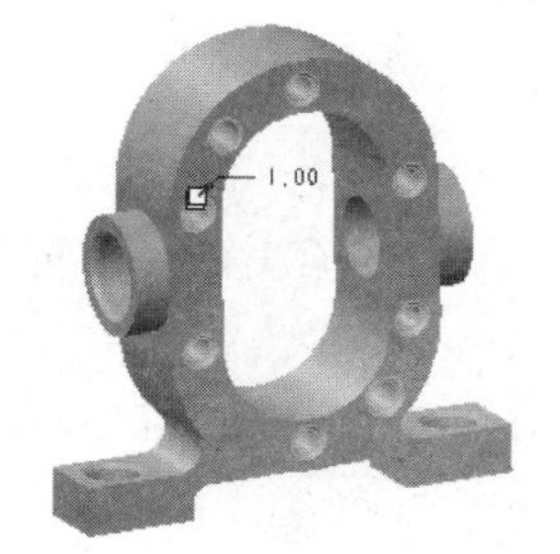

图 12-46　选择边

（15）完成齿轮泵箱体模型设计。

12.4 拔叉零件设计

	结果文件：光盘/example/finish/Ch12/12_4_1.prt
	视频文件：光盘/视频/Ch12/12_4.avi

拔叉的主要作用为拨动滑移齿轮沿轴向移动，以实现不同齿轮之间的啮合，达到调整转速的目的。本节将介绍拔叉零件的设计过程及设计方法。

模型如图 12-47 所示。

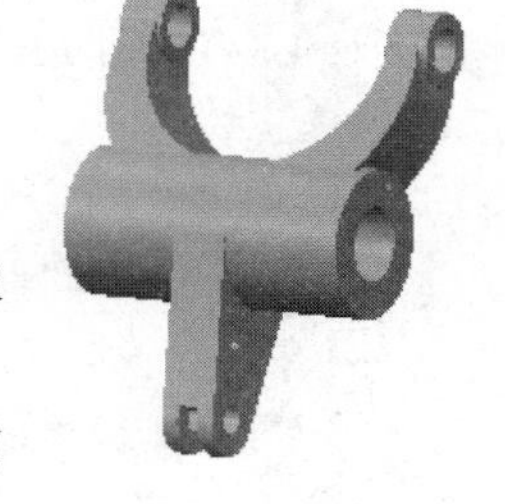

图 12-47 叉架模型

设计分析

- ❑ 设计中创建了拉伸特征、孔特征及基准特征，使用了特征镜像等特征编辑操作方法。
- ❑ 绘制草图时采用不同几何元素作为参照，达到精确绘制草图的目的。

设计过程

（1）创建拉伸特征。

- ❑ 选择 TOP 面作为草绘平面，绘制如图 12-48 所示的草图。
- ❑ 选择对称拉伸方式，拉伸深度为 88。
- ❑ 完成拉伸特征创建，结果如图 12-49 所示。

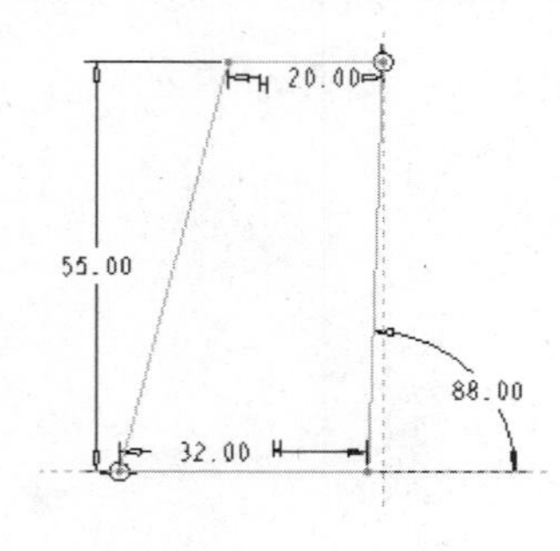

图 12-48 草图

图 12-49 拉伸特征

（2）创建拉伸特征。

- ❑ 选择 RIGHT 面作为草绘平面，绘制如图 12-50 所示草图。
- ❑ 选择对称拉伸方式，拉伸深度为 84。
- ❑ 单击【拉伸】操控板上的按钮。单击按钮，调整材料侧方向。
- ❑ 完成拉伸特征创建，结果如图 12-51 所示。

（3）创建拉伸特征。

- ❑ 选择 TOP 面作为草绘平面，绘制如图 12-52 所示的草图。
- ❑ 选择对称拉伸方式，拉伸深度为 80。

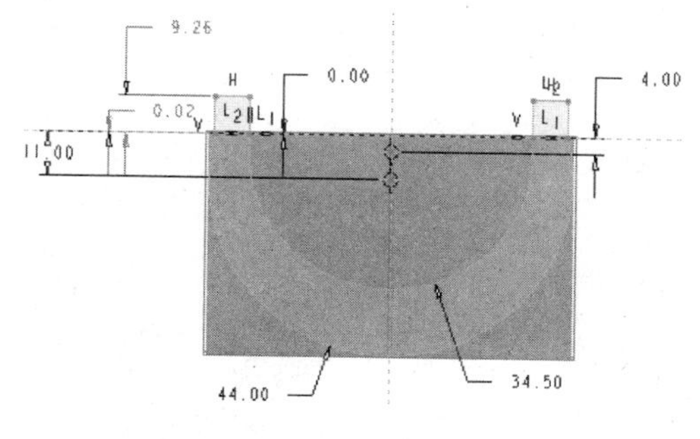

图 12-50　草图

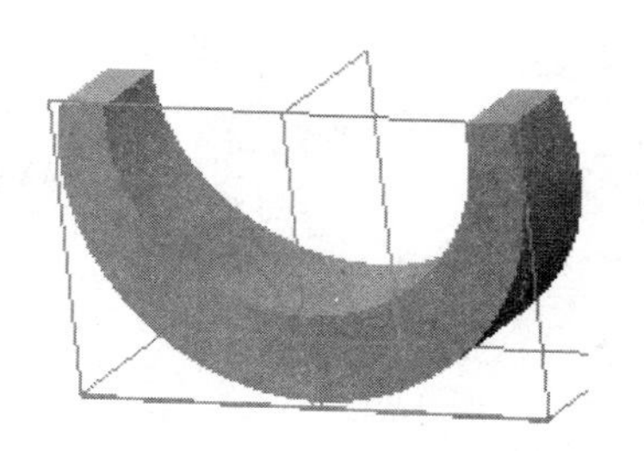

图 12-51　拉伸特征

❑ 完成拉伸特征创建，结果如图 12-53 所示。

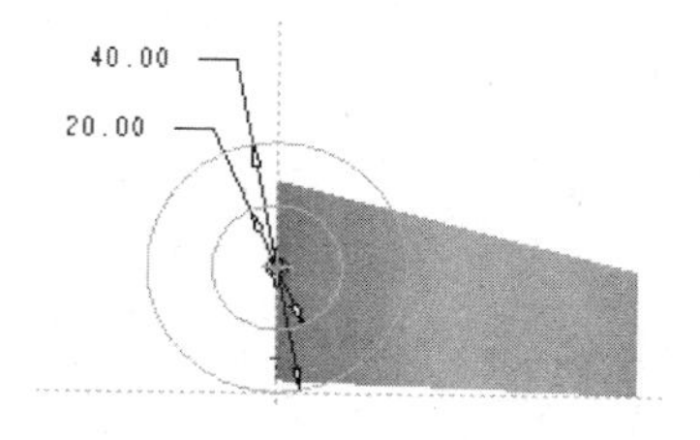

图 12-52　草图

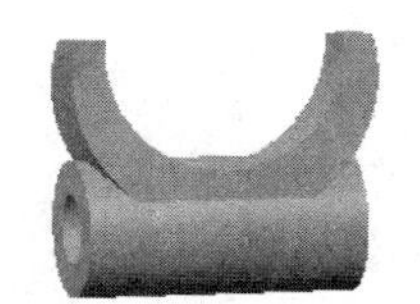

图 12-53　拉伸特征

（4）创建基准平面。

❑ 选择 TOP 面作为参照，输入距离值为–33。

（5）拉伸特征。

❑ 以上步中创建的基准平面为草绘平面，绘制如图 12-54 所示的草图。

❑ 设置拉伸长度为 12。

❑ 完成拉伸特征的创建，结果如图 12-55 所示。

（6）镜像特征。

❑ 选择上步中创建的拉伸特征。

❑ 单击工具条中 镜像按钮。

❑ 选择 TOP 面作为镜像参照。

❑ 完成镜像操作，如图 12-56 所示。

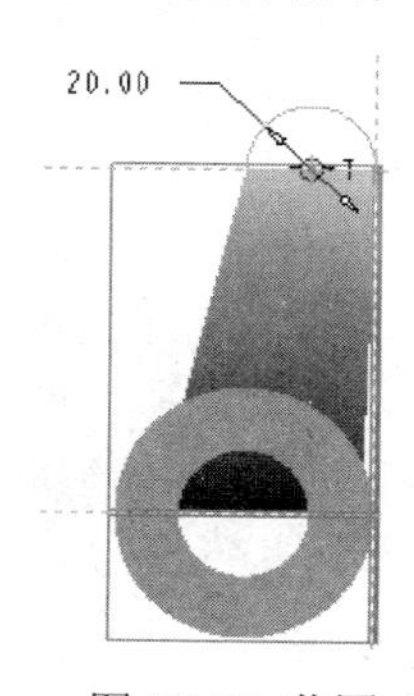

图 12-54 草图

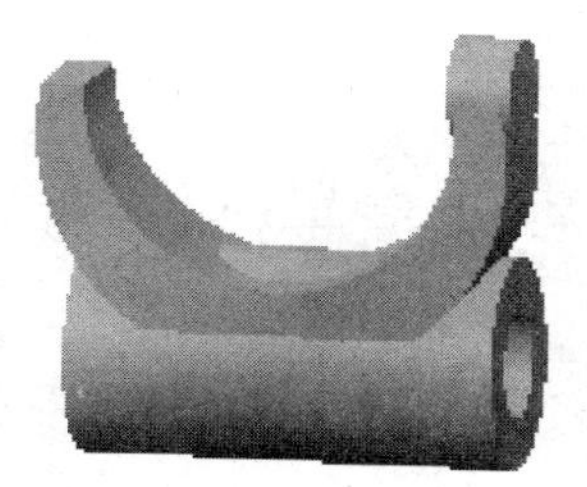

图 12-55 拉伸特征

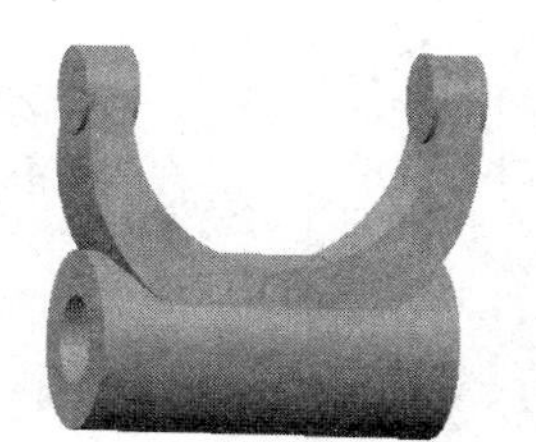

图 12-56 镜像特征

（7）创建拉伸特征。

❑ 选择图 12-57 所示的平面作为草绘平面，绘制如图 12-58 所示的草图。

- 单击【拉伸】操控板上的按钮。
- 选择“拉伸至于所有曲面相交”定义拉伸深度。
- 完成拉伸特征创建，结果如图 12-59 所示。

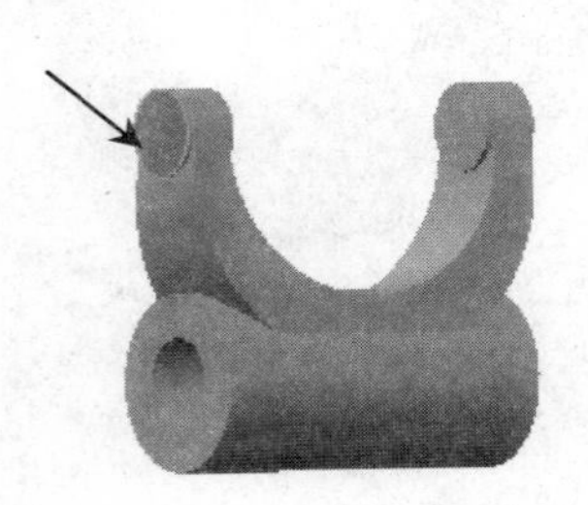

图 12-57　草图平面

图 12-58　草图

图 12-59　拉伸特征

（8）创建拉伸特征。

- 选择 TOP 面作为草绘平面，绘制如图 12-60 所示的草图。
- 选择对称拉伸方式，设置拉伸深度为 30。
- 完成拉伸特征创建，结果如图 12-61 所示。

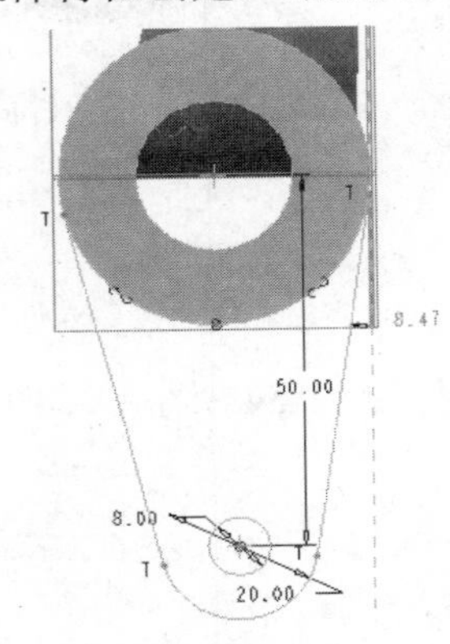

图 12-60　草图

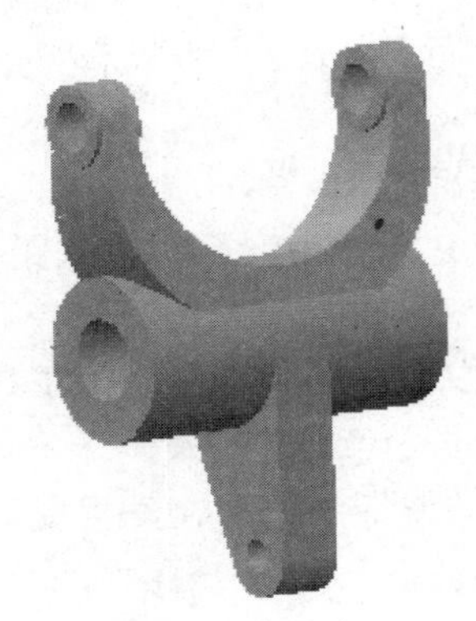

图 12-61　拉伸特征

（9）创建拉伸特征。

- 选择 RIGHT 面作为草绘平面，绘制如图 12-62 所示的草图。
- 单击【拉伸】操控板上的按钮。
- 采用对称拉伸方式，设置拉伸深度为 400。
- 完成拉伸特征创建，结果如图 12-63 所示。

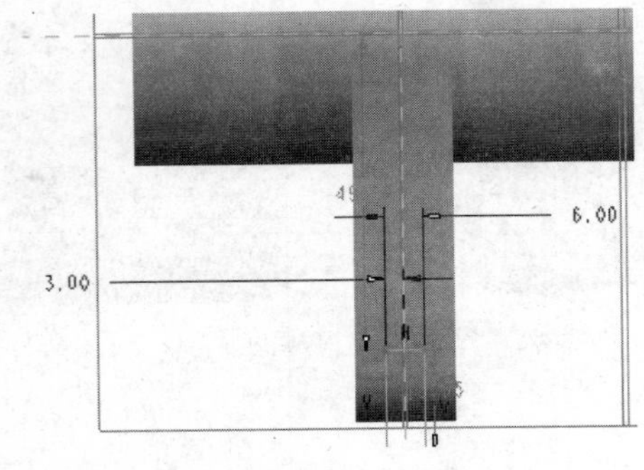

图 12-62　草图

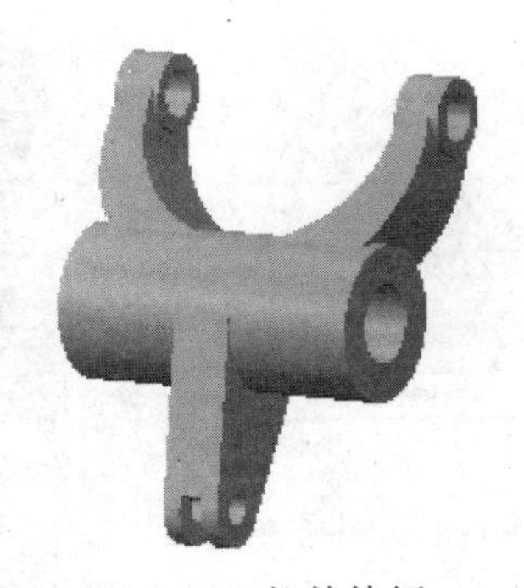

图 12-63　拉伸特征

12.5　圆柱斜齿轮设计

	结果文件：光盘/example/finish/Ch12/12_5_1.prt
	视频文件：光盘/视频/Ch12/12_5.avi

齿轮是重要的传动元件，其创建过程比较复杂，涉及参数定义及表达式建模方面的内容。本节详细介绍齿轮零件的设计过程及设计方法。

建模中需要定义的参数如表 12-1 所示。模型如图 12-64 所示。

图 12-64　齿轮模型

表 12-1　参数定义

参　数	名　称	参　数	名　称
Mn	法向模数	hax	齿顶高系数
z	齿数	ha	齿顶高
b	齿宽	hf	齿根高
beta	螺旋角	Cx	齿隙系数
a	压力角	d	分度圆直径
db	基圆直径	da	齿顶圆直径
df	齿根圆直径		

设计分析

- ❑ 模型的创建使用了表达式建模方法，涉及了参数定义、根据方程绘制曲线等内容。
- ❑ 模型的构成比较复杂，包括拉伸特征、基准特征、曲面特征及扫描混合特征等。

设计过程

（1）定义参数。

- ❑ 选择【工具】/【参数】命令。
- ❑ 在打开的参数对话框中输入参数，如图 12-65 所示。
- ❑ 单击【确定】按钮，完成参数设置。

名称	类型	值	指定
MODELED_BY	字符串		☑
Mn	实数	5.000000	☐
beta	实数	16.000000	☐
z	实数	25.000000	☐
b	实数	50.000000	☐
a	实数	20.000000	☐
hax	实数	1.000000	☐
cx	实数	0.255	☐
ha	实数	5.000000	☐
hf	实数	5.250000	☐

图 12-65 定义参数

（2）草绘曲线。

- ❑ 单击按钮。
- ❑ 选择 FRONT 面作为草绘平面。
- ❑ 绘制如图 12-66 所示的草图。
- ❑ 选择【工具】/【关系】命令。
- ❑ 在弹出的【关系】对话框中输入关系式，如图 12-67 所示。
- ❑ 单击【关系】对话框中的【确定】按钮。
- ❑ 完成草图绘制。

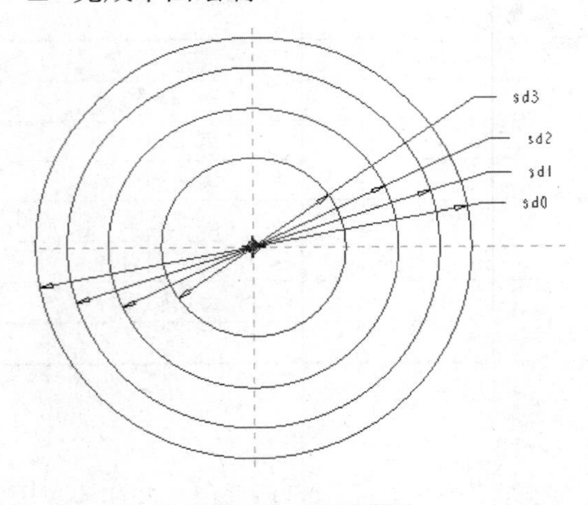

图 12-66 绘制草图

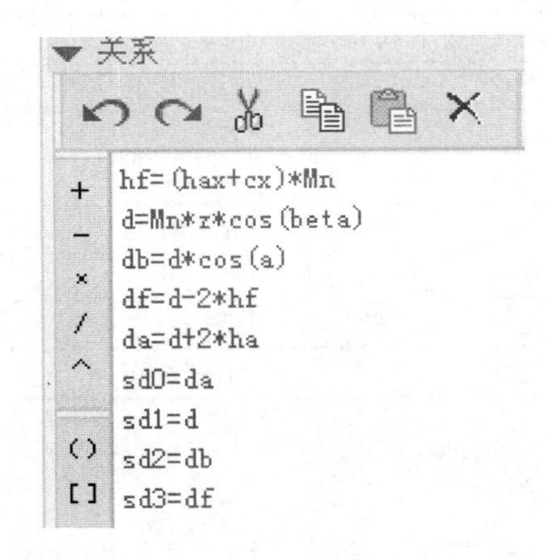

图 12-67 定义关系式

（3）绘制渐开线曲线。

- ❑ 选择【基准】/【曲线】/【来自方程曲线】命令，系统打开【曲线：从方程】操控板。
- ❑ 选择系统默认坐标系作为绘制曲线的坐标系。
- ❑ 设置变量 t 的变化范围为 0～1。
- ❑ 单击操控板中方程...按钮。

❑ 在打开的方程对话框中输入方程，如图 12-68 所示。

❑ 完成草图绘制，结果如图 12-69 所示。

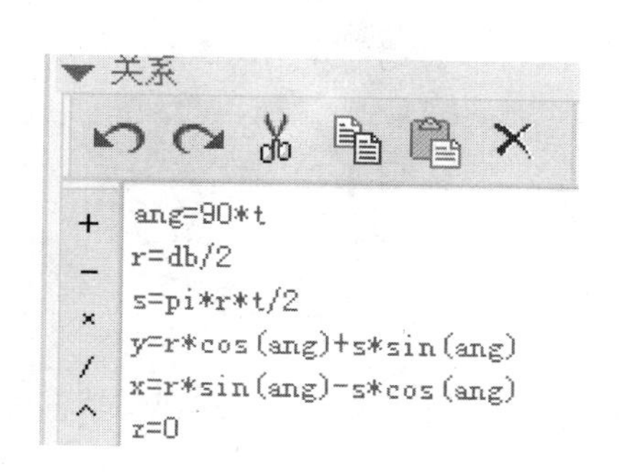

图 12-68　输入方程

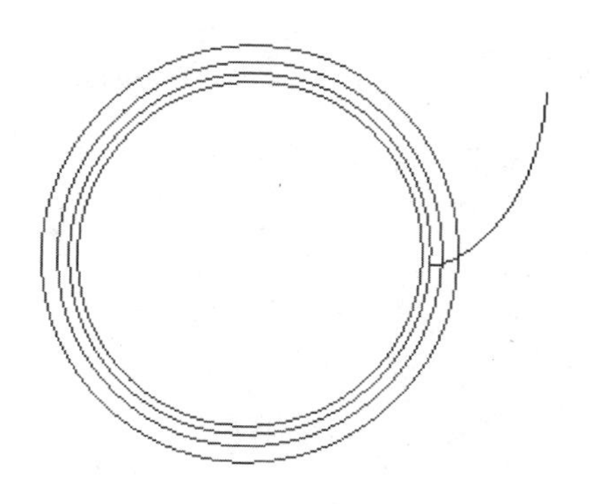

图 12-69　渐开线绘制结果

（4）创建基准点。

❑ 单击 按钮。

❑ 选择图 12-70 所示的曲线作为参照。

❑ 完成基准点创建，默认名称为 PNT0，结果如图 12-71 所示。

（5）创建拉伸特征。

❑ 单击 按钮。

❑ 选择 FRONT 面作为草绘平面，进入草图绘制环境。

❑ 单击 投影 按钮，并选择图 12-71 箭头所指曲线作为投影参照。

❑ 设置拉伸深度值为 b。

❑ 完成拉伸特征的创建，结果如图 12-72 所示。

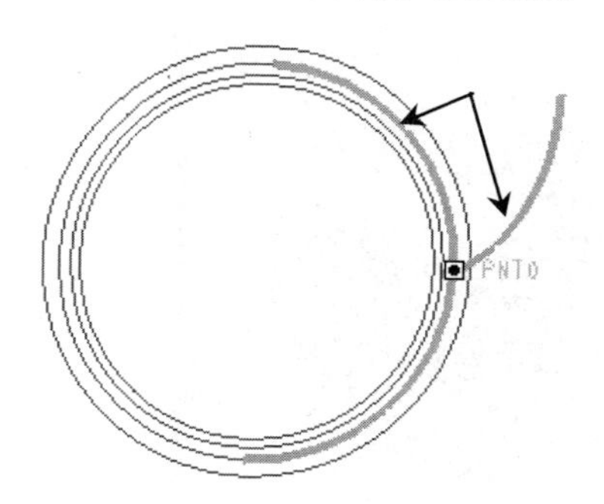

图 12-70　选择参照

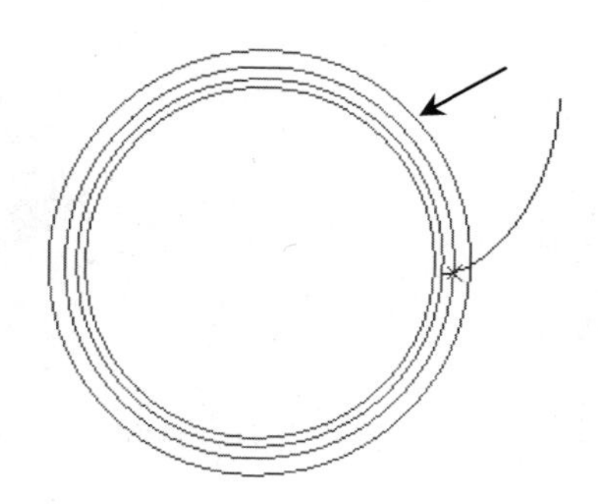

图 12-71　基准点创建结果

图 12-72　拉伸特征创建结果

（6）创建拉伸曲面。

❑ 创建拉伸特征。

❑ 单击 按钮。

❑ 选择 FRONT 面作为草绘平面，进入草图绘制环境。

❑ 在拉伸操控板中单击 按钮。

❑ 单击 投影 按钮，并选择图 12-73 所示的曲线作为投影参照。

❑ 设置拉伸深度值为 b。

- ❑ 完成拉伸曲面的创建，结果如图 12-74 所示。

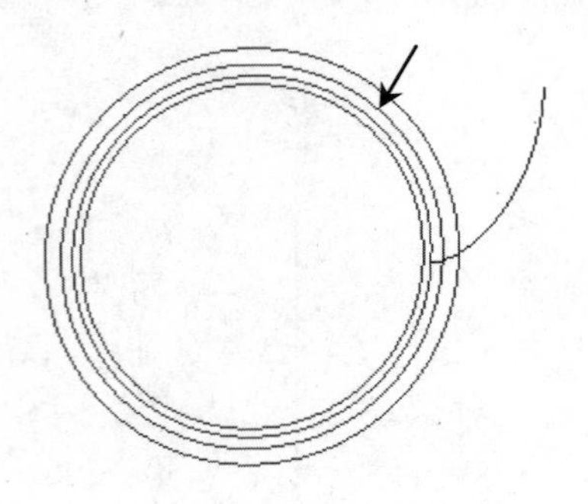

图 12-73　选择投影参照

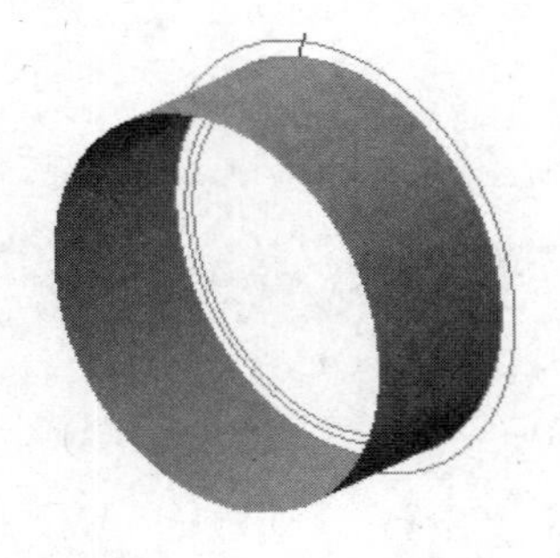

图 12-74　拉伸曲面创建结果

（7）草绘曲线。

- ❑ 单击按钮。
- ❑ 选择 RIGHT 面作为草绘平面。
- ❑ 绘制如图 12-75 所示的草图。
- ❑ 完成草图绘制。

（8）创建投影曲线。

- ❑ 选择上步创建的曲线。
- ❑ 单击投影按钮。
- ❑ 选择拉伸曲面作为投影参照。
- ❑ 选择 TOP 面作为投影方向参照。
- ❑ 完成投影曲线创建，结果如图 12-76 所示。

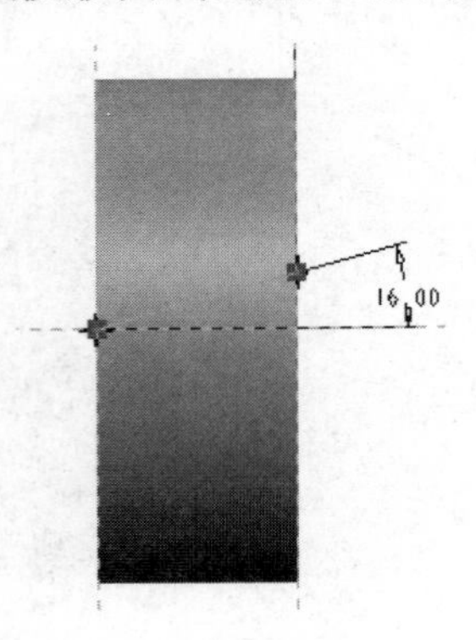

图 12-75　绘制草图

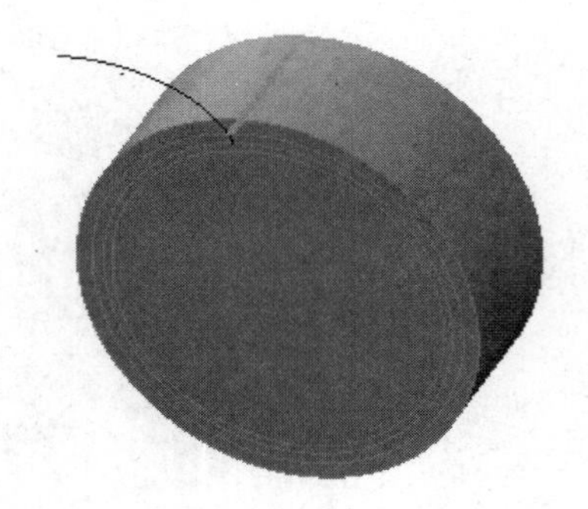

图 12-76　创建投影曲线

（9）创建轴线。

- ❑ 单击轴按钮。
- ❑ 选择 TOP 面和 RIGHT 面作为参照。
- ❑ 完成基准轴的创建，默认名称为 A_1。

（10）创建基准曲面。

- ❑ 单击按钮。
- ❑ 选择基准点 PNT0 及基准轴 A_1 作为参照。

- 完成基准平面的创建，默认名称为 DTM1。

（11）创建基准曲面。

- 单击按钮。
- 选择 DTM1 及基准轴 A_1 作为参照。
- 按照图 12-77 设置约束及偏移参数数值。
- 完成基准平面的创建，默认名称为 DTM2。

（12）镜像渐开线。

- 在绘图区单击渐开线曲线。
- 单击镜像按钮。
- 选择 DTM2 作为镜像平面。
- 完成镜像，结果如图 12-78 所示。

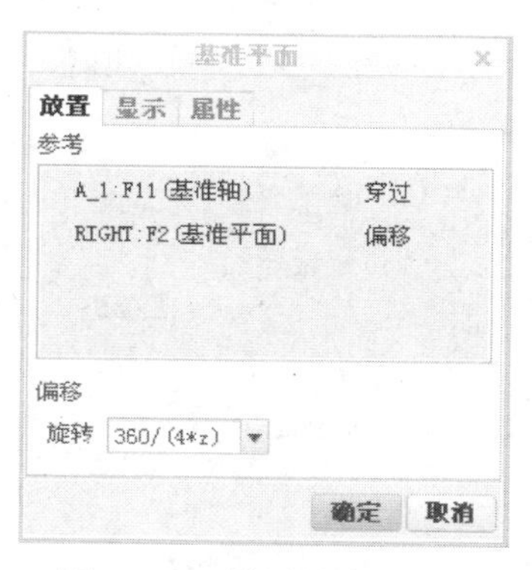

图 12-77　设置约束及参数

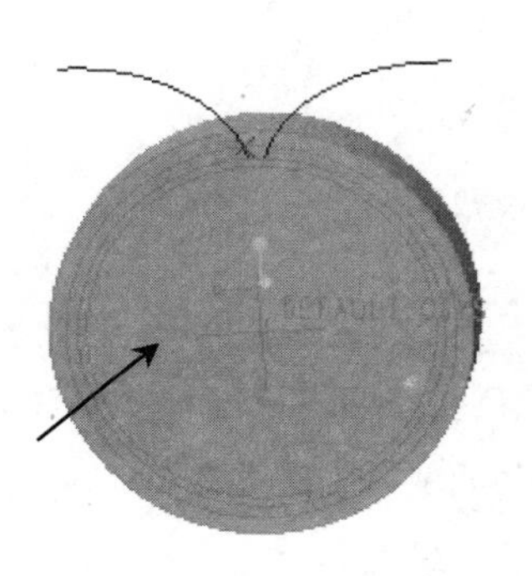

图 12-78　镜像渐开线结果

（13）草绘曲线。

- 单击按钮。
- 选择图 12-78 箭头所指平面作为绘图平面，进入草绘环境。
- 单击投影按钮。
- 选择图 12-79 所示的曲线作为参照。
- 倒圆角、裁剪操作及标注尺寸，绘制的草图截面如图 12-80 所示。

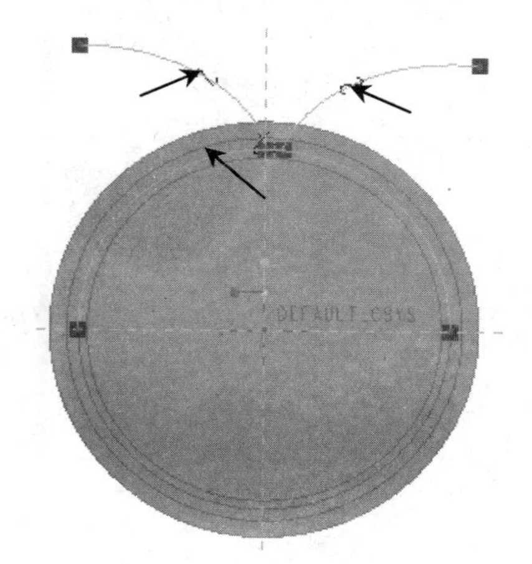

图 12-79　选择投影参照

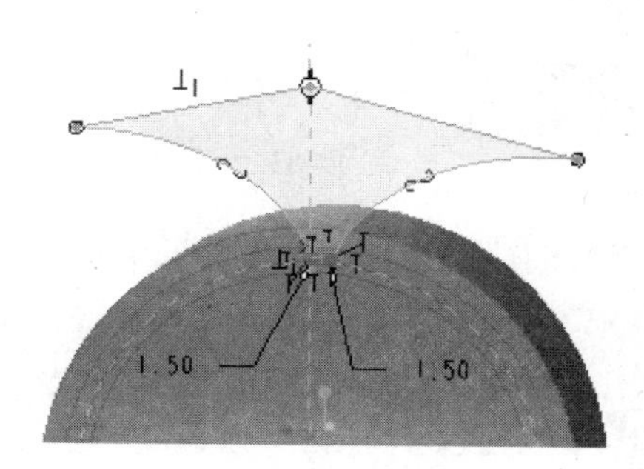

图 12-80　草图截面

- 完成草图。

（14）复制/粘贴曲线。

- 选择上步创建的草绘曲线。
- 单击复制按钮。
- 选择【粘贴】/【选择性粘贴】命令，打开【选择性粘贴】对话框。
- 勾选“对副本应用移动和旋转变换（A）”选项，如图 12-81 所示。
- 单击【确定】按钮，打开【移动（复制）】操控板。
- 打开【变换】上滑面板。
- 在【设置】下拉列表中选择【移动】选项，输入移动距离–50，如图 12-82 所示。
- 在绘图区选择 A_1 轴作为移动方向参照。

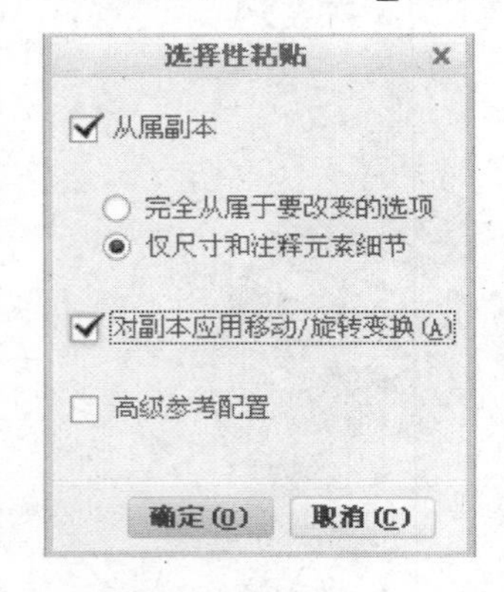

图 12-81 【选择性粘贴】对话框

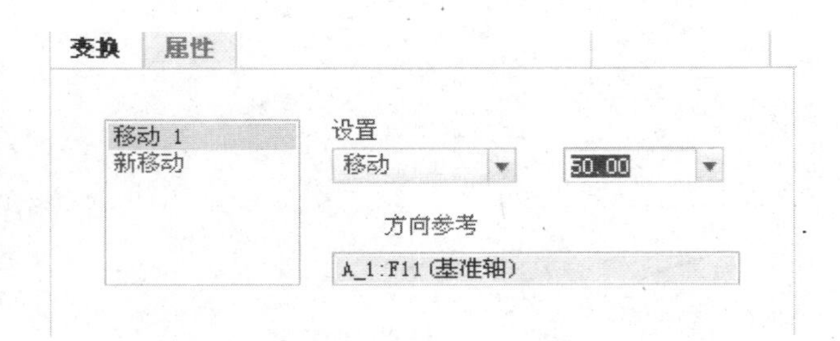

图 12-82 设置【移动】变换参数

- 在移动列表框中单击【新移动】。
- 在【设置】下拉列表中选择【移动】选项，输入旋转角度为 asin(2*b*tan(beta/d))。
- 在绘图区选择 A_1 轴作为旋转参照，如图 12-83 所示。
- 完成粘贴操作，结果如图 12-84 所示。

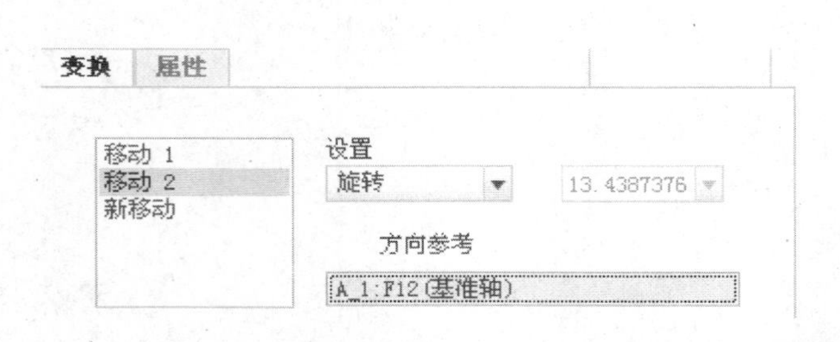

图 12-83 设置【旋转】变化参数

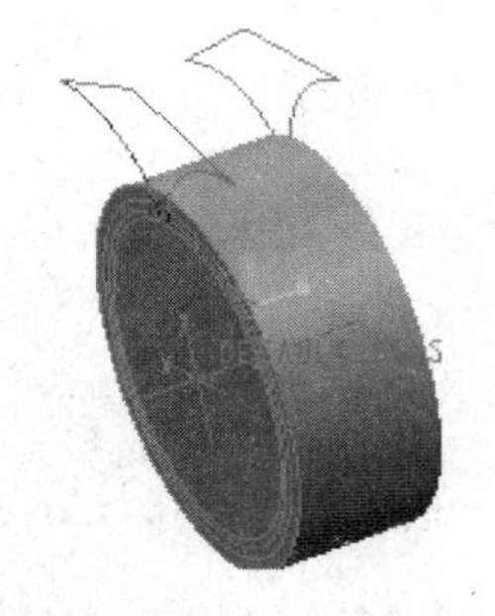

图 12-84 选择性粘贴操作结果

（15）创建扫描混合特征。

- 单击【扫描混合】按钮。
- 选择投影曲线作为轨迹线。
- 在操控板中单击按钮。
- 打开【截面】上滑面板，勾选【选择截面】选项。

- ❑ 选择第一个截面。
- ❑ 单击【插入】按钮，在【截面】列表中单击【截面 2】。
- ❑ 单击选择第二个截面。选择的两个截面如图 12-85 所示。
- ❑ 单击✓按钮，完成扫描混合特征的创建，结果如图 12-86 所示。

（16）阵列特征。

- ❑ 选择扫描混合特征。
- ❑ 单击⊞按钮。
- ❑ 选择阵列类型为“轴”。
- ❑ 选择图 12-86 中箭头所指轴线作为“轴”参照。
- ❑ 输入阵列个数为 25，角度为 360/25。
- ❑ 完成特征阵列，结果如图 12-87 所示。

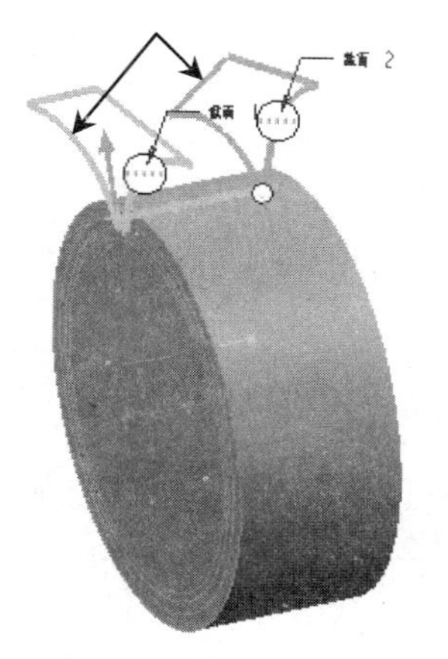

图 12-85　选择截面

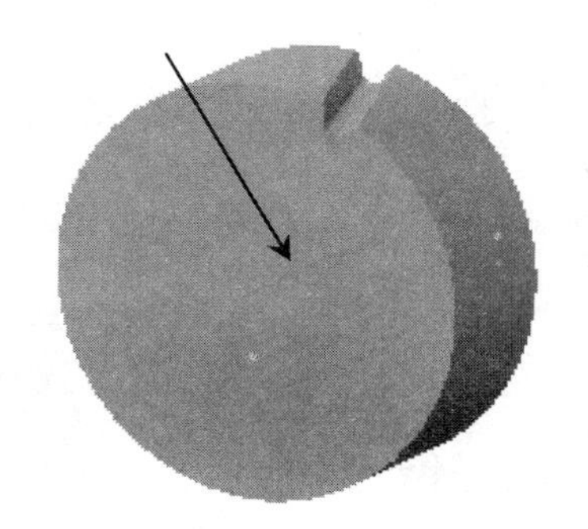

图 12-86　扫描混合操作结果

图 12-87　阵列结果

（17）创建拉伸特征。

- ❑ 单击□按钮。
- ❑ 选择图 12-87 所示的面作为草绘平面，进入草图绘制环境。
- ❑ 绘制如图 12-88 所示的草图。
- ❑ 设置拉伸深度值为 b。
- ❑ 单击拉伸操控板上的◪按钮。
- ❑ 完成拉伸特征的创建，结果如图 12-89 所示。

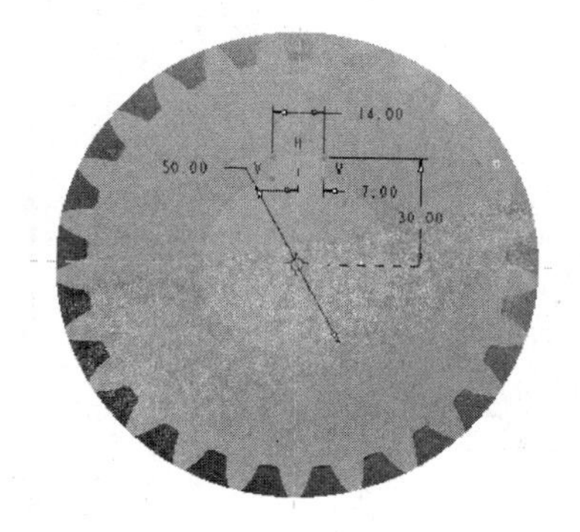

图 12-88　绘制草图

图 12-89　拉伸特征创建结果

12.6 小　　结

本章介绍了机械产品中常用的五种零件的建模过程。通过本章的学习读者可以掌握零件建模的思路和过程，进一步熟悉基准特征、拉伸特征、旋转特征等特征的创建方法和常用的特征编辑方法，为设计复杂的工业产品打下基础。

12.7 思考与练习

1. 思考题

（1）基准特征在创建模型过程中有何作用？

（2）零件模型的创建过程？

（3）表达式建模的应用对象及建模过程？

2. 操作题

（1）完成如图 12-90 所示模型的创建。

	结果文件：光盘/example/finish/Ch12/12_6_1.prt
	视频文件：光盘/视频/Ch12/12_6.avi

图 12-90　零件模型

（2）完成如图 12-91 所示模型的创建。

	结果文件：光盘/example/finish/Ch12/12_7_1.prt
	视频文件：光盘/视频/Ch12/12_7.avi

图 12-91　零件模型